中外物理学精品书系

本书出版得到“国家出版基金”资助

国家出版基金项目
NATIONAL PUBLICATION FOUNDATION

中 外 物 理 学 精 品 书 系

引 进 系 列 · 32

# Flux Pinning in Superconductors

# 超导体中的磁通钉扎

〔日〕松下照男（Teruo Matsushita）著

索红莉　张子立
〔日〕倪宝荣　刘志勇　译

北京大学出版社
PEKING UNIVERSITY PRESS

**著作权合同登记号 图字：01-2012-7367**

**图书在版编目(CIP)数据**

超导体中的磁通钉扎＝Flux Pinning in Superconductors/(日)松下照男著；索红莉等译.—北京：北京大学出版社，2014.12

(中外物理学精品书系)

ISBN 978-7-301-25150-8

Ⅰ.①超… Ⅱ.①松… ②索… Ⅲ.①超导体－磁通线点阵 Ⅳ.①TM26

中国版本图书馆 CIP 数据核字(2014)第 272374 号



**书　　　名：超导体中的磁通钉扎**

著作责任者：〔日〕松下照男(Teruo Matsushita)著

索红莉　张子立　〔日〕倪宝荣　刘志勇　译

责 任 编 辑：王剑飞

标 准 书 号：ISBN 978-7-301-25150-8/O·1033

出 版 发 行：北京大学出版社

地　　　址：北京市海淀区成府路 205 号　100871

网　　　址：http://www.pup.cn　　新浪官方微博：@北京大学出版社

电 子 信 箱：zpup@pup.pku.edu.cn

电　　　话：邮购部 62752015　发行部 62750672　编辑部 62765014

出版部 62754962

印　刷　者：北京中科印刷有限公司

经　销　者：新华书店

730 毫米×980 毫米　16 开本　27.5 印张　520 千字

2014 年 12 月第 1 版　2014 年 12 月第 1 次印刷

定　　　价：82.00 元

---

# 序　　言

物理学是研究物质、能量以及它们之间相互作用的科学。她不仅是化学、生命、材料、信息、能源和环境等相关学科的基础，同时还是许多新兴学科和交叉学科的前沿。在科技发展日新月异和国际竞争日趋激烈的今天，物理学不仅囿于基础科学和技术应用研究的范畴，而且在社会发展与人类进步的历史进程中发挥着越来越关键的作用。

我们欣喜地看到，改革开放三十多年来，随着中国政治、经济、教育、文化等领域各项事业的持续稳定发展，我国物理学取得了跨越式的进步，做出了很多为世界瞩目的研究成果。今日的中国物理正在经历一个历史上少有的黄金时代。

在我国物理学科快速发展的背景下，近年来物理学相关书籍也呈现百花齐放的良好态势，在知识传承、学术交流、人才培养等方面发挥着无可替代的作用。从另一方面看，尽管国内各出版社相继推出了一些质量很高的物理教材和图书，但系统总结物理学各门类知识和发展，深入浅出地介绍其与现代科学技术之间的渊源，并针对不同层次的读者提供有价值的教材和研究参考，仍是我国科学传播与出版界面临的一个极富挑战性的课题。

为有力推动我国物理学研究、加快相关学科的建设与发展，特别是展现近年来中国物理学者的研究水平和成果，北京大学出版社在国家出版基金的支持下推出了"中外物理学精品书系"，试图对以上难题进行大胆的尝试和探索。该书系编委会集结了数十位来自内地和香港顶尖高校及科研院所的知名专家学者。他们都是目前该领域十分活跃的专家，确保了整套丛书的权威性和前瞻性。

这套书系内容丰富，涵盖面广，可读性强，其中既有对我国传统物理学发展的梳理和总结，也有对正在蓬勃发展的物理学前沿的全面展示；既引进和介绍了世界物理学研究的发展动态，也面向国际主流领域传播中国物理的优秀专著。可以说，"中外物理学精品书系"力图完整呈现近现代世界和中国物理科学发展的全貌，是一部目前国内为数不多的兼具学术价值和阅读乐趣的经典物理丛书。

“中外物理学精品书系”另一个突出特点是，在把西方物理的精华要义“请进来”的同时，也将我国近现代物理的优秀成果“送出去”。物理学科在世界范围内的重要性不言而喻，引进和翻译世界物理的经典著作和前沿动态，可以满足当前国内物理教学和科研工作的迫切需求。另一方面，改革开放几十年来，我国的物理学研究取得了长足发展，一大批具有较高学术价值的著作相继问世。这套丛书首次将一些中国物理学者的优秀论著以英文版的形式直接推向国际相关研究的主流领域，使世界对中国物理学的过去和现状有更多的深入了解，不仅充分展示出中国物理学研究和积累的“硬实力”，也向世界主动传播我国科技文化领域不断创新的“软实力”，对全面提升中国科学、教育和文化领域的国际形象起到重要的促进作用。

值得一提的是，“中外物理学精品书系”还对中国近现代物理学科的经典著作进行了全面收录。20世纪以来，中国物理界诞生了很多经典作品，但当时大都分散出版，如今很多代表性的作品已经淹没在浩瀚的图书海洋中，读者们对这些论著也都是“只闻其声，未见其真”。该书系的编者们在这方面下了很大工夫，对中国物理学科不同时期、不同分支的经典著作进行了系统的整理和收录。这项工作具有非常重要的学术意义和社会价值，不仅可以很好地保护和传承我国物理学的经典文献，充分发挥其应有的传世育人的作用，更能使广大物理学人和青年学子切身体会我国物理学研究的发展脉络和优良传统，真正领悟到老一辈科学家严谨求实、追求卓越、博大精深的治学之美。

温家宝总理在2006年中国科学技术大会上指出，“加强基础研究是提升国家创新能力、积累智力资本的重要途径，是我国跻身世界科技强国的必要条件”。中国的发展在于创新，而基础研究正是一切创新的根本和源泉。我相信，这套“中外物理学精品书系”的出版，不仅可以使所有热爱和研究物理学的人们从中获取思维的启迪、智力的挑战和阅读的乐趣，也将进一步推动其他相关基础科学更好更快地发展，为我国今后的科技创新和社会进步做出应有的贡献。

“中外物理学精品书系”编委会　主任
中国科学院院士，北京大学教授
**王恩哥**
2010年5月于燕园

# 原版序言

目前,超导电性作为一种可以通过提高能量利用率来阻止环境恶化的技术已经引起人们的广泛关注。超导电性实际应用的可行性取决于以下几点:超导体能够传输的最大电流密度、传输过程中的能量损耗以及超导体可以承受的最大磁场强度等,这些因素与超导体中量子化磁通线的钉扎有直接的关系。本书详细地阐述了相关知识,从磁通钉扎的基本物理理论到由磁通钉扎引起的各种电磁现象,这些知识于那些对超导应用感兴趣的读者会有一定的帮助。

出于这样的目的,1994 年作者出版了本书的日文版。从那时到现在,高温超导体的研究和发展有了很大地进步,尤其是 2001 年一种新的超导体——$MgB_2$ 的发现,使得超导电性的研究向着应用的要求稳步地深入。其实,新型超导体和传统合金导体中的磁通钉扎现象并没有本质的不同。因此,将要出版的英文版与已经出版的日文版相比没有什么大的变化,仅仅增加了对新型超导体中一些现象的介绍。

以下是对每一章节内容的大概介绍。

第一章以金兹堡-朗道(Ginzburg-Landau)理论为基础,介绍了在第 II 类超导体中对磁通钉扎和电磁现象起决定作用的各种基本超导特性。特别是超导序参数的相梯度的单一性,它阐释了量子化的磁通线中心必须处于正常态以保证约瑟夫森(Josephson)电流不发散这一理论。当磁通线由于受到洛伦兹力的作用而移动时,感应的电场会引起核心处正常电子的运动,产生能量损耗,同时该核心处的结构也受磁通钉扎的影响。本章还讨论了对上临界场起决定作用的动能因素,这将帮助读者理解在 Nb-Ti 中的人工 Nb 钉扎中心处的动能钉扎机制,第六章给出了相关知识的详细讨论。

第二章讨论了临界态模型,这一模型的讨论是理解超导体中不可逆电磁现象的必要条件。由于磁通线受到洛伦兹力作用时会感应产生欧姆电阻,所以我们在欧姆电阻的基础上介绍不可逆理论。另外,超导体中的损耗有一个滞后的非欧姆特性,我们也讨论了这一现象产生的原因。临界态模型给出了电流密度和磁场强度之间的关系,我们用麦克斯韦方程解释超导体中的这一电磁关系。读者也将了解到在超导体中可以用临界态模型描述超导体中的不可逆磁化和交流损耗。此外,超导体的抗磁效应也将是一个很重要的课题。

第三章讨论了各种电磁现象,包括在第二章中没有涉及的几何效应和动力学现象。在交流磁场、磁通跃迁以及表面不可逆场叠加的情况下,我们对直流伏安特性做了修正,并在一个很宽的温度变化范围内讨论了直流磁化系数。另外,当交流磁场作用于尺寸小于钉扎相干长度的超导体时,损耗会发生一种与临界态模型预言相背离的不正常地减小,这一钉扎相干长度称为坎贝尔(Campbell)交流穿透深度。这要归因于限制在钉扎势阱中的可逆磁通运动,它与进出钉扎势阱的磁通线引起的磁滞损耗相反。在高温超导体中由于磁通线的热运动,超导电流被在时间上有略为延迟的磁通钉扎所维持,我们将其称为磁通蠕动现象。在不可逆场的磁场中,临界电流密度将减少到零。本章也阐述了对不可逆场的理论起决定作用的因素,这一结果也用在了第八章所涉及的高温超导体讨论中。

第四章介绍了当柱状或带状超导体置于纵向磁场中时,超导电流流动时所产生的各种现象,并解释了电流平行于磁场时的无洛伦兹力(force-free)的模型。尽管这一模型主张无洛伦兹力状态是材料本身所固有的状态,但是我们观察到在纵向磁场中临界电流密度依赖于磁通钉扎强度,这与在横向磁场中观察到的情况相似,这表明:在没有钉扎效应时,无洛伦兹力状态是不稳定的。通过导入一个由平行电流而引起的磁通线格子的变形,我们就能得到一个能量的增加,而这个能量增加可以导出反作用力矩,临界电流密度将由力矩和钉扎力之间的平衡决定。我们将用磁通线的运动解释在感应电场中观察到的 Josephson 方程的破坏现象。在有阻态(resistive state)中一个负区域电场的特殊螺旋结构也可以用由反作用力矩感应的磁通运动来解释。在各种情况的应用中,临界电流密度是决定超导体性能的一个关键参数,因此这一参数的测量方法是非常重要的。

临界电流密度是决定超导材料在不同磁场下是否可以应用的重要指标,因此了解超导电流密度的测量方法是非常重要的。第五章详细地介绍了不同的测试方法,包括传输法和磁场法。这些方法表明在超导体中磁通线和电流的分布可以由 Campbell 方法测出,这一方法也适用于对第三章中提到的可逆磁通线的分析。但是,如果在测量小于钉扎相干长度的超导体时使用包括 Campbell 法在内的交流磁场法,则临界电流密度会被过高地估计。本章对高估的原因进行了分析,并在其基础上,提出了一个正确的修正方法。

第六章从理论上计算了各种缺陷和单个磁通线之间钉扎相互作用的机理、元钉扎力以及各个缺陷作用的总和等。这些包括凝聚能相互作用、弹性相互作用、磁场相互作用和动能相互作用等,其中特别研究了在 Nb-Ti 中的非超导$\alpha$-Ti 薄层中尽管有一个明显的邻近效应,但是磁通钉扎强度仍然很强的原因。动能相互作用被用来解释在人工合成的 Nb-Ti 材料的 Nb 层中达到非常高的电流密度的钉扎机制。本章还讨论了可以用来提高钉扎效应的钉扎中心的形状。

第七章讨论了与元钉扎力和钉扎中心的数量相关的总钉扎力密度的求和问题。对于求和的理论,我们将按照它们发展的历史顺序罗列出来。由于钉扎相互作用磁滞损耗的本质与元钉扎力的阈值密切相关，这一根本性的问题最初是由统计学提出的，然后才出现了与动力学相关的理论。Larkin 和 Ovchinnikov 解决了最基本的问题，他们发现磁通线格子中不存在长程有序。但是，将他们的理论和实验进行比较时会发现很多矛盾，他们的理论没有清晰地解释与磁滞损耗相关的磁通运动不稳定性的原因。在相干能近似理论中用到了统计方法，在不考虑长程有序的情况下，基础问题兼容性和磁通运动不稳定性的问题得到了解决，并且将该理论与实验数据进行了一系列的比较。除此之外，本章还解释了商业化超导体在高场下的饱和现象，并且将实验结论与 Kramer 模型进行了比较。同时，对分析磁通蠕动有重要作用的理论化的钉扎势能等问题也在本章进行了讨论。

第八章讨论了高温超导体的各种特性。由超导性的 $CuO_2$ 层和绝缘层组成的二维晶体结构可使得高温超导体表现出非常高的各向异性，这使得高温超导体内部磁通线的状态非常复杂。本章回顾了在有钉扎的磁通系统中各种相变及其可能的机制，其中详细地讨论了在钉扎中起到非常重要作用的一些相变。例如与临界电流密度峰值效应相关的有序态和无序态之间的相变，与不可逆场有关的玻璃态和液态之间的相变等。我们将讨论影响这些相变的条件，不仅包括磁通钉扎强度和超导体各向异性，而且还包括样品尺寸和电场。诸如 Y-123，Bi-2212 和 Bi-2223 等，这些已经在实际中应用的超导材料的钉扎特性和近期研究进展是本章讨论的重点。

2001 年发现了 $MgB_2$ 超导体。这一超导体与合金超导体相比有较高的临界转变温度，同时它不像高温超导体那样受弱连接和磁通蠕动影响强烈，因此这一超导体在今后将有很大的应用前景。事实上，在这一超导体发现后不久其临界电流密度就有了很大程度的提高。第九章回顾了在 $MgB_2$ 超导体中由晶界引起的钉扎机制，并讨论了决定临界电流密度的机制。本章还对 $MgB_2$ 未来的发展进行了概述，并通过比较其凝聚能与 Nb-Ti 和 $Nb_3$-Sn 的差别，讨论了 $MgB_2$ 的实际应用潜力。

为了有助于读者理解磁通钉扎和由钉扎引起的各种电磁现象，本书的内容建立在磁通钉扎机制和基本物理学原理的基础上。

另外，本书还针对一些在很多章都有涉及的问题进行了综合的分析和讨论，例如，超导体的尺寸大小是我们关注的一个重点。当超导体的尺寸小于钉扎相干长度时，低维下的钉扎会变得非常高效，从而导致临界电流密度峰值效应的消失。在这种情况下由于小的钉扎势，不可逆场要小于块材值，同时在电磁效应中磁通运动变得可逆，从而导致交流损耗在很大程度上的降低，这使得采用交流磁场法测量时，测得的临界电流密度严重偏高。在本书讨论的在各种钉扎现象中出现的关于最小化能量损耗的不可逆热力学概念也是值得注意的一个话题。另外一个例子是由洛伦兹力引起的磁通运动和在第四章中提到的由 force-free 引起的自旋的磁通运动之间的矛盾，前者是对机械系统的分析，而后者不是，且磁通运动垂直于能量输运方向，但这一矛盾与 force-free 扭矩不是力矩这一事实有关。

本书附录中有很多有助于读者理解书中内容的资料，而且每章之后的习题和详细的答案也可以更好地帮助读者理解本书的相关内容。

最后，感谢 T. Beppu 女士，她为本书绘制了所有电子图片且在制作电子文档上也提供了很大的帮助。在此也感谢伍伦贡大学（WollongongUniversity）的 T. M. Silver 博士，俄亥俄州立大学（Ohio StateUniversity）的 E. W. Colling 教授，以及为本书英文版做校对的布鲁克海文国家实验室（BrookhavenNationalL-aboratory）的 L. Cooley 博士。

# 译者前言

超导现象自1911年发现以来受到科学界的广泛关注，其零电阻特性所带来的低能耗效应在能源问题日益严重的今天得到了更大的重视。从最初的低温合金超导体到1986年发现的钙钛矿型高温超导体，再到2001年发现的$MgB_2$超导材料，超导材料的多样化为其应用提供了广阔的空间。由于制约超导体实际应用的主要因素之一是其可以承载的临界电流密度，而在第二类超导体中，超导体的临界电流密度与其磁通钉扎效应密切相关，所以对超导研究工作者而言，详细了解超导体的磁通钉扎效应是非常必要的。

1994年日文版初次发行时，主流的磁通钉扎理论已经得到了长足的发展，日文版中即对1986年发现的高温超导材料的磁通钉扎理论进行了详细的介绍。在英文版发行时，又对2001年发现的$MgB_2$超导材料的磁通钉扎性能进行了补充。但是对绝大部分中国读者来说，阅读以上两种文字的原稿毕竟是一件较费力的事情，我们希望本书的出版能满足更广大的中国科研工作者和普通读者的需要。

本书以Ginzburg-Landau理论为基础，首先介绍了对超导特性起着决定作用的磁通钉扎和基本电磁理论，并以此为出发点描述了临界态模型和各类电磁现象。随后讨论了在特定磁场下，理想的一维超导体和二维平面超导体中超导电流的各种输运现象，并分析了不同测试方法对其结果的影响。之后本书对不同缺陷与磁通线的相互作用所产生的钉扎效应进行了详细的讨论，其中包括元钉扎力作用及其求和问题。最后分析了这些理论在高温超导和$MgB_2$两种超导材料中的实际应用。

本书既理论性较强，而又密切联系实际应用，需要读者对凝聚态物理有基本的了解，并具备一定的数学计算能力。如果读者需要补充和扩展这些方面的知识，可以参阅书中的相关参考文献。我们相信本书的出版对提升我国的超导理论与超导材料的实用化具有重要的意义。

最后，作者衷心感谢北京工业大学材料科学与工程学院郭志超博士（参与编译和校对第一、二章）、刘敏老师（参与编译和校对第三、四章）、田辉博士（参与编译和校对第五、六章）、马麟老师（参与编译和校对第七、八章）、王毅老师（参与编译和校对第九章）和徐燕博士（参与编译和校对答案及附录）等人。他们在本书的翻译过程中花费了大量的时间和精力进行录入和校稿等工作。此外特别感谢超导界的各位同仁对该译著的关注和大力支持，他们在该书的翻译中对部分物理词汇、公式以及图表做了大量的校正。本书的出版是集体智慧的结晶。

由于译者的时间和水平有限，翻译中的疏漏和错误在所难免，敬请读者和同行不吝指正。

全体译者

2014 年 1 月于北京

# 译者简介

**索红莉** 北京工业大学材料科学与工程学院教授，博士生导师，北京市特聘教授。2000年于北京工业大学获工学博士学位，曾在瑞士日内瓦大学物理学院凝聚态物理与应用物理研究所做博士后研究及任高级教授助理工作6年。现已发表学术论文150余篇，被SCI收录100余篇，授权专利50余项(其中2项美国专利)。曾获北京市科技进步二等奖。2003年获美国国际低温材料大会最佳文章大奖，其博士论文获得2003年教育部全国百篇优秀博士学位论文，协助指导的博士论文入选2011年全国百篇优秀博士论文。入选2008年教育部新世纪优秀人才计划，所带领的团队入选2012年北京市创新团队。作为项目负责人承担了国家973计划、863计划、国家和北京市自然科学基金及国家教委等多项科研项目的研究工作。主要研究方向包括功能陶瓷氧化物和超导材料薄膜制备与性能研究、二硼化镁超导线带材的制备与超导电性研究以及金属合金和复合材料的机械变形、织构及表面研究等，涉及和涵盖材料学、冶金、化学和凝聚态物理学的多学科研究交叉领域。

**张子立** 工学博士，现为美国国家高磁场实验室Schuler博士后研究员。曾在博士期间由国家留学基金委资助到英国剑桥大学进行了为期两年的博士学习。主要研究方向为聚合物对超导体合成以及性能的影响。现已发表学术论文21篇，SCI和EI收录12篇，特别是在Crystal Growth & Design和CrytEng-Comm上发表的4篇文章被选做杂志封面文章。2013年6月获得北京工业大学校优秀博士论文。

**〔日〕倪宝荣** 工学博士，日本福冈工业大学教授，研究生院院长。专攻高温超导材料学、超导工程学、超导物理和电磁学等研究方向。已在Physical Review B, Physica C以及Japanese Journal of Applied Physics等著名学术杂志发表论文50余篇。曾担任日本福冈工业大学国际交流委员会主席、日本福冈工业大学信息处理中心主任以及中国科学院物理研究所客座研究员等多项职务。

**刘志勇** 工学博士，现任教于河南师范大学物理系，硕士研究生导师。主要从事超导材料和超导物理方面的研究，在$MgB_2$超导材料和铁基超导材料的制备和理论研究方面取得了丰富的成果，发表了多篇学术论文。

# 内 容 简 介

本书主要讲述了普遍存在于金属超导体、高温超导体和 $MgB_2$ 超导体等材料中的磁通钉扎机制、特性和由磁通钉扎所引起的电磁现象，利用源于非超导杂质或晶界的凝聚能相互作用和 Nb-Ti 中人工 Nb 钉扎的动能相互作用对超导体的磁通钉扎机制进行了阐释。书中详细地论述了与临界电流密度相关的求和理论，也讨论了由磁通钉扎所引起的磁滞和交流损耗。该交流损耗源于非超导杂质中电子运动的阻尼损耗，而该运动则源于磁通运动引起的电场，读者将了解到为什么这个原因也能造成磁滞型的交流损耗。书中讨论了高温超导体中磁通钉扎对涡旋相图的影响，另外描述了超导体的各向异性、晶粒尺寸、电场强度等对不可逆场的影响。本书也介绍了最近一段时期的各种高温超导体和 $MgB_2$ 超导体临界电流特性的研究进展。

本书还涉及以下方面：电流和磁场平行时与约瑟夫森效应偏离的现象，与临界态模型预言偏离的钉扎势阱中的可逆磁通运动，用于建构解释磁通钉扎现象中的临界态模型而提出的最小能量损耗概念等。在芯丝非常细的多芯导线中，交流损耗的减少主要来自于二维钉扎中起主导作用的可逆磁通运动。书中提出的最小能量损耗的概念也可以用来解释磁通蠕动时决定不可逆磁通束大小的理论。

# 目　录

# 第一章　绪　　论

## 1.1　超导现象

自从1911年Onnes第一次发现金属元素汞具有超导电性以来，到目前为止人们已经在很多物质中发现了这一现象，如单质、合金和化合物等. 超导电性的重要特性之一是当温度低于转变温度时材料的电阻突然降为零，有这种特性的材料称为超导体. 超导体的这一特性已经在实际的技术应用中取得了一定的进展. 后来人们发现零电阻的起因并不是完全导电性而是完全抗磁性，也就是超导体可以把弱磁场完全排除在外的能力，即当温度逐渐降低到转变温度以下时弱磁场将被完全排除在外的现象. 抗磁性被称为Meissner效应，后面我们将提到，在强磁场下完全抗磁性将遭到破坏. 不同的超导体中抗磁性被破坏有两种方式，因此超导体可以分为第Ⅰ类和第Ⅱ类两类超导体. 即使在完全抗磁性被破坏以后，第Ⅱ类超导体依然可以保持超导状态，直到外加磁场足够高为止. 因此这类超导材料可以用于高场设备中，例如磁体、马达和发电机等.

超导电性的另一个特征是接近费米能的下方存在一个能隙，费米能是导电电子的能量，它表明超导态中电子的能量要比正常态中的低，两种状态中的电子能量之间的差值称为能隙. 超导能隙的大小可以用微波辐照吸收法测出，也可以通过由一个超导体和一个正常金属中间放入一个绝缘层组成的连接点所表现出的隧道效应测出. 在充分小激发的情况下，能隙会提供一个势垒，从而阻碍电子从超导态向正常态的转变. 甚至当电子被晶格缺陷、杂质或者热震动离子散射时，能量也可能不被消耗，因此在这种条件下电阻可能不会出现. 这一理论在1957年由Bardeen，Cooper和Schrieffer提出，费米面附近存在的电子对称为库珀(Cooper)对，由于它们的聚集从而产生超导态，这是超导电性BCS理论的本质.

第Ⅱ类超导体的另外一个本征特性体现为Josephson效应. 在一个由两个超导体中间加入一个薄的绝缘层组成的器件中可以直接观察到第Ⅱ类超导体的这一特性. 直流Josephson效应预言隧穿电流并不是正常电子的隧穿而是由宏观波函数描述的Cooper对的隧穿. 这一现象表明超导态是一种相干态，在这一相干态下超导体中的宏观波函数具有相同的相位，这一宏观波函数的相位将在后面部分中作为Ginzburg-Landau (G-L) 理论的序参数被引入. 在这个状态中，量子机制特性一直保持到宏观范围，宏观波函数和矢势之间存在一个gauge-invariant（规范不变）的关系. 这将使量子化的磁通线达到宏观值，这一现象可以从由磁场引起的超导隧穿电流的干涉中直接观察出来. 另外一个非常重要的结论是交流Josephson效应，它描述宏观波函数相位的瞬时变化率与穿透这个节点的电压之间的关系. 这一电压来自于量子化的磁通线运动，它与后面我们将要提到的在处于磁通运动状态下的第Ⅱ类超导体中观察到的电压相等.

当温度或磁场上升到临界值以上时，超导态将转变为正常态. 从超导态转变为正常态以及相反的过程与其他一些相变过程具有可比性. 例如，铁磁性和抗磁性之间的转变. 从微观角度来说，电子的Cooper对凝聚会导致超导态和能隙出现，这可以与玻色子的Bose-Einstein凝聚相比较. 另外，从宏观效应上来说，超导态是一种热力学平衡的状态，因此，我们可以从热力学的角度来描述这一现象. 最后，因为超导态和G-L理论要通过电子态联系起来，这里将用到作为超导电子相干的叠加波效应定义的序参数. 它适用于描述第Ⅱ类超导体的磁特性.

1986年Bednortz和Muller发现了一个比传统合金超导体有更高临界转变温度的La系铜氧化合物超导体. 由于这一突破，通过用Y，Bi，Tl和Hg代替La，人们发现了许多有着更高临界转变温度的高温超导体. 在这些材料中人们到现在为止仍然没有弄明白超导电性的具体机制，仍然在寻找一个合理的微观解释. 然而，在这些新发现高温超导体的宏观电磁特性方面，依然可以采用以前对合金超导体描述的方式. 在这些描述中，高温超导体的特征表现出一个源于晶体结构的强烈的二维各向异性和一个强烈的波动效应. 后一特性主要是由于与高临界温度、准二维结构及高温条件相关的短的相干长度造成的. 理论上作为一个波动效应的结果，在一个近似的平均场中利用G-L理论，可以看出超导态和正常态之间的相界是不清晰的. 因此可得出结论：只有在远离相界的地方G-L理论才是正确的. 然而，因为那些材料有如此高的上临界场，在很宽的温度和磁场范围内G-L理论仍然是有效的.

本书建立在描述超导电性的G-L理论和以电磁理论为基础的麦克斯韦理论的基础上. 本书统一使用$\boldsymbol{E}$-$\boldsymbol{B}$类推SI单位制.

## 1.2 超导体的种类

超导体有两种类型——第Ⅰ类超导体和第Ⅱ类超导体. 这里用经典理论描述它们的电磁特性.

图1.1(a)描述了第Ⅰ类超导体的磁化曲线. 当外场$H_e$比临界磁场$H_c$低

时，磁化关系由方程(1.1)给出

$$M=-H_e, \tag{1.1}$$

这时超导体表现出完全抗磁性($B=0$)，即超导体处于 Meissner 态. 在 $H_e=H_c$ 时，伴随着在 $M=0$ 处的一个不连续的磁化，发生一个超导态到正常态的突变(也就是，$B=\mu_0 H_e$，$\mu_0$ 表示真空磁导率). 对第Ⅱ类超导体来说，由方程(1.1)给出的完全的抗磁性只能保持到下临界场 $H_{c1}$，从图 1.1(b)中我们可以看出随着磁通的穿透，磁化体现为一个连续的变化，直到外加磁场达到上临界场 $H_{c2}$ 以后，完全抗磁性消失，进入正常态. 处于 $H_{c1}$ 和 $H_{c2}$ 之间的部分抗磁态称为混合态. 因为磁通在超导体中是量子化的，以涡旋的形式出现，因此它也被称为涡旋态.

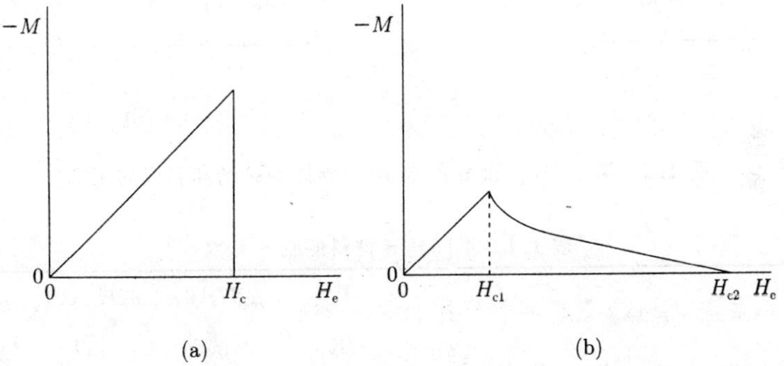


**图 1.1** 磁化与外加磁场的关系. (a)是第Ⅰ类超导体；(b)是第Ⅱ类超导体

从经验上可以知道第Ⅰ类超导体的临界场按照方程(1.2)确定的关系随着温度发生变化，

$$H_c(T)=H_c(0)\left[1-\left(\frac{T}{T_c}\right)^2\right]. \tag{1.2}$$

第Ⅱ类超导体的上下临界场对温度也表现出一个类似的关系，可以明显地看出：在临界温度 $T_c$ 时它们减小到零. 严格地说对于第Ⅱ类超导体，在热力学临界场中，$H_c$ 表现出如方程(1.2)所示的关系，而在某些超导体中 $H_{c2}$ 值却偏离了这一关系. 尤其是在高温超导体和 $MgB_2$ 中，甚至在低温范围，它们的临界场对温度有几乎线性的依赖关系. 图 1.2(a)和(b)给出了第Ⅰ类和第Ⅱ类超导体的磁场和温度的相图，表 1.1 给出了各种超导体的超导临界参数. $H_c$ 表示第Ⅱ类超导体的热力学临界场. 因为在高温超导体和 $MgB_2$ 中，$H_{c1}$ 和 $H_{c2}$ 值随着晶轴与磁场方向的变化有很大的不同，掺杂状态下电子输运的自由程不同，图表中仅仅给出了最佳掺杂时的 $H_c$ 值. 超导体的各向异性和临界场的依赖因素将在8.1和 9.1 节给出详细的介绍.

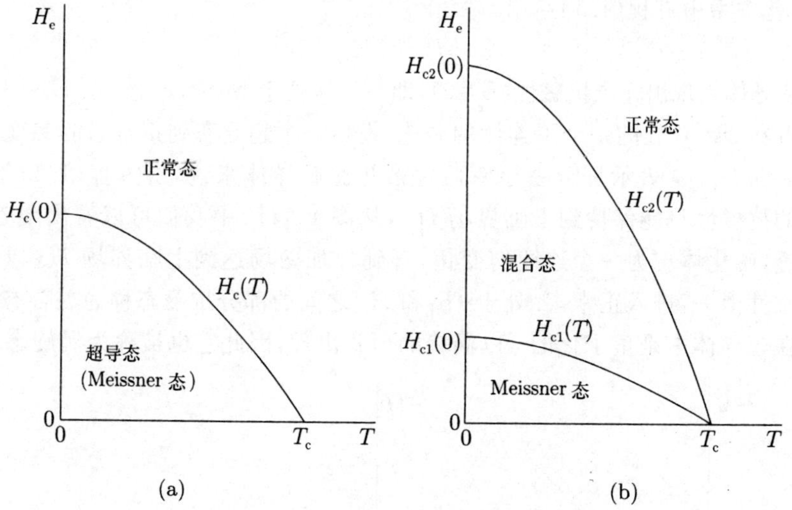


**图 1.2** 第Ⅰ类(a)和第Ⅱ类(b)超导体的磁场和温度的相图

**表 1.1** 不同超导材料的临界参数

| 超导 | | $T_c$ /K | $\mu_0 H_c(0)$ /(mT) | $\mu_0 H_{c1}(0)$ /(mT) | $\mu_0 H_{c2}(0)$ /T |
|---|---|---|---|---|---|
| 第Ⅰ类 | Hg(α) | 4.15 | 41 | — | — |
| | In | 3.41 | 28 | — | — |
| | Pb | 7.20 | 80 | — | — |
| | Ta | 4.47 | 83 | — | — |
| 第Ⅱ类 | Nb | 9.25 | 199 | 174 | 0.404 |
| | $Nb_{37}Ti_{63}$ | 9.08 | 253 | | 15 |
| | $Nb_3Sn$ | 18.3 | 530 | | 29 |
| | $Nb_3Al$ | 18.6 | | | 33 |
| | $Nb_3Ge$ | 23.2 | | | 38 |
| | $V_3Ga$ | 16.5 | 630 | | 27 |
| | $V_3Si$ | 16.9 | 610 | | 25 |
| | $PbMo_6S_8$ | 15.3 | | | 60 |
| | $MgB_2$ | 39 | 660 | | |
| | $YBa_2Cu_3O_7$ | 93 | 1270 | | |
| | $(Bi,Pb)_2Sr_2Ca_2Cu_3O_x$ | 110 | | | |
| | $Tl_2Ba_2Ca_2Cu_3O_x$ | 127 | | | |
| | $HgBa_2CaCu_2O_x$ | 128 | 700 | | |
| | $HgBa_2Ca_2Cu_3O_x$ | 138 | 820 | | |

实用的超导材料 Nb-Ti 和 $Nb_3Sn$ 属于第Ⅱ类超导体. 它们有着非常高的上

临界场，当磁场非常高时它们仍能保持超导态. 在高温超导体中，上临界场特别高，由于在相界 $H_{c2}(T)$ 的波动涨落效应的存在，根据 G-L 理论，可以认为不会发生由超导态到正常态的清晰的相变.

## 1.3　London 理论

超导体的基本电磁特性，例如 Meissner 效应，可以首先用 London 兄弟在 1935 年提出的唯象论方程描述，这个时间甚至要早于第Ⅱ类超导体发现的时间. 幸运的是这一理论对有着非常高的临界场或者大的 G-L 参数的第Ⅱ类超导体来说有一个非常好的近似，这类超导体的一些非常重要的特性可以从这一理论中推导得到. 因此，我们在这里将对 London 理论做一个简要的介绍.

超导体可以传输一个非常恒定的电流，因此超导电子经典的运动方程应该可以描述这一状态. 也就是说，与稳定地运动相悖，超导电子的加速仅仅是由于电磁作用的结果. 因此运动方程可由下式给出：

$$m^* \frac{\mathrm{d}\boldsymbol{v}_s}{\mathrm{d}t} = -e^* \boldsymbol{e}. \tag{1.3}$$

在这里 $m^*$，$\boldsymbol{v}_s$ 和 $-e^*$ 分别代表超导电子的质量、速率和电荷量（$e^*>0$），$\boldsymbol{e}$ 表示电场，如果用 $n_s$ 表示超导电子的密度，超导电流密度可以表示为

$$\boldsymbol{j} = -n_s e^* \boldsymbol{v}_s. \tag{1.4}$$

代入方程(1.3)可得

$$\boldsymbol{e} = \frac{m^*}{n_s e^{*2}} \cdot \frac{\mathrm{d}\boldsymbol{j}}{\mathrm{d}t}. \tag{1.5}$$

如果分别用 $\boldsymbol{h}$ 和 $\boldsymbol{b}$ 表示磁场和磁通密度，则 Maxwell 方程为

$$\nabla \times \boldsymbol{e} = -\frac{\partial \boldsymbol{b}}{\partial t}, \tag{1.6}$$

$$\nabla \times \boldsymbol{h} = \boldsymbol{j}. \tag{1.7}$$

方程(1.7)中忽略了位移电流，从这个方程和

$$\boldsymbol{b} = \mu_0 \boldsymbol{h}, \tag{1.8}$$

可得方程(1.5)的旋度为

$$\frac{\partial}{\partial t}\left(\boldsymbol{b} + \frac{m^*}{\mu_0 n_s e^{*2}} \nabla \times \nabla \times \boldsymbol{b}\right) = 0. \tag{1.9}$$

因此，方程(1.9)左边括号中的量是一个常量. London 兄弟指出，当这个值为零时，Meissner 效应就可以被成功地解释，也就是说

$$\boldsymbol{b} + \frac{m^*}{\mu_0 n_s e^{*2}} \nabla \times \nabla \times \boldsymbol{b} = 0. \tag{1.10}$$

方程(1.5)和(1.10)称为 London 方程. 用 $-\nabla^2 \boldsymbol{b}$ 代替 $\nabla \times \nabla \times \boldsymbol{b}$（因为 $\nabla \cdot \boldsymbol{b} = 0$），

方程(1.10)可写为

$$\nabla^2 \boldsymbol{b} - \frac{1}{\lambda^2}\boldsymbol{b} = 0. \tag{1.11}$$

这里$\lambda$是长度尺寸上的一个量,定义如下

$$\lambda \doteq \left(\frac{m^*}{\mu_0 n_s e^{*2}}\right)^{1/2}. \tag{1.12}$$

我们假设一个厚度为 $x \geqslant 0$ 的半无限大超导体. 当我们沿着平行于表面($x=0$)的 $z$ 轴叠加一个外磁场 $H_e$ 时,我们可以做一个合理的假设:磁通密度仅仅有一个沿着 $x$ 轴变化的 $z$ 分量. 因而,方程(1.11)可以简化为

$$\frac{d^2 b}{dx^2} - \frac{b}{\lambda^2} = 0. \tag{1.13}$$

这个方程很容易求解,在 $x=0$ 时 $b=\mu_0 H_e$ 以及 $x$ 无限时 $b$ 有限条件下,我们将得到

$$b(x) = \mu_0 H_e \exp\left(-\frac{x}{\lambda}\right). \tag{1.14}$$

这个结果表明,磁通从表面开始只能仅仅穿透大致$\lambda$的距离(参见图 1.3). 这一特征长度$\lambda$称为穿透深度. 因为超导电子是以电子对的方式出现,我们把成对电子的电量表示为 $e^*$,即 $e^*=2e=3.2\times10^{-19}$C. 我们也要用一对电子的质量表示一个超导电子的质量,$m^*=2m=1.8\times10^{-30}$kg(尽管这样做并不十分正确). 如果我们用 $n_s$ 表示自由电子密度,约为 $10^{28}\,\mathrm{m}^{-3}$. 那么可以从方程(1.12)和上面的这些量得到$\lambda\simeq37$nm. 实际上实验所得结果也与估计值在一个数量级上. 因此,磁通不能穿透超导体表面进入到很深的地方,这可以用于对 Meissner 效应的解释. 从方程(1.7),(1.8)和(1.14)可以发现电流也是局域化且仅仅沿着 $y$ 轴流动的.

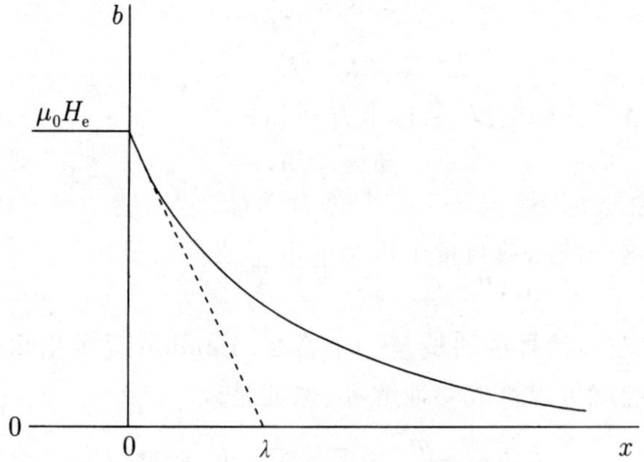


**图 1.3** 在 Meissner 状态下近超导体表面的磁通分布

$$j(x)=\frac{H_e}{\lambda}\exp\left(-\frac{x}{\lambda}\right). \tag{1.15}$$

这个所谓的 Meissner 电流屏蔽掉外磁场进而支持了 Meissner 效应.

我们注意到 London 方程(1.5),(1.10)也能够从下面的方程推导出来

$$\boldsymbol{j}=-\frac{n_s e^{*2}}{m^*}\boldsymbol{A}, \tag{1.16}$$

这里 $\boldsymbol{A}$ 是磁场矢势. 方程(1.5)和(1.10)可以分别通过对方程(1.16)进行时间微分和求旋度而得到. 方程(1.16)表示任意点的电流密度由那一点的矢势决定. 也就是说,London 理论是一个局域理论,但超导电性是一个非定域现象,电子波函数有一个空间的分布. 对超导电性有贡献的电子处于费米能量附近的 $k_B T$ 能量范围内,$k_B$ 表示波尔兹曼常量. 因此,电子动量的不确定性是 $\Delta p\sim k_B T/v_F$,其中 $v_F$ 是费米速度. 因此,电子波函数的空间分布可以从测不准原理推导出来

$$\xi_0\sim\frac{\hbar}{\Delta p}\sim\frac{\hbar v_F}{k_B T_c}, \tag{1.17}$$

其中 $\hbar=h_P/2\pi$,$h_P$ 是 Planck 常量,特征长度 $\xi_0$ 被称为相干长度.

London 理论预言,一些物理量,例如磁通密度和电流密度,在一个特征长度 $\lambda$ 内变化. 因此,同 $\xi_0$ 相比要求 $\lambda$ 足够长,以满足局域近似. 对 $\lambda\gg\xi_0$ 的超导体来说 London 理论是一个非常好的近似,这样的超导体是第Ⅱ类超导体. 由于量子化磁通线的运动引起感应电场(2.2 节),因此在本书中用 London 理论讨论了第Ⅱ类超导体的量子化的磁通线结构(1.5 节).

## 1.4　Ginzburg-Landau(G-L)理论

尽管 London 理论解释了 Meissner 效应,但它不能解释在第Ⅰ类超导体的中间态或者第Ⅱ类超导体的混合态中磁场和超导电性的共存问题. 为了处理中间态问题,Ginzburg 和 Landau 提出了他们的理论(G-L 理论)[1]. 这一理论是基于 Ginzburg 和 Landau 对超导电性本质的洞察,即在宏观范围内电子是相干的. 在这个理论中定义的序参数源于一个热力学量,是描述一对电子中心相干运动的瞬时波函数. 这一波函数与量子机制的电子波函数很相似.

我们定义序参数 $\Psi$,作为一个复数,它的平方 $|\Psi|^2$ 表示超导电子的密度. 因此,与超导电子的密度相关的超导电子自由能是一个关于 $|\Psi|^2$ 的方程. 在转变点附近 $|\Psi|^2$ 是一个非常小的量,自由能可以按 $|\Psi|^2$ 展开

$$\text{const.}+\alpha|\Psi|^2+\frac{\beta}{2}|\Psi|^4+\cdots. \tag{1.18}$$

为了描述超导态和正常态之间的相变,当展开达到 $|\Psi|^4$ 项时就足够了,我们将

在后面给出解释.

我们推测由于磁场的存在,序参数沿空间发生变化.通过对量子机制的分析,这一变化将产生动能.动能密度的值将以量子力学中为大家所熟知的力矩算符的形式表示出来

$$\frac{1}{2m^*}\Psi^2(-\mathrm{i}\hbar\nabla+2e\boldsymbol{A})^2\Psi, \tag{1.19}$$

这里 $\Psi^*$ 是 $\Psi$ 的一个复共轭,$m^*$ 是超导电子 Cooper 对的质量,我们用到的 $-2e$ 是 Cooper 对的电量.力矩算子包含矢势 $\mathbf{A}$,因此我们自然可推导出与运动电荷有关的洛伦兹力.按照力矩的 Hermitian 算符,方程(1.19)的动能密度可以改写为

$$\frac{1}{2m^*}|(-\mathrm{i}\hbar\nabla+2e\boldsymbol{A})\Psi|^2. \tag{1.20}$$

因此,包括磁场能量在内的超导态的自由能密度可以由下式得到:

$$F_{\mathrm{s}}=F_{\mathrm{n}}(0)+\alpha|\Psi|^2+\frac{\beta}{2}|\Psi|^4+\frac{1}{2\mu_0}(\nabla\times\boldsymbol{A})^2$$
$$+\frac{1}{2m^*}|(-\mathrm{i}\hbar\nabla+2e\boldsymbol{A})\Psi|^2, \tag{1.21}$$

这里 $F_{\mathrm{n}}(0)$ 表示无磁场时的正常态的自由能密度.

为了简化计算,首先处理没有磁场时的情况.一般情况下可令 $\mathbf{A}=0$,然后由于序参数不存在空间变化,方程(1.21)可以简化为

$$F_{\mathrm{s}}=F_{\mathrm{n}}(0)+\alpha|\Psi|^2+\frac{\beta}{2}|\Psi|^4. \tag{1.22}$$

当温度 $T$ 低于临界温度 $T_{\mathrm{c}}$ 时必然会得到一个非零平衡值 $|\Psi|^2$,这将导致 $\alpha<0$ 和 $\beta>0$.由与 $|\Psi|^2$ 相关的 $F_{\mathrm{s}}(0)=0$ 条件,消去方程中的 $F$ 项,得出 $|\Psi|^2$ 的平衡值为

$$|\Psi|^2=-\frac{\alpha}{\beta}\equiv|\Psi_\infty|^2. \tag{1.23}$$

把这个关系代入方程(1.22)便可以求出平衡态下的自由能密度

$$F_{\mathrm{s}}(0)=F_{\mathrm{n}}(0)-\frac{\alpha^2}{2\beta}. \tag{1.24}$$

在 $T=T_{\mathrm{c}}$ 时,超导体中发生从超导态到正常态的转变,且 $|\Psi_\infty|^2$ 变为 0,因此在这个温度下 $\alpha$ 为 0.在 $T_{\mathrm{c}}$ 附近假定随着温度变化的 $\alpha$ 与 $(T-T_{\mathrm{c}})$ 成比例.在 $T>T_{\mathrm{c}}$ 时,$\alpha$ 取正值,在 $|\Psi|^2=0$ 时由方程(1.22)给出的自由能密度取最小值.图 1.4 和 1.5 分别给出了在 $T_{\mathrm{c}}$ 附近的自由能密度和 $|\Psi|^2$ 的平均值的变化.从上面的分析可以看出,可以用扩展到 $|\Psi|^4$ 项的自由能密度的扩展来对相变做出解释.

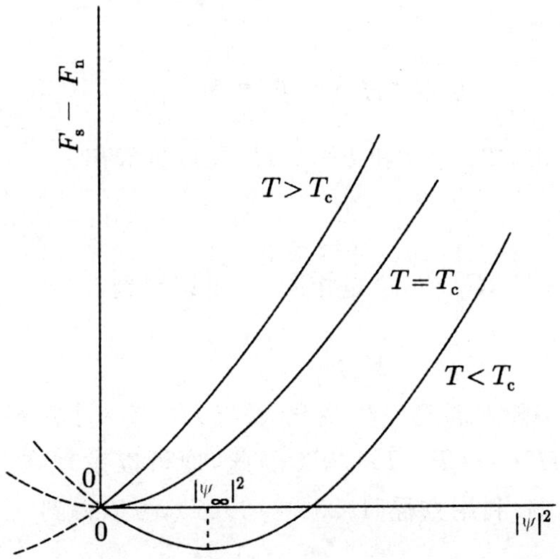


**图 1.4**　不同温度下自由能密度与 $|\Psi|^2$ 的变化关系

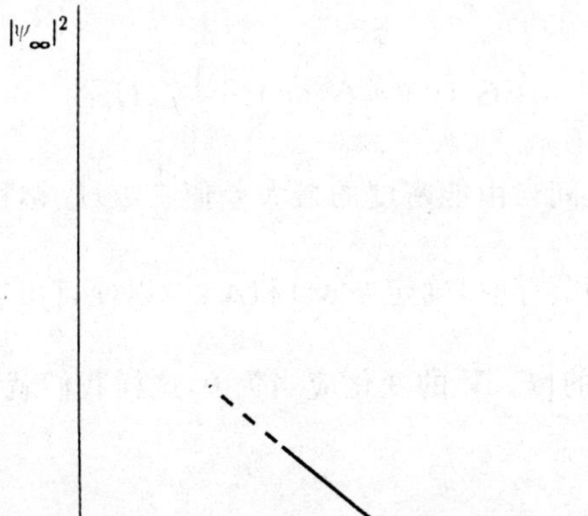

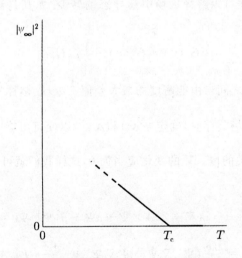

**图 1.5**　序参数平衡值 $|\Psi_\infty|^2$ 与温度的关系

现在我们处理磁场导致的相变. 假设有一个足够大的第Ⅰ类超导体,这个超导体表现出 Meissner 效应,当处于超导态时,在从表面到深度 $\lambda$ 的范围以外体内不存在磁场. 在一个大的超导体中这样一个小的表面区域可以被忽略,序参数的空间变化也可以被忽略. 磁场中的超导体的平衡态由最小的 Gibbs 自由能决定. 如果外磁场和超导体内的磁通密度分别用 $H_e$ 和 $B$ 表示,可以得到 Gibbs 自

由能密度为 $G_s(H_e)=F_s-BH_e$. 如果注意到在超导态 $B=0$ 和由方程(1.23)给出的 $|\Psi|^2$,可以得到

$$G_s(H_e)=F_n(0)-\frac{\alpha^2}{2\beta}. \tag{1.25}$$

另外,在正常态下,由 $|\Psi|^2=0$ 和 $B=\mu_0H_e$ 可以推导出

$$G_n(H_e)=F_n(0)+\frac{B^2}{2\mu_0}-BH_e=F_n(0)-\frac{1}{2}\mu_0H_e^2. \tag{1.26}$$

因为在转变点 $H_e=H_c$,$G_s$ 和 $G_n$ 是相同的,可以得到

$$\frac{\alpha^2}{\beta}=\mu_0H_c^2. \tag{1.27}$$

在 $T_c$ 附近,$\beta$ 几乎不随着温度发生变化,$\alpha$ 与 $H_c$ 有一个近似的正比关系. 这样就有 $\alpha\simeq 2(\mu_0\beta)^{1/2}H_c(0)(T-T_c)/T_c$. 因此,便可以发现在上面的假设中 $\alpha$ 与温度的关系是合适的. 利用方程(1.25)—(1.27),可以得到

$$G_s(H_e)=G_n(H_e)-\frac{1}{2}\mu_0(H_c^2-H_e^2). \tag{1.28}$$

这一结果表明 $G_s(H_e)<G_n(H_e)$,当 $H_e<H_c$ 时出现超导态,当 $H_e>H_c$ 时出现正常态. 这个方程可以解释磁场中超导态的转变. 尤其是当 $H_e=0$ 时可以从上面的方程推导出

$$G_s(0)=G_n(0)-\frac{1}{2}\mu_0H_c^2. \tag{1.29}$$

在超导态和正常态之间自由能密度的最大差值 $\frac{1}{2}\mu_0H_c^2$ 被称为凝聚能密度.

当超导体与磁场共存时,确定 $\Psi(\boldsymbol{r})$ 和 $\boldsymbol{A}(\boldsymbol{r})$ 以使自由能 $\int F_s\mathrm{d}V$ 最小. 因此与 $\Psi^*(\boldsymbol{r})$ 和 $\boldsymbol{A}(\boldsymbol{r})$ 有关的 $\int F_s\mathrm{d}V$ 的变化应当为 0,这样我们就可以推导出下面两个方程:

$$\frac{1}{2m^*}(-\mathrm{i}\hbar\nabla+2e\boldsymbol{A})^2\Psi+\alpha\Psi+\beta|\Psi|^2\Psi=0, \tag{1.30}$$

$$\boldsymbol{j}=\frac{\mathrm{i}\hbar e}{m^*}(\Psi^*\nabla\Psi-\Psi\nabla\Psi^*)-\frac{4e^2}{m^*}|\Psi|^2\boldsymbol{A}, \tag{1.31}$$

其中

$$\boldsymbol{j}=\frac{1}{\mu_0}\nabla\times\nabla\times\boldsymbol{A}. \tag{1.32}$$

上面的两个方程(1.30)和(1.31)被称为 Ginzburg-Landau 方程或者 G-L 方程,在推导中,用到了 Coulomb 规范,$\nabla\cdot\boldsymbol{A}=0$ 和如下用于表面的条件:

$$\boldsymbol{n}\cdot(-\mathrm{i}\hbar\nabla+2e\boldsymbol{A})\Psi=0. \tag{1.33}$$

在上面的方程中,$\boldsymbol{n}$ 表示表面的一个单位法向矢量,方程(1.33)的条件表明电流

不能流过超导体表面.这满足超导体是处于真空或者绝缘材料中的情况.另外,如果超导体是处于某一金属中,方程(1.33)右边的部分将被 $\mathrm{i}a\boldsymbol{\Psi}$ 所替代,$a$ 是实数[2].

超导体的电磁特性由两个特征长度决定,即磁场穿透深度 $\lambda$ 和相干长度 $\xi$.这两个参数与磁通密度 $B$ 的空间变化和序参数 $\boldsymbol{\Psi}$ 有关.这里我们将从 Ginzburg-Landau(G-L)方程中推导出这些量.

假设把超导体放入弱磁场中.这种情况下,序参数的变化是很小的,因此,可以近似认为 $\boldsymbol{\Psi}=\boldsymbol{\Psi}_\infty$,然后方程(1.31)可以简化为

$$\boldsymbol{j}=-\frac{4e^2}{m^*}|\boldsymbol{\Psi}_\infty|^2\mathbf{A}, \tag{1.34}$$

这与 London 理论的方程(1.16)相似.如果我们考虑到 $e^*=2e$,相应地会得到 $|\boldsymbol{\Psi}_\infty|^2$ 相当于 $n_s$.因此,Ginzburg-Landau(G-L)理论是更具普遍性的理论,当所处空间的序参数不变时,通过它可以推导出 London 理论.因此,利用与 1.3 节相同方法可以推导出 Meissner 效应,可以得到穿透深度

$$\lambda=\left(\frac{m^*}{4\mu_0 e^2|\boldsymbol{\Psi}_\infty|^2}\right)^{1/2}. \tag{1.35}$$

在 $T_c$ 附近,$|\boldsymbol{\Psi}_\infty|^2$ 与 $(T_c-T)$ 成正比,$\lambda$ 与 $(T_c-T)^{1/2}$ 成正比变化,并且在 $T=T_c$ 处偏离.可以用 $\lambda$ 表示出系数 $\alpha$ 和 $\beta$,

$$\alpha=-\frac{(2e\mu_0 H_c\lambda)^2}{m^*}, \tag{1.36}$$

$$\beta=\frac{16e^4\mu_0^3 H_c^2\lambda^4}{m^{*2}}. \tag{1.37}$$

下面我们将讨论序参数 $\boldsymbol{\Psi}$ 的空间变化.我们首先处理在没有磁场,即矢势 $\mathbf{A}=0$ 的情况.为了简化计算我们假设 $\boldsymbol{\Psi}$ 仅沿着 $x$ 轴变化.如果我们按照下面公式规范化序参数

$$\psi=\frac{\boldsymbol{\Psi}}{|\boldsymbol{\Psi}_\infty|}, \tag{1.38}$$

则方程(1.30)可以简化为

$$\xi^2\frac{\mathrm{d}^2\psi}{\mathrm{d}x^2}+\psi-|\psi|^2\psi=0, \tag{1.39}$$

这里 $\xi$ 是相干长度的特征长度,由下式给出:

$$\xi=\frac{\hbar}{(2m^*|\alpha|)^{1/2}}. \tag{1.40}$$

我们可以把方程(1.39)的 $\boldsymbol{\Psi}$ 看做实函数.假定与平衡值相比,序参数有微小的变化,如此便有 $\psi=1-f$,$f\ll 1$.在这个范围,方程(1.39)简化为

$$\xi^2\frac{\mathrm{d}^2 f}{\mathrm{d}x^2}-2f=0, \tag{1.41}$$

因此

$$f \sim \exp\left(-\frac{\sqrt{2}\,|x|}{\xi}\right). \tag{1.42}$$

这表明序参数在距离接近 $\xi$ 的范围内发生一个空间的变化. 从方程(1.36)和(1.40)可知,相干长度还可以表示为

$$\xi = \frac{\hbar}{2\sqrt{2}e\mu_0 H_c \lambda}. \tag{1.43}$$

方程(1.40)和(1.43)表明: 在 $T_c$ 附近,$\xi$ 与 $(T_c - T)^{-1/2}$ 呈现正比例的增加. 另外,在 BCS 理论中的相干长度可由下式给出,且与温度无关[3]

$$\xi_0 = \frac{\hbar v_F}{\pi \Delta(0)} = 0.18\,\frac{\hbar v_F}{k_B T_c}, \tag{1.44}$$

$\Delta(0)$ 表示在 $T=0$ 时的能隙. 尽管存在着不同,两个相干长度是彼此相关的. 因为超导电性是无定域性的,这个相关也随电子的平均自由程 $l$ 的变化而变,在 $T_c$ 附近,G-L 理论中的相干长度变成[4]

$$\xi(T) = \begin{cases} 0.74\,\dfrac{\xi_0}{(1-t)^{1/2}}, & l \gg \xi_0, & (1.45\text{a}) \\ 0.85\,\dfrac{(\xi_0 l)^{1/2}}{(1-t)^{1/2}}, & l \ll \xi_0, & (1.45\text{b}) \end{cases}$$

这里 $t = T/T_c$. 上面两个方程分别适用于"净"和"脏"的超导体(即电子平均自由程较大和较小的超导体). 可以看出: 在"净"超导体中,$\xi(T)$ 近似等于 $\xi_0$;而在"脏"超导体中要比 $\xi_0$ 小得多.

由于超导体的无定域性,穿透深度也受电子自由程 $l$ 的影响. 我们把由方程(1.35)给出的穿透深度叫做 London 穿透深度,且用符号 $\lambda_L$ 表示. 如果 $\lambda_L$ 远大于 $\xi_0$ 和 $l$,则在"净"超导体 $(l \gg \xi_0)$ 中有 $\lambda = \lambda_L$,在"脏"$(l \ll \xi_0)$ 超导体中有 $\lambda \simeq \lambda_L (\xi_0/l)^{1/2}$. 在一个超导体中,$\xi_0 \gg \lambda_L$ 时,也就是说,在 Pippard 超导体中,我们有 $\lambda \simeq 0.85(\lambda_L^2 \xi_0)^{1/3}$.

在 G-L 理论中这两个特征参数的比值定义为

$$\kappa = \frac{\lambda}{\xi}, \tag{1.46}$$

称为 G-L 参数. 按照 G-L 理论,$\lambda$ 和 $\xi$ 对温度有相同的关系,因此 $\kappa$ 与温度无关. 但是,随着温度的增加,$\kappa$ 有一个微弱的减小. 在描述超导体的磁特性时,G-L 参数有一个非常重要的作用. 尤其是这一参数值决定了第Ⅰ类和第Ⅱ类超导体的分类. 第Ⅱ类超导体的上临界场也依赖于这一参数.

下面我们将讨论在足够大的磁场中,一个块材超导体中出现超导电性时的情况,忽略方程(1.30)中的高于 $\beta|\Psi|^2\Psi$ 的项. 我们假设外磁场 $H_e$ 可以沿着 $z$ 轴放置. 在空间 $b \simeq \mu_0 H_e$ 中超导体内的磁通密度应当是均匀的,因此矢势可以

写为

$$\mathbf{A} = \mu_0 H_e x \boldsymbol{i}_y, \tag{1.47}$$

这里 $\boldsymbol{i}_y$ 是沿着 $y$ 轴的一个单位矢量. 在上面的讨论中,块状超导体的 $x$ 轴方向的选择并不是很重要的,因此方程(1.47)的普遍性仍然存在. 因为 $\mathbf{A}$ 仅与 $x$ 有关,因此假设 $\boldsymbol{\Psi}$ 也仅与 $x$ 有关,也是合理的. 因此,方程(1.30)可以简化为

$$-\frac{\hbar^2}{2m^*}\cdot\frac{\mathrm{d}^2\boldsymbol{\Psi}}{\mathrm{d}x^2}+\frac{2e^2\mu_0^2}{m^*}(H_e^2x^2-2H_c^2\lambda^2)\boldsymbol{\Psi}=0, \tag{1.48}$$

这个方程与著名的一维简谐振子薛定谔方程有相同的形式. 只有 $n$ 是非负整数,并满足下列条件时这一方程才有解

$$\left(n+\frac{1}{2}\right)\hbar H_e = 2e\mu_0 H_c^2\lambda^2. \tag{1.49}$$

$n=0$ 时,相应于超导电性可以存在的最大磁场,可以获得 $H_e$ 的最大值,也就是上临界场

$$H_{c2} = \frac{4e\mu_0 H_c^2\lambda^2}{\hbar}. \tag{1.50}$$

故利用方程(1.43)和(1.46),上临界场也可以被写为

$$H_{c2} = \sqrt{2}\kappa H_c. \tag{1.51}$$

因此,对于 $\kappa$ 值大于 $1/\sqrt{2}$ 的超导体来说,在大于临界场 $H_c$ 的情况下,超导态可以存在. 有这种特性的超导体是第Ⅱ类超导体. 在 $H_e=H_c$ 时,超导体处于混合态,并且没有特别的特征性现象发生. $H_c$ 不能通过实验直接测出,因为它与凝聚能有关,在第Ⅱ类超导体中 $H_c$ 被称为热力学临界场. 如果我们现在引入要在下一部分中用到的磁通量子,$\phi_0=h_P/2e$,上临界场可以被重新写为

$$H_{c2} = \frac{\phi_0}{2\pi\mu_0\xi^2}. \tag{1.52}$$

在利用测量的 $H_{c2}$ 值估计相干长度时要用到这一关系.

## 1.5　磁特性

在磁场中第Ⅱ类超导体的一个特征是:宏观范围内的磁通是量子化的. 本书中我们把量子化的磁通看做一个磁通线. 在足够低的磁场下,磁通线彼此分离. 另外,在高场下它们相互重叠相互作用进而形成一个磁通线格子. 在这一部分中将通过 G-L 理论讨论量子化的磁通. 也就是说,在低场下利用磁通线的内在结构和在高场下利用磁通线格子的结构对超导体的磁特性给予讨论.

### 1.5.1 磁通量子化

首先我们将在一个足够弱的磁场中讨论超导体的性能. 为了简化计算,我们假设磁通线被限制在超导体中特定的范围内. 这个假设以量子化的磁通为基础. 在后面将会发现这一假设是合理的,因此这一处理是前后一致的. 假设一个闭合回路 C,这一回路包括了磁通线所处的区域. 假定这一区域内的磁通线和 C 之间的距离足够长以至于磁通密度和电流密度在 C 上可以看做为零. 如果我们写出

$$\Psi = |\Psi| \exp(\mathrm{i}\phi), \tag{1.53}$$

$\phi$ 表示序参数的相位,方程(1.31)便可以简化为

$$\boldsymbol{j} = -\frac{2\hbar e}{m^*} |\Psi|^2 \nabla\phi - \frac{4e^2}{m^*} |\Psi|^2 \boldsymbol{A}. \tag{1.54}$$

上面方程的第一项表示序参数的相位梯度引起的电流,也就是 Josephson 电流. 在回路 C 中,$\boldsymbol{j}=0$ 因此有

$$\boldsymbol{A} = -\frac{\hbar}{2e} \nabla\phi. \tag{1.55}$$

对整个回路 C 积分得到

$$\oint_{\mathrm{C}} \boldsymbol{A} \cdot \mathrm{d}\boldsymbol{s} = \int \boldsymbol{b} \cdot \mathrm{d}\boldsymbol{S} = \Phi, \tag{1.56}$$

这里 $\Phi$ 是回路 C 内部的磁通线. 如果我们把方程(1.55)的右端代替方程(1.56)中的 $\boldsymbol{A}$,方程(1.56)可以变为

$$\Phi = -\frac{\hbar}{2e} \oint_{\mathrm{C}} \nabla\phi \cdot \mathrm{d}\boldsymbol{s} = -\frac{\hbar}{2e} \Delta\phi, \tag{1.57}$$

这里 $\Delta\phi$ 是对回路 C 积分后的一个变量. 从数学要求来说序参数应当是一个唯一解方程,$\Delta\phi$ 必须是 $2\pi$ 的整数倍. 故有

$$\Phi = n\phi_0, \tag{1.58}$$

$n$ 为整数,且

$$\phi_0 = \frac{h_{\mathrm{P}}}{2e} = 2.0678 \times 10^{-15}(\mathrm{Wb}), \tag{1.59}$$

这里 $\phi_0$ 是一个磁通单位或者称为磁通量子. 因而我们可以说超导体中的磁通是量子化的. 上面提到的关于闭合回路 C 的 $\nabla\phi$ 的曲线积分不为零,因为在磁通线中心,$\nabla\phi$ 有一个孤立点. 这将在 1.5.2 小节予以讨论.

在上面证明的初始部分我们假设磁通存在于超导体内部一个特定的区域,在低场下这一条件是可以满足的,随着到孤立磁通线中心的距离 $r$ 的增加,磁通密度以 $\exp(-r/\lambda)$ 的形式减小(见方程(1.62b)). 另外,在高场下,磁通线不是局域性的,而且它们之前存在一个显著的重叠,这样磁通便形成磁通格子. 但是,

每一个晶胞内磁通线依然是量子化的，习题 1.3 给出了其量子化的证据.

### 1.5.2 下临界场附近

在下临界场附近，进入超导体的磁通密度比较低，且磁通线之间的间距很大. 这一部分我们将讨论 G-L 参数 $\kappa$ 很大的第Ⅱ类超导体中的孤立的磁通线结构，这里可以用到 London 理论. 应当指出，仅在距离磁通中心远大于 $\xi$ 的范围内，方程(1.10)才是正确的，磁通中心处的 $|\Psi|$ 近似为常量. 后面我们将看到，$|\Psi|$ 在中心处为 0，且在半径为 $\xi$ 的区域随着空间变化. 在核心区域，方程(1.10)不适用. 事实上，如果我们假设在整个区域内方程都是有效的，也将会得到一个不正确的结果. 这可以看做包括孤立的磁通线在内的足够宽的范围内对方程(1.10)的积分. 从 Stokes 法则考虑，方程(1.10)第二部分的表面积分被转化为围绕整个区域的闭合回路的电流的积分. 这一积分为零，因为在离磁通线足够远的地方电流密度为零，且表示这一区域的磁通线的总和为零. 因此，为了使从核心到磁通线的分布等于 $\phi_0$，必须要做一些修正. 在 $\kappa\gg 1$ 的情况下，与整个磁通线区域相比，核心区是非常狭窄的. 因此，在占据核心以外的大部分区域，我们简单地假设磁通结构为

$$\boldsymbol{b}+\lambda^2\,\nabla\times\nabla\times\boldsymbol{b}=\boldsymbol{i}_z\phi_0\delta(r). \tag{1.60}$$

我们还假设磁场沿着 $z$ 轴，$\boldsymbol{i}_z$ 是这个方向的一个单位矢量. $\boldsymbol{r}$ 是位于 $x$-$y$ 平面的一个矢量，且磁通线中心位于 $\boldsymbol{r}=0$ 处. $\delta(\boldsymbol{r})$ 是二维变量方程. 方程右边的系数 $\phi_0$ 表示一个磁通线的磁通总和. 方程(1.60)被称做修正后的 London 方程.

这个方程的解为

$$b(r)=\frac{\phi_0}{2\pi\lambda^2}K_0\left(\frac{r}{\lambda}\right), \tag{1.61}$$

$K_0$ 为修正的零阶 Bessel 方程. 在 $r\to 0$ 时这一方程发散. 因为磁通密度应当有一个有限值，在 $r<\xi$ 的区域修正后的 London 方程仍然是不正确的. 在核心以外，方程(1.61)近似为初等方程

$$b(r)\simeq\begin{cases}\dfrac{\phi_0}{2\pi\lambda^2}\left(\log\dfrac{\lambda}{r}+0.116\right), & \xi\ll r\ll\lambda, \quad (1.62\text{a})\\[2ex] \dfrac{\phi_0}{2\pi\lambda^2}\left(\dfrac{\pi\lambda}{2r}\right)^{1/2}\exp\left(-\dfrac{r}{\lambda}\right), & r\gg\lambda. \quad (1.62\text{b})\end{cases}$$

围绕磁通线流过的电流密度仅仅由方位角分量构成

$$j(r)=-\frac{1}{\mu_0}\cdot\frac{\partial b}{\partial r}=\frac{\phi_0}{2\pi\mu_0\lambda^3}K_1\left(\frac{r}{\lambda}\right), \tag{1.63}$$

这里 $K_1$ 是修正后的一阶 Bessel 方程. 特别之处是，在 $\xi\ll r\ll\lambda$ 区域，上面的方程可以简化为

$$j(r)=\frac{\phi_0}{2\pi\mu_0\lambda^2 r}. \tag{1.64}$$

在 $r<\xi$ 区域,序参数随着空间变化.在这一区域通过求解 G-L 方程,我们将讨论序参数的结构和磁通密度.从对称性上考虑,假定 $|\Psi|$ 仅是一个与 $r$ 相关的方程是合理的,$r$ 为到磁通线中心的距离.因此我们有 $\Psi/|\Psi_\infty|=f(r)\exp(\mathrm{i}\phi)$;当 $r$ 变得足够大时,$f(r)$ 近似为 1.按照 1.5.1 小节的论述可以看出:当围绕半径为 $r$ 的圆旋转一周时,相变为 $2\pi$(考虑到在这一圆周内部磁通线的数量为 1).因此 $\phi$ 是方位角 $\theta$ 的函数;最简单的函数要满足的条件为

$$\phi=-\theta. \tag{1.65}$$

在这种情况下,很容易得到

$$\nabla\phi=-\frac{1}{r}\boldsymbol{i}_\theta. \tag{1.66}$$

这表明磁通线中心是一个孤立点,在这一点函数是不可微的,除了在这一孤立点处,条件 $\nabla\times\nabla\phi=0$ 都是满足的,在整个空间中它可以表示为

$$\nabla\times\nabla\phi=-2\pi\boldsymbol{i}_z\delta(\boldsymbol{r}). \tag{1.67}$$

从方程(1.65)我们可以得到

$$\frac{\Psi}{|\Psi_\infty|}=f(r)\exp(-\mathrm{i}\theta). \tag{1.68}$$

它假定矢势 $\boldsymbol{A}$ 也是一个仅关于 $r$ 的方程.然后可以知道 $\boldsymbol{A}$ 只有 $\theta$ 分量,$A_\theta$.由 $b(r)=(1/r)(\partial/\partial r)(rA_\theta)$ 可以导出

$$A_\theta=\frac{1}{r}\int_0^r r'b(r')\mathrm{d}r'. \tag{1.69}$$

在高 $\kappa$ 值的超导体中,因为在 $r<\xi$ 的范围内,$b$ 是不变的,我们有

$$A_\theta\simeq\frac{b(0)}{2}r. \tag{1.70}$$

把方程(1.68),(1.70)代入(1.30)可以得到

$$f-f^3-\xi^2\left[\left(\frac{1}{r}-\frac{\pi b(0)r}{\phi_0}\right)^2 f-\frac{1}{r}\cdot\frac{\mathrm{d}}{\mathrm{d}r}\left(r\frac{\mathrm{d}f}{\mathrm{d}r}\right)\right]=0. \tag{1.71}$$

在非超导核心处,$f$ 足够小.事实上,可以看出:$f$ 不存在一个常数解.因此,我们假设 $f=cr^n$,$n>0$,最低次幂的主项是由 $r^{n-2}$ 构成的项.如果我们注意到这些项,由方程(1.71)可导出

$$r^{n-2}(1-n^2)=0. \tag{1.72}$$

从这个方程中我们得到 $n=1$.下一步我们假定,$f=cr(1+dr^m)$.如果我们利用下一个主项,可以得到

$$1+\frac{b(0)}{\mu_0 H_{c2}}-d\xi^2[1-(m+1)^2]r^{m-2}=0, \tag{1.73}$$

这里用到了方程(1.52).从这一方程中我们得到 $m=2$ 和 $d$ 的值.最后我们

得到[5]

$$f \simeq cr\left[1 - \frac{r^2}{8\xi^2}\left(1 + \frac{b(0)}{\mu_0 H_{c2}}\right)\right]. \tag{1.74}$$

可以看出在核心处序参数为零，这是证明磁通线中心的电流密度不发散的一个重要特征(参见方程(1.54)和(1.66)). 因此，$r \leqslant \xi$ 区域有时被称为非超导核心. 在低场下 $b(0)/\mu_0 H_{c2}$ 小到可以被忽略，在这种情况下，在 $r=(8/3)^{1/2}\xi=a_0$ 处，$f$ 取极大值. 在距离中心足够远的地方这一极大值接近于1，因此 $c \sim 1/\xi$. 如果我们取近似

$$f \simeq \tanh\left(\frac{r}{r_n}\right), \tag{1.75}$$

$c \simeq 1/r_n$，数值计算表明，这一长度应当是[6]

$$r_n = \frac{4.16\xi}{\kappa^{-1} + 2.25}, \tag{1.76}$$

在高 $\kappa$ 的超导体中这一数值减小到 $1.8\xi$. 因此，从严格意义上来说，London 方程(1.61)和(1.63)的解仅在 $r \geqslant 4\xi$ 时是正确的. 图1.6同时给出了磁通线密度的结构和磁通线的序参数. 因为核心的中心部分的磁通密度没有空间梯度的变化，它的值近似为 $(\phi_0/2\pi\lambda^2)\log\kappa$. 在后面部分将看出这个值接近 $2\mu_0 H_{c1}$.

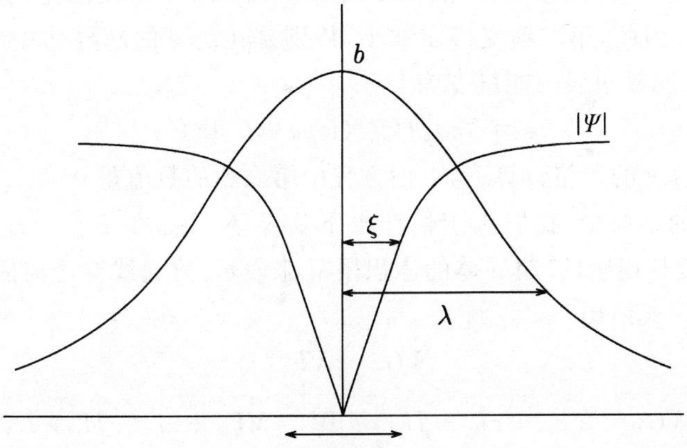


**图1.6** 在一个孤立磁通线上磁通密度和序参数的空间变化示意图

我们继续计算在块状高 $\kappa$ 值超导体中，每一单位长度的孤立磁通线的能量. 在低场下，从方程(1.74)我们近似得到 $f \simeq (3r/2a_0) - (r^3/2a_0^3)$. 这一方程表明了，核心位于 $r < a_0$ 的区域. 在核心以外，方程(1.21)的 G-L 自由能中重要的项是磁场能量和动能. 用 $\Psi_\infty$ 代替 $\Psi$，并且利用了方程(1.34)和 London 理论，动能密度可以被写为电流能量密度，$(\mu_0/2)\lambda^2 \boldsymbol{j}^2$. 因此，来自于核外对每一单位长度磁通线的能量的贡献可以表示为

$$\varepsilon' = \int \left( \frac{\boldsymbol{b}^2}{2\mu_0} + \frac{\mu_0}{2}\lambda^2 \boldsymbol{j}^2 \right) dV' = \frac{1}{2\mu_0}\int [\boldsymbol{b}^2 + \lambda^2 (\nabla \times \boldsymbol{b})^2]\, dV', \quad (1.77)$$

上面的$\int dV'$是除$|\boldsymbol{r}| \leqslant a_0$以外区域的每单位长度磁通线的体积分. 方程(1.77)与$\boldsymbol{b}$有关的积分的最重要的变化是零,从这一条件推导出了 London 方程. 对第二部分求偏积分,方程(1.77) 变为

$$\varepsilon' = \frac{1}{2\mu_0}\int (\boldsymbol{b} + \lambda^2 \nabla \times \nabla \times \boldsymbol{b}) \cdot \boldsymbol{b}\, dV' + \frac{\lambda^2}{2\mu_0}\int [\boldsymbol{b} \times (\nabla \times \boldsymbol{b})] \cdot d\boldsymbol{S}. \quad (1.78)$$

利用方程(1.60)发现,第一个积分为零,第二个积分发生在$|\boldsymbol{r}| = a_0$的表面和$|\boldsymbol{r}| = R\,(R \to \infty)$处. 很容易发现,在无限远处后一部分对表面积分值为零. 利用方程(1.62a)和(1.64)可以粗略地计算出,前一个积分在核心表面处的值. 我们可以得出

$$\begin{aligned} \varepsilon' &\simeq \frac{\lambda^2}{2\mu_0} \cdot \frac{\phi_0}{2\pi\lambda^2}\left(\log\frac{\lambda}{a_0} + 0.116\right)\frac{\phi_0}{2\pi\lambda^2 a_0} \cdot 2\pi a_0 \\ &= \frac{\phi_0^2}{4\pi\mu_0\lambda^2}(\log\kappa - 0.374) = 2\pi\mu_0 \xi^2 H_c^2 (\log\kappa - 0.374). \end{aligned} \quad (1.79)$$

核心内部对能量的贡献是:与序参数有关的值为$0.995\pi\mu_0 H_c^2\xi^2$,与磁场有关的值为$(8/3)\pi\mu_0 H_c^2\xi^2(\log\kappa/\kappa)^2$;它们分别是方程(1.79)给出能量的$(2\log\kappa)^{-1}$和$4\log\kappa/3\kappa^2$倍. 因此,第二项变得非常小,特别是在高$\kappa$的超导体中. 如果忽略这一项,单位长度磁通线的能量变为

$$\varepsilon = 2\pi\mu_0 H_c^2 \xi^2 (\log\kappa + 0.124). \quad (1.80)$$

按照 Abrikosov 的严格计算[7],上面方程中第二项的数值是 0.081.

从上面的结果中,我们应当估计出下临界场$H_{c1}$. 在$H_e = H_{c1}$处的转变中 Gibbs 自由能是连续的. 超导体的体积用$V$来表示. 磁通线穿透前后的 Gibbs 自由能分别由下式给出

$$VG_s = VF_s, \quad (1.81)$$

$$VG_s = VF_s + \varepsilon L - H_{c1}\int b\, dV = VF_s + \varepsilon L - H_{c1}\phi_0 L, \quad (1.82)$$

上面式子中$F_s$是磁通线穿透以前的 Helmholtz 自由能密度,$L$是超导体中的磁通线长度. 由于磁通线的构成以及第三项是 Legendre 转变,所以方程(1.82)的第二项是变化的. 比较方程(1.81)和(1.82)可以得到

$$H_{c1} = \frac{\varepsilon}{\phi_0} = \frac{H_c}{\sqrt{2}\kappa}(\log\kappa + 0.081), \quad (1.83)$$

这里 Abrikosov 给出的正确的表达式被用于求$\varepsilon$的值. 这一方程能用于有高$\kappa$值的超导体,这一过程中用到了 London 理论.

这里我们计算$H_{c1}$附近的磁化. 这种情况下,磁通线之间的间距很大,使得

磁通线密度可以近似地由孤立磁通线的磁通密度 $b_{\mathrm{i}}(\boldsymbol{r})$ 的叠加表出

$$b(\boldsymbol{r})=\sum_{n}b_{\mathrm{i}}(\boldsymbol{r}-\boldsymbol{r}_{n}),\tag{1.84}$$

这里 $\boldsymbol{r}_n$ 表示第 $n$ 个磁通线的位置. 在这一状态下,再次用方程(1.78)表示自由能量密度,可以得到

$$F=\frac{\phi_0}{2\mu_0}\sum\sum_{m\neq n}b_{\mathrm{i}}(\boldsymbol{r}_m-\boldsymbol{r}_n)+\frac{B}{\phi_0}\varepsilon=\frac{B}{\mu_0}\sum_{n\neq 0}b_{\mathrm{i}}(\boldsymbol{r}_0-\boldsymbol{r}_n)+\frac{B}{\phi_0}\varepsilon.\tag{1.85}$$

这里 $m$ 的总和是表示单位空间;而 $n$ 的总和表示超导体的全部空间. 公式(1.85)的第一项是磁通线之间的相互作用能,第二项是磁通线自身的能量,$B$ 表示磁通密度. 在表面,以自身能量的导数围绕着第 $n$ 个核心的表面积分,可以忽略其他磁通线的贡献,因为在 $H_{\mathrm{c1}}$ 附近它们是足够小的. 把 $b_{\mathrm{i}}$ 用方程(1.61)代入得到

$$F=\frac{\phi_0 B}{4\pi\mu_0\lambda^2}\sum_{n\neq 0}K_0\left(\frac{|\boldsymbol{r}_0-\boldsymbol{r}_n|}{\lambda}\right)+BH_{\mathrm{c1}}.\tag{1.86}$$

我们处理三角形磁通格子的情况,假定由下式给出的磁通线占据的空间足够大

$$a_{\mathrm{f}}=\left(\frac{2\phi_0}{\sqrt{3}B}\right)^{1/2}.\tag{1.87}$$

如果我们仅计算相邻六条磁通线的相互作用,可以得出 Gibbs 自由能密度

$$G=F-BH_{\mathrm{e}}=\frac{3\phi_0 B}{2\pi\mu_0\lambda^2}\left(\frac{\pi\lambda}{2a_{\mathrm{f}}}\right)^{1/2}\exp\left(-\frac{a_{\mathrm{f}}}{\lambda}\right)-B(H_{\mathrm{e}}-H_{\mathrm{c1}}),\tag{1.88}$$

这里 $H_{\mathrm{e}}$ 表示外磁场. $G$ 最小时的磁通密度 $B$ 可从下式得到:

$$B^{-1/4}\left[1+\frac{5}{2}\left(\frac{\sqrt{3}\lambda^2}{2\phi_0}\right)^{1/2}B^{1/2}\right]\exp\left[-\left(\frac{2\phi_0}{\sqrt{3}\lambda^2 B}\right)^{1/2}\right]=3.2\mu_0(H_{\mathrm{e}}-H_{\mathrm{c1}})\left(\frac{\lambda^2}{\phi_0}\right)^{5/4},\tag{1.89}$$

这一方程的精确解只能通过数值计算才可能得到. 然而,如果我们注意到 $B$ 的变化更多地是体现在指数的变化上,上式中的 $B$ 可近似的由 $\phi_0/\lambda^2$ 代替,可以得到

$$B\sim\frac{2\phi_0}{\sqrt{3}\lambda^2}\left\{\log\left[\frac{\phi_0}{\mu_0(H_{\mathrm{e}}-H_{\mathrm{c1}})\lambda^2}\right]\right\}^{-2}.\tag{1.90}$$

从这一方程中可以看出,在 $H_{\mathrm{e}}=H_{\mathrm{c1}}$ 处,$B$ 从 0 开始有一个很剧烈的增加.

### 1.5.3 上临界场附近

在上临界场附近磁通线的重叠非常显著,核心之间的距离很小. 因此在这里 London 理论不再适用,需要使用 G-L 理论进行分析. 在如此高的磁场中,序参数 $\Psi$ 足够小,可以忽略方程(1.30)中更高次项 $\beta|\Psi|^2\Psi$. 在超导体中,由于显著的磁通重叠,磁通密度可以被认为是近似均匀的. 我们假定磁场沿着 $z$ 轴方向,

然后按照第一个近似矢势可以用方程(1.47)表示出来.如果我们将$\Psi(x,y)$写成

$$\Psi(x,y)=\mathrm{e}^{-\mathrm{i}ky}\Psi'(x), \tag{1.91}$$

$\Psi'$服从方程(1.48),$x$ 被 $x-x_0$ 代替,

$$x_0=\frac{\hbar\kappa}{2\mu_0 eH_\mathrm{e}}. \tag{1.92}$$

这一方程有解时的最大场是 $H_{c2}$.这种情况下,方程(1.92)可简化为 $x_0=\kappa\xi^2$.我们感兴趣的地方是比 $H_{c2}$ 仅仅小一点的外场,首先我们取近似,令 $h=H_{c2}$.那么,关于 $\Psi'$的方程可简化为

$$-\xi^2\frac{\mathrm{d}^2\Psi'}{\mathrm{d}x^2}+\left[\left(\frac{x}{\xi}-\kappa\xi\right)^2-1\right]\Psi'=0. \tag{1.93}$$

很容易看出,方程有一个如下形式的解:

$$\Psi'\sim\exp\left[-\frac{1}{2}\left(\frac{x}{\xi}-\kappa\xi\right)^2\right]. \tag{1.94}$$

因为 $\kappa$ 是任意的,$\Psi$ 变成

$$\Psi=\sum_n C_n\mathrm{e}^{-\mathrm{i}n\kappa y}\exp\left[-\frac{1}{2}\left(\frac{x}{\xi}-n\kappa\xi\right)^2\right]. \tag{1.95}$$

按照周期性序参数的假定,磁通线周期性排列.这是因为这样一个周期性的结构假定与能量很好地相符.三角形格子是有严格周期性的格子之一.这个格子有 $C_{2m}=C_0$ 和 $C_{2m+1}=\mathrm{i}C_0$ 特征.方程(1.95)要表示一个方格子是相当困难的.利用一个变换

$$x=\frac{\sqrt{3}}{2}X,\qquad y=\frac{X}{2}+Y, \tag{1.96}$$

同时把 $|\Psi|^2$ 按傅里叶级数展开两级.计算后我们可以得到

$$|\Psi|^2=|C_0|^2 3^{-1/4}\sum_{m,n}(-1)^{mn}\exp\left[-\frac{\pi}{\sqrt{3}}(m^2-mn+n^2)\right]$$
$$\times\exp\left[\frac{2\pi\mathrm{i}}{a_\mathrm{f}}\right](mX+nY). \tag{1.97}$$

上面我们用到 $\kappa=2\pi/a_\mathrm{f}$ 和 $a_\mathrm{f}^2=4\pi\xi^2/\sqrt{3}$,后一个关系在 $h=H_{c2}$ 处是正确的.习题 1.5 给出了方程(1.97)的积分.$|\Psi|^2$ 描述的三角形格子结构是由 Kleiner 等人推导出来的[8].图 1.7 示出了这一结果.如果我们仅拿出满足 $m^2-mn+n^2\leqslant1$ 的主要项,以起始坐标的形式表示,方程(1.97)可以简化为

$$|\Psi|^2=|C_0|^2 3^{-1/4}\left\{1+2\exp\left(-\frac{\pi}{\sqrt{3}}\right)\left[\cos\frac{2\pi}{a_\mathrm{f}}\left(\frac{2}{\sqrt{3}}x\right)\right.\right.$$
$$\left.\left.+\cos\frac{2\pi}{a_\mathrm{f}}\left(\frac{x}{\sqrt{3}}-y\right)-\cos\frac{2\pi}{a_\mathrm{f}}\left(\frac{x}{\sqrt{3}}+y\right)\right]\right\}. \tag{1.98}$$

在上面的方程中如果我们用 1/3 代替因子 $2\exp(-\pi/\sqrt{3})\simeq0.326$ 的话,将会发

现，在$(x,y)=(\sqrt{3}(p\pm 1/4)a_f,(q\mp 1/4)a_f)$处，$|\Psi|^2$为0，$p$和$q$表示整数.

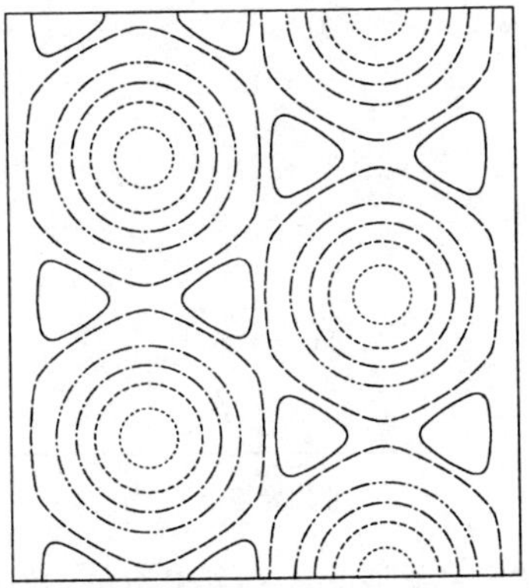


**图 1.7** 三角形磁通线格子中归一化$|\Psi|^2$的轮廓示意图[8]

方程(1.95)给出的一列序参数，用$\Psi_0$来表示，在$H_e=H_{c2}$处，$\boldsymbol{A}=\mu_0 H_{c2} x \boldsymbol{i}_y=\boldsymbol{A}_0$，满足线性 G-L 方程. 这些量表示为

$$\Psi_1=\Psi-\Psi_0,\quad \boldsymbol{A}_1=\boldsymbol{A}-\boldsymbol{A}_0. \tag{1.99}$$

这里我们可以估计出磁通线密度与均衡分布$b=\mu_0 H_{c2}$的偏差(开始即假定为均匀分布). 把方程(1.95)代入(1.31)，可以发现，对应于电流密度的$x$分量

$$\frac{\partial^2 A_y}{\partial x \partial y}=-\frac{\mu_0 \hbar e}{m^*}\cdot\frac{\partial}{\partial y}|\Psi_0|^2, \tag{1.100}$$

可以得出

$$b=\mu_0 H_0-\frac{\mu_0 H_{c2}|\Psi_0|^2}{2\kappa^2|\Psi_\infty|^2} \tag{1.101}$$

和

$$\boldsymbol{A}=\left(\mu_0 H_0 x-\frac{\mu_0 H_{c2}}{2\kappa^2|\Psi_\infty|^2}\int|\Psi_0|^2 \mathrm{d}x\right)\boldsymbol{i}_y, \tag{1.102}$$

这里$H_0$是一个积分常量. 在后面我们将发现，$H_0$等于外磁场$H_e$. 方程(1.101)表明在超导体中，局域磁通密度也是周期变化的，且当$\Psi$等于0时有最大值. 图1.8给出了这样的磁通密度的空间结构和超导电子的密度$|\Psi|^2$. 图1.9给出利用修饰技术而成像的Pb-Tl超导体样品的磁通线格子图像.

因为已经从方程(1.102)和$\boldsymbol{A}_0=\mu_0 H_{c2} x \boldsymbol{i}_y$中得到$\boldsymbol{A}_1$，我们将从这一方程中得到一个小量的$\Psi_1$. $|\Psi|^2\Psi$项也是一个小量. 把方程(1.99)代入方程(1.30)可以得到

$$\frac{1}{2m^*}(-\mathrm{i}\hbar\nabla+2e\boldsymbol{A}_0)^2\Psi_1+\alpha\Psi_1$$
$$=\frac{\mathrm{i}\hbar e}{m^*}[\nabla\cdot(\boldsymbol{A}_1\Psi_0)+\boldsymbol{A}_1\cdot\nabla\Psi_0]-\frac{4e^2}{m^*}\boldsymbol{A}_0\cdot\boldsymbol{A}_1\Psi_0-\beta|\Psi_0|^2\Psi_0, \tag{1.103}$$

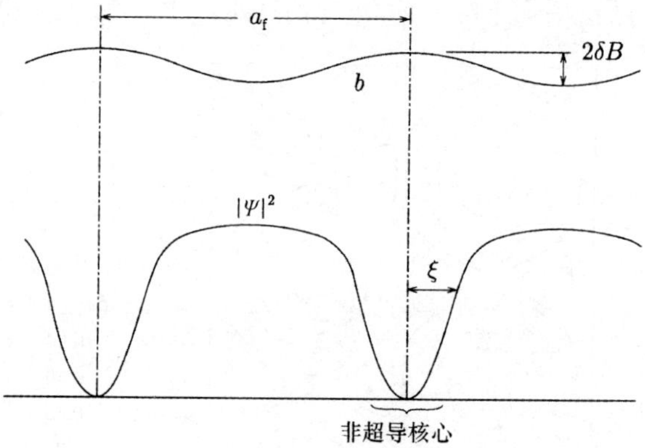


**图 1.8**　磁通线格子当中的 $|\Psi|^2$ 和磁通线密度，其中 $a_f$ 表示磁通线格子的间距

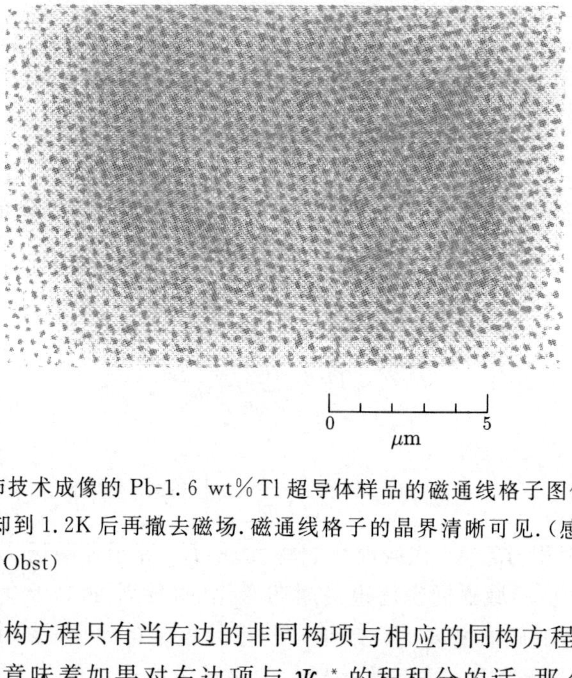


**图 1.9**　通过修饰技术成像的 Pb-1.6 wt% Tl 超导体样品的磁通线格子图像，样品在 35mT 磁场下随磁场冷却到 1.2K 后再撤去磁场. 磁通线格子的晶界清晰可见.（感谢 Karlsruhe 研究中心的 Dr. B. Obst）

这一 $\Psi_1$ 的非同构方程只有当右边的非同构项与相应的同构方程的解正交时才有解，如 $\Psi_0$. 这意味着如果对右边项与 $\Psi_0^*$ 的积积分的话，那么结果为 0. 这导致

$$\langle \boldsymbol{A}_1 \cdot \boldsymbol{j} \rangle - \beta \langle |\Psi_0| \rangle^4 = 0, \tag{1.104}$$

这里〈　〉表示空间平均值. 在上面方程的推导中我们使用了偏积分，忽略了不重要的表面积分. 方程(1.104)中的 $\boldsymbol{j}$ 是将 $\Psi_0$ 和 $\boldsymbol{A}_0$ 代入方程(1.31)时获得的电流密度. 从方程(1.101)，得到

$$j = -\frac{H_{c2}}{2\kappa^2 |\Psi_\infty|^2} \nabla \times (|\Psi_0|^2 \boldsymbol{i}_z). \tag{1.105}$$

对方程(1.104)求偏积分得到

$$\frac{H_{c2}}{2\kappa^2 |\Psi_\infty|^2} \langle |\Psi_0|^2 (\nabla \times \boldsymbol{A}_1)_z \rangle + \beta \langle |\Psi_0|^4 \rangle = 0. \tag{1.106}$$

从方程(1.99)和(1.102)可以得到

$$(\nabla \times \boldsymbol{A}_1)_z = -\mu_0 (H_{c2} - H_0) - \frac{\mu_0 H_{c2} |\Psi_0|^2}{2\kappa^2 |\Psi_\infty|^2}, \tag{1.107}$$

因此,方程(1.106)化简为

$$\left(1 - \frac{H_0}{H_{c2}}\right) |\Psi_\infty|^2 \langle |\Psi_0|^2 \rangle - \left(1 - \frac{1}{2\kappa^2}\right) \langle |\Psi_0|^4 \rangle = 0. \tag{1.108}$$

利用这个关系,从方程(1.101)获得平均磁通密度

$$B = \langle b \rangle = \mu_0 H_0 - \frac{\mu_0 (H_{c2} - H_0)}{(2\kappa^2 - 1)\beta_A}, \tag{1.109}$$

式中

$$\beta_A = \frac{\langle |\Psi_0|^4 \rangle}{\langle |\Psi_0|^2 \rangle^2} \tag{1.110}$$

是一个与 $H_0$ 无关的量.

现在我们来计算自由能密度.如果我们把 $F_n(0)$ 看做为零.由方程(1.21)计算出的自由能密度的平均值是

$$\langle F_s \rangle = \left\langle \frac{b^2}{2\mu_0} - \frac{\mu_0 H_c^2 |\Psi|^4}{2 |\Psi_\infty|^4} \right\rangle, \tag{1.111}$$

这里的计算利用了方程(1.30).如果我们近似地把 $\Psi_0$ 代入 $\Psi$ 中,利用方程(1.101),(1.108),(1.109)消去 $H_0$,方程(1.111)变成

$$\langle F_s \rangle = \frac{B^2}{2\mu_0} - \frac{(\mu_0 H_{c2} - B)^2}{2\mu_0 [(2\kappa^2 - 1)\beta_A + 1]}. \tag{1.112}$$

从这一方程中发现,对应于最小化的自由能 $\beta_A$ 取得最小值.开始Abrikosov认为四方格子是最稳定的,且得到 $\beta_A = 1.18$.[7] 后来 Kleiner 等人发现三角形格子是最稳定的,其 $\beta_A = 1.16$.[8] 但是,两种格子之间的差值很小.

当方程(1.112)对 $B$ 求微分时,可以得到

$$\frac{\partial \langle F_s \rangle}{\partial B} = \frac{(2\kappa^2 - 1)\beta_A B + \mu_0 H_{c2}}{\mu_0 [(2\kappa^2 - 1)\beta_A + 1]} = H_0, \tag{1.113}$$

这里的计算利用了方程(1.109).因为内部变量 $B$ 的自由能积分给出相应的外部变量,例如外磁场 $H_e$,它与 $H_0$ 是外磁场初始的状态相适应.然后磁化强度变为

$$M = \frac{B}{\mu_0} - H_e = -\frac{H_{c2} - H_e}{(2\kappa^2 - 1)\beta_A}. \tag{1.114}$$

这一结果表明,抗磁性随着磁场的增加而线性地减小,且当 $H_e=H_{c2}$ 时,超导体转变到正常态,其值减小到零. 磁化系数 $dM/dH_e$ 与 $1/2\kappa^2\beta_A$ 相近,在高 $\kappa$ 值的第Ⅱ类超导体中是一个小值. 按照方程(1.101),局域磁通密度的偏差可由其平均值而给出

$$\delta B=\frac{\mu_0 H_{c2}\langle|\Psi_0|^2\rangle}{2\kappa^2|\Psi_\infty|^2}=-\mu_0 M. \tag{1.115}$$

(在图 1.8 中可以看出:在 $|\Psi_0|^2=0$ 处,$b=\mu_0 H_e$;当方程(1.98)中的 $|\Psi_0|^2$ 取最大值 $2|\Psi_0|^2$ 时,$b$ 有最小值). 因此,在高 $\kappa$ 值的超导体中,磁通密度随空间的变化很小,几乎是均匀的. 例如,在 $\kappa\simeq 70$ 的 Nb-Ti 中,在 $H_e=H_{c2}/2$ 处,磁通密度的相关波动是 $\delta B/B\sim 1/2\kappa^2\beta_A$,可以取小到 $10^{-4}$ 的值.

这里我们将利用另一个观点讨论 $H_{c2}$ 处发生的转变. 因为要考虑到磁场的转变,Gibbs 自由能密度,$G_s=F_s-H_eB$ 是合适的. 局域磁通密度 $b$ 由方程(1.101)给出,能量的一部分减小到

$$\frac{1}{2\mu_0}\langle b^2\rangle-H_eB=-\frac{1}{2}\mu_0 H_e^2. \tag{1.116}$$

这里用到 $H_e=H_0$,并且忽略了与 $(b-\mu_0 H_e)^2$ 成正比的小项. 因此,在转变点附近,利用在习题 1.1 中出现的动能密度的表达式,Gibbs 自由能密度可以重新写为

$$G_s=\alpha|\Psi|^2+\frac{\hbar^2}{2m^*}(\nabla|\Psi|)^2+\frac{\mu_0}{2}\lambda^2\left(\frac{|\Psi_\infty|}{|\Psi|}\right)^2\boldsymbol{j}^2-\frac{1}{2}\mu_0 H_e^2, \tag{1.117}$$

上式第一项是凝聚能密度,且有一个恒定的负值. 因此,在 $H_{c2}$ 处发生到正常态的转变是可以理解的,因为由第二项和第三项给出的动能消耗了得到的凝聚能. 但是我们必须证实这样的思路是正确的. 为了这个目的,我们在 $H_{c2}$ 附近用到了方程(1.98)的 $|\Psi|^2$ 的近似解,为了简单起见,用 $g$ 来表示 $\{\cdots\}$ 中的量. 这样,我们就有 $|\Psi|^2/|\Psi_\infty|^2=g\langle|\psi|^2\rangle$. 因为在这个表达式中围绕着 $\Psi$ 的零点的误差是很大的,在前面[…]里的因数 $2\exp(-\pi/\sqrt{3})$ 用 1/3 代替,以至于再次出现零点. 重新假定 $(\nabla|\Psi|)^2=(\nabla|\Psi|^2)^2/4|\Psi|^2$,方程(1.117)的第二项导出

$$\frac{\hbar^2}{2m^*}(\nabla|\Psi|)^2=\frac{1}{4}\mu_0 H_c^2\xi^2\langle|\psi|^2\rangle\frac{(\nabla g)^2}{g}. \tag{A(1.118)}$$

利用方程(1.101)做一个计算,方程(1.117)的第三项导出

$$\frac{\mu_0}{2}\lambda^2\left(\frac{|\Psi_\infty|}{|\Psi|}\right)^2\boldsymbol{j}^2=\frac{1}{4}\mu_0 H_c^2\xi^2\langle|\psi|^2\rangle\frac{(\nabla g)^2}{g}. \tag{1.119}$$

我们发现第二项和第三项是相同的. 因此,方程(1.117)可以被重新写为

$$G_s=\mu_0 H_c^2[-|\psi|^2+2\xi^2(\nabla|\psi|)^2]-\frac{1}{2}\mu_0 H_e^2. \tag{1.120}$$

因为在正常态下有 $B=\mu_0 H_e$，方程(1.120)的第三项与正常态下的 Gibbs 自由能密度 $G_n$ 是相同的. 因此，磁场给出了在转变点 $H_{c2}$ 处，第一项和第二项的和减小到 0. 这一条件由下式给出

$$\langle -|\psi|^2+2\xi^2(\nabla|\psi|^2)\rangle=\langle|\psi|^2\rangle\left[-1+\frac{\xi^2}{2}\left\langle\frac{(\nabla g)^2}{g}\right\rangle\right]=0. \quad (1.121)$$

通过数值计算得到 $\langle(\nabla g)^2/g\rangle=14.84a_f^2$，且在 $H_{c2}$ 点的磁通格子间距为 $a_f^2=7.42\xi^2$. 因此由方程(1.52)和关系式 $a_f=(2\phi_0/\sqrt{3}B)^{1/2}$，可以得到[9]

$$H_e=\frac{B}{\mu_0}=0.98H_{c2}, \quad (1.122)$$

从而可以发现即使利用一个如此简单的近似，我们也可以严格正确地得到这个转变点.

上面的讨论中，利用 G-L 理论描述了第Ⅱ类超导体的磁特性，尤其是两个物理量 $H_c$ 和 $\kappa$ 决定了它的基本特性. 只用这两个量就可以描述临界场 $H_{c1}$(方程(1.8.3))，$H_{c2}$(方程(1.51))和由方程(1.90)，(1.114)给出的它们附近区域的磁化强度(注意在方程(1.90)中 $\phi_0/\lambda^2=2\sqrt{2}\pi\mu_0 H_c/\kappa$). 另外，从热力学讨论中我们得到普适的关系

$$-\int_0^{H_{c2}}\mu_0 M(H_e)\,\mathrm{d}H_e=\frac{1}{2}\mu_0 H_c^2. \quad (1.123)$$

在上面的讨论中，我们假定 $\kappa$ 是一个随着温度的增加而减小的普通参数. 严格地说，由方程(1.51)($\kappa_1$)，(1.114)($\kappa_2$)和(1.83)($\kappa_3$)而确定的 $\kappa$ 值之间都有一些差异.

## 1.6　表面超导电性

前面我们讨论了块状超导体中的磁特性和有关的超导序参数. 但是在实际应用中，超导体的大小和表面积都是有限的. 这些因素将导致产生一个不同于块材的表面特性. 为了简单起见我们假定，有一个占据 $x\geqslant 0$ 空间的半无限大的第Ⅱ类超导体，外磁场沿着 $z$ 轴平行于平面分布. 超导体处于真空或者绝缘材料之中，边界的序参数由方程(1.33)给出. 在这一条件下，矢势 $\mathbf{A}$ 只能有 $y$ 分量. 因此，上面的边界条件可以写为

$$\left.\frac{\partial\Psi}{\partial x}\right|_{x=0}=0. \quad (1.124)$$

我们将再次求解线性 G-L 方程(忽略 $\Psi$ 的三次方这一小项). 按照方程(1.91)和(1.94)我们假定序参数为[10]

$$\Psi=\mathrm{e}^{-\mathrm{i}ky}\mathrm{e}^{-ax^2}, \quad (1.125)$$

序参数满足条件(1.124). 下面通过变分法,我们将得到参数 $\kappa$ 和 $a$ 的近似值. 在这个外部变量给出的条件下,需取最小值的是 Gibbs 自由能密度,可由方程(1.21)中得到的 Gibbs 自由能减去 $BH_e$ 得到. 如果忽略与 $\Psi$ 的四次方成比例的小项,以正常态做为基准的在 $y$ 和 $z$ 轴方向的每单位长度的 Gibbs 自由能可由下式表出

$$G = \frac{1}{2m^*}\int_0^{\infty}\left[\,|(-\mathrm{i}\hbar\nabla + 2e\boldsymbol{A})\Psi|^2 - \frac{\hbar^2}{\xi^2}|\Psi|^2\right]\mathrm{d}x, \tag{1.126}$$

这是在 $A_y = \mu_0 H_e x$ 近似下得到的. 当把方程(1.125)代入上式后通过简单的计算可以得到

$$G = \frac{\hbar^2}{4m^*}\left[\left(\frac{\pi}{2a}\right)^{1/2}\left(\kappa^2 - \frac{1}{\xi^2}\right) - \frac{2e\mu_0 H_e\kappa}{\hbar a} + \left(\frac{\pi}{2a^3}\right)^{1/2}\left(a^2 + \frac{e^2\mu_0^2 H_e^2}{\hbar^2}\right)\right]. \tag{1.127}$$

相对于 $\kappa$ 求上式最小值,可以得到

$$\kappa = \left(\frac{2}{\pi a}\right)^{1/2}\frac{e\mu_0 H_e}{\hbar}, \tag{1.128}$$

$G$ 变为

$$G_e = \frac{\hbar^2}{4m^*}\left(\frac{\pi}{2}\right)^{1/2}\left[a^{1/2} - \frac{1}{\xi^2}a^{-1/2} + \frac{e^2\mu_0^2 H_e^2}{\hbar^2}\left(1 - \frac{2}{\pi}\right)a^{-3/2}\right]. \tag{1.129}$$

从与 $a$ 相关的 $G_e$ 的最小值和在转变点时 $G_e = 0$ 这样的要求出发,我们获得 $a$ 和由 $H_{c3}$ 表示出来的 $H_e$ 的临界值[10]

$$a = \frac{1}{2\xi^2}, \tag{1.130}$$

$$H_{c3} = \frac{\hbar}{2\xi^2 e\mu_0}\left(1 - \frac{2}{\pi}\right)^{-1/2} \simeq 1.66H_{c2}. \tag{1.131}$$

Saint-James 和 Gennes[11] 经过精确的计算后得到

$$H_{c3} = 1.695H_{c2}. \tag{1.132}$$

因此,即使在磁场高于 $H_{c2}$ 时,表面区域依然可以有超导特性. 表面临界磁场 $H_{c3}$ 依赖于表面和磁场的夹角,随着角度的增加,由方程(1.132)给出的值 $H_{c3}$ 开始减小,在与表面垂直时减小到块材的上临界场 $H_{c2}$.

## 1.7 Josephson 效应

Josephson 曾预言,直流超导隧穿电流能流过放入两个超导体之间的绝缘薄层[12],这就是直流 Josephson 效应. 基于唯象理论,方程(1.54)给出了这一效应的直观图像. 从这个方程的第一项出发,我们就能预言如下的结果: 如果在被一个绝缘层分开的超导体的序参数中出现相差时,流经绝缘势垒的超导隧穿电

流与相差成正比. 这里我们在图 1.10 中给出了 Josephson 结的示意图,假定各物理量仅沿着有电流流过的 $x$ 轴方向变化.

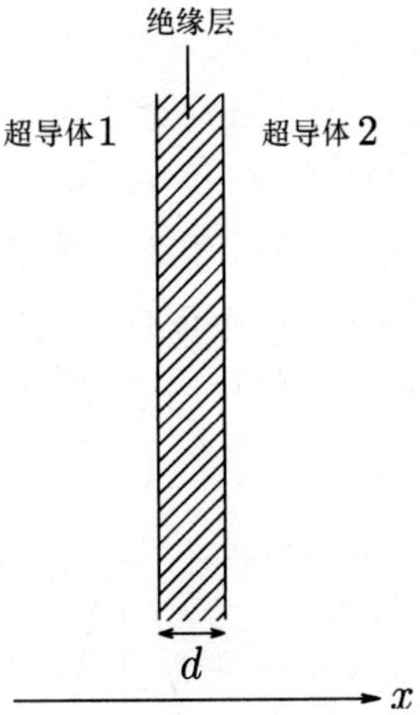


**图 1.10** Josephson 结的示意图

如果我们假定在一个绝缘区域内,序参数是恒定的,相位梯度是均匀的,方程(1.54)可导出

$$j = j_c\theta, \tag{1.133}$$

这里 $j_c$ 为

$$j_c = \frac{2\hbar e}{m^* d}|\Psi|^2, \tag{1.134}$$

$d$ 表示绝缘层的厚度. 在方程(1.133)中,两个超导体之间的规范不变量(gauge-invariant)的相差 $\theta$ 由下式给出:

$$\theta = \phi_1 - \phi_2 - \frac{2\pi}{\phi_0}\int_1^2 A_x \mathrm{d}x, \tag{1.135}$$

$\phi_1$ 和 $\phi_2$ 分别表示超导体 1 和 2 的相位. 当相位差 $\theta$ 很小的时,方程(1.133)是正确的. 当 $\theta$ 变大时,电流密度和 $\theta$ 角之间的关系开始偏离这一方程. 这可以从满足电流随着以 $2\pi$ 为周期的 $\theta$ 角做周期性的变化这一物理条件来理解. 因此,可以用下列形式的关系代替方程(1.133):

$$j = j_c\sin\theta. \tag{1.136}$$

事实上,这一关系是 Josephson 利用 BCS 理论推导出的. 如果方程(1.30)和(1.54)同时有解,也可以利用 G-L 理论推导出方程(1.136)[13].

因为相差 $\theta$ 包含一个规范不变量的磁场效应,由于磁场的干扰(图 1.11),临界电流密度,也就是方程(1.136)的最大值,应当随着磁场变化,且变化关

系为

$$J_c = j_c \left| \frac{\sin(\pi\boldsymbol{\Phi}/\phi_0)}{\pi\boldsymbol{\Phi}/\phi_0} \right|, \tag{1.137}$$

$\boldsymbol{\Phi}$ 是 Josephson 结中的磁通. 这个形式与由单缝引起的 Fraunhofer 衍射的干扰方式相似. 例如,当磁通恰好等于一条穿透 Josephson 结的磁通量时,Josephson 结的临界电流密度为零. 这种情况下,Josephson 结中的相位变化超过了 $2\pi$,具有相同数量级的正、负电流相互干扰,从而导致了临界电流密度为零. 磁场的作用是直流 Josephson 效应的一个直接证据. SQUID(superconducting quantum interference device)就是利用这一特性制造出的一种装置,它能测量出非常小的磁通密度.

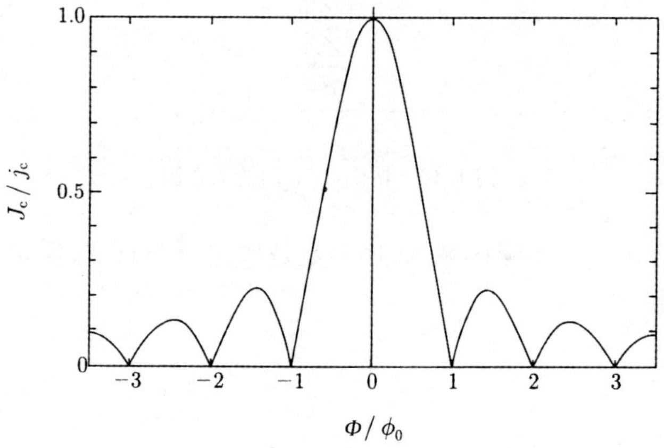


**图 1.11** Josephson 结中临界电流密度与磁通的关系

Josephson 预言的另外一个效应是交流 Josephson 效应. 在这个现象中,当在 Josephson 结两端加上一个电压 $V$ 时,将有一个角频率为 $\omega$ 的交变电流流过 Josephson 结

$$\hbar\omega = 2eV. \tag{1.138}$$

在这个电压状态下,通过这个 Josephson 结区域的磁通线和序参数的相位随着时间改变. 在 2.2 节我们将看到,方程(1.138)给出的角频率与相位的变化率是相同的. 当用相同频率的微波辐照这个 Josephson 结时,将发生共振吸收和直流梯度的超导电流,也就是,出现一个"Shapiro 阶梯". 人们用这种测量方法来展现交流 Josephson 效应. 目前,作为一个极其精确的测量技术,标准电压就是利用由方程(1.138)表示的交流 Josephson 效应来确定的.

## 1.8 临界电流密度

对于工程上的应用来说，超导体能承载的最大电流密度是一个非常重要的参数. 这一节将涉及这一特性的某些方面. 按照 G-L 理论，超导电流密度可以由方程(1.54)描述的形式转化为(1.139)表示的形式

$$j=-2e|\Psi|^2 v_s, \tag{1.139}$$

这里

$$v_s=\frac{1}{m^*}(\hbar\nabla\phi+2e\mathbf{A}) \tag{1.140}$$

是超导电子的速率. 如果与相干长度 $\xi$ 相比，超导体的尺寸足够小，在整个超导体的横截面上，$|\Psi|$ 都可以被看做是近似的常量. 如果我们注意到 $\nabla\Psi\simeq \mathrm{i}\Psi\nabla\phi$，方程(1.21)中的自由能密度可简化为

$$F_s=F_n(0)+a|\Psi|^2+\frac{\beta}{2}|\Psi|^4+\frac{1}{2}m^*|\Psi|^2 v_s^2+\frac{B^2}{2\mu_0}. \tag{1.141}$$

相对于 $|\Psi|$ 取自由能密度的最小值，我们得到

$$|\Psi|^2=|\Psi_\infty|^2\left(1-\frac{m^* v_s^2}{2|\alpha|}\right). \tag{1.142}$$

方程(1.139)给出相应的电流密度

$$j=2e|\Psi_\infty|^2\left(1-\frac{m^* v_s^2}{2|\alpha|}\right)v_s. \tag{1.143}$$

当 $m^* v_s^2=(2/3)|\alpha|$ 时，它取最大值，这个最大值为

$$j_c=\left(\frac{2}{3}\right)^{3/2}\frac{H_c}{\lambda}. \tag{1.144}$$

在 $j$ 取最大值的条件下，$|\Psi|$ 取有限值 $(2/3)^{1/2}|\Psi_\infty|$，而且依然没有发生超导电子对的拆对现象. 事实上，电子对拆对时，即 $|\Psi|$ 为零时的速度是相应于 $j_c$ 速度的 $\sqrt{3}$ 倍. 但是，按照 BCS 理论，在 $T=0$ 极限下，当 $v_s$ 处于能隙为零的情况时，电流密度几乎达到最大值. 因此在拆对速度和最大电流密度之间有一个很清晰的关系. 由于这个原因方程(1.144)给出的电流密度有时被称为拆对电流密度.

Meissner 电流是与超导现象有关的另外一种电流. 按照方程(1.15)这种电流被局限在表面附近，因而产生完全抗磁性. 在第Ⅱ类超导体中它的最大值是

$$j_{c1}=\frac{H_{c1}}{\lambda}. \tag{1.145}$$

这里我们将计算出上面提到的两个临界电流密度的数值. 以实用的超导材料 $Nb_3Sn$ 为例. 从 $\mu_0 H_c\simeq 0.5\mathrm{T}$，$\mu_0 H_{c1}\simeq 20\mathrm{mT}$ 和 $\lambda\simeq 0.2\mu\mathrm{m}$，我们得到，在 4.2K 时，$j_c\simeq 1.1\times10^{12}\,\mathrm{Am^{-2}}$ 和 $j_{c1}\simeq 8.0\times10^{10}\,\mathrm{Am^{-2}}$. 可以看出这些值是非常高的. 但

是，为了在整个横截面中获得拆对电流密度 $j_c$，超导体的大小应当小于相干长度 $\xi$. 因为 $Nb_3Sn$ 中的相干长度 $\xi$ 近似为 3.9nm，要制作比 $\xi$ 小得多的超导细丝是很困难的. 此外，假设可以采用多芯线材（也就是将大量的超导细丝植入常规导体中）使电流保持在一个足够的水平上. 在这种情况下我们必须面临一个重要的问题，超导区域的超导电子会被吸收到周围常规导体中，也就是邻近效应. 这一效应将会产生两种结果：① 超导区域的超导特性被减弱；② 因为常规导体被感应从而产生超导电性，超导细丝则会出现连接现象，整个线材被看做是一根单股超导线. 这与超导体大小要比相干长度小得多这一要求产生了矛盾. 因此，为了避免邻近效应，有必要将超导细丝植入一个绝缘体之中，但是这样的带材是不稳定的. 表面磁场应当小于 $H_{c1}$. 这个条件强烈的限制了 Meissner 电流 $j_{c1}$ 的作用. 在 $Nb_3Sn$ 中，$\mu_0 H_{c1}$ 很低，只有 20 mT，因此除了一些特别的应用以外 $j_{c1}$ 并没有实际意义.

因为磁能密度与磁场的二次方成正比，超导材料有时被用做高场下的磁体来储存巨大的能量. 因此，超导电性要适用于高磁场. 为了满足这样的条件，要求第Ⅱ类超导体有短的相干长度，这样该超导体可以处于混合态，且能被磁通线穿透. 如果在这样条件下，超导体承载了一个传输电流（假设一个超导线包含一个超导磁体），图 1.12 展示了磁场方向和电流的关系，超导体中的磁通线要受到一个洛伦兹力. 在 2.1 节将更详细地描述作用于磁通线上的驱动力. 如果磁通线被以速度 $\boldsymbol{v}$ 移动的洛伦兹力驱动，将产生电动势

$$\boldsymbol{E} = \boldsymbol{B} \times \boldsymbol{v}, \tag{1.146}$$

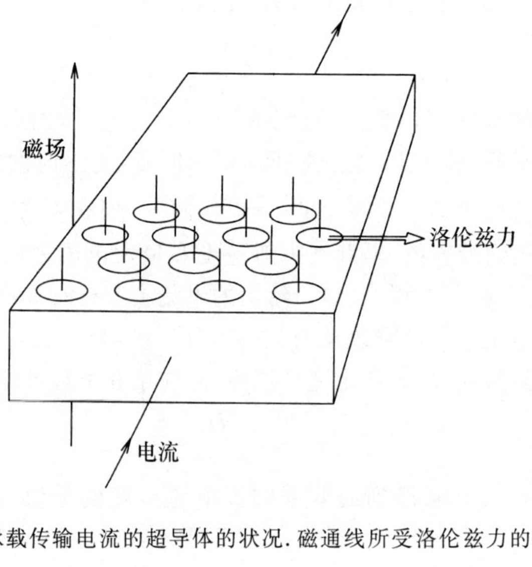


**图 1.12** 在磁场中承载传输电流的超导体的状况. 磁通线所受洛伦兹力的方向如箭头所示

这里 **B** 是一个宏观的磁通密度. 当这个状态保持稳定时，能量会一直消耗，与常规导体一样，出现电阻. 在微观上，每一个磁通线的中心区域几乎都处于正常态，如图 1.6 中所示. 这个区域的正常电子被电动势驱动，导致一个欧姆损耗. 像电动势的存在一样，这一现象是不可避免的. 因此，为了阻止电动势的产生，必然阻止磁通线的移动($\boldsymbol{v}=0$). 这一现象称为磁通钉扎，由晶体的不均一性和各种缺陷例如位错、空位和晶界等引起，因此那些不均一性或者缺陷被称为钉扎中心. 磁通钉扎像宏观现象中的摩擦力一样，阻碍磁通线运动，直到洛伦兹力超过临界值. 在这种状态下，只有超导电子可以流动，就不会发生能量损耗. 当洛伦兹力大于临界值时，磁通线开始运动，电动势也重新出现，导致出现图1.13 给出的伏安特性. 在一个单位体积内，可以作用于磁通线上的所有钉扎中心的全部钉扎力总和称为钉扎力密度，用 $F_p$ 来表示. 在临界电流密度 $J_c$ 处，电动势开始出现，单位体积内磁通线上的洛伦兹力 $J_cB$ 与钉扎力密度是平衡的. 因此，可以得到一个如下关系：

$$J_c = \frac{F_p}{B}. \tag{1.147}$$

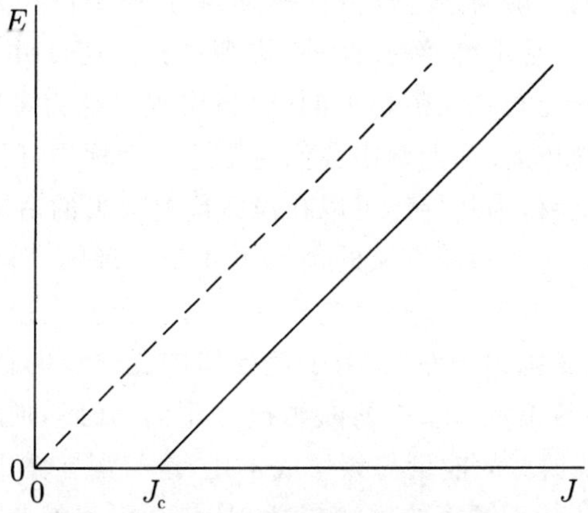


**图 1.13**　实线为存在磁通钉扎现象时的伏安特性. 虚线表示的是钉扎作用消失时的伏安特性

商业化的超导材料中，实际的电流密度由磁通钉扎机制决定. 这表明 $J_c$ 并不像前面提到的两个临界量一样属于超导体的本质特性，而是一个引入缺陷以后由宏观结构决定的性质. 临界电流密度依赖于钉扎中心的密度、类型和分布. 为了提高临界电流密度，有必要增加磁通钉扎的强度. 在 $B=5\mathrm{T}$ 时，测得上面提到的 $Nb_3Sn$ 的临界电流密度是 $J_c \simeq 1\times10^{10}\,\mathrm{Am^{-2}}$.

事实上，图 1.13 给出的伏安特性并不是很理想的，在 $J\leqslant J_c$ 时电场并不完全为零. 这是因为由于热运动磁通线的钉扎被解除并重新开始运动. 在 3.8 节我们将更详细地讨论这一被称为磁通蠕动的现象. 但是,在大多数温度足够低的情况下,可以如图 1.13 所描述的一样,确定临界电流密度 $J_c$. 因此,在大多数情况下,我们将假定图 1.13 描述的 $E$-$J$ 关系是近似正确的,且可以很好地确定 $J_c$. 在 5.1 节将探讨一些实际应用中确定 $J_c$ 的方法.

## 1.9　磁通钉扎效应

超导体中的实际电流密度由磁通线和缺陷之间的磁通钉扎相互作用所决定. 磁通线是一个空间变化的结构,这一结构是与序参数 $\Psi$ 和磁通密度 $b$ 有关的,如图 1.6 所示. 材料的参数例如 $T_c$,$H_c$ 和 $\xi$ 等,在钉扎中心处的值异于周围区域. 因此,当磁通线实际上被附近的钉扎中心取代时,由于 $\Psi$(或 $b$)以及 $\alpha$(或 $\beta$)的空间变化之间的相互干扰,方程(1.21)给出的自由能就会发生变化. 自由能的变化率,也就是自由能的梯度给出相互作用力.

每一个独立的钉扎相互作用,根据该区域内磁通线与钉扎中心的关系可以分解成各个方向上的矢量. 另一方面,宏观钉扎相互作用力密度是一个以宏观摩擦力方式表现出来的与磁通线运动方向相反的力. 单个钉扎力来自于势能,且是可逆的,宏观钉扎力却是不可逆的. 此外,宏观钉扎力密度并不单纯等于单位体积内的所有单个钉扎力与最大值叠加的结果;宏观钉扎力密度和单个钉扎力之间的关系并不是很简单的. 第七章中我们将论述这个称为钉扎力之和的问题.

一开始,我们可能认为超导体可以在没有能量损失的情况下输运小于 $J_c$ 的电流密度. 但是,这只有在稳恒直流的情况下才是正确的. 对于一个交流或者变化的电流来说,甚至在电流小于临界电流密度时就会发生损耗. 方程(1.146)给出,在交流或者电流变化的条件下,由于超导体中磁通线的移动,由电动势引起损耗. 这一损耗机制与正常金属中的欧姆损耗相同. 因此,损耗似乎应当很自然地表现为:每一周期损耗的能量与频率成正比,这与铜导体中的涡流损耗相似. 但是这一损耗是不依赖于频率的磁滞损耗. 是什么引起如此明显的矛盾? 这是因为磁通钉扎相互作用来自于势能(见第二章).

### 习题

1.1 比较利用 London 理论和 G-L 理论算得的能量.

1.2 利用 G-L 方程(1.30),证明方程(1.21)给出的自由能密度可以表示为

$$F_s = F_n(0) + \frac{1}{2\mu_0}(\nabla \times \boldsymbol{A})^2 - \frac{\beta}{2}|\Psi|^4 + \frac{\hbar^2}{4m^*}\nabla^2|\Psi|^2.$$

1.3 证明在每一单位磁通线格子内的磁通是量子化的.

1.4 在低场区域内利用方程(1.74)计算出下列各项对磁通线能量的贡献:

(1) 在核心内部序参数随着空间变化,

(2) 在核心内部的磁场.

1.5 推导方程(1.97). 可以写出 $C_n = C_0 \exp(\mathrm{i}\pi n^2/2)$ 以满足 $C_{2m} = C_0$ 和 $C_{2m+1} = \mathrm{i}C$.

1.6 由方程(1.98)的近似解可知 $(x, y) = ((\sqrt{3}/4)a_f, -a_f/4)$ 是 $\Psi$ 的零点之一. 证明在这一点由方程(1.95)给出的 $\Psi$ 的确为 0.

1.7 推导方程(1.111).

1.8 计算图 1.14 中标出的区域里的一磁通线的磁通. 表面积分由矢势 $\boldsymbol{A}$ 的曲线积分给出. 因为电流密度 $\boldsymbol{j}$ 垂直于直线 L, 矢势 $\boldsymbol{A}$ 的曲线积分等于 $-(\hbar/2e)\nabla\phi$ 在 L 上的曲线积分, $\phi$ 表示序参数的相位. 在足够长的半圆 R 上方程(1.55)是有效的. 作为一个结果, 在图中表出的这一范围内的磁通应当是磁通量子 $\phi_0$ 的积分. 这显然是不正确的. 分析是什么原因产生这样一个错误.

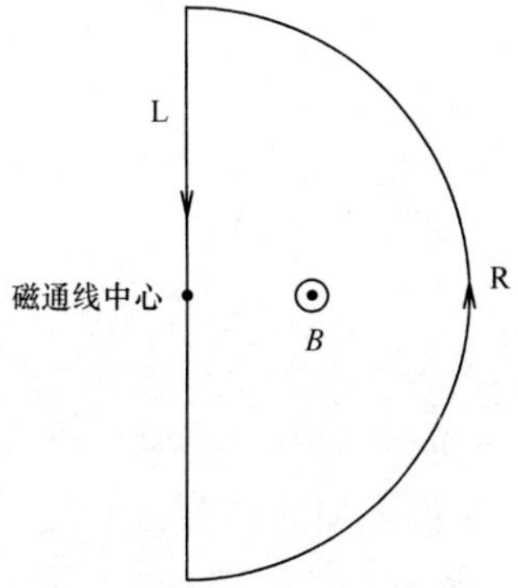


**图 1.14** 由穿过量子化磁通中心的直线 L 和足够长的半圆 R 组成的闭合回路

1.9 量子化的磁通线中心是正常态, 分析其产生的原因.

## 参考文献

1. V. L. Ginzburg and L. D. landau: Zh. Eksperim. i Teor. Fiz. **20** (1950) 1064.
2. P. G. de Gennes: *Superconductivity of Metals and Alloys* (W. A. Benjamin, New York, 1966) p. 227.
3. J. Bardeen, L. N. Cooper and J. R. Schrieffer: Phys. Rev. **108** (1957) 1175.
4. For example, see M. Tinkham: *Introduction to Superconductivity* (McGraw-Hill, New York, 1966) p. 119.
5. M. Tinkham: *Introduction to Superconductivity* (McGraw-Hill, New York, 1966) p. 151.
6. M. Nozue, K. Noda and T. Matsushita: *Adv. in Supercond.* VIII (Springer, Tokyo, 1966) p. 537.
7. A. A. Abrikosov: Zh. Eksperim. i Teor. Fiz. **32** (1957) 1442 (English translation: Sov. Phys. -JETP **5** (1957) 1174.
8. W. H. Kleiner, L. M. Roth and S. H. Autler: Phys. Rev. **133** (1964) A1226.

9. T. Matsushita, M. IWAKUMA, K. Funami, K. Yamafuji, K. Matsumoto, O. Miura and Y. Tanaka: *Adv. Cryog. Eng. Mater.* (Plenum, New York, 1996) p. 1103.

10. S. Nakajima: *Introduction to Superconductivity* (Baihukan, Tokyo, 1971) p. 70 [in Japanese].

11. D. Saint-James and P. G. de Gennes: Phys. Lett. **7** (1963)306.

12. B. D. Josephson: Phys. Lett. **1** (1962) 251.

13. D. A. Jacobson: Phys. Rev. **138** (1965) A1066.

# 第二章　超导体的基本电磁现象

## 2.1　电 磁 方 程

假定超导体足够大,当磁场作用于超导体时,磁通线(flux line)将穿透进入超导体内部.当磁通线被超导体内部的钉扎中心所钉扎时,它们不能进入超导体很深的地方,使得超导体表面附近磁通线的密度较高,而在超导体内部磁通线的密度较低,这导致宏观范围内磁通线的不均匀分布.另一方面,当外磁场强度减小时,磁通线将移出超导体,表面附近的磁通线密度将变得较低.这种情况下准确地确定超导体内的磁通分布是很重要的,以便正确地理解和预测超导体内的电磁现象.

假设存在一个半宏观区域,它与磁通线的间距相比足够大,但比超导体本身尺寸小得多.我们令 $\boldsymbol{r}_n$ 为这一区域的中心位置,同时用 $\boldsymbol{B}_n$ 表示其内部的由磁通线密度和磁通量子 $\phi_0$ 乘积决定的平均磁通密度.假定超导体被分割成如图 2.1 所示的小片断(图 2.1).如果相邻部分的磁通密度的差别足够小,就可以用$\boldsymbol{B}(\boldsymbol{r})$的连续方程粗略地近似集合$\{\boldsymbol{B}_n(\boldsymbol{r}_n)\}$,其中 $\boldsymbol{r}$ 为超导体内的宏观坐标.用相似的方法可以确定宏观磁场 $\boldsymbol{H}(\boldsymbol{r})$,电流密度 $\boldsymbol{J}(\boldsymbol{r})$,电场 $\boldsymbol{E}(\boldsymbol{r})$等.

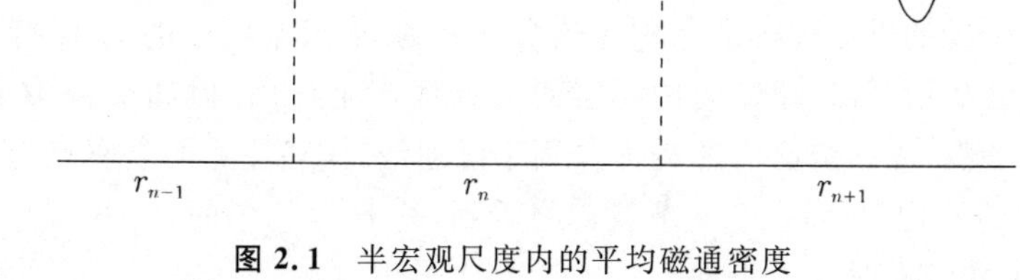

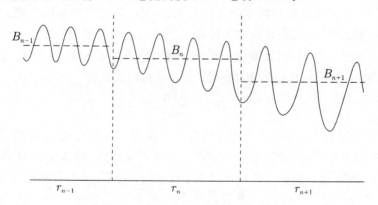

**图 2.1**　半宏观尺度内的平均磁通密度

上面确定的 $\boldsymbol{B}$,$\boldsymbol{H}$,$\boldsymbol{J}$ 和 $\boldsymbol{E}$ 值是半宏观尺度内局域 $\boldsymbol{b}$,$\boldsymbol{h}$,$\boldsymbol{j}$ 和 $\boldsymbol{e}$ 的平均值(此后不使用“宏观”一词,除非特殊情况),满足著名的 Maxwell 方程组

$$\boldsymbol{J} = \nabla \times \boldsymbol{H}, \tag{2.1}$$

$$\nabla \times \boldsymbol{E} = -\frac{\partial B}{\partial t}, \tag{2.2}$$

$$\nabla \cdot \boldsymbol{B} = 0, \tag{2.3}$$

$$\nabla \cdot \boldsymbol{E} = 0. \tag{2.4}$$

尽管上面的方程与第一章中讨论的局域参量方程有相同的形式，但它们是这些宏观参量的关系式. 方程(2.4)建立在超导体内不存在电荷的条件下，且忽略方程(2.1)中的位移电流的基础上. 为了求解 Maxwell 方程组，需要另外两个与超导体相关的方程. 其中一个是 $\boldsymbol{B}$ 和 $\boldsymbol{H}$ 的关系方程，除非在顺磁性很强的超导体中，否则 $\boldsymbol{B}$ 和 $\boldsymbol{H}$ 的关系可以简单地表示为

$$\boldsymbol{B} = \mu_0 \boldsymbol{H}. \tag{2.5}$$

在远高于上临界场 $H_{c2}$ 的磁场中正常态测量时这一关系已被证明是正确的. 另外一个是 $\boldsymbol{E}$ 和 $\boldsymbol{J}$ 的关系方程，它给出了超导体的显著特征. 这后两个关系式和方程(2.1)和(2.2)一起可以得出 $\boldsymbol{B}$,$\boldsymbol{H}$,$\boldsymbol{J}$ 和 $\boldsymbol{E}$ 四个量.

$\boldsymbol{E}$ 和 $\boldsymbol{J}$ 的关系描述了超导体的基本特性，例如在变化的磁场内，当电阻或者不可逆磁行为没有出现的情况下，超导体具有稳定的传输直流电流的能力. 例如，通过求解电子的运动方程可以获得材料的电子特性. 因为超导体中的大多数的电磁现象与其体内的磁通分布相关，因此必须理解磁通线的运动. 下面考虑本节开始部分提到的在外加磁场下，磁通线穿透到超导体内部的情况. 一方面，由于磁通钉扎对磁通线的作用在驱动力和限制力之间可以达到一种平衡. 另一方面，当驱动力大于钉扎力而不能达到平衡时，这种情况可以用一个与黏滞力(viscous forces)有关的新的运动方程来描述，就像在通常的机械运动方程中一样. 下面讨论这个方程中涉及的各种力.

在上面已经提到，如果 $\boldsymbol{B}$ 是一个小区域内的平均磁通密度，$F(\boldsymbol{B})$是相关的自由能密度，相对于 $\boldsymbol{B}$ 的 $F(\boldsymbol{B})$的强度度量 $\boldsymbol{H}$ 可以表示为

$$\boldsymbol{H} = \frac{\partial F(\boldsymbol{B})}{\partial \boldsymbol{B}}. \tag{2.6}$$

这一包含磁场的维数在内的量称为热力学磁场. 如果空间中的 $\boldsymbol{H}$ 保持均匀不变时，且 $\boldsymbol{H}$ 与 $\boldsymbol{B}$ 相平衡，驱动力便不会对磁通线产生作用. 但如果在 $\boldsymbol{H}$ 中存有一个扭曲或漩涡，那么势必有驱动力作用于磁通线. 应当注意的是驱动力并不一定起源于 $\boldsymbol{B}$ 的不均匀性. 在 2.6 节我们将看到，若 $\boldsymbol{H}$ 是均匀的，当 $\boldsymbol{B}$ 有空间变化的时候，也可能没有驱动力出现.

很多情况下，尤其是当超导体有大的 G-L 参数 $\kappa$ 时，例如商业化的超导体，方程(1.21)表示的 G-L 能量中磁能起决定作用. 另外一些成分是凝聚能和动能，大多数情况下它们与 $\mu_0 H_c^2/2$ 在同一数量级. 因此，这个能量和磁场能量的

比率大致为$(H_c/H)^2$，甚至在磁场达到上临界磁场四分之一时，这个数值也只有$8/\kappa^2$. 在$\kappa$几乎为70的Nb-Ti中可以忽略这一比率. 这种情况下方程(2.6)可以简化为

$$\boldsymbol{H} \simeq \frac{\partial}{\partial \boldsymbol{B}} \cdot \frac{\boldsymbol{B}^2}{2\mu_0} = \frac{\boldsymbol{B}}{\mu_0}. \tag{2.7}$$

这一结果是合理的，因为在上面的处理中忽略了与抗磁性相关的能量. 当$\boldsymbol{H}$随空间变化时，在单位体积内作用于磁通线上的驱动力通常可以表示为

$$\boldsymbol{F}_d = (\nabla \times \boldsymbol{H}) \times \boldsymbol{B}. \tag{2.8}$$

通过忽略抗磁性影响的方程(2.7)，我们可看到，只有一个电磁效应作用于这一力，即

$$\boldsymbol{F}_d \simeq \left(\nabla \times \frac{\boldsymbol{B}}{\mu_0}\right) \times \boldsymbol{B} = \boldsymbol{J} \times \boldsymbol{B} \equiv \boldsymbol{F}_L. \tag{2.9}$$

上面的推导中利用了方程(2.1)和(2.5). 驱动力$\boldsymbol{F}_L$是洛伦兹力. 这是磁场中作用在电流中运动着的电子上的感应力. 在目前情况下，形式上磁通线的涡旋电流受到这个力的作用. 磁通线的扭曲，例如它们密度的梯度或者弯曲变形，导致方程(2.1)描述的输运电流的出现. 输运电流来自于涡旋电流的叠加. 因此洛伦兹力可以被认为作用于磁通线自身上. 事实上，作用于两个磁通线上的力来自于它们的磁能，从这一结果中可以推导出一般的情况下洛伦兹力的表达式[1]. 这种类型的力不仅作用于超导体中量子化的磁通线而且作用于一般的磁通线. 洛伦兹力通常可以表示为作用于扭曲的磁场结构的回复力的形式. 在7.2节中将讨论这些内容. 文献[2]讨论了薄膜中输运电流引起的作用于孤立磁通线的驱动力. 在小的G-L参数的超导体中与驱动力相关的抗磁效果是巨大的，在钉扎力很弱的超导体中或者小尺寸的超导体中这一效果也适用. 这将在2.6节给予讨论.

当磁通线处于在驱动力的影响下时，为了简便起见，以后把这些驱动力也称为洛伦兹力，它们受到限制力的作用. 这些限制力是钉扎力和黏滞力. 钉扎力起源于磁通线依赖于其所处位置的势能，黏滞力来源于磁通线的非超导中心内外的由于磁通线的移动引起的欧姆能量损耗机制. 这些力的平衡可以描述为

$$\boldsymbol{F}_L + \boldsymbol{F}_P + \boldsymbol{F}_V = 0, \tag{2.10}$$

这里$\boldsymbol{F}_P$和$\boldsymbol{F}_V$分别表示钉扎力密度和黏滞力密度. 磁通线的数量通常可以忽略[3]，并且不需要讨论内力. 在方程(2.10)确定的条件下超导体处于临界态，这一状态下的模型被称为临界态模型. 按照Josephson的观点[4]，在准静态的情况下可以忽略黏滞力，由外部对超导体所做的功应当与超导体内自由能的变化相一致这一条件出发也可以推导出方程(2.10). 在方程(2.10)中$\boldsymbol{F}_P$与磁通线速度$\boldsymbol{v}$无关，但$\boldsymbol{F}_V$与其有关. 这些力密度可以写为

$$\boldsymbol{F}_P = -\boldsymbol{\delta} F_P(|\boldsymbol{B}|, T), \tag{2.11}$$

$$\boldsymbol{F}_{\mathrm{V}}=-\eta\frac{|\boldsymbol{B}|}{\phi_0}\boldsymbol{v},\tag{2.12}$$

这里$\boldsymbol{\delta}=\boldsymbol{v}/|\boldsymbol{v}|$是磁通线运动方向的单位矢量，$F_{\mathrm{P}}$表示与磁通线密度$|\boldsymbol{B}|$和温度$T$有关的钉扎力密度的大小，$\eta$表示黏滞力系数. 在下一部分中将了解到$\eta$与磁阻有关，并且它也是$|\boldsymbol{B}|$和$T$的函数. 有时在等温条件下处理电磁现象，在这种条件下可以把$T$从方程(2.11)中剥离出来. 把方程(2.9)，(2.11)，(2.12)代入方程(2.10)中可以得到

$$\frac{1}{\mu_0}(\nabla\times\boldsymbol{B})\times\boldsymbol{B}-\boldsymbol{\delta}F_{\mathrm{P}}(|\boldsymbol{B}|)-\eta\frac{|\boldsymbol{B}|}{\phi_0}\boldsymbol{v}=0.\tag{2.13}$$

求解这一方程时利用 Maxwell 方程组，用到电磁量和速率$\boldsymbol{v}$之间的关系. 这将是下一部分讨论的内容.

## 2.2 磁通流动

假定超导体静止，且磁通密度$\boldsymbol{B}$的磁通线格子以速率$\boldsymbol{v}$移动. 我们定义两个坐标系或者参考系，一个用于超导体的静态坐标，另一个随着磁通线格子以速率$\boldsymbol{v}$运动. 如果在静态和动态参考系中测量到的电场分别用$\boldsymbol{E}$和$\boldsymbol{E}_0$来表示，则 Farady 感应定律变为

$$\nabla\times(\boldsymbol{E}_0-\boldsymbol{v}\times\boldsymbol{B})=-\frac{\partial\boldsymbol{B}}{\partial t}.\tag{2.14}$$

这就是著名的电磁学方程[5]. 从动态参考系来看，因为磁场结构不随着时间变化，可以确定$\boldsymbol{E}_0=0$. 因此方程(2.14)可以简化为

$$\nabla\times(\boldsymbol{B}\times\boldsymbol{v})=-\frac{\partial\boldsymbol{B}}{\partial t}.\tag{2.15}$$

这一方程称为磁通线连续方程[6]. 也可以利用单位时间内进入小环的磁通线变化率的等效方程直接推导出这一方程. 这个推导过程做为一个习题放在本章的末尾. 把方程(2.15)与 Maxwell 方程组(2.2)的一个方程做比较，可以得到

$$\boldsymbol{E}=\boldsymbol{B}\times\boldsymbol{v}-\nabla\Psi.\tag{2.16}$$

上式中标量函数$\Psi$代表一般情况下磁场和电场相互垂直的几何形状下的静电势. 在超导体中其值为 0 的情况下[7,8]

$$\boldsymbol{E}=\boldsymbol{B}\times\boldsymbol{v}.\tag{2.17}$$

在磁场和电场相互平行的纵向磁场中，需要一个附加项$-\nabla\Psi$. 将在第四章对这一条件做详细的讨论. 这种情况下$\Psi$不代表静电势，因为所有的电场都来自于由磁通线移动引起的电磁感应.

为了避免混淆，我们做一个更详细的讨论. 在稳定的磁通运动状态下，因为宏观磁通分布不随着时间发生变化，因此可以认为方程(2.17)确定的电场并不

是感应电场.事实上,把$\frac{\partial \boldsymbol{B}}{\partial t}=0$代入方程(2.15)导致$\boldsymbol{B}\times\boldsymbol{v}$成为一个标量函数的梯度.像上面已经讨论过的,磁通移动时要消耗能量,导致出现与正常导体相同的电阻.在这一意义上,如果我们在宏观电磁状态下考虑问题,把这一标量函数解释为没有任何附加条件的正常导体中的静电势是可以的.但是,从这样一个理论背景出发去解释为什么当磁通线停止运动时有电场出现是不可能的.与文献[9]中强调的一样,磁通线的运动是必然的.这是由于观测到的电场属于感应电场.

方程(2.17)给出的电场与描述交流 Josephson 效应的方程(1.138)给出的相同.为了证明这一结论,我们首先假定磁通线格子是一个四方格子,沿电流方向的两点$A$和$B$之间的距离为$L$,如图2.2所示.如果用$a_f$表示磁通线间距,在两点之间,磁通线以速率$v$在与电流垂直的方向上移动.在$\Delta t=a_f/v$的时间间隔内磁通线移动了$a_f$的距离.在时间间隔$\Delta t$内通过线$AB$的磁通线数量由$(L/a_f)\phi_0$确定.因为,序参数的相变是$2\pi$,当围绕磁通线量子旋转一周的时候,在$A$和$B$之间的相差的变化为$\Delta\Theta=2\pi(L/a_f)$.利用$B=\frac{\phi_0}{a_f^2}$,方程(2.17)简化为

$$V=EL=\frac{\phi_0}{2\pi}\cdot\frac{\Delta\Theta}{\Delta t}=\frac{\hbar\omega}{2e},\tag{2.18}$$

与方程(1.138)一致.上式中我们用角频率$\omega$代替$\Delta\Theta/\Delta t$.

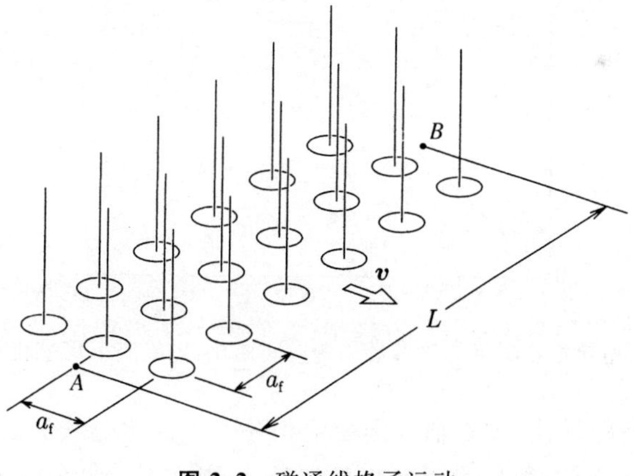


**图 2.2**　磁通线格子运动

当磁通密度的变化与通过方程(2.15)的磁通线的速率有关时,利用这一方程和方程(2.13)可以得到$\boldsymbol{B}$的解.在这一部分中,在推导出这一方程的解以前,先讨论与磁通运动相关的一些重要现象.首先我们分析各种能量损耗的机理,例如超导体中的钉扎能量损耗,然后推导出与能量损耗有关的流动电阻率(flow resistivity),接着我们将继续搞清楚流动电阻率和由方程(2.12)确定的黏滞力

系数 $\eta$ 的关系.

为了解释清楚这一现象,需要对磁通线结构进行说明.我们将选择局域化的 Bardeen 和 Stephen 模型[10].文献[9]给出了这一模型的详细解释.众所周知,即便是做出了各种简单的假定,这一理论模型的结果也是正确的.假定超导体的 G-L 参数足够大.Bardeen 和 Stephen 假定围绕磁通线中心的序参数结构如图 2.3 虚线所示,在这一结构中在半径为 $\xi$ 的圆形范围内处于正常态.在文献开始的部分这一半径开始是被看做一个未知量,然后从它与上临界场的关系出发看做与 $H_{c2}$ 一致.在本节,我们就从这一结果出发.在半径为 $\xi$ 的非超导核心以外,序参数近似为常量,且 London 方程可用.在这一区域,超导电流围绕非超导态的核心周期性地流动.引入圆柱形坐标,$z$ 轴沿着磁通线方向,$r$ 表示到轴线的距离.由方程(1.4)和(1.64)可知,在 $\xi<r<\lambda$ 区域循环电流中的超导电子的数量由方程(2.19)确定,即

$$\boldsymbol{p}_{\mathrm{s}} = m^{*} v_{\mathrm{s}\theta} \boldsymbol{i}_{\theta} \simeq -\frac{\hbar}{r} \boldsymbol{i}_{\theta} \equiv \boldsymbol{p}_{\mathrm{s}0}, \tag{2.19}$$

这里 $\boldsymbol{i}_{\theta}$ 是方位角方向的一个单位矢量.

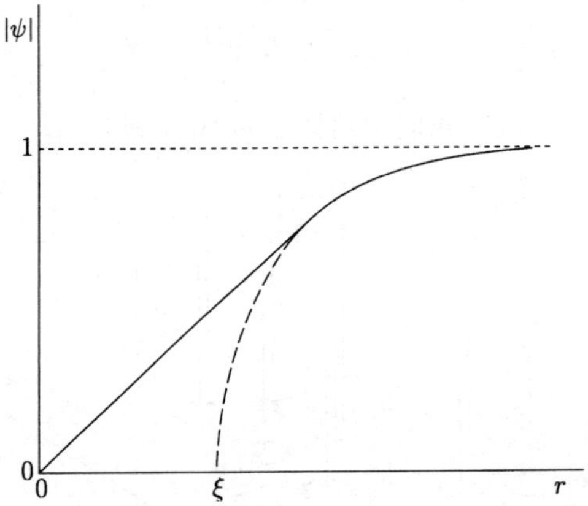


**图 2.3** 非超导核心附近的序参数结构空间变化,虚线表示局域化模型的近似

引入直角坐标系,$x$ 和 $y$ 轴分别表示相互垂直的磁通线和磁通移动方向.假设电流沿着 $y$ 轴流动.如果为了简化而忽略 Hall 效应,那么磁通线将沿着 $x$ 轴方向移动,由此产生的宏观电场为 $y$ 轴方向.超导电子的运动方程可以描述为[10]

$$\frac{\mathrm{d}\boldsymbol{v}_{\mathrm{s}}}{\mathrm{d}t} = \frac{\boldsymbol{f}_{\mathrm{e}}}{m^{*}}, \tag{2.20}$$

$\boldsymbol{f}_{\mathrm{e}}$ 是作用在电子上的力.当 Lorentz 力作用在 $-2e$ 上时,这一关系为

$$m^{*}\boldsymbol{v}_{s} = \boldsymbol{p}_{s} + 2e\boldsymbol{A} \tag{2.21}$$

这一关系以包含有矢势(vector potential)$\boldsymbol{A}$ 著称. 如果我们假定磁通线以一个小的速率 $\boldsymbol{v}$ 稳定地沿着 $x$ 轴流过,由于这个运动,二次效应被认为是足够小的,方程(2.20)随着时间的变化可近似地看做$\frac{\mathrm{d}}{\mathrm{d}t}\simeq -(\boldsymbol{v}\cdot\nabla)$,因此可以得到

$$\boldsymbol{f}_{\mathrm{e}} = -(\boldsymbol{v}\cdot\nabla)(\boldsymbol{p}_{\mathrm{s}} + 2e\boldsymbol{A}) = -v\frac{\partial}{\partial x}(\boldsymbol{p}_{\mathrm{s}} + 2e\boldsymbol{A}). \tag{2.22}$$

以与 $v$ 等同的精确程度,我们可以近似地利用方程(2.19)确定的 $\boldsymbol{p}_{\mathrm{s0}}$ 代替 $\boldsymbol{p}_{\mathrm{s}}$. 同时,矢势 $\boldsymbol{A}$ 近似地等于$\left(\frac{Br}{2}\right)\boldsymbol{i}_\theta$,假设非超导核心附近的磁场几乎是恒定的,把这些代入方程(2.22),可以得到

$$\boldsymbol{f}_{\mathrm{e}} = v\frac{\partial}{\partial x}\left(\frac{H}{r} - eBr\right)\boldsymbol{i}_\theta = \frac{v\hbar}{r^2}(-\boldsymbol{i}_\theta\cos\theta + \boldsymbol{i}_r\sin\theta) - eBv\boldsymbol{i}_y. \tag{2.23}$$

这个力是由局域电场 $\boldsymbol{e}$ 产生的,$\boldsymbol{e}$ 可以表示为

$$\boldsymbol{e} = -\frac{\boldsymbol{f}_{\mathrm{e}}}{2e} = \frac{\phi_0 v}{2\pi r^2}(\boldsymbol{i}_\theta\cos\theta - \boldsymbol{i}_r\sin\theta) + \frac{Bv}{2}\boldsymbol{i}_y = \boldsymbol{e}_1 + \frac{1}{2}(\boldsymbol{B}\times\boldsymbol{v}). \tag{2.24}$$

这里 $\boldsymbol{e}_1$ 表示电场的一个不均匀部分. 非超导核中心的电场可以从 $r=\xi$ 处的边界条件得到,边界的切线部分延伸到外面. 因为方程(2.24)给出的不均匀的部分是$\left(\frac{\phi_0 v}{2\pi\xi^2}\right)\cos\theta$,核心内部的电场可以确定为

$$\boldsymbol{e} = \frac{\phi_0 v}{2\pi\xi^2}\boldsymbol{i}_y + \frac{1}{2}(\boldsymbol{B}\times\boldsymbol{v}), \tag{2.25}$$

并且这一电场是均匀的且沿着 $y$ 轴方向. 图 2.4 给出了围绕非超导核心的不均匀电场的示意图. 从上面的结果和这一图像可以看出边界处的电场是连续的,这表明电荷按照 $\sigma = -(\phi_0 v\varepsilon/\pi\xi^2)\sin\theta$ 沿着边界分布,$\varepsilon$ 表示电解质常量. 这似乎与方程(2.4)矛盾. 但是,通过使用临界态模型可以得到这一结果;在宏观范围内这一结果与方程(2.4)并不矛盾,因为在核心内部的总电荷为 0.

现在我们来分析局域电场和宏观电场之间的关系. 假定相邻最近的磁通线之间的距离足够大. 如果磁通线格子的单位区域可以近似用半径为 $R_0$ 的圆表示,那么 $B=\phi_0/\pi R_0^2$. 可以很容易地看出,在区域 $\xi<r<R_0$ 范围由方程(2.24)给出的不均匀电场 $\boldsymbol{e}_1$ 的平均值为 0. 这样,方程(2.24)和(2.25)的第二项对宏观电场的贡献为

$$\boldsymbol{E} = \frac{\boldsymbol{i}_y}{\pi R_0^2}\int_0^\xi \frac{\phi_0 v}{2\pi\xi^2}2\pi r\mathrm{d}r + \frac{1}{2}(\boldsymbol{B}\times\boldsymbol{v}) = \boldsymbol{B}\times\boldsymbol{v}. \tag{2.26}$$

这一结果与方程(2.17)一致.

上面提到的宏观电场引起核心内、外区域的正常电子的移动,导致欧姆能量损耗. 这是超导体能量损耗的起因,同时可以观察到一个相关的电阻. 这里我们将从上述电场中的能量损耗推导出流动电阻率的表达式. 每单位长度的磁通线

的非超导核心处的能量损耗可以用下式确定：

$$W_1 = \pi\xi^2 \frac{\mu_0^2 H_{c2}^2 v^2}{\rho_n}\left(1+\frac{B}{2\mu_0 H_{c2}}\right)^2, \tag{2.27}$$

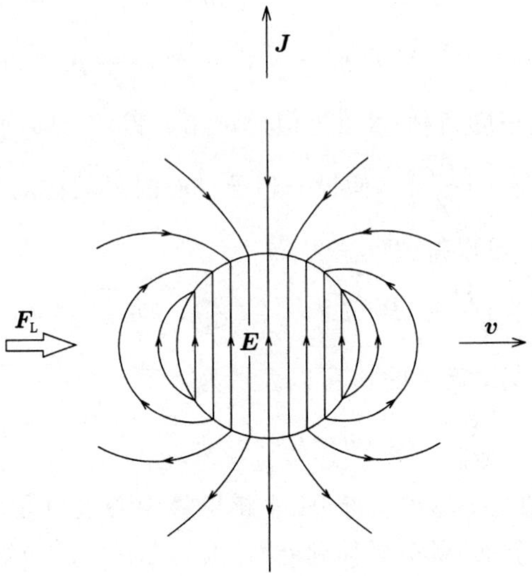


**图 2.4** 受在非超导核心区内、外不均匀电场影响的电场线的示意图

其中 $\rho_n$ 是一个非超导电阻率，且利用了方程(1.52). 我们假定在非超导核心的外部电阻也近似为 $\rho_n$. 因此，每单位长度磁通线范围损耗的能量可以由下式计算：

$$W_2 = 2\pi\int_{\xi}^{R_0} \frac{r\mathrm{d}r}{\rho_n}\left[\left(\frac{\phi_0 v}{2\pi}\right)^2 \frac{1}{r^4}+\left(\frac{Bv}{2}\right)^2\right] = \frac{\pi R_0^2 \mu_0 H_{c2} B}{2\rho_n}\left(1-\frac{B^2}{4\mu_0^2 H_{c2}^2}\right)v^2. \tag{2.28}$$

因此，如果总的电力损耗 $W_1+W_2$ 与实际的电力损耗 $\frac{\pi R_0^2 B^2 v^2}{\rho_f}$ 相等，可以得到稳定均匀的有效电阻也就是流动电阻率 $\rho_f$ 为

$$\rho_f = \frac{B}{\mu_0 H_{c2}}\left(1+\frac{B}{2\mu_0 H_{c2}}\right)^{-1}\rho_n. \tag{2.29}$$

在 $B \ll \mu_0 H_{c2}$ 区域，磁通线有足够大的间隔，上面结果可以简化为

$$\rho_f = \frac{B}{\mu_0 H_{c2}}\rho_n, \tag{2.30}$$

这与实验结果一致. 我们继续处理磁场沿着 $z$ 轴分布，电流沿着 $y$ 轴流动的情况. 矢量速度 $\boldsymbol{v}$ 沿着 $x$ 轴. 按照方程(1.147)和(2.17)的形式重新写出方程(2.13)，在 $J \geqslant J_c$ 时可以得到

$$E = \rho_f(J-J_c). \tag{2.31}$$

$E,J$ 之间的关系给出了图 1.13 中表示的磁通移动状态中的伏安特性，且表示出了超导体的特性. 因此，流动电阻率的表达式为

$$\rho_f = \frac{\phi_0 B}{\eta}, \tag{2.32}$$

这里 $\eta$ 为黏滞系数.

## 2.3　磁滞损耗机制

在上一节的讨论中我们知道，由于磁通线的运动而感应产生的电场引起非超导电子的运动，超导体中的能量损耗源于自身的欧姆性质. 众所周知，在交流条件下欧姆损耗与频率的平方成正比. 方程(2.27)和(2.28)给出的能量损耗与磁通线移动速度 $v$ 的平方成正比. 总的功率损耗密度可以表示为

$$P = \frac{1}{\pi R_0^2}(W_1 + W_2) = \frac{B^2 v^2}{\rho_f} = -\boldsymbol{F}_v \cdot \boldsymbol{v}, \tag{2.33}$$

并且是黏滞功率损耗密度. 另外，钉扎功率损耗密度由 $-\boldsymbol{F}_p \cdot \boldsymbol{v}$ 确定，因此它与磁通线运动速度成正比，也就是与频率成正比(这里注意，$\boldsymbol{F}_P$ 与 $\boldsymbol{v}$ 无关). 因此，这一损耗并不是欧姆损耗，实际上是图 1.13 中给出的电流-电压特性不是欧姆类型的. 这一结论似乎与任何损耗都源自于非超导电子的欧姆损耗的理论相矛盾. 为了解决这一矛盾，理解钉扎势中的磁通线移动是必要的.

超导体中由于磁通线的移动引起的宏观电磁现象可以用与机械运动相似的方式从理论上进行处理. 例如方程(2.33). 根据方程(2.9)和(2.17)，在超导体中输入的电功率密度 $\boldsymbol{J} \cdot \boldsymbol{E}$，可以表达为

$$\boldsymbol{J} \cdot \boldsymbol{E} = \boldsymbol{J} \cdot (\boldsymbol{B} \times \boldsymbol{v}) = \boldsymbol{F}_L \cdot \boldsymbol{v}, \tag{2.34}$$

这可以视为由 Lorentz 力决定. 在一个更宏观的范围内，单个磁通线的运动也可以由这种相关的机械运动来处理. 但是，这种情况下，应当注意，钉扎起不到宏观意义上的不可逆摩擦力的作用，但是可以达到一个由钉扎势引起的可逆力的作用.

现在我们处理钉扎势场中格子内磁通线的运动. 假定格子中心以恒定速率 $v$ 运动，由于钉扎作用，假定一个磁通线的位置 $u$，偏离平衡位置 $u_0$，这是由这一磁通线和其周围的磁通线之间的弹性相互作用决定的. 其最终的速率 $\dot{u} = \frac{\mathrm{d}u}{\mathrm{d}t}$，与平均速率 $v$ 不同. 磁通线受到一个与位移 $u - u_0$ 成比例的弹性回复力. 按照 Yamafuji 和 Irie 的推论[12]，磁通线移动的方程可以表示为

$$\eta^* v - k_f(u - u_0) + f(u) - \eta^* \dot{u} = 0, \tag{2.35}$$

$$\eta^* = \frac{B\eta}{\phi_0 N_p}, \tag{2.36}$$

其中 $\eta^*$ 是数量密度为 $N_P$ 的每一钉扎中心的有效黏滞系数，$k_f$ 是磁通线格子的弹性回复力的弹性常数，$f(u)$是与钉扎势相关的力. 方程(2.35)的第四项表示黏滞力，第一项和第二项表示作用于磁通线的钉扎力. 注：第一项表示速度没有被钉扎势扰乱的情况下的一个分量，第二项是由于速度被扰乱所引起的附加项. 由磁通线稳定移动的连续性，可得

$$\langle \dot{u} \rangle_t = \dot{u}_0 = v, \tag{2.37}$$

$\langle\ \rangle_t$ 是对时间求平均. 这种情况下可以得到输入的功率为

$$\langle [\eta^* v - k_f(u - u_0)]\dot{u} \rangle_t. \tag{2.38}$$

从能量损耗的机制来看，这与黏滞力的损耗$\langle \eta^* \dot{u}^2 \rangle_t$ 相等. 习题 2.2 证实了两者相等. 另外，表面黏滞力损耗为 $\eta^* v^2$. 因此，由于钉扎相互作用，两组数之间没有表现出不同. 因此，钉扎功率损耗密度 $P_p$ 可以由不同的 $N_P$ 加和得到，即

$$P_p = \frac{B\eta}{\phi_0}(\langle \dot{u}^2 \rangle_t - v^2). \tag{2.39}$$

因为由钉扎势引起的磁通线移动速度的波动，钉扎功率损耗是一种额外的损耗. 应当注意的是从表面上看钉扎势本身对功率损耗并没有影响. 问题在于钉扎功率损耗密度是否与速度 $v$ 成正比.

Yamafuji 和 Irie[12] 证明了在周围的磁通线的弹性相互作用下，磁通线掉进钉扎势阱然后再跳出钉扎势阱的时候，磁通线的速率变得非常大. 严格地说，为了实现这一情形，钉扎势必须足够的陡峭，以满足 $\left|\frac{\partial f}{\partial u}\right| \equiv k_p > k_f$ 条件，像下面 7.3 节证明的那样. 我们假定满足这个条件，如果磁通线到达钉扎势阱的边缘，在$t=0$时 $u=0$，如果钉扎力的变化为 $f(u) \simeq k_p u$，从方程(2.35)可以得出

$$\mu(t) \simeq -\frac{k_f vt}{k_p - k_f} + \frac{k_p \eta^* v}{(k_p - k_f)^2}\left[\exp\left(\frac{t}{\tau}\right) - 1\right],\ t > 0, \tag{2.40}$$

$$\tau = \frac{\eta^*}{k_p - k_f}, \tag{2.41}$$

式(2.41)是一个时间常数. 文献[13]中给出了这一分析的详细过程. 在上面我们假定 $u_0 = vt$，因为 $t<0$，$u=u_0$. 从上面的结果中可以看出，当磁通线掉入钉扎势阱时磁通线移动变得不稳定，且移动速率变得相当大. 为了简化，我们假定平均速率 $v$ 足够小. 如果当磁通线到达钉扎势阱中心时，不稳定性从 $t=0(u=0)$ 延续到 $t=\Delta t(u=d)$($2d$ 表示钉扎势阱的大小)，对 $\dot{u}^2$ 求时间的积分

$$\int_0^{\Delta t} \dot{u}^2 \mathrm{d}t = \frac{d^2(k_p - k_f)}{2\eta^*} + O(v), \tag{2.42}$$

右边的第二项是与速率 $v$ 相近的微小量(高次幂的小量). 严格地说，如图 2.5 中所示，从时间 $t=0(u=0)$ 到 $t=\Delta t'(u=d')$，在速率 $v$ 近似为 $v \to 0$ 的限制下，磁

通线运动变得不稳定. 当磁通线跳出钉扎势阱时这一不稳定性可以近似地表示为$\frac{d^2(k_p-k_f)}{2\eta^*}$,因此我们有

$$\langle \dot{u}^2 \rangle_t = \frac{d^2(k_p-k_f)}{T_0\eta^*} + O(v^2), \tag{2.43}$$

这里$\frac{1}{T_0}$是 1s 内磁通线遇到钉扎势阱的频率. 如果我们用 $D_p$ 来表示钉扎势阱之间的距离,我们有 $T_0=D_p/v$,钉扎功率损耗密度近似为

$$P_p = \frac{N_P}{D_P}(k_p-k_f)d^2 v. \tag{2.44}$$

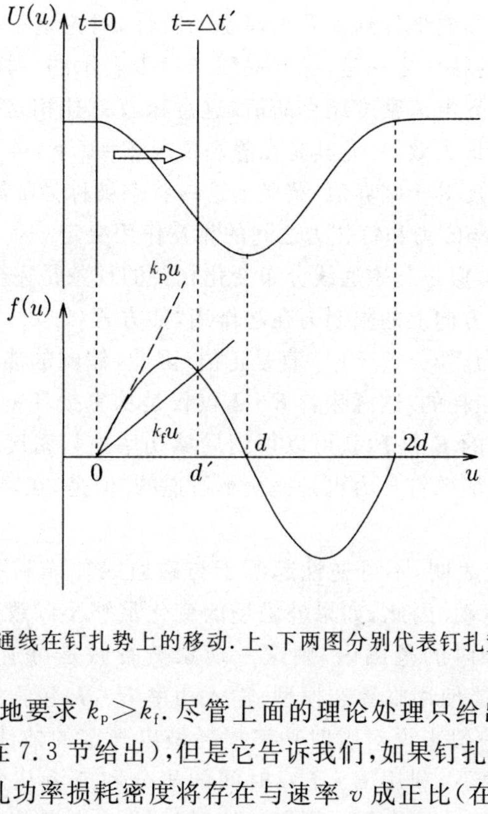


**图 2.5**　磁通线在钉扎势上的移动. 上、下两图分别代表钉扎势和钉扎力

这一结构潜在地要求 $k_p>k_f$. 尽管上面的理论处理只给出了一个粗略的估计(详细的计算将在 7.3 节给出),但是它告诉我们,如果钉扎势阱中磁通线的运动是不稳定的,钉扎功率损耗密度将存在与速率 $v$ 成正比(在交流条件下)的滞后性,如方程(2.44)所示. 仅仅在 $k_p>k_f$ 条件下才可能存在非零临界电流密度(参见 7.3 节). 因此,钉扎损耗的滞后性这一事实证明了伏安特性是非欧姆性的.

上面的结论可以被简单地解释为:当磁通线移动不稳定时,它的速率近似地由$[k_p v/(k_p-k_f)]\exp(\Delta t/\tau)\simeq d/\tau$ 确定且取一个与平均速率 $v$ 无关的大值. 因此,在磁通线与钉扎中心相互作用时它的能量损耗是一个恒量,功率损耗与磁

通线在 1s 内与钉扎中心相遇的数量成正比，也就是与 $v$ 成正比.

## 2.4 临界态模型的特性及其应用范围

从临界态模型，也就是分别从方程(2.13)和(2.15)描述的力平衡和磁通线的连续性出发，可得到磁通线密度 $\boldsymbol{B}$ 和磁通线移动速率 $\boldsymbol{v}$. 利用方程(2.2)，(2.13)，(2.17)得到 $\boldsymbol{B}$ 和 $\boldsymbol{E}$ 也是可能的. 在这两种情况下，求解的方程都包含有空间二次导数和时间一次导数. 由于系数 $\boldsymbol{\delta}$ 的存在求解这一方程是很困难的，系数 $\boldsymbol{\delta}$ 表示钉扎力的方向. 作为一个简单的例子，3.2 节给出这个方程的一个近似解.

在本节我们将简要地提到临界态模型的特性，讨论这一模型不能解决的一些现象. 这一模型的特性之一是，像方程(2.31)中表示的一样，局域化的电流密度不能取一个比临界电流密度还小的值. 这意味着钉扎相互作用会像最大静摩擦力一样发挥它的最大效果. 尤其是在静态情况 $\boldsymbol{E}=0$ 下，可以得到 $|\boldsymbol{J}|=J_c$，且超导体中的电流密度等于临界值. 狭义上这一状态被称为临界态. 这说明静态的磁通线分布由 Lorentz 力和钉扎力之间的相互作用决定.

第二个特征是，假定与磁通线分布变化相关的现象是完全不可逆的. 这是由于在磁通移动相反方向上的限制力在起作用，如方程(2.11)和(2.12)描述的一样. 来自于外部的力，如 $-\boldsymbol{F}_p\cdot\boldsymbol{v}$ 一直是正值. 因此，储藏的能量完全不被包括在内，且能量始终是损耗的. 这意味着 $\boldsymbol{E}\cdot\boldsymbol{J}$ 仅仅是功率损耗密度. 在这种情况下，如果我们知道局域的 $\boldsymbol{E}$ 和 $\boldsymbol{J}$，就可以得到局域功率损耗密度. 应当注意，在这里假定起源于这一势能的钉扎力也是完全不可逆的. 但是，在宏观范围钉扎力有可逆性.

上一节的讨论表明，不可逆性起源于与磁通线掉入和跳出钉扎势阱相关的不稳定的磁通运动. 因此，如果外磁场的变化足够小以致磁通线的运动被更多地限制在钉扎势阱的范围内，则这一现象被看做是可逆的，且没有能量损耗. 这种情况下不能使用临界态模型. 输入功率 $\boldsymbol{E}\cdot\boldsymbol{J}$，包括储存功率有时会取一个负值. 因此，一般来说对瞬时功率损耗做出确定的估计是不可能的. 只有在周期变化的条件下，利用 $\boldsymbol{E}\cdot\boldsymbol{J}$ 对时间的积分和或者从被不可逆曲线封闭起来的区域，才可能估计出每一周期的能量损耗. 3.7 节将对这一可逆现象加以讨论.

## 2.5 不可逆现象

上一节中提到由于方向系数 $\boldsymbol{\delta}$ 的存在，动力平衡方程仅仅在近似条件下才可以求解.另外,有时力平衡方程本身就是一个非线性微分方程.作为一个近似解的例子,在这一节我们把重点放在准静态条件下的磁通线分布和磁化上.本书涉及的准静态过程与热力学中的不同,仅仅表示外磁场缓慢变化时的过程.通过对近似为 0 的外磁场变动的线性推断可以得到准静态.因此,在大多数情况下这样的状态是热力学中的非平衡态.在这本书中,磁通蠕动速度如此小以致可以忽略黏滞力.但是值得注意的是,在不同材料中情况可能大不相同.例如,在商业化的 $Nb_3Sn$ 线材中,由于钉扎力特别大,可以在一个很宽的变动范围内获得准静态.做为一个典型的例子,我们假定在 $B=5T$ 时有 $J_c=5\times10^9\,Am^{-2}$.从方程(2.30)估计出的磁通流动电阻率 $\rho_f\simeq8\times10^{-8}\,\Omega m$,这里我们用到 $\mu_0H_{c2}=20T$ 和 $\rho_n=3\times10^{-7}\,\Omega m$.因此,如果要使黏滞力达到钉扎力百分之一的话,那么 $E=\rho_fJ_c\times10^{-2}\simeq0.4Vm^{-1}$.超导体一般是不会在如此高电场下工作的,因此它们可以在忽略黏滞力的范围内运作.这里我们要搞清楚外磁场的变动率.为了简化问题,我们假定外磁场完全穿透进入超导体.感应电场 $E\simeq d\partial B/\partial t$,这里 $d$ 是超导线的半径或者是超导片的厚度的二分之一.因此,我们发现 $d=50\mu m$ 时在 $E=0.4Vm^{-1}$ 处电场的变化速率是 $8\times10^3\,Ts^{-1}$.可以清楚地知道变化速率的最大值依赖于超导体的尺寸大小.然而,在这一过程中能看出准静态的范围变得更窄,同时钉扎力变得很弱.

现在我们来处理磁场平行作用于一个足够大的超导片时的情况.我们假定这个片的厚度为 $0\leqslant x\leqslant2d$,且磁场 $H_e$ 沿着 $z$ 轴方向.考虑到对称性我们只分析超导片的 $0\leqslant x\leqslant d$ 的部分就够了.在 $y$-$z$ 平面上的所有的电磁量都是一致的,且只沿着 $x$ 轴变化.磁通线沿着 $x$ 轴移动,因此方程(2.13)可以简化为

$$-\frac{\hat{B}}{\mu_0}\cdot\frac{\partial\hat{B}}{\partial x}=\delta F_P(\hat{B}),\tag{2.45}$$

这里 $\hat{B}=|\boldsymbol{B}|$,且 $\delta=\pm1$ 是符号因子,代表磁通线移动的方向.$\boldsymbol{\delta}=\delta\boldsymbol{i}_x$ 这里 $\boldsymbol{i}_x$ 是沿着 $x$ 轴的单位矢量.这种情况下电流沿着 $y$ 轴方向流动.如果确定 $F_p(\hat{B}$ 的函数形式,则可以求出方程(2.45)的解.

许多模型被假设成 $F_p(\hat{B})$ 的函数形式.这里我们利用 Irie-Yamafuji 模型[6],这一模型可以在一个很宽的磁场范围内使用,上临界场附近的高磁场区域除外.

$$F_P(\hat{B})=\alpha_c\hat{B}^\gamma,\tag{2.46}$$

这里 $\alpha_c$ 和 $\gamma$ 是钉扎参数,一般有 $0\leqslant\gamma\leqslant1$.如果我们假定 $\gamma=1$,上面的模型将简化为 Bean-London 模型[14,15].这一模型适用于 $J_c$ 可以近似为独立于磁场的情况.当 $\gamma=1/2$ 时方程(2.46)简化为 Yasukochi 模型[16].这一模型用于实际的超

导体中,在这些超导体中晶界或者大的非超导杂质被作为有效的钉扎中心. 当 $\gamma=0$ 时得到 Silcox-Rollins 模型[17]. 做为另外一种钉扎模型,Kim 模型[18]也为大家所熟悉,尽管它与方程(2.46)有不同的函数形式,但是在一个相当宽的磁场范围内,其能很好地表达磁场与钉扎力密度的关系. 随着 $\hat{B}$ 的增加钉扎力密度 $F_p(\hat{B})$ 是减小的,因此在高场下对这一模型进行修正是必要的(参见 7.1 节).

把方程(2.46)代入方程(2.45)求积分,可以得到

$$\delta\hat{B}^{2-\gamma}=\delta_0\hat{B}_0^{2-\gamma}-(2-\gamma)\mu_0\alpha_c x, \tag{2.47}$$

这里 $\delta_0$ 和 $\hat{B}_0$ 分别是 $\delta$ 和 $\hat{B}$ 位于超导体表面($x=0$)处的值. 有时 $\hat{B}_0$ 不等于与外磁场 $H_e$ 相关的磁通线密度 $|\mu_0 H_e|$. 这是由抗磁性的表面电流或者表面不可逆性引起的,将在后面的 2.6 节和 3.5 节中给予讨论. 但是,在一个 G-L 参数 $\kappa$ 较大的超导体中,抗磁性的表面电流很小. 因此,在这种情况下,如果磁通钉扎强度或者超导体的大小,也就是厚度 $2d$ 足够大的话,抗磁效应可忽略,另外在一个均匀的超导体中表面的不可逆效应也不会出现. 因此,我们假定

$$\hat{B}_0=\mu_0\hat{H}_e, \tag{2.48}$$

这里 $\hat{H}_e=|H_e|$. 方程(2.47)表示从表面到一个相当深,即在 $\hat{B}$ 减小到 0 或者磁通分布的断点(breaking point)位置的区域内的磁通分布. 这将在后面给予讨论. 在 $\gamma=1$ 处磁通线分布是线性的,在 $\gamma=0$ 处是抛物线形的.

在一个以 0 为初态的增强的外磁场中,超导体内的磁通线分布由方程(2.47)给出,$\delta=\delta_0=1$,图 2.6 给出了超导体内的磁通线分布示意图. 图 2.6(a),(b)两图分别表示磁通线穿透进超导体中心和没有穿透到中心时的两种情况. 我们把磁通顶端到达超导片中心的外磁场称为穿透场 $H_P$,

$$H_P=\frac{1}{\mu_0}[(2-\gamma)\mu_0\alpha_c d]^{1/(2-\gamma)}. \tag{2.49}$$

假定 $\boldsymbol{B}$ 位于 $z$ 轴的正半轴($B>0$),即 $\hat{B}=B$,可以得到电流分布

$$J_y=-\frac{1}{\mu_0}\cdot\frac{\partial\hat{B}}{\partial x}=\alpha_c[\hat{B}_0^{2-\gamma}-(2-\gamma)\mu_0\alpha_c x]^{(\gamma-1)/(2-\gamma)}. \tag{2.50}$$

这一结果也可以直接从 $J=J_c=F_p(\hat{B})/\hat{B}=\alpha_c\hat{B}^{\gamma-1}$ 中得到. 像我们已经提到的,按照临界态模型,磁场强度达到这一值时,局域电流密度与临界电流密度($\pm J_c$)相等. 在一个更精确的表达式中,局域电流密度不能取比包括黏滞力贡献的 $J_c$ 更小的值. 图 2.6 给出了超导片在磁化过程中的电流分布. 尽管可以描述包含 $\delta,\delta_0$ 及 $B$ 等符号的电流密度 $J_y$,但是它相当复杂. 按照方程(2.50),在 $\gamma\neq1$ 的情况下在 $\hat{B}=0$ 处电流密度 $J$ 发散. 在一个相当宽的磁场范围内用一个相当简单的函数,从与磁场有关的 $J_c$ 的近似的结果中得到的分散情况在实际中不会出

现. 尽管存在这样一个非物理限制，但是在平均值中没有出现异常现象，例如磁化或者能量损耗. 因此，没有必要对这一问题仔细分析.

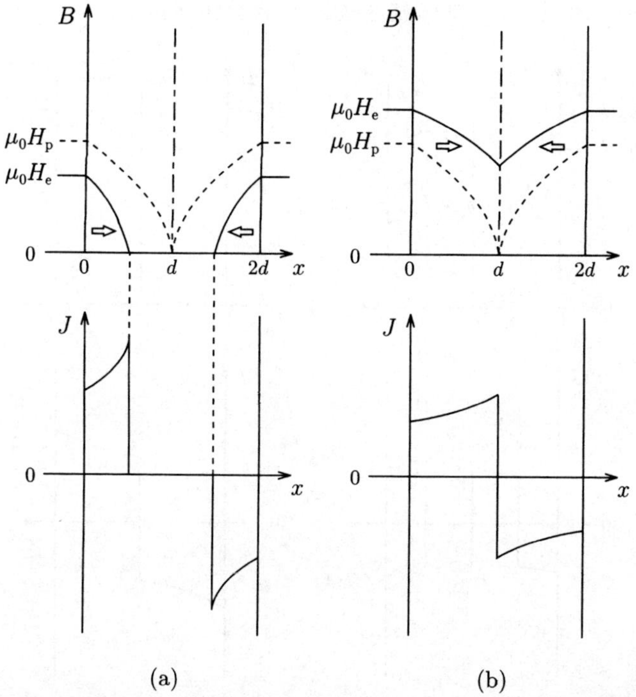


**图 2.6** 从 0 开始施加外场时磁通线(上图)和电流(下图)在超导体中的分布图. (a) 是外场 $H_e$ 小于钉扎势场 $H_p$；(b) 是外场 $H_e$ 大于钉扎势场 $H_p$. 箭头代表磁通线移动方向

下面我们讨论外磁场先升高到 $H_m$，然后再降低的情况. 磁通线逸出超导体. 这种情况下表面附近的磁通线最先逸出，因此，磁通线分布的变化是从表面开始的. 在这一区域钉扎力阻碍磁通线逸出超导体，且电流方向与开始的方向相反. 在薄片二分之一区域($0\leqslant x\leqslant d$)的表面附近，我们有 $\delta=\delta_0=-1$. 把这些值代入方程(2.47)，可以得到表面附近分布的磁通线分布

$$\hat{B}^{2-\gamma}=(\mu_0\hat{H}_e)^{2-\gamma}+(2-\gamma)\mu_0\alpha_c x. \tag{2.51}$$

另外，原来的磁通分布为

$$\hat{B}^{2-\gamma}=(\mu_0H_m)^{2-\gamma}+(2-\gamma)\mu_0\alpha_c x, \tag{2.52}$$

在超导体内部保持不变. $x=x_b$，两个分布方程的交叉处的断点由下式给出：

$$x_b=\frac{-(\mu_0\hat{H}_e)^{2-\gamma}+(\mu_0H_m)^{2-\gamma}}{2(2-\gamma)\mu_0\alpha_c}=\frac{d}{2}\left[-\left(\frac{\hat{H}_e}{H_p}\right)^{2-\gamma}+\left(\frac{H_m}{H_p}\right)^{2-\gamma}\right]. \tag{2.53}$$

图 2.7 给出了与这一过程有关的磁通线和电流分布. 与 $H_m$ 相关的情况有

三种,即 $H_m<H_p$,$H_p<H_m<2^{1/(2-\gamma)}H_p$ 和 $H_m>2^{1/(2-\gamma)}H_p$. 当 $H_m>2^{1/(2-\gamma)}H_p$ 时,在 $\hat{H}_e$ 达到 0 之前磁通分布的断点消失(参见图 2.7(b)),在 $\hat{H}_e=0$ 时磁化位于主磁化强度曲线上,下面将对这些情况给予详细讨论.

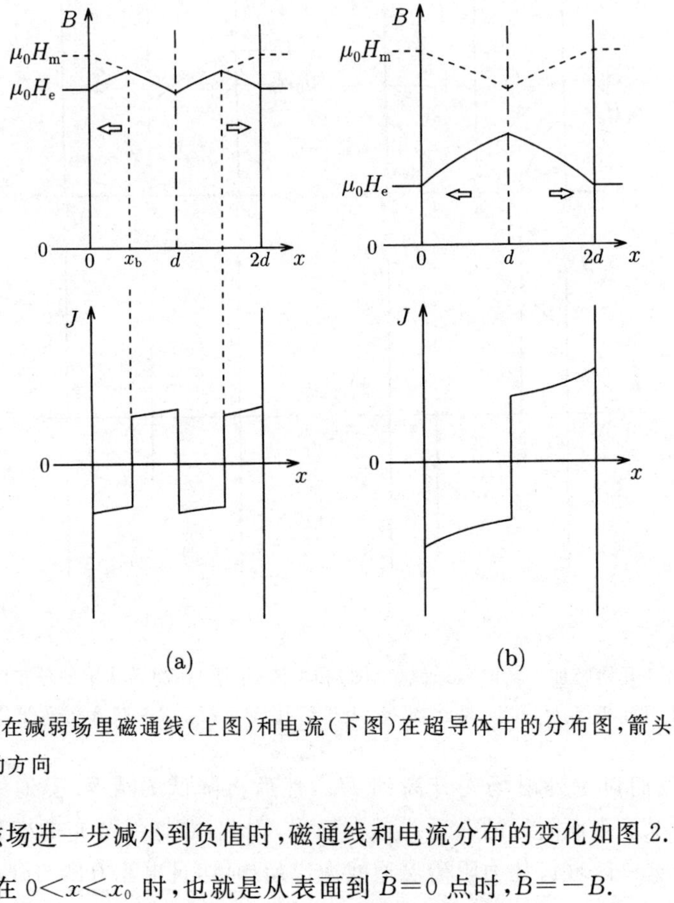


**图 2.7** 在减弱场里磁通线(上图)和电流(下图)在超导体中的分布图,箭头代表磁通线移动方向

当外磁场进一步减小到负值时,磁通线和电流分布的变化如图 2.8 所示.这种情况下,在 $0<x<x_0$ 时,也就是从表面到 $\hat{B}=0$ 点时,$\hat{B}=-B$.

下面我们计算超导板的磁化.超导体的磁化定义为

$$M=\frac{1}{\mu_0 d}\int_0^d B(x)\mathrm{d}x-H_e. \tag{2.54}$$

第一项与超导体内部的平均磁化密度相关.因此,对于磁化的本质来说,方程(2.54)既不是局域关系 $\boldsymbol{m}=\boldsymbol{b}/\mu_0-\boldsymbol{h}$,也不是整个空间的平均值.实际它是整个超导体 $\boldsymbol{b}/\mu_0-\boldsymbol{H}_e$ 的平均值.当 $H_m>2^{1/(2-\gamma)}H_p$ 时,经计算可以得出

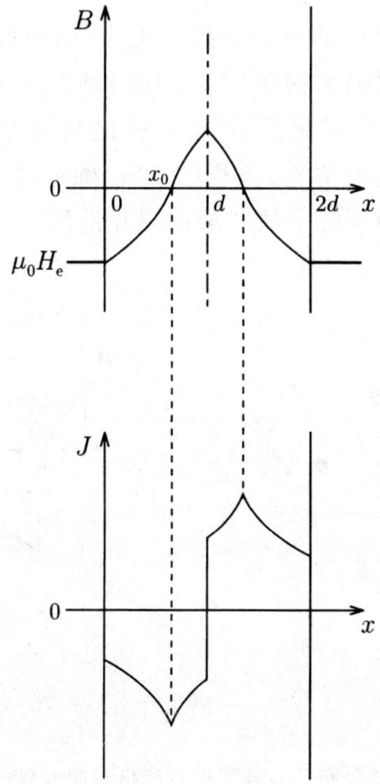


**图 2.8**　当外场翻转时,磁通线(上图)和电流(下图)在超导体中分布图

$$\frac{M}{H_p}=\begin{cases}\dfrac{2-\gamma}{3-\gamma}h_e^{3-\gamma}-h_e, & 0<H_e<H_p, \quad (2.55a)\\ \dfrac{2-\gamma}{3-\gamma}[h_e^{3-\gamma}-(h_e^{2-\gamma}-1)^{(3-\gamma)/(2-\gamma)}]-h_e, & H_P<H_e<H_m, \quad (2.55b)\\ \dfrac{2-\gamma}{3-\gamma}[2^{-1/(2-\gamma)}(h_m^{2-\gamma}+h_e^{2-\gamma})^{(3-\gamma)/(2-\gamma)} & \\ \qquad -(h_m^{2-\gamma}-1)^{(3-\gamma)/(2-\gamma)}-h_e^{3-\gamma}]-h_e, & H_m>H_e>H_a, \quad (2.55c)\\ \dfrac{2-\gamma}{3-\gamma}[(h_e^{2-\gamma}+1)^{(3-\gamma)/(2-\gamma)}-h_e^{3-\gamma}]-h_e, & H_a>H_e>0, \quad (2.55d)\\ \dfrac{2-\gamma}{3-\gamma}\{[1-(-h_e)^{2-\gamma}]^{(3-\gamma)/(2-\gamma)}-(-h_e)^{3-\gamma}\}-h_e, & \\ & 0>H_e>-H_p, \quad (2.55e)\end{cases}$$

这里 $h_e$ 和 $h_m$ 分别被定义为

$$h_e=\frac{H_e}{H_p},\quad h_m=\frac{H_m}{H_p}, \tag{2.56}$$

且

$$H_a^{2-\gamma} = H_m^{2-\gamma} - 2H_p^{2-\gamma}. \tag{2.57}$$

方程组(2.55)给出图 2.9 中的每一个磁通线分布的相关描述，其中方程(2.55a)和(2.55b)都描述磁场增强的过程，(2.55c)和(2.55d)描述磁场减小的过程，(2.55e) 对应于磁场翻转时的情况，e′点在磁化曲线上与 e 点相反. b，d 和 e 点都位于主磁化线上且对应临界态. 方程(2.55a)确定的初磁化在 $H_e = H_p$ 处到达主曲线. 图2.10 给出了和 $\gamma$ 各个值对应的磁化曲线.

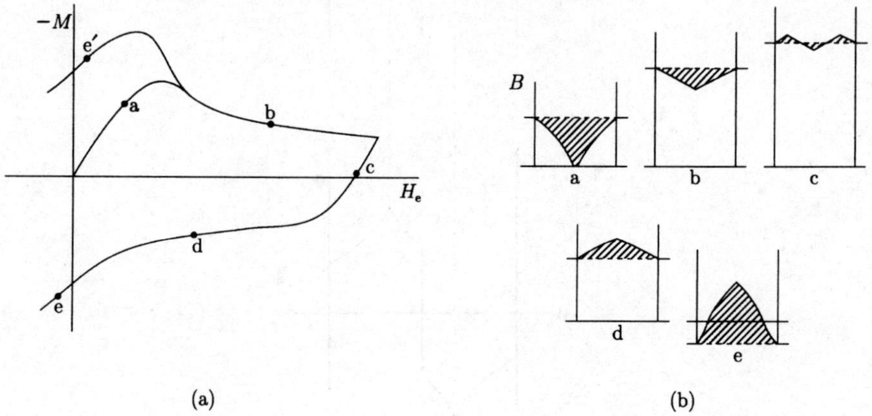


**图 2.9** 各点的磁化(a)和磁通分布(b)，各字母点严格对应方程组(2.55)中各方程的字母号码

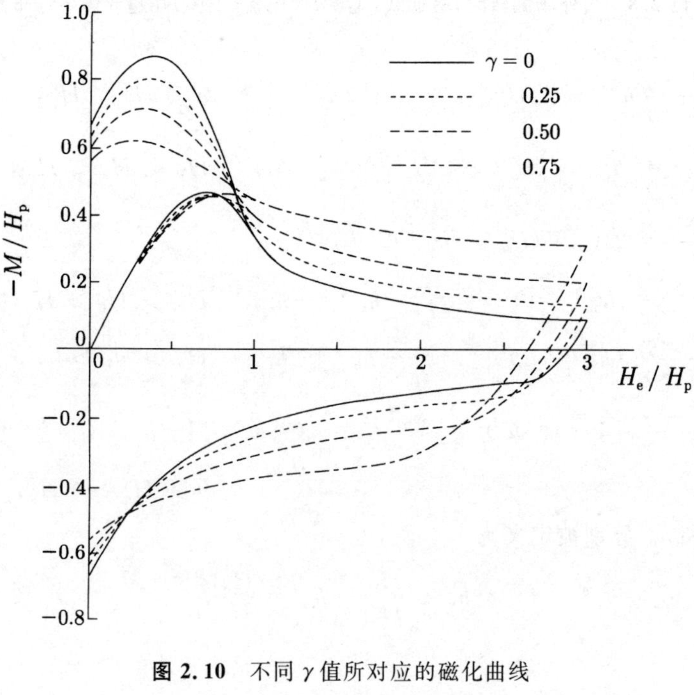


**图 2.10** 不同 $\gamma$ 值所对应的磁化曲线

我们在上面讨论了只施加磁场时的情况.现在我们考虑同时又有输运电流的情况.假定一个平均密度为 $J_t$ 的电流沿着超导板的 $y$ 轴流动,且磁场 $H_e$ 沿着 $z$ 轴放置.按照安培定则,一个自场导致超导板表面的边界条件为

$$B(x=0)=\mu_0 H_e+\mu_0 J_t d,$$
$$B(x=2d)=\mu_0 H_e-\mu_0 J_t d. \tag{2.58}$$

因此,磁通线分布不是中心($x=d$)对称的,我们必须把超导板的每一部分都考虑在内.另外,应当注意,磁通线的分布因磁场和电流的施加过程的不同而不同,甚至对于相同的边界条件也是如此.例如,图 2.11(a)的上图表示先有磁场(虚线)作用然后有电流(实线)作用的磁通线分布,图 2.11(b)的上图则表示磁场和电场出现顺序翻转时的分布情况;下图则给出了相关的电流分布.因此,磁通线分布的变化一般依赖于磁场和电流出现的顺序.任何情况下,考虑到与施加过程相关的边界条件,利用临界态模型可以很容易地得到最终的磁场分布.

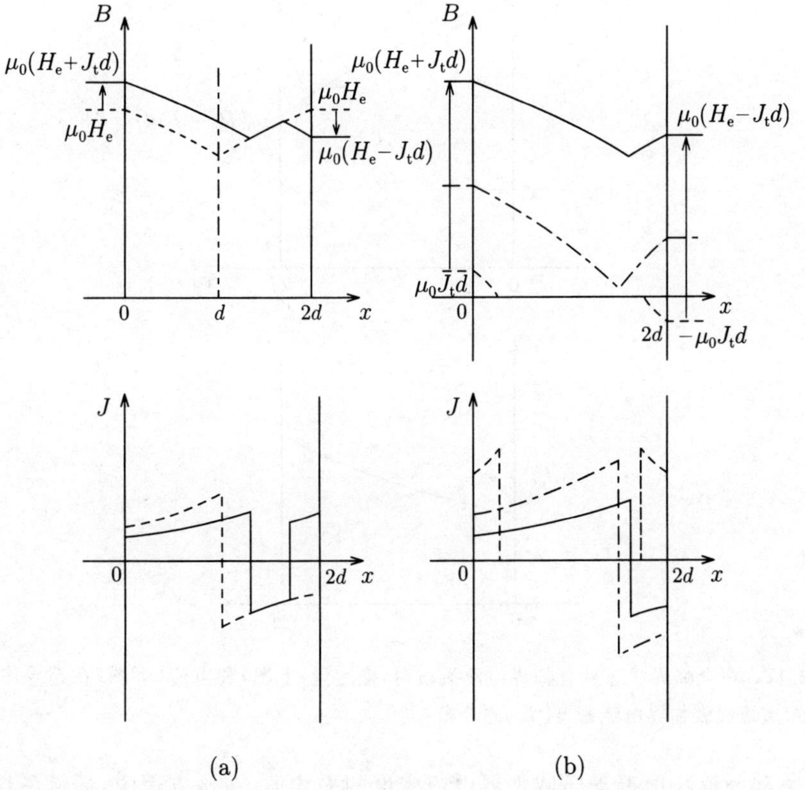


**图 2.11**　在磁场和电流共同叠加时,磁通量(上图)和电流(下图)在超导体中的分布.(a) 是先有磁场再加电流;(b) 是相反情况

在电流沿着相同的方向流过超导体的全临界态中，磁通线分布如图 2.12 所示，且与磁场和电流的叠加顺序无关．这种情况下从边界条件出发，可以得到

$$B^{2-\gamma}(2d) = B^{2-\gamma}(0) - 2(\mu_0 H_p)^{2-\gamma}. \tag{2.59}$$

因此，从测试中得到的且与图 2.12 上图的虚线斜率有关的平均临界电流密度，可以由下式表达出来：

$$(H_e + \langle J_c \rangle d)^{2-\gamma} - (H_e - \langle J_c \rangle d)^{2-\gamma} = 2H_p^{2-\gamma}. \tag{2.60}$$

一般情况下 $\hat{H}_e$ 可以用 $H_e$ 代替，如果自场$\langle J_c \rangle d$ 比 $\hat{H}_e$ 足够小，方程(2.60)可以按一个级数扩展．然后，利用迭代近似可以得到

$$\langle J_c \rangle = \frac{\alpha_c}{(\mu_0 \hat{H}_e)^{1-\gamma}}\left[1 + \frac{(1-\gamma)\gamma}{6(2-\gamma)^2}\left(\frac{H_p}{\hat{H}_e}\right)^{4-2\gamma}\right]. \tag{2.61}$$

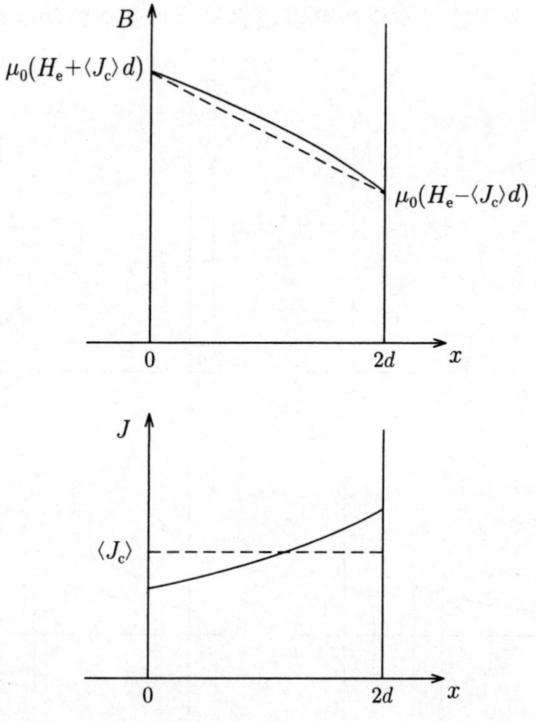


**图 2.12**　在全临界状态且有临界电流流过时，磁通量(上图)和电流(下图)在超导体中的分布，虚线代表临界电流密度$\langle J_c \rangle$的分布

上面方程的第一项等于局域临界电流密度的平均值，在该方程中，局域磁场等于外磁场 $H_e$．当其比率 $H_p/\hat{H}_e = \varepsilon$ 远小于 1 时，这一迭代近似是正确的．第二项与级数 $\varepsilon^{4-2\gamma}$相关．

对于超过这一密度的输运电流,稳定的磁通分布没有解.这是因为磁通开始移动,我们必须求解包括黏滞力在内的方程(2.13).

在上面的讨论中我们仅仅处理了磁场平行于超导板放置的情况.现在我们讨论磁场与超导板垂直的情况.假定超导片的宽面平行于 $x$-$y$ 平面,磁场和电流分别为 $z$ 轴和 $y$ 轴.这种情况下,由于在厚度方向也就是 $z$ 轴方向电流的变化,超导体内的磁通线密度包括一个均匀的 $z$ 分量 $\mu_0 H_e$ 和一个 $x$ 分量.图 2.13(a)和(b)分别表示电流和磁通线的分布,由于自场的存在,总的电流值要小于临界电流.为了简化处理,我们假定符合 Bean-London 模型.图 2.13(c)表示出了磁通线结构和洛伦兹力的方向(箭头指向).这种结构的洛伦兹力表示与磁通线相反的回复力,称为线张力.另外,图 2.6 中表示出的洛伦兹力来源于磁通线密度的梯度,称为磁压力.

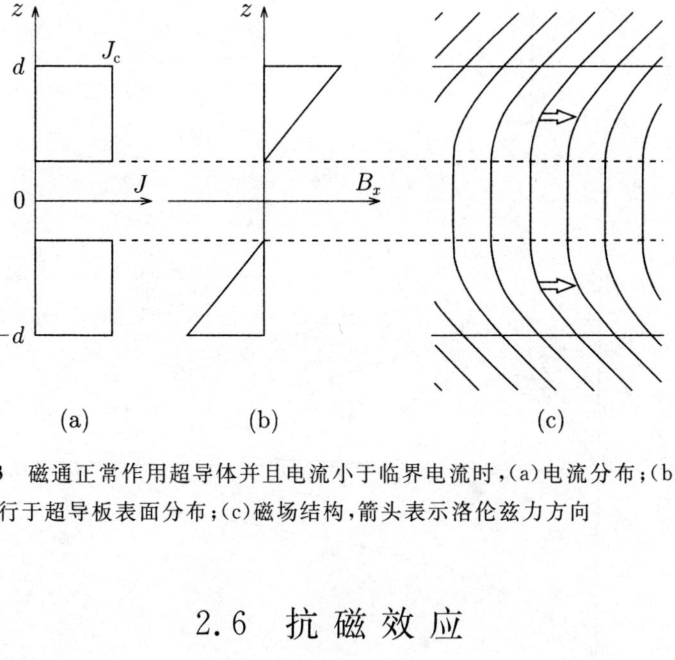


**图 2.13**　磁通正常作用超导体并且电流小于临界电流时,(a)电流分布;(b)混合磁通平行于超导板表面分布;(c)磁场结构,箭头表示洛伦兹力方向

## 2.6　抗磁效应

在如图 2.9 所示的由临界态模型描述的磁化强度在增强场中是抗磁性的,而在减弱场中是顺磁性的.尤其是在高场情况下,磁化曲线升高或者降低的分支几乎是以横轴为对称的.另一方面,图 2.14(a)和(b)中所示的磁化曲线是不对称的,且偏离抗磁性面.这源于超导体材料本身的抗磁性.图 2.9 所示的磁化曲线符合这一情况,即由于抗磁性的磁化率要远远小于钉扎效应导致的磁化率.

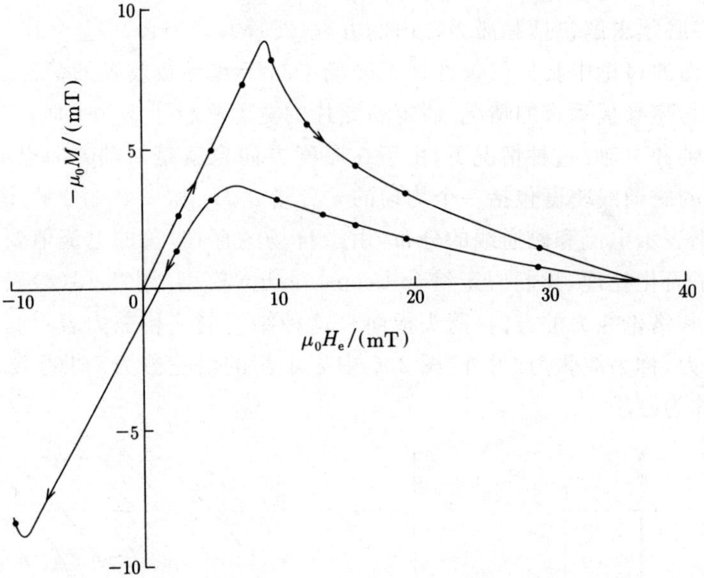


(a)

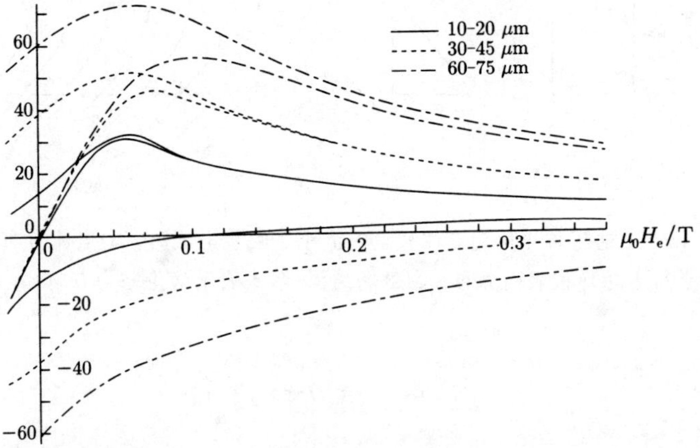


(b)

**图 2.14**　(a)是 Ta 在低 $\kappa$ 值 3.72K 时的磁化曲线[19]；(b)是 $V_3Ga$ 粉末在 4.2K 时的磁化曲线[20]，尽管有较强的钉扎，图(b)中的相当强的抗磁效应归因于小的晶粒

图 2.15 给出了增强磁场中的超导体内的磁通线分布. 在该图中 $B_0$ 表示与外磁场 $H_e$ 平衡时的磁通密度. 也就是说 $B_0/H_e$ 与 $H_e$ 之间的不同给出了抗磁性的磁化强度. 可以看出磁化与图中的阴影区域成正比关系：区域"a"表示抗磁性的贡献，区域"b"表示磁通钉扎效应的贡献. 在小的抗磁性、大的临界电流密

度且超导体尺寸大的情况下，由于钉扎的存在，磁化强度很大. 后一点是源于这样一个事实：当抗磁性屏蔽电流被局限于表面区域时，超导体的全部区域都分布有钉扎电流. 磁化强度与 $H_p$ 成正比，故也与样品尺寸大小成正比. 因此，按图 2.14 中所示，在下列情况下抗磁性不能被忽略：

(1) 抗磁性非常强的超导体，下临界场 $H_{c1}$ 非常大. 如图 2.14(a)所示的大多数 G-L 参数 $\kappa$ 较小的超导体[20].

(2) 钉扎力非常弱的超导体. 例如，尤其是在高温下的 Bi 系氧化物超导体中，尽管抗磁性有像下临界场一样小的特性，但是钉扎贡献更小，从而导致明显的抗磁性.

(3) 尺寸很小的超导体. 图 2.14(b)展示了形状规则的颗粒性 $V_3Ga$ 超导体的磁化率[21]. 尽管 $V_3Ga$ 是商业用途的超导体，且有强烈的钉扎性能，但是因为样品的尺寸很小，所以磁化强度是很小的. 在烧结的 Y 系氧化物超导体中可以观察到相似的结果，该超导体中颗粒间的耦合非常弱.

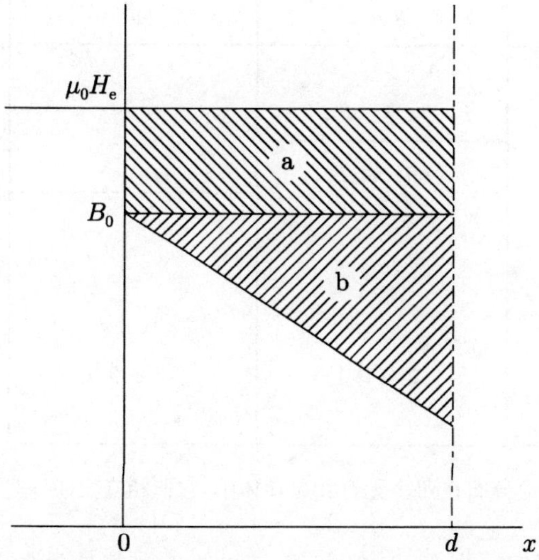


**图 2.15**　在增强磁场的磁通分布，a 和 b 分别对应着抗磁和钉扎作用的影响

通过把 $\mu_0 H_e$ 和 $B_0$ 间的不同作为一个边界条件，加上 2.5 节中求解 $B(x)$ 的过程，超导体中磁通线分布引起的抗磁效应很容易处理. 但是，从严格意义上来说这种方法是不正确的，因为在一些超导体中作用于磁通线的驱动力与洛伦兹力有稍微的不同，在这些超导体中抗磁效应不能像 2.1 节所述的那样被忽略.

由方程(2.6)定义的热力学磁场$\mathcal{H}$是一个决定超导体内部变量 $\boldsymbol{B}$ 的外部变量，磁通线被热力学磁场的形变所驱动. 假定在超导体表面附近区域没有钉扎中心，这一区域的自由能由方程(1.112)确定，从方程(2.6)和(1.113)看出热力学磁场与外磁场相等. 如果热力学磁场与外磁场存在差值,那么与这一差值成正比的力将作用于表面附近的磁通线. 超导体内部也发生相同的结果. 如果它们在$\mathcal{H}$上存在一个扭曲,那么将有一个减小形变的驱动力发生作用. 正如上面所说,这一驱动力来源于$\mathcal{H}$的梯度(从严格意义上来说是$\mathcal{H}$的旋度)而不是产生洛伦兹力的 $\boldsymbol{B}$ 的梯度. 这里我们假定,如图 2.16 所示,两个有不同抗磁性的无钉扎超导体,它们相互关联且与外磁场处于平衡状态. 因为每一个超导体都处于与外磁场平衡的状态,在两个超导体之间也获得一个平衡状态. 因此,磁通线不能移动. 在这种情况下,由于两个超导体的抗磁性不同而引起的磁通线密度 $\boldsymbol{B}$ 不同,因此在两个超导体的边界附近便会产生一个净电流. 由于电流的存在,洛伦兹力便会驱动磁通线从超导体Ⅰ进入超导体Ⅱ. 另外,因为超导体Ⅱ有更强的抗磁性,抗磁力推动磁通线进入超导体Ⅰ中. 这些力相互抵消,且驱动力对磁通线没有作用. 在 $\boldsymbol{B}$ 和$\mathcal{H}$连续变化时会出现相同的情况.

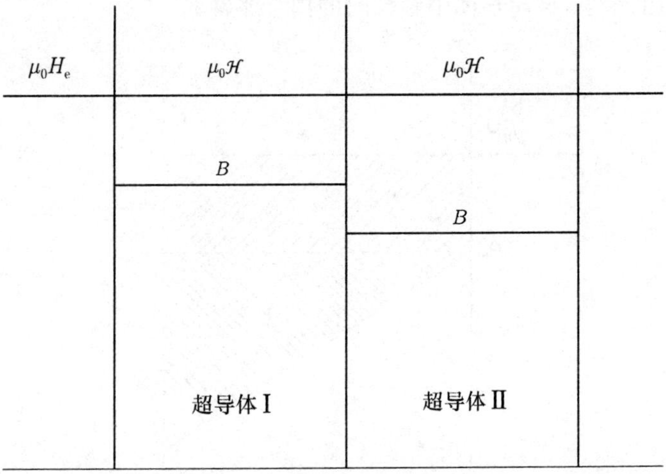


**图 2.16** 磁通分布在两个无钉扎超导体中,它们相互关联并且和外场平衡

从上面的讨论中可以看出,$\mathcal{H}$和 $\boldsymbol{B}$ 之间的关系与外磁场 $\boldsymbol{H}_e$ 和 $\boldsymbol{B}$ 之间的关系是相同的,在这种情况下钉扎能没有被包括进外磁场中,也就是 $F=F_s$. 因此,在理想情况下,这一结果似乎可以近似地适用于弱钉扎超导体. 当 $\boldsymbol{B}$ 与$\mathcal{H}$随着时间的变化并不是很快时,从力的平衡方程上可以得到磁通线的分布

$$(\nabla\times\mathcal{H})\times\boldsymbol{B}-\delta F_p(\hat{B})=0, \tag{2.62}$$

$$\mathcal{H}=f(\boldsymbol{B}) \quad \text{或} \quad \boldsymbol{B}=f^{-1}(\mathcal{H}), \tag{2.63}$$

这里 $f$ 是来自于方程(2.6)的函数.

在实际情况中,在理论上由方程(2.6)推导出方程(2.63)是很困难的. 尤其是不可能用一个单一的方程表达出磁场强度在一个很宽的范围内的特征. 但是,

对低 $\kappa$ 值的超导体，在整个磁场区域内很容易找出一个与实验结果符合很好的近似方程. 例如，Kes 等人提出的关系式[21]

$$B=\mu_0\mathcal{H}-\mu_0H_{c1}\left[1-\left(\frac{\mathcal{H}-H_{c1}}{H_{c2}-H_{c1}}\right)^n\right],\quad H_{c1}\leqslant\mathcal{H}\leqslant H_{c2},\tag{2.64}$$

其中

$$n=\frac{H_{c2}-H_{c1}}{1.16(2\kappa^2-1)H_{c1}}.\tag{2.65}$$

为了分析整个磁场的磁化情况，方程(2.46)确定的钉扎密度修正至上临界场时减小到 0. 方程变为

$$F_p(\hat{B})=\alpha_c\hat{B}^\gamma\left(1-\frac{\hat{B}}{\mu_0H_{c2}}\right)^\beta.\tag{2.66}$$

这里，如同上一节描述的一样，我们考虑平行作用于 $0\leqslant x\leqslant 2d$ 的超导板的外磁场 $H_e$. 我们仅仅分析超导板中线半边的情况，$0\leqslant x\leqslant d$，在增强磁场中有 $\delta=1$. 在一维情况下，方程(2.62)可以导出

$$\alpha_c\mu_0^{\gamma-1}(x-x_c)=-\int_0^{\hat{\mathcal{H}}-H_{c1}}(\Theta+c\Theta^n)^{1-\gamma}\left(1-\frac{\Theta+c\Theta^n}{H_{c2}}\right)^{-\beta}\mathrm{d}\Theta\tag{2.67}$$

其中

$$c=\frac{H_{c1}}{(H_{c2}-H_{c1})^n}.\tag{2.68}$$

上式中 $\hat{\mathcal{H}}=|\mathcal{H}|$ 且 $x=x_c$ 表示 $\hat{\mathcal{H}}=H_{c1}$ 的位置. 方程(2.67)只有数值解. 可以从这一解和磁通线分布中得到 $\hat{\mathcal{H}}$ 和 $x$ 的关系，$\hat{B}$ 和 $x$ 的关系可以从方程(2.64)得出. 图 2.17 同时给出了在超导板内部 $\hat{B}$ 和 $\mu_0\hat{\mathcal{H}}$ 的分布的示意图.

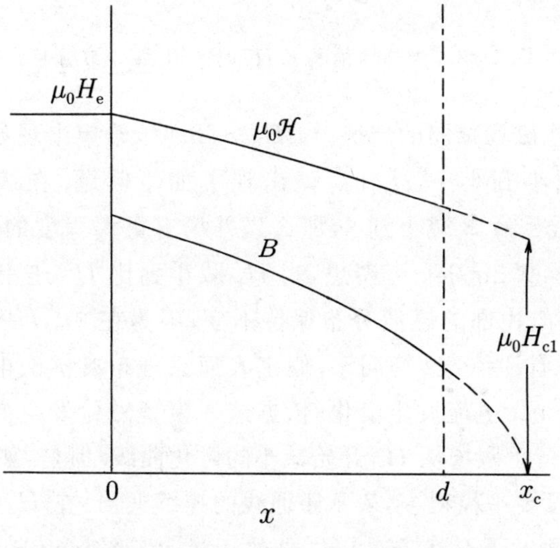


**图 2.17**　当磁通穿透超导体时在增强磁场中 $B$ 和 $\mu_0\mathcal{H}$ 的分布

利用方程(2.67)只能得到处于 $\hat{B}>0$ 也就是$\hat{\mathcal{H}}>H_{c1}$区域的磁通分布. 这里我们讨论另一范围中的磁通分布. 例如,在磁化开始时,也就是当 $0\leqslant H_e<H_{c1}$ 时,超导体内不存在磁通线,且 $B=0$. 在这种情况下,$\mathcal{H}$不能由方程(2.6)确定,且它自身的定义是没有意义的. 当外磁场继续增强至 $H_e$ 稍微大于 $H_{c1}$ 时,在超导体中存在一个点,满足 $x=x_c$,图 2.18 给出了 $B$ 和$\mathcal{H}$的分布. 在 $x_c\leqslant x\leqslant d$ 区域,没有磁通线存在,因此$\mathcal{H}$的定义在此还是没有意义的. 当 $H_e$ 继续增强时,这一分布就变得如图 2.17 所示的那样.

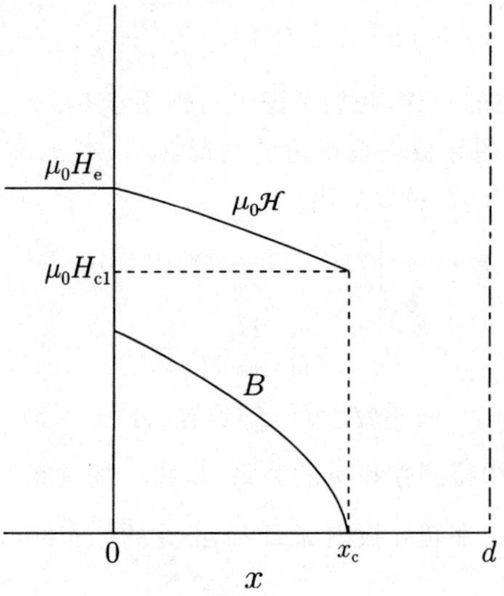


**图 2.18** 当外场稍大于 $H_{c1}$时的 $B$ 和 $\mu_0\mathcal{H}$分布

现在我们考虑磁场减弱的情况. 当 $H_e>H_{c1}$时,希望出现如图 2.17 中一样的翻转. 当 $H_e$ 减小到小于 $H_{c1}$ 时,就出现了如下问题. 在表面 $x=0$ 处,当 $H_e=H_{c1}$时磁通线密度 $B$ 减小到 0,那么当外场有更大程度的减弱时分布将发生什么样的变化? Walmsley[22]猜想,当 $H_e$ 减小到比 $H_{c1}$ 还小时,就像图 2.19 中实线描述的一样,内部的磁通分布保持不变,因为在 $0\leqslant H_e\leqslant H_{c1}$ 范围内,当 $H_e$ 处于平衡态时有$B=0$. 这等同于,假定表面只分布有抗磁电流,也就是随着磁场的减小 Meissner 电流发生变化. 依据这一模型磁化发生变化,有一个值为 $-1$ 的斜率,且平行于磁场从 $H_{c1}$ 开始减小的磁化曲线. 但是,如图 2.14 所示,实际上磁化的倾斜度要平稳得多,表示磁通线的连续逸出. 在 $H_e=0$ 处,捕获到的保留在超导体内的磁通不到 $H_e=H_{c1}$ 处的一半. 按照 Campbell 和 Evetts 的表达式[23],在由$B(0)=\mu_0H_e$的边界条件确定场的范围内磁化强度发生改变. 事实上由于抗磁性,从超导体中逃逸出的磁通线比预期的要多.

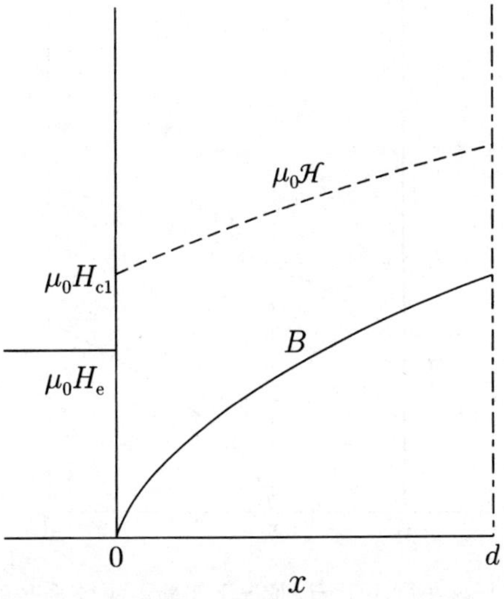


**图 2.19**　Walmsley[22]设想的外场低于 $H_{c1}$ 时的 $B$ 和 $\mu_0\,\mathcal{H}$ 分布，这一分布就算外场减小到零也不发生变化

磁通线为什么会从超导体中逃逸？如果真的如图 2.19 所描述的磁通线分布那样，热力学场$\mathcal{H}$的分布应当与这一图中所示的虚线相同，这与表面处的外磁场 $H_e$ 不同. 由于这种不同的结果，表面附近的磁通线会延伸到超导体以外. 实验表明：磁通线分布应由图 2.20 中的实线来表示. 这里在小于 $H_{c1}$ 的范围内定义热力学磁场是必要的. 注意到 $B$ 和$\mathcal{H}$的关系与 $B$ 和 $H_e$ 之间的关系是相同的，我们可假定

$$B = 0, \quad 0 \leqslant \mathcal{H} \leqslant H_{c1}, \tag{2.69}$$

并且与方程(2.6)的定义无关. 但是，做出一个如此简单的假定应当是很小心的. 即使$\mathcal{H}$能确定，为什么在磁通线不存在的区域$\mathcal{H}$存在一个斜率？这样一个区域的磁通特性应当与无钉扎超导体中的相同.

实际上，一些磁通线即使在 $B$ 宏观上为 0 的区域也被"钉扎层"所捕获. 这是一个不能被宏观临界态模型解释的一个基本现象，因此一个更微观程度上的讨论是必要的. 为了简化，我们假定磁通线通过一个由理想的超导层和钉扎层组成多层结构[24]，如图 2.21 所示. 在这样的超导层中 $B$ 和$\mathcal{H}$被认为是均匀的. 由于磁通线和钉扎层之间的相互作用，在每一个钉扎层两侧的超导层中 $B$ 和$\mathcal{H}$分别出现不同. 图 2.17 给出的连续的分布是 $B$ 和$\mathcal{H}$阶跃变化的宏观表示.

考虑表面附近的区域且假定在这一区域外磁场减小到 $H_{c1}$，并且在表面内侧且紧邻表面的超导层中 $B=0$ 和$\mathcal{H}=H_{c1}$. 如图 2.22(a)所示，在下一超导层中仍然保留有磁通线. 当外场有进一步的减小时，第一和第二超导层中的$\mathcal{H}$的差值超出了由钉扎强度确定的值，第二超导层中的磁通线穿透钉扎层进而穿出超导

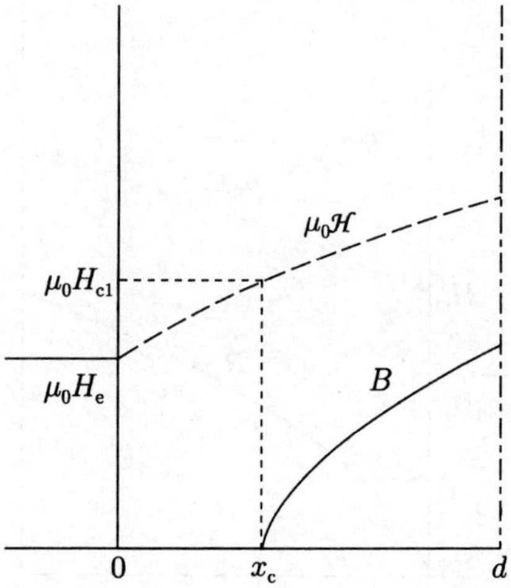


**图 2.20** 当外场减小到小于 $H_{c1}$ 情况下实验上测得的 $B$ 和 $\mu_0\mathcal{H}$ 分布

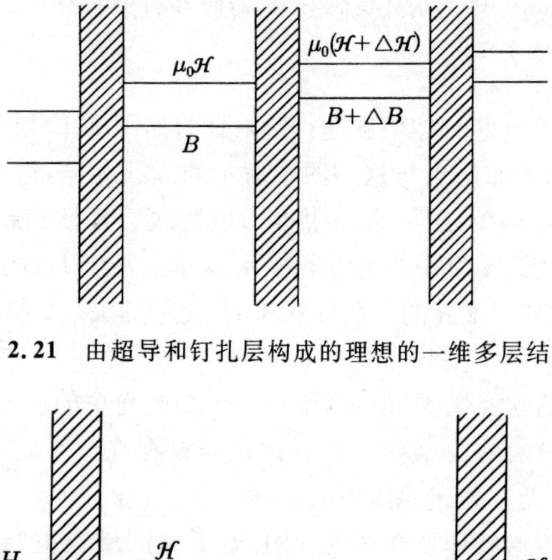


**图 2.21** 由超导和钉扎层构成的理想的一维多层结构

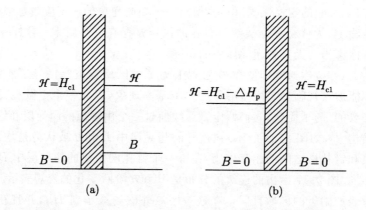

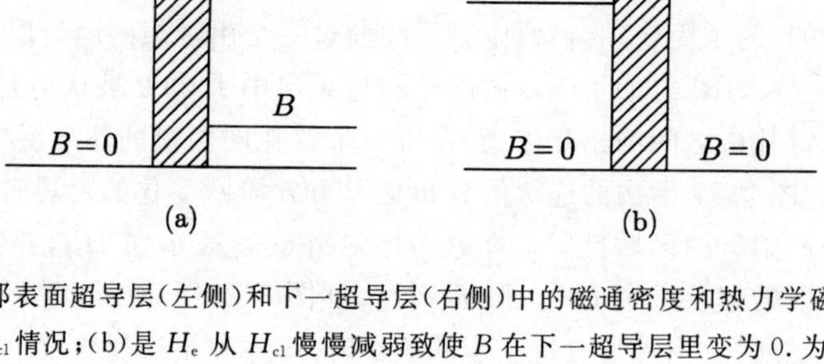


**图 2.22** 紧邻表面超导层(左侧)和下一超导层(右侧)中的磁通密度和热力学磁场;(a)是当 $H_e$ 减弱到 $H_{c1}$ 情况;(b)是 $H_e$ 从 $H_{c1}$ 慢慢减弱致使 $B$ 在下一超导层里变为 0. 为了简化,对$\mathcal{H}$而言 $u_0$ 可以忽略

体. 因此,第二超导层中的 $B$ 和$\mathcal{H}$随着外场的降低而降低. 在 $B=0$ 处,用 $H_e=H_{c1}-\Delta H_p$ 表示外场的值,在第二超导层中得到$\mathcal{H}=H_{c1}$. 应当注意,在两个超导层中磁通线密度 $B$ 为 0,同时热力学场$\mathcal{H}$的差为 $\Delta H_p$,这可以由磁通线被钉扎层捕获这一事实得到解释.

这种情况下,由于 $B=0$,两个超导层中没有净电流流过. 在钉扎层中正比于$\mathcal{H}$差值的抗磁力与钉扎力平衡. 当外磁场有很大程度的降低时,抗磁性增强,且磁通线离开超导体. 因此,$\mathcal{H}$的变化穿透超导体且内层的磁通线被捕获在钉扎层中. 可以认为磁通线一直存在于钉扎层中,且$\mathcal{H}$的差值穿过钉扎层没有消失. 如果每一个超导层的厚度不比 $\lambda$ 大很多,超导体中会出现有 $B$ 和$\mathcal{H}$变化的穿透. 结果,它证实了如图 2.20 所示的在 $B=0$ 的宏观区域$\mathcal{H}$的梯度

$$\left|\frac{\mathrm{d}\mathcal{H}}{\mathrm{d}x}\right|=a-b\mathcal{H},\quad 0\leqslant\mathcal{H}\leqslant H_{c1},\tag{2.70}$$

这里 $a$ 和 $b$ 是正参数. 在一个减弱的磁场中,$\mathrm{d}\mathcal{H}/\mathrm{d}x$ 是正值,利用在 $x=0$ 处的边界条件$\mathcal{H}=H_e$,可以得到

$$\mathcal{H}=\frac{a}{b}-\left(\frac{a}{b}-H_e\right)\exp(-bx).\tag{2.71}$$

在$\mathcal{H}=H_{c1}$的点有

$$x_c=\frac{1}{b}\log\left(\frac{a-bH_e}{a-bH_{c1}}\right).\tag{2.72}$$

在 $x>x_c$ 的区域,$\mathcal{H}$和 $B$ 的分布可从方程(2.67)(右边的符号有一个变化)和(2.64)得出. 把 $B$ 的这一结果代入方程(2.54)中可以算出磁化强度. 基于上述模型的数值计算[24]与 Kes 等人[21]制得的 Nb 样品的实验结果在图 2.23 中有一个比较,它们较好的一致性表明上述模型能正确地描述这一现象.

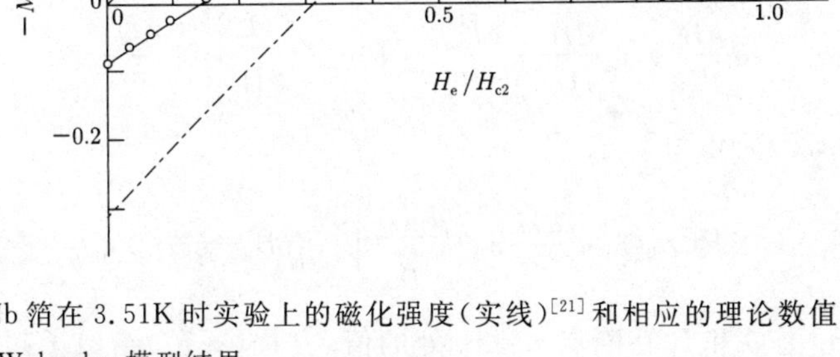

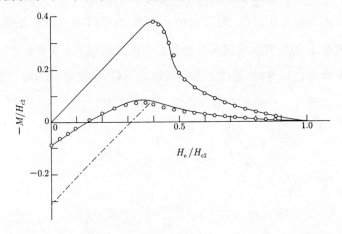

**图 2.23**　Nb 箔在 3.51K 时实验上的磁化强度(实线)[21]和相应的理论数值(空心圈)曲线,虚线是 Walmsley 模型结果

将相反方向的外磁场中的磁通线分布的推导留作本章末的习题 2.5.

## 2.7 交流损耗

当作用于超导体的磁场或者电流发生变化时，超导体中的磁通线分布也将发生相应的变化. 变化感应出一个电动力且导致能量的损耗. 在磁通线被洛伦兹力驱动下输入功率密度由方程(2.34)确定. 在临界态模型中假定这一现象是完全不可逆的，功率损耗密度可写为

$$\boldsymbol{J}\cdot\boldsymbol{E} = \hat{v}F_{\mathrm{p}}(\hat{B}) + \eta\frac{\hat{B}}{\phi_0}\hat{v}^2 > 0, \tag{2.73}$$

这里利用了方程(2.13)，$\hat{v}=|\boldsymbol{v}|$. 方程(2.73)右端的第一项和第二项分别表示钉扎力损耗密度和黏滞力损耗密度，且两个都是正值. 由于一般情况下黏滞力比钉扎力小很多，因此这一节暂不讨论黏滞力损耗问题. 接下来我们分析交流磁场平行作用于厚为 $2d$ 的超导薄板的情况，如同 2.5 节中描述的一样.

如果我们再次利用方程(2.46)给出的 Irie-Yamafuji 模型[6] 求解钉扎力密度 $F_{\mathrm{p}}(\hat{B})$，钉扎力损耗密度可以确定为

$$P(x,t) = \alpha_{\mathrm{c}}\hat{B}^{\gamma}\hat{v}. \tag{2.74}$$

用方程(2.15)消去速度 $\hat{v}$. 利用在分布的断点 $x=x_{\mathrm{b}}$ 处 $\hat{v}=0$ 这一事实，则方程(2.74)可写为

$$P(x,t) = -\alpha_{\mathrm{c}}\hat{B}^{\gamma-1}\int_{x_{\mathrm{b}}}^{x}\delta\frac{\partial\hat{B}}{\partial t}\mathrm{d}x. \tag{2.75}$$

磁通分布的变化一直由超导体的表面贯穿到分布的断点端. 在超出断点的区域磁通线分布不发生变化，且 $\hat{v}$ 和 $E$ 的值均为 0. 当黏滞力可以被忽略时，超导体中磁通线密度 $\hat{B}$ 的即时变化仅来自于其在表面处的值 $\hat{B}_0$. 如果抗磁性的面电流和表面可逆性可以被忽略，就像 2.5 节假设的一样，由方程(2.48)可知，$\hat{B}_0$ 近似等于 $\mu_0\hat{H}_{\mathrm{e}}$，方程(2.75)的积分的核心部分可以写为

$$\delta\frac{\partial\hat{B}}{\partial t} = \delta\frac{\partial\hat{B}}{\partial\hat{H}_{\mathrm{e}}}\cdot\frac{\partial\hat{H}_{\mathrm{e}}}{\partial t} = \delta_0\mu_0^{2-\gamma}\left(\frac{\hat{H}_{\mathrm{e}}}{\hat{B}}\right)^{1-\gamma}\frac{\partial\hat{H}_{\mathrm{e}}}{\partial t}. \tag{2.76}$$

因此方程(2.75)简化为

$$P(x,t) = \frac{\partial\hat{H}_{\mathrm{e}}}{\partial t}\delta_0\left(\frac{\mu_0\hat{H}_{\mathrm{e}}}{\hat{B}}\right)^{1-\gamma}(\delta\hat{B} - \delta_{\mathrm{b}}\hat{B}_{\mathrm{b}}), \tag{2.77}$$

这里 $\delta_{\mathrm{b}}$ 和 $\hat{B}_{\mathrm{b}}$ 是 $\delta$ 和 $\hat{B}$ 在断点 $x=x_{\mathrm{b}}$ 处的值. 方程(2.77)给出了超导体中任意

位置的瞬时钉扎功率损耗密度 $P(x)$. 图 2.24 中给出了 $P(x)$ 的分布示例. 在磁通线消失的位置，也就是 $\hat{B}=0$ 且 $\gamma\neq 1$ 处，$P(x)$ 值发散. $P(x)$ 的发散源于在 $\hat{B}=0$ 处临界电流密度 $J_c$ 的发散，这是使用与 $J_c$ 相关的磁场的近似方程(2.46)而产生的不可避免的结果. 但是，即使局域的功率损耗密度发散，其平均值仍然是有限的，在后面将看到. 这与即使在局域值是发散的情况下临界电流密度的平均值仍然是有限的这一事实相似. 因此，功率损耗密度的发散并不是一个很严重的问题. 这一结果很好地符合了这一趋势：当 $\hat{B}\sim 0$ 且 $J_c$ 也是很大的时候，功率损耗也是巨大的.

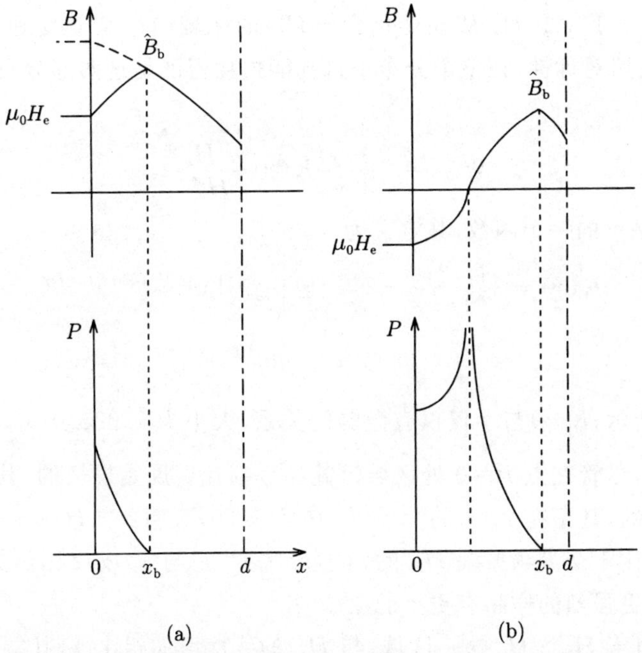


**图 2.24**　在减弱场中磁通线(上图)和钉扎能损耗密度(下图)，(a) $H_e>0$ 和(b) $H_e<0$. 根据 Irie-Yamafuji 模型[6]钉扎能损耗密度断点在 $B=0$ 处

在对方程(2.77)求空间平均和在交流磁场的一个周期内求时间的积分以后，可以得到钉扎能损耗密度

$$W=\frac{1}{d}\int \mathrm{d}t\int_0^{x_b} P(x,t)\mathrm{d}x$$

$$=\frac{\mu_0^{1-\gamma}}{d}\int \mathrm{d}\hat{H}_e\delta_0\hat{H}_e^{1-\gamma}\int_0^{x_b}\hat{B}^{\gamma-1}(\delta\hat{B}-\delta_b\hat{B}_b)\mathrm{d}x. \tag{2.78}$$

上面我们用到了一个事实：损耗仅仅发生在从表面($x=0$)到分布的断点

($x=x_{\mathrm{b}}$)之间的区域. 与 $H_{\mathrm{e}}$ 有关的积分取交流场的一个周期内的积分. 通过对空间求积分,可以得到

$$W=\frac{1}{2\alpha_{\mathrm{c}}\mu_0^{\gamma}d}\int\delta_0\hat{H}_{\mathrm{e}}^{1-\gamma}\ (\delta_0\mu_0\hat{H}_{\mathrm{e}}-\delta_{\mathrm{b}}\hat{B}_{\mathrm{b}})^2\mathrm{d}\hat{H}_{\mathrm{e}}. \tag{2.79}$$

在决定方程(2.79)的 $W$ 值的过程中,根据不同的交流磁场振幅 $H_{\mathrm{m}}$ 我们将遇到三种情况,所以与 2.5 节的磁化计算相同,计算必须被分为三个区域,也就是: $H_{\mathrm{m}}<H_{\mathrm{p}}$, $H_{\mathrm{p}}<H_{\mathrm{m}}<2^{1/(2-\gamma)}H_{\mathrm{p}}$ 和 $H_{\mathrm{m}}>2^{1/(2-\gamma)}H_{\mathrm{p}}$. 这里我们分析最简单的情况,即 $H_{\mathrm{m}}<H_{\mathrm{p}}$. 后面的习题中给出了另外两种情况下的钉扎能损耗密度的计算. 我们把方程(2.79)的积分分为两部分: ① $H_{\mathrm{e}}=\hat{H}_{\mathrm{e}}$,且从 $H_{\mathrm{m}}$ 变化到 0 的区域($\delta_0=\delta_{\mathrm{b}}=-1$); ② $H_{\mathrm{e}}$ 从 0 变化到 $-H_{\mathrm{m}}$ 的区域($\hat{H}_{\mathrm{e}}$ 从 0 变到 $H_{\mathrm{m}}$, $\delta=1$ 和 $\delta_{\mathrm{b}}=-1$). 按照对称性,在整个分布中钉扎能损耗密度是这两部分贡献总和的两倍. 因此,

$$W=\frac{2(2-\gamma)}{3}K(\gamma)\frac{\mu_0 H_{\mathrm{m}}^{4-\gamma}}{H_{\mathrm{p}}^{2-\gamma}}, \tag{2.80}$$

这里 $K(\gamma)$是 $\gamma$ 的一个函数,其定义为

$$K(\gamma)=3\left\{\frac{2}{4-\gamma}-2^{-1/(2-\gamma)}\int_0^1\zeta^{2-\gamma}\left[(1+\zeta^{2-\gamma})^{1/(2-\gamma)}\right.\right.$$
$$\left.\left.-(1-\zeta^{2-\gamma})^{1/(2-\gamma)}\right]\mathrm{d}\zeta\right\}. \tag{2.81}$$

如图 2.25 所示,$K(\gamma)$与 $\gamma$ 仅仅有微弱的关系,大小为 $1.02\pm0.02$. 从上面的结果可以看出,尽管在点 $\hat{B}=0$ 处区域钉扎功率损耗密度是发散的,其能量损耗密度也是有限的,甚至在 $\gamma\neq1$ 的情况下. 方程(2.80)表明: 当 $H_{\mathrm{m}}<H_{\mathrm{p}}$ 时,钉扎能损耗密度正比于交流场振幅 $H_{\mathrm{m}}$ 的$(4-\gamma)$次方. 它与 $\alpha_{\mathrm{c}}$ 成反比例关系,因此可以假定钉扎更强烈的样品有更小的值.

另外,对于 $H_{\mathrm{m}}\gg H_{\mathrm{p}}$ 这一区域,与 $H_{\mathrm{m}}$ 的线性增加相比,钉扎能损耗密度 $W$ 增加得更慢. 在 $\gamma=1$ 处,$W$ 与 $H_{\mathrm{m}}$ 有一个近似的正比关系. 对大多数有更强钉扎的样品来说,它有一个更大的值. 图 2.26 给出了各种 $\gamma$ 值下能量损耗密度与交流场振幅的关系曲线.

这里我们将介绍一个计算钉扎能损耗密度的近似方法. 钉扎能损耗密度由每单位长度磁通线的钉扎力、磁通线移动距离和移动的磁通线密度这三者之积给出. 每单位长度磁通线上的钉扎力是 $\phi_0 J_{\mathrm{c}}$,半个周期内磁通线移动的平均距离与最大的穿透深度 $H_{\mathrm{m}}/J_{\mathrm{c}}$ 相近,每一周期内磁通线移动两次. 移动的平均磁通线密度近似由磁通线密度的平均值 $\mu_0 H_{\mathrm{m}}/2\phi_0$ 乘以磁通线分布发生变化的区域的比例,即 $H_{\mathrm{m}}/J_{\mathrm{c}}d$. 因此,我们可以得到

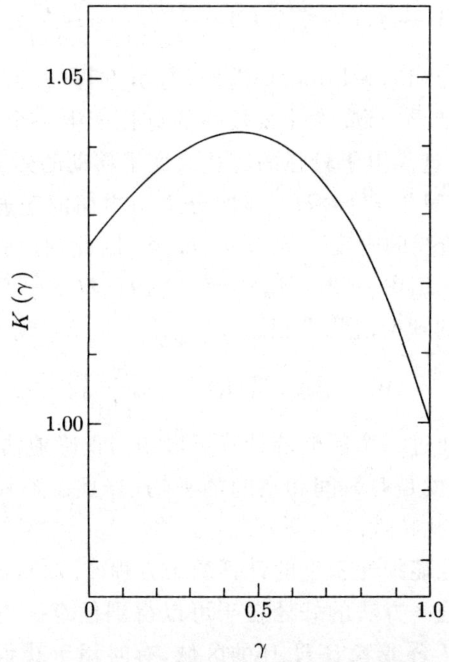


**图 2.25**　方程(2.81)定义的 $K(\gamma)$函数曲线

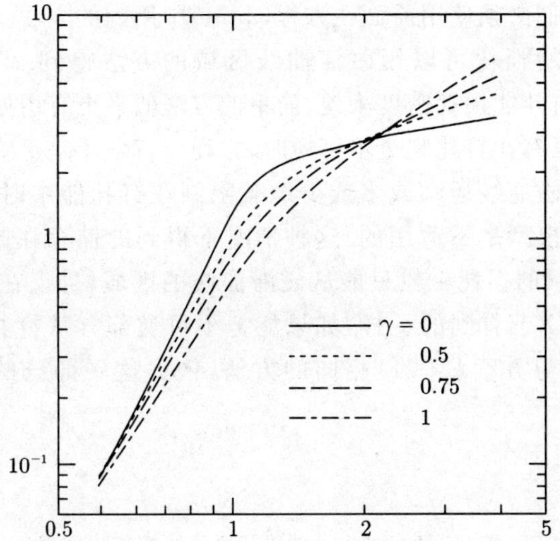


**图 2.26**　不同的 $\gamma$ 值下交流场振幅与钉扎能密度损耗的关系曲线

$$W \sim \phi_0 J_c \cdot \frac{H_m}{J_c} \cdot 2 \cdot \frac{\mu_0 H_m^2}{2\phi_0 J_c d} = \frac{\mu_0 H_m^3}{J_c d}. \tag{2.82}$$

这一结果等于在 $\gamma=1$(Bean-London 模型)时由方程(2.80)计算的结果的 3/2 倍,且与精确的计算结果一致.为什么较强的钉扎产生一个更大的力,但是只引起很小能量的损失?这是由于较强的钉扎改变了移动的磁通线密度且减小了它们移动的距离.另外,对于 $H_m \gg H_p$,在四分之一周期内磁通运动的平均距离近似为 $d/2$,移动的磁通线的密度大约为 $\mu_0 H_m/\phi_0$.因此,有一个近似的计算

$$W \sim 2\mu_0 H_m J_c d = 2\mu_0 H_m H_p. \tag{2.83}$$

这一结果与 $\gamma=1$ 时的理论值几乎相同

$$W = 2\mu_0 H_m H_p \left(1 - \frac{2H_p}{3H_m}\right). \tag{2.84}$$

与上面看到的一样,通过一个粗略的计算可以相当正确地估计出能量损耗密度.这是由于能量损耗密度是对时间和空间的平均,并且也解释了能量损耗密度为什么并不全依赖于钉扎特性.

在这一节中,钉扎能损耗密度的计算源于方程(2.74),该方程建立在临界态模型的基础上.使用这一方法的好处在于可以得到任意一点的瞬时的功率损耗密度.另外,磁滞 *M-H* 环或者 *B-H* 环的区域,有时用于获得样品中的总能量损耗或者它的平均密度.尽管后一个方法要比前一个方法简单得多,但是它只能用于稳定的重复的情况.例如,超导磁铁初始激化过程的能量损耗不可能通过简单的计算得到,我们必须使用前面在方程(2.74)中用到的方法.同时对空间和时间求平均的能量的损耗可以用磁滞曲线区域的方法得到.但是对计算像方程(2.80)所示的钉扎能损耗密度来说,简单的方法似乎更有用处.

应当注意只有在钉扎完全不可逆时,方程(2.74)才是正确的.就像在 2.4 节中所提及的,当磁通线运动或多或少地被限制在钉扎能中时,这一现象是可逆的,因此临界态模型是不适用的.这种情况下得到的储存在超导体中的磁能为 $\boldsymbol{J} \cdot \boldsymbol{E}$.因此,能量的损耗一般只能从磁滞曲线的区域,且仅在交流状态下得到.但是,如同在 3.7 节看到的一样,如果能把不可逆部分从钉扎力密度中分离出来,就可以利用与方程(2.74)相同的方法,依据这一部分的作用计算出能量损耗.

## 习题

2.1 利用直接获得的穿透一闭环 C 的磁通线推导磁通线的连续方程(2.15)(提示:通过对环进行一个曲线积分和利用斯托克斯公式把它变成一个表面积分来表达进入环的磁通线).

2.2 证明方程(2.38)给出的输入功率等于黏滞力损耗$\langle \eta^* \dot{u}^2 \rangle_t$.

2.3 Yamafuji 和 Irie 用公式$(\eta^* v - k_f(u-u_0))_t v$ 来表示作用于磁通线的输入功率.讨论与方

程(2.38)中普适的公式一致的条件.

2.4 讨论在超导腔中,当只有输运电流没有外磁场时阻抗态的磁通线运动.

2.5 按照 2.6 节的讨论,讨论当外磁场反向时的 $B$ 和$\mathcal{H}$的分布.

2.6 当振幅为 $H_m$ 的交流磁场与厚度为 $2d$ 的宽的超导板平行放置时,推导其钉扎能损耗密度.假定在 $H_p < H_m < 2^{1/(2-\gamma)} H_p$ 和 $H_m > 2^{1/(2-\gamma)} H_p$ 情况下 Irie-Yamafuji 模型适用于钉扎力密度和计算.

2.7 计算在一个平行磁场中一个厚度为 $2d$ 的宽的超导片的磁化强度.对临界电流密度利用 Kin 等人的模型[18]

$$J_c = \frac{\alpha_0}{|B| + \beta},$$

其中 $\alpha_0$ 和 $\beta$ 是常数.

2.8 在 $H_m < H_p$ 时利用 Bean-London 模型($\gamma=1$)计算一个环形磁化曲线区域的钉扎能损耗密度.

2.9 在振幅为 $H_m$ 的交流磁场与足够大的直流磁场 $H_0$ 重叠的情况下,钉扎能损耗密度由方程(2.82)($\gamma=1$)给出.与在方程(2.82)中所做的估计相似,由此大概推导出这个结果(提示:利用连续方程(2.15)估计磁通线的扩散).

2.10 当交流磁场平行地施加于一个厚为 $2d$ 的宽的超导板时,超导体的抗磁性不能忽略,计算交流能量损耗密度.利用 Bean-London 模型($\gamma=1$).假定交流磁场的振幅小于穿透场,紧邻表面且在其以内的磁通密度为

$$B_0 = \begin{cases} u_0(H_e - H_{c1}), & H_e > H_{c1}, \\ 0, & H_{c1} > H_e > -H_{c1}, \\ u_0(H_e + H_{c1}), & -H_{c1} > H_e. \end{cases}$$

## 参考文献


1. M. Tinkham: *Introduction to Superconductivity* (McGraw-Hill, New York, 1966) p. 154.
2. A. G. van Vijfeijken: Phil. Res. Rep. Suppl. No. **8** (1968) 1.
3. J. I. Gittleman and B. Rosenblum: Phys. Rev. Lett. **16** (1966)734.
4. B. D. Josephson: Phys. Rev. **152** (1966)211.
5. W. K. H. Panofsky and M. Phillips: *Classical Electricity and Magnetism* (Addison-Wesley Pub., Massachusetts, 1964) p. 162.
6. F. Irie and K. Yamafuji: J. Phys. Soc. Jpn. **23** (1967) 255.
7. B. D. Josephson: Phys. Lett. **16** (1965) 242.
8. T. Matsushita, Y. Hasegawa and J. Miyake: J. Appl. Phys. **54** (1983) 5277.
9. M. TinIcham: *Introduction to Superconductivity* (McGraw-Hill, New York, 1996) p. 166.
10. J. Bardeen and M. J. Stephen: Phys. Rev. **140** (1965) A1197.
11. Y. B. Kim, C. F. Hempstead and A. R. Strnad: Phys. Rev. Lett. **13** (1964)794.
12. K. Yamafuji and F. Irie: Phys. Lett. **25A** (1967) 387.

13. T. Matsushita, E. Kusayanagi and K. Yamafuji: J. Phys. Soc. Jpn. **46** (1979) 1101.
14. C. P. Bean: Phys. Rev. Lett. **8** (1962) 250.
15. H. London: Phys. Lett. **6** (1963) 162.
16. K. Yasukoch, T. Ogasawara and N. Ushino: J. Phys. Soc. Jpn. **19** (1964) 1649.
17. J. Silcox and R. W. Rollins: Rev. Mod. Phys. **36** (1964) 52.
18. Y. B. Kim, C. F. Hempstead and A. R. Strnad: Phys. Rev. **129** (1963) 528.
19. G. J. C. Bots, J. A. Pals, B. S. Blaisse, L. N. J. de Jong and P. P. J. van Engelen: Physica **31** (1965) 1113.
20. P. S. Swartz: Phys. Rev. Lett. **9** (1962) 448.
21. P. H. Kes, C. A. M. van der Klein and D. de Klerk: J. Low Tem. Phys. **10** (1973) 759.
22. D. G. Walmsley: J. Appl. Phys. **43** (1972) 615.
23. A. M. Campbell and J. E. Evetts: Adv. Phys. **21** (1972) 279.
24. T. Matsushita and K. Yamafuji: J. Phys. Soc. Jpn. **46** (1979) 764.

# 第三章　各种电磁现象

## 3.1 几何效应

上一章中对宽的超导片的磁化强度和交流损耗进行了计算. 这一节我们将讨论其他几何形状的超导体的电磁现象. 电流、横向交流场或者横向旋转场施加于柱状超导体的情况将予以讨论.

### 3.1.1 超导线材中的交流损耗

假设对没有外场作用的半径为 $R$ 的竖直长柱状超导体通入交流电，这种情况下仅仅在水平方向存在自场. 如果用 $I(t)$ 表示交流电的大小，在表面 $r=R$ 处自场的值可由下式给出

$$H_{\mathrm{I}} = \frac{I}{2\pi R}. \tag{3.1}$$

由自场引起的水平方向的磁通线的穿透由 2.5 节给出的临界态模型来描述. 我们再次假定用由方程(2.46)给出的 Irie-Yamafuji 模型[1]来表示磁场和钉扎力密度的关系. 水平方向的磁通线密度和它的大小分别用 $B$ 和 $\hat{B}$ 来表示. 准静态过程的力平衡方程可以表示为

$$-\frac{\hat{B}}{\mu_0 r}\cdot\frac{\mathrm{d}}{\mathrm{d}r}(r\hat{B}) = \delta\alpha_{\mathrm{c}}\hat{B}^{\gamma}, \tag{3.2}$$

这里 $\delta$ 是表示磁通线移动方向的符号因子，例如，$\delta=1$ 表示磁通线在径向方向移动. 利用方程(3.2)可以很容易地解出磁通线的分布

$$\delta(r\hat{B})^{2-\gamma} = \delta_R(R\mu_0\hat{H}_{\mathrm{I}})^{2-\gamma} + \frac{2-\gamma}{3-\gamma}\alpha_{\mathrm{c}}\mu_0(R^{3-\gamma} - r^{3-\gamma}), \tag{3.3}$$

这里 $\hat{H}_{\mathrm{I}}=|H_{\mathrm{I}}|$，$\delta_R$ 表示表面($r=R$)处的 $\delta$ 值，还用到了边界条件

$$B(r=R) = \mu_0 H_{\mathrm{I}}. \tag{3.4}$$

可以像前面一样利用方程(2.74)计算出能量的损耗. 但是利用坡印亭(Poynting)矢量可以更容易地把它计算出来. 因为从对称性出发，感应电场 $\boldsymbol{E}$ 和磁通线密度 $\boldsymbol{B}$ 可以表示为$(0,0,E)$和$(0,B,0)$，坡印亭矢量$(\boldsymbol{E}\times\boldsymbol{B})/\mu_0$，在表面处沿径向方向为负值. 因此，它的正方向是指向超导体内部的. 这样，每一交流电流周期的能量损耗密度为

$$W = \frac{2}{R\mu_0}\int \mathrm{d}tE(R,t)B(R,t)$$
$$= \frac{2}{R\mu_0}\int \mathrm{d}tB(R,t)\int_0^R \frac{\partial}{\partial t}B(r,t)\mathrm{d}r, \tag{3.5}$$

这里求一个周期的时间积分.由于对称性,我们可以求电流从最大值 $I_m$ 变到最小值 $-I_m$ 过程的积分,一个周期内的积分是这一积分的两倍.若最大的自场被表示为 $H_m = I_m/2\pi R$,则这个半周期可以分为(i),(ii)两阶段,如图 3.1(a),3.2(b)所示,这两个阶段分别为 $H_I$ 从 $H_m$ 到 0,再从 0 到 $-H_m$.在阶段(i)内,在 $r_{b1}\leqslant r\leqslant R$ 的整个区域中,磁通线的分布有变化,有 $B>0$,且 $\delta=1(\delta_R=1)$.而在阶段(ii)内,当 $r_{b2}\leqslant r\leqslant r_0$ 时,有 $\delta_R=-1, B>0, \delta=1$;当 $r_0<r\leqslant R$ 时,有 $B<0$,$\delta=-1$.由方程(3.3),临界电流可以写为

$$I_c = 2\pi\left(\frac{2-\gamma}{3-\gamma}\alpha_c\mu_0^{\gamma-1}R^{3-\gamma}\right)^{1/(2-\gamma)}. \tag{3.6}$$

如果对应的自场写为

$$H_{IP} = \frac{I_c}{2\pi R}, \tag{3.7}$$

则 $r_{b1}, r_{b2}, r_0$ 相应地可以表示为

$$1-\left(\frac{r_{b1}}{R}\right)^{3-\gamma} = \frac{1}{2H_{IP}^{2-\gamma}}(H_m^{2-\gamma} - \hat{H}_I^{2-\gamma}), \tag{3.8a}$$

$$1-\left(\frac{r_{b2}}{R}\right)^{3-\gamma} = \frac{1}{2H_{IP}^{2-\gamma}}(H_m^{2-\gamma} + \hat{H}_I^{2-\gamma}), \tag{3.8b}$$

$$1-\left(\frac{r_0}{R}\right)^{3-\gamma} = \left(\frac{\hat{H}_I}{H_{IP}}\right)^{2-\gamma}. \tag{3.8c}$$

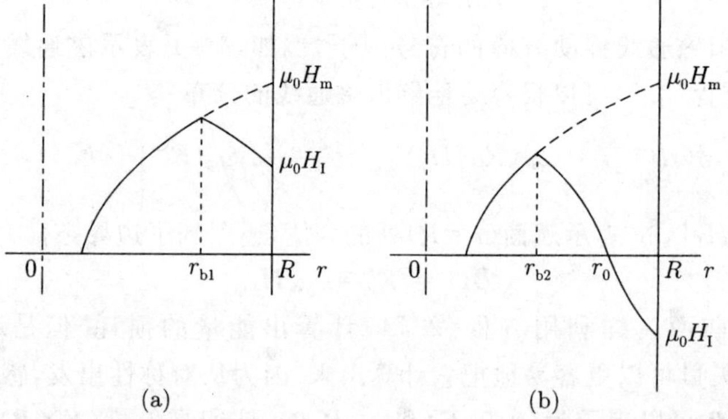


**图 3.1** 随着内场因交流电从 $H_m$ 变化到 $-H_m$,圆柱超导体中水平方向磁通量的分布情况.(a)和(b)分别对应于电流沿 $z$ 轴正方向和负方向的情况

磁通线分布相对于时间的变化仅仅来自于 $H_1$ 的变化,故方程(3.5)可简化为

$$W = 4\mu_0 H_{\mathrm{Ip}}^2 \int_0^{h_m} \mathrm{d}h_1 h_1^{2-\gamma}\Big[-\int_{x_1}^1 \frac{\mathrm{d}x}{x}\,(1+h_1^{2-\gamma}-x^{3-\gamma})^{(\gamma-1)/(2-\gamma)}$$
$$+\int_{x_2}^{x_0} \frac{\mathrm{d}x}{x}(1-h_1^{2-\gamma}-x^{3-\gamma})^{(\gamma-1)/(2-\gamma)}$$
$$+\int_{x_0}^1 \frac{\mathrm{d}x}{x}(x^{3-\gamma}-1+h_1^{2-\gamma})^{(\gamma-1)/(2-\gamma)}\Big], \tag{3.9}$$

其中

$$h_m = \frac{H_m}{H_{\mathrm{IP}}}, \qquad h_1 = \frac{\hat{H}_1}{H_{\mathrm{IP}}} \tag{3.10}$$

$$x_0 = \frac{r_0}{R}, \qquad x_1 = \frac{r_{b1}}{R}, \qquad x_2 = \frac{r_{b2}}{R}. \tag{3.11}$$

根据文献[2]可得知,仅在 $\gamma=1$ 时解析方程才成立,故

$$W = 4\mu_0 H_{\mathrm{IP}}^2\Big[h_m\Big(1-\frac{h_m}{2}\Big)+(1-h_m)\log(1-h_m)\Big]. \tag{3.12}$$

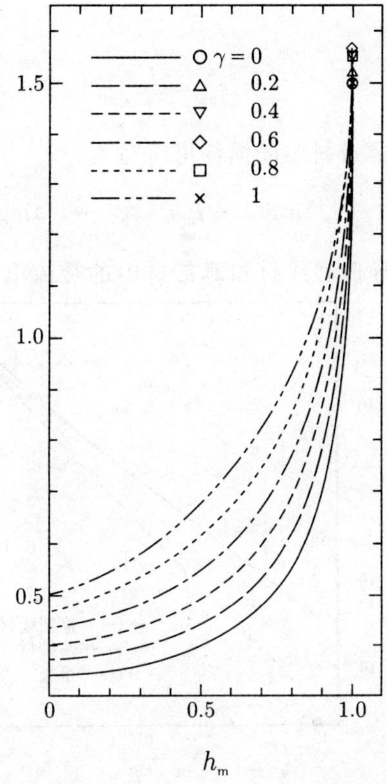


**图 3.2**　方程 $g(h_m,\gamma)$对应不同 $\gamma$ 值的曲线

对于 $h_m \ll 1$,这一值可以简化为 $W \simeq 4\mu_0 H_m^3/\alpha_c R$,且该值应是超导板值的两倍,也就是由方程(2.80)($\gamma=1$)给出的值,这里 $d$ 可以近似地被 $R$ 代替.这是因为,对整个超导柱体来说,能量扩散发生的表面部分是相当宽的.能量损耗密度可以表示为[3]

$$W = \frac{4}{3}(2-\gamma)\mu_0 g(h_m,\gamma)\frac{H_m^{4-\gamma}}{H_{IP}^{2-\gamma}}, \tag{3.13}$$

类似于方程(2.80),这里 $g$ 由一个双重积分给出,是 $h_m$ 和 $\gamma$ 的函数,如图 3.2 所示.当 $\gamma$ 随机变化时,$g$ 可以表示为单重积分方程的形式.

### 3.1.2 椭圆横截面超导线材和薄带材中由交流电带来的损耗

利用 Bean-London 模型($\gamma=1$)[5],Norris[4] 计算了在椭圆横截面超导线材和薄带材中由交流电带来的损耗.按照计算结果,横截面积为 $S$ 的椭圆线材中的损耗与方程(3.12)给出圆柱线材中的损耗相同.在电流方面,可导出

$$W = \frac{\mu_0 I_c^2}{\pi S}\left[i_m\left(1-\frac{i_m}{2}\right)+(1-i_m)\log(1-i_m)\right], \tag{3.14}$$

其中归一化电流振幅

$$i_m = \frac{I_m}{I_c}. \tag{3.15}$$

在横截面为 S 的超导薄带材中的损耗可以写为

$$W = \frac{\mu_0 I_c^2}{\pi S}[(1-i_m)\log(1-i_m)+(1+i_m)\log(1+i_m)-i_m^2]. \tag{3.16}$$

图 3.3 给出了超导椭圆线材和薄带材中的交流电损耗.在电流振幅很小的

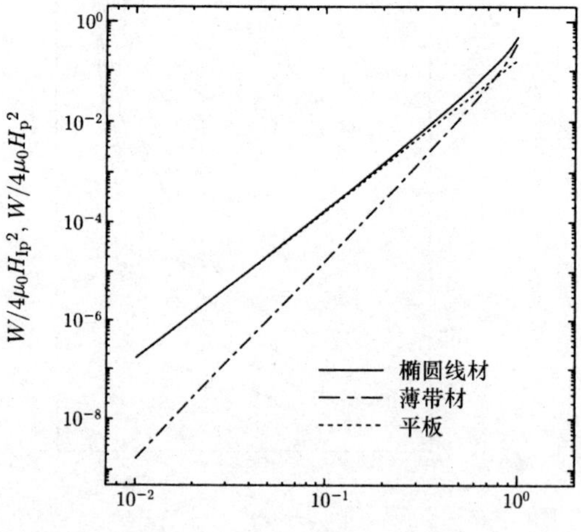


**图 3.3** 当 $\gamma=1$ 时,计算在超导椭圆线材和薄带材[4] 中交流电损耗.虚线表示在超导平板中的损耗

情况下,椭圆线材的损耗与相等体积的超导平板的损耗接近,但是薄带材与电流振幅的依赖关系则不同,当电流振幅很小时,交流损耗较小.

### 3.1.3 横向磁场

我们处理了物理量只依赖一个坐标轴,且不受几何因素影响的情况,例如超导体的退磁因子.在这一小节我们将处理对圆柱形超导体施加横向磁场的情况.因为对称性的破坏,物理量依赖于两个坐标轴,因此我们必须解决二维问题.

假设对圆柱形超导体施加一个非常小的横向磁场.为了简化,假设开始的状态已经确定,且忽略表面的抗磁性.超导体内部完全屏蔽,且磁通线密度为0.仅仅在表面附近有屏蔽电流.如果屏蔽电流流过区域的厚度足够小,可以获得一个近似解.我们定义这一圆柱形坐标,如图3.4所示,这里 $H_e$ 表示均匀外磁场,$R$ 为超导体的半径.利用电磁学中一个著名的方法可以求解出

$$\left.\begin{aligned} B_r &= \mu_0 H_e\left(1-\frac{R^2}{r^2}\right)\cos\theta \\ B_\theta &= -\mu_0 H_e\left(1+\frac{R^2}{r^2}\right)\sin\theta \end{aligned}\right\}, \quad r > R, \tag{3.17}$$

$$B_r = B_\theta = 0, \qquad 0 < r < R. \tag{3.18}$$

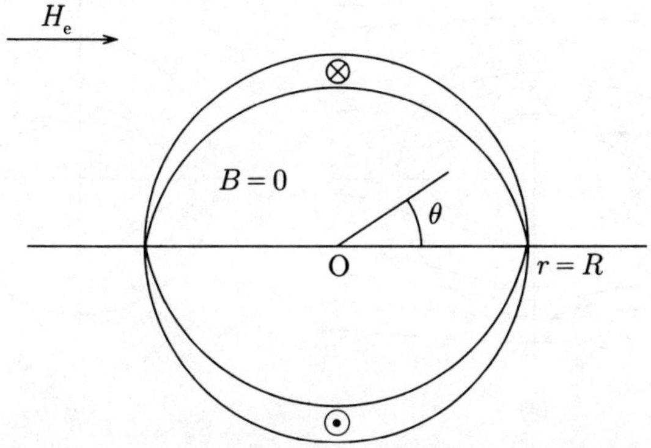


**图 3.4** 对一个圆柱形超导体施加一横向磁场时的表层屏蔽电流

在 $r=R$ 处,方位角的磁通线密度 $B_\theta$ 是不连续的,在超导体表面对应于该差值的磁通电流沿着 $z$ 轴流动.如果我们用 $\widetilde{J}$ ($\mathrm{Am}^{-1}$)表示表面电流密度,可以得到

$$\widetilde{J}(\theta) = -2H_e\sin\theta. \tag{3.19}$$

事实上,磁通钉扎的临界电流密度是有限的,且有屏蔽电流流过的区域的厚度也是有限的.这里如果我们使用 Bean-London 模型[5],模型中临界电流密度与磁场无关,则厚度为 $(2H_e/J_c)|\sin\theta|$.

当磁场变得非常大时，屏蔽电流区域变得很宽，同时整个屏蔽区域变得很狭窄，如图 3.5 所示．根据临界态概念，图 3.5(a)中所示的屏蔽电流要使超导体中磁通分布的变化达到最小，也就是，进入的磁通线达到最少．但是，即使在简单的 Bean-London 模型中，也得不到很精确的分析结果．文献[6—8]给出了磁通线分布的详细讨论．利用类似的分析，假定屏蔽电流区域有简单的形状，且在屏蔽区域的一些特殊点满足 $B=0$．最简单的情况是，环形的屏蔽电流区域，如图3.5(b)的虚线所围的区域所示，它的半径由在圆柱形超导体中心区域处$B=0$这一条件确定．即使这样一个利用 Bean-London 模型的简单近似[9]，其所得出的因横向交流磁场而带来的磁化和损耗，也相当接近数值分析的结果．文献[10]对与钉扎力密度有关的磁场，利用 Irie-Yamafuji 模型[1]分析了磁化和损耗，在屏蔽电流的大小仅为距圆柱体中心点距离的一个函数这一假定下确定了磁通线分布．将这些计算结果与实验结果做详细的比较．按照计算的结果，在一个小场的区域内的交流损耗是用于计算平行场中放置的超导平板损耗的方程(2.82)结果的 4 倍．这是由于屏蔽电流因退磁效应而增大所引起的．做一个近似的估计，如在方程(2.82)中那样，增大倍数被算做 $0\leqslant\theta\leqslant\pi$ 区域的$(2\sin\theta)^3$ 的平均值，它等于$32/3\pi\simeq3.4$．这接近于分析的结果 4．

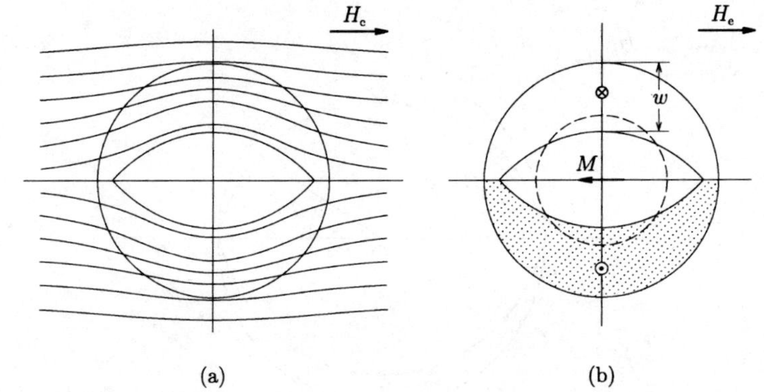


**图 3.5**　(a) 磁场结构；(b) 施加一个很大的交流横向磁场时超导圆柱体中屏蔽电流的分布情况．有时简单地假设环电流层如虚线所示．$M$ 表示因屏蔽电流导致的磁化

当横向交流磁场变得比穿透场大时，穿透场由下式给出：

$$H_{\mathrm{P}\perp}=\frac{1}{\mu_0}\left[\frac{2}{\pi}(2-\gamma)\mu_0\alpha_c R\right]^{1/(2-\gamma)} \tag{3.20}$$

屏蔽电流延伸到柱体的整个区域，且反向电流流过上下两个半区．这种情况下，除了 $\gamma=1$ 处，仍然不能得到精确的解，在 $\gamma=1$ 处磁场分布是均匀的．当 $\gamma\neq1$ 时，假定屏蔽电流的大小仅依赖于到柱体中心的距离，可以得到一个近似的解．

与数值计算出的损耗相比，从这一结果中得到的磁滞损耗即使在穿透磁场附近(那里误差取最大值)，误差也在10%以内. 图3.6展示了不同$\gamma$值时的损耗.

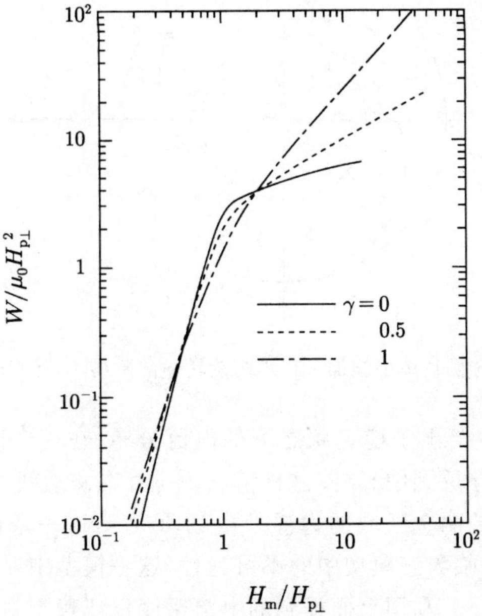


**图3.6** 在超导圆柱体中，因交流横向磁场产生的能量损耗密度[10]

## 3.1.4 旋转磁场

下面我们将考虑这种情况，柱状超导体放置于横向磁场中，然后这一磁场发生旋转. 假设旋转角很小，这一旋转几乎可以看做是在垂直于初始磁场方向上叠加一个小的磁场. 此后叠加场感应一个新的屏蔽电流. 感应场和初始场的重叠得到一个净的电流分布. 当旋转角变得很大时，必须通过一种不同的方式得到电流分布. 从一个小的旋转角时的分布推断，在一个稳定状态的超导体中的电流分布如图3.7所示. 这一电流分布是在整个屏蔽区满足$B=0$条件下确定的，因此不能确定它是普适的. 在$\gamma=1$区域，屏蔽电流密度的大小是恒定的，仅当磁场足够小，以至于屏蔽电流层的厚度也很小时，才可以在屏蔽区域满足$B=0$时得到近似的结果[11]. 在$\gamma\neq 1$的情况下，由柱体中心处$B=0$且假定屏蔽电流只依赖于到中心的距离这一条件，可以得到一个近似的结果[11]. 利用屏蔽电流分布可以得到磁通线的分布. 从磁通线分布的变化可以计算出感应电磁场$\boldsymbol{E}$，从$\boldsymbol{J}\cdot\boldsymbol{E}$可以估算出损耗. 如此得到的能量损耗密度[11]是3.1.3小节所讨论的由相同大小的横向交流磁场带来的损耗的$8/\pi$倍，因此是方程(2.80)给出值的$32/\pi$倍.

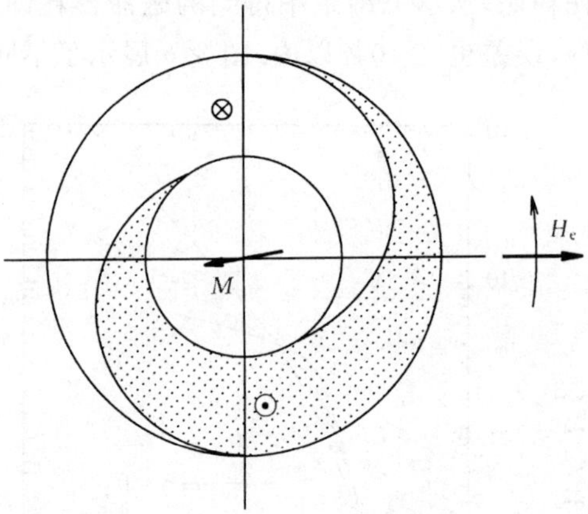


图 3.7　在超导圆柱体中施加一很小的旋转横向磁场时,屏蔽电流稳定分布

另外,图 3.8 中给出了稳定状态下的电流分布,在一个比穿透场 $H_{p\perp}$ 大的横向磁场中磁通线穿透到中心处. 这种情况下不存在磁通线完全被屏蔽的区域,利用电流彼此相反的两个区域的边界处电场 $E$ 为 0 这一条件可以确定电流分布. 这一条件基于在临界态模型中的不可逆性,这一模型中要求电流和电场在同一个方向,即 $\boldsymbol{J}\cdot\boldsymbol{E}>0$. 利用上面提到的电流密度仅依赖于到中心处的距离这一假定可以算出电流的分布和损耗.

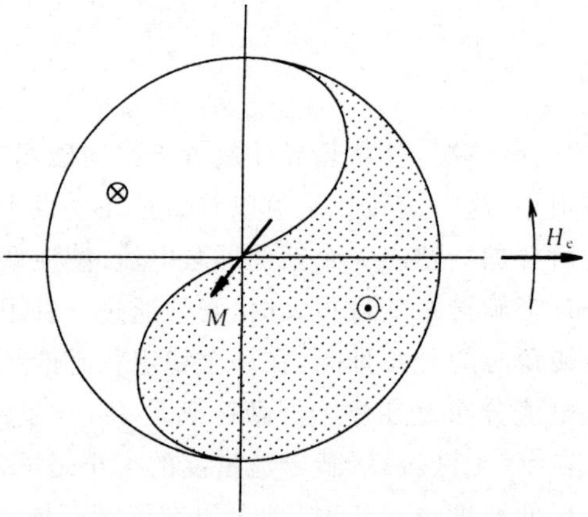


图 3.8　在超导圆柱体中施加一个比穿透场更大的旋转横向磁场时,屏蔽电流稳定分布

在中间区域磁场类似于穿透场,能量损耗密度的近似表达式可通过各区域的结果推出[11]. 在 $\gamma=1$ 时,该表达式等同于数值计算结果[8].

## 3.2 磁通动力学现象

我们仅仅处理了磁通线分布的变化非常缓慢的准静态过程.这里的准静态过程与热力学中使用的该概念不同,而是指内部磁通线分布随着时间的变化,仅与磁场等外部参数的时间变化相关.这种情况下黏滞力可以忽略,且磁通线由洛伦兹力和钉扎力之间的平衡来确定.这一节我们将讨论外部参数变化很快,其黏滞力不能被忽略的情况.

为了简化我们仍然处理一维问题,外磁场沿着占据 $x \geqslant 0$ 区域的半无限大超导体的 $z$ 轴放置.考虑到把方程(2.46)代入(2.13)中得到的力平衡方程是非线性的,不容易得到一个分析结果[1].我们假定在一个大的外磁场 $H_e$ 上叠加一个小的变化场,则其内部的磁通分布可以表示为

$$B(x,t) = \mu_0 H_e + b(x,t). \tag{3.21}$$

在上面的讨论中,$b(x,t)$要比 $\mu_0 H_e$ 小得多.如果我们假定 $H_e$ 是正的,则 $B$ 也是正的.磁通线的连续方程(2.15)近似可以写为

$$\frac{\partial b}{\partial t} = -\mu_0 H_e \frac{\partial v}{\partial x}. \tag{3.22}$$

力平衡方程(2.13)近似可以简化为

$$H_e \frac{\partial b}{\partial x} + \delta F_P(\mu_0 H_e) + \eta \frac{\mu_0 H_e}{\phi_0} v = 0, \tag{3.23}$$

这里用到 $v = \delta \bar{v}$.把这一方程对 $x$ 求导,且消去 $v$ 将得到 $b$ 的一个扩散方程.转变点 $x_b$ 为决定磁通线分布的边界条件之一.但是,这一方程不容易求解,因为这一超导体内部的边界条件随时间变化.

这一节中我们处理的黏滞力足够小,所以可以在准静态情况下通过迭代计算近似得到磁通分布的情况.例如,我们假定在直流磁场 $H_e$ 上叠加一个振幅为 $h_0$ 频率为 $\omega/2\pi$ 的缓慢变化的正弦交流磁场.频率要求的条件将在下面讨论.表面处的边界条件由下式给出

$$b(0,t) = \mu_0 h_0 \cos\omega t. \tag{3.24}$$

当黏滞力可以忽略时,从方程(3.23)得到的磁通线分布为

$$\begin{aligned} b(x,t) &= \mu_0 (h_0 \cos\omega t - \delta J_c x) \\ &\equiv b_0(x,t), \quad 0 < x < x_{b0}, \end{aligned} \tag{3.25}$$

这里 $F_P(\mu_0 H_e) = \mu_0 H_e J_c$,$J_c$ 表示恒定的临界电流密度,$\delta = -\mathrm{sign}(\sin\omega t)$和

$$x_{b0} = \frac{h_0}{2J_c}(1 + \delta\cos\omega t). \tag{3.26}$$

从方程(3.22),(3.25)可以得到

$$v = -\frac{1}{\mu_0 H_e}\int_{x_{b0}}^{x} \frac{\partial b_0}{\partial t}\mathrm{d}x = \frac{h_0}{H_e}\omega \sin\omega t(x - x_{b0}). \tag{3.27}$$

把方程(3.27)代入方程(3.23)的第三项,得到

$$b(x,t) = b_0(x,t) - \frac{\eta\mu_0 h_0\omega}{2\phi_0 H_e}\sin\omega t(x^2 - 2x_{b0}x). \tag{3.28}$$

这个解满足从表面到磁通线分布的转变点 $x_b$ 的区域,$x_b$ 与从方程(3.26)求得的 $x_{b0}$ 有稍微的不同.由方程(3.28)得到的分布和"之前"的分布之交叉点可得这一新的转变点.因为由方程(3.28)得到的这一分布与 $\omega t = n\pi$ 时的准静态分布一致,$n$ 表示符号因子 $\delta$ 因之变化的整数,"之前"的分布是一个准静态分布,因此,通过一个简单的计算可以近似得到

$$x_b = x_{b0} - \frac{\eta\mu_0\omega}{4\phi_0 H_e J_c}|\sin\omega t|x_{b0}^2, \tag{3.29}$$

这个数值高达 $\omega$ 的一阶.方程(3.29)的第二项应当小于第一项,以便于迭代近似保持正确.因为 $x_{b0}$ 变得像 $h_0/J_c$ 一样大,频率条件可以写为

$$\omega \ll \frac{4\phi_0 H_e J_c^2}{\eta h_0^2} \equiv \omega_0. \tag{3.30}$$

在 $0\leqslant\omega t\leqslant\pi$ 阶段,整个超导体求平均磁通密度分布的交流部分由 $\omega$ 的一阶形式给出

$$\langle b\rangle = \frac{\mu_0 h_0^2}{4J_c d}\left[\sin^2\omega t + 2\cos\omega t + \frac{2\omega}{3\omega_0}\sin\omega t(1 - \cos\omega t)^3\right]. \tag{3.31}$$

从对称性出发交流场每个周期内的能量损耗密度是

$$W = 2\int_{-h_0}^{h_0}\langle b\rangle \mathrm{d}(h_0\cos\omega t) = \frac{2\mu_0 h_0^3}{3J_c d}\left(1 + \frac{7\pi\omega}{16\omega_0}\right). \tag{3.32}$$

第一项是准静态过程中的钉扎能损耗密度;在用 $\gamma=1$ 替代以后,它与方程(2.80)的结果一致,第二项是黏滞能损耗能量.钉扎能损耗密度与准静态中的相同的原因是,在 $\omega t=0$ 和 $\pi$ 处的磁通线分布与准静态中的相同,也就是说,在一个周期内分布对钉扎损耗有贡献的磁通线数量是不变的.方程(3.32)的第二项也可以直接从方程(2.73)的第二项中计算出来,做为黏滞能损耗密度(参见习题3.2).

当交流磁场的频率变得非常高时,考虑 $\omega$ 的高阶项是必要的.这种情况下,在 $x_b < x$ 区域的"之前"的分布随时间变化,因此计算变得相当复杂.按照 Kawashima 等人[12]的理论分析,这种情况下的能量损耗密度应当是

$$W = \frac{2\mu_0 h_0^3}{3J_c d}\left[1 + \frac{7\pi\omega}{16\omega_0} - \frac{512}{105}\left(\frac{\omega}{\omega_0}\right)^2\right]. \tag{3.33}$$

高频下能量损耗密度的减小源于黏滞力引起的强烈的屏蔽效应而引起的移动磁

通数量的减小.

## 3.3 交流磁场的叠加

### 3.3.1 整流效应

当把一个小的交流磁场作用于一个横向直流磁场中的、正在传输电流的超导线材或者带材时,电流-电压(伏安)特性随着临界电流密度[13,14]的下降发生变化,如图 3.9 所示. 无论交流磁场平行于或者正交于直流场,临界电流时常下降到零. 这里我们先分析交流场平行的情况. 按照临界态模型预期的超导体中磁通线分布的分析情况,也可以分析出这种状况下的伏安特性. 在交流场变化的一个周期中预计磁通线的分布随着表面场的变化而变化,如图3.10所示. 图中的箭头表示磁通线移动的方向. 从中可以看出,磁通线的移动是不对称的. 从左边向右边移动的磁通线的数量比反方向移动的磁通线的数量大,由于磁通移动的整流效应,出现了电场的直流部分[13]. 严格地说,因为将处理到阻抗态,应当用到方程(2.13). 但是,为了简化,忽略了黏滞力. 当钉扎力像商业化的超导体中一样强时,在电场的实际范围内该近似是有效的.

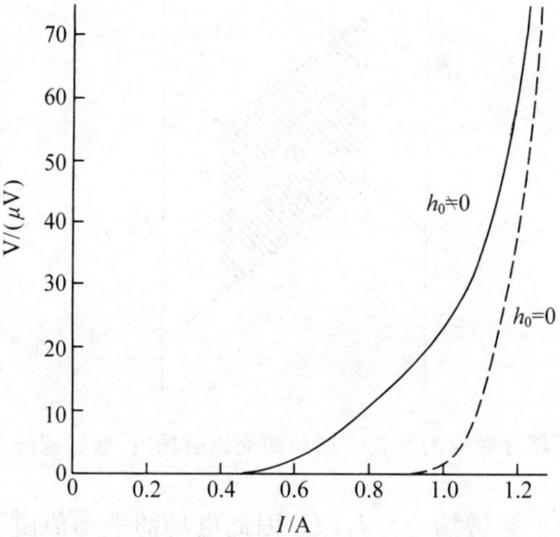


**图 3.9**　在一个 Pb-Bi 箔片超导体中加有(实线)和未加(虚线)垂直于直流磁场和电流的小交流磁场时的电流-电压特征曲线[14]

假定宽度为 $2d$ 的超导板输运一个密度为 $J_t$ 的电流,用 Bean-London模型($\gamma=1, J_c=\text{const}$)来计算钉扎力密度. 在振幅为 $h_0$ 的交流磁场的一个周期内,

从左向右流的净磁通 $\Phi$ 与图 3.11 中的阴影区域相一致,可计为

$$\Phi = 4\mu_0 j[h_0 - H_P(1-j)]d, \tag{3.34}$$

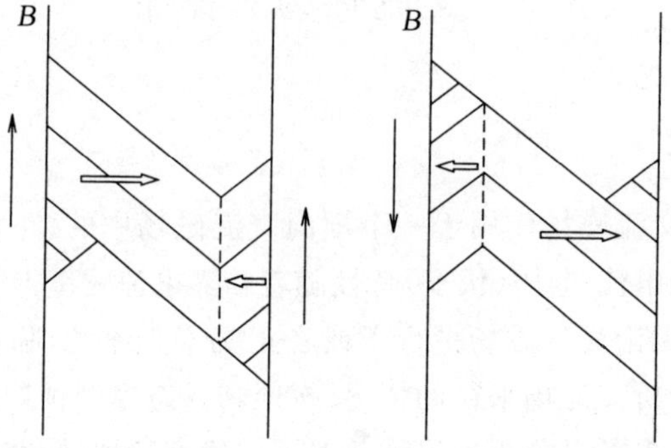


**图 3.10** 在直流和交流磁场平行于超导板时,用 Kaiho 模型[13]来解释整流效应. (a)和(b)分别表示交流磁场增加和减少时磁通的分布

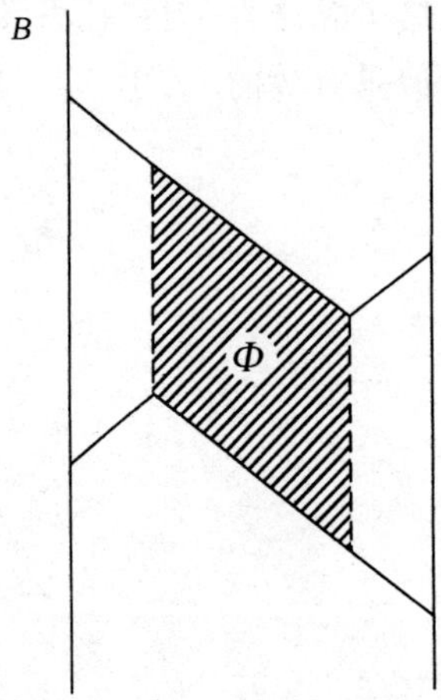


**图 3.11** 阴影部分对应的是在一周期的交流磁场内,通过超导平板的磁通

这里,$H_p = J_c d$ 是一个穿透场,$j = J_t / J_c$. 因此电场的平均值由下式给出:

$$\bar{E} = \Phi f, \tag{3.35}$$

式中 $f$ 为交流场的频率. 从 $\bar{E}=0$ 条件中,得到的表观临界电流密度可以表示为

$$J_c^* = J_c\left(1 - \frac{h_0}{H_P}\right), \tag{3.36}$$

这里对于 $h_0 > H_p$, $J_c^* = 0$.

现在我们估计阻抗态下的能量损失.耗散能量的一部分由直流源提供,且每单位体积有 $W_c = J_t\bar{E}/f = J_t\Phi$. 另一部分由交流磁场提供,且每单位体积有

$$W_f = \int \langle B \rangle \mathrm{d}H(t) \tag{3.37}$$

这里 $\langle B \rangle$ 是整个超导板的平均磁通线密度,$H(t)$ 是交流磁场的瞬时值.通过一个简单的计算,得到[15]

$$W_f = 2\mu_0 H_P h_0 (1 - j^2) - \frac{4}{3}\mu_0 H_P^2 (1 - 3j^2 + 2j^3). \tag{3.38}$$

因此,总的能量损失密度是

$$W = W_c + W_f = 2\mu_0 H_P h_0 (1 + j^2) - \frac{4}{3}\mu_0 H_P^2 (1 - j^3). \tag{3.39}$$

这一结果也可以从方程(2.74)提到的方法直接得到(验证两种方法得到相同的结果,习题 3.3).

第二步我们将讨论交流场和直流场相互垂直的情况.例如,我们假定,在一个沿着 $x$ 轴的直流磁场和沿着 $z$ 轴方向的交流场中,平行于 $y-z$ 面的宽的超导板,沿着 $y$ 轴输运一个直流电流.这种情况下有 $\partial/\partial y = \partial/\partial z = 0$. 磁通线密度仅仅有 $x$ 和 $z$ 分量,即 $B_x$ 和 $B_z$. 条件 $\nabla \cdot \boldsymbol{B} = 0$ 导致 $B_x$ 是均匀的,且等于 $\mu_0 H_e$,$H_e$ 表示直流磁场.因此,只有分量 $B_z$ 沿 $x$ 轴变化,沿着 $y$ 轴的电流密度为

$$J = -\frac{1}{\mu_0} \cdot \frac{\partial B_z}{\partial x}. \tag{3.40}$$

因此,数学方程同上面讨论的平行直流和交流场的情况相似,可以重复运用相同的分析.这样,可以解出近似的整流效应和表观临界电流密度.从磁通移动的观点来看,因为电场 $\boldsymbol{E} = \boldsymbol{B} \times \boldsymbol{v}$ 沿着 $y$ 轴,同时磁通密度 $\boldsymbol{B}$ 近似与 $x$ 轴平行,磁通线的速度近似沿着 $z$ 轴负向.在 $z$ 轴负向流动的磁通线在 $x$-$z$ 平面有一个振荡.文献[14]详细地描述了磁通线的移动.在这篇文献中用到了包括黏滞力在内的力平衡方程的更普遍的理论分析,得到了与上一节相同的用频率的幂级数表示的近似解.所得到的伏安特性与实验结果相一致.

### 3.3.2 可逆磁化

对一个由于磁通钉扎引起的滞后性的磁化的超导体来说,叠加一个小的平行交流和直流磁场将导致直流磁化的磁滞的减小,有时甚至会产生一个可逆的磁化(看图 3.12)[16].图 3.13(a)表示了在一个正在增强的直流场中超导体在交流场的一个周期中的磁通线分布变化.为了简化,忽略了抗磁性,假定 Bean-London 模型适用于钉扎力密度.在一个周期中平均的磁通线分布如图

3.13(b)所示;比起没有交流场时的情况它更令人满意(由虚线表示).因此,磁滞减小能够得到解释.磁滞的大小可以表示为

$$\Delta M = \Delta M_0 \left(1 - \frac{h_0}{H_p}\right)^2, \tag{3.41}$$

这里 $M_0$ 是在没有交流场时的滞后性的磁化强度.因此,当交流场振幅超过穿透场 $H_p$ 时,磁滞消失,同时磁化变得可逆.这一方法对研究超导体中的抗磁性来说是有用的.

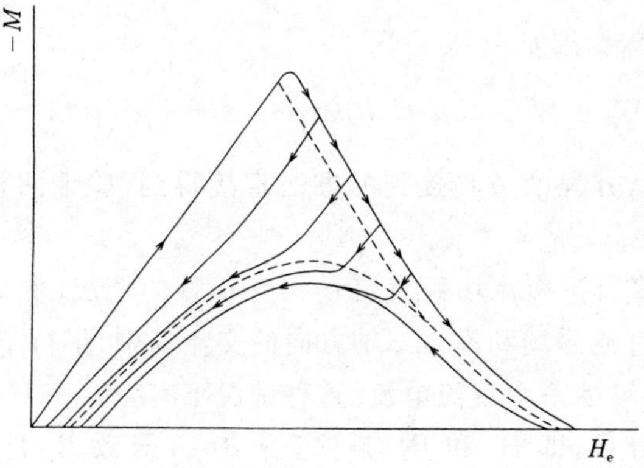


**图 3.12** 一个 Pb-1.92at%Tl 超导圆柱体的磁化[16],虚线和实线分别对应有和没有叠加小的交流磁场

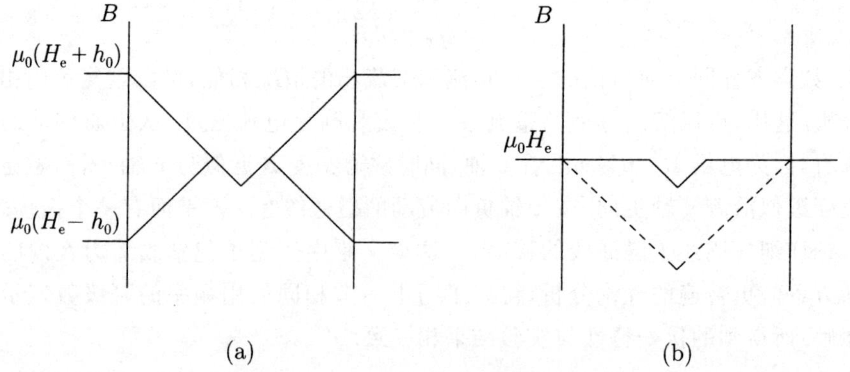


**图 3.13** (a) 在一个增加的直流磁场 $H_e$ 中,振幅为 $h_0$ 的交流磁场的一个周期内最大磁通密度(上面的线)和最小的磁通密度(下面的线).(b) 实线表示在交流磁场一个周期内平均磁通密度,虚线对应的是没有交流磁场的情况

### 3.3.3 异常横向磁场效应

如图 3.14 所示,当交流磁场垂直叠加到作用于超导柱体或者带材的横向直

流磁场时，由于横向直流磁场的存在磁化逐渐减小．这样的现象被称为异常横向磁场效应[17-19]．图 3.15 展示了一个例子，当交流场平行作用于超导柱体时：(a)，(c)分别对应于直流场增强和减弱的过程．(b)表示一个场冷却的过程，在比临界温度高的一个温度下加上直流场，然后温度逐渐降低到 $T_c$ 以下．由于直流场的施加，每一种情况下的初始磁通线分布如图右侧所示．磁化随着交流场的施加而减小，在稳定态时几乎减小到 0.

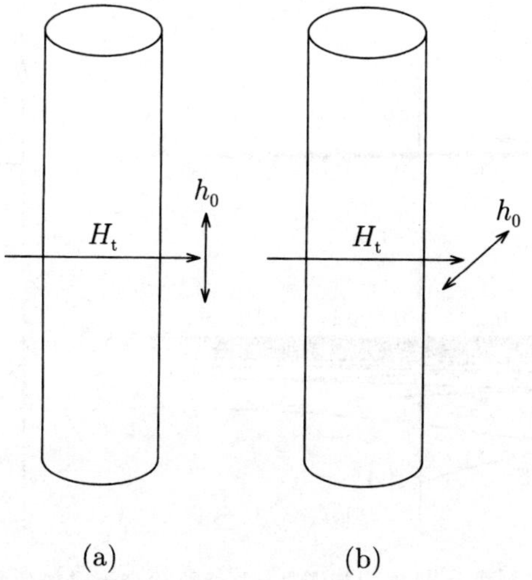


**图 3.14**　横向磁场 $H_t$ 和小的正交的交流磁场 $h_0$ 施加于超导圆柱体

像前面提到的一样，当交流场重叠在不同方向的直流场时，有必要得到屏蔽电流的分布．如果我们假定电流的流动是尽可能地屏蔽交流场的穿透，曾经屏蔽直流场的电流现在必须完全转变成屏蔽交流场，这会导致直流场的完全穿透．这种情况下，穿透磁通的总量变得非常大．因此，预计屏蔽电流将流向穿透的直流和交流磁通的总数最小的位置．然后，曾经屏蔽直流场的电流的一部分发生变化去屏蔽交流场．也就是说，在每半个连续的交流场周期内，从屏蔽直流场到屏蔽交流场的电流的流动方式逐渐发生变化．图 3.16 表示交流场作用于正交的超导柱体时屏蔽电流的分布的变化态．因此，直流场一个周期一个周期地逐渐穿透，直到完全穿透为止．异常横向磁场效应是一种弛豫过程，在这一过程中，由于屏蔽电流的存在，磁通运动方向逐渐发生变化．从图 3.15 (b)可以看出，在场逐渐冷却的过程中直流场几乎完全穿透，因此，电流的流动以致完全屏蔽交流场．

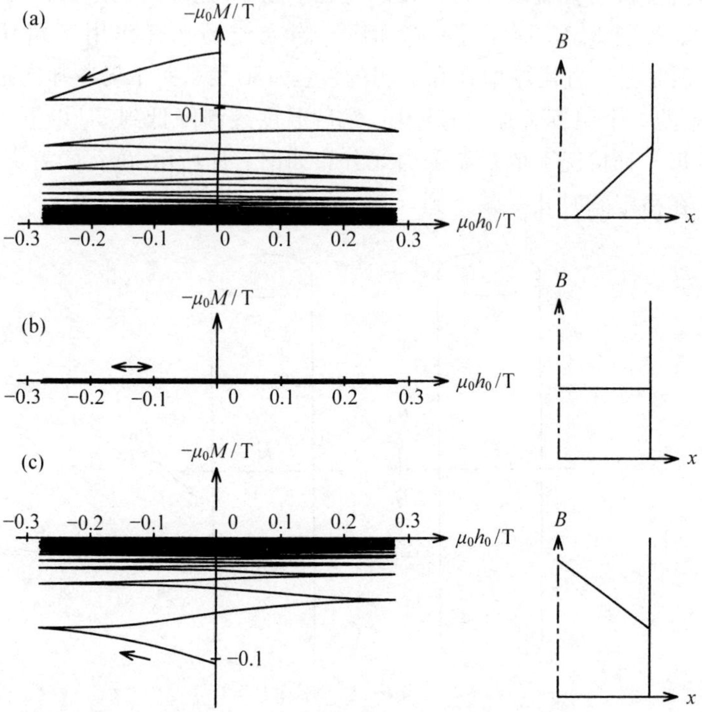


**图 3.15** 纵向磁化弛豫[17]是因为如图 3.14(a)所示交流磁场的叠加.(a) 增加磁场;(b) 冷却磁场;(c) 减少磁场.右图所示为每个过程直流磁通的初始分布

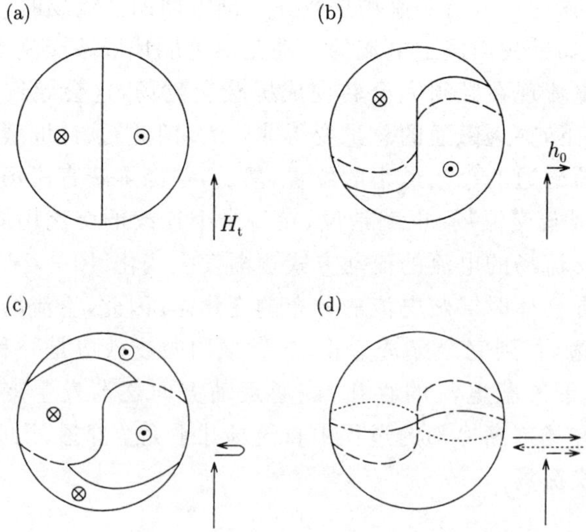


**图 3.16** 因如图 3.14(b)所示的交流磁场的叠加,屏蔽电流分布从(a)变化到(d)

## 3.4 磁通跳跃

如图 3.17 所示，在有磁场连续变化期间，超导体的磁化强度变化有时不连续. 这一现象称为磁通跳跃. 图 3.18 展示了在一个磁通跳跃的超导体[20]内部观察到的磁通线分布. 从这一观察结果中可以看出，在磁通跳跃的瞬间，伴随着磁通线的突然侵入，超导体内部屏蔽电流消失. 这一不稳定性起源于磁通钉扎的不可逆性. 例如，假定局域化磁通因某些原因发生移动. 温度的上升将减小阻碍磁

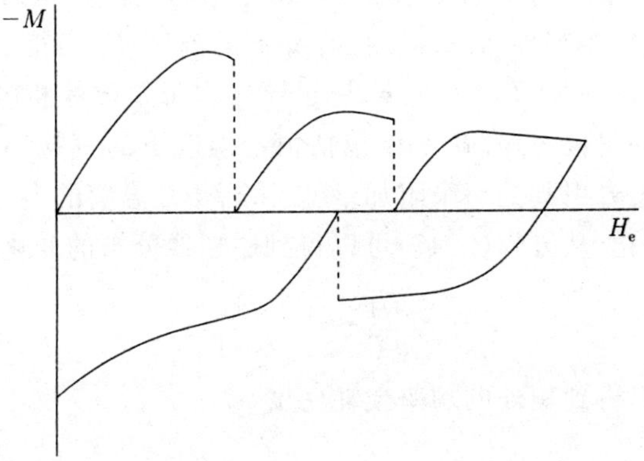


**图 3.17**　由于磁通跳跃使得磁化不连续变化

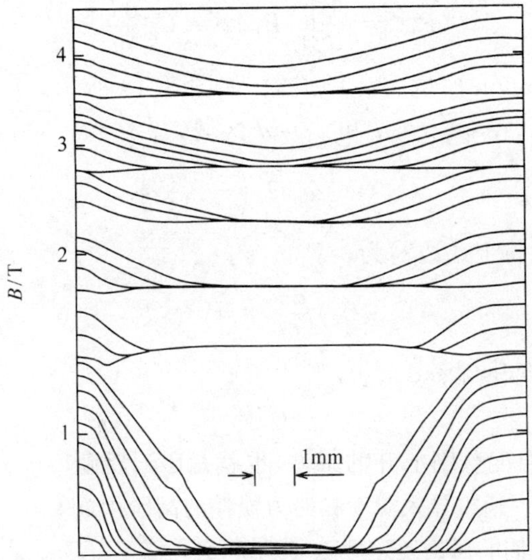


**图 3.18**　在一个 Nb-Ti 磁通分布的变化，通过在两片样品间用霍尔探针(Hall probe)扫描来测定

通移动的钉扎力，且更多的磁通线发生移动. 这将引起更大的能量损耗和温度上升. 这一现象将持续直到这种正反馈破坏了超导电性，且磁通运动完全停止. 这是对磁通跳跃性质的概括.

在金属超导体中，热量的扩散速度通常要比磁通线移动得快. 因此，对超导体来说，可以认为是等温近似的. 因此，我们假定在整个超导体中温度 $T$ 是均匀的. 超导体中磁通移动所产生的热量被冷却剂(例如液氮)吸收，则热流方程是

$$P = C\frac{\mathrm{d}T}{\mathrm{d}t} + \Phi_{\mathrm{h}}, \tag{3.42}$$

式中 $P$ 是超导体中的功率损耗密度，$C$ 是超导体的单位体积的热容，$\Phi_{\mathrm{h}}$ 是被冷却剂吸收的热流量. 当超导体的温度比冷却剂的温度 $T_0$ 高得不多时，被冷却剂吸收的热流量为 $\Phi_{\mathrm{h}} = K(T - T_0)$，$K$ 是超导体中每单位体积内的导热系数. 黏滞力损耗和相关的量被忽略. $P$ 不仅包括恒定温度下的钉扎功率损耗密度 $P_0$，还包括由于温度上升引起的一个附加量 $C_{\mathrm{p}}(\mathrm{d}T/\mathrm{d}t)$. 温度的上升引起参数 $\alpha_{\mathrm{c}}$(磁通钉扎强度)的变化. 从方程(2.47)可以得到磁通线分布的变化结果

$$\delta\hat{B}^{\gamma-1}\frac{\partial\hat{B}}{\partial T} = -\mu_0\frac{\mathrm{d}\alpha_{\mathrm{c}}}{\mathrm{d}T}x. \tag{3.43}$$

从方程(2.75)可以得到额外的功率损耗密度

$$P_1 = -\alpha_{\mathrm{c}}\hat{B}^{\gamma-1}\frac{\mathrm{d}T}{\mathrm{d}t}\int_{x_{\mathrm{b}}}^{x}\delta\frac{\partial\hat{B}}{\partial T}\mathrm{d}x. \tag{3.44}$$

把方程(2.47)，(3.43)代入(3.44)通过计算我们可以得到平均功率损耗密度

$$\langle P_1\rangle = \frac{1}{d}\int_0^{x_{\mathrm{b}}}P_1\mathrm{d}x \equiv C_{\mathrm{p}}\frac{\mathrm{d}T}{\mathrm{d}t}. \tag{3.45}$$

这里假定 Bean-London 模型($\gamma=1$)成立. 如图 3.19 所示，穿透到厚为 $2d$ 的超导板中心的磁通线，在 $0\leqslant x\leqslant d$ 和 $x_{\mathrm{b}}=d$ 区域，有 $\delta_0=\delta_{\mathrm{b}}=1$，且

$$C_{\mathrm{p}} = \frac{1}{3}\mu_0 H_{\mathrm{p}}\left(-\frac{\mathrm{d}H_{\mathrm{p}}}{\mathrm{d}T}\right). \tag{3.46}$$

由方程(3.42)可以将上式改写为

$$(C - C_{\mathrm{p}})\frac{\mathrm{d}T}{\mathrm{d}t} = P_0 - \Phi_{\mathrm{h}}, \tag{3.47}$$

按照这一方程，温度升高率 $\mathrm{d}T/\mathrm{d}t$，当

$$C - C_{\mathrm{p}} = 0 \tag{3.48}$$

成立时发散. 这是温度急剧上升的条件，也就是磁通跳跃.

Yamafuji 等人[21]通过导入源于黏滞力损耗的高阶项$(\mathrm{d}T/\mathrm{d}t)^2$，详细地讨论了温度上升现象. 按照他们的讨论要发生磁通跳跃，必须满足 $\mathrm{d}T/\mathrm{d}t$ 是无限的. 这意味着

$$P_0 - \Phi_{\mathrm{h}} = 0 \tag{3.49}$$

必须满足方程(3.48)的热容条件. 但是，方程(3.49)的有效性仍然是不确定. 无

论怎样,方程(3.48)都是磁通跳跃要满足的条件.

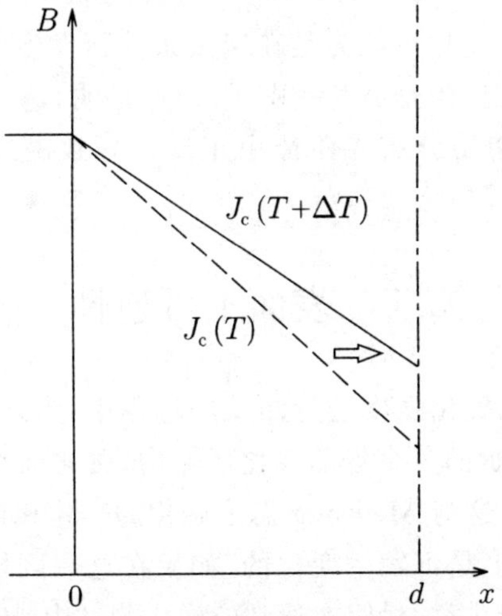


**图 3.19** 当温度变化 $\Delta T$ 时,超导平板中磁通分布的变化情况

由于磁通跳跃将临界电流密度减小到 0,在实际应用的超导线材中必须避免这样的情况. 因此,必然要求不等式 $C>C_p$,则不满足方程(3.48). 因为 $H_p=J_c d$,这个不等式等价于

$$d<\left[\frac{\mu_0}{3C}\left(-\frac{dJ_c}{dT}\right)J_c\right]^{-1/2}\equiv d_c \tag{3.50}$$

这表明超导体的厚度 $2d$ 应当小于 $2d_c$,因此可以通过减小超导丝的直径使超导线材稳定. 在实际应用的超导线材中,许多纤细的超导丝被嵌入金属基体(例如铜)中,按照上述原理来提高超导线材的稳定性. 同时,金属基体的高导热率可以确保热量的快速扩散. 以 $Nb_3Sn$ 为例,如果我们假定 $J_c=1\times10^{10}\ Am^{-2}$, $-dJ_c/dT=7\times10^8\ Am^{-2}K^{-1}$ 和 $C=6\times10^3\ Jm^{-3}K^{-1}$,按方程(3.50),我们有 $2d<90\mu m$. 实际中应用的多芯 $Nb_3Sn$ 线材,超导芯丝的直径要小于几十个微米. 在交流电中使用的多芯线的芯丝直径有时要小于 $1\mu m$,目的是为了很好的减小磁滞损耗.

稳定方程这一条件(3.50)可通过下面的简单分析得到. 再次观察图 3.19 中的磁通线分布,假定超导体的温度在一个很短的时间内,从 $T$ 上升到 $T+\Delta T$,然后临界电流密度的变化是 $\Delta J_c=(dJ_c/dt)\Delta T$,这里当然有 $\Delta J_c<0$. 因此,会出现图 3.19 中展示的磁通线分布的变化,因此变化的感应电场为

$$E(x)=\int_d^x\mu_0\frac{\Delta J_c}{\Delta t}x\,dx=\frac{\mu_0}{2}\left(-\frac{\Delta J_c}{\Delta t}\right)(d^2-x^2). \tag{3.51}$$

这导致能量损耗密度为

$$W = \frac{1}{d}\int_0^{\Delta t} \mathrm{d}t \int_0^d J_c E(x)\mathrm{d}x = \frac{\mu_0}{3}\left(-\frac{\mathrm{d}J_c}{\mathrm{d}T}\right)J_c d^2 \Delta T. \tag{3.52}$$

如果 $\Delta t$ 足够小,上面的变化可认为是在绝热条件下发生的.这种情况下估计超导体中额外的温度升高应当是 $\Delta T' = W/C$.可以证明,这一温度的升高 $\Delta T'$ 要小于初始温度升高 $\Delta T$,初始分布将不能由正反馈导致磁通跳跃.这一条件满足(3.50).

## 3.5 表面不可逆性

在对超导体的直流磁化强度进行测试的过程中,当外磁场连续从增强到减弱变化时,在以 $\Delta H$ 表示的某个场的变化区域内,磁化曲线有时是线性的,斜率为$-1$,如图 3.20 所示.这与 Meissner 态中磁化的变化相似.在外磁场变化的过程中,磁通线分布宏观上是不发生变化的.如果在这一区域外场被再次增强,磁化是可逆的.但是,应当注意,尽管在通常的磁化测试中,磁化似乎发生像图3.20所示的可逆,但事实上,灵敏度高的 $B$-$H_e$ 测试表明它是不可逆的.当外磁场连续发生从减弱到增强的变化时,也可以观察到这样的行为.这一现象强调一个非常高密度的不可逆电流在表面区域流动,屏蔽了外场的变化.表面电流引起的磁化磁场的大小 $\Delta H$ 依赖于样品且随着磁场发生变化;磁场增强时 $\Delta H$ 通常减小.

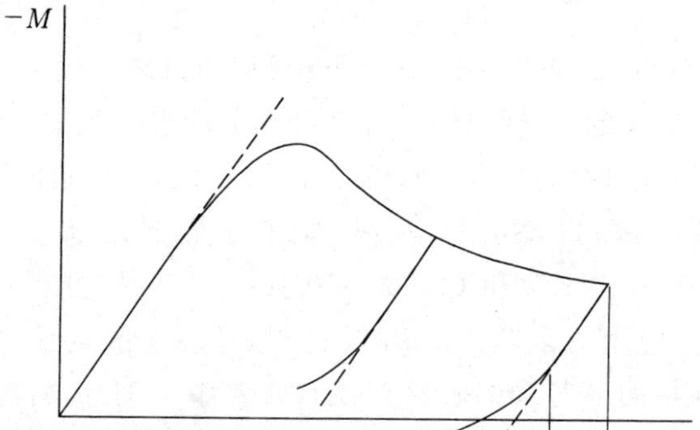


**图 3.20** 由表面不可逆性导致的宏观磁化作用

三个机制,即表面壳层、表面势垒、表面钉扎被用于解释不可逆的表面电流.

1.6 节中处理的表面超导电性与表面的一个特性相关,这一特性允许即使实际磁场高于 $H_{c2}$ 时,超导序参数也可以取非 0 值.Fink[22] 假定在 $H_{c2}$ 以下,与超导体中的三维磁通线结构无关,有一个相似的二维表面超导电性.这一表面超导电性被称为表面壳层,且可以引起一个不可逆的表面电流.

表面势垒由 Bean 和 Livingston[23] 提出，他们假设表面自身提供一个势垒阻止磁通线的侵入和逃逸. 该概念是在对磁通最先进入一个实际的超导体中的透入场与 Abrikosov 给出的在无限大超导体中的 $H_{c1}$ 做比较时开始提出的. 我们从假设磁通线是从表面进入超导体开始讨论. 除了在距超导体表面 λ(特征距离)内衰退的外磁场外，为了满足围绕磁通线的电流不应当穿过表面这样一个边界条件，假定磁通线(一个假设的镜像磁通线)与它相反，如图 3.21 所示. 磁通线的总的磁通(对应于图 3.21 的"b")比磁通量子 $\Phi_0$ 要小，因此，磁通量子化是不成立的. 这是因为表面处的电流不为 0，它是包围磁通线的闭合环的一部分.

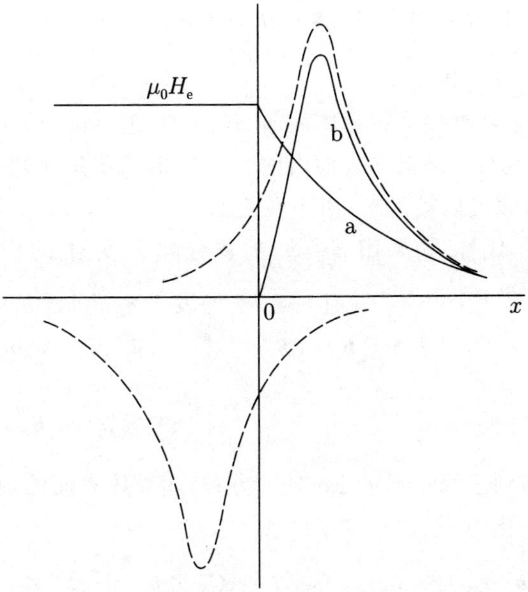


**图 3.21** Bean 和 Livingston[23] 表面势垒模型，"a"代表从表面穿透磁通量，在方程(1.14)中给出；"b"是表示穿透磁通线的总量和它的图像

Bean 和 Livingston 处理 G-L 参数 $\kappa$ 值很大时的情况，利用修正的London 方程，且从表面穿透足够深的磁通线密度由方程(1.61)给出. 我们假定超导体占据 $x \geqslant 0$ 区域，且外磁场 $H_e$ 平行于 $z$ 轴施加. 在 $x$-$y$ 平面的磁通线位置被表示为$(x_0, 0)$，这里 $x_0 > 0$. 它的镜像位于$(-x_0, 0)$，且超导体的全部的磁通密度由下式给出

$$b = \mu_0 H_e \exp\left(-\frac{x}{\lambda}\right) + \frac{\phi_0}{2\pi\lambda^2}\left[K_0\left(\frac{\sqrt{(x-x_0)^2+y^2}}{\lambda}\right) - K_0\left(\frac{\sqrt{(x+x_0)^2+y^2}}{\lambda}\right)\right], \tag{3.53}$$

除了非超导核心区域. Gibbs 自由能为

$$G=\int\left\{\frac{1}{2\mu_0}[\boldsymbol{b}^2+\lambda^2(\nabla\times\boldsymbol{b})^2]-\boldsymbol{H}_e\cdot\boldsymbol{b}\right\}dV, \tag{3.54}$$

这里是对整个超导体($x\geqslant 0$)的体积分. 方程(3.53)的第一项由 $\boldsymbol{b}_0$ 表示;第二项和第三项的总和表示穿透的磁通线和它的镜像,可以由 $\boldsymbol{b}_1$ 表征. 把这些代入方程(3.54)中,偏积分和利用修正的 London 方程,Gibbs 自由能变为

$$\begin{aligned}G=&\lambda^2\int_S[(\nabla\times\boldsymbol{b}_1)\times\boldsymbol{H}_e\cdot d\boldsymbol{S}\\&+\frac{\lambda^2}{2\mu_0}\int_{S_c}[\boldsymbol{b}_1\times(\nabla\times\boldsymbol{b}_1)+2\boldsymbol{b}_1\times(\nabla\times\boldsymbol{b}_0)+2\mu_0(\nabla\times\boldsymbol{b}_1)\times\boldsymbol{H}_e]\cdot d\boldsymbol{S}\\&+\frac{1}{2\mu_0}\int_{\Delta V}[\boldsymbol{b}_1^2+\lambda^2(\nabla\times\boldsymbol{b}_1)^2+2\boldsymbol{b}_0\cdot\boldsymbol{b}_1+2\lambda^2(\nabla\times\boldsymbol{b}_0)\cdot(\nabla\times\boldsymbol{b}_1)\\&-2\mu_0\boldsymbol{b}_1\cdot\boldsymbol{H}_e]dV.\end{aligned} \tag{3.55}$$

上面的第一个积分是对整个超导体表面 $S(x=0)$进行的,第二项是磁通线的非超导核心的表面 $S_c$($d\boldsymbol{S}$ 是指向表面内的方向),第三项是非超导核心的内部,常数项仅为 $\boldsymbol{b}_0$ 的函数可以被忽略. 由于在表面处 $\boldsymbol{H}_e$ 等于 $\boldsymbol{b}_0/\mu_0$,方程(3.55)的第一项可以被 $\boldsymbol{b}_0/\mu_0$ 代替. 如果用 $S+S_c$ 的积分减去 $S_c$ 上的积分来替代 $S$ 的积分,可以得到

$$\begin{aligned}\frac{\lambda^2}{\mu_0}\int_{S+S_c}(\nabla\times\boldsymbol{b}_1)\times\boldsymbol{b}_0\cdot d\boldsymbol{S}&=\frac{\lambda^2}{\mu_0}\int_{S+S_c}(\nabla\times\boldsymbol{b}_0)\times\boldsymbol{b}_1\cdot d\boldsymbol{S}\\&=\frac{\lambda^2}{\mu_0}\int_{S_c}(\nabla\times\boldsymbol{b}_0)\times\boldsymbol{b}_1\cdot d\boldsymbol{S},\end{aligned} \tag{3.56}$$

这里求偏积分,用到了修正后的 London 方程,超导体表面的边界条件 $\boldsymbol{b}_1=0$. 因此,方程(3.55)简化为

$$\begin{aligned}G=&\frac{\lambda^2}{2\mu_0}\int_{S_c}[\boldsymbol{b}_1\times(\nabla\times\boldsymbol{b}_1)-2\mu_0\boldsymbol{H}_e\times(\nabla\times\boldsymbol{b}_1)+2\boldsymbol{b}_0\times(\nabla\times\boldsymbol{b}_1)]\cdot d\boldsymbol{S}\\&+\frac{1}{2\mu_0}\int_{\Delta V}[\boldsymbol{b}_1^2+\lambda^2(\nabla\times\boldsymbol{b}_1)^2+2\boldsymbol{b}_0\cdot\boldsymbol{b}_1+2\lambda^2(\nabla\times\boldsymbol{b}_0)\cdot(\nabla\times\boldsymbol{b}_1)\\&-2\mu_0\boldsymbol{b}_1\cdot\boldsymbol{H}_e]dV.\end{aligned} \tag{3.57}$$

现在我们用 $\boldsymbol{b}_1=\boldsymbol{b}_f+\boldsymbol{b}_i$ 表示全部磁通线及其镜像,仅用方程(3.53)的第二项和第三项就可以把这些分量全部表达出来. 经过一个简单的计算,可以得到

$$\begin{aligned}G=&\frac{\lambda^2}{2\mu_0}\int_{S_c}[\boldsymbol{b}_f\times(\nabla\times\boldsymbol{b}_f)+\boldsymbol{b}_i\times(\nabla\times\boldsymbol{b}_f)-\boldsymbol{b}_f\times(\nabla\times\boldsymbol{b}_i)\\&-2\mu_0\boldsymbol{H}_e\times(\nabla\times\boldsymbol{b}_f)+2\boldsymbol{b}_0\times(\nabla\times\boldsymbol{b}_f)-2\boldsymbol{b}_f\times(\nabla\times\boldsymbol{b}_0)]\cdot d\boldsymbol{S}\\&+\frac{1}{2\mu_0}\int_{\Delta V}[\boldsymbol{b}_f^2+\lambda^2(\nabla\times\boldsymbol{b}_f)^2-2\mu_0\boldsymbol{b}_f\cdot\boldsymbol{H}_e]dV.\end{aligned} \tag{3.58}$$

这里用到了方程(1.78),它表明第一个积分的第一项和第二个积分中的前两项

给出了磁通线自身的能量，$\varepsilon=\phi_0 H_{c1}$，第一个积分第四项和第二个积分第三项的总和给出了一个常数项，$-\phi_0 H_e$. 第一个积分的第五项和第二项分别表示由于表面电流的存在磁通线与洛伦兹力的相互作用及其镜像. 可以很容易地看出第一个积分中的第三项和第六项足够小且可以被忽略. 因此，可以得到每单位长度的磁通线

$$G=\phi_0\left[H_e\exp\left(-\frac{x_0}{\lambda}\right)-\frac{\phi_0}{4\pi\mu_0\lambda^2}K_0\left(\frac{2x_0}{\lambda}\right)+H_{c1}-H_e\right]. \qquad (3.59)$$

这与 Bean 和 Livingston[23] 得到的结果还有 Gennes[24] 得到的结果相同. 对于非超导核心完全穿透进超导体中的情况，这一方程是有效的，也就是 $x_0>\xi$. 因为只与 $\boldsymbol{b}_0$ 相关的常数项被去除，当磁通线没有穿透进超导体中时，我们有 $G=0$，也就是 $x_0=0$. 当 $H_e=H_{c1}$ 时，在 $x_0\to\infty$ 的极限下，$G$ 趋于 0. 这自然满足块状超导体的条件.

图 3.22 表明，自由能 $G$ 随着磁通线位置 $x_0$ 而变化. 它意味着，即使当 $H_e$ 超过 $H_{c1}$ 时，仍存在能量势垒，磁通线不能穿透进超导体中. 因此，磁化保持完全的抗磁性，直到外磁场到达 $H_s$，远大于 $H_{c1}$ 时，然后磁通线才开始穿透进超导体. 相反地，当磁场减弱时，表面势垒阻碍磁通线移出超导体. 预计超导体中的磁

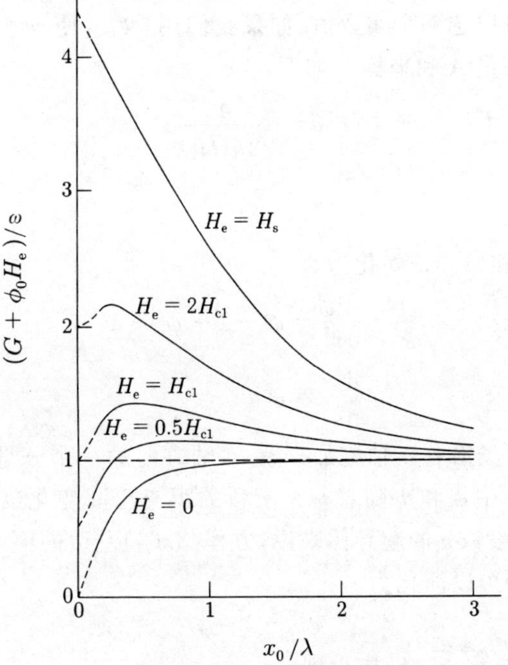


**图 3.22**　当 $\kappa=10$ 时，能量 $G$ 与磁通线位置 $x_0$ 的变化曲线[23]. 纵坐标通过内能归一化，$\varepsilon$ 是每单位长度的磁通线

通线应被限制移出，直到外磁场减小到 0. 这种情况下，磁化曲线与 Messiner 线是线性平行关系，表明即使在外磁场变化的情况下内部的磁通分布仍然保持不变. 这种特性与实验观察到的表面不可逆现象完全一致. 对于这种情况，表面壁垒似乎不但可以应用到磁场刚开始穿透时的情况，而且可以应用到表面不可逆性的普遍情况.

这里，我们将从 Bean-Livingston 模型的上述结果中估计磁通线刚开始穿透时的场 $H_s$. 现在处理表面附近($x_0 \sim \xi$)存在磁通线的情况. 相关的磁通密度近似由方程(1.62a)给出. 因此，Gibbs 自由能简化为

$$G = \phi_0 \left[ H_e \exp\left(-\frac{x_0}{\lambda}\right) + \frac{\phi_0}{4\pi\mu_0\lambda^2}\log 2x_0 \right] + \text{const.} \tag{3.60}$$

因为当在 $x_0 \sim \xi$ 得到$\partial G/\partial x_0 = 0$ 时，发生磁通线的穿透，可以有

$$H_s \simeq \frac{\phi_0}{4\pi\mu_0\lambda\xi} = \frac{H_c}{\sqrt{2}}. \tag{3.61}$$

按照上述修正后的 London 方程，当 $x_0$ 接近 $\xi$ 时，计算是不精确的. 因此，de Gennes[25] 改用 G-L 方程探讨了穿透开始时的场 $H_s$. 我们再次假定超导体占据 $x \geqslant 0$的区域. de Gennes 把这一问题做为 $H_{c1}$ 以上的 Meissner 态的一个推论来处理，也就是，过热状态和假定序参数和矢势仅仅沿着 $x$ 轴发生一维变化. 这种情况下，序参数可以选一个实数值. 如果我们用 $|\Psi_\infty|$ 使 $\Psi$ 归一化，就像在方程(1.38)中一样，矢量 $\boldsymbol{A}$ 和坐标 $x$ 如下：

$$a = \frac{\boldsymbol{A}}{\sqrt{2}\mu_0 H_c \lambda}, \tag{3.62}$$

$$\tilde{x} = \frac{x}{\lambda}, \tag{3.63}$$

G-L 方程(1.30)和(1.31)简化为

$$\frac{1}{\kappa^2} \cdot \frac{d^2\psi}{d\tilde{x}^2} = \psi(-1 + \psi^2 + a^2), \tag{3.64}$$

$$\frac{d^2 a}{d\tilde{x}^2} = \psi^2 a \tag{3.65}$$

在上述中，如果磁场沿着 $z$ 轴施加，$a$ 是 $y$ 轴方向的一个分量. 和下面将要看到的一样，在 $\tilde{x}$ 坐标中 $\psi$ 和 $a$ 随着与 $\lambda$ 阶数的距离逐渐变化($\lambda$ 在实空间). 因此，对于有大的 G-L 参数 $\kappa$ 的超导体来说，方程(3.64)左边的项可以近似用 0 代替. 然后，方程(3.64)可以简化为

$$\psi^2 = 1 - a^2. \tag{3.66}$$

把这一方程代入方程(3.65)中得到

$$\frac{d^2 a}{d\tilde{x}^2} = a - a^3. \tag{3.67}$$

方程两边都乘以 $\mathrm{d}a/\mathrm{d}\tilde{x}$ 且积分，可得到

$$\left(\frac{\mathrm{d}a}{\mathrm{d}\tilde{x}}\right)^2 - a^2 + \frac{a^4}{2} = \text{const.} \tag{3.68}$$

因为在超导体内部深处 $\tilde{x}\to\infty$ 时，$a$ 和 $\mathrm{d}a/\mathrm{d}\tilde{x}$ 被希望减小到 0，方程(3.68)右端的常数项必然为 0，因此

$$a = -\frac{\sqrt{2}}{\cosh(\tilde{x}+c)}, \tag{3.69}$$

这里 $c$ 是由表面 $\tilde{x}=0$ 处的边界条件决定的常量. 这个解满足上面提到的条件：在实空间中随着 $\lambda$ 的级数距离的变化，物理量 $\psi$ 和 $a$ 逐渐发生变化. 从方程(3.69)可知磁通密度为

$$B = \sqrt{2}\mu_0 H_c \frac{\mathrm{d}a}{\mathrm{d}\tilde{x}} = \frac{2\mu_0 H_c \sinh(\tilde{x}+c)}{\cosh^2(\tilde{x}+c)}. \tag{3.70}$$

由 $\tilde{x}=0$ 处磁通密度为 $\mu_0 H_e$ 这一边界条件，可以从下面方程中得出 $c$

$$\frac{H_e}{H_c} = \frac{2\sinh c}{\cosh^2 c}. \tag{3.71}$$

$H_e$ 的最大值，也就是，开始穿透的磁场 $H_s$，符合 $c=\sinh^{-1}1$，因此有[25]

$$H_s = H_c. \tag{3.72}$$

如果我们忽略与$(\mathrm{d}\psi/\mathrm{d}\tilde{x})^2$ 成比例的项，可以得到自由能密度

$$\begin{aligned} F &= \mu_0 H_c^2\left[-\psi^2 + \frac{1}{2}\psi^4 + \left(\frac{\mathrm{d}a}{\mathrm{d}\tilde{x}}\right)^2 + a^2\psi^2\right] \\ &= \mu_0 H_c^2\left[-\frac{1}{2} + \frac{4\sinh^2(\tilde{x}+c)}{\cosh^4(\tilde{x}+c)}\right] \end{aligned} \tag{3.73}$$

或

$$F = -\frac{1}{2}\mu_0 H_c^2 + \frac{B^2}{\mu_0} = F_n - \frac{1}{2}\mu_0 H_c^2 + \frac{B^2}{2\mu_0}, \tag{3.74}$$

这里 $F_n = B^2/2\mu_0$ 是磁场的能量密度，也就是正常态下的自由能密度. 图 3.23示出在临界态 $H_e = H_c$ 时的磁通密度、归一化了的序参数和自由能密度. 在表面处磁通密度达 $\mu_0 H_c$，序参数 $\psi$ 为 0，自由能密度 $F$ 等于它的正常态值 $F_n$.

如上面所述，由 Bean 和 Livingston 得到的与由 de Gennes 得到的初始穿透场和 $H_c$ 是同一量级，尽管它们相差$\sqrt{2}$倍. 在高 $\kappa$ 超导体的情况下，经过近似后会得到这样一个条件：预想值应当远远大于体内值 $H_{c1}$. 但是还没有观察到这样大的穿透场.

这里将讨论两个理论之间的关系. 上面提到了 de Gennes 处理了过热的状态. 序参数逐渐发生一维变化的假定不再成立，因为磁场会在磁通线穿透后减弱. 因此，不能再按照过热的状态处理问题. 如图 3.24 所示，预计在磁通线穿透

进超导体以后,磁化曲线是可逆的. 因此,为了讨论表面不可逆性,磁通线和表面之间的相互作用应当像在表面势垒模型中的一样处理. 处理表面粗糙效应也是很重要的. 如果表面粗糙度和 $\xi$ 是同一量级,它伴随着 $\Psi$ 陡峭的空间变化,这种情况下一维渐变的假设不再有效. 在高 $\kappa$ 值超导体中,$\xi$ 是小的,得到比 $\xi$ 还小的块材的表面粗糙度似乎是很困难的. 因此,过热状态可以保持到高场的想法似乎不再合理. 另外,磁通线的穿透导致 $\Psi$ 的二维空间变化同时出现表面势垒. 这种情况下,由于表面粗糙效应导致的磁通线和它的图像之间的相互关系的减弱,磁通线的图像被认为变得很模糊. 但是,表面势垒应当保持不变. 因而,可以看出表面势垒机制和由 Gennes 提出的过热机制不同,前者给出了对表面不可逆性现象更有效的解释.

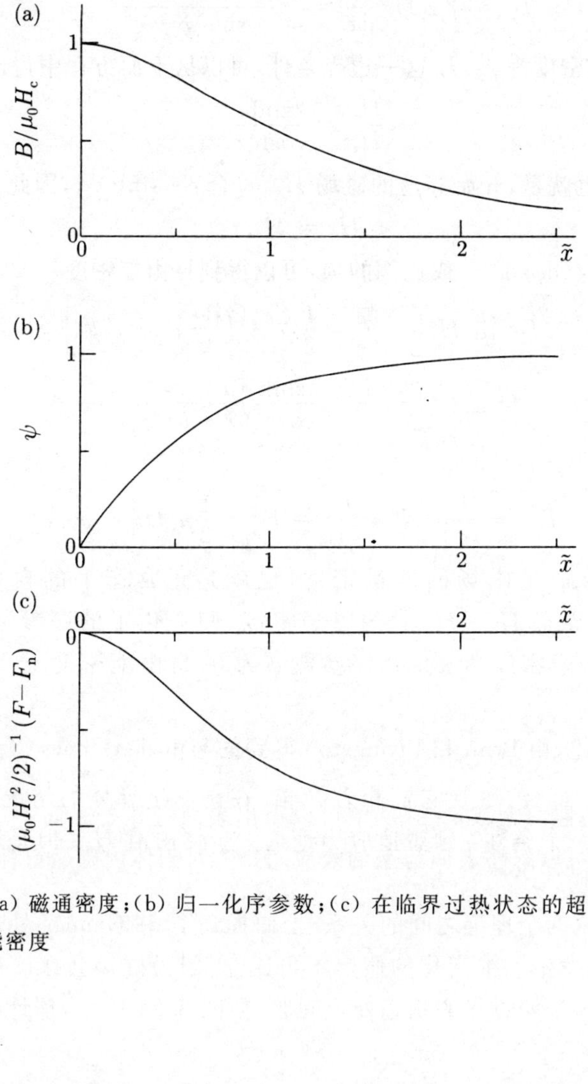


**图 3.23** (a) 磁通密度;(b) 归一化序参数;(c) 在临界过热状态的超导体表面附近的自由能密度

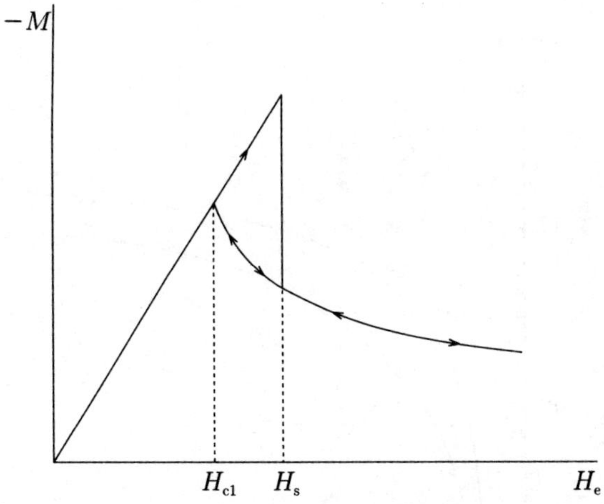


**图 3.24**　过热状态被破坏后的磁化强度

当表面变得粗糙的时候,理论设想外壳效应和表面势垒效应将是减弱的.但是,在大多数情况下,表面不可逆性反而提高了.已经注意到,在有很少缺陷和光滑表面的超导体中,体内不可逆性和表面不可逆性都没被观察到[26],这表明外壳和表面势垒不是表面不可逆性的主要原因.另外,基于表面粗糙度和不可逆性之间的关联,Hart 和 Swartz[27] 推测:由表面粗糙度和表面附近缺陷引起的钉扎导致了表面不可逆性,这一机制称为表面钉扎.

实验已经表明,表面钉扎是一个主导性机制.Matsushita 等人[28] 证明,经过在高真空中高温热处理的 Ta 掺杂的 Nb-50%带材样品,其残余钉扎中心可以被移除.经过热处理过程,通过不同轧制速度的形变,可以将不同密度的位错引入到样品中.每一个样品初始厚度都发生变化以至于所有样品最后的厚度都是相同的.因为每一个样品的超导特性,如 $T_c$,$H_c$ 和表面条件,几乎都是相同的,如果外壳或者表面势垒是表面不可逆性的起因,那么 $\Delta H$ 也应该近似相同.图 3.25示出了体内临界电流密度 $J_c$ 和利用 5.3 节给出的 Campbell 模型估计出的表面附近的 $J_{cs}$,这里 $J_{cs}$ 近似正比于 $\Delta H$.这个结果表明,随着钉扎位错密度的增加,不但体内临界电流密度 $J_c$ 而且表面电流密度 $J_{cs}$ 均有很大的增强,在一个强烈的钉扎限制中,这两个临界电流密度值趋近于相同.通过引入位错,可以提高表面的不可逆性两个数量级,从中可以得出表面钉扎是表面不可逆性产生的主要因素,并且可以忽略表面势垒的效应.另外,对于体内磁通钉扎来说,在强烈钉扎区域的临界电流密度的饱和行为及其特殊的磁场依赖性应当是饱和现象的特征因素,这些内容将在 7.5 节予以讨论.

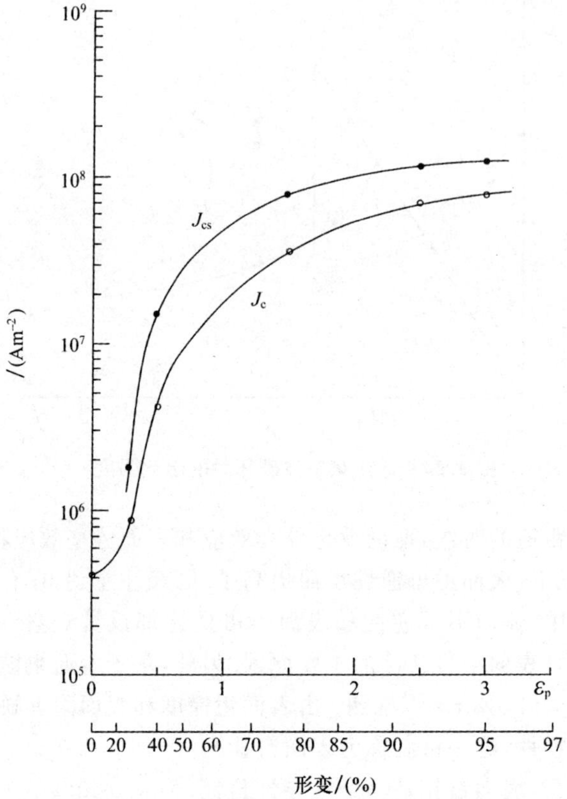


**图 3.25** Nb-Ta 样品中体内临界电流密度 $J_c$、表面临界电流密度 $J_{cs}$ 与冷轧形变的关系曲线[28]. 这些临界电流密度随着钉扎位错密度的增加而增加. 形变的定义为 $1-(A_0/A)$，且我们有 $\varepsilon_P=\log(A/A_0)$，其中 $A$ 和 $A_0$ 分别代表超导体在轧制前后的表面积

已经有结论，伴随着轧制变形，在表面区域有高密度的缺陷成核，表面的临界电流密度 $J_{cs}$ 比体内临界电流密度要上升得快.

由此可以推论，表面不可逆性并不是如上所述本征的表面效应，而是由可能凝聚在表面局域的缺陷引起的一种副现象. 众所周知，随着磁场的增强，表面不可逆性 $\Delta H$ 减小，直到高场下表面不可逆性消失. 它源自于磁通钉扎的非局域性质. 临界电流密度是磁通线格子的钉扎区域内的平均值（下一节将介绍 Campbell 的交流穿透深度）. 在高场下，相干长度增强，区域平均不再局限于有强烈钉扎力的表面区域而是延伸到内部区域. 因此，随着磁场强度的增强表面不可逆性会很快减弱.

从上面的讨论可知，与表面势垒效应相比，表面钉扎是表面不可逆性的主要因素. 如图 3.22 所示,能量势垒自身的值不是特别大,在任何情况下,当平常的表面粗糙性出现时,它的效应将减弱,表面粗糙性通过模糊磁通线镜像来减弱磁通线和镜像之间的吸引. 另外,越过表面势垒的磁通线穿透很容易被磁通蠕动驱动,这将在 3.8 节给予讨论.

通过各种表面处理,如金属包覆[29]或者氧化[30](图 3.26),可以减弱表面钉扎力. 在前一种情况下,正常金属包覆层和超导体之间的邻近效应减小了表面处的序参数,故减小了表面钉扎强度.

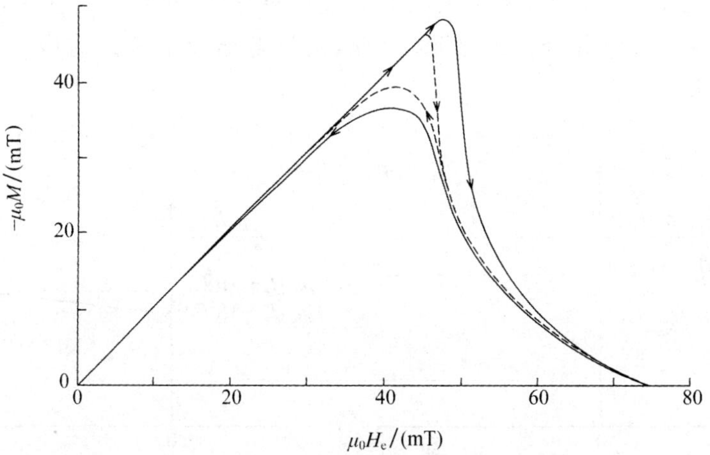


**图 3.26**　在 4.2K 时 V 样品的磁化曲线,实线和虚线分别给出了样品在氧化前和氧化后的结果

## 3.6　直流磁化率

在高温超导体发现的初期,人们通常是通过测量在场冷却过程中的直流磁化率来估算样品中的超导体积分数. 在足够低的温度下恒定的磁化率被认为与超导相的体积分数有关. 但是,只有对无钉扎的超导体来说这一结论才是正确的. 当温度降低时,超导体出现抗磁性且磁通线被排出超导体,从而导致一个负的磁化系数. 如果随着温度降低超导体中的钉扎作用变得有效,磁通线将被阻止离开超导体,磁化将被钉扎所影响. 因此,对于有强烈钉扎的超导体来说磁化系数被认为是很小的,故这一结果并不能正确地反映超导材料的体积分数.

用临界态模型来表述,假定一个很宽的超导板($0\leqslant x\leqslant 2d$)沿着磁场平行方向放置于磁场 $H_e$ 中. 由于对称性,我们仅分析超导体的一半($0\leqslant x\leqslant d$). 用 $T_c'$

表示磁场 $H_e$ 中超导体的临界温度. 当温度 $T$ 高于临界温度 $T_c'$时，超导体内部的磁通线分布是均匀的，由 $B=\mu_0 H_e$ 给出. 当温度从 $T_c'$到 $T_1=T_c'-\Delta T$ 有稍微的减小时，超导体变成抗磁性的. 如果 $T_1$ 高于不可逆温度 $T_i(H_e)$，钉扎仍然没有出现，图 3.27 给出了超导体内部磁通分布的示意图，$M(<0)$表示磁化. 当温度进一步降低到 $T_n=T_i(H_e)-\Delta T$ 时，钉扎作用变得有效. 如果用 $\Delta J_c$ 表示这一阶段的临界电流密度，则超导板内部的磁化分布应如图 3.27(b)所示，这里表面附近的磁通线分布的斜率应当等于 $\mu_0\Delta J_c$. 当温度继续降低时，超导体的抗磁性变得很强，且表面附近的磁通线开始逸出超导体. 同时钉扎也开始变强，图 3.27(c)展示了钉扎分布的结果. 因此，足够低温度下的磁通线分布应当如 3.27(d) 所示.

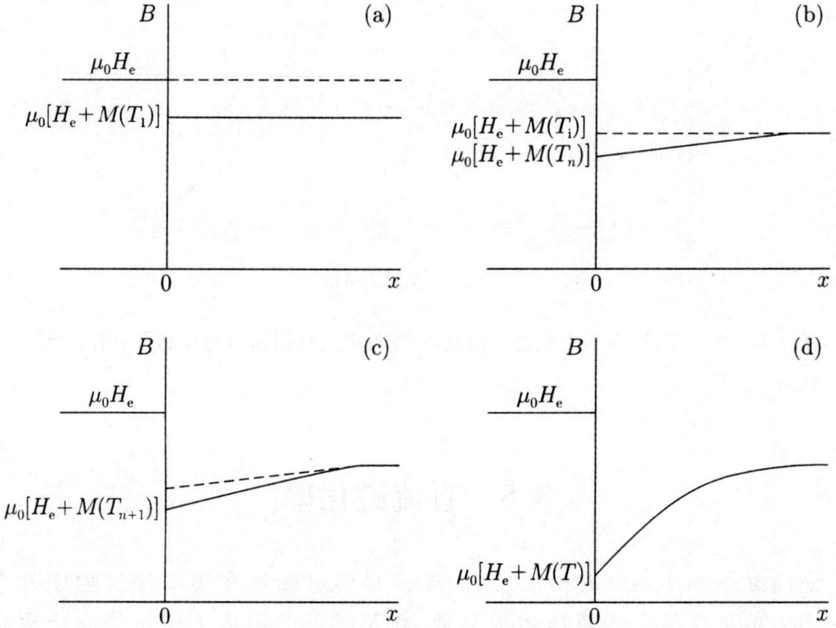


**图 3.27** 磁场冷却过程中磁通线在超导体中的分布. (a) $T_1\leqslant T\leqslant T_c'$的情况；(b) 当温度从 $T_1$ 稍微下降 $\Delta T$ 的情况；(c) 温度进一步下降的情况；(d) 温度足够低的情况

这里的磁通线分布是分析计算的结果. 为了简单起见，图 3.28 粗略地展示了超导体的抗磁性. 如果用 $T_{c1}$表示磁场 $H_e$ 等于下临界场 $H_{c1}$时的温度，磁化可以表示为：当温度高于 $T_{c1}$时有

$$M(T)=-\varepsilon[H_{c2}(T)-H_e], \tag{3.75}$$

对于温度低于 $T_{c1}$时的情况有

$$M(T) = -H_e. \tag{3.76}$$

上式的参数 ε 由下式确定：

$$\varepsilon = \frac{H_{c1}}{H_{c2} - H_{c1}}. \tag{3.77}$$

如果忽略温度与 $K$ 之间的关系，则该参数与温度无关. 准确地说，在 $H_{c2}$ 附近，该参数应由 $\varepsilon = 1/1.16(2K^2 - 1)$ 给出，但上述近似式可用于简化分析温度与 $H_{c2}$ 的关系，也可以近似为

$$H_{c2}(T) = H_{c2}(0)\left(1 - \frac{T}{T_c}\right). \tag{3.78}$$

此外，对于充分低的 $H_e$，假设临界电流密度仅是温度的函数，即

$$J_c(T) = A\left(1 - \frac{T}{T_i}\right)^{m'}, \tag{3.79}$$

如果用临界温度 $T_c'$ 来近似地给出不可逆温度下 $T_i$，我们有

$$T_i = (1 - \delta)T_c, \tag{3.80}$$

其中 $\delta = H_e/H_{c2}(0)$.

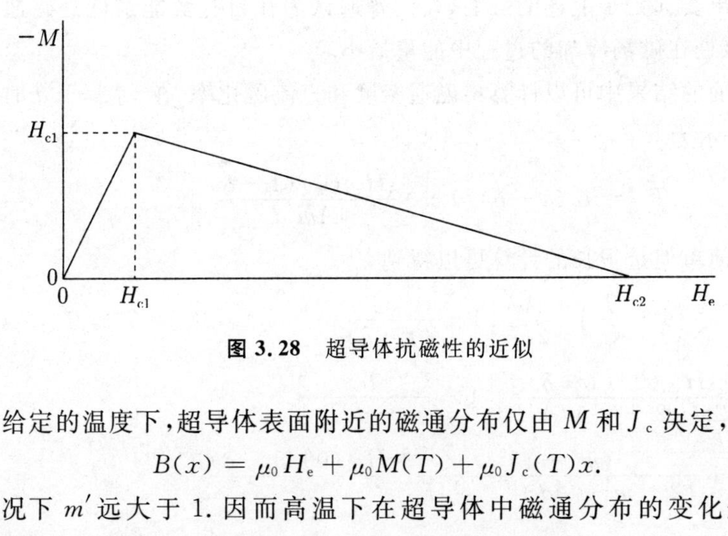


**图 3.28**　超导体抗磁性的近似

在给定的温度下，超导体表面附近的磁通分布仅由 $M$ 和 $J_c$ 决定，

$$B(x) = \mu_0 H_e + \mu_0 M(T) + \mu_0 J_c(T)x. \tag{3.81}$$

通常情况下 $m'$ 远大于 1. 因而高温下在超导体中磁通分布的变化过程如图 3.27(d)所示. 也就是说，高温下的内部的磁通线分布等于方程(3.81)的包络线. 在温度高于 $T_{c1}$ 时，如果方程(3.81)表示的磁通分布位于 $0 \leqslant x \leqslant x_0$ 区域，$x_0$ 可由下式得到：

$$\frac{\partial B(x_0)}{\partial T} = 0. \tag{3.82}$$

在方程(3.75)和(3.78)－(3.80)的假定下，可以得到

$$x_0 = \frac{\varepsilon[H_{c2}(0) - H_e]}{Am'}\left[1 - \frac{T}{(1-\delta)T_c}\right]^{1-m'}. \tag{3.83}$$

在 $T=T_1$，该深度 $x_0=\infty$，且随着温度降低而降低. 在内部区域把已得的 $x_0$ 代入方程(3.81)可以推导出磁通分布包络线. 我们用方程(3.83)中的 $x_0(T)$ 项消去方程(3.81)中的 $T$. 然后，用 $x$ 代替 $x_0$，可以得到包络区域的磁通分布

$$B(x)=\mu_0 H_e-(m'-1)\mu_0\left[\frac{\varepsilon H_{c2}(0)(1-\delta)}{m'}\right]^{m'/(m'-1)}(Ax)^{-1/(m'-1)}, \quad (3.84)$$

在 $x_0\leqslant x\leqslant d$ 区域成立.

如果外磁场 $H_e$ 足够小，使 $H_{c1}$ 等于 $H_e$ 的温度 $T_{c1}$ 存在. 低于这一温度时 $M$ 由方程(3.76)给出，仅仅在表面内部的 $B$ 为 0. 因此，温度低于这一温度时磁通分布保持不变. 严格地说，随着温度的降低抗磁性增强，表面附近的磁通线连续从超导体中逸出，因此磁通线分布不会完全保持不变的，正如 2.6 节所述. 然而，余下的磁通线是高温时分布的遗留，因此，它的梯度是相当小的，且在室温下，生成的使磁通线逸出超导体的驱动力比钉扎力相对较小. 因而，尽管这一效果使抗磁性有稍微的增强，但是它的影响并不是很大. 按照 3.7 节的描述，磁通线可逆运动的效果要远大于上述的影响，人们普遍认为在钉扎势能最低处磁通线可能将有核，该处在磁场冷却的过程中能量最小.

从上面的结果中可以计算出磁通密度和直流磁化率. 在 $x_0$ 等于 $d$ 时的温度 $T_0$ 可以表示为

$$T_0=T_c(1-\delta)\left\{1-\left[\frac{\varepsilon H_{c2}(0)(1-\delta)}{Am'd}\right]^{1/(m'-1)}\right\}. \quad (3.85)$$

通过一个简单但是很长的计算可以得到[31]

$$\chi=\begin{cases}\varepsilon-\dfrac{\varepsilon}{\delta}\left(1-\dfrac{T}{T_c}\right)+\dfrac{Ad}{2H_e}\left[1-\dfrac{T}{(1-\delta)T_c}\right]^{m'}, & T_i\geqslant T>T_0, \quad (3.86a)\\ -\dfrac{[\varepsilon H_{c2}(0)(1-\delta)]^2}{2m'(2-m')dAH_e}\left[1-\dfrac{T}{(1-\delta)T_c}\right]^{2-m'} \\ \quad +\dfrac{(m'-1)^2}{(2-m')(Ad)^{1/(m'-1)}H_e}\left[\dfrac{\varepsilon H_{c2}(0)(1-\delta)}{m'}\right]^{m'/(m'-1)}, & \\ & T_0\geqslant T>T_{c1}, \quad (3.86b)\\ -\dfrac{[\varepsilon H_{c2}(0)(1-\delta)]^{m'}}{2m'(2-m')dAH_e^{m'-1}} \\ \quad +\dfrac{(m'-1)^2}{(2-m')(Ad)^{1/(m'-1)}H_e}\left[\dfrac{\varepsilon H_{c2}(0)(1-\delta)}{m'}\right]^{m'/(m'-1)}\equiv\chi_s, & \\ & T_{c1}\geqslant T. \quad (3.86c)\end{cases}$$

这里 $\chi_s$ 是在足够低的温度下的饱和磁化率. 对于 $m'\neq 2$ 的情况上面的结果是有用的. 对于 $m'=2$ 时的情况磁化率的计算见习题 3.5.

图 3.29 表示出了各种 $A$ 值下在场冷却过程中的直流磁化系数的计算结果[31]. 作为比较也给出了一个固定磁场中温度增加时的直流磁化率. 随着 $A$ 的增加,即钉扎力增强,场冷却过程中的磁化率取一个较小的负值,但在一个固定的磁场中随着温度的增加取一个大的负值. 这是可以理解的,因为更强的钉扎力对磁通线的运动有更强的限制. 图 3.30 给出了饱和磁化率和超导样品尺寸大小之间的关系[31]. 它表明,随着样品尺寸的减小抗磁性变强. 这是因为超导体越小其内部的磁通线越容易逸出.

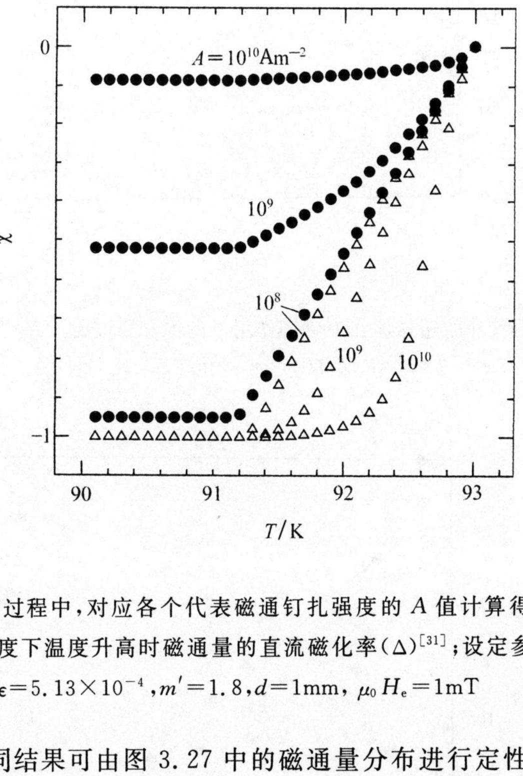


**图 3.29**　在场冷却过程中,对应各个代表磁通钉扎强度的 $A$ 值计算得到的直流磁化率(•)和固定磁场强度下温度升高时磁通量的直流磁化率(Δ)[31];设定参数为: $T_c=93\mathrm{K}$, $\mu_0 H_{c2}(0)=100\mathrm{T}$, $\varepsilon=5.13\times10^{-4}$, $m'=1.8$, $d=1\mathrm{mm}$, $\mu_0 H_e=1\mathrm{mT}$

上述这些不同结果可由图 3.27 中的磁通量分布进行定性地分析. 图 3.31 表明镧基超导体单晶样品中,饱和磁化率随着外磁场的变化情况[31],并且实验结果与上述临界态模型的理论预期相一致.

这里假定超导体积分数为 100%. 但是,获得的饱和磁化系数由于条件不同(如图 3.29 和 3.30 所示)而表现出巨大的差别. 因此,这一测试方法对于超导体积分数的测量来说是不合适的.

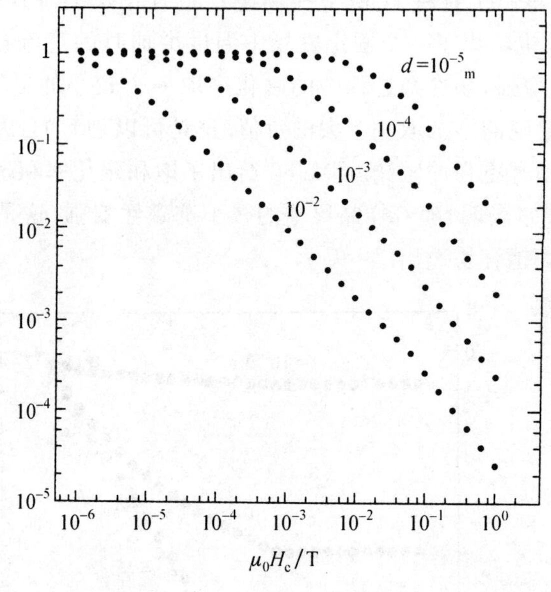


**图 3.30**　不同尺寸的超导体在外磁场作用下的饱和直流磁化率[31]；其他参数为：$A=1.0\times10^{10}\,\mathrm{A/m^2}$，$T_c=93\mathrm{K}$，$\mu_0H_{c2}(0)=100\mathrm{T}$，$\varepsilon=5.13\times10^{-4}$，$m'=1.8$

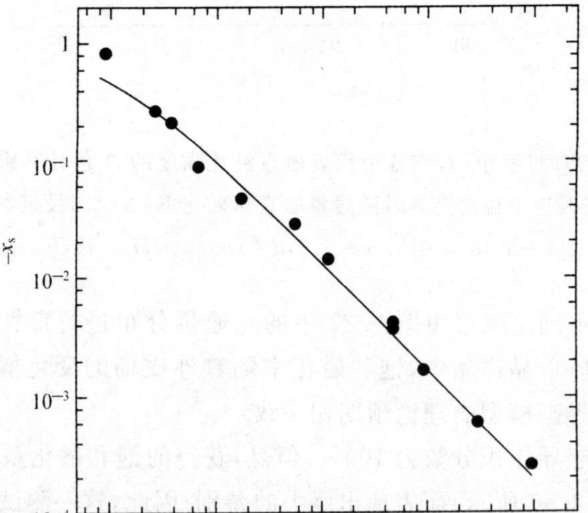


**图 3.31**　La 基超导体样品饱和直流磁化率与磁场的关系[31]. 实线代表的是在 $T_c=35\mathrm{K}$，$\mu_0H_{c2}(0)=27.3\mathrm{T}$，$\varepsilon=5.1\times10^{-4}$，$A=8.0\times10^{10}\,\mathrm{A/m^2}$，$m'=1.8$ 情况下的理论计算结果

## 3.7 可逆的磁通移动

超导体的大多数电磁特性是不可逆的，且可以用临界态模型很好地描述. 不可逆性源自于磁通线和钉扎相互作用，即如 2.3 节所述，当磁通线进入和跳出钉扎势阱时的不稳定性. 但是，如果磁通线的位移小到使得磁通移动被限制在钉扎势阱内部，预计相关的电磁现象将变得可逆，而这与临界态模型描述的相背离.

这里我们假定在一些区域磁通线在平均势阱中是均衡态的. 对应于外磁场的改变，当磁通线从稳定区域移动距离 $u$ 时，在一个单位体积内，磁通线感应到的钉扎势阱是 $\alpha_{\mathrm{L}}u^2/2$，这里常量 $\alpha_{\mathrm{L}}$ 被称做 Labusch 参数. 因此，作用于单位体积的磁通线上的力为

$$F = -\alpha_{\mathrm{L}}u, \tag{3.87}$$

这一方程只依赖于磁通线的位置 $u$，且是可逆的. 注意，这个力和按照临界态模型得到的力是不同的. 依据临界态模型，力通常根据磁通移动的方向而取 $\pm J_{\mathrm{c}}B$ 这两个值之一. 如果，$b$ 表示由于磁通线远离它们的平衡位置而产生的密度的变化（假定磁通运动仅仅发生在 $x$ 轴方向），利用连续方程(2.15)可以得到

$$\frac{\mathrm{d}u}{\mathrm{d}x} = -\frac{b}{B}, \tag{3.88}$$

$B$ 表示磁通密度的平衡值. 由这一变化引起的洛伦兹力为

$$F_{\mathrm{L}} = -\frac{B}{\mu_0} \cdot \frac{\mathrm{d}b}{\mathrm{d}x}, \tag{3.89}$$

$U$ 和 $b$ 的解可以在确定的边界条件下，从洛伦兹力与方程(3.87)给出的钉扎力之间的平衡关系 $F_{\mathrm{L}}+F=0$ 得到. 从方程(3.87)－(3.89)消去 $u$ 可以得到

$$\frac{\mathrm{d}^2 b}{\mathrm{d}x^2} = \frac{\mu_0 \alpha_{\mathrm{L}}}{B^2} b, \tag{3.90}$$

且

$$b(x) = b(0)\exp\left(-\frac{x}{\lambda_0'}\right). \tag{3.91}$$

在上文中，超导体假定占据 $x \geqslant 0$ 空间，$b(0)$ 为表面 $x=0$ 处 $b$ 的值，则有

$$\lambda_0' = \frac{B}{(\mu_0 \alpha_{\mathrm{L}})^{1/2}}, \tag{3.92}$$

$\lambda_0'$ 被称为 Campbell 交流穿透深度[32]. 也可以得到位移 $u(x)$ 的相同形式的解. 由方程(3.91)给出的磁通密度的变化与表述 Meissner 效应的方程(1.14)相似，所以我们把 $\lambda_0'$ 也叫做穿透深度. 按照上面的解，当 $b(0)$ 低于一定值时，穿透深度由 $\lambda_0'$ 确定且与表面处磁通密度的变化无关.

例如当外加磁场先减小后增加时可逆现象出现. 因此，可逆现象出现的初始

条件几乎是临界态.图 3.32(a)给出了磁场由衰减向增强转变后磁通分布变化示意图.另外,基于临界态模型,分布将按照 $b(x)=b(0)-2\mu_0 J_c x$ 变化.这种情况下,变化穿透的深度是 $b(0)/2\mu_0 J_c$,且与 $b(0)$成正比增加(图3.32(b)).因此,可逆和完全不可逆态的磁通分布变化是不同的.

按照实验结果,当磁通分布如图 3.32(a)所示的那样变化时,钉扎力密度可以从 $J_c B$ 变到 $-J_c B$ 或者反向变化(参见图3.33).当偏离初始条件的磁通位移 $u$ 较小时,钉扎力密度随着 $u$ 发生线性变化,且这一现象与上面描述的一样可逆.

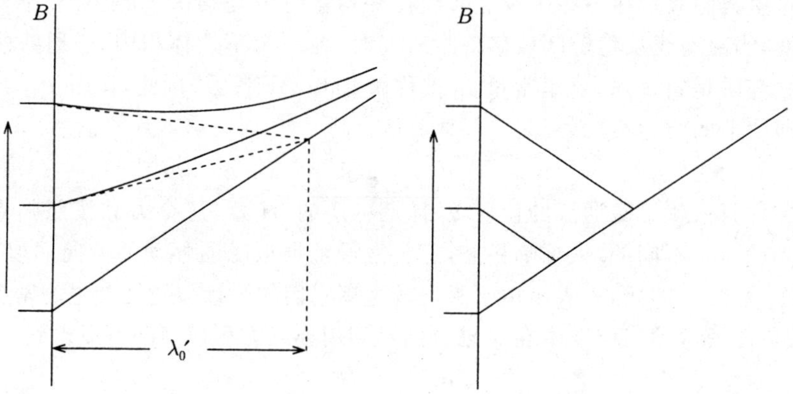


(a)　　(b)

**图 3.32**　当外磁场从衰减场的临界态开始增强时,超导体中磁通量的变化情况.(a) 磁通线明显的可逆变化;(b) 临界态模型的预测

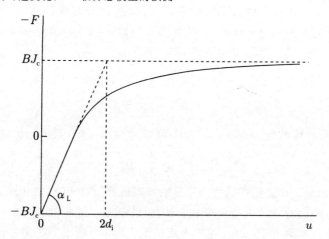

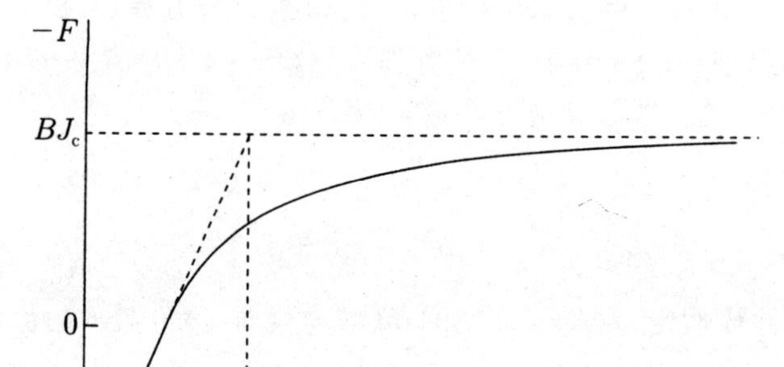


**图 3.33**　相对于磁通线的位移,钉扎力密度的变化情况.起点是临界状态,该图表明当磁通线反向位移时的特性

当磁通线的平均位移增加时，一些磁通线逸出局域的单个钉扎势阱，且钉扎力密度-位移的特性发生从可逆到不可逆的渐进变化. 当位移进一步增加时，钉扎力密度逐渐接近 $-J_cB$，且这一现象变得可以由不可逆临界态模型来描述. 交流穿透深度 $\lambda_0'$ 的测量方法和图 3.33 所示的钉扎力密度-位移的特性可以利用 5.3 节描述的 Campbell 方法.

实际上（参见图 3.32(a)和 3.33），在 $u$ 足够小的可逆区域钉扎力密度的绝对值是由 $F=-\alpha_L u+J_cB$ 而不是由方程(3.87)给出的. 另外，$b$ 是初始条件下磁通密度的一个变量，因此洛伦兹力由 $F_L=-(B/\mu_0)(db/dx)-J_cB$ 给出. 从二力的平衡出发可以再次得到方程(3.91)的解.

这里我们将估计可逆区域附近的交流损耗. 我们假定一个厚为 $2D(0\leqslant x\leqslant 2D)$ 的无限大超导平板，平行放置于一个直流磁场 $H_e$ 和一个振幅为 $h_0$ 的交流磁场的叠加场中. 由于对称性我们仅仅处理一半的区域 $(0\leqslant x\leqslant D)$. 如果 $h_0$ 足够小，可以把临界电流密度 $J_c$ 看做一个常量. 我们假定在表面磁场 $H_e-h_0$ 下初始磁通分布处于临界态，且该磁通分布的变化如图 3.34 所示. 再次用 $b(x)$ 表示从临界态起磁通密度的变化. Campbell[32] 把图 3.33 中的位移-钉扎力密度的变化表示为

$$F=-J_cB\left[1-2\exp\left(-\frac{u}{2d_i}\right)\right]. \tag{3.93}$$

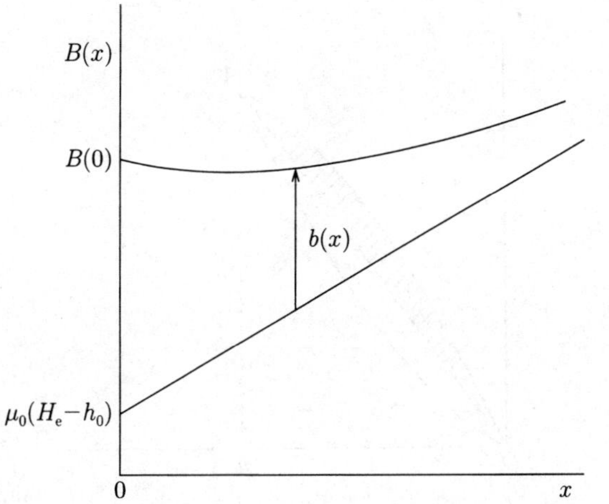


**图 3.34**　当表面磁场从临界态下 $H_e-h_0$ 增强时超导体中磁通量分布的变化情况

且我们继续做一个近似，$B\simeq\mu_0H_e$. $d_i$ 是当可逆区域的钉扎力密度线性延伸到反临界态的 $J_cB$ 时位移的一半. $d_i$ 表示平均钉扎势的半径，因此被看做是相互作用距离. 从下面的关系：

$$J_cB=\alpha_L d_i, \tag{3.94}$$

再利用方程(3.92)可以得到

$$d_{\mathrm{i}}=\frac{\mu_0 J_{\mathrm{c}}\lambda_0'^2}{B}. \tag{3.95}$$

从力平衡方程利用方程(3.88)消去 $u$ 可以导出

$$\frac{\mathrm{d}^2 b}{\mathrm{d}x^2}-\frac{b}{\lambda_0'^2}\left(1+\frac{1}{2\mu_0 J_{\mathrm{c}}}\cdot\frac{\mathrm{d}b}{\mathrm{d}x}\right)=0. \tag{3.96}$$

从对称性出发,应满足 $u(D)=0$ 条件.写做 $F(D)=J_{\mathrm{c}}B$ 或者

$$\left.\frac{\mathrm{d}b}{\mathrm{d}x}\right|_{x=D}=0. \tag{3.97}$$

方程(3.96)仅仅是在这一条件和表面边界条件 $b(0)$下的数值解.当外磁场先增强到 $H_{\mathrm{e}}+h_0$,然后降低到 $H_{\mathrm{e}}-h_0$ 时,磁通线分布不能返回到初始条件.因此,严格地说,为了估算出通常观测到的交流损耗,在交流场作用多个周期后获得稳定状态下的分布是必要的.但是,这样做有很大的困难,为了简单起见我们取近似:在增强和减弱磁场之间的过程中,平均磁通密度-外磁场曲线是对称的.经过一个周期后,$\langle B\rangle$-$H$ 曲线上的最后的点与初始点会合,曲线闭合.用这种方法,可以近似得到交流损耗.这里,应当注意,交流损耗不仅能从 $\langle B\rangle$-$H$ 曲线的面积,而且可以从图 3.35 描述的闭合 $F$-$u$ 曲线的面积得到.在后一种情况下,$F$-$u$ 曲线被认为在 $O\rightarrow A$ 和 $A\rightarrow O$ 是近似对称的[32].

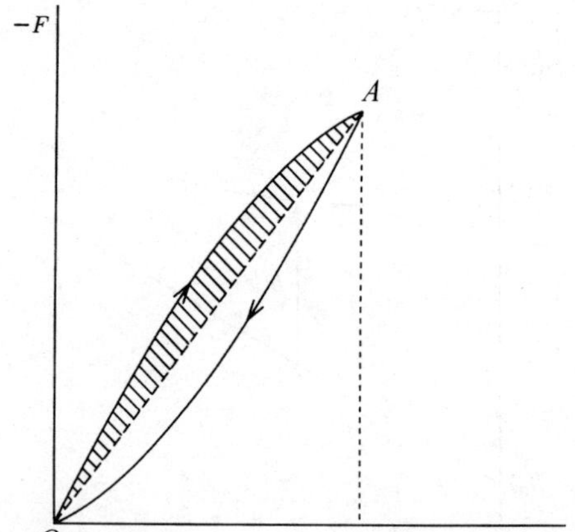


**图 3.35** 在一个交流磁场周期内钉扎力密度-磁通线位移的磁滞回线

图 3.36 展示了在块材 Nb-Ta 样品[33]中观察到的交流损耗,同时还有利用 Campbell 模型进行理论分析所得的结果以及基于方程(2.80)和 $\gamma=1$ 假设的临界态预测值.按照这一结果,Campbell 模型和临界态模型之间的差别很小,即使在交流振幅很小的情况下,因此在磁通运动几乎逆向的情况下,两模型之间差别

也是很小;故哪一个模型能更好地解释实验结果不是很明确. 但是,从功率因数角度可能分清两个模型之间的差别,该功率因数通常可以被表示为

$$\eta_{\mathrm{P}} = \left[1 + \left(\frac{\mu'}{\mu''}\right)^2\right]^{-1/2}, \tag{3.98}$$

这里 $\mu'$ 和 $\mu''$ 分别为交流渗透率(fundamental AC permeability)的实部和虚部. 如果我们用 $h_0\cos\omega t$ 表示外磁场随时间的变化,它们可以写成

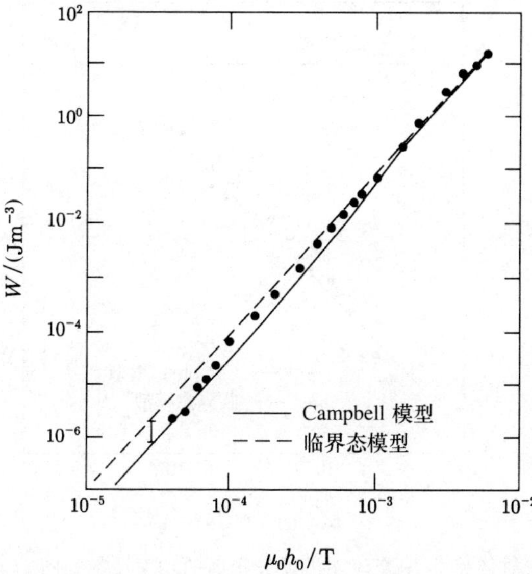


**图 3.36**　在直流偏置场 $\mu_0 H_e = 0.357\mathrm{T}$ 下 Nb-Ta 块材样品[33]的交流能量损耗密度. 实线和虚线分别代表 Campbell 模型和临界态模型的理论预期值

$$\mu' = \frac{1}{\pi h_0}\int_{-\pi}^{\pi} \langle B \rangle \cos\omega t\, \mathrm{d}\omega t, \tag{3.99}$$

$$\mu'' = \frac{1}{\pi h_0}\int_{-\pi}^{\pi} \langle B \rangle \sin\omega t\, \mathrm{d}\omega t. \tag{3.100}$$

交流能量损耗密度 $W$ 与交流渗透率的虚部 $\mu''$ 的关系是

$$W = \pi\mu'' h_0^2. \tag{3.101}$$

根据 $\gamma=1$ 的临界状态模型(Bean-London 模型),方程(3.98)简化为

$$\eta_{\mathrm{P}} = \left[1 + \left(\frac{3\pi}{4}\right)^2\right]^{-1/2} \simeq 0.391, \tag{3.102}$$

与 $h_0$ 无关. 图 3.37 给出了观测到的 Nb-Ta 样品的功率因数与两个模型的预期值之间的对比. 从图中可以发现这一现象可以很好地被 Campbell 模型解释,该模型考虑到逆向的磁通移动效应,而临界态模型的预期则与实验不符. 在小的 $h_0$ 范围内,$\eta_{\mathrm{P}}$ 与 $h_0$ 成正比例. 习题 3.8 是根据 Campbell 模型推导 $\eta_{\mathrm{P}}$.

从图 3.36 可以看出,块材样品中的交流损耗接近临界态模型的预期.这是为什么可逆效应不能被观察到的原因.交流损耗为什么接近不可逆临界态模型的推论?在几乎可逆的磁通运动区域,位移 $u$ 足够小,方程(3.93)中的钉扎力密度可近似按 $u$ 的幂级数展开

$$F = J_c B\left[1 - \frac{u}{d_i} + \left(\frac{u}{2d_i}\right)^2\right]. \tag{3.103}$$

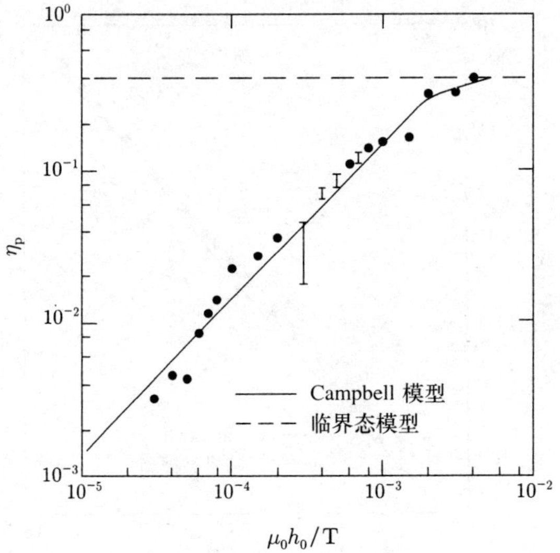


**图 3.37** Nb-Ta 块材样品[33]中交流能量损失密度的功率因数如图 3.36 所示,实线和虚线分别代表 Campbell 模型和临界状态模型的理论预期值

方程中的 $F$ 随着 $u$ 的增加而增加,如图 3.35 中上面的曲线所示,阴影区域面积给出了交流场一个周期内能量损耗密度的一半.然而,在 $F$ 中不可逆的部分是一个偏离了从原点 $O$ 指向 $A$ 的直线.经过简单的计算可以得到

$$F_{irr} = -\frac{J_c B}{4d_i^2}(u_m u - u^2), \tag{3.104}$$

这里 $u_m(x)$ 是位移的最大值.这里我们将估计位移大小.因为磁通运动几乎是可逆的,用方程(3.91)可以近似交流磁通的穿透.从方程(3.88)可以得到

$$u(x) = \frac{b(0)\lambda_0'}{B}\exp\left(-\frac{x}{\lambda_0'}\right), \tag{3.105}$$

这里 $b(0)$ 是从初始条件开始表面的磁通密度的变化.在该方程中用 $2\mu_0 h_0$ 取代 $b(0)$,求出 $u_m(x)$.因此,在 $b(0)$ 变化 $db(0)$ 的过程中能量损耗密度为 $-F_{irr}du$,其中 $du$ 表示这一期间 $u$ 的变化量,能量损耗密度为

$$dw = \frac{J_c \lambda_0'^3}{4d_i^2 B^2}\exp\left(-\frac{3x}{\lambda_0'}\right)[2\mu_0 h_0 b(0) - b^2(0)]db(0). \tag{3.106}$$

考虑到在半个周期内，由于 $b(0)$ 从 0 变到 $2\mu_0 h_0$，能量损耗密度为

$$W = \frac{2}{D}\int_0^{2\mu_0 h_0} \mathrm{d}b(0)\int_0^D \mathrm{d}x \cdot \frac{\mathrm{d}w}{\mathrm{d}b(0)} = \frac{2\mu_0 h_0^3}{9J_c D}. \tag{3.107}$$

上面的计算中我们假定 $D \gg \lambda_0'$. 这个值是临界态模型预期值的 1/3. 相对较小的差值产生的原因是当不可逆的力密度 $|-F_{\mathrm{irr}}|$ 降低时，位移和损耗发生的区域增加了，从而导致一个接近的偏离.

对于比 $\lambda_0'$ 厚很多的块材超导体，可逆现象不会显著地影响电磁性质. 但是，从图 3.32(a)和(b)之间的比较可以看出，对于大小相当于或者小于 $\lambda_0'$ 的超导体来说，可逆性将变得很明显. 在钉扎强度相当于商业化的 Nb-Ti 线材的超导体中，1T 时的 $\lambda_0'$ 大约为 0.5$\mu$m 量级，因此在交流中使用芯线细于上述 $\lambda_0'$ 的多芯线材时，可逆现象的影响是非常显著的[34]. 交流损耗与超导细丝直径的关系带来了一个与临界态模型预期值的偏离. 临界态模型预期损耗曲线的转变点应当向更小的交流场振幅区域移动，因为随着细丝直径的减小，小振幅区域损耗增加(参见图 3.38 中插图)，这与实验结果完全矛盾. 另外，在大的交流振幅区域，损

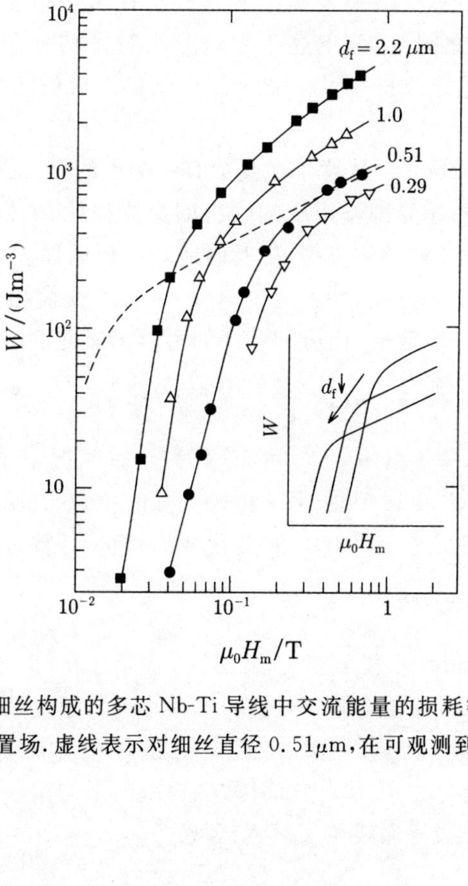


**图 3.38** 由非常细的细丝构成的多芯 Nb-Ti 导线中交流能量的损耗密度[34]. $H_m$ 是交流磁场振幅，未施加直流偏置场. 虚线表示对细丝直径 0.51$\mu$m，在可观测到临界电流密度情况下临界态模型的预期值

耗与临界态模型的预期值相同.另外一个结果是当磁场发生从增强到衰减的变化时,次(minor)磁化曲线的斜率取值远小于理论预期值,即如图3.39中展示的(注意纵坐标和横坐标的比例不同).对于与磁场平行的大的平板它的值取1,但是对于与磁场垂直的超导柱体它的值取2.随着磁场的增强该斜率变得很小.

这样一个不正常的现象起源于可逆的磁通运动.通常细丝直径 $d_f$ 与磁通线间距 $a_f$ 相比并不是足够大.例如,在 $B=1T$ 时,$a_f$ 是49nm,因此只能有10排磁通线存在于直径为0.5μm的超导细丝中.因此,半宏观的Campbell模型用于宏观描述的磁通分布的空间变化是存在问题的.但是,在通常的样品中超导细丝的数量是巨大的且细丝的长度也是足够大的.在大量的长细丝中观察到的磁通的数量通常是平均值,因此,半宏观描述可以被认为是磁通分布的平均值.局域化的磁通分布则与平均值不同.在一个块材超导体中甚至在临界态中也会发生这样的情况.在一个处于临界态的块材超导体中假设磁通分布等斜率 $\mu_0 J_c$ 是不正确的.事实上,这一斜率可能取各种局域值而 $\mu_0 J_c$ 只不过是它们的平均值.许多实验结果表明临界态模型在由多根相当长的细线组成的多芯细线材中是成立的.这与上述半宏观分布对平均分布有效的假设并不矛盾.对于多芯细丝超导线材以及由非常细的细丝组成的线材,Campbell模型都被认为是可用的.

Takács和Campbell[35]计算了在叠加有一个小的交流磁场(振幅为 $h_0$)的直流磁场中由非常细的超导细丝组成的线材的交流损耗.他们假设磁通均匀穿透到每一个超导细丝中.细丝的直径 $d_f$ 近似地等于板的厚度 $d_f$.这里我们将利用不同于参考文献[35]的方式,即方程(3.103)来计算交流损耗.只考虑一半的情况,也就是 $0 \leqslant x \leqslant d_f/2$ 区域.由方程(3.88)可得出磁通线的位移,即

$$u(x) = \frac{b(0)}{B}\left(\frac{d_f}{2} - x\right), \tag{3.108}$$

这里用到对称条件,中心处 $u=0$,$x=d_f/2$ 等.这种情况下也可以用前面的方法把方程(3.108)代入(3.104)估计损耗;$u_m$ 再次由以 $2\mu_0 h_0$ 取代 $b(0)$ 的方程(3.108)得到.在方程(3.107)中用 $d_f/2$ 代替 $D$,通过计算可以得到

$$W = \frac{\mu_0 h_0^3}{3J_c d_f}\left(\frac{d_f}{2\lambda_0'}\right)^4. \tag{3.109}$$

这与Takács和Campbell得到的结果相同,且是Bean-London模型预期值的 $(d_f/2\lambda_0')^4/4$ 倍.因此,损耗随着细丝直径的减小而迅速地减小.在小的超导体中可逆性效应是巨大的:因为对称性,细丝中心的磁通线不发生移动,且被限制在如图3.33所示的钉扎力-位移曲线周围.磁通线的平均位移与细丝直径成正比,因此,细丝中的大多数磁通线位于可逆区域.

当交流场振幅变大时，损耗渐近 $2\mu_0 H_P h_0$，这里 $H_P = J_c d_f/2$ 是穿透场(参见方程(2.84)). 从这一关系和方程(3.109)的推断之间的交叉点可知，图 3.38 中损耗曲线的转变点是

$$\widetilde{H}_P = 2\sqrt{3}\left(\frac{2\lambda_0'}{d_f}\right)^2 H_P = 4\sqrt{3}\,\frac{J_c\lambda_0'^2}{d_f}. \tag{3.110}$$

因此，当线材直径减小时，转变点向更高的交流场振幅移动. 因而，损耗与细丝直径的关系服从 Campbell 关于可逆现象的描述. 在不可逆的 Bean-London 模型中，$\widetilde{H}_P = \sqrt{3} H_P$.

假定我们延长图 3.39 中次磁化曲线的切线，一直达到相反方向的主(major)磁化曲线，所需的磁场变化为 $\hat{H}_P$. 按照 Campbell 模型，次磁化曲线的斜率 $H_P/\hat{H}_P$ 仅是 $d_f/2\lambda_0'$ 的一个函数，且[34]

$$\frac{H_P}{\hat{H}_P} = 1 - \frac{2\lambda_0'}{d_f}\tanh\left(\frac{d_f}{2\lambda_0'}\right), \tag{3.111}$$

这里用到平板近似. 极端可逆的情况下满足 $d_f/2\lambda_0' \ll 1$，我们有 $\hat{H}_P = (\sqrt{3}/2)\widetilde{H}_P = 3(2\lambda_0'/d_f)^2 H_P$. 另外，在用到 Bean-London 模型且 $d_f/2\lambda_0' \gg 1$ 情况下，$\hat{H}_P$ 与 $H_P$ 一致. 由于退磁，放置于横向磁场的多芯线材，其次磁化曲线的斜率为方程(3.111)给出值的 2 倍. 图 3.40 表示对于 Nb-Ti 多芯线材 $H_P$ 和 $\hat{H}_P$ 与细丝直径有关，且发现可以用 Campbell 模型很好地描述它们.

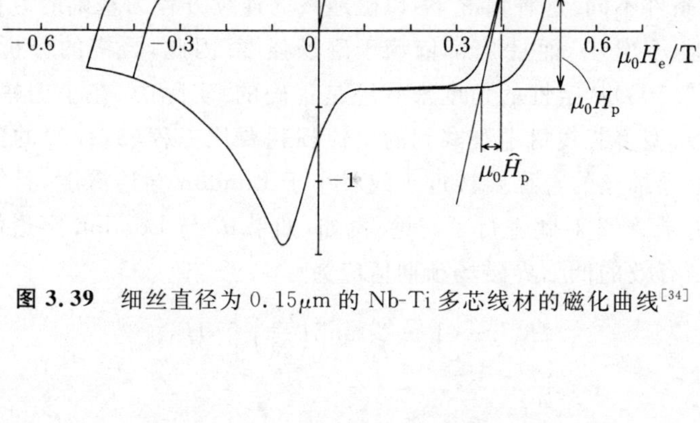

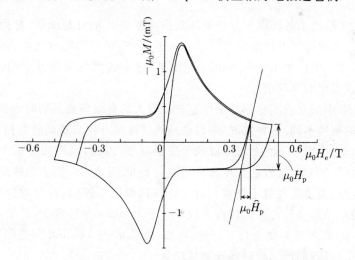

**图 3.39**　细丝直径为 0.15μm 的 Nb-Ti 多芯线材的磁化曲线[34]

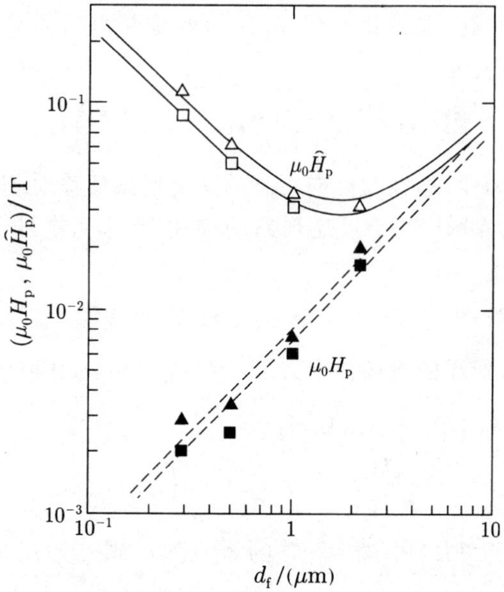


**图 3.40** Nb-Ti 多芯线材中特征磁场 $H_p$ 和 $\hat{H}_P$ 与细丝直径的关系. 三角形和方形分别代表 $\mu_0 H_e$=0.40T 和 0.55T 情况下特征磁场的值. 实线代表的是 $\hat{H}_P$ 的值，它是在假设$\lambda_0'$=0.56μm (0.40T) 和 0.54μm(0.55T) 情况下，由 $H_p$(虚线) 代入到方程(3.11)中估算得到的

图 3.41 给出了各种细丝直径下能量损耗密度[33]的计算结果. 如图(a)所示在特别细的细丝情况下计算结果接近解析方程(3.109)的用直的虚线表示的结果. 点划线是不可逆的 Bean-London 的结果. 这一数值结果接近于当细丝直径增加时的该模型的预期值.

图 3.38 中的交流能量损耗密度是在没有大的直流偏置磁场时观察到，它与上面提到的条件不同. 这种情况下，以磁通线的连续方程为基础的方程(3.88)是无效的. 另外，不但 $J_c$，而且 $\lambda_0'$ 都依赖于磁场强度. 因此，严格的分析十分必要. 但是，方程(3.109)从定性的角度来看还是正确的. 实际中，在小振幅交流场下，于超细丝的新型多芯线材中观察到的交流损耗要比方程(3.109)的预期值低得多. 这样的超导细丝的直径要接近于或者小于 London 穿透深度，且第一个穿透场足够高，附录 A.2 对此进行了讨论. 例如，如果 $d_f$ 与 London 穿透深度 $\lambda$ 相比不是足够小，有效的低临界磁场预期值应为

$$H_{c1}^* \simeq \left[1 - \frac{2\lambda}{d_f}\tanh\left(\frac{d_f}{2\lambda}\right)\right]^{-1} H_{c1}. \tag{3.112}$$

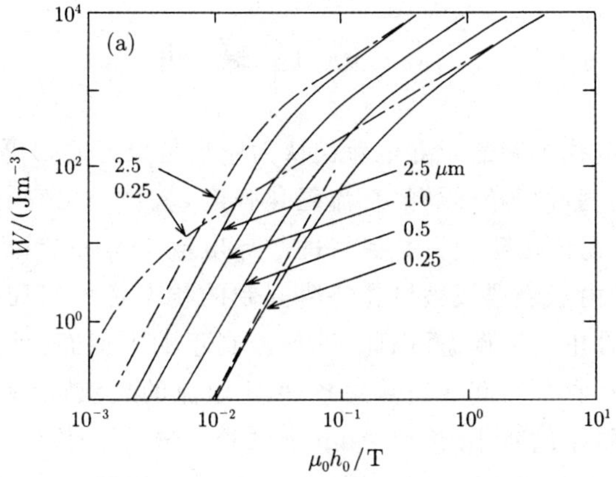


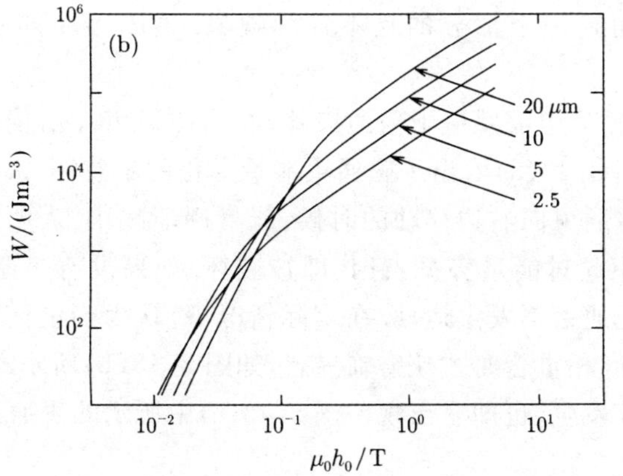


**图 3.41**　在不同细丝直径下利用 Campbell 模型估计交流能量损耗密度. 虚线和点划线分别表示方程(3.109)和 Bean-London 模型的结果.(假设参数 $J_c=1.0\times10^{10}\,\mathrm{A/m^2}$ 和 $\lambda'=0.63\mu\mathrm{m}$)

从习题 2.10 的结果可知,相对应的能量损耗密度为

$$W=\frac{\mu_0}{3J_c d_f}\left(\frac{d_f}{2\lambda_0'}\right)^4(H_m-H_{c1}^*)\left(H_m+\frac{H_{c1}^*}{2}\right), \tag{3.113}$$

这里 $h_0$ 被写为 $H_m$.

Campbell 定义的交流穿透深度 $\lambda_0'$ 是一个与细丝组成的多芯线材的交流损耗相关的很重要的量. 但是,在细丝直径远远小于 $\lambda_0'$ 时,利用 Campbell 的方法不能测量出这一物理量(参见习题 5.3). 这种情况下,估计 $\lambda_0'$ 的值有两种方法:一是比较方程(3.111)的次磁化曲线的斜率,二是将在 5.4 节提到的分析交流磁化系数的虚部.

## 3.8 磁通蠕动

起源于磁通钉扎机制的超导电流被认为应当是恒定的,只要外部条件不变.但是,如果长时间测量超导样品的直流磁化强度,就会看出它有微弱的减小,如图3.42所示.也就是说由磁通钉扎保持的超导电流不是一个稳恒电流而是随着时间减小的.这是由于磁通线被钉扎势阱限制的状态是仅与局域最小自由能相关的准稳态而非真正的平衡态.因此,弛豫至真正的平衡态,即屏蔽电流发生衰减如图 3.42 所示,它与时间成对数关系.恒定电流的衰减,伴随着由磁通线移动引起的磁通分布斜率的减小.按照 Anderson 和 Kim[36] 的说法,这样的磁通移动叫做磁通蠕动,是由热激发引起的.假定热激发磁通移动不像磁通流那样是宏观和连续的现象,而是一个部分的且不连续现象.集体移动的磁通线组叫做磁通束.

我们设想在输运电流感应下磁通束移动.当磁通束在洛伦兹力方向发生一个位移的时候,图 3.43(a)给出了磁通束能量变化的示意图.$A$ 点表示磁通束被钉扎的状态,当磁通束向右边移动的时候,能量逐渐减小,表明洛伦兹力起了作用.在 $B$ 点磁通束超过能量势垒,钉扎即被破坏.如果没有热激发,图中表示的状态是稳定的,磁通束不发生运动.在实际情况下,认为当电流密度增加至能量曲线的峰值和谷底相重合时才获得临界态,如图 3.43(b)所示.在电流密度更高时,磁通移动继续发生,也即是出现像图 3.43(c)中所示的磁通移动.

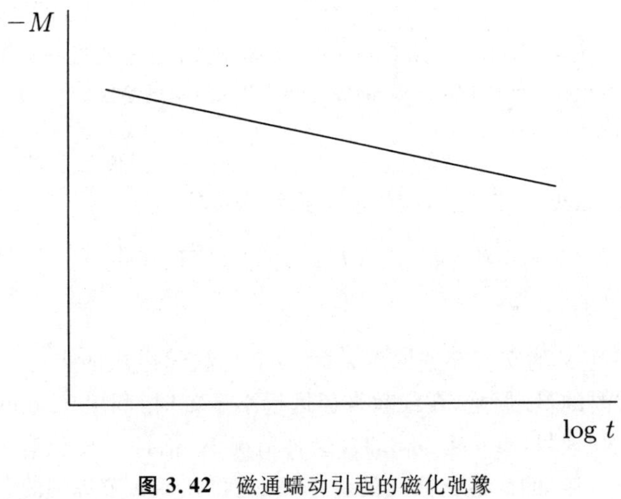


**图 3.42** 磁通蠕动引起的磁化弛豫

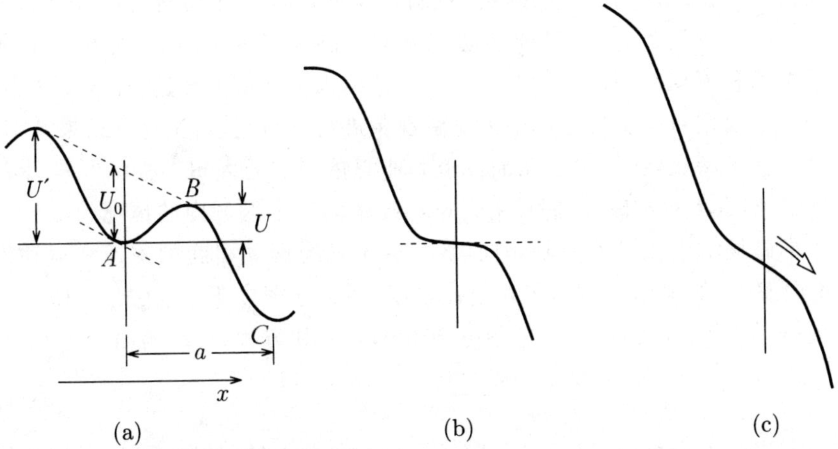


**图 3.43** 磁通束能量与它的位置关系.(a) 传输电流比实际临界值低的例子,磁通束必须克服势垒 $U$ 才能挣脱电势的钉扎;(b) 实际临界状态;(c) 磁通流动状态

在确定的温度 $T$,甚至在图 3.43(a)表示的状态下,热激发能使磁通束越过能量势垒.如果热能 $k_B T$ 与能量势垒 $U$ 相比足够小,$k_B$ 为 Boltzmann 常量,磁通束越过势垒的可能性由 Arrhenius 方程 $\exp(-U/k_B T)$决定.因此,如果磁通束的频率为 $\nu_0$,且在一次跳跃中磁通移动的距离为 $a$,磁通线向右移动的平均速度由 $a\nu_0\exp(-U/k_B T)$确定.振动频率 $\nu_0$ 可由 Labusch 参数 $\alpha_L$ 和速率参数 $\eta$ 表示为[37]

$$\nu_0 = \frac{\phi_0 \alpha_L}{2\pi B\eta}, \tag{3.114}$$

这是平均钉扎势的阻尼振动频率.从上面的讨论中可以看出:钉扎势的弛豫时间由方程(2.41)中的 $\tau \sim \eta^* / k_p$ 确定,每单位钉扎中心的 Labusch 参数 $k_p$ 由 $k_p = \alpha_L / N_P$ 确定,$N_P$ 是钉扎集中度;因此,$\nu_0 \simeq 1/2\pi\tau$.在 2.3 节磁通束中磁通线的数量假定为 1.

当磁通束被磁通线间距 $\alpha_L$ 取代时,它的条件与位移前的取代近似相同.换句话说,跳跃距离 $\alpha$ 被假定等于 $\alpha_f$.通常情况下考虑到朝向左边的磁通运动,按照方程(2.17)感应电场为

$$E = B a_f \nu_0 \left[ \exp\left(-\frac{U}{k_B T}\right) - \exp\left(-\frac{U'}{k_B T}\right) \right], \tag{3.115}$$

这里 $U'$ 是与洛伦兹力相反的磁通移动的能量势垒(参见图 3.43(a)).因此,感应电场是由因磁通蠕动造成的磁通线流动所引起.电场出现的机制必定与磁通流动的机制相同,尽管它们在数量上有所不同,因此很难在实验中区别磁通蠕动和磁通流动.按照实验结果的分析,大多数的电场来自于磁通蠕动机制,这些电场

中的临界电流密度由四引线法确定，我们将在第八章做详细的讨论. 因此，为了分析实际的 $E$-$J$ 特性，考虑磁通蠕动和流动机制是必要的. 用于分析 $E$-$J$ 曲线的磁通蠕动和流动的理论模型在 8.5.2 小节给出了详细的描述. 在 8.5.3 小节，将利用这一模型对高温超导体中的电磁现象进行分析，且讨论这一结果.

这里为了简化，我们讨论在平行于 $z$ 轴的磁场中的大超导板($0\leqslant x\leqslant 2d$)内的磁性弛豫. 由于对称性，我们只需讨论超导板的一半区域内的情况($0\leqslant x\leqslant d$). 在增大的磁场中电流沿着 $y$ 轴正向流动，由于磁通蠕动引起的磁通线运动沿着 $x$ 轴正向发生. 如果用 $J$ 表示平均电流密度，则磁通密度 $B=\mu_0(H_e-Jx)$. 按照平均值$\langle B\rangle$的形式，表面 $x=0$ 处的电场由 Maxwell 方程(2.2)给出

$$E=\frac{\partial d\langle B\rangle}{\partial t}=-\frac{\mu_0 d^2}{2}\cdot\frac{\partial J}{\partial t}. \tag{3.116}$$

把这一方程代入方程(3.115)的左端($U$ 和 $U'$ 作为 $J$ 的函数)，可以得到超导临界电流密度的时间弛豫.

这里我们将处理在临界态附近超导电流的弛豫很小时的情况. 这种情况下，$U\ll U'$ 且方程(3.115)的第二项可以被忽略. 从图 3.43(a)可以清楚地看出随着 $J$ 的减小 $U$ 增加. 因此，把 $U$ 扩展成 $U=U_0^*-sJ$ 的形式是合理的，这里 $U_0^*$ 是在 $J\to 0$ 的极限情况下可以观察到的钉扎势能，$s$ 是一个常量. 图3.43(b)表明在实际临界状态下，可以得到 $U=0$，$J_{c0}$ 表示这一状态下的临界电流密度. 然后，近似 $s=U_0^*/J_{c0}$，且

$$U=U_0^*\left(1-\frac{J}{J_{c0}}\right). \tag{3.117}$$

因此，描述电流密度时间变化的方程为

$$\frac{\partial J}{\partial t}=\frac{2Ba_f\nu_0}{\mu_0 d^2}\exp\left[-\frac{U_0^*}{k_B T}\left(1-\frac{J}{J_{c0}}\right)\right]. \tag{3.118}$$

这一方程是容易求解的，在 $t=0$ 时 $J=J_{c0}$ 的初始条件下，我们得到

$$\frac{J}{J_{c0}}=1-\frac{k_B T}{U_0^*}\log\left(\frac{2Ba_f\nu_0 U_0^* t}{\mu_0 d^2 J_{c0} k_B T}+1\right). \tag{3.119}$$

在一个足够长的时间以后，可以忽略对数项中的 1，同时可以得到图 3.42 中表示的随时间变化的电流密度. 从对数的弛豫中可以估算出这一表观钉扎势能 $U_0^*$，即

$$-\frac{d}{d\log t}\left(\frac{J}{J_{c0}}\right)=\frac{k_B T}{U_0^*}. \tag{3.120}$$

在 $J$ 的大的区间范围内，能量势垒 $U$ 通常不是方程(3.117)中 $J$ 的线性函数. 下面将讨论这一种情况下的电流的弛豫：我们简单地估算磁通束能量与它的中心位置 $x$ 之间的关系，图 3.43(a)中观察到

$$F(x)=\frac{U_0}{2}\sin kx-fx, \tag{3.121}$$

这里 $k=2\pi/a_f$ 和 $F=JBV$,$V$ 表示磁通束的体积. 方程(3.121)对 $x$ 求导可以得到磁通束的准平衡位置

$$x=-x_0=-\frac{1}{k}\cos^{-1}\left(\frac{2f}{U_0k}\right). \tag{3.122}$$

另外,$F(x)$ 是 $x=x_0$ 处的局域最大值. 因此,可以得到能量势垒 $U=F(x_0)-F(-x_0)$,即

$$\frac{U}{U_0}=\left[1-\left(\frac{2f}{U_0k}\right)^2\right]^{1/2}-\frac{2f}{U_0k}\cos^{-1}\left(\frac{2f}{U_0k}\right). \tag{3.123}$$

如果不存在热激发,在实际的临界态中将得到 $U=0$. 这种情况下将得到$x_0=0$,因此,将满足 $2f/U_0k=1$. 因为这种情况下 $J$ 等于 $J_{c0}$,可以得到普适关系

$$\frac{2f}{U_0k}=\frac{J}{J_{c0}}\equiv j. \tag{3.124}$$

根据归一化的临界电流密度 $j$,方程(3.123)可以重新写为

$$\frac{U}{U_0}=(1-j^2)^{1/2}-j\cos^{-1}j. \tag{3.125}$$

这里 $j$ 很接近 1,使得 $1-j\ll1$,方程(3.125)简化为 $U/U_0\simeq(2\sqrt{2}/3)(1-j)^{3/2}$. 这里 $j$ 被描述为

$$\frac{\partial j}{\partial t}=-c\exp\left[-\frac{U(j)}{k_B T}\right], \tag{3.126}$$

其中 $c=2Ba_f\nu_0/\mu_0J_{c0}d^2$. $U(j)$是一个严格的非线性函数. 在一个狭小的区域内,如果像方程(3.117)那样展开 $U(j)$,将得到像方程(3.119)中那样的 $j$ 的变化. 但是,从弛豫中估算出的 $U_0^*$ 与实际的钉扎势能 $U_0$ 值不同,且通常 $U_0^*$ 要小于 $U_0$,如图 3.44 所示. 因此,磁化弛豫测量往往低估钉扎势能.

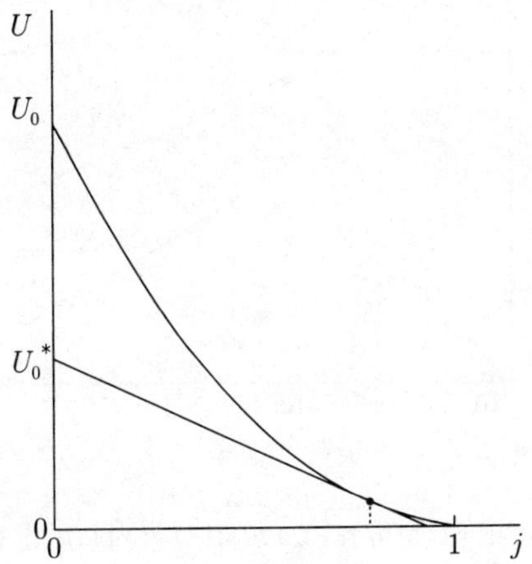


**图 3.44** 归一化电流密度 $j$ 与能量势垒 $U$ 之间的关系. 延长给定电流密度值的切线到 $j=0$,交点就是表观钉扎势 $U_0^*$

这里我们将展示一个数值分析的例子. 我们假定临界电流密度与温度的关系为 $J_{c0}=A[1-(T/T_c)^2]^2$. 在较强钉扎的情况下, 钉扎势能与 $J_{c0}^{1/2}$ 成正比, 这将在7.7节讨论到. 因此, $U_0$ 和温度的关系为

$$U_0 = k_B\beta\left[1-\left(\frac{T}{T_c}\right)^2\right], \tag{3.127}$$

式中 $\beta$ 是与钉扎强度有关的常量. 这里我们假定 Y 系高温超导体的临界温度 $T_c=92K$ 且其他参数为: $B=0.1T$ ($a_f=0.15\mu m$), $\nu_0=1.0\times10^6Hz$, $d=1.0\times10^{-4}m$, 且 $A=3.0\times10^9Am^{-2}$. 图 3.45 给出了 $\beta=3,000K$ 时, 在各种温度下 $j$-$t$ 关系的数值计算结果[38]. 图 3.46(a)表示了在 $1\leqslant t\leqslant10^4s$ 范围内按照方程(3.120)从平均的对数弛豫率中得到的表观钉扎势能 $U_0^*$. 另外, (b)表示 $\beta=10,000K$ 时的 $U_0$ 和 $U_0^*$ 之间的关系. 结果表明得到的 $U_0^*$ 比给定的 $U_0$ 更小, 且在低温下差值变得更大, 尤其是在 $T\to0$ 的极限下, $U_0^*$ 接近为 0. 然而当 $U_0$ 增加时 $U_0^*/U_0$ 减小. 事实上, 按照 Welch[39] 给出的数值计算结果, 如果电流与激发能的关系由 $U/U_0\propto(1-j)^N$ 确定, 表观钉扎势可以表示为(参见习题 3.11)

$$U_0^* = c_N[(k_BT)^{N-1}U_0]^{1/N}. \tag{3.128}$$

在上面提到的正弦波动势能的情况下, $N=3/2$ 和 $c_{3/2}=1.65$. 这一结果精确地解释了上面的行为.

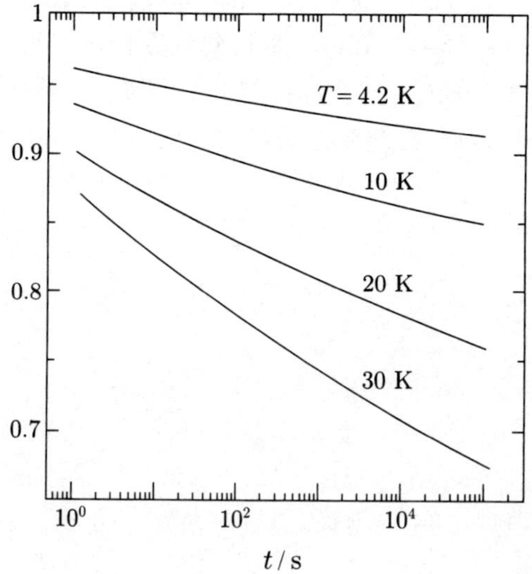


**图 3.45** $\beta=3,000K$ 时, 由方程(3.126)计算得到归一化电流密度的弛豫

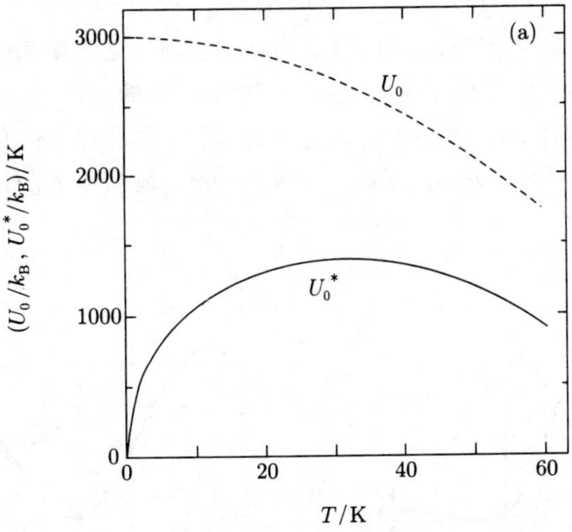


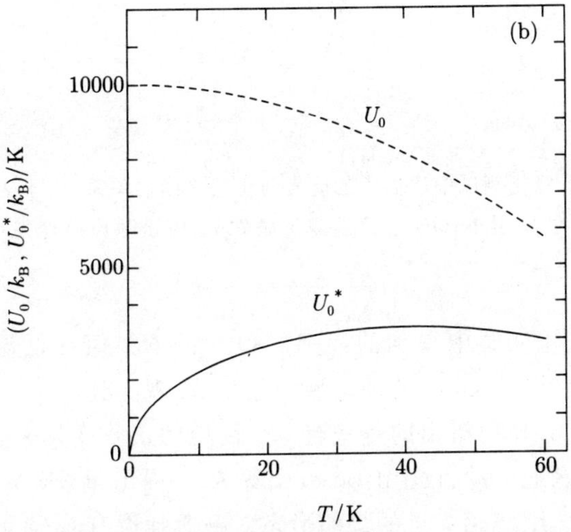


**图 3.46** 在(a) $\beta$=3,000K;(b) $\beta$=10,000K 时给定 $U_0$ 值计算得到的表观钉扎势能量 $U_0^*$

我们怎样理解这个结果？假定在 $t=0$ 时初始的状态是如图 3.43(b)所示的实际的临界态.①在临界态建立一段时间以后开始磁弛豫的测量，图 3.47 展示了磁通束能量随它的位置的变化，(a) 表示低温下的情况，(b) 表示高温下的情况. 在(a)中低温下发生小的弛豫，能量势垒 $U$ 是小的；因此，容易发生磁通蠕

① 事实上，即使我们在磁通蠕动开始之前试图瞬时地建立一个理想的外部条件如磁场，由 3.2 节中提到的黏度所带来的弛豫也应加上. 因此图 3.43(b)中的条件，严格地讲是不现实的. 然而足够长时间之后的结果显示出与初始条件的关系不敏感，正如通常观测到的一样，故公认了上述假设.

动，表观钉扎势 $U_0^*$ 是小的. 另外，在(b)中高温下，弛豫的发生表明 $U$ 值很大；这种情况下，磁通蠕动被抑制，相应 $U_0^*$ 值是很大的. 这一结果也能从图 3.44 中得到解释. 在低温下测得的 $j$ 接近 1，延长切线得到的 $U_0^*$ 远远小于 $U_0$. 另一方面，在高温下，$j$ 很小，$U_0^*$ 接近 $U_0$. 除此之外，在恒温下 $U_0^*$ 和 $U_0$ 的关系有一个相似的解释. 图 3.47(a)和(b)分别对应于 $U_0$ 的大值和小值的情况.

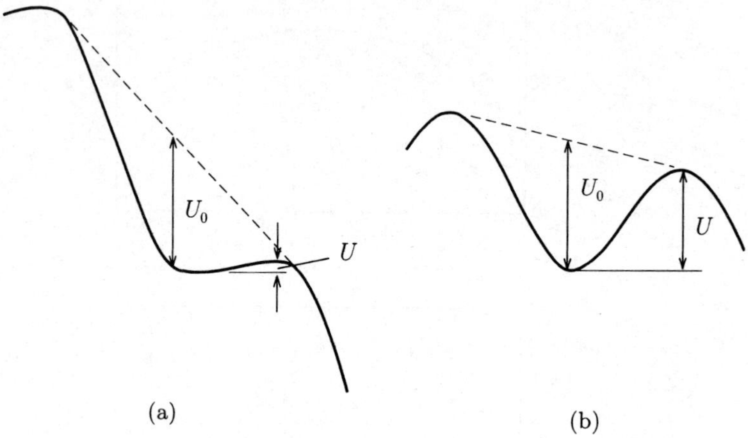


**图 3.47**　(a) 低温下磁化测试中磁通束的能量与位置之间的关系. 由于实际临界状态的弛豫并不大，所以能量势垒 $U$ 很小；(b) 在高温测量条件下，由于弛豫已经发生了相当大的扩展，所以 $U$ 很大

图 3.48 给出了实验中得到的 Y-B-C-O[39] 的 $U_0^*$ 值在低温下取值较小，且它与温度的关系和图 3.46 中的理论预测值一致. 观测到的这一磁通蠕动现象可以通过假定方程(3.121)给出的势垒有一个简单的正弦变化来解释. 和势阱的空间变化相对应的磁通蠕动首先由 Beasley 等人[40] 提出，后来 Welch[39] 做了详细的分析. 应当注意，围绕感应点的势的形态对磁通弛豫有着很重要的影响. 但是，文献中还没有对这一问题做出任何讨论. 图 3.48 也给出了可以解释 $U_0^*$ 对温度的依赖的另外一些解释，例如：钉扎势能的统计分布[41]，由于钉扎相干长度的增大，$U$ 与 $J$ 成非线性关系[42]，随着 $J$ 的减小钉扎相干长度给出了磁通束的大小等等. 但是，用于解释 $U_0^*$ 与温度关系的分布式钉扎势能宽度比观测到的临界电流密度的分布宽度要大很多. 由于钉扎相干长度的增大，Campbell 的交流穿透深度(利用在 5.3 节描述的 Campbell 方法测得的)在 $J=0$ 附近没有增大. 从这些观测结果以及当磁通束跃过势垒时钉扎势能的形状必定被考虑在内的事实出发，温度与 $U_0^*$ 的依赖关系主要来自于钉扎势能的形状. 但是，在低温下，仅仅从钉扎势能形态的简单效应解释 $U_0^*$ 与温度的关系是困难的. 这将在附录 A.8 中给予讨论.

应当注意，从磁化弛豫的测量可知，不可能得到对磁通钉扎原理有很重要作用的实际钉扎势能，但是可以得到与稳定电流的持续时间相关的，且非常重要的工程数值——弛豫率. 一般认为，得到接近真实的钉扎势能值是可能的，通过在稍微高的温度下感应一个电流，然后在一些选定的低温下测试这一电流的弛豫. 但是，如果想得到一个更精确的值，测量所需时间将是一个天文数字.

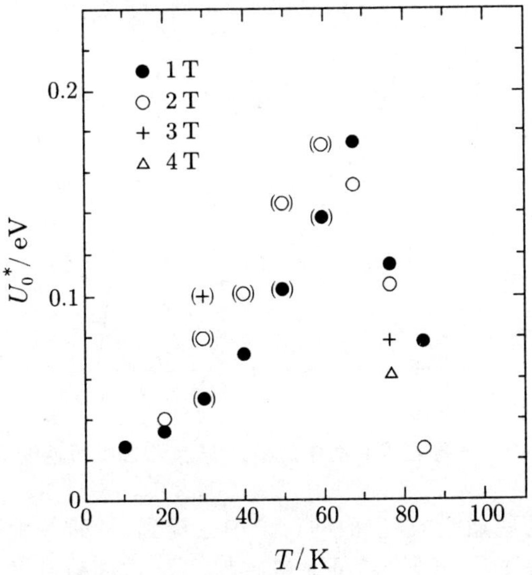


**图 3.48**　Y-B-C-O 磁通涡旋融化过程中，磁弛豫时得到的表观钉扎势能 $U_0^*$ 与温度的关系

当在高温下磁通蠕动变得明显时，磁通移动发生频繁，即使一个小的传输电流也可以导致一个稳定的电场，即临界电流密度 $J_c$ 为 0. 这一区域在一个准静态变化的磁场内不会出现磁滞，即磁化是可逆的. 在磁场-温度图中，$J_c=0$ 的可逆区域和 $J_c\neq 0$ 的不可逆区域之间的边界被称为不可逆线（参见图3.49）. 图3.50 是 Pb-In 的一系列的磁化曲线. 可以看出高场下在弱的钉扎力样品中磁化是可逆的，且随着钉扎强度的增大可逆区域缩小. 这表明，不可逆线依赖钉扎强度. 温度越高磁通蠕动越强烈，在高温超导体中上述特征显著. 磁通格子的融化、涡旋玻璃-液态的转变等等，也被提出作为不可逆线的根源. 本书遵守磁通蠕动机制. 8.2 节将对高温超导体的这一点做出更详细的讨论.

给定温度 $T$ 时的不可逆线被定义为磁场 $H_i(T)$，临界电流密度以电场标准的形式 $E=E_c$ 给出，比如临界电流密度减少至 0 的情况. 由 $J=J_c=0$ 极限要求的 $U=U_0$，并再次忽略方程(3.115)的第二项，可以得到

$$U_0(H_i)=k_B T\log\left(\frac{\mu_0 H_i a_f \nu_0}{E_c}\right). \tag{3.129}$$

按照预期的情况，$U_0$ 依赖于磁通钉扎强度并且是磁场和温度的函数. 因此，可以从方程(3.129)中得到不可逆线 $H_i(T)$. 7.7 节将估计出 $U_0$，8.5 节将讨论高温

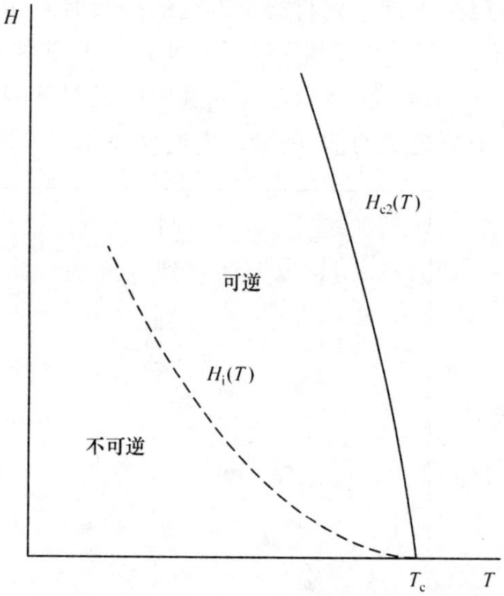


**图 3.49** 磁场-温度相图中的相界 $H_{c2}(T)$和不可逆线 $H_i(T)$

超导体中不可逆的磁通线.在上面的讨论中已提到,从磁场弛豫的测量中仅仅能得到表观钉扎势能 $U_0^*$.另外,不可逆线直接与真实的钉扎势能 $U_0$ 相关.因此,从不可逆场的测量值可以估计出 $U_0$ 的值.

在高温和(或)高场下磁通线倾向于沿洛伦兹力方向蠕动,且出现一个电压.这一机制与磁通流动一致.基于这一概念,图 3.43(a)和(c)分别表示蠕动状态和流动状态的电压.但是,在实验中它们是很难区分的.在磁通蠕动区域,利用方程(3.115)作一个近似,

$$U' \simeq U + fa_f = U + \pi U_0 \frac{J}{J_{c0}}. \tag{3.130}$$

如果第二项比 $k_B T$ 足够小,电场可以写为

$$E \simeq \frac{\pi B a_f \nu_0 U_0 J}{J_{c0} k_B T} \exp\left(-\frac{U_0}{k_B T}\right) \tag{3.131}$$

这是欧姆电流-电压特性,它考虑到在足够小 $J$ 的范围内 $U$ 接近 $U_0$ 这一事实.它被人们称为热辅助磁通流,由此得到的相关的电阻率为

$$\rho = \rho_0 \exp\left(-\frac{U_0}{k_B T}\right), \tag{3.132}$$

这里 $\rho_0 = \pi B\alpha_f \nu_0 U_0 / J_{c0} k_B T$,在一个狭窄温度范围内可以近似看做常量.这里从 $\log\rho$-$1/T$ 曲线斜率中可以估计出 $U_0$.但是,Yeshurun 和 Malozemoff[44] 指出,这样将导致一个错误,因为 $U_0$ 是随着温度变化的,如果使 $U_0 = K(1-T/T_c)^p$,则在高温下可以很容易地得到

$$\frac{\partial \log\rho}{\partial(1/T)}=-\frac{U_0}{k_B}\left(1+\frac{pT}{T_c-T}\right).\qquad(3.333)$$

一个简单的 $\log\rho$-$1/T$ 的图像将导致 $U_0$ 的高估，尤其在 $T_c$ 附近. 一般情况下 $p$ 值是不知道的，不可能得到 $U_0$ 值. 这是因为仅仅在一个非常狭窄的温度区域内，且在混合磁场中方程(3.132)才是正确的. 在出现大的输运电流的时候，可能观察到一个与方程(1.132)相似的电阻率. 这种情况下用到图 3.47(a)的条件，且除了得到 $U_0^*$ 以外没有其他. 用这种方法得到的表观钉扎势能与用磁弛豫方法得到的一致[45].

如图 3.49 所示，对于一个有弱的钉扎力的超导体来说，在不可逆线 $H_i(T)$ 和超导态的上临界场 $H_{c2}(T)$之间存在一个非常宽的可逆区域；这将导致电阻的较宽转变. 因此，电阻转变宽度由钉扎强度决定. 当温度稍微低于不可逆线时，$J_c$ 突然发生回复. 另外，如果温度稍微升高，将发生从磁通蠕动态到磁通流动态的变化. 因此，在大多数电阻的较宽转变区域，可以认为磁通线处于流动态. 图 3.51(a)展示了在各种临界电流密度情况下在 Nb-Ta 合金[26]中测得的有电阻转变的磁场区域范围；(b)展示了由观察到的临界电流密度和磁电阻率结果而推得的理论结果. 它们在由磁通蠕动带来的小的阻抗可忽略的范围是彼此一致的. 这一结果支持通常观察到的电阻转变的主要因素来自于磁通流动这一推断. 这样一个宽的电阻转变也在高温超导体中被观察到，按这一原理给出了相同的讨论. 但是，磁通蠕动的影响更值得注意，同时低电阻率区域将变得更宽. 另外，在相边界处超导波动是巨大的，并且电阻转变区域的形状也在很大程度上受这些波动的影响.

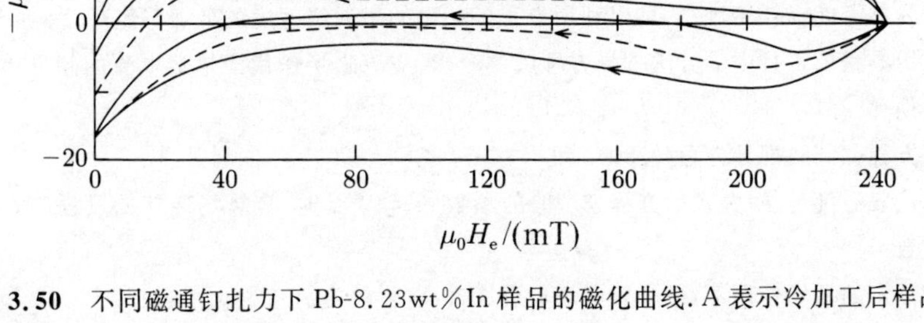

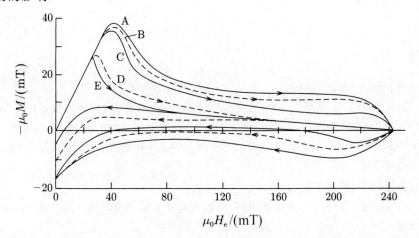

**图 3.50**　不同磁通钉扎力下 Pb-8.23wt%In 样品的磁化曲线. A 表示冷加工后样品的磁化曲线，B,C,D 分别表示样品在室温退火 30min,1d,18d,46d 后的磁化曲线

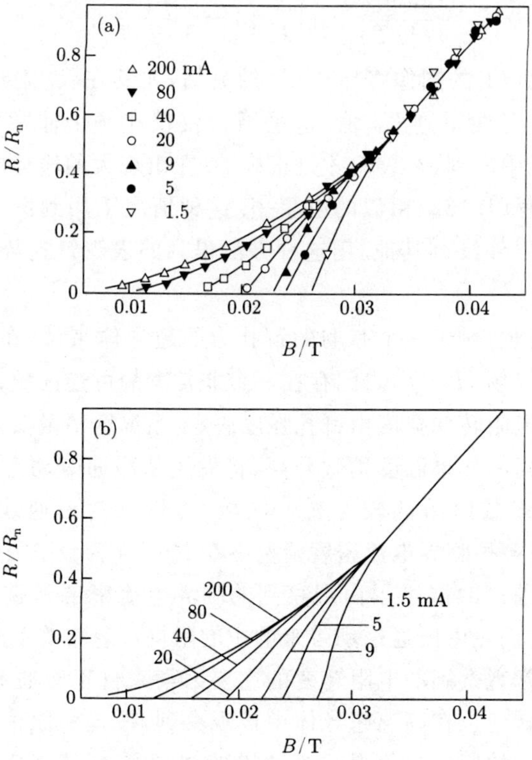


**图 3.51** (a) 弱钉扎力的 Nb-Ta 样品在 4.2K 下的电阻与磁场的关系曲线[26];(b) 在假设一个可观测到临界电流密度的磁通流和磁通流电阻率下,理论计算电阻值与磁场的关系曲线[46]

## 习题

3.1 推导方程(3.17),(3.18)和(3.19).

3.2 直接从方程(2.73)的第二项推导由方程(3.32)的第二项给出的黏滞能损耗密度(提示:因为黏滞能损耗密度小,可以利用方程(3.27)的磁通线速度的准静态值).

3.3 利用方程(2.74)中的方法推导方程(3.39),当交流磁场作用于输运电流的超导体时的能量损耗密度.

3.4 由方程(3.58)推导方程(3.59).

3.5 当代表温度与 $J_c$ 关系的方程(3.79)的参数 $m'$ 等于 2 时,计算场冷却的过程中直流磁化系数.

3.6 在恒定的磁场作用下,冷却到零场后温度升高时,计算直流磁化系数.

3.7 从 $\langle B\rangle$-$H$ 回路面积推导方程(3.109),一个处于平行交流磁场中厚度小于交流穿透深度 $\lambda_0'$ 的超导板的交流能量损耗密度.

3.8 利用 Campbell 模型，在一个足够小的交流磁场（振幅 $h_0$）中推导块材超导体的 $\eta_P$，如图 3.37所示.

3.9 超导体是厚度为 $d_f$ 的平板时，推导方程(3.111).

3.10 证明超导体的一半大小一定小于交流穿透深度 $\lambda_0'$，因为可逆的磁通运动的效果显著. 为了简化，假定交流磁场平行于厚度为 $2d$ 的宽超导板（提示：利用一个周期内超导体内的磁通线的最大位移小于钉扎势的直径 $2d_i$ 这一条件）.

3.11 电流密度与能量势垒 $U$ 的关系假定为 $U(J)=U_0(1-J/J_{c0})^N$，$N>1$. 讨论表观钉扎势能 $U_0^*$ 对温度 $T$ 和 $U_0$ 的依赖关系，利用图 3.44.

3.12 当在临界电流密度的定义中用到电阻率标准 $\rho=\rho_c$ 时，不可逆线的表达式与方程(3.129)有怎样的不同？（提示：利用方程(3.131)）.

## 参考文献


1. F. Irie and K. Yamafuji: J. Phys. Soc. Jpn. **23** (1967) 255.
2. R. Hancox: Proc. IEE **113** (1966) 1221.
3. T. Matsushita, F. Sumiyoshi, M. Takeo and F. Irie: Tech. Rep. Kyushu Univ. **51** (1978) 47 [in Japanese].
4. W. T. Norris: J. Phys. D (Appl. Phys.) **3** (1970) 489.
5. C. P. Bean: Phys. Rev. Lett. **8** (1962) 250; H. London: Phys. Lett. **6** (1963) 162.
6. M. Askin: J. Appl. Phys. **50** (1979) 7060.
7. V. B. Zenkevitch, V. V. Zheltov and A. S. Romanyuk: Sov. Phys. Dokl. **25** (1980) 210.
8. C. Y. Pang, A. M. Campbell and P. G. McLaren: IEEE Trans. Magn. **17** (1981) 134.
9. Y. Kato, M. Noda and K. Yamafuji: Tech. Rep. Kyushu Univ. **53** (1980) 357 [in Japanese].
10. M. Noda, K. Funaki and K. Yamafuji: Mem. Faculty Eng. Kyushu Univ. **46** (1986) 63.
11. M. Noda, K. Funaki and K. Yamafuji: Tech. Rep. Kyushu Univ. **58** (1985) 533 [in Japanese].
12. T. Kawashima, T. Sueyoshi and K. Yamafuji: Jpn. J. Appl. Phys. **17** (1978) 699.
13. K. Kaiho, K. Koyama and I. Todoroki: Cryog. Eng. Jpn. **5** (1970) 242 [in Japanese].
14. N. Sakamoto and K. Yamafuji: Jpn. J. Appl. Phys. **16** (1977) 1663.
15. T. Ogasawara, Y. Takahashi, K. Kambara, Y. Kubota, K. Yasohama and K. Yasukochi: Cryogenics **19** (1979) 736.
16. F. Rothwarf, C. T. Rao and L. W. Dubeck: Solid State Commun. **11** (1972)1123.
17. K. Funaki and K. Yamafuji: Jpn. J. Appl. Phys. **21** (1982) 299.
18. K. Funaki, T. Nidome and K. Yamafuji: Jpn. J. Appl. Phys. **21** (1982) 1121.
19. K. Funaki, M. Noda and K. Yamafuji: Jpn. J. Appl. Phys. **21** (1982) 1580.
20. H. T. Coffey: Cryogenics **7** (1967) 73.

21. K. Yamafuji, M. Takeo, J. Chikaba, N. Yano and F. Irie: J. Phys. Soc. Jpn. **26** (1969) 315.

22. H. J. Fink: Phys. Lett. **19** (1965) 364.

23. C. P. Bean and J. D. Livingston: Phys. Rev. Lett. **12** (1964) 14.

24. P. G. de Gennes: *Superconductivity of Metals and Alloys* (Translated by P. A. Pincus) (W. A. Benjamin, Inc., New York, 1966) section 3.2.

25. P. G. de Gennes: Solid State Commun. **3** (1965) 127.

26. R. A. French, J. Lowell and K. Mendelssohn: Cryogenics **7** (1967) 83.

27. H. R. Hart, Jr. and P. S. Swartz: Phys. Rev. **156** (1967) 403.

28. T. Matsushita, T. Honda, Y. Hasegawa and Y. Monju: J. Appl. Phys. **54** (1983) 6526. As to the magnetic field dependence of surface critical current density, T. Matsushita, T. Honda and K. Yamafuji: Memo. Faculty of Engineering, Kyushu University, **43** (1983) 233.

29. L. J. Barnes and H. J. Fink: Phys. Lett. **20** (1966) 583.

30. S. T. Sekula and R. H. Kernohan: Phys. Rev. B **5** (1972) 904.

31. T. Matsushita, E. S. Otabe, T. Matsuno, M. Murakami and K. Kitazawa: Physica C **170** (1990) 375.

32. A. M. Campbell: J. Phys. C **4** (1971) 3186.

33. T. Matsushita, N. Harada, K. Yamafuji and M. Noda: Jpn. J. Appl. Phys. **28** (1989) 356.

34. F. Sumiyoshi, M. Matsuyama, M. Noda, T. Matsushita, K. Funaki, M. Iwakuma and K. Yamafuji: Jpn. J. Appl. Phys. **25** (1986) L148.

35. S. Takács and A. M. Campbell: Supercond. Sci. Technol. **1** (1988) 53.

36. P. W. Anderson and Y. B. Kim: Rev. Mod. Phys. **36** (1964) 39.

37. K. Yamafuji, T. Fujiyoshi, K. Toko and T. Matsushita: Physica C **159** (1989) 743.

38. T. Matsushita and E. S. Otabe: Jpn. J. Appl. Phys. **31** (1992) L33.

39. D. O. Welch: IEEE Trans. Magn. **27** (1991) 1133.

40. M. R. Beasley, R. Labusch and W. W. Webb: Phys. Rev. **181** (1969) 682.

41. C. W. Hagen and R. Griessen: Phys. Rev. Lett. **62** (1989) 2857.

42. M. V. Feigel'man, V. B. Geshkenbein, A. I. Larkin and V. M. Vinokur: Phys. Rev. Lett. **63** (1989) 2303.

43. J. D. Livingston: Phys. Rev. **129** (1963) 1943.

44. Y. Yeshurun and A. P. Malozemoff: Phys. Rev. Lett. **60** (1988) 2202.

45. K. Yamafuji, Y. Mawatari, T. Fujiyoshi, K. Miyahara, K. Watanabe, S. Awaji and N. Kobayashi: Physica C **185-189** (1991) 2285.

46. T. Matsushita and B. Ni: Physica C **166** (1990) 423.

# 第四章　纵向磁场效应

## 4.1　纵向磁场效应概述

当在一个放置在纵向磁场中的超导柱体或者带材通入一个输运电流时，如图 4.1 所示，可以观察到许多特殊的现象，它们被称为纵向磁场效应. 这些现象如下所述：

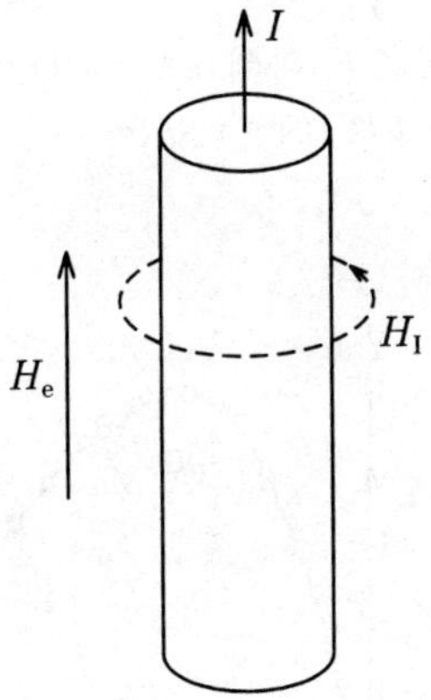


**图 4.1**　在纵向磁场中的电流和自场 $H_l$

(1) 电流感应出一个纵向的顺磁性磁化. 当纵向磁场增大到一定值后，施加输运电流后纵向磁化的变化如图 4.2 所示[1]. 可以看到磁化发生从抗磁性到顺磁性的变化，这称为顺磁效应.

(2) 临界电流密度远大于在横向磁场中的临界电流密度. 图 4.3 展示了在 Ti-Nb[2] 中测得的各项数据. 有时放大因子要超过 100.

(3) 源于交流电流的损耗随纵向磁场的增强而减弱. 图 4.4 给出了源自交流电流的自场具有相同振幅情况下，四个 Nb-Ti 样品[3] 的交流损耗的变化.

(4) 由 Josephson 推导出的将磁通线移动与电磁现象联系起来的基本方程 (1.146) 不再成立[4]，即

$$\boldsymbol{E} \neq \boldsymbol{B} \times \boldsymbol{v}. \tag{4.1}$$

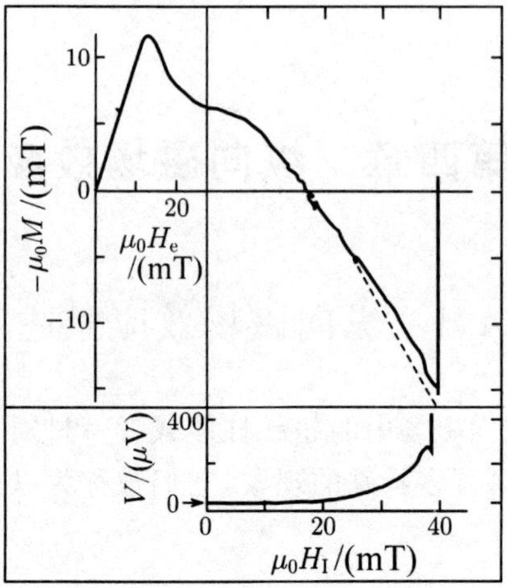


**图 4.2** 在 28mT 的纵向磁场下，对圆柱形 Pb-Tl 样品[1]施加传输电流时，磁化强度（上图）和纵向电压（下图）的变化情况

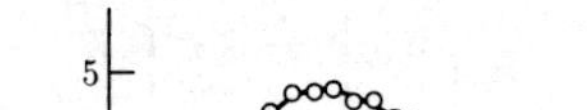

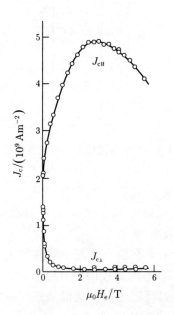

**图 4.3** 圆柱形 Ti-36％Nb 样品在横向和纵向磁场下的临界电流密度[2]

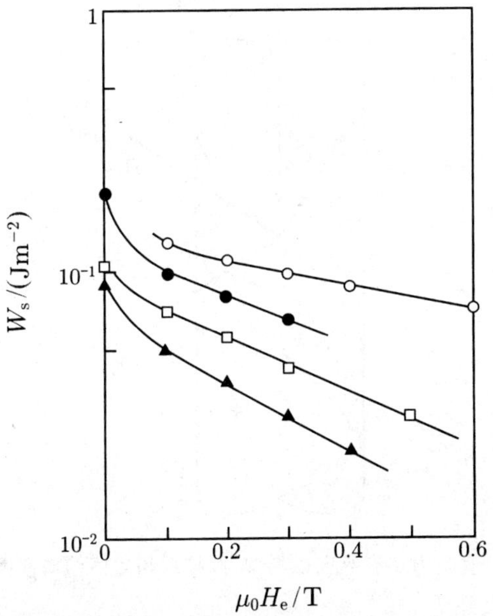


**图 4.4**　由于交流电流的作用，四个 Nb-Ti 线材样品的单位表面积的能量损耗与纵向磁场的关系曲线[3]，交流电流的自场振幅保持恒定在 0.14T

在 Cave 等人[4]的实验中，在直流电流上叠加了一个小的交流电，如图 4.1 所示，观察到了由于磁通分布的变化而产生的感应电场，且 $\boldsymbol{E}$ 几乎与 $\boldsymbol{B}$ 平行，这个事实表明方程(4.1)是不成立的.

(5) 在有电阻状态下电流密度超过临界值时，可以发现在纵向方向存在一个负电场的区域，且能观察到图 4.5 描述的表面电场的结构[5].

在纵向磁场中，可以认为电流沿着场的方向流动或者接近这个理想条件. 这一事实已经被各种实验和理论推导所证实. 无洛伦兹力(force-free)模型就是为了解释这一现象而建立的模型之一[6]. 这个模型中，假设局域电流沿着磁场方向流动，以至于洛伦兹力对磁通线没有产生作用. 模型名称由此而来. force-free 情况可以描述为

$$\boldsymbol{J} \times \boldsymbol{B} = 0, \tag{4.2}$$

这里 $\boldsymbol{J}$ 和 $\boldsymbol{B}$ 分别表示电流密度和磁通密度，且满足

$$\boldsymbol{J} = \frac{\alpha_f \boldsymbol{B}}{\mu_0}, \tag{4.3}$$

式中 $\alpha_f$ 是一个标量. 如果把上面的方程与临界态模型的概念结合在一起，$\alpha_f$ 是决定临界电流密度的一个参数. 因此，一般情况下 $\alpha_f$ 是关于 $B$ 的一个函数. 但是为了简化，假定 $\alpha_f$ 是一个常量. 如图 4.3 所示，在低场下临界电流密度随着磁场

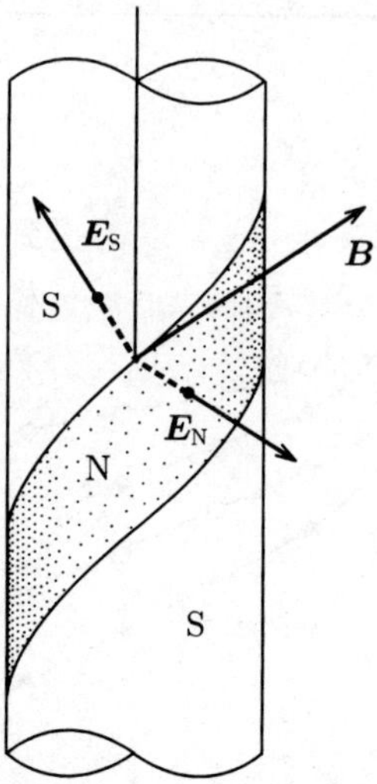


**图 4.5** 有阻力状态纵向磁场中,圆柱形超导体的表面电场结构

增强的时候,上述假定也是成立的.

假设在一个平行磁场 $H_e$ 中放入一个半径为 $R$ 的长超导柱体. 利用 Maxwell 方程,方程(4.3)可以写为柱坐标的形式

$$-\frac{\partial B_z}{\partial r}=\alpha_f B_\phi, \tag{4.4}$$

$$\frac{1}{r}\cdot\frac{\partial(rB_\phi)}{\partial r}=\alpha_f B_z. \tag{4.5}$$

在上面的方程中,从对称性出发,假设在方位角方向和纵向方向磁通分布是均匀的,也就是有$\partial/\partial\phi=\partial/\partial z=0$. 消去 $B_z$,可以得到如下方程:

$$\frac{\partial^2 B_\phi}{\partial r^2}+\frac{1}{r}\cdot\frac{\partial B_\phi}{\partial r}+\left(\alpha_f^2-\frac{1}{r^2}\right)B_\phi=0. \tag{4.6}$$

众所周知,这一方程有如下形式的解:

$$B_\phi=AJ_1(\alpha_f r), \tag{4.7}$$

这里 $J_1$ 是一阶 Bessel 函数,$A$ 为常数. 如果用 $I$ 表示流过超导体的总电流,边界条件可以描述为

$$B_\phi(r=R)=\frac{\mu_0 I}{2\pi R}. \tag{4.8}$$

通过这一方程可以确定常量 $A$,然后

$$B_\phi=\frac{\mu_0 I}{2\pi \mathrm{R}}\cdot\frac{J_1(\alpha_f r)}{J_1(\alpha_f R)}. \tag{4.9}$$

由方程(4.5)和(4.9)可得[1]

$$B_z = \frac{\mu_0 I}{2\pi R} \cdot \frac{J_0(\alpha_f r)}{J_1(\alpha_f R)}, \tag{4.10}$$

这里 $J_0$ 是零阶 Bessel 函数. 应当注意,另外一个边界条件也应当被满足

$$B_z(r = R) = \mu_0 H_e. \tag{4.11}$$

这意味着 $\alpha_f$ 由边界条件决定. 但是,这与以前提到的 $\alpha_f$ 是由局域临界条件决定的结论相矛盾. 这一事实清晰地表明 force-free 模型应用有限. 但是,现在我们先忽略掉这一点,对这一模型的一些结论进行分析.

图 4.6 给出了上面得到的磁通分布. 一般来说,因为 $J_0(r')$ 随着 $r'$ 的增加同步减小且最终减小到第一个零点,超导体中磁通分布的 $z$ 分量在中心取最大值,且在整个超导区域取值都要大于 $\mu_0 H_e$. 这是因为在纵向磁场区域磁通分布是顺磁性的. 这就可以解释顺磁性效应了. 纵向磁化强度是

$$M_z = \frac{1}{\mu_0}\langle B_z \rangle - H_e = H_e \frac{J_2(\alpha_f R)}{J_0(\alpha_f R)}, \tag{4.12}$$

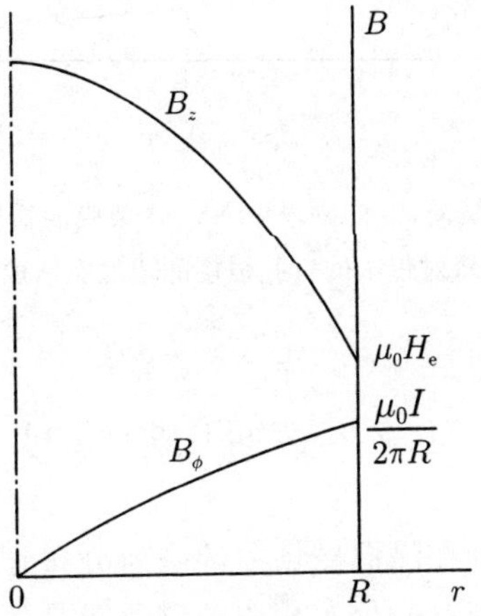


**图 4.6**　force-free 状态中的圆柱形超导体的磁场分布

这里 $J_2$ 是二阶 Bessel 函数. 在我们所考虑的区域中 $M_z$ 是正值. 图 4.2 的虚线表示了这一理论结果[1]. 因此,可以发现 force-free 模型很好地解释了实验结果,尽管还含有一些前面提到的物理问题. 对于板状超导体来说,其顺磁性效应也很容易推导出来. 我们将此留在习题 4.1 中. 应当注意,即使在普通超导体中出现了磁通钉扎效应,force-free 模型对其磁通纵向分量的分布来说还是成立的.(比较方程(4.2)和第二章中力平衡方程)

从上面的讨论中可以发现,纵向磁场中的磁通分布处于由方程(4.2)描述的 force-free 状态或者接近这一状态. 这一方程作为无钉扎(pin-free)超导体中的平衡态的一个描述,由 Josephson[7] 从理论上推导出来的. 按照这一结果,可认为

force-free 态是一种平衡态，这个方程不限制输运电流密度的上限. 可以认为电流能无限地流动，因为洛伦兹力对磁通线不起作用. 但是，在实际问题中存在一个确定的限度. 尤其是临界电流密度依赖于磁通钉扎强度[8]，在横向磁场中临界电流密度与磁通钉扎强度近似成正比，如图 4.7 所示. 在钉扎力很弱的超导体中临界电流密度即使在纵向磁场中也是很低的. 这一事实表明，force-free 状态可能是一个没有磁通钉扎的相互作用的影响的非平衡态.

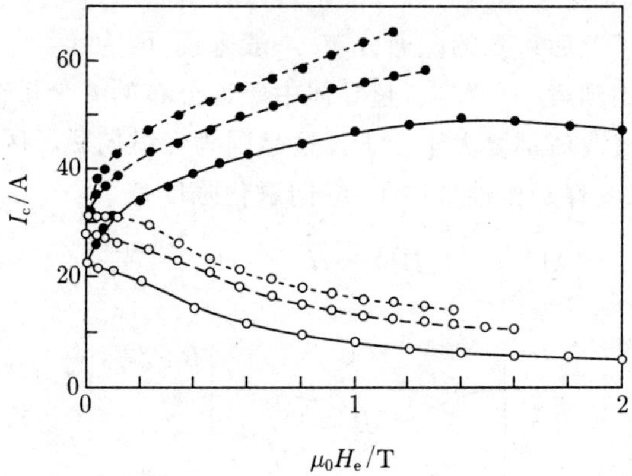


**图 4.7** 在纵向(・)和横向(○)的磁场中 $Nb_3Sn$ 薄膜的临界电流密度[8]，两个临界电流密度均随着由中子照射带来的钉扎强度的增加而增加.

## 4.2 磁通切割模型

在 4.1 节我们了解到在纵向磁场中的磁通分布是 force-free 状态或者接近这一理想的状态. 那么，与这一分布相关的磁通线是怎么移动的呢？例如，就像在实验中通常用到的方法一样，首先假定纵向磁场沿着纵向分布，以便于屏蔽沿着与磁通密度正交的方位角方向流动的电流，然后输入电流. 在磁通分布从一般状态到 force-free 状态的变化过程中，发生了什么样子的磁通运动呢？Campbell 和 Evetts[9] 起初认为在电流增强的过程中，具有由外磁场和自场所决定的倾斜角的磁通线在超导柱体表面成核，然后穿透进超导体内，且保持角度恒定. 如果这是正确的，那么就可以满足用于感应电流的 Josephson 方程(1.146). 但是，Cave 等人[4] 的实验结果表明并不能满足这一方程，说明这样的磁通线的运动是不存在的. 在这一实验中，在纵向磁场方向放置的超导柱体中通入直流和叠加的小的交流电流，可以观察到感应电场的方向几乎与纵向方向平行. 这表明，仅沿着方位角的磁通发生了变化，纵向分量几乎是不变的. 从此实验结果出发 Cave 等人提出一个磁通切割模型，这一模型假定仅由交流电流引起的方位角方向的磁通才能进出有纵向磁通穿过的超导体(参见图4.8).

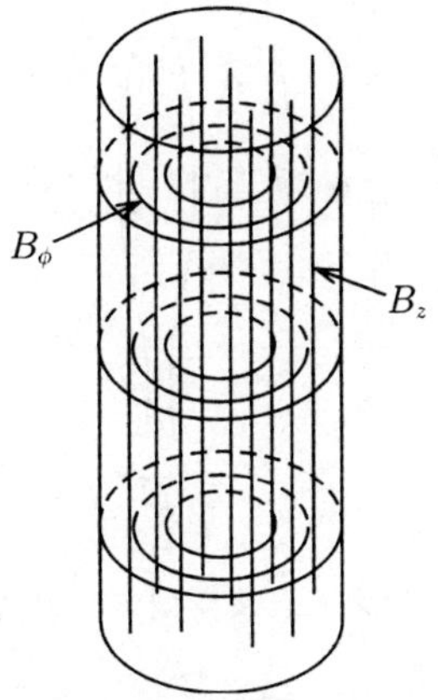


**图 4.8**　由 Cave 等人[4]提出的纵向磁通分量 $B_z$ 和方位角磁通分量 $B_\phi$ 之间的直接切割模型

最初提出磁通切割模型是为了解决恒定的纵向顺磁性磁化和来源于有阻状态下恒定输运电流的稳定纵向电场之间的矛盾. 如果把稳定的纵向电场归因于磁通线方位角分量的连续穿透(作为习题 2.4),且磁通线继续穿透进超导体中,那么磁通线的纵向分量应当随着时间连续增加,这与图 4.2 中展示的实验结果相矛盾. 因为纵向磁化不随时间发生变化,Walmsley[1]认为,只有方位角分量穿透进超导体中,从而提出了磁通切割模型. 作为一个比较,Cave 等人[4]的磁通切割机制是为了解释在小于临界电流时的无阻状态下的现象.

磁通切割模型应该归类于角度不同的磁通线相互切割的相互切割(inter-cutting)模型,以及不同磁通线相互切割和重新连接的内切割(intra-cutting)模型. Cave 等人[4]的模型属于前一类,Clem[10]和 Brandt[11]等人提出的横断(intersection)和交叉连接(cross-joining)模型属于后一类. 图 4.9 展示了横断和交叉连接模型中考虑的过程. 在图(a)中相交叉位置的磁通线有不同的角度,在最近的位置它们相互切割然后再重新连接,如图(b)所示. 这些磁通线变得像图(c)所示的一样直. 如果我们比较图(a)和(c)的条件,即切割前后,可以发现磁通的横向分量发生了变化,但是纵向分量不变. 这种情况发生以后,邻近列的磁通线再次相互切割. 如果这样的变化继续发生,实际上只有横向或方位角分量的磁通线发生穿透. 后来 Brandt[11]认识到在有阻状态下源于横断和交叉连接机制的电场强度比实验结果要小几个数量级. 为了解决这个问题,Clem[12]提出双切割(double cutting)机制,如图 4.9 所示在这个机制中假定切割过程中横断和交叉连接作用连续发生两次. 这是不同角度的磁通线之间的一种内部切割的结果.

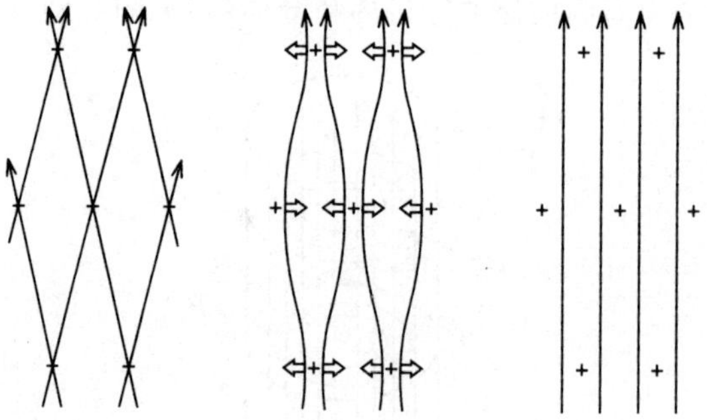


**图 4.9** 横断和交叉连接模型中的磁通线切割过程

所有的磁通切割模型都建立在这样的假设上,即只有横向或方位角分量的磁通穿透进超导体中.尽管对于电流小于临界电流时的横向磁通分布的变化感应出纵向电场这一动力学状态是可以接受的,但是应当注意,在大于临界电流的稳定有阻状态时,这种想法是没有理论基础的.在稳定的有阻状态,把磁通移动与电场连系起来的 Josephson 关系式(1.146)也未被遵守,这将在 4.7 节给予详细的描述.因此,认为有阻状态时纵向电场应当归因于横向磁场的稳定穿透的主张是没有根据的.换句话说,有阻状态时的磁通切割模型是建立在方程(1.146)的基础上的,尽管这一方程不能被满足.对于小于临界电流时的无阻状态也有相同的情况.但是,在无阻状态下,磁通横向分量的穿透可以被实验所证实.

磁通切割模型是建立在 Josephson 的理论基础上的,在这一理论中 force-free 状态必定是一种稳定状态.假定正比于电流密度的相邻磁通线之间的角度达到切割阈值时,到达临界态.但是,实际上发现在许多提出的磁通切割模型中磁通切割机制仍然没有清晰的理论,阈值没有统一的概念.在这些理论中,唯一相同的立足点是倾斜磁通线之间的磁排斥力的计算.按照 Brandt 等人[13]的计算,每个横断倾斜角为 $\delta\theta$ 的邻近磁通线之间的排斥力为

$$f_{\mathrm{c}} = \frac{\phi_0^2}{2\mu_0\lambda^2}\cot\delta\theta. \tag{4.13}$$

因此,当磁通线被比这个排斥力还要大的力推向彼此时便会发生磁通切割.推导出切割阈值的方法之一是:假定源于由钉扎中心引起的,在完全 force-free 状态中得到的局部偏差引起的洛伦兹力对切割的贡献,尽管这个力不一定使倾斜的磁通线向一起运动,有时它做反向运动.但是,我们应当认可这一假定暂时是成立的.如果用 $J_{\parallel}$ 表示 force-free 电流密度,关系 $B\delta\theta=\mu_0 J_{\parallel} a_{\mathrm{f}}$ 成立,这里 $a_{\mathrm{f}}$ 表示磁通线之间的间隔.在一个横断面上的洛伦兹力大约为 $\phi_0 a_{\mathrm{f}} J_{\parallel}/2\cos(\delta\theta/2)$.由于洛伦兹力和排斥力之间的平衡,在 $\delta\theta=\delta\theta_{\mathrm{c}}$ 处的切割阈值 $J_{\mathrm{c}\parallel}$ 应当为

$$J_{c\parallel} \simeq \frac{\phi_0}{2\mu_0 a_f \lambda^2} \cdot \frac{\cos\delta\theta_c}{\sin(\delta\theta_c/2)} \simeq \frac{\phi_0}{\mu_0 a_f \lambda^2 \delta\theta_c}. \tag{4.14}$$

利用 $\delta\theta_c$ 和 $J_{c\parallel}$ 之间的关系，临界电流密度为

$$J_{c\parallel} \simeq \frac{(B\phi_0)^{1/2}}{\mu_0 \lambda a_f} = \left(\frac{2}{\sqrt{3}}\right)^{1/2} \frac{B}{\mu_0 \lambda}. \tag{4.15}$$

另外，Clem 和 Yeh[14] 对图 4.10 中描述的连续排列的磁通线平面的稳定性进行了处理，假定上面提到的洛伦兹力在平面之间起一定的作用. 他们分析了图中箭头显示的位移被视为扰动时的动力学情况，利用位移不稳定增大时的倾斜角度临界值的数值计算，得到了切割阈值. 他们得到的切割阈值仅与正交磁场 $B/\mu_0 H_{c2}$ 和 G-L 参数 $\kappa$ 有关，自然也就与磁通钉扎强度无关. 但是，超导体中针对磁通线的方向旋转很多圈的情况，只有在磁通线平面的数量是无限多的时候才能获得这样一个阈值. 实际上，从超导体的一个表面到另一个表面磁通线的旋转角度应当小于 $\pi$. 关于该有限系统的切割阈值目前尚没有报道.

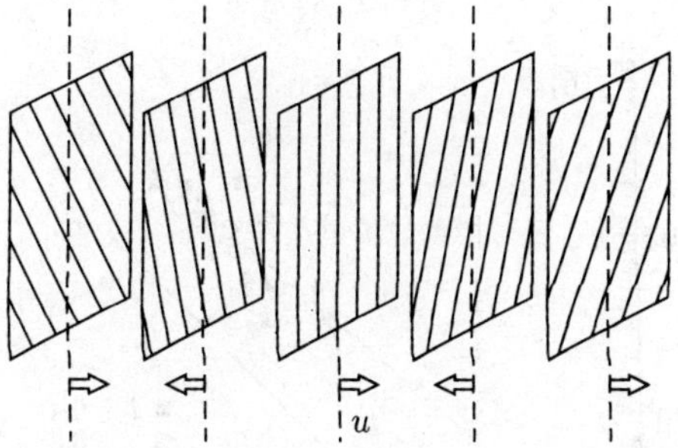


**图 4.10**　在纵向磁场中 force-free 状态下，有着连续旋转角度的磁通线连续平面. Clem 和 Yeh[14] 在如图中箭头所示的扰动下进行稳定性分析，计算出切割阈值

按照实验结果，实际临界电流密度取决于磁通钉扎强度，如图 4.7 所示. 图 4.11(a)和(b)分别是位错和正常沉淀物作为钉扎中心的 Nb-50at%Ta 的实验结果，分别取自文献[15]，[16]. 这个结果展示了相同的趋势，在弱钉扎超导体中，处于横向磁场的临界电流密度 $J_{c\perp}$ 是非常小的，纵向磁场中的临界电流密度 $J_{c\parallel}$ 也非常小. 这些是与由切割阈值得到的临界电流密度相比较的结果. 图 4.11 给出了在 Nb-Ta($\kappa=5.5$，$\mu_0 H_{c2}=0.33$T)中观察到的结果，从 Clem 和 Yeh 的结果中得到[14]，当 $B/\mu_0 H_{c2}=0.7$ 时，$\delta\theta_c \simeq 3.5°$，对应的临界电流密度 $J_{c\parallel} \simeq 1.10\times10^{11}\,\mathrm{Am^{-2}}$. 另外，方程(4.15)给出 $J_{c\parallel} \simeq 1.14\times10^{12}\,\mathrm{Am^{-2}}$. 与观测结果相比，可以知道这些值是相当大的. 尤其在与弱钉扎样品中得到的结果 $J_{c\parallel} \simeq 2.0\times10^7\,\mathrm{Am^{-2}}$ 比较时，这些理论值分别比它大 $5\times10^3$ 倍和 $5\times10^4$ 倍. 如果可以制备一个弱钉扎的样品，它的 $J_{c\parallel}$ 值甚至更小，这将导致和理论相比差别更大.

上面提到的磁通切割阈值在高场下超过了方程(1.144)给出的拆对(depairing)电流密度乘以一个修正因子$(1-B/\mu_0 H_{c2})$,$3.16\times10^{10}\,Am^{-2}$.这表明,在磁通达到切割之前超导体进入正常态.

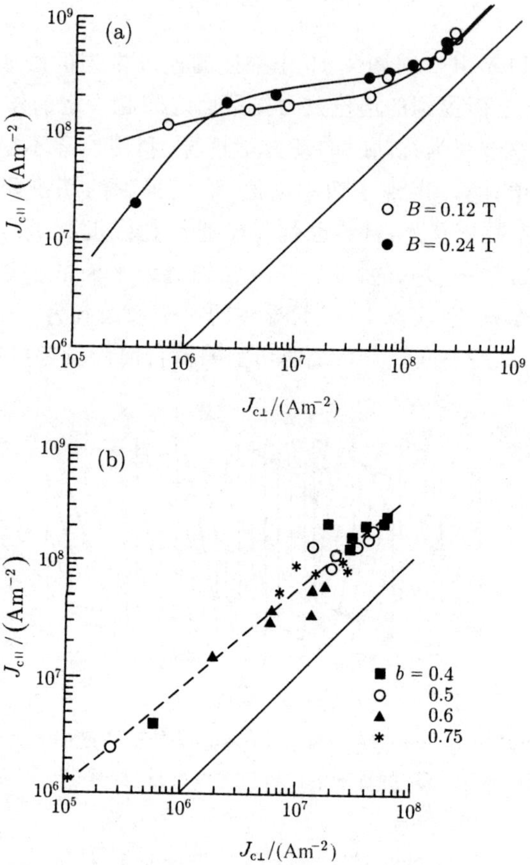


**图 4.11** (a) 位错[15]和(b) 正常沉淀[16]钉扎点的 Nb-50at% Ta 板材样品中,纵向和横向磁场下的临界电流密度的对比. $b=B/\mu_0 H_{c2}$是衰减的磁场

因为切割阈值远大于实际的临界电流密度,人们对 Brandt 等人的理论进行了一些修正. Wagenleithner[17]通过假定在交叉点磁通线不是直线而是曲线,计算了它们之间的排斥力.他发现排斥力变得很小.但是,他认为磁通线的形状由相互切割的两个磁通线的相互作用能决定,相互作用能有一个小的值,与实际条件相差很大.通常条件下,也就是不在$H_{c1}$附近,磁通线之间的间距要小于$\lambda$,且应当考虑磁通线格子之间的弹性相互作用.这意味着不考虑周围的磁通线的影响磁通线不能被自由弯曲.磁通线的弯曲率由倾斜系数$C_{44}$和切割系数$C_{66}$决

定，在交叉点倾斜角度的增加量与$(C_{66}/C_{44})^{1/2}$有相等的数量级[18]. 因为相互作用是磁性，局域的限制应当适用于$C_{44}$，这将在7.2节给予讨论. 对于上面提到的Nb-Ta的情况，交叉角的增量大概为1°. 因为这个值比临界值小得多，预计没有太大的影响. 另外，即使Wagenleithner的计算是正确的，排斥力减小大约一个数量级，则使方程(4.15)的临界电流密度的减小大约为3倍. 即使Clem和Yeh在他们的论文中考虑到这样一个结果，因为相邻磁通线平面之间的排斥力和两个次相邻的平面之间的吸引力改变了相同的倍数，这导致在结果中没有大的变化发生. 因此，Wagenleithner的修正没有从本质上解决切割阈值的问题. 实际低切割阈值被认为可能源自从完全force-free状态的偏离，而这种完全force-free状态又是由类似的钉扎中心的非同构导致的. 但是，实验结果表明，钉扎变强时(即在多数情况下钉扎中心的数量密度增加)，$J_{c\parallel}$增大. 因此，这种假定是不正确的.

切割模型解释了Cave和Walmsley等人在图4.2中展示的实验结果. 但是，这一模型不能解释所有的实验结果. 例如，如果真的发生磁通切割，在有阻状态的超导体表面电场应当是均匀的，这就不能解释图4.5中描述的电场结构. 对于图4.2中展示的有阻状态的实验结果，就像上面提到的一样，没有理论把纵向电场和方位角方向的磁通穿透联系起来，因此，援引磁通切割模型是没有必要的. 另外，最大的问题是磁通切割阈值的实验值是相当大的. 尽管磁通切割的机理仍然不很清晰，倾斜磁通线之间的排斥力仍可以从以电磁原理为基础的计算上做出估计，且这一误差预计不太大. 因此，似乎可以认为，在实际情况中并未发生磁通切割. 对等离子而言相似于切割的磁力线重接仅发生在能量耗散区域，例如有阻态. 当超导体中电流密度低于临界值时，它处于一个准静态，同时我们假定外磁场停止变化，磁通分布的变化也相应地停止，从而不发生能量损耗. 故可以预计磁通切割不会很容易地发生. 因此，只有当大密度的电流流过超导体时，超导电性会遭到破坏，磁通切割才可能变为现实，这作为理论上的预言将更加合理.

已经有一些报道通过实验证实了磁通切割的存在. Fillion等人[19]使用下列步骤：首先通过沿着柱体方向施加一个电流，将方位角方向的磁通捕获在一个超导的中空柱体内，接着把电流值降低到0. 然后，沿着柱体的长轴线方向作用一个外磁场，如图4.12所示. 当纵向磁场增强时，发现被捕获的方位角方向上磁通没有发生变化，但是纵向磁通能穿透进柱体内部. 这一结果让他们认为磁通的纵向和方位角分量彼此切割.

Blamire和Evetts[20]测试了纵向磁场中厚度小于1μm的Pb-Ti薄膜中磁场与临界电流的关系，发现在增强的磁场中，临界电流阶梯式增大，如图4.13所示. 从这一结果可以看出，阶梯式变化产生的磁场与温度无关，且与进入薄膜的磁通线束的进入场有关，Blamire和Evetts利用磁通切割解释了这一实验结果. 他们认为，切割位置的数量与临界电流成正比，且随着磁场的增强而增强.

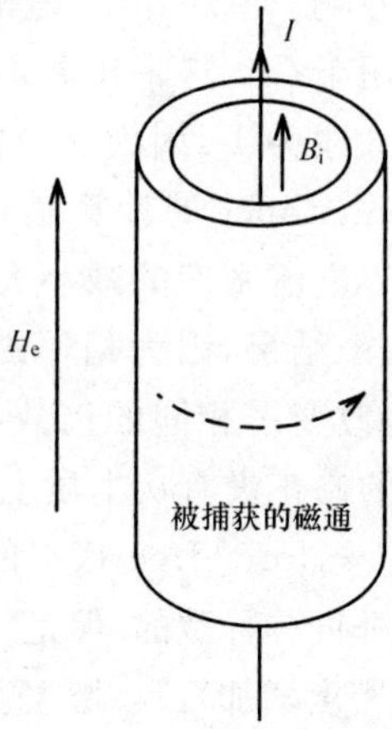


**图 4.12** Fillion 等人的实验方案[19]. 一条电线通过中空的圆柱形钒样品的中心，输入电流，方位角方向的磁通被捕获于样品中. 然后，施加一个平行的磁场 $H_e$，测量内部的磁通密度 $B_i$ 以及被捕获方位角方向的磁通

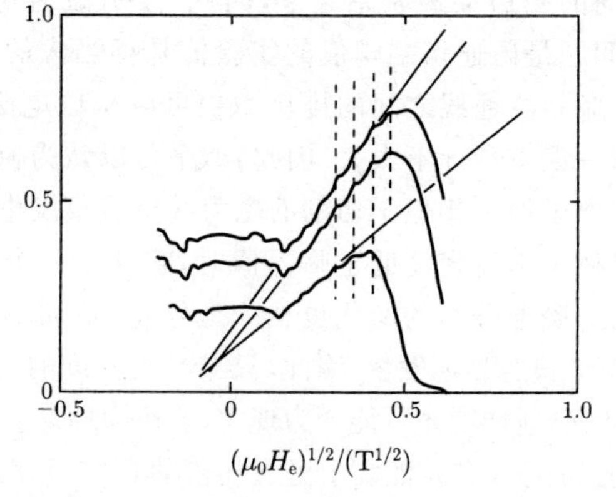


**图 4.13** 在几何纵向磁场中的 Pb-Tl 薄膜中磁场与临界电流密度的关系曲线[20]. 从上往下看，结果分别是在温度为 2.45K，3.1K 和 4.2K 得到的. 在由虚线所示的磁场中膜的厚度等同于磁通线间距的整数倍，而且这被认为是展示了发生在场中的新磁通束的穿透

4.4 和 4.5 节给出了对这些实验结果的另外一些分析.

## 4.3 force-free 态的稳定度

因为切割阈值远大于实验结果，由此推断，当电流密度达到临界值时，代替磁通切割有另外一些不稳定性发生. 另外，不同的实验结果表明，临界条件由磁通钉扎强度决定. 因此,Josephson 的理论认为,force-free 状态不是一种由磁通钉扎相互作用带来的稳定态,这似乎是有疑问的,即 force-free 状态可能不是稳定态.

这里我们将以普适的形式分析有输运电流时的磁通线结构. 磁通密度可以表达为

$$\boldsymbol{B} = B\boldsymbol{i}_B, \tag{4.16}$$

其中 $\boldsymbol{i}_B$ 表示在 $\boldsymbol{B}$ 方向的一个单位矢量. 然后,电流密度可以写为

$$\boldsymbol{J} = \frac{1}{\mu_0}\nabla\times\boldsymbol{B} = -\frac{1}{\mu_0}(\boldsymbol{i}_B\times\nabla)B + \frac{1}{\mu_0}B\nabla\times\boldsymbol{i}_B. \tag{4.17}$$

电流由三个分量组成. 一个由 $B$ 的梯度引起,一个由磁通线的弯曲引起,另外还有一个是 force-free 分量. 前两分量分别源自磁压和线张力,都与洛伦兹力相关. 方程(4.17)的第一项是代表磁压的电流分量,第二项表示 force-free 分量. 与线张力有关的分量来自于这两项.

为了弄清楚磁结构和电流之间的关系,简单起见,假定磁通线平行于 $x$-$z$ 平面,且磁通线在每一个平面中均匀分布. 因此,每一个平面中的磁通线都是直的,且与线张力相关的电流分量为 0. 如果用 $\theta$ 表示磁通线与 $z$ 轴的夹角,可以得到

$$\boldsymbol{i}_B = \boldsymbol{i}_x\sin\theta + \boldsymbol{i}_z\cos\theta. \tag{4.18}$$

在上面的假定中,$B,\theta$ 与 $x,z$ 无关,因此,方程(4.17)可以简化为

$$\boldsymbol{J} = \frac{1}{\mu_0}\cdot\frac{\partial B}{\partial y}\boldsymbol{i}_L - \frac{B}{\mu_0}\cdot\frac{\partial\theta}{\partial y}\boldsymbol{i}_B, \tag{4.19}$$

其中

$$\boldsymbol{i}_L = \boldsymbol{i}_x\cos\theta - \boldsymbol{i}_z\sin\theta \tag{4.20}$$

是垂直于 $\boldsymbol{i}_B$ 的单位矢量,且满足 $\boldsymbol{i}_L\times\boldsymbol{i}_B = -\boldsymbol{i}_y$. 可以清楚地看出方程(4.19)的第一项是与磁压相关的电流分量,第二项是 force-free 电流. 因此,当存在 force-free 电流分量时,磁通线格子包含一个旋转的剪切变形$\partial\theta/\partial y$.

从上面的分析可以看出,当电流流动时,磁通结构发生形变. 图 4.14 展示了基本的形变:图(a)是由于 $\boldsymbol{B}$ 的梯度引起的,形变(b)是磁通线的弯曲形变. 它们归因于洛伦兹力,如下式:

$$\boldsymbol{F}_{\mathrm{L}} = \boldsymbol{J}\times\boldsymbol{B} = -\frac{1}{2\mu_0}\nabla B^2 + \frac{1}{\mu_0}(\boldsymbol{B}\cdot\nabla)\boldsymbol{B}. \tag{4.21}$$

第一项是由 $B$ 的梯度引起的磁压,第二项是由磁通线的弯曲引起的线张力. 因此,洛伦兹力可以表述为阻碍相关形变的弹性回复力. 现在,考虑图 4.14(c)中描述的 force-free 电流的旋转剪切变形. 通过对弹性材料的分析,可能存在一个减小变形的广义力. 这一广义力,可以产生一个使磁通线旋转以减小倾斜角的力矩. 这样一个力矩的存在与洛伦兹力为 0 这一事实相矛盾. 上面的假定清晰地表明 force-free 状态是非稳定态.

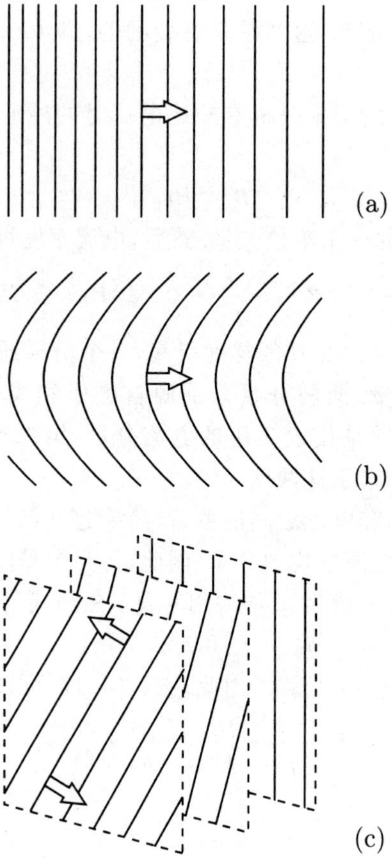


**图 4.14** 磁通线的形变：(a) 磁通线密度的梯度；(b) 磁通线的弯曲. 磁压和线张力的回复力作用方向分别与这些箭头所标注的形变方向一致. 这些力被称为洛伦兹力. 在 force-free 电流下的磁通线的旋转剪切形变如(c)所示，且扭矩的作用如箭头所示

为了分析实际中 force-free 状态的稳定性我们只能观察事实上有形变引入时的能量变化. 这里我们即将这样做，假定厚度为 $2d(0\leqslant y\leqslant 2d)$ 的宽超导板放入平行磁场中. 由于对称性，仅考虑超导平板中线一边的情况 $(0\leqslant y\leqslant d)$. 假定外磁场初始沿着 $z$ 轴方向，内部的磁通密度也沿着 $z$ 轴，且是均匀分布的. 这样一个初始条件可以通过场冷却过程得到. 然后，得到 force-free 形变. 当形变 $\alpha_f=-\partial\theta/\partial y$ 在空间中是均匀的时候，$\alpha_f$ 和 force-free 电流密度 $J_\parallel$ 的关系可用方程(4.3)表达，$\alpha_f=\mu_0 J_\parallel/B$. 磁通线角度 $\theta$ 假设为

$$\theta=\begin{cases}\alpha_f(y_0-y), & 0\leqslant y\leqslant y_0,\\ 0, & y_0<y\leqslant d.\end{cases}\tag{4.22}$$

准静态地旋转外磁场可以得到这样一个变形 $\theta_0=\alpha_f y_0$(参见图 4.15). 这里 $y_0$ 是形变的穿透深度,且被假定为常数. 现在我们估计在 $\alpha_f$ 从 0 增加到 $\Delta\alpha_f$ 的过程中超导体中能量的增量. 以 Poynting 矢量的形式表示的对超导体的输入功率为

$$P=-\frac{1}{\mu_0}\int_s(\boldsymbol{E}\times\boldsymbol{B})\cdot \mathrm{d}\boldsymbol{S}, \tag{4.23}$$

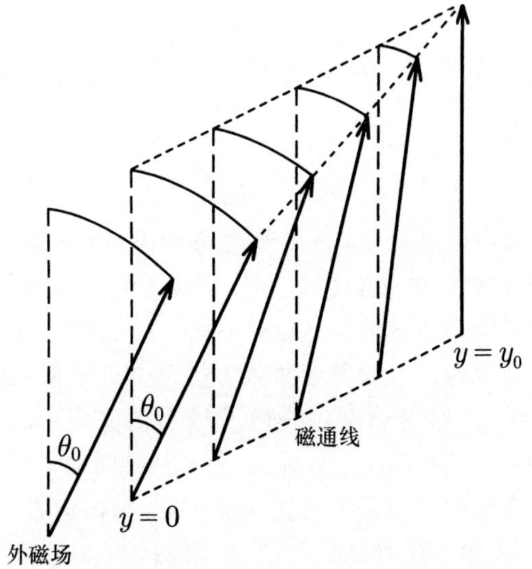


**图 4.15**　通过旋转外磁场引入磁通线结构的形变

这里 $\boldsymbol{E}$ 是磁通分布变化感应出的电场, $\mathrm{d}\boldsymbol{S}$ 是超导体的表面单位矢量,且方向向外,在目前条件下指向 $y$ 轴负向. 如果利用 Maxwell 方程,输入功率可以被重新写为

$$P=\int\left(\frac{1}{2\mu_0}\cdot\frac{\partial \boldsymbol{B}^2}{\partial t}+\boldsymbol{E}\cdot\boldsymbol{J}\right)\mathrm{d}V. \tag{4.24}$$

在处理实际位移过程中, $B^2$ 是一个时间上的常数,因此上式只剩下第二项,即输入能量转变成电流能量. 现在我们将推导一个输入能量的表达式,对于由方程(4.22)确定的位移. 经过简单的计算可以发现在 $0\leqslant y\leqslant y_0$ 区域感应电场为

$$\boldsymbol{E}=(E_x,0,E_z), \tag{4.25a}$$

$$E_x=\frac{B}{\alpha_f^2}\cdot\frac{\partial\alpha_f}{\partial t}(\sin\theta-\theta\cos\theta),$$

$$E_z=\frac{B}{\alpha_f^2}\cdot\frac{\partial\alpha_f}{\partial t}(\theta\sin\theta+\cos\theta-1). \tag{4.25b}$$

把该表达式代入方程(4.24),在 $0\leqslant y\leqslant y_0$ 区域的输入功率密度为

$$p = \frac{B^2}{\mu_0 \alpha_f^2 y_0} \cdot \frac{\partial \alpha_f}{\partial t}[\alpha_f y_0 - \sin(\alpha_f y_0)]. \tag{4.26}$$

因此，在这一位移中进入超导板的能量密度为

$$w = \int p \mathrm{d}t = \frac{B^2}{\mu_0 y_0}\int_0^{\Delta\alpha_f} \frac{1}{\alpha_f^2}[\alpha_f y_0 - \sin(\alpha_f y_0)]\mathrm{d}\alpha_f. \tag{4.27}$$

当表面处磁场的角度 $\theta_m = \Delta\alpha_f y_0$ 足够小时，方程(4.27)可以简化为

$$w = \frac{B^2}{12\mu_0}\theta_m^2. \tag{4.28}$$

因此，能量正比于旋转角的二次幂，也即是，存在与一般情况类似的应变. 合成回复力矩密度的大小为[21]

$$\Omega = \left| -\frac{\partial w}{\partial \theta_m} \right| = \frac{B^2}{6\mu_0}\theta_m = \frac{1}{6}BJ_{\parallel} y_0. \tag{4.29}$$

从上面的结果中可以看出，当在磁通格子中，force-free 电流感应产生旋转剪切应变(在超导柱体中的扭转张力)时，即使 force-free 是电流很小，回复力矩作用于磁通格子可使张力被消除. 这与下面的事实相似：在磁通线格子中，当与磁通密度的梯度有关的张力或者弯曲张力被一个处于横向磁场中的输运电流感应产生时，洛伦兹力将作用于磁通线格子从而消除张力. 因此，可以得出结论：force-free 状态是一种非稳定态，与前面预言中提到的一样. 这意味着处于纵向磁场中的临界电流密度也由磁通钉扎强度决定，与横向磁场的情况相似. 这一结果与图 4.7 和 4.11 中的实验结果相似. 横向磁场中的临界电流密度由洛伦兹力和钉扎力之间的平衡决定，纵向磁场中的临界电流密度由方程(4.29)给出的回复力矩密度和单位体积内的瞬间钉扎力之间的平衡来决定. 稍后我们将讨论方程(4.29)中的 $y_0$.

方程(4.24)的第二项并不表示这种情况下的功率损耗. 这可以从下列事实进行理解，如果方程(4.25)中的时间是可以反转的，$\boldsymbol{E}$ 变成 $-\boldsymbol{E}$，且可以得到 $\boldsymbol{E} \cdot \boldsymbol{J} < 0$. 方程(4.28)中的能量是储存于超导体自感的能量.

尽管 Matsushita 已经预言了在 force-free 状态下发生变形的磁通线格子中的力矩[21]，但是它仍然没有为实验所证实. 已经被证实的驱动力仅是横向磁场中(也就是，当磁场和电流彼此垂直的时候)的洛伦兹力. 今后我们将称上面提到的力矩为 force-free 力矩，从产生的来源可以看出，这一力矩对超导材料而言在理论上是不受限制的，是一种普遍的现象. 它与一个倾斜的磁场中作用于磁针的力矩似乎是相似的. 这来自于磁场和磁针磁矩之间的静磁相互作用. 但是，这一力矩也可以描述为洛伦兹力作用于环形电流上产生的磁矩，因为环形电流等价于磁矩，这是很著名的电磁学概念. 在 force-free 状态下没有磁矩. 另外，仅仅有自由电流，并不能产生洛伦兹力，这也就是说 force-free 力矩与普通的静磁场中力矩完全不同. 值得注意的是，在 3.1.4 小节中介绍过的在旋转横向磁场中，磁

通线的旋转是由洛伦兹力导致的.横向和纵向磁场之间的磁通线的旋转存在着不同,将在4.4节给予讨论.

这里我们将讨论为什么force-free力矩没有引起重视.当对磁场中的导线通入电流时,很容易看到洛伦兹力的存在.另外,当感应出屏蔽电流的时候,就像在磁化测量中一样,不可能观察出洛伦兹力的存在,也就是磁压的存在.(严格地说,通过对材料张力的测量可以观察到洛伦兹力,也就是通过对伸缩的测量,尽管这样做相当困难).它类似于在气压作用下,忽略浮力作用时对固体上承受压力的测量.对表面求积分以后气体的静压力减小为0.在目前的情况下,沿着线长方向不存在磁压梯度,因此不存在与浮力类似的力.当沿磁场纵向方向的导线通入一个电流时,由于近似的对称性,作用于磁通线的全部力矩为0,其等于磁通线与导线相互作用的力矩.一种破坏对称性的方式是通过旋转的外磁场来感应一个屏蔽电流.图4.16展示了这样一个例子.当平行于金属圆盘的平直表面的外磁场发生一个如图所示的旋转时,金属圆盘内的磁通线落后于旋转角,与磁滞角成正比的force-free力矩作用于磁通线.当磁通线被迫作这样一种方式的旋转时,由于磁通线和金属之间的相互作用,金属圆盘受力矩影响.因此,如果可以测量出作用于圆盘的力矩,便可以确定force-free力矩的存在.用这种方法可以对正常金属测量,此时量子化磁通线就是常说的磁通量.但是,作出这样的测试是很不容易的,因为感应屏蔽电流随着时间衰减.因此,利用一个超导圆盘的效果会更好,因为可以避免出现这样的困难.这种情况下,静态测试是可能的,因为电流不随着时间发生变化.另外,通过变化的磁通钉扎强度可以测出不同量级的force-free力矩,因为钉扎力的磁矩与force-free力矩平衡.注意在圆盘边缘屏蔽电流流动的方向垂直于磁通线,这里洛伦兹力对磁通线产生一定的作用.因此,从洛伦兹力可测量到力矩.

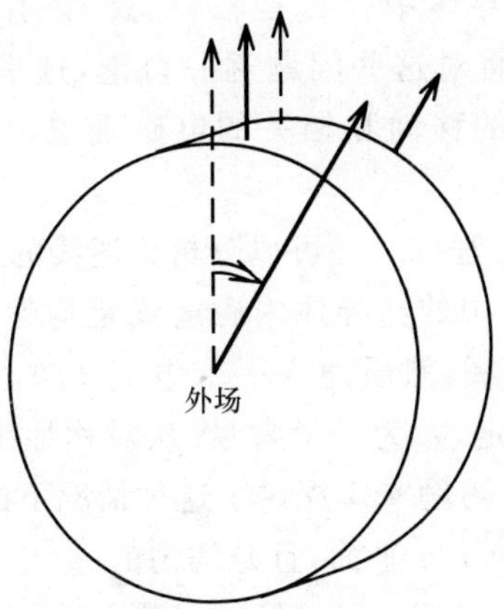


**图4.16**　对金属盘施加一个磁场然后进行旋转的情况

如上所述,force-free 状态包含磁通线的形变,且是一种不稳定的状态.这一结果与实验结果一致,纵向磁场的临界电流密度依赖于磁通钉扎强度,就像在横向磁场方向一样.然后,出现了一个问题:这与 Josephson[7] 的理论结果有什么关系?在理论结果中,force-free 状态是一种稳定态.附录 A.1 给出了详细的讨论.从那些讨论中可以得出结论:在纵向磁场中,对于无钉扎超导体来说,Josephson在方程(4.2)推导中所做的假设是不正确的[22].Josephson用到的矢量势标准与方程(1.146)等价,就像这本书中经常指出的,与纵向的磁场不符.考虑到这种情况,可以得出无钉扎超导体的平衡态方程为

$$\boldsymbol{J} = 0. \tag{4.30}$$

在横向磁场中方程(1.146)可以得到满足.因此,方程(4.2)与方程(4.30)一致.方程(4.30)仅是一个可以适用于所有情况的一个普适方程.这一讨论将导致相同的结论:force-free 状态是一种非稳定状态.

## 4.4 磁通线移动

纵向磁场中磁通线的排列由 force-free 状态确定,在此状态中,电流沿着磁通线平行的方向流动,或者接近这样的状态,它的稳定性由磁通钉扎相互作用决定.因为在横向磁场中描述的 force-free 状态的方程(4.2)与描述无钉扎超导体中状态的力平衡方程相同.这便引起一个问题,为什么 force-free 状态中的超导体有一个磁通钉扎?4.6 节将给出这一问题的答案.现在假定 force-free 状态建立在实验观察的基础上.考虑开始时纵向磁场作用于超导体上,屏蔽电流沿着垂直于场的方向流动,然后通入一个电流,这是图 4.2 展示的实验中通常的做法.然后磁通线怎样穿透进超导体且发生移动?在这一过程中 force-free 状态是如何建立的?在整个超导体中什么是临界态?在有阻态发生怎样的磁通运动?在接下来的部分中将对这些问题逐一讨论,这里将讨论低于临界电流时 force-free 状态下磁通线的移动和相关的电磁现象,尤其是与方程(4.1)关联的电磁现象.

利用磁通线的连续方程(2.15)可以分析磁通线的运动.这里为了简化,假定在沿着 $z$ 轴的外磁场 $H_e$ 中的超导体内磁通线是均匀分布的,该超导体为一个足够宽($0 \leqslant y \leqslant 2d$)的厚板,然后通入一个电流 $I$,如图 4.17 所示.假定 force-free 状态由方程(4.3)决定,$\alpha_f$ 为一个常量.从对称性出发我们可以作出这样的假定$\partial/\partial x = 0$ 和$\partial/\partial z = 0$.习题 4.1 探讨了这种情况下的磁通分布.按照该结果,超导体中的磁通密度位于 $x$-$z$ 平面,且是均匀的

$$B = \mu_0 (H_e^2 + H_I^2)^{1/2}, \tag{4.31}$$

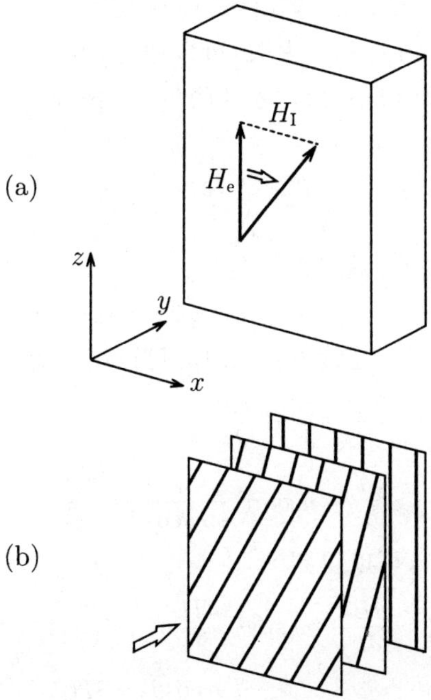


**图 4.17**　(a) 表面磁场的变化；(b) 当在沿 $z$ 轴对足够宽的超导厚板施加外磁场并在相同的方向上施加电流时，内部磁通线中 force-free 状态的形成. (b) 中箭头表示变化的穿透方向

其中 $H_I$ 是电流的自场，且

$$H_I = \frac{I}{2L}, \tag{4.32}$$

式中 $L$ 表示 $x$ 轴方向的超导厚板的宽度. 因此，磁通密度可以表示为

$$\boldsymbol{B} = (B\sin\theta, 0, B\cos\theta), \tag{4.33a}$$

$$\theta = \begin{cases} \theta_0 - \alpha_f y, & 0 \leqslant y \leqslant \dfrac{\theta_0}{\alpha_f}, \\ 0, & \dfrac{\theta_0}{\alpha_f} \leqslant y \leqslant d, \end{cases} \tag{4.33b}$$

式中 $\theta_0$ 是外磁场和 $z$ 轴之间的夹角，且

$$\theta_0 = \arctan\left(\frac{H_I}{H_e}\right). \tag{4.34}$$

在超导厚板的另一半 $d \leqslant y \leqslant 2d$，有与上面的讨论相对称的磁通分布. Campbell 和 Evetts[9] 假定磁通沿着 $y$ 轴方向均匀移动. 但是，这不能解释方程(4.1)，且是不正确的. 事实上，Yamafuji 等人[23] 展示了当磁通线的运动被这样一个限制影响时发现的一个矛盾(习题 4.4). 这里磁通线运动速率为

$$v = (v_x, v_y, v_z). \tag{4.35}$$

上面的式子中，仅 $v_y$ 与穿透进超导体的磁通线有关，也就是说，$B$ 随着时间发生变化. 因为这一分量与 $x$ 和 $z$ 无关，可以假定，$\partial v_y/\partial x=\partial v_y/\partial z=0$. 另外，因为在 $x$-$z$ 平面的磁通运动不能改变 $B$ 的值，在该面上 $v$ 是没有分量的，可以得到

$$\frac{\partial v_x}{\partial x}+\frac{\partial v_z}{\partial z}=0. \tag{4.36}$$

通常将 $\boldsymbol{v}$ 定义为与 $\boldsymbol{B}$ 垂直. 这可以写为

$$v_x\sin\theta+v_z\cos\theta=0. \tag{4.37}$$

利用方程(4.36)和(4.37)，连续方程(2.15)可以简化为

$$\frac{\partial B}{\partial t}=-B\frac{\partial v_y}{\partial y}, \tag{4.38}$$

$$\frac{\partial\theta}{\partial t}=\alpha_f v_y+\frac{1}{\sin\theta\cos\theta}\cdot\frac{\partial v_x}{\partial x}. \tag{4.39}$$

在准静态变化的情况下，可以得到

$$\frac{\partial B}{\partial t}=\mu_0\sin\theta_0\frac{\partial H_1}{\partial t}, \tag{4.40}$$

$$\frac{\partial\theta}{\partial t}=\frac{\partial\theta_0}{\partial t}=\frac{\mu_0\cos\theta_0}{B}\cdot\frac{\partial H_1}{\partial t}. \tag{4.41}$$

然后，在 $0\leqslant y\leqslant\theta_0/\alpha_f$ 区域可以立即求解方程(4.38)和(4.39)

$$v_x=\frac{\partial\theta_0}{\partial t}\cos\theta\left[1-\frac{H_1}{H_e}\alpha_f(d-y)\right]\left[x\sin\theta+z\cos\theta+g_r\left(y-\frac{\theta_0}{\alpha_f}\right)\right], \tag{4.42a}$$

$$v_y=\frac{\partial H_1}{\partial t}\cdot\frac{\mu_0^2 H_1}{B^2}(d-y), \tag{4.42b}$$

$$v_z=-\frac{\partial\theta_0}{\partial t}\sin\theta\left[1-\frac{H_1}{H_e}\alpha_f(d-y)\right]\left[x\sin\theta+z\cos\theta+g_r\left(y-\frac{\theta_0}{\alpha_f}\right)\right], \tag{4.42c}$$

式中函数 $g_r$ 应当满足

$$g_r(0)=0. \tag{4.43}$$

在 $y$ 为常数平面中，由下式确定的曲线上的 $v_x$ 和 $v_z$ 为 0，

$$x\sin\theta+z\cos\theta+g_r\left(y-\frac{\theta_0}{\alpha_f}\right)=0. \tag{4.44}$$

这里我们观察一条磁通线，该磁通线与由方程(4.44)决定的曲线的交叉点位置可以表示为 $x=x_0$ 和 $z=z_0$. 按照这些坐标，方程(4.42a)交叉和(4.42c)可以分别转换为

$$v_x=r\frac{\partial\theta_0}{\partial t}\cos\theta\left[1-\frac{H_1}{H_e}\alpha_f(d-y)\right], \tag{4.45a}$$

$$v_z=-r\frac{\partial\theta_0}{\partial t}\sin\theta\left[1-\frac{H_1}{H_e}\alpha_f(d-y)\right], \tag{4.45b}$$

这里

$$r=(x-x_0)\sin\theta+(z-z_0)\cos\theta. \tag{4.46}$$

表示磁通线距离静态点$(x_0,y,z_0)$的距离，也即是旋转半径. 因此，该静态点是旋转中心，方程(4.44)表示通过一系列旋转中心的曲线(参见图 4.18). 因此，方程(4.45a)和(4.45b)描述的是磁通线的旋转. 上面方程中的因子$[1-(H_1/H_e)\alpha_f(d-y)]$来自于$B$的变化.

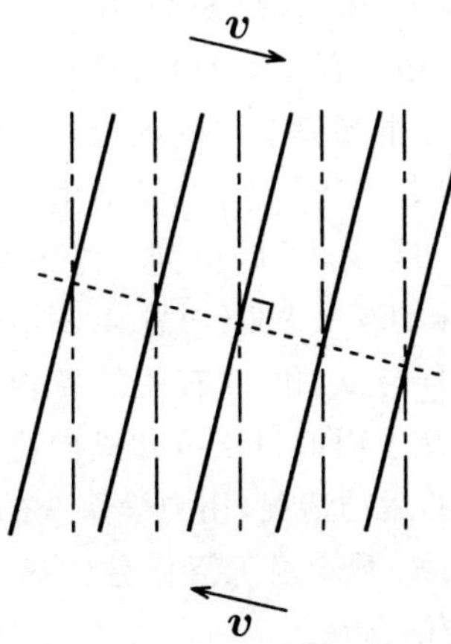


**图 4.18** 磁通线的旋转运动. 虚线是由方程(4.44)给出的通过一系列旋转中心的曲线

由上可知，磁通线连续方程的解表现为磁通线的一个旋转. 这可以解释为上一节中提到的 force-free 力矩驱动的磁通运动的结果. 如果我们仔细观察磁通运动就能注意到：$v_y$ 沿着 $y$ 轴均匀且逐渐变化，以至于一列确定的磁通线不能超过另外一列. 同时，在每一个面内的磁通线均匀地旋转. 因此，不会发生磁通切割.

这里将计算由旋转的磁通线感应出的电场. 由方程(4.33a)和(4.33b)给出的磁通分布的变化，可以直接从 Maxwell 方程(2.2)得到电场[24]

$$E_x=\begin{cases}-\dfrac{\mu_0}{\alpha_f}\dfrac{\partial H_1}{\partial t}[\cos(\theta_0-\theta)-\cos\theta_0+(\alpha_f d-\theta_0)\sin\theta_0], & 0\leqslant y\leqslant\dfrac{\theta_0}{\alpha_f},\\ -\mu_0\dfrac{\partial H_1}{\partial t}(d-y)\sin\theta_0, & \dfrac{\theta_0}{\alpha_f}<y\leqslant d;\end{cases} \tag{4.47a}$$

$$E_z=\begin{cases}\dfrac{\mu_0}{\alpha_f}\cdot\dfrac{\partial H_1}{\partial t}[\sin\theta_0-\sin(\theta_0-\theta)], & 0\leqslant y\leqslant\dfrac{\theta_0}{\alpha_f},\\ 0, & \dfrac{\theta_0}{\alpha_f}<y\leqslant d.\end{cases} \tag{4.47b}$$

把上面的结果与方程(4.42a)—(4.42c)做比较，可以看出，在发生磁通线的旋转

的区域 $0\leqslant y\leqslant\theta_0/\alpha_f$ 内，方程(1.146)是不成立的. 从方程(2.2)和(2.15)可以得到如下方程：

$$\boldsymbol{E}=\boldsymbol{B}\times v-\nabla\boldsymbol{\Psi}, \tag{4.48}$$

式中 $\Psi$ 是一个标量函数. 当电场用这一形式描述时，$\Psi$ 通常是静电势. 但是，这种情况下 $\Psi$ 不是静电势，因为由方程(4.47a)和(4.47b)确定的电场源自感应 $-\partial\boldsymbol{A}/\partial t$. 也就是说，当停止变化电流且 $\partial H_1/\partial t=0$ 时，$\boldsymbol{v}=0$ 和 $\nabla\boldsymbol{\Psi}=0$ 可同时得到. 因为磁通线有非零速度分量 $v_x$ 和 $v_z$，则 $\boldsymbol{B}\times\boldsymbol{v}$ 有一个 $y$ 轴分量，且在远离旋转中心的地方变大. 另外，感应电场没有 $y$ 轴分量，且在 $x$-$z$ 平面是均匀的. 因此，来自于 $\boldsymbol{B}\times\boldsymbol{v}$ 的项是一个与实际电场完全不同的量，且不满足对称性条件. 这也可以从方程(4.45)给出的旋转中心是任意的，且对电场没有直接影响这一事实来理解. 如果将 $-\nabla\boldsymbol{\Psi}$ 加到 $\boldsymbol{B}\times\boldsymbol{v}$ 上，可以得到一个有物理意义的电场. 事实上，force-free 力矩产生的作用来自于 $-\nabla\boldsymbol{\Psi}$(习题 4.5 给出了证明). 这是因为 $\boldsymbol{v}$ 不是直接沿着能量流动的方向(与 $v_x$ 和 $v_z$ 有关的旋转方向垂直于能量的流向)，且只代表 $\boldsymbol{B}$ 变化的相速度. 从上面的讨论可知纵向磁场中磁通线旋转剪切情况下，就像在横向磁场中磁通的运动情况，用力学系统的运动来解释磁通运动是没有意义的. 这与 force-free 力矩不依赖于洛伦兹力这一事实有关. 相对而言，力学系统中机械力矩来自于力的存在.

作为对比这里考虑一个由洛伦兹力引起的磁通线旋转. 假定一个静磁场 $H_e$ 垂直作用于一个厚度为 $2d$ 的足够宽的超导厚板，该厚板置于 $x$-$y$ 平面($|z|\leqslant d$)，然后施加磁场 $H_t$ 于 $x$ 轴方向，如图 4.19 所示. 这种情况下，超导厚板表面的磁场发生的变化如图(a)所示，且磁通线在 $x$-$z$ 平面发生的旋转如图(b)所示(与图 4.17 对比). 该磁通线移动由沿 $y$ 轴方向流动的屏蔽电流产生的洛伦兹力引起. 因为抗磁因子的存在，假定沿着 $z$ 轴的磁场发生完全的穿透是合理的. 故厚板内的磁通线的分布为

$$\boldsymbol{B}=(B_x,0,\mu_0H_e); \tag{4.49a}$$

$$B_x=\begin{cases}0, & 0\leqslant z<d-\dfrac{H_t}{J_{c\perp}},\\[2ex] \mu_0H_t-\mu_0J_{c\perp}(d-z), & d-\dfrac{H_t}{J_{c\perp}}\leqslant z\leqslant d.\end{cases} \tag{4.49b}$$

从对称性出发，只处理一半的情况($0\leqslant z\leqslant d$). 与磁通分布变化有关的磁通线速度为

$$\boldsymbol{v}=(v_x,0,v_z); \tag{4.50a}$$

$$v_x=v_z=0,\quad 0\leqslant z<d-\frac{H_t}{J_{c\perp}}; \tag{4.50b}$$

$$\left.\begin{aligned} v_x &= \frac{\partial H_t}{\partial t}\cdot\frac{H_e(z-d+H_t/J_{c\perp})}{H_e^2+J_{c\perp}^2(z-d+H_t/J_{c\perp})^2}, \\ v_z &= -\frac{\partial H_t}{\partial t}\cdot\frac{J_{c\perp}(z-d+H_t/J_{c\perp})}{H_e^2+J_{c\perp}^2(z-d+H_t/J_{c\perp})^2}, \end{aligned}\right\} d-\frac{H_t}{J_{c\perp}}\leqslant z\leqslant d. \tag{4.50c}$$

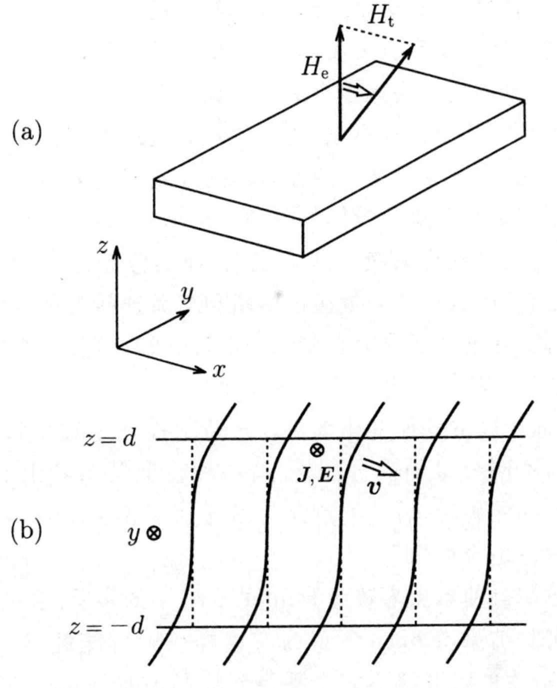


**图 4.19**　(a) 表面磁场的变化；(b) 磁场垂直施加于超导厚板，然后叠加一个平行于厚板的磁场时，内部磁通线的旋转运动情况.

另外，感应电场为

$$\boldsymbol{E}=(0,E_y,0); \tag{4.51a}$$

$$E_y=\begin{cases}0, & 0\leqslant z<d-\dfrac{H_t}{J_{c\perp}}, \\ \mu_0\dfrac{\partial H_t}{\partial t}\left(z-d-\dfrac{H_t}{J_{c\perp}}\right), & d-\dfrac{H_t}{J_{c\perp}}\leqslant z\leqslant d.\end{cases} \tag{4.51b}$$

因此，关系式 $\boldsymbol{E}=\boldsymbol{B}\times\boldsymbol{v}$ 在这一情况下是可以满足的. 另外，可以很容易地看出 Poynting 矢量 $\boldsymbol{N}=\boldsymbol{E}\times\boldsymbol{B}/\mu_0$ 平行于 $\boldsymbol{v}$. 这是因为 $\boldsymbol{v}$ 沿着能量流动的方向，且磁通线的运动与力学系统中的运动相似. 因此，这一现象的差异取决于磁通线的运动是由洛伦兹力还是 force-free 力矩引起.

这里讨论由 force-free 力矩引起的磁通线旋转的特征. 假定纵向磁场作用以后通入输运电流，在推导方程(4.47)时对此进行讨论. 在表面($\theta=\theta_0$)处，从这

一方程可以得到

$$\frac{E_x}{E_z} = -\tan\frac{\theta_0}{2}. \tag{4.52}$$

因此,当磁场的角度为 $\theta_0$ 时,电场与 $z$ 轴的夹角为 $-\theta_0/2$. 因此,当 $\theta_0$ 很小时,$\boldsymbol{E}$ 和 $\boldsymbol{B}$ 彼此近似平行. 这种情况与Cave等人的实验结果[4]接近. 他们的实验可以做为磁通的旋转剪切真实发生的证据. 事实上,当磁场从 $z$ 轴向 $x$ 轴稍微地倾斜时,磁通 $z$ 分量的变化要远小于 $x$ 分量的变化.

现在为了考证实验结果的机制,我们比较磁通线的旋转与磁通切割模型. 为了简单起见,可以假定开始沿着 $z$ 轴方向的磁通线偏向 $x$ 轴方向. 这样一个磁通线的旋转可以描述为穿透进超导体的磁通 $x$ 分量和逸出超导体的磁通 $z$ 分量相结合的产物. 磁通切割模型采用了这一观点. 他们假定磁通线(inter-cutting)的各分量独立地运动,或者这些分量通过横断和交叉连接过程(intra-cutting)发生相等的变化. 因此,在描述磁通分布变化方面,磁通旋转和磁通切割是等同的,这两种机制不能通过分析感应电场或者磁化来区分. 这是因为不但磁通线的净旋转,而且宏观磁通密度的任何变化都可以普适地描述为数量和方向的耦合变化或者描述为磁通不同分量的耦合变化. 前一种情况关系到由 force-free 力矩引起的平移磁通运动和旋转,后一种情况与磁通切割相关. 因此,利用相反的观点来解释磁通切割也是可行的.

有人从磁通切割的观点来解释 Fillion 等人[19]的实验. 也有人试图用相反的观点解释这一实验结果. Kogan[25]认为有这样一个可能性,当有纵向电场作用时,样品表面处产生的磁通线不完全平行于样品的轴线(这是 Fillion 等人的假定),而是螺旋状的,且稍微向内部的磁通线倾斜. 即使在紧邻表面的内部产生沿着轴线的磁通线,理论结果预言,在这些磁通线和内部的磁通线之间 force-free 力矩起作用,这表明形成的磁通线发生倾斜. 因此, Kogan 的理论似乎更自然些. 按照 Kogan 的理论,磁通线方位角方向的分量近似地与增强磁场相关,这是由于中空柱体内表面的磁通线回路的消除和外表面螺旋状磁通线的形成相互抵消. 这是对 Fillion 等人实验结果的另一种解释. 由于上面提到的原因,磁通切割的分析应当建立在有阻状态下的电流密度或者电场的测量基础上.

但是,对于实际磁通移动分析来说如下[26]实验的思路似乎是有用的. 假定薄的超导圆片平行放置于磁场中,然后如图 4.16 所示在平行于圆片的平面内旋转磁场. 磁场作如图所示的旋转和磁场固定但圆片作一个相反方向的旋转两种情况的结果应当是相同的. 多数实验[27]选择后一种方法. 当磁场发生旋转时,每一个模型假定相关性质的磁通移动,也就是磁通移动或者磁通切割.

当旋转超导圆片时会产生什么结果? 超导体内的磁通线被超导体的相互作用特别是钉扎相互作用驱动从而发生旋转. 从磁通旋转的观点来看(被称为磁通

旋转模型)，当表面上磁通线和外磁场之间的角度超过由磁通钉扎决定的临界值 $\delta\theta_c$ 时，force-free 力矩超过钉扎力矩. 因此，磁通线不能随着超导体发生旋转而开始发生倾斜. 当超导体进一步旋转时，表面上磁通线和下一束磁通线之间发生相同的变化. 因此，临界态以这种方式穿透超导体(参见图 4.20).

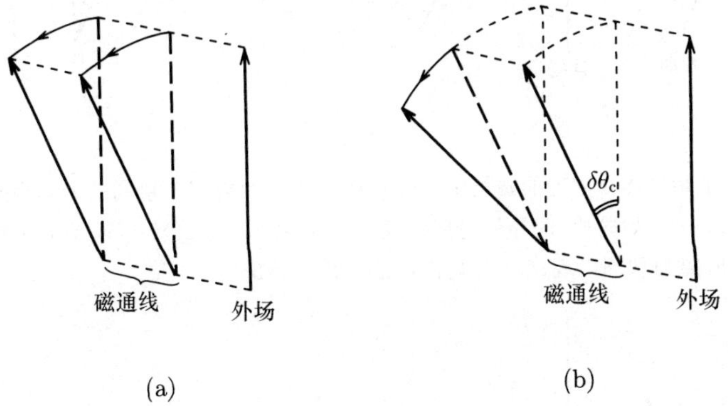


**图 4.20**　当一个超导体在固定的磁场中旋转时从磁通旋转模型中得到的磁通运动与临界状态建立的过程. (a) 开始阶段，超导体内部磁通线与超导体一起旋转；(b) 当它们与外部磁场的角度达到了钉扎临界值——$\delta\theta_c$ 时，它们不再能够旋转或者滑动，结果只有内部的磁通线进行旋转

怎样预测磁通切割模型？将图 4.9 展示的横断和交叉连接模型假定为一个例子. 按照这一模型，当外场和表面的磁通线之间的角度达到切割阈值 $\delta\theta_c$ 时，磁通切割发生，磁通线被拉回(图 4.21(b)). 当超导体进一步旋转时，超导体内的磁通线由于磁通钉扎相互作用被迫随着超导体发生旋转(参见图 4.21(c)). 随着进一步旋转，在外磁场和表面的磁通线之间再次发生磁通切割，在表面的磁通线和内部的磁通线之间发生相似的磁通切割. 结果，磁通线从超导体滑脱，临界态从表面穿透进超导体. 因此，磁通线随着超导体发生大的旋转，彼此切割然后回摆，导致发生一个非固有的振动. 如果我们仔细地观察磁通运动，可以发现，当外磁场旋转时也发生这样一个非固有振动. 图 4.22(a)展示了当临界态从处于表面的第四行磁通线向第五行磁通线穿透时，磁通线角度的变化. 磁通线的振动为 a→b→c. 这一结果表明，相邻行磁通线的角度接近 $\delta\theta_c/2$. 这也就是说，当在一个很宽的区域建立起一个临界态时，临界态中的磁通线的角度是切割阈值的一半. 这一原因很容易理解. 图 4.22(b)展示了相同条件下，磁通旋转模型描述的磁通线角度的变化. 如上所述，旋转磁场和旋转超导体情况对两种模型而言，存在钉扎相互作用时的宏观磁通运动没有什么不同. 这说明这些模型是一致的.

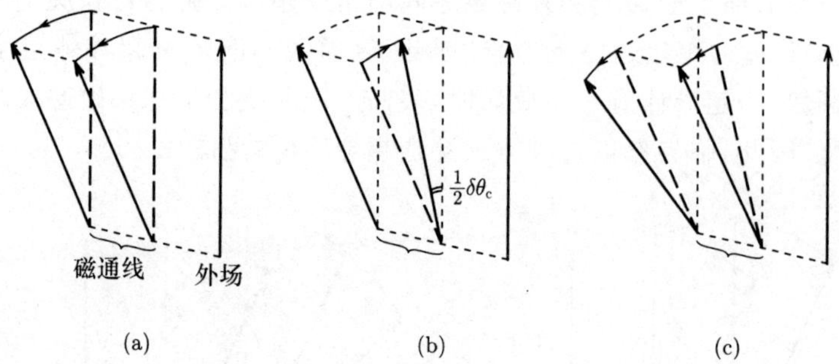


**图 4.21**　当一个超导体在固定的磁场中旋转时从磁通切割模型中得到的磁通运动与临界状态建立的过程.(a) 开始阶段,超导体内部磁通线与超导体一起旋转;(b) 当它们的角度达到了一个临界值时磁通切割出现;(c) 然后内部磁通线开始旋转

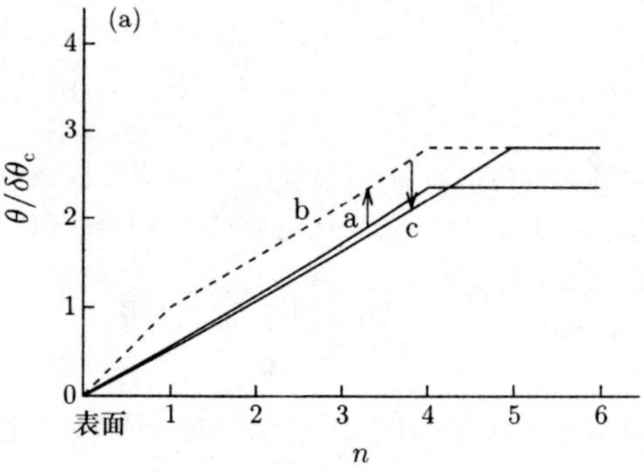


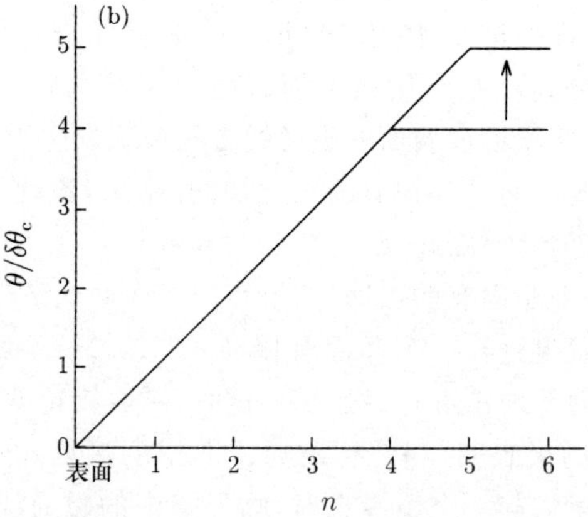


**图 4.22**　当临界状态从表面的第四排穿透到第五排时的角度 $\theta$ 的变化.其中 $n$ 代表了从表面起的排数.(a) 磁通切割模型的预期以及 a→b→c 的分布变化;(b) 磁通旋转模型所预期的变化

现在考虑无钉扎超导体的情况.假定在准静态情况下发生旋转,则涡旋电流

不可能在超导体内部流动.因此,磁通线不可能与超导体发生相互作用.当外磁场发生旋转时,在磁通旋转模型中磁通线预期随着外磁场发生旋转,因为 force-free 力矩对随外磁场倾斜的磁通线起作用.另外,在磁通切割模型中,得到与有钉扎作用的超导体相同情况下的 force-free 力矩状态,因为 force-free 态被认为是稳定的.对这两种模型得到的不同结果的讨论与对临界电流密度的讨论相同,这样一个讨论并不是目前实验的目的.实验的目的是讨论对各模型而言两种情况之间的关系,因此,我们没有对从上述两种模型得到不同结果提出疑问.下面应当考虑在一个固定的磁场中超导体相反方向旋转时的情况.在两个模型中,认为磁通线是空间固定的,因为它们没有发生任何关联,包括与超导体之间也没有发生任何关联.因此,超导体中的磁通线的角度与外磁场一样.这一结果等价于磁通旋转模型中外磁场发生旋转时的情况,但是不同于磁通切割模型中的情况.这是因为在磁场旋转和超导体旋转的情况下磁通切割模型是不一致、不等价的[26].除了横断和交叉连接模型之外,其他的磁通切割模型也可得到相同的结论.可以认为在实际情况中,存在涡旋电流效应.习题(4.6)将讨论这一情况下的问题.

## 4.5　临界电流密度

就像 4.3 节提到的一样,在类似于横向磁场的情况下,磁通钉扎相互作用必然维持磁通线的形变以至于 force-free 电流可以稳定地流动.临界电流密度 $J_{c\parallel}$ 取决于临界态下 force-free 力矩和钉扎力力矩之间的平衡

$$\Omega_c = \Omega_p, \tag{4.53}$$

用 $J_{c\parallel}$ 取代 $J_\parallel$,方程(4.29)给出 $\Omega_c$.钉扎力矩通常由下式决定:

$$\Omega_p = \sum_i f_{pi} l_i, \tag{4.54}$$

其中 $f_{pi}$是第 $i$ 个钉扎中心的钉扎力,$l_i$ 是与这个钉扎中心相互作用的磁通线的有效旋转半径,求和是在单位体积内.考虑到围绕着强钉扎中心的磁通线的局域旋转,有效旋转半径 $l_i$ 应当由支点和力施加点之间的距离来决定,即这一个钉扎中心与下一个钉扎中心之间的距离(参见图 4.23).因此,$l_i$ 的平均值与钉扎中心的平均间距 $d_p$ 应当有可比性.只有当每一个钉扎中心都足够强,且钉扎中心的密度 $N_p(=d_p^{-3})$不是很大时,这一预期才是正确的.在这样的情况下,钉扎力矩正比于钉扎密度 $N_p$ 和单个钉扎力的平均值的积,服从线性求和,与横向场的钉扎力密度相似.因此,方程(4.54)可以表示为

$$\Omega_p = \eta_\parallel N_p f_p d_p, \tag{4.55}$$

这里 $\eta_\parallel$ 是一个表示钉扎效应的参数,且取一个小于 1 值.当 $f_p$ 很小和(或)$N_p$

很大的时候,发生集体钉扎,许多钉扎中心共同起作用.这种情况下,$l_i$ 取大于 $d_p$ 的值,$f_{pi}$ 不是单个钉扎中心的力,而是钉扎中心的共同作用力.

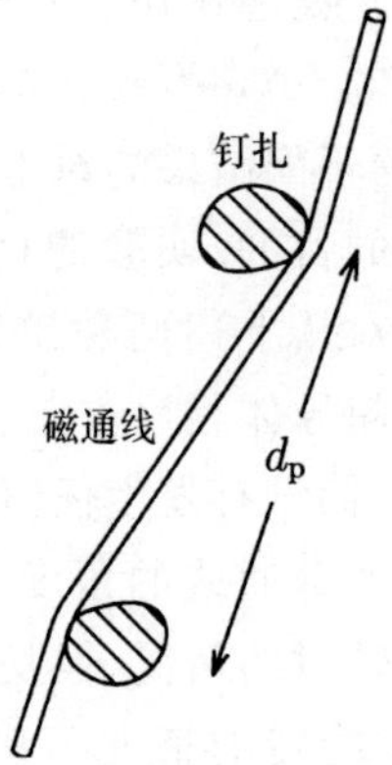


**图 4.23** 围绕着强相互作用钉扎中心的磁通线的局部旋转情况

计算方程(4.29)中的 $y_0$ 是必要的.注意没有方法解析地确定 $y_0$[21].但是,当单个钉扎力足够强时,能够预测发生磁通线剪切的各行彼此相互独立.这是因为,当一行的磁通线发生旋转时,只有当邻近行与它之间的倾斜角到达临界值时,邻近行才会发生旋转.这种情况下 $y_0$ 可以被磁通线的间距 $a_f$ 取代.$y_0$ 取最小值时,临界电流密度达到最大值.描述横向磁场现象的临界态模型要求当外磁场发生变化时,内部磁通线分布的变化应当尽可能的小.这与最小能量耗散理论相似,即与线性耗散系统的不可逆过程热力学原理(附录 A.3)相似.因此,$y_0$ 取最小值时的假设可以理解为对不可逆热力学原理的解释.

从上面的讨论可知,当钉扎中心足够强,且它们的密度不是很大时,纵向场中的临界电流密度可以表示为

$$J_{c\parallel} = 6\eta_{\parallel} \frac{N_p f_P}{B} \cdot \frac{d_P}{a_f}. \tag{4.56}$$

另外,横向场中的临界电流密度可以写为

$$J_{c\perp} = \eta_{\perp} \frac{N_p f_P}{B}, \tag{4.57}$$

这里 $\eta_{\perp}$ 是相关的钉扎效率(参见方程(7.81)).因此,临界电流密度的增强因子可以表示为

$$\frac{J_{c\parallel}}{J_{c\perp}} = 6 \frac{\eta_{\parallel}}{\eta_{\perp}} \cdot \frac{d_P}{a_f}. \tag{4.58}$$

如果 $\eta_{\parallel}$ 和 $\eta_{\perp}$ 彼此近似,增强因子的值接近 $6d_P/a_f$,且远远大于 1.因此,可以有效地解释横向场中临界电流密度的升高现象.上面的结果表明,随着钉扎密

度的增大，增强因子减小，也就是随着钉扎间距 $d_P$ 的减小，增强因子减小.

图 4.24 展示了 Pb-Bi 样品的实验结果[28]. 实验中，在一个横向磁场内方程(4.57)中的 $\eta_\perp$ 应当是一个常量，以便对临界电流密度依赖于钉扎参数这一理论预言进行核实. 由图可以发现与方程(4.56)描述的一样，临界电流密度正比 $N_p f_P d_P$. 这一组样品的钉扎中心都是大小为 $\mu$m 的正常沉淀. 可以指出在正常沉淀情况下，磁通切割更容易发生. 但是，临界电流密度随着正常沉淀的增加而增加，如图 4.24 和 4.11(b)所示. 因此，正常沉淀中的更容易发生磁通线切割的假定是不正确的. 在磁通线相互交叉的区域可能发生磁通切割. 注意，在正常沉淀中，不能发生磁通线的相互交叉，因为这一区域没有超导电流流过.

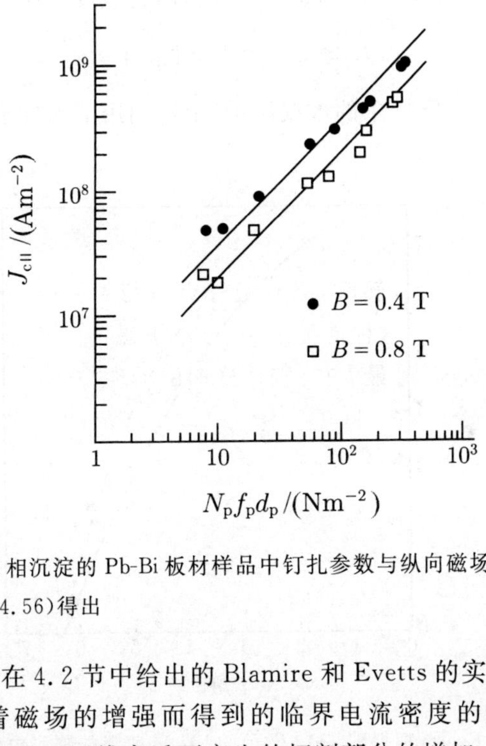


**图 4.24**　进行常态 Bi 相沉淀的 Pb-Bi 板材样品中钉扎参数与纵向磁场中临界电流密度的关系[28]，实线是由方程(4.56)得出

这里我们讨论在 4.2 节中给出的 Blamire 和 Evetts 的实验结果[20]. Blamire 和 Evetts 认为随着磁场的增强而得到的临界电流密度的阶梯形增加(见图 4.13)应当归因于新的磁通线穿透而产生的切割部分的增加. 但是，应当注意到，新的磁通线的穿透正如方程(4.54)所示，同时也会带来钉扎部分数量的增加. 这表明图4.13中的临界电流密度的变化也可以用磁通钉扎机制来解释. 上述实验结果是在沉积的薄膜样品中得到的. 可以预测晶粒尺寸应当是非常小的，那么作为钉扎中心的晶粒间界的密度应该是非常大的. 事实上，与块材样品的临界电流密度相比，纵向磁场效应不显著的零场附近的临界电流密度非常大(4.2K 时大约为 $2\times10^9\,\mathrm{Am^{-2}}$). 因此，新穿透进超导薄膜的磁通线应当被钉扎中心完全钉扎. 这种情况下钉扎中心的数量由磁通线的数量决定，有 $\Omega_p \simeq (B/\phi_0)\langle f_P \rangle \langle l \rangle$，

这里〈 〉表示平均值.因此,临界电流密度表示为

$$J_{c\|} \propto B^{1/2} \langle f_P \rangle. \tag{4.59}$$

Blamire 和 Evetts 提出一个近似的方程 $J_{c\|} \propto B^{1/2} f_c$,$f_c$ 表示初级切割力,$J_{c\|}$ 正比于 $B^{1/2}$,如图 4.13 中直线所示,且假定 $f_c$ 为常量.这一假定不同于 Brandt 等人[13]给出的方程(4.13)表示的理论结果,这表明,$f_c$ 与倾斜角 $\delta\theta$ 近似成反比的关系(以至于在这种情况下可以从方程(4.15)中得到$J_{c\|} \propto B$). Blamire 和 Evetts 等人的假设建立在 Wagenleithner[17] 的理论结果的基础之上.他们从 $J_{c\|}$ 的实验结果中估算了切割力 $f_c$,图 4.25 中给出了他们的结果,这种情况下坐标单位是 $1\times10^{-13}$N.这里讨论了钉扎力与温度的关系.如果假定切割力与倾斜角 $\delta\theta$ 无关,就像开始 Blamire 和 Evetts 提出的假设一样,将有

$$f_c \propto \lambda^{-2} \propto 1-\left(\frac{T}{T_c}\right)^4, \tag{4.60}$$

与温度的关系如图 4.25[18]中的虚线所示.上面利用了来自于双流体模型中 $\lambda$ 与温度的关系.

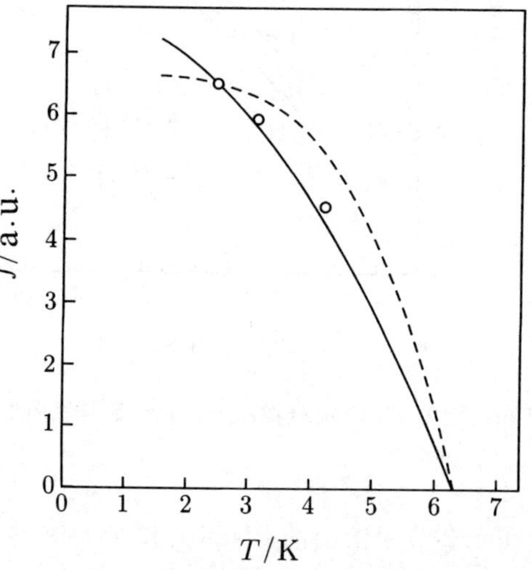


**图 4.25** Blamire 和 Evetts 根据图 4.13 所示的 Pb-Tl 薄膜的临界电流密度估计出的初级切割力 $f_c$ 与温度的关系曲线[20].虚线为 Wagenleithner 理论的预期值[17].另一方面,根据临界电流密度来自于钉扎相互作用的假设,实线展示了初级钉扎力 $f_p$ 与温度的关系

现在利用磁通钉扎机制讨论他们的实验结果.这种情况下钉扎密度被认为应该相当高.因此〈$f_P$〉不是单个钉扎中心的初级钉扎力.把它看做钉扎中心的集体作用力似乎是合理的.没有关于钉扎中心的信息,它对推导〈$f_p$〉与温度和磁场关系至关重要,但从许多横向磁场的结果中可以估计出它们的关系.众所周知,

横向磁场中的钉扎密度可以表示为比例定律，$F_P \propto H_{c2}^{m-\gamma}(T)B^{\gamma}$，除了在上临界场附近(参见 7.1 节)，$m$ 和 $r$ 表示钉扎参数. 如上所述，人们预测磁通钉扎是相当强的. 这种情况下，从 Nb-Ti 等的实验结果中期望得到 $m=2$ 和 $r=1$. 钉扎很强的情况下，认为单个的磁通线几乎被独立地钉扎. 这应当能导出 $F_P \propto (B/\phi_0)\langle f_P \rangle$，且可以得到

$$\langle f_P \rangle \propto H_{c2}(T) \propto 1-\left(\frac{T}{T_c}\right)^2. \tag{4.61}$$

这一结果如图 4.25 中的实线所示，该结果与实验结果的一致性，优于与由磁通切割机制推导出来的虚线的一致性. 另外，$f_P$ 是与磁场相关的恒量，因此，图 4.13 中展示的电流密度与磁场的关系 $J_{c\parallel} \propto B^{1/2}$ 也可以用方程(4.59)来解释. 在上面已经讨论过，尽管存在一些不确定的因素，利用磁通切割机制不能准确地解释 Blamire 和 Evetts 的实验结果，但是利用磁通钉扎机制可以很好地解释温度依赖关系.

## 4.6　普遍的临界态模型

电流通常由两部分组成：一部分与磁通线平行，一部分与磁通线垂直. 例如，一般在实验过程中首先将纵向磁场作用于超导柱体或厚板，随后对超导体通入一个电流，最初电流垂直于磁通线方向流动，然后逐渐转向平行方向流动. 这一过程中磁通分布发生什么样的变化？这一节，为了简化计算，再一次考虑宽超导板中的磁通线的分布. 假定超导板平行于 $x$-$z$ 平面，且磁通线和电流平行于这一平面. 因此，它们的值将沿着板厚度的方向发生变化，也就是沿着 $y$ 轴发生变化. 这种情况下，当磁通密度 $B$ 及磁通线和 z 轴的夹角 $\theta$ 确定时可以得到磁通的分布. 下面一些形式的方程可以描述这样的分布：

$$\frac{\partial B}{\partial y}=\mu_0\delta_{\perp} J_{c\perp} f, \tag{4.62a}$$

$$B\frac{\partial \theta}{\partial y}=\mu_0\delta_{\parallel} J_{c\parallel} g, \tag{4.62b}$$

这里 $\delta_{\perp}$ 和 $\delta_{\parallel}$ 是与电流方向有关的符号因子(sign factors)，$f$ 和 $g$ 将在下面讨论时用到. 把这些方程与方程(4.19)比较，可以发现方程(4.62a)与垂直于磁通线的电流部分有关，这部分电流产生洛伦兹力；方程(4.62b)与 force-free 电流部分有关. LeBlanc 等人[29]假设 $f=1$，$g$ 是一个与 $\theta$ 角有关的参数，但是他没有给出任何对假设的解释. 另外，Clem 等人[30]认为方程(4.62a)和(4.62b)分别来源于磁通钉扎和磁通切割，它们是彼此独立的. 因此，他们假定 $f=g=1$.

但是，上面展示的 force-free 电流也来自于钉扎相互作用. 因此，方程(4.62a)和(4.62b)中的电流部分并不是彼此独立的，而是来自于共同的钉扎能.

因此，钉扎能为两个部分共享. 这里，引入描述磁通线位置的广义坐标(generalized coordinated)$(y,\theta)$. 如果磁通线的钉扎势可以在一个平衡点$(y_e,\theta_e)$周围近似扩散为

$$U = \frac{a}{2}(y - y_e)^2 + \frac{b}{2}(\theta - \theta_e)^2. \tag{4.63}$$

当 $U$ 达到一个确定的阈值 $U_p$ 时，可以获得临界态[31]

$$f = \sin\psi, \qquad g = \cos\psi, \tag{4.64}$$

这里 $\psi$ 为表示钉扎能共享的参数(参见附录 A.4). 这一参数如何定义？

这一参数不能从电磁学的观点来确定. 因此，可以用到 4.5 节中提到的能量最小损耗原理，它以线性损耗系统的不可逆热力学原理著称. 如果 $P$ 表示由超导体中磁通密度变化带来的损耗，认为钉扎能被共享以至于 $P$ 可以最小化. 因此，参数 $\psi$ 被认为应当由下列条件确定：

$$\frac{\partial P}{\partial \psi} = 0. \tag{4.65}$$

超导体中磁通钉扎过程中的能量损耗不同于通常的线性能量损耗过程的损耗，没有一个固定的关系. 但是，可以正确地描述横向磁场中不可逆电磁现象的临界态模型，满足前面提到的最小能量损耗的条件(参见附录 A.3). 因此，上面提到的假设似乎是合理的.

这里引入一个实验结论[32]，它似乎受不可逆热力学原理影响较大. 当一个纵向磁场和一个输运电流同时作用于一个超导带材时，当它们的强度彼此成比例时，表面处的磁场保持其角度不变，而仅改变它的强度. 因此，只要来自不同面的磁通线不在中心相遇，从带材的各表面穿透的磁通线就彼此没有关联. 这是因为穿透的磁通线似乎发生一个平移，但并不改变它的角度，这与只有横向磁场作用且磁场增大时的情况相似. 但是，纵向磁化是顺磁性的，和通常含有纵向磁场的情况一样，临界电流密度增大. 这一结果表明，当穿透到超导带材中时，磁通线被转过一个角度. 换句话说，电流不能沿着垂直方向流动，而是沿着平行磁通线的方向流动. 在给定条件下，电流开始有一定的自由度，可以预期不可逆的热力学原理决定电流的流动. 对于由方程(2.82)展示的较大临界电流密度来说，由电流引起的损耗一般取一个小值. 因此，建议电流流动采用 force-free 的形式，使损耗最小. 注意，电流的流动不能使得路径最短，与正常态中的情况一样. 如果电流沿着平行于带材长度的方向移动，在纵向磁场中不可能出现顺磁力矩.

与 4.1 节中提到的一样，force-free 模型描述了图 4.2 中的现象，甚至可以描述有磁通钉扎效应的样品. 上面提到的最小能量损耗原理给我们提供了与这一表观矛盾的答案. 钉扎能量尽可能地被分配给与大的临界电流密度相互作用的钉扎，从而产生最小的能量损耗. 结果，在输运电流的情况下，磁场角度发生变化时，钉扎相

互作用对磁通线的旋转起到最大的屏蔽作用,但是对洛伦兹力($\psi\simeq 0$)引起的磁通线穿透的屏蔽几乎没有作用. 这与 3.3.3 小节提到的非正常横向磁场效应情况下电流分布的变化情况相似. 差别仅在于从横向流动到纵向流动的电流分布的变化比反常的横向磁场效应情况下的变化要完成得更快,因为临界电流密度的各向异性非常大. 在磁通切割模型中的顺磁磁化被假定小于 force-free 模型中的磁化,因为认为磁通钉扎相互作用把磁通线的平移穿透全部屏蔽在外.

假定交流电流或者小的交流横向磁场作用于放置在平行直流磁场中的长超导体上. 在稳定状态,期望得到近似的 force-free 状态,因为临界电流密度存在很大不同. 这种情况下,方程(4.62b)预期,横向磁通部分的分布与 Bean-London 模型中描述的分布相似. 事实上,图 4.26 中展示的实验结果[15]证明这一预期是正确的. Cave 等人[4]的实验结果,横向磁通部分的大小与交流电流的二次方成正比,也证明这一预期的正确性.

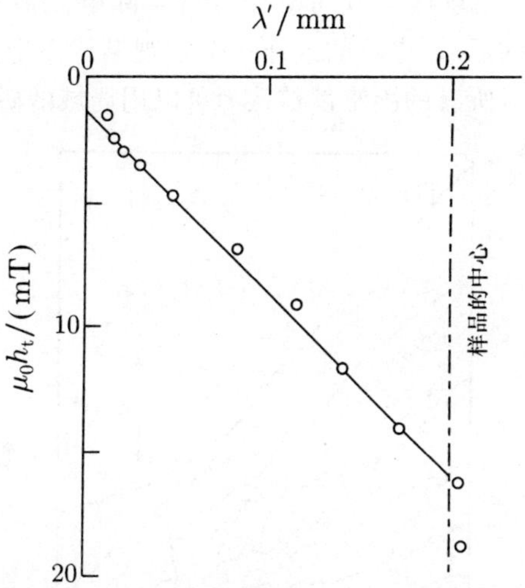


**图 4.26**　Nb-Ta 超导体厚板中横向磁通量分布[15]. $h_t$ 是表示在一个直流纵向磁场上垂直叠加一个交流电磁场的振幅,$\lambda'$是交流场的穿透深度

这里粗略地讨论了,纵向磁场和电流同时改变时的实验结果. 在这一实验条件下,一般认为不会发生磁通切割,因为超导表面的磁场方向不发生改变,且平行于内部磁通线的方向.

人们期望纵向磁场中磁通线的分布可以由方程(4.62),(4.64)和(4.65)来描述. 但是方程(4.64)的近似是否合理以及方程(4.65)是否能满足等问题尚未得到明确的解答,人们正在将这些方程与实验做对比性研究. 因此,这一模型将根据今后的研究来评价.

# 4.7 有阻态

当纵向磁场中的输运电流密度超过临界值 $J_{c\parallel}$ 时，便感应出一些磁通移动，从而使超导体变成有阻态. 如前所述，Walmsley[1] 提出一个磁通切割模型，这个模型假定仅磁通的横向部分穿透进超导体中，以此解释稳定的纵向电场和恒定的纵向磁化的兼容. 后来 Cave 等人[4]，Clem[10,12] 和 Brandt[11] 提出了不同的磁通切割模型. 按照这些模型，磁通切割被认为在宏观范围内均匀地发生，因为超导样品具有对称性和均匀性. 因此，最终的电场也应当是均匀的. 但是，这种情况下，观察到的电场是不均匀的，且与横向磁场中的情况有很大不同. 在与样品的大小可比的范围观察到的电场有一个宏观的结构，这一结构最显著的特征是有一个负电场，如图 4.27 所示. 即在电压两端之间观察到的电场方向与边界条件确定的电流方向相反(注意这一方向不一定与实际电流流动方向相同)，这意味着存在一个产生能量的区域. 电场的这样一个宏观结构不能用磁通切割模型来解释，在磁通切割模型中，所有的困难都被认为可以用局域的磁通切割机制来解决.

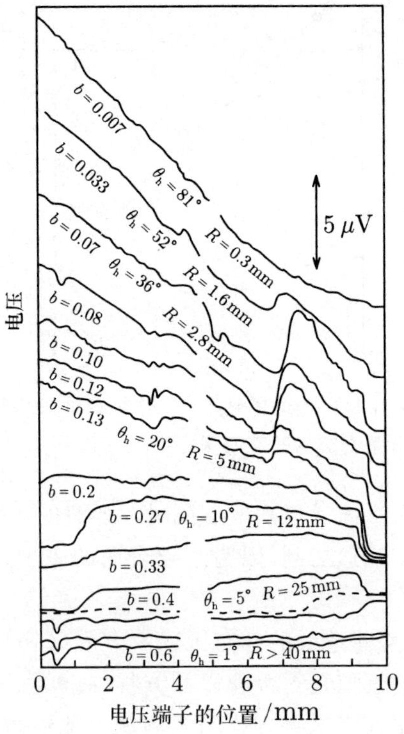


**图 4.27** 在纵向磁场中的圆柱形 Pb-In 样品测得的纵向电势的变化[33]. $b$ 是衰减的磁场，$\theta_h$ 和 $R$ 分别是磁场在表面的角度和坡度

Ezaki 等人[5,34]详细地描述了有阻态下的电场结构. 他们测试了如图 4.28 所示的纵向和方位角方向超导柱体样品中的伏安曲线,发现了如图 4.29 所示的势能分布. 图 4.5 为这一结构的示意图. 这一螺旋状的结构有两个区域,也就是正、负电场区域. 它们被确定以后,正、负电场区域将分别被称为 S 区和 N 区.

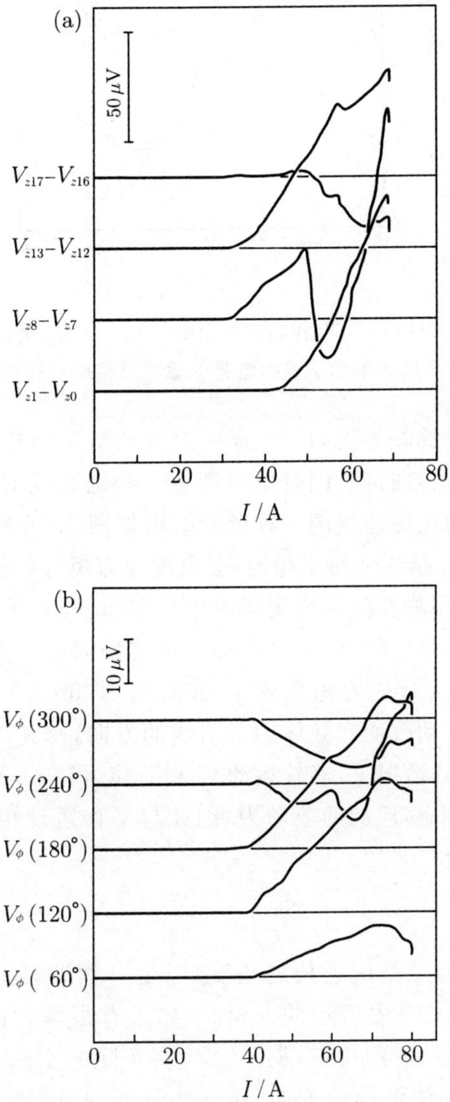


**图 4.28**　纵向磁场中的圆柱形 Pb-Tl 样品在(a)纵向和(b)方位角方向的伏安特性曲线[34]

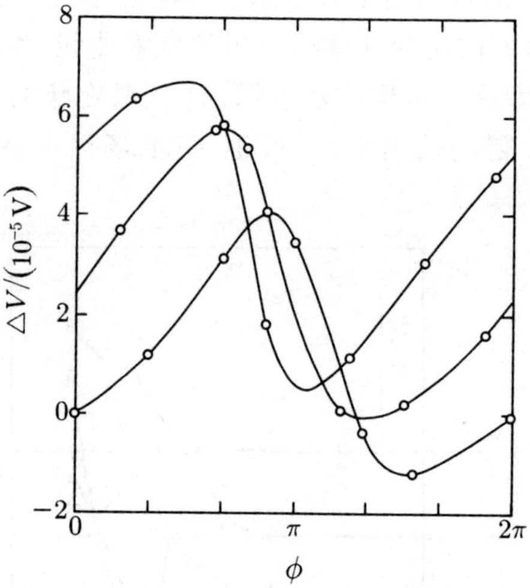


**图 4.29** 纵向磁场中的圆柱形 Pb-Tl 样品的表面电势的方位角上的变化[5]. 每条线都代表了一个不同的纵向位置. 这个结果展示了表面电势的螺旋形结构

在一个纵向磁场的临界态，force-free 力矩平衡于钉扎力矩. 当输运电流进一步增大时，这一平衡被打破，同时感应产生一些磁通线的运动. 磁通线会产生什么样的运动呢？假定磁通线的一种形变结构如图 4.30 所示. 当倾斜角 $\delta\theta$ 超过临界值 $\delta\theta_c$ 时，这一结构变得不稳定，会出现净力矩，以减小 $\delta\theta$. 该力矩是一种内力矩，因此不能预测哪些磁通线实际发生旋转. 这与立蛋例子相似，尽管众所周知立起来的蛋是不稳定的，但是并不知道蛋将倒向哪个方向. 假定，图4.30中左侧的磁通线被 force-free 力矩朝着 $\boldsymbol{v}_1$ 方向驱动，force-free 力矩超过钉扎力矩. 但是，这样一个运动改变超导体中磁通线的方向，却并不会产生一个稳定状态. 在边界条件确定的情况下，旋转运动 $\boldsymbol{v}_1$ 和平移运动 $\boldsymbol{v}_2$，都必需满足稳定态的条件. 没有引起磁通平移运动的驱动力，因此与平移运动相关的作用为 0. 稳定状态条件由下式确定：

$$\frac{\partial\theta}{\partial t}=v_2\frac{\partial\theta}{\partial y}. \tag{4.66}$$

该式适用于板材结构，$\theta$ 是磁通线的角度，假定 $y$ 轴沿着 $\boldsymbol{v}_2$ 方向. 稳定状态下磁通线的运动与图 4.30 中所示的 $\boldsymbol{v}$ 相同. 如果有很精确的对称性，磁通线也可能发生反向的运动，方向由波动性决定. 在实际的实验条件下，磁场的方向将稍微地倾斜于超导体轴线的方向，磁通线运动的方向由最终的小的洛伦兹力决定.

图 4.31 表示了预期的超导柱体内部的磁通移动[35]：(a) 展示了穿过柱体中心的磁通线的移动；(b) 展示了沿着柱体长度方向各位置处的磁通移动的方

向. 通过围绕轴线扭曲柱体内部均匀的和平移的磁通流可以再现磁通移动. 在后又将其称为螺旋状的磁通流. 螺旋状磁通流的一个特征是，方程(4.48)中 $\boldsymbol{B}\times\boldsymbol{v}$ 项在 N 区引起一个负电场，这里磁通线逸出超导体，且可能引起一个包含第二项(second term)的净负电场. 这个区域 Poynting 矢量的方向向外，可以发现能量流也朝向外. 换句话说，在 S 区域，Poynting 矢量朝内. 这与横向磁场中的磁通流相似. 因此，沿着方位角方向的电势的变化来自于 $\boldsymbol{B}\times\boldsymbol{v}$ 项.

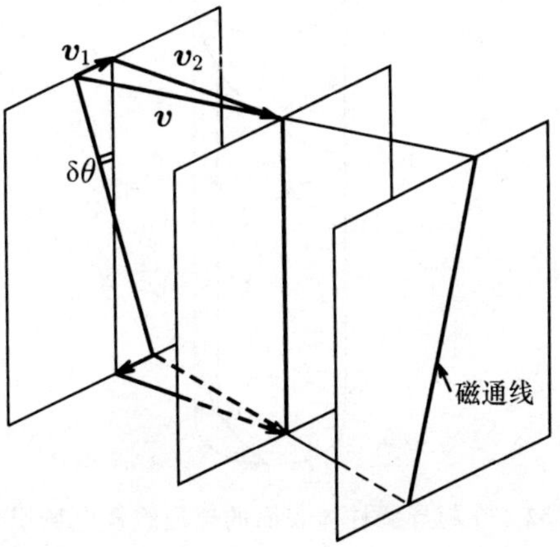


**图 4.30**　磁通线的扭转运动. $v_1$ 是由 force-free 力矩引起的旋转分量运动，$v_2$ 是感应出来的平移分量运动[35]

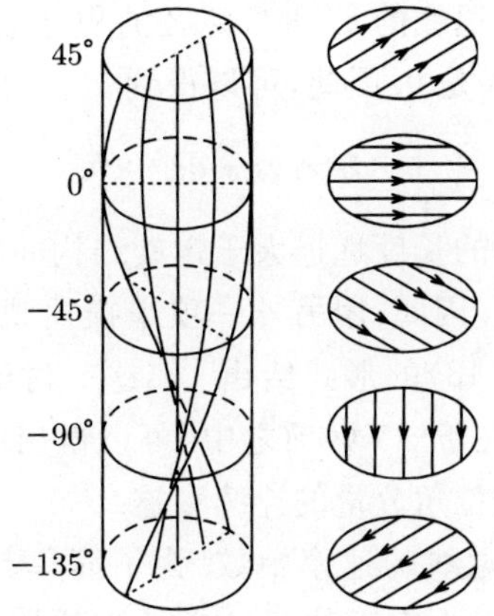


**图 4.31**　超导圆柱体中的螺旋磁通流[35]：(a) 穿过柱体中心的磁通线的移动；(b) 沿着柱体长度方向的各位置处的磁通移动方向. 角度代表了磁通流的方向

这里可以看出，在有阻状态下，电场也可以表示为方程(4.48)的形式. Kogan[36]第一次从理论上揭示 Josephson 关系 $\boldsymbol{E}=\boldsymbol{B}\times\boldsymbol{v}$ 不能满足纵向磁场中超导柱体的情况. Kogan 揭示从柱体的对称性出发，$\boldsymbol{E}$ 和 $\boldsymbol{B}$ 不是相互垂直的. 我们将逐步给出这一讨论. 假定如图 4.32 所示，磁通线刚好穿透到超导柱体内，论述磁通线上 a 和 b 两点之间的电势差.

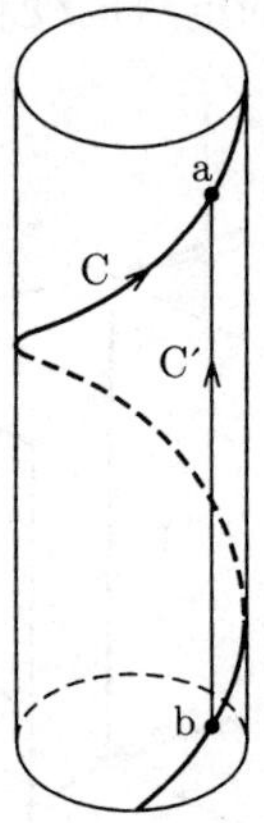


**图 4.32** 在超导圆柱体表面的磁通线及电场积分路径

通过求方程(4.48)的电场的曲线积分可以得到从 b 点到 a 点电势差. 在稳定的条件下，满足 $\partial\boldsymbol{B}/\partial t=0$. 因此，它可以从连续方程(2.15)推出，这一方程中，$\boldsymbol{B}\times\boldsymbol{v}$ 由一些标量函数的梯度给出. 且 $\boldsymbol{B}\times\boldsymbol{v}$ 的曲线积分与积分路径无关. 这意味着沿着图中展示的磁通线的 C′和 C 路径的积分是相同的. 因为 $\boldsymbol{B}$ 平行于积分路径 C，曲线积分的结果是 0. 因此，可以得到

$$\int_{C'}(\boldsymbol{B}\times\boldsymbol{v})\cdot \mathrm{d}\boldsymbol{s}=0. \tag{4.67}$$

上面的结果意味着在两端的长度远远大于螺旋结构间距的超导体中，$\boldsymbol{B}\times\boldsymbol{v}$ 对电流方向的静电压没有贡献. 因此，用另外一项来描述观测电场是有必要的. 作为一个结果，电场以方程(4.48)的形式给出[35]. 这一讨论表明，$\boldsymbol{B}\times\boldsymbol{v}$ 对能量损耗没有贡献，重要的成分存在于$-\nabla\Psi$ 项之中. 可以得出结论：与能量损耗相关的电场不是来源于磁通线方位角分量的连续穿透.

这里将$-\nabla\Psi$ 称为磁通线的速率函数. 为了简单起见，假定有如图 4.30 所示的超导板和磁通运动. 因为实际的超导样品为柱体形状，这种处理不是很精确. 但是，预期的磁通运动没有普遍的柱体对称性，就像图 4.31 中展示的一样. 因此，目前的处理是一个还不坏的近似. 事实上，如果我们仅看到柱体一部分，这一区域的磁通运动与板材中的情况并无根本上的不同. 假定超导板平行于 $x$-$z$ 平面，且占据 $0\leqslant y\leqslant d$ 区域. 磁场 $H_e$ 和电流 $I$ 沿着 $z$ 轴施加. 如果半径为 $R$ 的

柱体粗略地被看为宽为 $2R$ 且厚为 $d$ 的矩形杆，相同穿过部分的条件导致

$$d = \frac{\pi R}{2}. \tag{4.68}$$

另外，消除矩形杆边界处不规则的成分是必要的，因为柱体表面没有不规则的成分. 因此，在一个足够宽的板中，仅处理宽度为 $2R$ 的部分(见图 4.33). 磁通线沿着 $y$ 轴平移，且沿着 $x$-$z$ 平面旋转. 如果平移发生在 $y$ 轴的正向，将发生与这一方向相关的逆时针方向的旋转. 这一分析的目的是为了估计由磁通移动产生的能量损耗所引起的 $-\nabla\Psi$. 因为能量损耗来自于旋转的磁通移动，只需要估算超导体中由单纯的旋转磁通移动产生的能量损耗.

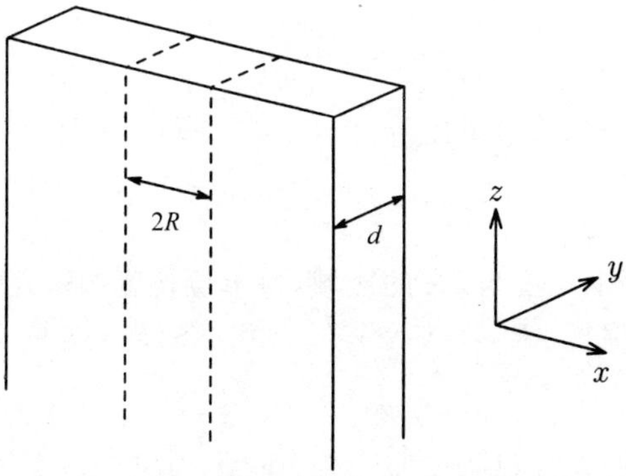


**图 4.33**　用于估算超导圆柱体中损耗的超导厚板的等效部分

考虑在稳定状态下平行于超导板($-d \leqslant y \leqslant d$)的外磁场在 $x$-$z$ 平面发生旋转的情况. 因为对称性，只需处理在板的一半部分($0 \leqslant y \leqslant d$)的磁通移动. 板中的磁通分布可以表示为

$$\boldsymbol{B} = (B\sin\theta, 0, B\cos\theta), \tag{4.69}$$

其中 $\theta$ 是 $x$-$z$ 平面内的磁通线与 $z$ 轴的夹角. 通过分析横向磁场中的磁通流，可以确定密度为 $J_{\parallel}$ 的 force-free 电流均匀地流动. 由此可以推导出，$B$ 是均匀的，且符合 $B=\mu_0[H_e^2+(I/2\pi R)^2]^{1/2}$. 角度由下式确定：

$$\theta = \theta_d - \frac{\mu_0 J_{\parallel}}{B}(y-d), \tag{4.70}$$

这里 $\theta_d$ 是表面 $y=d$ 处的角度. 这种情况下 $\theta_d$ 随着时间发生连续的变化，在中心处($y=0$)由于对称性可以推导出 $\boldsymbol{E}=0$. 因此，可以容易地计算出电场为

$$E_x(y=d) = \frac{B^2\dot{\theta}}{\mu_0 J_{\parallel}}\left[\cos\left(\theta_d + \frac{\mu_0 J_{\parallel} d}{B}\right) - \cos\theta_d\right],$$

$$E_z(y=d) = \frac{B^2\dot{\theta}}{\mu_0 J_{\parallel}}\left[\sin\theta_d - \sin\left(\theta_d + \frac{\mu_0 J_{\parallel} d}{B}\right)\right], \tag{4.71}$$

$\dot{\theta}=\mathrm{d}\theta/\mathrm{d}t$ 是外磁场的旋转角速度. 很容易发现 $E_y=0$. 当 $\mu_0 J_{\parallel}/B$ 很小时,做为最终的结果,超导板表面每单位区域的输入功率估计为

$$P=-\frac{1}{\mu_0}(\boldsymbol{E}\times\boldsymbol{B})_y\Big|_{y=d}=-\frac{B^3\dot{\theta}}{\mu_0^2 J_{\parallel}}\left[1-\cos\left(\frac{\mu_0 J_{\parallel} d}{B}\right)\right]$$

$$\simeq-\frac{BJ_{\parallel}d^2\dot{\theta}}{2}, \tag{4.72}$$

注意 $\dot{\theta}<0$,因为磁场的逆时针旋转.

现在我们回过头来分析超导柱体内的螺旋状的磁通流. 实际上磁通的旋转移动伴随着一个平移运动,它们有一个如下的关系可从方程(4.66)推出:

$$\dot{\theta}=-\frac{\mu_0 J_{\parallel} v_2}{B}. \tag{4.73}$$

把这一方程代入方程(4.72)可以得出

$$P=\frac{\mu_0 J_{\parallel}^2 d^2 v_2}{2}. \tag{4.74}$$

图 4.33 中所示的杆上宽度为 $2R$ 的区域,每单位长度的输入功率 $2RP$ 应当等于柱体每单位长度的损耗 $\pi R^2(-\nabla\Psi)_z J_{\parallel}$. 这一条件导致[35]

$$(-\nabla\Psi)_z=\frac{\mu_0 J_{\parallel} d v_2}{2}. \tag{4.75}$$

下面我们分析超导柱体的表面电场. 利用柱坐标 $(r,\phi,z)$,其中角度 $\phi$ 是在 $z=0$ 处与磁通移动方向的夹角. 表面处的磁通密度可以表示为

$$B(R)=(B_r,B_\phi,B_z)=(0,\sin\theta_R,B\cos\theta_R), \tag{4.76}$$

其中 $\theta_R$ 是表面磁场与 $z$ 轴的夹角. 可以假设磁通的平移速度 $v_2$ 是均匀的. 然后,利用条件 $\boldsymbol{B}\cdot\boldsymbol{v}=0$,可以得出表面($z=0$)磁通线的移动速度为

$$\boldsymbol{v}(R)=(v_2\cos\phi,-v_2\sin\phi,v_2\tan\theta_R\sin\phi). \tag{4.77}$$

由此得出

$$(\boldsymbol{B}\times\boldsymbol{v})_\phi\big|_R=Bv_2\cos\theta_R\cos\phi, \tag{4.78a}$$

$$(\boldsymbol{B}\times\boldsymbol{v})_z\big|_R=-Bv_2\sin\theta_R\cos\phi. \tag{4.78b}$$

$-\nabla\Psi$ 项不包括来自于对称性的方位角分量. 因此,方位角方向的电场仅来自于 $\boldsymbol{B}\times\boldsymbol{v}$. 从方程(4.78a)我们可以得到

$$V(\phi,0)-V(\phi',0)=-\int_{\phi'}^{\phi}Bv_2\cos\theta_R\cos\phi R\,\mathrm{d}\phi$$

$$=RBv_2\cos\theta_R(\sin\phi'-\sin\phi). \tag{4.79}$$

因此,由螺旋状的对称性可以导出

$$V(\phi,z)-V(\phi',z)=$$

$$RBv_2\cos\theta_R\left[\sin\left(\phi'-\frac{z}{R}\tan\theta_R\right)-\sin\left(\phi-\frac{z}{R}\tan\theta_R\right)\right]. \tag{4.80}$$

下面将计算,在 $\phi=\phi'$ 处的纵向电势差. 条件 $\phi-(z/R)\tan\theta_R=\text{const.}$ 表示磁通移动的平衡位置. 来自于方程(4.78b)的 $\boldsymbol{B}\times\boldsymbol{v}$ 项对电势差的贡献为

$$B v_2 \sin\theta_R \int_0^z \cos\left(\phi' - \frac{z}{R}\tan\theta_R\right)\mathrm{d}z$$
$$= R B v_2 \cos\theta_R \left[\sin\phi' - \sin\left(\phi' - \frac{z}{R}\tan\theta_R\right)\right]. \tag{4.81}$$

另外,因为 $\mu_0 J_{\parallel} d$ 等于表面处用 $B\sin\theta_R$ 表示的磁通密度的方位角分量,来自于方程(4.75)的这一项的贡献导致

$$\int_0^z (-\nabla\Psi)_z \mathrm{d}z = \frac{1}{2} B v_2 z \sin\theta_R. \tag{4.82}$$

纵向电势差由方程(4.81)和(4.82)确定. 因此,表面处的电势差一般可以表示为[35]

$$\Delta V = V(\phi, z) - V(0,0)$$
$$= B v_2 \left[\frac{z}{2}\sin\theta_R - R\cos\theta_R \sin\left(\phi - \frac{z}{R}\tan\theta_R\right)\right]. \tag{4.83}$$

图 4.34(a)展示了上面得到的表面处的电势差. 图 4.34(b)表示与前面图 4.29 中相同的相关实验结果. 比较这两个图像可以发现包括负电势差在内都与实验结果相当地吻合.

上面已经表明,利用来自于 force-free 力矩的螺旋状磁通流可以很好地解释超导柱体的表面电场结构. 另外,似乎不相容的恒定的纵向磁化和稳定的电场,现在发现相容了. 因为负电场的存在,在 N 极区域可能会产生一些奇异的现象. 但是上面的讨论已经清晰地表明这样一个假设是不正确的. 这是因为在整个超导体内 $\boldsymbol{J}\cdot\boldsymbol{E}$ 都是正值且是均匀的. 这可以从 $\boldsymbol{J}\cdot(\boldsymbol{B}\times\boldsymbol{v})=(\boldsymbol{J}\times\boldsymbol{B})\cdot\boldsymbol{v}=0$ 推导出来. 电流的螺旋状流动将产生一个负电场. 如果我们仔细观察沿着电流方向的电场,就可以发现它一直是正的.

Makiej 等人[37]对柱状样品的径向电场的测试支持了发生螺旋状磁通流的实验结果. 可以认为该电场分量来自于当前的磁通流. 换句话说,这一观察证明了发生磁通纵向分量的平移.

观察到的电场的表面结构可以用于解释纵向磁场中超导 Pb-In 板的传输电流. 图 4.35 展示了板材样品表面的势能端子间的排布[38]. 轴向上临近的势能端子间距离为 1.0mm. 图 4.36(a)展示了纵向电场的分布,且在图 4.35 中 $L$ 是到势能端子 V8 的距离. 图 4.36(b)展示了样品表面电场和磁场之间的角度 $\theta$,负的 $\theta$ 意味着 Poynting 矢量朝向样品外部.

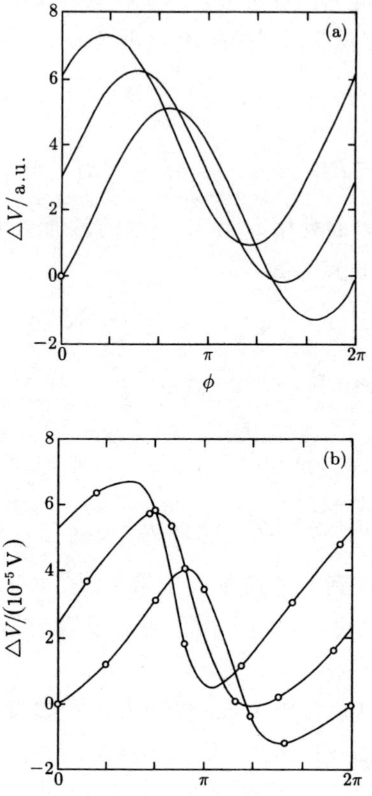


**图 4.34** (a)由方程(4.83)得到表面电势[35]以及(b)相应的实验结果(与图 4.29 相同)

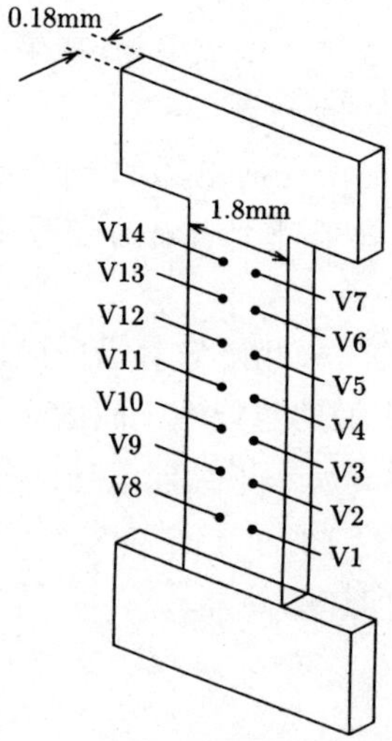


**图 4.35** Pb-60at.%In 的样品的几何形状以及势能端子的排布

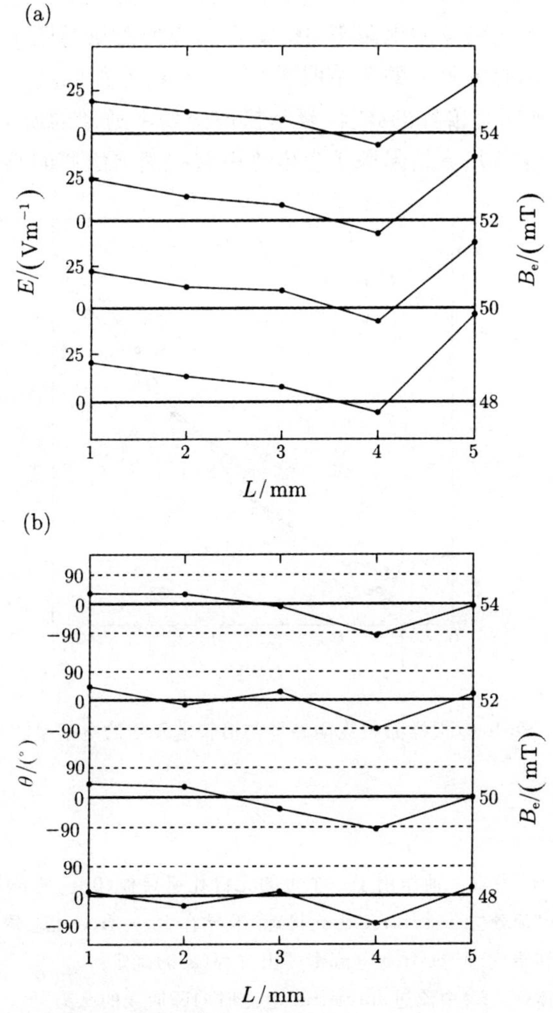


**图 4.36**　在不同的纵向磁场中载流 31.25A 的 Pb-In 厚板样品表面上(a)电场的纵向分量;(b)电场与磁场之间的夹角

这一结果表明,在观察到负电场处,表面 Poynting 矢量必定向外,且支持在这一部分得到的结论.另外,从图 4.36(b)可以发现在这一结构的一个周期长度内,Poynting 矢量指向外面的区域面积和指向内部的区域面积大致相同.因此,在超导体内发生一个非压缩的磁通线的稳定移动是可以理解的.

最后,应当注意,我们这里所做的是仅把电场估算为速度为 $v_2$ 的磁通线的函数.这是因为在电流密度确定的条件下,不能直接估算出电场,因为我们不能计算出有阻状态下旋转磁通移动期间的黏滞力矩的黏滞系数.要讨论这样的情况，有必要如同 2.2 节那样做一个微观的处理. 但是凭直觉希望纵向磁场中的电阻率粗略地等于横向磁场的电阻率. 图 4.37 是纵向磁场与图 4.36 所示的 Pb-In 厚板样品中观察到的电阻率的关系曲线[38]. 这与由方程(2.30)表示的 Bardeen-Stephen 模型的预期有很好的吻合，且与横向磁场中通常的磁通流阻率相等. 这强有力地证明了电场并不是起源于由电流引起的横向磁通的移动.

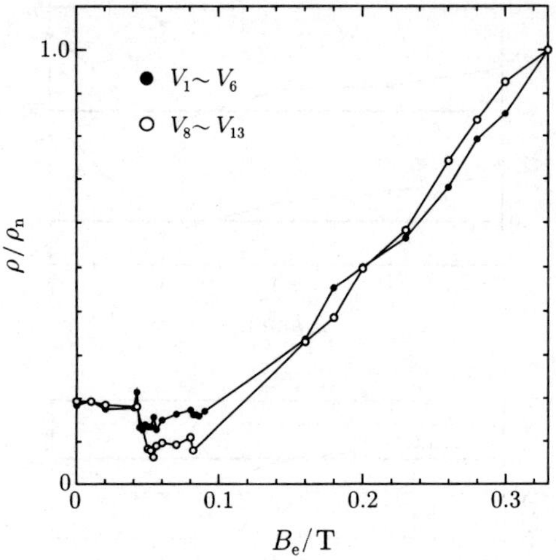


**图 4.37** Pb-In 厚板样品中纵向磁场与沿长度平均的电阻率的相互关系

## 习题

4.1 假定恒定磁场 $H_e$ 沿着 $z$ 轴作用于一个宽的无钉扎超导板($0\leqslant y\leqslant 2d$)，然后通过在相同方向作用一个电流建立一个 force-free 状态. 推导在 force-free 状态建立的过程中沿着 $z$ 轴的磁场分布和磁化. force-free 电流密度由方程(4.3)确定.

4.2 讨论当超导柱体($r\leqslant R$)中流过 force-free 电流时的磁通线的张力.

4.3 假定磁场作用于一个宽的无钉扎超导板($0\leqslant y\leqslant 2d$)，然后，通过在平行于表面的平面内旋转磁场建立一个 force-free 状态. 计算磁通线速率和感应电场，讨论这些结果与方程(4.48)的关系.

4.4 证明如果磁通线的速率被限制在$\boldsymbol{v}=(0,v,0)$，假定不存在旋转移动，则在习题 4.1 的条件下磁通线的速率没有解.

4.5 证明当 force-free 矩驱动的磁通线的移动感应了一个方程(4.48)所示的电场时，单位时间的功由$(-\nabla\Psi)\cdot\boldsymbol{J}$确定.

4.6 考虑平行作用于超导圆盘的磁场发生旋转的情况和在一个静止平行场中的圆盘发生反向旋转的情况. 从磁通切割模型和磁通旋转模型的观点讨论这两种情况的等同性. 假定超导体中不包含钉扎中心，且以一个有限的角速度发生旋转以至于超导体内可以流过一个涡旋电流.

## 参考文献


1. D. G. Walmsley: J. Phys. F **2** (1972) 510.
2. Yu. F. Bychkov, V. G. Vereshchagin, M. T. Zuev, V. R. Karasik, G. B. Kurganov and V. A. Mal'tsev: JETP Lett. **9** (1969) 404.
3. Y. Nakayama and O. Horigami: Cryogenic Engineering (J. Cryogenic Society of Jpn.) **6** (1971) 95 [in Japanese].
4. J. R. Cave, J. E. Evetts and A. M. Campbell: J. de Phys. (Paris) **39** (1978) C6-614.
5. T. Ezaki and F. Irie: J. Phys. Soc. Jpn. **40** (1976) 382.
6. C. J. Bergeron: Appl. Phys. Lett. **3** (1963) 63.
7. B. D. Josephson: Phys. Rev. **152** (1966) 211.
8. G. W. Cullen and R. L. Novak: Appl. Phys. Lett. **4** (1964) 147.
9. A. M. Campbell and J. E. Evetts: Adv. Phys. **21** (1972) 252.
10. J. R. Clem: J. Low Temp. Phys. **38** (1980) 353.
11. E. H. Brandt: J. Low Temp. Phys. **39** (1980) 41.
12. J. R. Clem: Physica **107B** (1981) 453.
13. E. H. Brandt, J. R. Clem and D. G. Walmsley: J. Low Temp. Phys. **37** (1979) 43.
14. J. R. Clem and S. Yeh: J. Low Temp. Phys. **39** (1980) 173.
15. A. Kikitsu, Y. Hasegawa and T. Matsushita: Jpn. J. Appl. Phys. **25** (1986) 32.
16. F. Irie, T. Matsushita, S. Otabe, T. Matsuno and K. Yamafuji: Cryogenics **29** (1989) 317.
17. P. Wagenleithner: J. Low Temp. Phys. **48** (1982) 25.
18. T. Matsushita: Phys. Rev. B **38** (1988) 820.
19. G. Fillion, R. Gauthier and M. A. R. LeBlanc: Phys. Rev. Lett. **43** (1979) 86.
20. M. G. Blamire and J. E. Evetts: Phys. Rev. B **33** (1986) 5131.
21. T. Matsushita: J. Phys. Soc. Jpn. **54** (1985) 1054.
22. T. Matsushita: Phys. Lett. **86A** (1981) 123.
23. K. Yamafuji, T. Kawashima and H. Ichikawa: J. Phys. Soc. Jpn. **39** (1975) 581.
24. T. Matsushita, Y. Hasegawa and J. Miyake: J. Appl. Phys. **54** (1983) 5277.
25. V. G. Kogan: Phys. Rev. B **21** (1980) 3027.
26. T. Matsushita: Jpn. J. Appl. Phys. **26** (1987) Suppl. 26-3, p. 1503.
27. See for example, J. R. Cave and M. A. R. LeBlanc: J. Appl. Phys. **53** (1982) 1631.
28. T. Matsushita, Y. Miyamoto, A. Kikitsu and K. Yamafuji: Jpn. J. Appl. Phys. **25** (1986) L725.
29. See for example, R. Boyer, G. Fillion and M. A. R. LeBlanc: J. Appl. Phys. **51** (1980) 1692.
30. See for example, J. R. Clem and A. Perez-Gonzalev: Phys. Rev. B **30** (1984) 5041.
31. T. Matsushita, A. Kikitsu, Y. Miyamoto and E. Nishimori: *Proc. Int. Symp. Flux*

*Pinning and Electromagnetic Properties in Superconductors*, Fukuoka, 1985, p. 200.

32. T. Matsushita, S. Ozaki, E. Nishimori and K. Yamafuji: J. Phys. Soc. Jpn. **54** (1985) 1060.
33. J. R. Cave and J. E. Evetts: Phil. Mag. B **37** (1978) 111.
34. T. Ezaki: Doctoral thesis (Kyushu University, 1976).
35. T. Matsushita and F. Irie: J. Phys. Soc. Jpn. **54** (1985) 1066.
36. V. G. Kogan: Phys. Lett. **79A** (1980) 337.
37. B. Makiej, A. Sikora, S. Golab and W. Zacharko: *Proc. Int. Discussion Meeting on Flux Pinning in Superconductors*, Sonnenberg, 1974, p. 305.
38. T. Matsushita, A. Shimogawa and M. Asano: Physica C **298** (1998) 115.

# 第五章　临界电流密度的测量方法

## 5.1　四引线法

临界电流密度是超导体的重要参数之一，而测量它最常用的方法是四引线法，也可以称为阻尼法. 这一方法中端子之间的电压降 $V$ 作为输运电流 $I$ 的函数被测量. 将出现明显漂移电压时的输运电流定义为临界电流 $I_c$. $I_c$ 除以超导区横截面面积 $S$ 则给出临界电流密度：$J_c = I_c/S$. 在多芯超导体中，横截面面积可能还包括一个金属稳定层(stabilizer)和加固材料.

实际上，由于临界电流密度的不均匀性或磁通蠕动原因，超导线材的伏安曲线并不是如图 1.13 所示的一条直线. 相反，由于各种因素的作用，电压将逐渐升高，这将在后面给予详细的解释，而且测量还受限于仪器的灵敏度极限. 因此，并不存在出现漂移电压的清晰点. 为了定义临界电流，将用到下面的标准.

(1) 电场标准：这是最简单的方法. 临界电流由电场达到一定值时的电流确定(参见图 5.1). 常用的值是 $100\mu\text{Vm}^{-1}$或者 $10\mu\text{Vm}^{-1}$.

(2) 电阻率标准：临界电流由超导线材的电阻率达到一定值时的电流确定(参见图 5.1). 对于有稳定层的复合超导体来说，常用 $10^{-13}\,\Omega\text{m}$ 或者 $10^{-14}\,\Omega\text{m}$.

(3) 偏置法：临界电流由伏安曲线的切线为零电压时的电流确定(参见图 5.1).

当出现磁通蠕动较强时，电场标准和电阻率标准会导致较大的误差. 甚至在伏安曲线出现如方程(3.131)一样的欧姆特性时，使用电场标准会产生一个非零临界电流密度. 这些方法仅适用于强非线性伏安曲线，该伏安曲线在电流密度不为零时会突然上升. 如果伏安曲线表示为

$$V \propto I^n, \tag{5.1}$$

则指数 $n$ 称为 $n$ 值. $n$ 值是代表强非线性的一个附加参数. 通常在 $1\mu\text{Vm}^{-1} \sim 100\mu\text{Vm}^{-1}$的电场范围内确定 $n$ 值. $n$ 值大的超导线材通常有更好的性能. 注意：当 $n$ 值很大时，电流稍微的减小就可能使感应电压产生相当大的减小. 但是，当 $n$ 很小时，电流的稍微减小不会使感应电压急剧变小. 当 $n$ 很小时，为了避免误差，实际上要利用偏置法处理问题. 在电场标准中，在电流密度为 $J_0$ 时，利用曲线的切线，由偏置法确定的临界电流密度为

$$J_c' = \left(1 - \frac{1}{n}\right) J_0. \tag{5.2}$$

在 $n=1$ 时，该式给出正确的结果 $J_c'=0$.

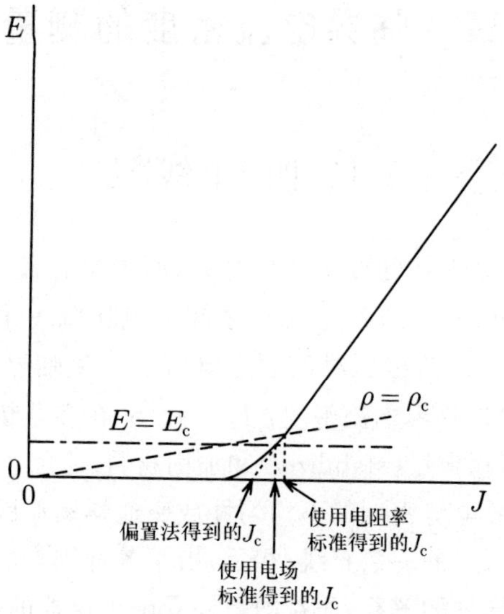


**图 5.1** 伏安曲线和使用各种标准确定临界电流密度的方法

现在讨论 $n$ 值的意义. 从方程(2.31)中推导出的伏安特性如图 1.13 所示，在 $J_c$ 附近电压逐渐升高. 电压由微观和宏观因素引起. 微观原因如围绕钉扎势的磁通蠕动和非线性磁通移动，宏观原因如临界电流密度的空间不均匀性和超导细丝的香肠状. 香肠状是指超导细丝直径的非均匀性，是由线材制作工艺引起的. 作为物理量直接推导 $n$ 值有很大困难；在实际应用中，$n$ 值是一个很容易得到的数值.

如果 $J_c$ 的偏差来源于 $T_c$ 的偏差，那么即使在高温和高场下，$\Delta J_c$ 也不会出现明显的变化. 因此，在高温和高场下，$\Delta J_c/J_c$ 的值很大，如图 5.2 所示. 另外，在这些环境下磁通蠕动的影响变得很明显. 因此，$n$ 值是关于 $T$ 和 $B$ 的递减函数.

方程(5.1)表明：不存在电阻为零的真正超导态. 磁通蠕动理论预言，在极小的电场区域，电场呈指数急剧降低，远远小于现在测试技术的灵敏度. 但是，即使在这种情况下电场仍然不为零. 这是因为磁通线被钉扎势钉扎的状态并不是一个稳定的状态. 因此，弛豫到零电流密度的稳定态的过程不可避免. 高温超导体发现不久，许多研究者认为这些超导体不可能应用于技术领域. 尽管这些超导体的上述特性是真实的，但是这些超导体的无用论还是不正确的.

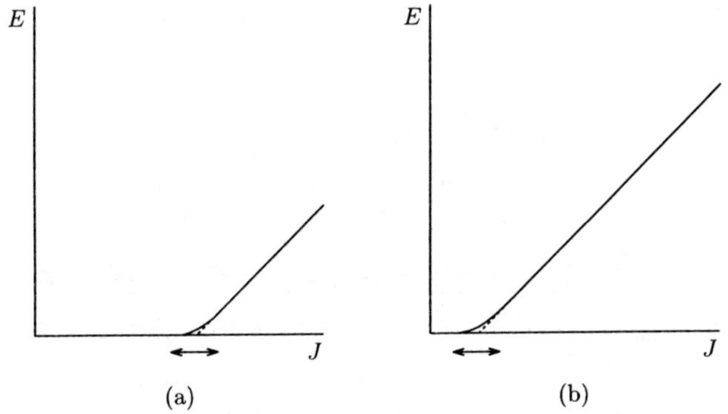


**图 5.2** (a) 是低温且(或)低磁场下的伏安关系曲线;(b) 是高温且(或)高磁场下的伏安关系曲线. 箭头显示临界电流密度的分布范围. 在高温且/或高磁场区域,相对于临界电流密度的平均值,偏差是相对比较大的,并且 $n$ 值很小

假定方程(5.1)对一定范围的电流是近似有效的. 当电流按倍数 $p$ 减小时,电压便按 $p^n$ 倍数减小. 因此,当电流按一个适当的倍数减小时,如果与电压降相关的损耗可以减小到低于等同的非超导金属的损耗时,便可以实现超导体在实际中的应用. 例如,如果制作出电场标准为 $100\mu Vm^{-1}$ 且临界电流为 200A 的线长 1 公里的超导线圈时,当线圈中通入这一临界电流时,电压降仅仅为0.1V,损耗仅为 20W. 但是,如果这一线材的 $n$ 值为 50 的话,当电流减小到$0.93I_c$ 时,损耗的功率减小到 0.5W. 该功率远远低于低温装置吸收的热量. 因此,这一线圈可以用做超导设备. 这个例子表明,如果 $n$ 值足够大,即使一个相当弱的电场标准,例如 $100\mu Vm^{-1}$也可以用于确定 $I_c$. 商业用途的超导线材有的 $n$ 值超过 50,已经有报道称自场下 77.3K 时 Bi-2223 带材 $n$ 值为 21[1].

## 5.2 直流磁化法

在 2.5 节的分析中,把超导体的直流磁化强度看做一个磁滞. 设超导平板的厚度为 $2d$,在低磁场下,钉扎力密度与磁场的关系可以近似用方程 (2.46)来表示. 然后,确定参数 $a_c$ 和 $\gamma$,以使方程(2.55)与测得的磁化曲线相符合,利用 $a_c\hat{B}^{\gamma-1}$可以得到局域的临界电流密度(参见方程(2.50)).

如果磁化强度包括 2.6 节中提到的抗磁部分,那么这一贡献应当被消除. 只有在抗磁特性是已知的情况下这才有可能. 但是,即使这一特性是未知的,在增强和减弱的磁场中,抗磁特性也可以近似地从磁滞中删除. 对于有大的 G-L 参数 $\kappa$ 的超导体来说,这是一个很好的近似.

利用方程(2.55b)和(2.55d)可以计算出位于平行磁场 $H_e$ 中的超导平板的磁滞

$$\Delta M=\frac{2-\gamma}{3-\gamma}H_p\left\{\left[\left(\frac{H_e}{H_p}\right)^{2-\gamma}+1\right]^{(3-\gamma)/(2-\gamma)}+\left[\left(\frac{H_e}{H_p}\right)^{2-\gamma}-1\right]^{(3-\gamma)/(2-\gamma)}-2\left(\frac{H_e}{H_p}\right)^{3-\gamma}\right\}. \tag{5.3}$$

通过把观察到的磁滞与上面提到的理论结果进行拟合,可以估算出参数 $\alpha_c$ 和 $\gamma$. 相反,通过输运方法获得的临界电流密度是局域的临界电流密度的空间平均值(见 2.5 节).

平均的磁化临界电流密度通常可以由下式估算:

$$J_c=\frac{\Delta M}{d}. \tag{5.4}$$

仅在局域临界电流恒定地穿过样品时这一计算方法才是正确的,即此时 Bean-London 模型有效.

在外磁场 $H_e$ 中,平均输运临界电流密度$\langle J_c\rangle$可以由方程(2.61)确定. $J_c$ 也可以从 $\Delta M$ 获得. 图 5.3 中的实线表示磁场增强和减弱过程中的磁通线分布,图中的菱形区域面积等于 $2\mu_0\Delta Md$;图中的虚线是在外磁场 $H_e$ 中输运电流达到临界值时的磁通分布. 当外磁场远远大于穿透场 $H_p$ 时,方程(5.3)简化为

$$\Delta M\simeq\frac{H_p}{2-\gamma}\left(\frac{H_p}{H_e}\right)^{1-\gamma}\left[1+\frac{(1-\gamma)(3-2\gamma)}{12(2-\gamma)^2}\left(\frac{H_p}{H_e}\right)^{4-2\gamma}\right]. \tag{5.5}$$

因此,$\langle J_c\rangle$可以表示为 $\Delta M$ 的方程

$$\langle J_c\rangle\simeq\frac{\Delta M}{d}\left[1+\frac{(1-\gamma)(4\gamma-3)}{12}\left(\frac{\Delta M}{H_e}\right)^2\right]. \tag{5.6}$$

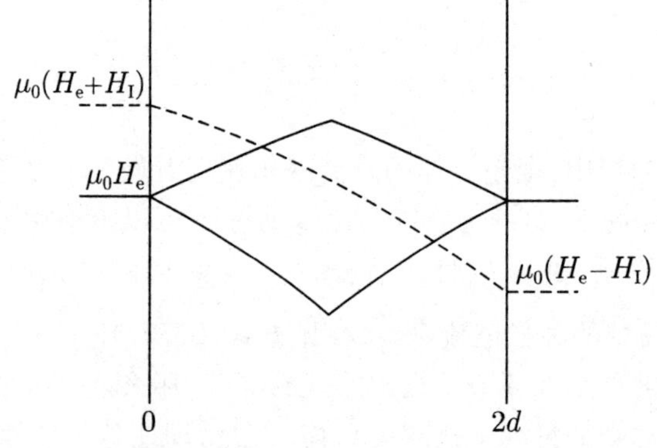


**图 5.3** 实线表示在磁化测量过程中超导平板中的磁通线分布,虚线是输运测量过程中临界态时超导平板中的磁通分布,$H_I$ 是电流自场

第二项为方程(5.4)的修正项. 当外场很大时,其值非常小. 当 $\gamma=0.5$, $H_e=2H_p$时,第二项给出大约 0.2%的修正.

## 5.3 Campbell 法

通过测量穿透磁通,可以估算出超导体中由交流磁场感应出的屏蔽电流密度. 方法之一就是我们将在这一部分中介绍的 Campbell 法[2]. 利用这一方法,不仅可以推导出电流密度,而且也可以推导出磁通线受到的力与其位移的关系. 力-位移关系的分析对于研究 3.7 节中所述磁通线可逆运动,和将在第七章中描述的磁通钉扎特性是有用的. 5.4 节将介绍其他的交流感应法.

为了避免样品形状引起的退磁效应,通常将直流磁场 $H_e$ 和一个小的交流场 $h_0\cos\omega t$ 平行作用在一个超导柱体或者长的板材上,如图 5.4 所示. 利用一个捕获线圈和一个参考线圈,可以测试出进入或者逸出超导样品的磁通. 用 $\Phi$ 表示穿透磁通的数量,$\delta\Phi$ 相应于 $h_0$ 发生微小的变化 $\delta h_0$ 时增加的磁通. 磁通分布如图 5.5 所示. 屏蔽电流密度一定不等于临界值,当交流场从 $h_0$ 变化到 $h_0+\delta h_0$ 时,其被认为是不变的. 然后,当板材样品的宽度 $w$ 远远大于厚度 $2d$ 时,交流场穿透深度可以表示为

$$\lambda' = \frac{1}{2w\mu_0}\cdot\frac{\delta\Phi}{\delta h_0}. \tag{5.7}$$

严格地说,当 $\lambda'$ 与 $2d$ 相比足够小时,方程(5.7)分母中的 $2w$ 可以被超导板的周长 $2(w+2d)$代替. 当 $\delta h_0$ 足够小时,$\delta\Phi/\delta h_0$ 可以化为微分形式$\dfrac{\partial\Phi}{\partial h_0}$. 方程(5.7)可以导出

$$\lambda' = \frac{1}{2w\mu_0}\cdot\frac{\partial\Phi}{\partial h_0}. \tag{5.8}$$

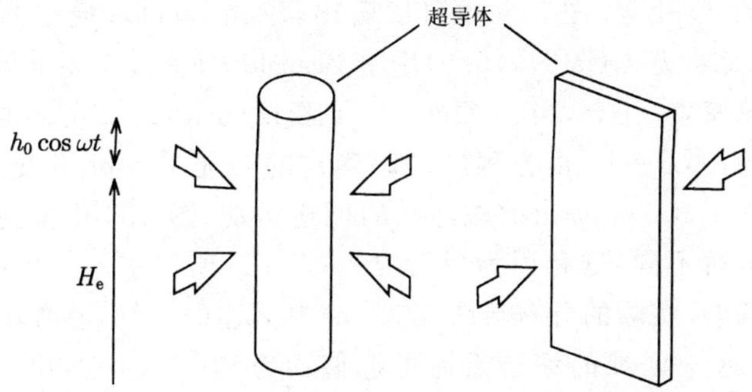


**图 5.4** 在 Campbell 法中磁场的应用情况,箭头是交流磁通线的穿透方向

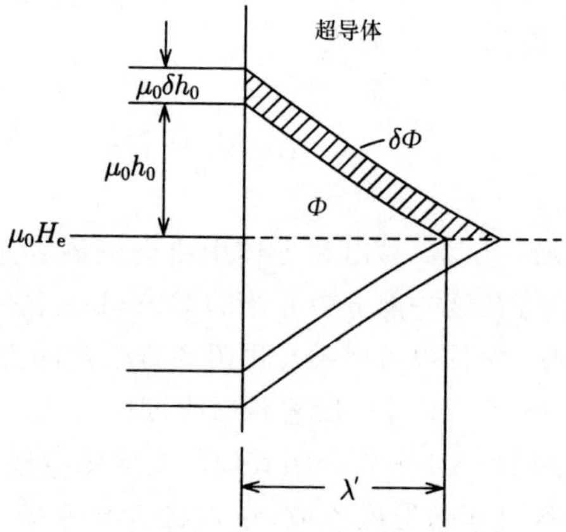


**图 5.5** 当交流场振幅发生由 $h_0$ 到 $h_0+\delta h_0$ 的微小变化时,交流磁通穿透的变化.假设电流密度为常数

在一个半径为 $R$ 的柱状超导体中,通过简单的计算可以得出

$$\lambda' = R\left[1-\left(1-\frac{1}{\pi R^2\mu_0}\cdot\frac{\partial\Phi}{\partial h_0}\right)^{1/2}\right]. \tag{5.9}$$

当 $\lambda'\ll R$ 时,由于周长等于 $2\pi R$,方程(5.9)的右端可简化为 $(2\pi R\mu_0)^{-1}\partial\Phi/\partial h_0$.方程(5.8)和(5.9)中对应于 $h_0$ 的 $\Phi$ 的导数可以通过把 $\Phi$ 表达为 $h_0$ 的多项式来求得.

图 5.6 给出 $\lambda'(h_0)$ 的一个例子[3].除了小的 $h_0$,$\lambda'$-$h_0$ 的特征可以看做是磁场增强时超导体中的磁通分布;纵坐标和横坐标分别表示内部的磁通密度和磁通穿透深度.因此,该分布的斜率给出了 $u_0 J$

$$J = \left(\frac{\partial\lambda'}{\partial h_0}\right)^{-1}, \tag{5.10}$$

其与临界态的 $J_c$ 相等.图 5.6 中可以看出,Bean-London 模型的预言是正确的.习题 5.1 是将方程(5.8),(5.9)用于 Bean-London 模型要求得磁通分布导数和临界电流密度.注意,当 $h_0$ 很小时,利用 Bean-London 模型推算出的穿透深度 $\lambda'$ 是有限的,$\lambda'=\lambda_0'$.由方程(3.92)确定的 $\lambda_0'$ 是 Campbell 交流穿透深度.这一区域出现了 3.7 节提出的磁通线的可逆运动,图 5.6 中描述的磁通分布与实际情况有所不同.这是因为尽管方程(5.10)预言了一个大的电流密度,但它是不正确的.实际的分布与图 3.32(a)中描述的一样,临界电流密度取一个合理的值.这一区域的穿透磁通可近似由方程(3.91)给出,用 $\mu_0 h_0$ 代替 $b(0)$ 可以得到

$$\Phi \simeq 2w\int_0^{\infty}\mu_0 h_0 \exp\left(-\frac{x}{\lambda_0'}\right)dx = 2w\mu_0 h_0\lambda_0', \tag{5.11}$$

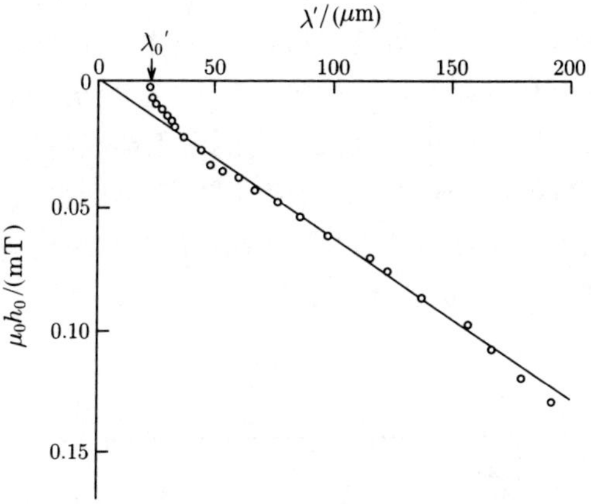


**图 5.6**　展示 $\lambda'$-$h_0$ 特性的一个例子. 在 $\mu_0 H_e = 0.336\mathrm{T}$ 时 Nb-50at% Ta 中修正的 Campbell 法测得的 $\lambda'$-$h_0$ 特性[3]. 除了小 $h_0$ 区域,认为 Bean-Londom 模型有效

该方程适用于厚度比 $\lambda'_0$ 大很多的超导板. 把这一方程代入方程(5.8)可以导出

$$\lambda' = \lambda'_0, \tag{5.12}$$

这与实验结果相吻合.

在 Campbell 法[2]中,可以计算出穿透交流磁通 $\Phi$ 的幅值,也就是 $\omega t = -\pi$ 和 $\omega t = 0$ 之间的磁通差值的一半. 也有一个类似的方法[4],在这一方法中按照相同的分析,测量交流磁通的一个基本频率分量 $\Phi'$ 来近似代替 $\Phi$. 习题 5.2 就是估算这一近似引起的误差. 在另一个方法[5]中,可以测出分别用 $h(t)$ 和 $\Phi(t)$ 表示的外交流场和穿透交流磁通的瞬时大小. 因为这些量之间的关系与 $h_0$ 和 $\Phi$ 之间的关系相同,$(\partial\Phi(t)/\partial t)/(\partial h(t)/\partial t)$ 等于 $\partial\Phi/\partial h_0$. 因此,方程(5.8)可以重新写为

$$\lambda' = \frac{1}{2w\mu_0} \cdot \frac{\partial\Phi(t)/\partial t}{\partial h(t)/\partial t}. \tag{5.13}$$

分母 $\mu_0 \partial h(t)/\partial t$ 和分子 $\partial\Phi(t)/\partial t$ 分别是直接从场控制线圈和捕获线圈测得的电压. 这属于波形分析方法. 这一方法的特点是不必进行像方程(5.8)一样的微分.

在这一个交流感应方法中,为了确定 $J_c$ 的值需要做出比四引线法和直流磁化法更多的测试和分析. 但是,这也可以得到另外一些更重要的信息,其中之一便是钉扎力和磁通线位移之间的关系,这将在后面给予讨论. 还可观察到不均匀的电流分布,尽管适用的情况是有限的. 图 5.7 展示的是利用修正的Campbell 方法观察到一个表面不可逆的样品的磁通分布[6],在 3.5 节已经对这一样品进行过讨论. 当样品内部伴随着均匀的临界电流有一个线性的磁通分布,且该磁通分布的线性外推不过原点时，意味沿表面区域流动的高密度的屏蔽电流会引起一个大的磁化.后面将对这一分析进行讨论.当屏蔽电流按照距离表面的深度以不均匀的方式流动时，在表面不可逆性的情况下，这种方法可以得到一个非均匀的电流分布，但是利用四引线法和直流磁化法则不能获得这一分布.但是，观察到的量是垂直磁通穿透方向的一个平均值，因此不可能得到沿着这一方向的非均匀量.另外一个例子是在烧结的有弱连接颗粒的Y-基氧化物超导体中，同时获得颗粒内部和颗粒间的临界电流密度[7].

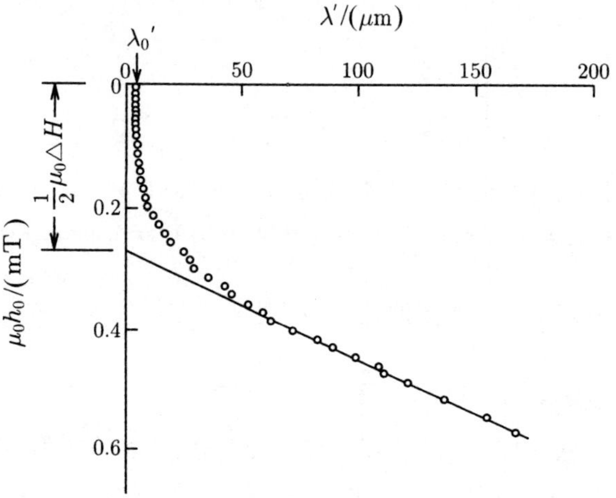


**图 5.7** 在 $\mu_0 H_e=0.123$T 场中，对与图 5.6 相同的样品 Nb-50at%Ta 用修正 Campbell 法测得的 $\lambda'$-$h_0$ 特性[6].线性部分的外推没有过原点，这也是与图 5.6 的不同之处.这表明在表面附近有一个强的磁通钉扎

按照参考文献[8]中的分析，钉扎力密度 $F$ 和磁通线位移 $u$ 之间的关系可以推导如下.这一分析中利用了方程(3.88)，磁通线的连续方程为

$$\frac{\mathrm{d}u}{\mathrm{d}x}=-\frac{b}{\mu_0 H_e}, \tag{5.14}$$

且洛伦兹力 $F_L$ 和钉扎力密度 $F$ 之间的力平衡方程为(参见方程(3.89))：

$$-F=-F_L=-H_e\frac{\mathrm{d}b}{\mathrm{d}x}+\mathrm{const.} \tag{5.15}$$

注意，这给出了绝对的洛伦兹力密度，与方程(3.89)不同，右端的常数项是初始状态($b=0$)的值.最初由方程(5.14)可以得到超导体表面的磁通线的位移.在 $\omega t=-\pi$ 到 $\omega t=0$ 的半个周期内，位移是正值，表明磁通线沿着 $x$ 轴的正向移动.可以用磁通量 $\Phi$ 的振幅形式来表示

$$u(0)=-\frac{1}{\mu_0 H_e}\int_d^0 b(x)\mathrm{d}x=\frac{\Phi}{\mu_0 H_e w}. \tag{5.16}$$

假定初始态为临界态，$F_L = -\mu_0 J_c H_e$，这与很多实验相符. 那么，作用于表面磁通线的钉扎力密度可以表示为

$$-F = F_L = -H_e\left(\frac{\partial b}{\partial u} \cdot \frac{\partial u}{\partial x}\right)_{x=0} - \mu_0 J_c H_e. \tag{5.17}$$

利用方程(5.14)和关系$(\partial b/\partial u)_{x=0} = [\partial b(0)/\partial \Phi] \cdot [\partial \Phi/\partial u(0)] = \mu_0 H_e/\lambda'$，上面的方程可以简化为

$$-F = \frac{2\mu_0 H_e h_0}{\lambda'} - \mu_0 J_c H_e. \tag{5.18}$$

这一值也可以从观察到的 $\lambda'$ 的结果获得.

因此，$-F$ 和 $u(0)$分别是 $\lambda'$和 $\Phi$ 在 $h_0$ 处得到的值. 通过对这些结果作图可以直接推导出力-位移的关系曲线. 图 5.8 展示了 Nb-Ta 样品的力-位移关系曲线[3]，图 5.6 展示了这一样品的磁通分布($\lambda'$-$h_0$ 特性). 对于小的位移来说，钉扎力密度随着磁通线的位移发生线性变化，当位移变得很大时，其在反临界态逐渐达到一个恒定值. 由饱和钉扎力密度得到的 $J_c$ 自然等于从磁通分布中得到的 $J_c$.

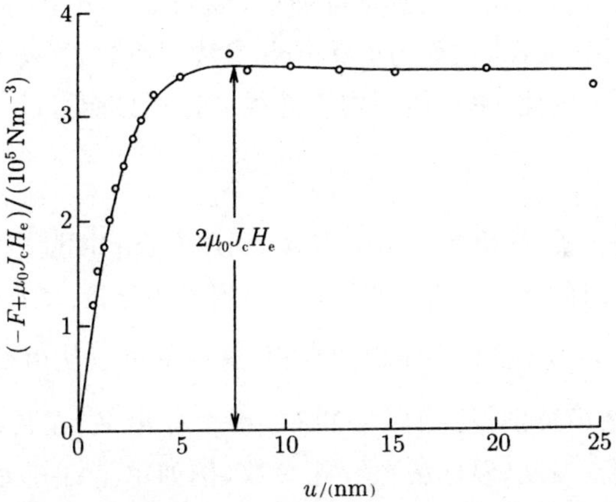


**图 5.8** 钉扎力密度-磁通线位移关系曲线[3]，与图 5.6 所示的 $\lambda'$-$h_0$ 特性相对应

在表面不可逆性很强的情况下，相似的分析会产生什么结果？图 5.9 是与图 5.7 所示的磁通分布相应的力-位移关系[6]，这个关系中，钉扎力密度初始时随着位移的增加而增加，达到一个峰值，然后随着位移的增加又逐渐降低. 钉扎力密度的峰值来自于强烈的表面钉扎，从峰值中可以得到表面区域的临界电流密度. 如果用 $F_m$ 表示在初始状态测得的钉扎力密度的峰值，表面的临界电流密度可以表示为：$J_{cx} \simeq F_m/2\mu_0 H_e$. 图 3.25 所示的表面临界电流密度就是用这一方法得到的. 当位移变得像图 5.9 所示的那样足够大时，钉扎力密度逐渐接近超导块材的值(bulk value).

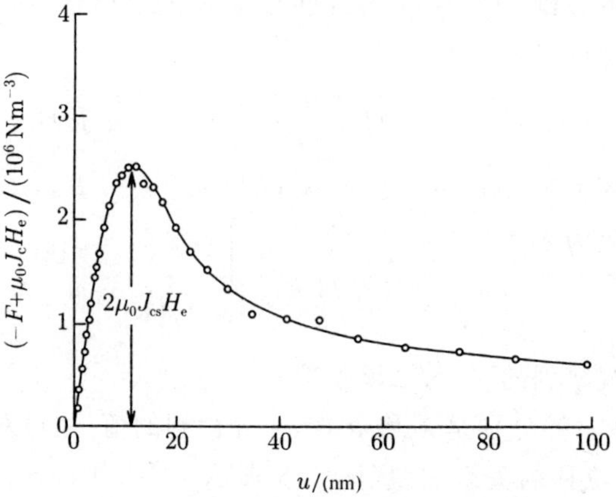


**图 5.9** 与图 5.7 所示 $\lambda'$-$h_0$ 特性相应的钉扎力密度-磁通线位移关系曲线[6]，由于强表面钉扎，钉扎力密度出现一个大的峰值. $J_{cs}$ 是表面区域的临界电流密度

在一个小位移的区域，钉扎力密度随着位移发生线性的变化，磁通线的移动被限制在钉扎势阱内，且这一现象是可逆的，如同 3.7 节中的分析一样. 这一线性关系由方程(3.87)表出，被称为 Labusch 参数的系数 $\alpha_L$ 表示平均有效钉扎势阱的二次空间微分. 因此，单位体积内磁通线的钉扎势能可以表示为

$$\hat{U}_0 = \frac{\alpha_L d_i^2}{2}. \tag{5.19}$$

方程(3.94)包含 $\alpha_L$，$J_c$ 及相互作用距离 $d_i$. 利用 Campbell 方法可以得到与钉扎势阱相关的信息. 因此，这一方法被用于电磁现象的分析. 例如，在 3.8 节讨论的钉扎势能 $U_0$ 等于 $\hat{U}_0$ 与磁通束体积的乘积，这一量可以从由交流感应方法和不可逆场的测试方法中分别得到的 $\hat{U}_0$ 和 $U_0$ 中估计出来. 在其他区域，通过分析钉扎力密度与磁场、温度(温标法)、钉扎参数(例如单个钉扎力大小和缺陷数量的密度(复合问题))之间的关系可以得到磁通钉扎机制. 在分析 $\alpha_L$ 或者 $d_i$ 与那些钉扎参数的关系(参见 7.5 和 8.2 节)的基础上可作出更精确的分析.

通过测量置于纵向直流场中的超导板对于叠加一个横向交流场的响应，如图 5.10 所示，计算纵向磁场中的临界电流密度 $J_{c\parallel}$ 也是可能的[9]. 这种情况下，交流场感应出的屏蔽电流与交流场正交，因而与直流场平行. 图 4.26 展示的就是利用这一方法得到的横向磁通分布的一个例子.

上面简单地介绍了交流感应方法，例如 Campbell 法. 但是，应当注意这些方法并不是一直有效的. 例如，建立在不可逆临界态模型上的方法，对于一个尺寸近似相等或者小于 Campbell 交流穿透深度 $\lambda_0'$(见 3.7 节)，且可以观察到可逆的磁通运动的超导样品而言，是不能推导出正确的结果(习题 5.3). 但是，如果从大范围交流磁场振幅中测出复杂磁化系数的虚部,便可以近似地估计出临界电流密度,这一分析过程将在下一部分给予讨论.另外,估计此类小样品的临界电流密度的一种简单的方法是对主要的直流磁化曲线的磁滞进行计算.

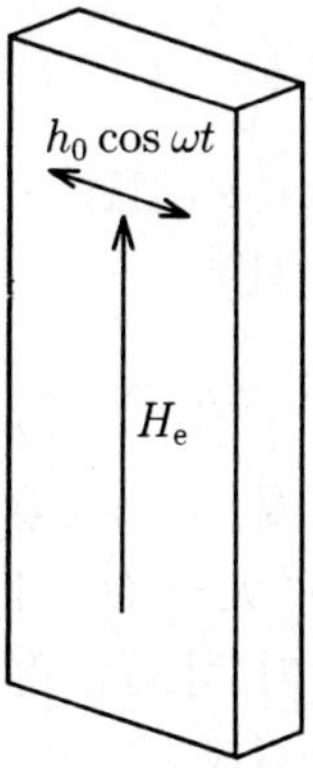


**图 5.10**　用修正的 Campbell 法测量纵向磁场中临界电流密度时磁场的施加方式.由于是交流磁场,测量了进出样品的磁通线

## 5.4　其他的交流感应法

### 5.4.1　三次谐波分析

通过分析,由交流磁场感应出的三次谐波电压也可以算出超导样品的临界电流密度[10].例如,假定直流磁场 $H_e$ 和交流场 $h_0\cos\omega t$ 平行作用于一个厚度为 $2d$ 的宽超导板($0\leqslant x\leqslant 2d$).如果超导板中的平均磁通密度可以表示为

$$\langle B\rangle = h_0\sum_{n=0}^{\infty}\mu_n\cos(n\omega t+\theta_n), \tag{5.20}$$

其中 $\mu_n$($n\geqslant 2$)表示交流磁导率的谐波部分.这一部分($n\geqslant 1$)可以表示为

$$\mu_n = (\mu_n'^2+\mu_n''^2)^{1/2}, \tag{5.21}$$

$$\mu_n' = \frac{1}{\pi h_0}\int_{-\pi}^{\pi}\langle B\rangle\cos n\omega t\,\mathrm{d}\omega t, \tag{5.22}$$

$$\mu_n''^2 = \frac{1}{\pi h_0}\int_{-\pi}^{\pi}\langle B\rangle\sin n\omega t\,\mathrm{d}\omega t, \tag{5.23}$$

这里 $\mu_n'^2$ 和 $\mu_n''^2$ 分别是谐波交流磁导率的实部和虚部,它们之间的关系为

$$\theta_n = \arctan\left(\frac{\mu_n''}{\mu_n'}\right). \tag{5.24}$$

下面利用 Bean-London 模型计算 $\mu_3$.当 $h_0<H_P=J_c d$ 时,图 5.11(a)和(b)

分别表示$-\pi\leqslant\omega t<0$和$0\leqslant\omega t<\pi$范围的内磁通分布随相位的变化，磁通密度的空间平均值为

$$\langle B\rangle=\begin{cases}\text{const.}+\dfrac{\mu_0 h_0^2}{4J_c d}(1+\cos\omega t)^2, & -\pi\leqslant\omega t<0,\\ \text{const.}+\dfrac{\mu_0 h_0^2}{4J_c d}[4-(1-\cos\omega t)^2], & 0\leqslant\omega t<\pi,\end{cases}\tag{5.25}$$

这里 const. $=\mu_0(H_e-h_0)+\mu_0 J_c d/2$，把这一方程代入方程(5.22)和(5.23)，通过简单的计算可以得到$\mu_3'=0$，并且有

$$\mu_3=-\mu_3''=\frac{2\mu_0 h_0}{15\pi J_c d}.\tag{5.26}$$

故通过计算$\mu_3$可以估计出$J_c$. 但是，应当注意，只有在$h_0$小于穿透场$H_p=J_c d$时，上面的结果才是正确的. 当$h_0$大于$H_p$时，$\mu_3$的表达式是复杂的(参见习题5.4). 另外，只有临界态模型成立时，才可以得到正确的结果. 当可逆的磁通运动的效果起主导作用时方程(5.26)不成立.

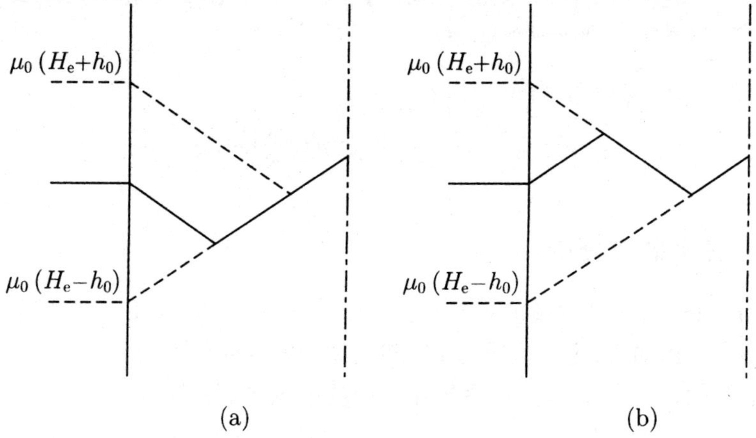


**图 5.11** 位于(a)增强的和(b)减弱的交流磁场中厚度为$2d$的宽超导板中磁通的分布情况，采用 Bean-London 模型

估计超导薄膜的临界电流密度的方法之一是将一个交流磁场作用于薄膜上，测试放置在薄膜表面附近的线圈中感应出的三次谐波电压[11]. 这种情况下，线圈的轴线垂直于薄膜表面. 但是由于屏蔽电流在薄膜中流动，使得磁场几乎平行于薄膜表面. 对于一个平行作用于宽的超导薄膜的交流磁场，利用临界态模型便可以简单地计算出线圈中感应出的三次谐波电压. 在一些实验中超导薄膜上被叠加一个直流磁场. 因为这一电磁现象符合简单的叠加原理，所以直流场仅影响临界电流密度的大小，但不影响三次谐波电压.

假定一个宽的超导薄膜占据 $0 \leqslant x \leqslant d$ 的位置，且由于交流电流，交流磁场 $h_0\cos\omega t$ 平行作用于 $x=0$ 的表面. 假定与线圈尺寸相比，薄膜厚度 $d$ 很小，以至于在计算线圈中的感应电压时可以忽略不计.

在 $h_0 < J_c d$ 情况下，超导体另一面的磁场 $H(d)$ 为 0. 因此，沿着磁场方向单位长度薄膜中的感应电流为

$$I'(t) = H(0) - H(d) = h_0\cos\omega t. \tag{5.27}$$

线圈中相应的感应电压为

$$V(t) = -K\frac{\mathrm{d}I'(t)}{\mathrm{d}t} = Kh_0\omega\sin\omega t, \tag{5.28}$$

其中 $K$ 是由线圈决定的系数. 三次谐波电压估计应为

$$V_3 = (f_1^2 + f_2^2)^{1/2}, \tag{5.29}$$

式中 $f_1$ 和 $f_2$ 分别为

$$f_1 = \frac{1}{2\pi}\int_0^{2\pi} V(t)\cos3\omega t\,\mathrm{d}\omega t, \tag{5.30}$$

$$f_2 = \frac{1}{2\pi}\int_0^{2\pi} V(t)\sin3\omega t\,\mathrm{d}\omega t. \tag{5.31}$$

这种情况下可以很容易地推导出

$$V_3 = 0. \tag{5.32}$$

在 $h_0 \geqslant J_c d$ 的情况下，可以得到

$$I'(t) = \begin{cases} J_c d - h_0(1-\cos\omega t), & 0 \leqslant \omega t < \theta_0, \\ -J_c d, & \theta_0 \leqslant \omega t < \pi, \end{cases} \tag{5.33}$$

其中

$$\theta_0 = \cos^{-1}\left(1 - \frac{2J_c d}{h_0}\right). \tag{5.34}$$

这将导致

$$V(t) = \begin{cases} -Kh_0\omega\sin\omega t, & 0 \leqslant \omega t < \theta_0, \\ 0, & \theta_0 \leqslant \omega t < \pi. \end{cases} \tag{5.35}$$

对后半个周期 $\pi \leqslant \omega t < 2\pi$ 通过分析可以得到相似的结果. 经过一个简单的计算可以得到

$$\begin{aligned} f_1 &= 2Kh_0\omega\int_0^{\theta_0}\sin\omega t\cos3\omega t\,\mathrm{d}\omega t \\ &= 4Kh_0\omega h_p(1-h_p)(1-8h_p+8h_p^2), \end{aligned} \tag{5.36}$$

且

$$\begin{aligned} f_2 &= 2Kh_0\omega\int_0^{\theta_0}\sin\omega t\sin3\omega t\,\mathrm{d}\omega t \\ &= 8Kh_0\omega\sin\theta_0 h_p(1-h_p)(1-2h_p), \end{aligned} \tag{5.37}$$

其中

$$h_{\mathrm{p}}=\frac{J_{\mathrm{c}}d}{h_0} \tag{5.38}$$

和

$$\sin\theta_0 = 2(h_{\mathrm{p}}-h_{\mathrm{p}}^2)^{1/2}. \tag{5.39}$$

因此,可以得到

$$V_3 = 4K\omega J_{\mathrm{c}}d\left(1-\frac{J_{\mathrm{c}}d}{h_0}\right). \tag{5.40}$$

故如果 $h_{\mathrm{c}}$ 是三次谐波电压刚开始出现时的交流磁场振幅,那么薄膜的临界电流密度可估算为

$$J_{\mathrm{c}} = \frac{h_{\mathrm{c}}}{d}. \tag{5.41}$$

但是,应当注意,这种估算方式是不准确的,除非薄膜厚度远远大于由方程(3.92)表示的 Campbell 交流穿透深度,可以忽略可逆磁通移动的效果.实际上,对于 $B=1\mathrm{T}$,$J_{\mathrm{c}}=1.0\times10^{10}\,\mathrm{A/m^2}$ 的情况,$\lambda_0'$ 估计为 $0.8\mu\mathrm{m}$,用方程(3.94)来确定方程(3.92)中的 $\alpha_{\mathrm{L}}$ 值,并假定对于点状缺陷有 $d_{\mathrm{i}}=2\pi a_{\mathrm{f}}$.因此,对于一般情况下厚度小于 $1\mu\mathrm{m}$ 的薄膜,在直流电场中三次谐波电压的测试可能得不到一个正确的 $J_{\mathrm{c}}$ 值,但由于可逆磁通效应的存在可能导致测量值高于实际值[12],这与别的交流测量得到的结果相似.高估的倍数是 $\lambda_0'/d$ 量级的[12],且小于Campbell法和交流磁化系数的测量中得到的值.在无直流磁场情况下,$\lambda_0'$ 远小于上面的估算值,这种方法也可以用来估算超薄超导体的 $J_{\mathrm{c}}$ 值.

### 5.4.2 交流磁化率的测定

通过测定交流磁化系数也可以估计出临界电流密度的大小.如果交流磁场 $h_0\omega t$ 中超导样品的磁化系数可以表示为

$$M(t) = h_0\sum_{n=0}^{\infty}(\chi_n'\cos n\omega t + \chi_n''\sin n\omega t), \tag{5.42}$$

式中 $\chi_n'$ 和 $\chi_n''$ $(n\geqslant1)$ 分别是第 $n$ 个交流磁化系数的实部和虚部.它们可以用 $M(t)$ 表示为

$$\chi_n' = \frac{1}{\pi h_0}\int_{-\pi}^{\pi}M\cos n\omega t\,\mathrm{d}\omega t, \tag{5.43}$$

$$\chi_n'' = \frac{1}{\pi h_0}\int_{-\pi}^{\pi}M\sin n\omega t\,\mathrm{d}\omega t. \tag{5.44}$$

这些值与方程(5.22)和(5.23)所给出的交流磁导率有关,且可以表示为

$$\chi_1' = \frac{\mu_1'}{\mu_0}-1, \quad \chi_n' = \frac{\mu_n'}{\mu_0} \quad (n\geqslant 2), \tag{5.45}$$

且

$$\chi_n''=\frac{\mu_n''}{\mu_0},\qquad (n\geqslant 1).\tag{5.46}$$

从 $M=\langle B\rangle/\mu_0-(H_e+h_0\cos\omega t)$ 可以很容易地推导出这些关系. 这里,再次假定对一个厚为 $2d$ 的宽超导体板来说,Bean-London 模型成立. 因此可以很容易地得到 $\chi_1'$ 和 $\chi_1''$,即

$$\chi_1'=\begin{cases}-1+\dfrac{h_0}{2H_p},\quad h_0\leqslant H_p, & (5.47a)\\ -\dfrac{1}{\pi}\left(1-\dfrac{h_0}{2H_p}\right)\cos^{-1}\left(1-\dfrac{2H_p}{h_0}\right) & \\ \quad -\dfrac{1}{\pi}\left[1-\dfrac{4H_p}{3h_0}+\dfrac{4}{3}\left(\dfrac{H_p}{h_0}\right)^2\right]\left(\dfrac{h_0}{H_p}-1\right)^{1/2},h_0>H_p; & (5.47b)\end{cases}$$

$$\chi_1''=\begin{cases}\dfrac{2h_0}{3\pi H_p},\quad h_0\leqslant H_p, & (5.48a)\\ \dfrac{2H_p}{\pi h_0}\left(1-\dfrac{2H_p}{3h_0}\right),\quad h_0>H_p. & (5.48b)\end{cases}$$

图 5.12(a)和(b)分别展示了 $\chi_1'$ 和 $\chi_1''$ 与交流场振幅的关系. $\chi_1'$ 随着 $h_0$ 的增加,从 $-1$ 开始变化,在 $h_0=H_p$ 时值为 $-1/2$,然后逐渐接近 0. 另外,在 $h_0=(4/3)H_p=h_m$ 时,$\chi_1''$ 取最大值 $3\pi/4$. 因此,如果能测出 $h_m$ 的大小,可估算临界电流密度为

$$J_c=\frac{3h_m}{4d}.\tag{5.49}$$

在大多数实验中,通常在恒定振幅 $h_0$ 的情况下,在温度变化时测得 $\chi_1''$. 即使在这种情况下,在 $\chi_1''$ 取峰值时的温度下由 $J_c=3h_0/4d$ 估计出临界电流密度. 但是更精确地说,除了 $J_0$ 取某给定值时对应的温度情况外,通常不能得到准确值,因为 $h_0$ 和 $d$ 是该实验给出的. 通常的做法是在给定的温度和磁场条件下得到 $J_c$. 后面需要在确定温度和磁场的情况下,把 $\chi_1''$ 作为 $h_0$ 的函数计算出来,如方程(5.48a)和(5.48b)所示.

$\chi_1''$ 等于 $\mu_1''/\mu_0$,且与能量损耗密度有直接的关系,方程(3.101)给出了这一关系. 当超导样品的尺寸接近或者小于 Campbell 的交流穿透深度 $\lambda_0'$ 时,可逆的磁通运动临界态模型不成立,如同 3.7 节中讨论的一样. 这种情况下,对磁通分布的分析来说,Campbell 模型是成立的[8],且这一分布可以从方程(3.96)的数值解中推出. 然后,可以从这一分布中得到磁化率 $M$,且可以从方程(5.43)和(5.44)中推导出 $\chi_1'$ 和 $\chi_1''$. 图 5.13 和 5.14 中展示了用这一方法得到的结果[13]. 图 5.13 展示了 $d/\lambda_0'=10$ 时的结果,这个值对应与临界态模型正确地描述磁化

行为的情况.事实上,临界态模型也可以对这一结果做出近似的解释.

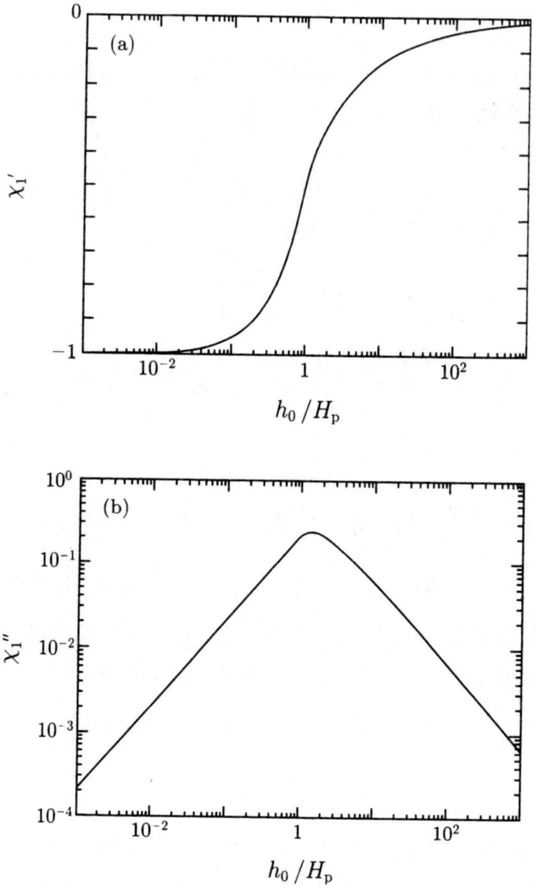


**图 5.12** Bean-London 模型预测的在平行交流场中的超导板的交流磁化率:(a) 实部;(b) 虚部

相比之下,图 5.14 展示了 $d/\lambda_0'=0.3$ 的情况,这一情况下预计可以观察到可逆的磁通运动的影响.事实上,$\chi_1'$与小磁场振幅区域的临界态模型的预期值 −1 有很大的偏离,表现出一个极小的屏蔽效应.$\chi_1''$的最大值也比临界态模型所预期的值要小很多,并且最大值的位置明显向高交流场振幅方向偏移.因此,通过把观测到的 $h_m$ 代入方程(5.49)所得到的临界电流密度明显偏大.例如,在图 5.14 中,临界电流密度大约高出 30 倍.因此,需要判断使用方程(5.49)进行分析是否适用于小尺寸的超导体.出于此目的,把用$\chi_m''$表示的$\chi_1''$的最大值,与理论预期值 $3/4\pi$ 对比是有用的.这是因为如果$\chi_m''$与理论预期值相当,那么方程(5.49) 是成立的,如果$\chi_m''$远小于预期值,利用方程(5.49)得出的结果可能远大于实验值. 已经有许多关于高温超导体的报道表明，当温度升高到临界温度时，$\chi_m''$ 变得更小，人们将其归因于可逆的磁通运动. 注意，对于钉扎力较弱的超导体来说，Campbell 交流穿透深度取值更大. 在高温超导体中，钉扎力通常较弱，并且随着温度的升高而进一步变弱，这导致穿透深度 $\lambda_0'$ 非常大. 因此，即使在相当大的样品中也可能发生可逆磁通运动.

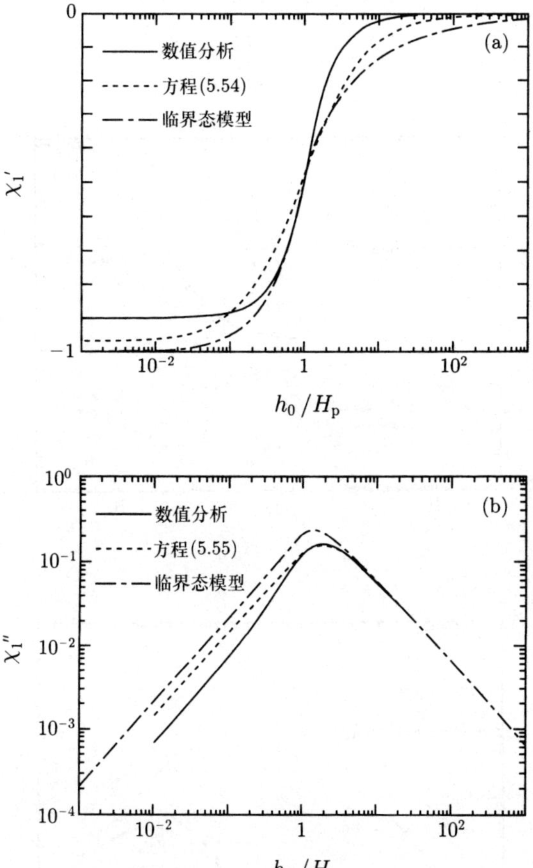


**图 5.13**　$d/\lambda_0'=10$ 时，超导板的交流磁化率：(a) 实部；(b) 虚部. 实线是对以 Campbell 模型为基础的方程(3.96)做数值分析的结果. 点划线为 Bean-London 模型的结果. 虚线代表方程(5.54)和(5.55)给出的近似公式. 它们都给出了相似的结果

为了分析可逆磁通运动下的行为，需要求出非线性的积分方程(3.96)的数值解. 但是，这样做并不简单. 因此，这里提出适合于交流磁化系数的一个近似方程，因为这些公式与交流场振幅的关系更加简单，如图 5.13 和 5.14 所示. 需要满足的条件之一是：在不可逆条件下，求得的结果应当接近临界态模型方程组

(5.47a),(5.47b),(5.48a)和(5.48b)所得出的值.$\chi_1'$的特征是：在 $h_0 \ll H_P$ 时，$\chi_1' \to -1$；在 $h_0 = H_P$ 时，有$\chi_1' = -1/2$；在 $h_0 \gg H_P$ 时，有$\chi_1' \to 0$. $\chi_1''$的特征是：在 $h_0 \ll H_P$ 时，$\chi_1''$达到方程(5.48a)的值；在 $h_0 \gg H_P$ 时，$\chi_1'' \to 2H_P/\pi h_0$. 满足上面要求的条件是

$$\chi_1' = -\frac{H_p}{H_p + h_0}, \tag{5.50}$$

$$\chi_1'' = \frac{2}{\pi} \cdot \frac{H_p h_0}{3H_p^2 + h_0^2}. \tag{5.51}$$

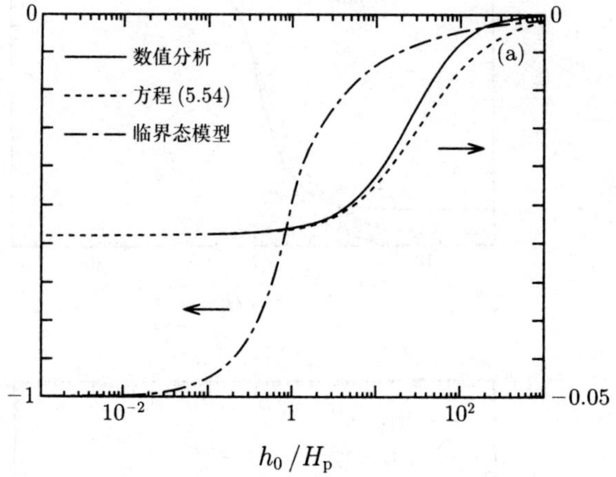


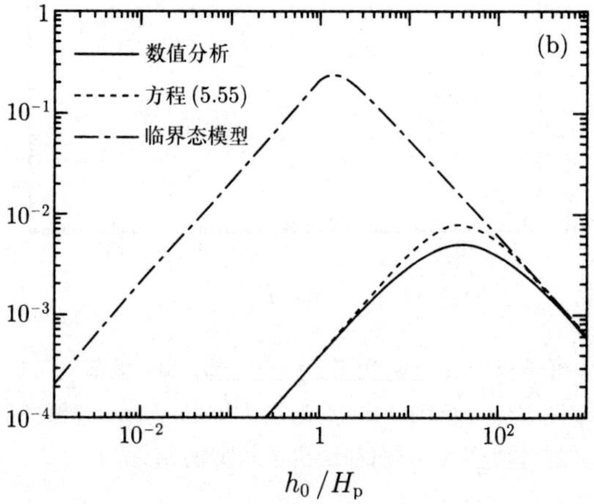


**图 5.14** $d/\lambda_0'=0.3$ 时超导板的交流磁化率：(a) 实部；(b) 虚部. 实线、点划线和虚线分别表示方程(3.96)的数值分析结果、临界态模型结果和近似公式. 临界态模型的结果与另外两个有较大的偏离

从方程(5.51)中可以得到 $h_m=\sqrt{3}H_p$ 和 $\chi''_m=1/\sqrt{3}\pi\simeq 0.184$；从基于临界态模型的方程(5.48b)可以得到 $h_m=(4/3)H_p$ 和 $\chi''_m=3/4\pi\simeq 0.239$. 因此，这些结果彼此之间并没有很大的差别.

在可逆磁通移动的条件限制下，即 $d$ 远小于 $\lambda'_0$ 且 $h_0$ 足够小，经过一个简单的计算表明 $\chi'_1$ 逐渐接近于

$$\chi'_1=-1+\frac{\lambda'_0}{d}\tanh\left(\frac{d}{\lambda'_0}\right)\simeq-\frac{1}{3}\left(\frac{d}{\lambda'_0}\right)^2. \tag{5.52}$$

另外，$\chi''_1$ 接近于

$$\chi''_1=\frac{h_0}{6\pi H_p}\left(\frac{d}{\lambda'_0}\right)^4. \tag{5.53}$$

上面利用了以 $2d$ 代替 $d_f$ 的方程(3.101)，(3.109)和(5.46). 当 $h_0$ 远大于由方程(3.110)确定的 $\widetilde{H}_p$ 时，即使 $d$ 小于 $\lambda'_0$ 且 $\chi'_1$ 和 $\chi''_1$ 分别接近 0 和 $2H_P/\pi h_0$，这一行为也变得不可逆.

这里提出两个近似方程[13]

$$\chi'_1=-\frac{H_p}{[1+3(\lambda'_0/d)^2]H_p+h_0}, \tag{5.54}$$

$$\chi''_1=\frac{2}{\pi}\cdot\frac{H_p h_0}{3[1+2(\lambda'_0/d)^2]^2 H_p{}^2+h_0{}^2}. \tag{5.55}$$

它们满足上面的条件. 图 5.13 和 5.14 展示了这些方程和数值计算结果的比较. 可以发现在两种限制条件下，即 $d\gg\lambda'_0$ 和 $d\ll\lambda'_0$ 都有很好的符合. 从这些方程得到的重要结论是：首先，当样品尺寸小于 $\lambda'_0$ 时，即使在很低的温度下，$\chi'_1$ 也达不到 $-1$，因此，从 $\chi'_1$ 计算超导体积分数的大小是不正确的. 这与 3.6 节中所述的不能从直流磁化系数中正确地计算出超导体积分数相似. 第二，从方程(5.55)中发现，$\chi''_1$ 达到峰值时的交流振幅为

$$h_m=\sqrt{3}\left[1+2\left(\frac{\lambda'_0}{d}\right)^2\right]H_p, \tag{5.56}$$

且这一峰值为

$$\chi''_m=\frac{1}{\sqrt{3}\pi[1+2(\lambda'_0/d)^2]}. \tag{5.57}$$

故仅仅从 $h_m$ 中不能计算出 $J_c$. 这是因为并不知道 $\lambda'_0$ 的值. 但是，利用方程(5.56)和(5.57)可以推导出

$$h_m\chi''_m=\frac{H_p}{\pi}=\frac{J_c d}{\pi}. \tag{5.58}$$

这样可以消除未知的 $\lambda'_0$ 且可以从这乘积得到 $J_c$. 从 $J_c$ 值可以确定 $\lambda'_0$. 通过比较可观察到小的直流磁化曲线斜率与以 $2d$ 代替 $d_f$ 的方程(3.111)，也可以得到 $\lambda'_0$

的值.

当超导样品的尺寸远大于 $\lambda_0'$ 时，临界态模型是成立的. 甚至在这种情况下可以确定 $J_c$ 的方程(5.58)也是成立的. 但是，为估算 $\lambda_0'$ 而做的更多的分析可能会产生大的误差.

## 习题

5.1 假定振幅为 $h_0$ 的交流磁场平行作用于厚度为 $2d$ 且宽度为 $w(w\geqslant 2d)$ 的超导板. 当用 Bean-London 模型对这个超导板进行分析时，利用建立在 Campbell 模型基础上的分析，说明交流穿透深度可以表示为 $\lambda'=h_0/J_c$，以及 $h_0$-$\lambda'$ 曲线表示 $h_0<H_P=J_cd$ 条件时的磁通分布. 说明在 $h_0>H_P$ 时也有 $\lambda'=d$.

5.2 当移进和移出超导样品的交流磁通的振幅 $\Phi$ 被基本频率分量的振幅 $\Phi'$ 代替时，估算从修正 Campbell 模型中导出的临界电流密度的误差. 对这一磁通分布假定 Bean-London 模型成立.

5.3 计算超导样品尺寸小于 Campbell 交流穿透深度 $\lambda_0'$ 时交流磁场的穿透值，说明在 Campbell 模型基础上的分析不能正确地计算出临界电流密度的原因.

5.4 当交流磁场的振幅 $h_0$ 大于穿透场 $H_p=J_cd$ 时计算 $\mu_3$.

5.5 推导方程(5.47a)，(5.47b)，(5.48a)和(5.48b).

## 参考文献

1. T. Matsushita, Y. Himeda, M. Kiuchi, J. Fujikami and K. Hayasli: IEEE Trans. Appl. Supercond. **15** (2005) 2518.
2. A. M. Campbell: J. Phys. C **2** (1969) 1492.
3. T. Matsushita, T. Honda and K. Yamafuji: Memo. Faculty of Eng., Kyushu Univ. **43** (1983) 233.
4. T. Matsushita, T. Tanaka and K. Yamafuji: J. Phys. Soc. Jpn. **46** (1979) 756.
5. R. W. Rollins, H. Küpfer and W. Gey: J. Appl. Phys. **45** (1974) 5392.
6. T. Matsushita, T. Honda, Y. Hasegawa and Y. Monju: J. Appl. Phys. **54** (1983) 6526.
7. B. Ni, T. Munakata, T. Matsushita, M. Iwakuma, K, Funaki, M. Takeo and K. Yamafuji: Jpn. J. Appl. Phys. **27** (1988) 1658.
8. A. M. Campbell: J. Phys. C **4** (1971) 3186.
9. A. Kikitsu, Y. Hasegawa and T. Matsushita: Jpn. J. Appl. Phys. **25** (1986) 32.
10. C. P. Bean: Rev. Mod. Phys. **36** (1964) 31.
11. H. Yamasaki, Y. Mawatari and Y. Nakagawa: Appl. Phys. Lett. **82** (2003) 3275.
12. Y. Fukumoto and T. Matsushita: Supercond. Sci. Technol. **18** (2005) 861.
13. T. Matsushita, E. S. Otabe and B. Ni: Physica C **182** (1991) 95.

# 第六章　磁通钉扎机制

## 6.1　元钉扎与求和问题

如图 1.6 所示，磁通线的空间结构与序参数和磁通密度相关. 当磁通线经过钉扎中心附近时，由于这些结构与钉扎中心空间结构的重叠会使得磁通线能量发生变化，这便是钉扎相互作用. 磁通线会受到与能量梯度相关的钉扎力的作用. 当电流流经时，钉扎力密度便是为了抗衡洛伦兹力而作用于磁通线格子的众多钉扎力之和的宏观平均. 在远高于 $H_{c1}$ 的磁场中，磁通线彼此排斥，并形成磁通格子. 另一方面，大多数情况下，起源于随机分布的钉扎中心的元钉扎力的方向也是随机的. 因此，除去彼此抵消的部分，剩余的形成了最终的钉扎力密度 $F_P$（见图 6.1）. 因而钉扎力密度的取值通常要小于直接相加得到的值，$F_P=N_P f_P$，其中 $N_P$ 是钉扎中心的数量密度（number desity），被称为元（elementary）钉扎力的 $f_P$ 是单个钉扎中心钉扎强度的最大值，其值依赖于磁通线格子的弹性相互作用强度. 当弹性相互作用很强，且磁通线格子仅有微小的形变时，最终得到的钉扎力密度是很小的. 在温度和磁场确定的情况下，计算作为元钉扎力和钉扎中心数量密度函数的钉扎力密度，称为求和问题，即

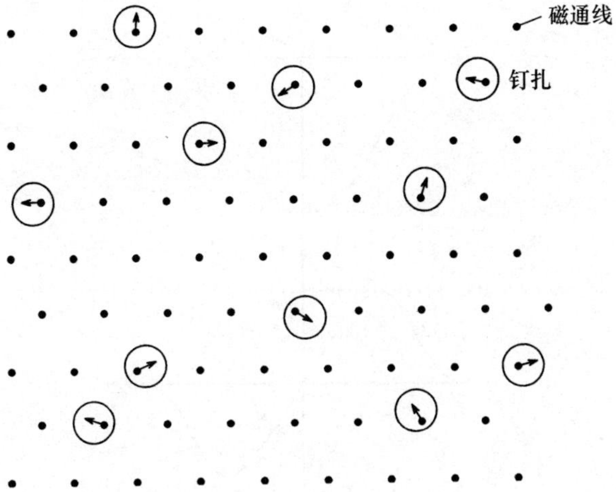


**图 6.1**　随机分布的钉扎中心的力

$$F_{\mathrm{P}} = \sum_{i=1}^{N_{\mathrm{P}}} f_i(B,T), \tag{6.1}$$

式中 $f_i$ 表示第 $i$ 个钉扎中心的力,其值在 $-f_{\mathrm{P}}$ 到 $f_{\mathrm{P}}$ 之间,这一值取决于相互作用的磁通线与钉扎中心之间的距离.在 3.8 节中,钉扎势能 $U_0$ 作为这些量的一个函数,其计算也是一种求和问题.

如上所述,从理论上估算钉扎力密度的问题,通常分为计算元钉扎力和元钉扎力的求和这两部分.用这一方法处理问题的理由在于,它建立在最终钉扎力密度(resultant pinning force density)几乎与钉扎中心的种类和尺寸无关的实验事实基础上.在钉扎中心的数量密度受到特别限制的条件下,相似的钉扎特性源于零维钉扎中心和二维晶粒边界.钉扎中心的特性几乎完全表现在元钉扎力上.

本章将讨论钉扎机制和各种钉扎中心的元钉扎力,最终的钉扎力密度及其特性将放到第七章中讨论.

## 6.2 元钉扎力

元钉扎力的定义有几种.对于只与一条磁通线相互作用的单个小钉扎中心,元钉扎力被定义为该相互作用力的最大值.在磁通线穿过钉扎中心的位移过程中发生如图 6.2(a)所示的能量变化 $U$ 时,图 6.2(b)展示了相关的相互作用力.元钉扎力由其最大值确定,即

$$f_{\mathrm{p}} = \left(-\frac{\partial U}{\partial x}\right)_{\max}. \tag{6.2}$$

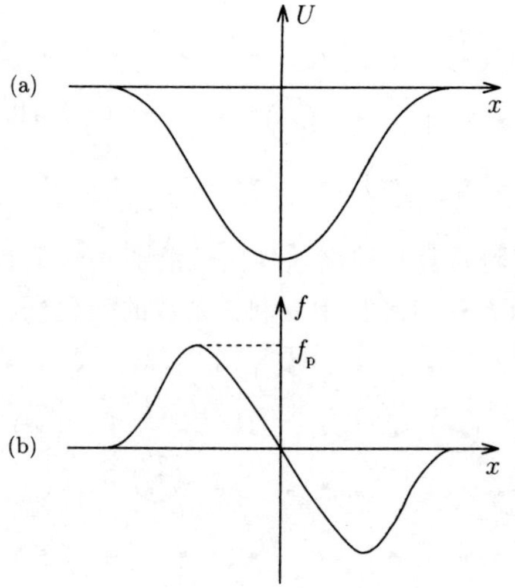


**图 6.2** 当磁通线通过钉扎中心时,(a)能量和(b)钉扎力的变化

当钉扎中心大到与许多磁通线同时发生相互作用时，元钉扎力的定义有点复杂，这是因为相互作用依赖于磁通线的排布. 因此，对于宽的晶粒界面或超导和非超导区域之间的较宽界面而言，元钉扎力有时被定义为平行于边界或界面的磁通线单位长度的最大相互作用力. 这种情况下也需要计算边界处的钉扎力. 对于与磁通线垂直的宽的边界或长的一维位错，磁通线自身便会与钉扎中心相适应[1]，如图 6.3 所示：紧密排列的磁通线格子自我调整为与钉扎中心相平行. 这使得钉扎力的计算变得很容易. 因为对于如此大的钉扎中心来说磁通线格子的形变是很小的，磁通线能使自身的排布更加适合于钉扎. 这一行为可以解释为不可逆热力学效应，即通过使钉扎相互作用达到最大从而使能量损耗减小到最小.

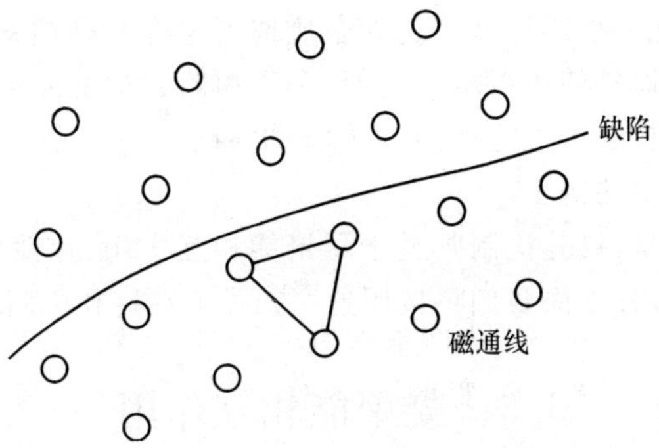


**图 6.3**　与钉扎相适应的磁通线排布

对于中等尺寸的钉扎中心来说，磁通线可以近似地被看做完美的刚性格子，凭借方程(6.2)可以从相对于磁通线格子虚位移的能量变化计算出元钉扎力大小[2,3]. 这是因为，如果要使磁通线格子对应于这种尺寸的钉扎中心而变形，那么它的应变度就太大了. 因此在这种中等尺寸中磁通线被认为是形成了三角格子.

钉扎中心处的材料常数与周围超导区域的那些常数有所不同. 这些材料常数在现象上被表述为方程(1.21)中 $\alpha$ 和 $\beta$ 系数的变化. 因此，严格地说，序参数 $\Psi$ 和磁通密度 $b$ 的解应当从包含空间变化的 $\alpha(\boldsymbol{r})$ 和 $\beta(\boldsymbol{r})$ 的 G-L 方程求出，然后，能量 $U$ 应当用这些解通过空间积分求出. 但是，这样做是很困难的，这种情况下 $\alpha$ 和 $\beta$ 的变化不是很大，在均匀的超导区域，由方程(1.75)和(1.62)确定 $\Psi$ 和 $b$ 的解有时是近似有用的. 例如，在晶粒边界钉扎的情况下，电子散射引起了边界附近相干长度 $\xi$ 的变化，但是却用与 $\Psi$ 相同的函数形式来计算元钉扎力. 一般来说，我们可以从方程(1.36)，(1.37)，(1.50)得到 $\alpha=-(\mu_0 e\hbar/m^*)H_{c2}$ 和 $\beta=2\mu_0(e\hbar/m^*)^2\kappa^2$，且 $\alpha$ 和 $\beta$ 的变化分别可以表述为 $H_{c2}$ 和 $\kappa$ 的变化.

在材料常数变化非常剧烈的情况下，如在非超导杂质中，这样的近似不再是有效的. 即使在非超导杂质中，由于邻近效应，与超导区域比邻部分的序参数不再减小为零. 这种情况下，不仅超导区域的序参数而且非超导区域的序参数都应当在合适的边界条件下进行计算. 这些边界条件取决于超导体是“净”的还是“脏”的，以及它的尺寸是大于还是小于电子平均自由程或相干长度. 例如，de Gennes 在非超导杂质的尺寸很大的“脏”超导体的情况下，也就是电子的自由程小于相干长度的情况下定义了边界条件[4]. 众所周知，在边界尺寸与相干长度 $\xi$ 近似的长程尺寸内，$\Psi$ 值及其沿垂直于边界方向的导数是不连续的.

对于超导体中的电介质杂质或者空穴，其处理方法也是相似的. 这种情况下，在电介质杂质或者空穴中 $\Psi$ 为零时，只有在方程(1.33)确定的边界条件下才能计算超导区域内的 $\Psi$ 值.

因此，一般情况下很难计算非超导杂质或者电介质杂质的元钉扎力. 但是，对于非常大的杂质通常使用粗略的近似. 利用粗略近似的原因是因为当磁通线存在的时候用上述方法不可能得到 $\Psi$ 和 $b$ 的精确解. 6.3—6.6 节将讨论一些利用这些粗略近似求解的例子.

根据相关的能量，钉扎机制归类于凝聚能相互作用、弹性相互作用、磁相互作用和动能相互作用. 下面我们将按照这一归类解释钉扎机制.

## 6.3 凝聚能相互作用

本节将处理磁通线位移导致的钉扎相互作用过程中凝聚能的变化. 归类于这一机制的钉扎中心典型的例子是非超导杂质，例如 Nb-Ti 中的 $\alpha$-Ti 相和 $Nb_3Sn$ 中的晶粒边界. 下面将讨论这一机制，推导元钉扎力.

### 6.3.1 非超导杂质

例如，我们假定在超导区域和非超导区域之间存在一个与磁通线平行的宽界面. 为了简单起见，假定超导区域和非超导区域分别占据 $x\geqslant 0$ 和 $x<0$ 区域，磁通线沿着 $z$ 轴方向. 在非超导杂质的尺寸很大的情况下，由于邻近效应的存在，超导电子的隧穿或扩散被限制在界面附近，其影响可以被忽略. 因此，这与存在电介质杂质的情况没有很大的不同. 在 $x<0$ 的区域，我们近似取 $\Psi=0$. 如果我们忽略磁场和电流的能量，尽管它们较大但并不重要，从下面的方程中可以计算出磁通线的能量：

$$F'=\alpha|\Psi|^2+\frac{\beta}{2}|\Psi|^4+|\alpha|\xi^2(\nabla|\Psi|)^2$$

$$=\mu_0 H_c^2\left[-|\psi|^2+\frac{1}{2}|\psi|^4+\xi^2(\nabla|\psi|)^2\right], \tag{6.3}$$

习题 1.1 的答案给出了这一方程. 假定在超导区域内存在离边界足够远的孤立的磁通线，则可以用方程(1.75)描述这一磁通线的结构

$$|\psi| = \tanh\left(\frac{r}{r_n}\right), \tag{6.4}$$

式中 $r$ 是距离磁通线中心的半径，对于高 $\kappa$ 值的超导体，$r_n=1.8\xi$. 当不存在磁通线时，整个超导区域都有 $|\psi|=1$. 因此，由于在超导体区域内磁通线的存在，每单位长度磁通线能量增量近似为

$$\begin{aligned}\Delta U &= \mu_0 H_c^2 \int_0^{\infty} \left[\frac{1}{2} - |\psi|^2 + \frac{1}{2}|\psi|^4 + \xi^2 (\nabla |\psi|)^2\right] 2\pi r \mathrm{d}r \\ &= \frac{2\pi}{3}\mu_0 H_c^2 \xi^2 [(k\xi)^{-2} + 2]\left(\log 2 - \frac{1}{4}\right) \simeq 1.55\pi\mu_0 H_c^2 \xi^2,\end{aligned} \tag{6.5}$$

对于一个简单的计算来说积分区域被近似看做无限大. 考虑到在非超导区域由于没有磁通线的存在，所以能量没有变化，当磁通线停留在超导区域时，能量的增量由 $\Delta U$ 给出. 如果做如下近似，即磁通线在发生一个如图 6.4 所示的 $2r_n=2k^{-1}$ 的位移过程中，能量出现增加，则每单位长度磁通线的元钉扎力可以表示为

$$f_p' \simeq \frac{\Delta U}{2r_n} = 0.430\pi\xi\mu_0 H_c^2. \tag{6.6}$$

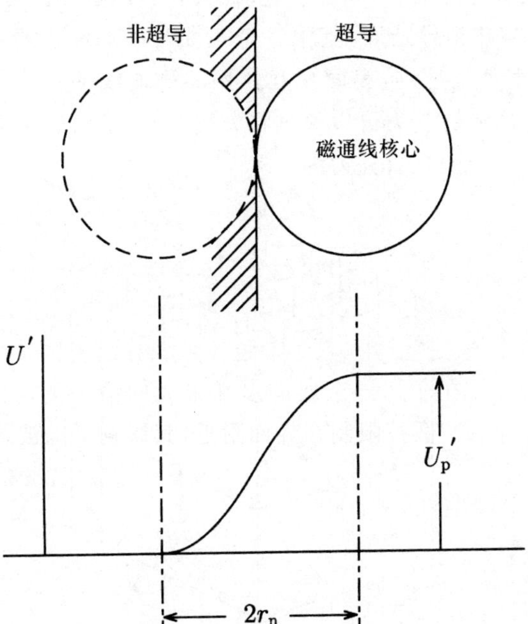


**图 6.4**　在超导区域和非超导区域间宽界面附近的磁通线. 非超导区域中的非超导核心是虚构的

这一结果表明非超导杂质起到一个有吸引力的钉扎中心的作用，且在边界区域出现钉扎相互作用.

如果利用一般的局域模型，这一模型中序参数近似为：当 $r<\xi$ 时有 $|\psi|=0$，当 $r>\xi$ 时有 $|\psi|=1$，则元钉扎力由 $f_{\mathrm{p}}'=(\pi/4)\xi\mu_0 H_{\mathrm{c}}^2$ 给出，这远小于上面的估算. 但是，如果假定一个新的局域模型，导入一个半径为 $r_{\mathrm{n}}=1.8\xi$ 的非超导核心，则元钉扎力为

$$f_{\mathrm{p}}'=\frac{\pi}{4}r_{\mathrm{n}}\mu_0 H_{\mathrm{c}}^2=0.45\pi\xi\mu_0 H_{\mathrm{c}}^2, \tag{6.7}$$

该式与方程(6.6)的结果很接近.

高场下，核心外的 $|\psi|$ 通常从 1 开始减小，因此包含钉扎的能量也相应地减小，导致一个小的元钉扎力. 减小的比率与钉扎能的主项 $|\psi|^2$ 和 $(\nabla|\psi|)^2$ 的减小成比例，可近似由 $\langle|\psi|^2\rangle$ 的减小给出，即 $[2\kappa^2/(2\kappa^2-1)\beta_{\mathrm{A}}](1-B/\mu_0 H_{\mathrm{c2}})\simeq 1-B/\mu_0 H_{\mathrm{c2}}$. 所以，在宽的磁场区域有效的元钉扎力公式为

$$f_{\mathrm{p}}'\simeq 0.430\pi\xi\mu_0 H_{\mathrm{c}}^2\left(1-\frac{B}{\mu_0 H_{\mathrm{c2}}}\right). \tag{6.8}$$

对于尺寸比磁通线间距 $a_{\mathrm{f}}=(2\phi_0/\sqrt{3}B)^{1/2}$ 大很多的非超导杂质，每一个非超导杂质同时作用于多条磁通线. 这种情况下，磁通线自我调整为与界面相平行，以使钉扎达到最好的效果，如上所述. 因此，为了简单起见，我们假定存在一个大小为 $D$ 的立方非超导杂质，其中一个表面与磁通线平行，且与洛伦兹力引起的移动方向相垂直. 与杂质表面相互作用的磁通线的数量是 $D/a_{\mathrm{f}}$，如图 6.5 所示. 每一磁通线的元钉扎力可以通过将方程(6.8)求出的值乘以磁通线长度 $D$ 得到. 因此每一个杂质的元钉扎力为

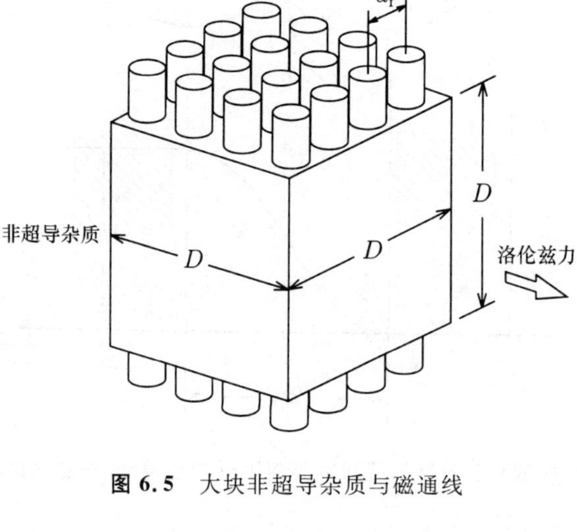


**图 6.5** 大块非超导杂质与磁通线

$$f_{\mathrm{p}} \simeq 0.430\pi \frac{\xi D^2 \mu_0 H_{\mathrm{c}}^2}{a_{\mathrm{f}}}\left(1-\frac{B}{\mu_0 H_{\mathrm{c2}}}\right). \tag{6.9}$$

另外,由于邻近效应,在比磁通线非超导核心小的非超导杂质内部会出现超导电性,即非超导杂质表现出与弱超导区域相同的行为.这一事实表明凝聚能相互作用的钉扎力很弱[5].按照这样一个结论,厚度为 $d$ 的薄非超导杂质的元钉扎力应当取一个比相同形状的绝缘杂质小 $(d/\xi)^2$ 倍的值.如果这种假定是正确的,包含起到钉扎中心作用的薄带非超导态 $\alpha$-Ti 相的 Nb-Ti 样品的钉扎力密度应当没有这么大.尤其在相干长度变得很大的临界温度附近,可以预期钉扎力密度大幅度减小和与钉扎力密度的温度标度律(temperature scaling law)的偏离,后面将会讨论.但是,没有观察到类似的结果[6],钉扎力密度可以按照没有发生邻近效应时的元钉扎力形式进行定量的解释[7].

怎样理解这一实验结果呢?我们认为在参考文献[5]中,关于邻近效应对钉扎能影响的理解是不正确的.为了证明这一观点,我们利用 G-L 理论来计算邻近效应非常明显的非超导杂质的元钉扎力.为了简化,在如图 6.6 所示的厚度分别为 $d_{\mathrm{s}}$ 和 $d_{\mathrm{n}}$ 的超导层和非超导层相互交替排布的情况下来处理这一问题.假定相干长度大于它们的厚度,在 Nb-Ti 中的 $\alpha$-Ti 中可以观察到这种结构的例子,上面关于相干长度的假设可以在临界温度附近的高温下得到.在超导区域方程(1.30)成立.另外,在非超导区域有效的方程应当近似为

$$\frac{1}{2m^*}(-i\hbar\nabla + 2e\boldsymbol{A})^2\Psi + \alpha_{\mathrm{n}}\Psi = 0, \tag{6.10}$$

这一方程与薛定谔方程的形式相同.上面的方程中,$\alpha_{\mathrm{n}}$ 为表示配对电子之间相互排斥作用的正参数.

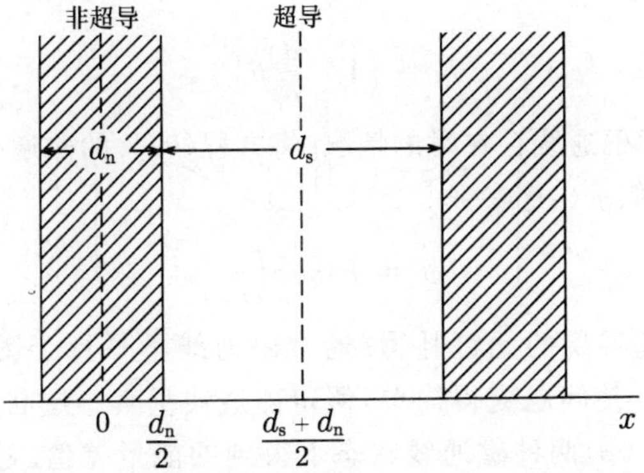


**图6.6**　由超导层和非超导层构成的多层复合结构

非超导区域对应的自由能可以表示为

$$F' = \alpha_n |\Psi|^2 + |\alpha|\xi^2(\nabla |\Psi|)^2 = \mu_0 H_c^2 [\theta|\psi|^2 + \xi^2(\nabla |\psi|)^2], \tag{6.11}$$

这里

$$\theta = -\frac{\alpha_n}{\alpha} = \left(\frac{\xi}{\xi_n}\right)^{1/2}, \tag{6.12}$$

$\xi_n$ 表示非超导区域的相干长度. 首先处理不存在磁通线的情况. 把垂直于层状结构的方向确定为 $x$ 轴,则 $\Psi$ 只沿着这个轴线发生变化. 在这种一维情况下序参数为常量,$\Psi$ 可以作为一个实数. 因此,$\Psi$ 被定义为 $\Psi = R|\Psi_\infty|$,$R$ 表示实数. 超导区域和非超导区域的方程为

$$\begin{cases} \dfrac{d^2R}{d\eta^2} - R + R^3 = 0, & \dfrac{d_n}{2\xi} < \eta \leqslant \dfrac{d_s + d_n}{2\xi}, \quad (6.13a) \\ \dfrac{d^2R}{d\eta^2} + \theta R = 0, & 0 \leqslant \eta < \dfrac{d_n}{2\xi}, \quad (6.13b) \end{cases}$$

这里 $\eta = x/\xi$.

为解出 $R$ 必须确定超导和非超导区域之间界面中的 $R$ 连续的边界条件. 对于 Nb-Ti 中的 $\alpha$-Ti 情况,电子的平均自由程大概为 10nm,大于 $\alpha$-Ti 的厚度[8]. 因此不能利用 de Gennes 关于"脏"超导体的边界条件[4],因为据此的 $R$ 值及其导数都是不连续的. 取而代之的是利用适合于"净"超导体的,且 $R$ 与其导数都连续的Zaitsev的边界条件[9]. $R$ 的解分别由超导区域的 Jacobi 椭圆方程和非超导区域双曲线方程确定[8]. 但是,这样求解是很复杂的. 简单的情况是认为 $d_s$ 和 $d_n$ 都远小于 $\xi$. 这种情况下,$R$ 不存在空间的变化,且在两个区域中都是均匀的. 尽管不能得出 $R$ 的精确解,但是可以导出使 G-L 能量达到最小的值. 可以忽略源自于 $R$ 的空间变化的动能. 然后,超导区域的自由能密度由方程(6.3)的第一项和第二项给出,非超导区域的自由能密度则由方程(6.11)的第一项给出. 因此,可以得到

$$R = \left(1 - \frac{d_n}{d_s}\theta\right)^{1/2}. \tag{6.14}$$

接下来我们来考虑磁通线存在时的情况. 将方程(6.4)的磁通线结构叠加到方程(6.14)上,可以近似求出序参数

$$|\psi| = R\tanh\left(\frac{r}{r_n}\right). \tag{6.15}$$

下面计算非超导层的元钉扎力. 通常磁通线不平行于图 6.6 中所示的层状结构. 因此,为了使问题变得简单,假定磁通线垂直于层状结构. 我们将处理在图6.7(a)和 6.7(b)两种磁通线状态下得到的能量差值. 超导区域和非超导区域的能量分别由方程(6.3)和(6.11)给出. 因为动能在两个区域有相同的值,所以可以忽略. 仅仅在图 6.7 所示的非超导核心与非超导区域相遇的长度为 $d_n$ 的区域计算能量就足够了. 在(a)情况下,在 $V_1$ 区域由于磁通线的存在

带来的能量变化为

$$U_a = -2\log 2 \cdot \pi r_n^2 d_n \theta R^2 \mu_0 H_c^2.$$

在(b)情况下，在 $V_2$ 区域由于磁通线的出现带来的能量变化为

$$U_b = \pi r_n^2 d_n R^2 \left[ 2\log 2 - R^2 \left( \frac{4}{3}\log 2 + \frac{1}{6} \right) \right] \mu_0 H_c^2.$$

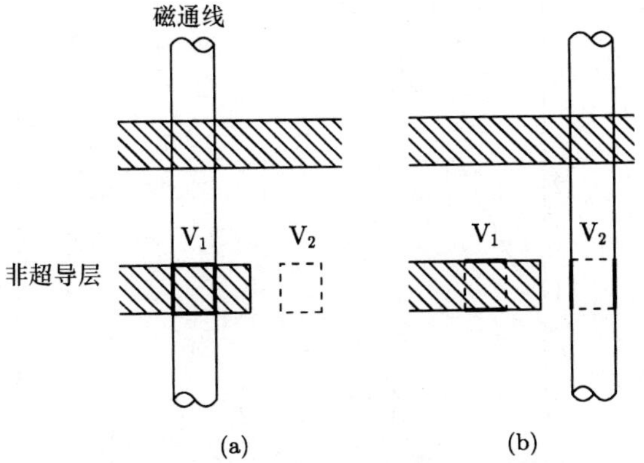


**图 6.7**　非超导层边界附近的磁通线

元钉扎力近似可由 $U_b - U_a$ 除以 $2r_n$ 确定[10]，即

$$\begin{aligned} f_p &= \pi r_n d_n R^2 \left[ (1+\theta)\log 2 - \frac{R^2}{12}(8\log 2 + 1) \right] \mu_0 H_c^2 \\ &= 1.8\pi d_n \left(1 - \frac{d_n}{d_s}\theta\right) \left[ (1+\theta)\log 2 \right. \\ &\quad \left. - \frac{1}{12}(8\log 2 + 1)\left(1 - \frac{d_n}{d_s}\theta\right) \right] \xi \mu_0 H_c^2. \end{aligned} \tag{6.16}$$

当非超导核心穿过非超导层边界时能量发生上述变化，因此出现边界与磁通线的相互吸引.

如果图 6.6 中阴影所示的非超导区域不是非超导导电态而是绝缘态，则超导和非超导区域的 $R$ 可以分别用 1 和 0 代替. 另外，关于电势能的分布，这一代替导致一个与用 0 代替 $\theta$ 的相同结果，因为在 $\theta = 0$ 情况下，绝缘区域的能量与 $\Psi$ 无关. 这种情况下，应在相互作用方面考虑超导区域动能，因为绝缘区域没有相关的能量. 因此，绝缘层的元钉扎力可以由方程(6.6)的 $f_d'$ 乘以厚度 $d_n$ 得到. 如果用 $f_{P0}$ 表示这个值，则薄非超导区域的元钉扎力为

$$\frac{f_p}{f_{p0}} = 4.19\left(1 - \frac{d_n}{d_s}\theta\right)\left[ (1+\theta)\log 2 - \frac{1}{12}(8\log 2 + 1)\left(1 - \frac{d_n}{d_s}\theta\right) \right]. \tag{6.17}$$

在通常 Nb-Ti 线材中，非超导 $\alpha$-Ti 相中 $\theta$ 的值估为 1.4[8]. 因此，当 $d_n/d_s = 0.2$ 时可以推导出 $f_P/f_{P0} = 3.83$. 与由通常的局域模型估到的 2.7 相比，这一比率是

相当大的[8]. 但是,可以得出结论,甚至对于邻近效应发生的情况薄非超导 $\alpha$-Ti 层也远远强于绝缘层. 图 6.8 展示了 $d_n/d_s=0.2$ 时 $f_P/f_{P0}$ 与 $\theta$ 的关系曲线.

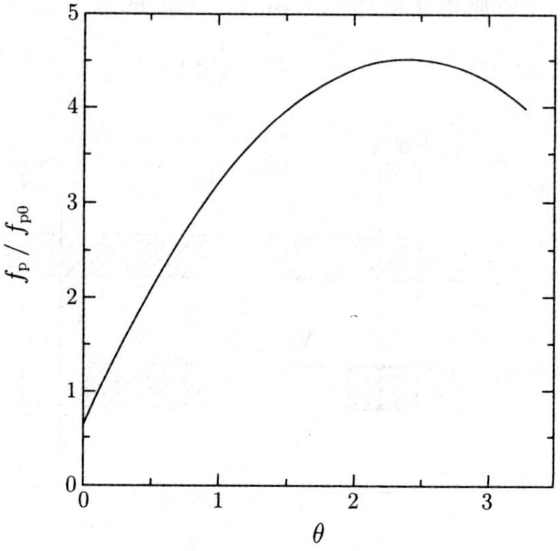


**图 6.8** $d_n/d_s=0.2$ 时非超导层边界处元钉扎力密度与 $\theta$ 的关系曲线

如上所示,尽管由于邻近效应的存在,非超导杂质有与超导体相似的行为,但是它的钉扎强度并没有弱化. 文献[5]中的错误来自于将因环境条件改变杂质被迫表现出超导行为的状态与本征超导态的混淆[11]. 在前面的情况下,当杂质变得有超导性时能量有局部的增加,但在后面的情况下能量是减小的. 应当注意到式(6.11)中 $\alpha_n$ 是正值,而 $\alpha$ 是负值. 杂质变得有超导性的原因是以此防止超导区域周围的超导电性的破坏和使围绕界面的序参数空间变化最小,从而导致能量整体的减小. 因此,如果磁通线遇到非超导杂质,杂质中的超导电性将遭到破坏,同时能量将减小. 因而,元钉扎力取一个较大的值.

从严格意义上来说,对于尺寸小于 $\xi$ 的情况,应用 G-L 理论求解问题可能不是一个很好的近似. 为了精确地计算元钉扎力,一个更加微观的理论计算是必要的. 但是,笼统地说,邻近效应可以用 G-L 理论来描述,类似于微观理论[12]. 因此,上面的结果可定性地认为是正确的.

局域模型预期当 $\theta$ 趋近于 0 时,$f_P \geqslant f_{P0}$,且 $f_P/f_{P0}$ 的取值接近 1[11]. 另一方面,图 6.8 表明:在 $\theta$ 很小的情况下,由于邻近效应的存在,元钉扎力有略微的减小. 这是因为在非超导层中存在非超导核心时,感应序参数的空间变化引起动能增加. 当 $\theta$ 变大时,由于非超导核心的存在引起的势能的减小要远大于动能的增量. 因此,元钉扎力增大.

## 6.3.2　晶粒边界

晶粒边界的微观结构是各不相同的，因此讨论边界处的元钉扎力要比非超导杂质情况更加困难.例如，纯金属超导体中的晶粒边界周围存在的畸变仅处于原子尺度上.另外，对于通过边界扩散形成的金属间化合物超导体的边界，在距离边界一定距离的区域内，有时其组分会偏离化学计量.前一种情况下，仅存在电子散射和弹性相互作用机制.后一种情况下还涉及 6.3.1 小节提到的来自于有限厚度的非超导层的凝聚能相互作用.在这一小节中我们主要讨论电子散射机制，附带地介绍一下有限厚度的非超导层中的相互作用.弹性相互作用将在下一节中介绍.

如果我们把 6.3.1 小节论述的相互作用看做晶粒边界的钉扎机制来处理，且边界没有非超导杂质一样的厚度，那么磁通线非超导核心和边界区域重叠部分的体积是非常小的.由于这个原因，在晶粒中上临界磁场 $H_{c2}$ 的各向异性首先被认为是晶粒边界钉扎的机制的候选[13].即使热力学临界场 $H_c$ 在晶粒内部是一致的，但是由于相干长度 $\xi$ 不同，不同晶粒间非超导核心能量也是不一致的.因此，当非超导核穿过边界的时候将经历一个能量的变化，从而导致钉扎相互作用.然而，在各向同性的多晶超导体内部并没有按照这一机制发生钉扎相互作用，而且在各向异性很小的超导体内部也没有发生很强的钉扎相互作用.

Zerweck 首次定量地讨论了通过电子散射机制发生的晶粒边界钉扎[14].关于这一机制的要点如下：边界提供给传导电子一个不规则的势能变化，这将会引起电子的散射.故在边界附近，电子的平均自由程变得很小，相干长度变得更小.因此，当一个磁通线的非超导核到达晶粒边界时，有较高能量密度的非超导核的半径会变得更小，导致非超导核的能量发生变化.也就是说，边界与磁通线发生吸引相互作用.这种情况下，超导体的特性影响钉扎强度.由散射引起的相干长度的变化与超导体是“净”还是“脏”有很大的关系.更大的相干长度变化率自然导致更强的钉扎.

假定电子正在穿过一个不存在晶粒边界的块超导体.在电子发生两次散射之间移动距离 $r$ 的概率假定为

$$p(r)=\frac{1}{l_b}\exp\left(-\frac{r}{l_b}\right),\tag{6.18}$$

其中 $l_b$ 是块材中的电子平均自由程.可以很容易地发现，通过对 $r$ 与概率的乘积求从 0 到∞的积分，可以导出 $l_b$.这里假定存在一个足够宽的光滑晶粒边界.可以估算出距离边界 $x$ 的 A 点的电子平均自由程的预期值.从 A 点出发的电子在移动 $r$ 的距离过程中，被散射的概率与运动方向有关.用 $\phi$ 表示电子移动方向与垂直于边界方向的夹角(参见图 6.9).

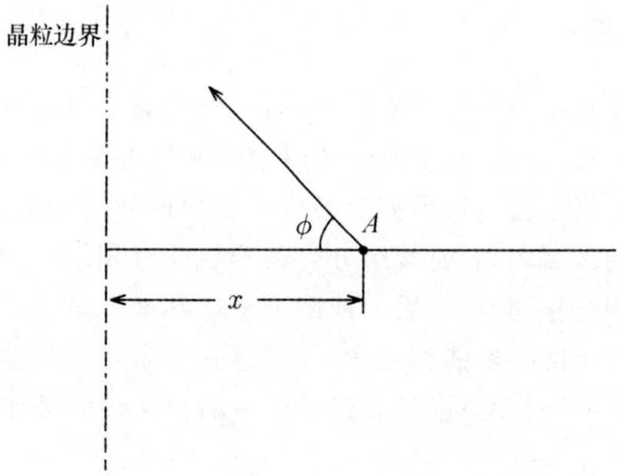


**图 6.9** 从靠近边界的 $A$ 处出发的电子的运动方向

为了简单起见,假定电子在边界区域必定发生散射.电子在通过距离 $r$ 且不发生散射的几率为

$$p(r,\phi)=\begin{cases}p(r), & 0\leqslant r<s,\\ \delta(r-s)l_{\mathrm{b}}p(s), & r=s,\\ 0, & s<r,\end{cases}\tag{6.19}$$

其中 $0<\phi<\pi/2$, $s=x\sec\phi$.第二个方程中,乘以 $\delta$ 函数的因子由归一化条件决定的,且可由对 $p(r)$ 从 $s$ 到 $\infty$ 积分求出.对于 $\pi/2<\phi<\pi$ 区域,发生散射的概率可以简单地表示为

$$p(r,\phi)=p(r).\tag{6.20}$$

因此,电子从 $A$ 点出发后沿着方向 $\phi$ 在不发生散射的情况下可以移动的距离为

$$\begin{aligned}l(x,\phi)&=\int_0^{\infty}p(r,\phi)r\mathrm{d}r\\&=\begin{cases}l_{\mathrm{b}}\left[1-\exp\dfrac{s}{l_{\mathrm{b}}}\right], & 0\leqslant\phi\leqslant\dfrac{\pi}{2},\\ l_{\mathrm{b}}, & \dfrac{\pi}{2}<\phi\leqslant\pi.\end{cases}\end{aligned}\tag{6.21}$$

对整个立体角 $4\pi$ 求平均,平均自由程可以表示为

$$\begin{aligned}l(x)&=\frac{1}{2}\int_0^{\pi}l(x,\phi)\sin\phi\mathrm{d}\phi\\&=l_{\mathrm{b}}-\frac{1}{2}\left[l_{\mathrm{b}}\exp\left(-\frac{x}{l_{\mathrm{b}}}\right)-x\int_{x/l_{\mathrm{b}}}^{\infty}\exp(-z)\frac{\mathrm{d}z}{z}\right].\end{aligned}\tag{6.22}$$

得到的电子平均自由程的变化如图 6.10 所示.

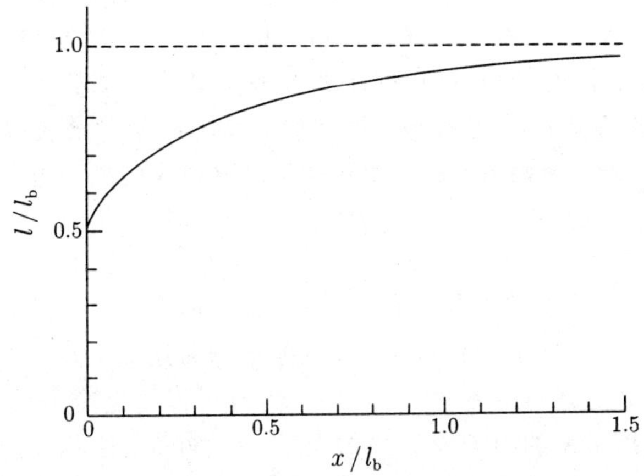


**图 6.10**　电子平均自由程相对于距边界距离的变化(由 Zerweck 推导[14])

由电子的平均自由程变化引起的相干长度 $\xi$ 的变化与超导体的纯净程度有关. Zerweck 对这一关系采用了 Goodman 的内插法公式

$$\xi(T=0)=\frac{\xi_0}{(1+1.44\xi_0/l)^{1/2}}, \tag{6.23}$$

方程中 $\xi_0$ 是与温度无关的 BCS 相干长度. 图 6.11 给出了距边界的距离与相干长度变化的关系曲线,$\xi_b$ 是块材中的相干长度,图中的 $\alpha_i$ 是超导体的掺杂参数

$$\alpha_i=\frac{0.882\xi_0}{l_b}. \tag{6.24}$$

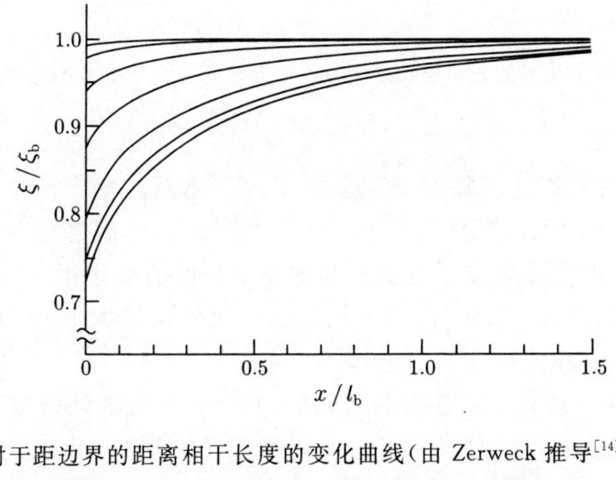


**图 6.11**　相对于距边界的距离相干长度的变化曲线(由 Zerweck 推导[14]). 从上至下的曲线分别代表掺杂参数 $\alpha_i$ 为 0.01,0.03,0.1,0.3,1,3 和 10 的情况

由于相干长度的变化磁通线通过边界时能量会发生变化. Zerweck 仅仅对

方程(6.3)的第一项和第二项进行了处理[14]．我们将跟着来处理．假定磁场足够弱且磁通线都是孤立的．在与边界平行和垂直的方向上非超导核心的直径分别是 $2\xi_b$ 和 $2\xi$，因此非超导核心的横截面积为 $\pi\xi_b\xi$．由于凝聚能密度为 $\mu_0 H_c^2/2$，在不考虑常数项的情况下，非超导核心的单位长度上的能量增量(即钉扎能)可表示为 $U_P'=\pi\xi_b\xi\mu_0 H_c^2/2$，则可以得到每单位长度磁通线的晶粒边界元钉扎力

$$f_p' = \frac{\pi}{2}\xi_b\mu_0 H_c^2 \left\langle \frac{d\xi}{dx} \right\rangle_m, \tag{6.25}$$

这里 $\langle d\xi/dx \rangle_m$ 是相干长度平均变化率的最大值，即在 $x=0$ 和 $x=\xi_b$ 之间的平均变化率．图 6.12 中展示了得到的结果，纵坐标为用 $\xi_0\mu_0 H_c^2$ 归一化的元钉扎力．如果温度与 $\xi$ 的关系由方程(1.45)确定，也可以将这个温度函数加入方程(6.23)．这一温度关系的因子等于 $\xi_b$ 的因子，这意味着 $\langle d\xi/dx \rangle_m$ 与温度无关．因此，元钉扎力与温度的关系可由 $\xi_b H_c^2$ 与温度的关系给出．

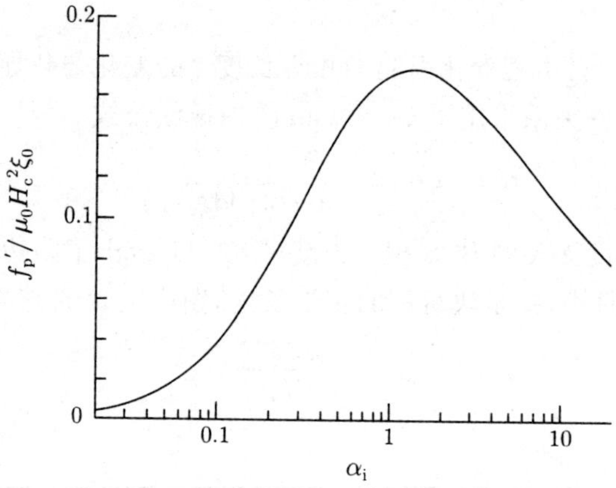


**图 6.12** 低温下边界处每单位长度磁通线的元钉扎力与掺杂参数的关系曲线(由 Zerweck 推导[14])

晶粒边界的元钉扎力随着掺杂参数 $\alpha_i$ 的变化而大幅度地变化．对于 $\alpha_i$ 小的“净”超导体或 $\alpha_i$ 大的“脏”超导体而言，元钉扎力的值都是很小的．在这些极端的情况下，由边界处电子散射引起的相干长度的变化很小，像前面提到的那样．结果，大约在 $\alpha_i \sim 1.4$ 时，相干长度的变化率取最大值时，元钉扎力也取最大值．

在上述低场下计算元钉扎力的基础上，Yetter 等人把计算扩展到磁通线形成格子的高场区域[15]．同时将从实验得到的方程代替 Goodman 的内插法方程(6.23)，因为 Goodman 的方程与在小 $\alpha_i$ 值的“净”超导体中的实验结果不符．尽管 Yetter 得到的结果定性地与 Zerweck 得到的结果近似，但是元钉扎力取最大值时 $\alpha_i$ 的值大约相差了 10．

在上面提到的 Zerweck 和 Yetter 等人的处理方法中，都是通过数值计算得到元钉扎力的，这一结果不容易从直观上理解. 由于这一原因 Welch 做了一个解析计算，且得到一个近似的方程[16]. 首先序参数的空间变化可以用一个简单函数近似地表达，相干长度或者 G-L 参数 $\kappa$ 的变化被描述为一个与到边界的距离相关的指数函数. 然后，可以计算出能量的变化和元钉扎力. 结果可以表示为

$$f_{\mathrm{p}}' = \frac{\pi\mu_0 H_{\mathrm{c}}^2 \xi^2}{d} \cdot \left.\frac{\Delta\kappa}{\kappa}\right|_0 \cdot \frac{1}{1+2.0(\xi/d)+2.32(\xi/d)^2}, \tag{6.26}$$

其中 $\Delta\kappa/\kappa|_0$ 是在边界处块材 $\kappa$ 值的相对变化率，$d$ 是描述 $\kappa$ 空间变化的特征长度. 用下面这个内插法公式代替方程(6.23)，以便于即使在“净”超导体这样的限制条件下也可以得到相干长度的准确值

$$\xi(0) = \frac{\xi_0}{(1.83+1.63\alpha_{\mathrm{i}})^{1/2}}. \tag{6.27}$$

假定 $H_{\mathrm{c}}$ 是不变的，利用方程(1.51)和(1.52)可以得到 $\Delta\kappa/\kappa|_0 = [\xi_{\mathrm{b}}/\xi(x=0)]^2 - 1$ (坐标与图 6.9 中的相似). 方程(6.27)被用于求 $\xi_{\mathrm{b}}$，在相同的方程中由 $[l_{\mathrm{b}}/l(x=0)]\alpha_{\mathrm{i}}$ 代替 $\alpha_{\mathrm{i}}$ 求出 $\xi(x=0)$. 从方程(6.22)可以很容易地看出，$l(x=0)=l_{\mathrm{b}}/2$. 因此，可以得到

$$\left.\frac{\Delta\kappa}{\kappa}\right|_0 = \frac{1.63\alpha_{\mathrm{i}}}{1.83+1.63\alpha_{\mathrm{i}}}. \tag{6.28}$$

利用 $d$ 为 $l/3$ 的数值计算结果，从方程(6.26)可以得到元钉扎力. 图 6.13 中的实线为计算得到的 $\alpha_{\mathrm{i}}$ 与元钉扎力的关系曲线.

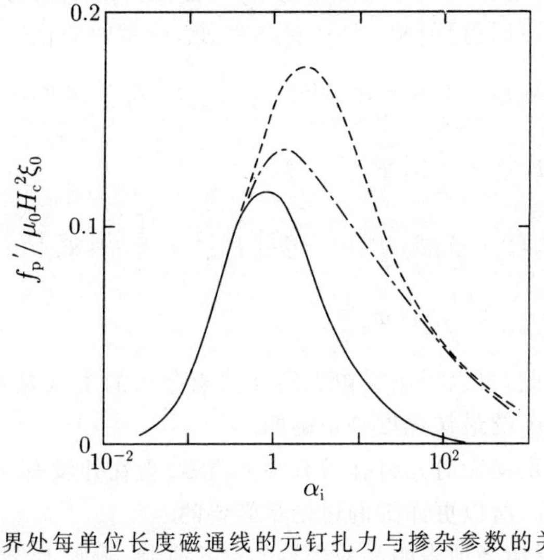


**图 6.13** 在晶粒边界处每单位长度磁通线的元钉扎力与掺杂参数的关系曲线(由 Welch 推导[16]). 图中实线为零厚度的理想边界，点划线表示边界厚度为 $0.1\xi_0$ 的情况，虚线表示特征长度为 $d=1.5\xi$ 时最佳边界的情况

Welch不但计算了厚度为零的理想边界条件下的元钉扎力，而且也计算了有限厚度区域的边界元钉扎力，该区域内组分偏离化学计量，如同在通过边界扩散过程而形成的复合超导体中的情况. 假定这一区域的 $\kappa$ 值与由方程(6.28)确定的块材 $\kappa$ 值有所不同. 图 6.13 的点划线表示厚度为 $0.1\xi_0$ 时的结果. 它表明对于厚度有限的情况，边界元钉扎力有一个较大的值. 另外，Welch 分析了特征长度 $d$ 的变化所带来的效应. 利用方程(6.26)可以证明，当 $d$ 等于 $(2.32)^{1/2}\xi\simeq 1.5\xi$ 时，元钉扎力取最大值. 图中的虚线表示在该最佳情况下 $f_p'$ 的结果.

Pruymboom 和 Kes 也做了一个相似的计算[17]. 他们的计算最重要的特征就是包含了由方程(6.3)第三项给出的动能. 这一处理方法忽略了与 $|\Psi|^4$ 成正比的项，且利用 G-L 方程对能量的表达做了变换(参见习题 1.2). 利用一个相似的计算也可以得出一个与 Welch 结果近似的定性结果. 定量上来讲得到的元钉扎力大概是 Welch 得到的元钉扎力的两倍. 但是，由于 $\kappa$ 的变化，从一开始 $\beta$ 中就包含电子散射的因素，因此忽略 $\beta|\Psi|^4/2$ 存在争议.

有些人坚持认为只有动能对钉扎能起到很重要的作用. 这是建立在如下论述的基础上[18]. 确定序参数 $\Psi$ 以使方程(6.3)给出的能量达到最小，在此用 $\Psi_e$ 表示 $\Psi$ 的平衡值. 在钉扎中心附近，材料常数 $\alpha$ 和 $\beta$ 发生变化，且分别用 $\delta\alpha$ 和 $\delta\beta$ 表示它们的变化，从而可以得到一个新的平衡值 $\Psi_e+\delta\Psi_e$. 方程(6.3)的第一和第二项对能量的贡献是 $\delta\alpha|\Psi_e|^2+\delta\beta|\Psi_e|^4/2$. 有观点认为，平衡值的变化也应当包含在能量当中. 按照这一论证，新项恰好与上面的贡献相抵消，且只有动能保留了下来. 但是，这种观点明显是不正确的. 这里为简单起见，我们暂且忽略动能. 从平衡条件上可以得到 $|\Psi_e|^2=-\alpha/\beta$. 因此，能量的变化可以表示为

$$
\begin{aligned}
\delta F' &= (\alpha+\delta\alpha)(|\Psi_e|^2+\delta|\Psi_e|^2)+\frac{1}{2}(\beta+\delta\beta)(|\Psi_e|^4+\delta|\Psi_e|^4) \\
&\quad -\alpha|\Psi_e|^2-\frac{1}{2}\beta|\Psi_e|^4 \\
&\simeq \alpha\delta|\Psi_e|^2+\frac{1}{2}\beta\delta|\Psi_e|^4+\delta\alpha|\Psi_e|^2+\frac{1}{2}\delta\beta|\Psi_e|^4 \\
&= \delta\alpha|\Psi_e|^2+\frac{1}{2}\delta\beta|\Psi_e|^4,
\end{aligned}
$$

且不可能为零. 因此，可以得出结论：只有动能存在的主张是不正确，也就是说 Campbell 和 Evetts 的最初观点是正确的[19].

但是，可以确定动能对元钉扎力有很大贡献. 现在并没有一个考虑到所有能量的精确理论计算，所以更详细的讨论是必要的.

已有实验结果清晰地表明晶粒边界的钉扎机制. 图 6.14 展示了铌双晶体样品中，临界电流与磁场角度的关系[20]. 当磁场与孪晶边界平行时，可以得到较大的临界电流. 这一现象证明界面可以作为钉扎中心存在. 图 6.15 展示了在一个

相似的铌双晶体样品中,每单位面积孪晶边界内的钉扎力与磁场的关系[21]. 在这种样品内,晶轴关于磁场是不对称的,其中磁场平行于边界并垂直于电流. 当电流方向或洛伦兹力方向翻转时,钉扎力会发生变化,这表明在钉扎中心也存在各向异性. 两种方向下,钉扎力的平均值由电子散射或者弹性相互作用所决定,两种钉扎力差值的一半表示出了各向异性. 从图像中可以清晰地看出,即使在磁场高于块材 $H_{c2}$ 的情况下钉扎力仍然存在一个有限值. 这说明由边界引起的电子散射导致边界邻近处相干长度的减小,从而使得 $H_{c2}$ 的局部增加.

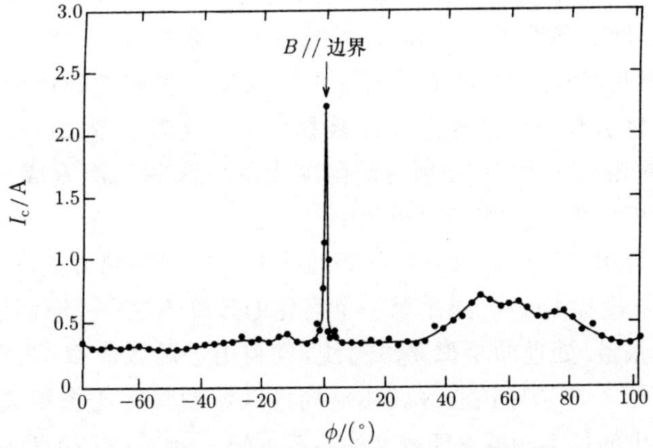


**图 6.14**　铌双晶体中临界电流密度与磁场角度的关系[20]. $\phi$ 是磁场与孪晶边界的夹角

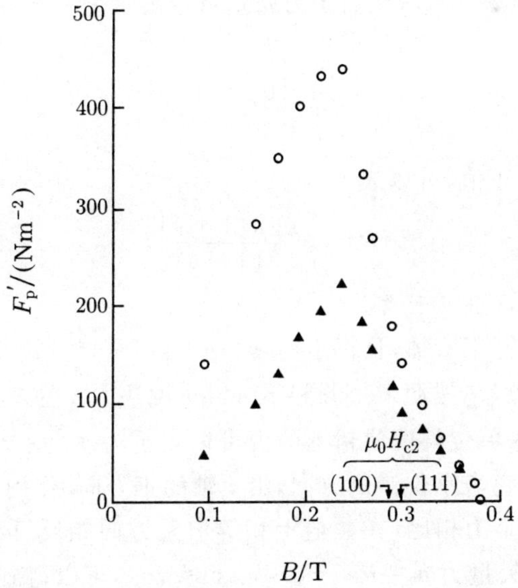


**图 6.15**　铌双晶体中每单位面积孪晶边界的钉扎力[21]. 两晶体的轴并不是相对磁场方向对称的,而是与边界平行且垂直于电流方向. 不同的符号代表着不同电流方向的结果

## 6.4 弹性相互作用

对诸如位错这样的一维缺陷来说，由于电子散射的截面积比较小，因此由电子散射机制引起的钉扎力比较弱. 但是，围绕着这些缺陷存在应变，应变和磁通线之间的相互作用引起磁通钉扎. 由于磁通线核心的中心几乎一直处于非超导态，这一区域的比体积(相对差大概在 $10^{-7}$ 数量级上)小于超导区域周围的比体积，围绕非超导核心存在内应力. 由内应力引起的相互作用被称为 ΔV 效应. 另外，非超导核心处的弹性常数(相对差大概在 $10^{-4}$ 数量级上)比超导区域周围的弹性常数大，因此，当非超导核心接近它的时候缺陷引起的弹性能变得更大. 由这一能量的变化引起的钉扎相互作用被称作 ΔC 效应或者 ΔE 效应. 由 ΔV 和 ΔC 效应引起的相互作用能，分别与缺陷应力的一次和二次方成正比. 因此，那些相互作用也被称为一阶和二阶相互作用.

一阶相互作用的理论计算是从与磁通线平行的刃位错开始的[22]. 对这一相互作用，Campbell 和 Evetts 提出了一个简化的计算方法[23]. 他们估算出磁通线有如下的应力张量. 处理的是孤立磁通线，且利用了局域模型，该模型假定了非超导核心的半径 $\xi$. 非超导核心区域相对周边区域的膨胀比率用 $\varepsilon_{v0}$ ($<0$)表示. 由 Meissner 态中的压力和凝聚能密度的关系可知 $\varepsilon_{v0}=(\mu_0/2)\partial H_c^2/\partial P$. 假定非超导核心不会发生沿着磁通线的长度方向的伸长. 首先定义一个圆柱形的坐标，其 $z$ 轴处于磁通线中心的位置，然后压力张量可以表示为

$$\tilde{\sigma}^{\mathrm{f}}=\frac{\Gamma\xi^2}{r^2}\begin{bmatrix}1 & 0 & 0\\ 0 & -1 & 0\\ 0 & 0 & 0\end{bmatrix}. \tag{6.29}$$

上面方程中的 $\Gamma$ 是正值，可以表示为

$$\Gamma=-\frac{\varepsilon_{v0}\mu(1+\nu)}{3(1-\nu)}, \tag{6.30}$$

其中 $\mu$ 是剪切模量，$\nu$ 是泊松率.

假定刃位错平行于 $z$ 轴，且位于 $(r,\phi)$ 面上的 $(r_0,\phi_0)$ 处，Burgers 矢量 $\boldsymbol{b}_0$ 朝着 $x$ 轴的负方向. 然后，按照 Peach 和 Koehler 说法[24]，在方程(6.29)表示的应力作用下，作用于每单位长度位错上的力可以表示为 $\boldsymbol{f}'^{\mathrm{d}}=-(\tilde{\sigma}^{\mathrm{f}}\cdot\boldsymbol{b}_0)\times\boldsymbol{i}$，这里 $\boldsymbol{i}$ 是一个单位矢量，它表示位错的方向，沿 $z$ 轴的正方向. 作用于每单位长度磁通线上的钉扎力与这个力相比，在数值上相等但是方向相反. 因为在 $(x',y',z)$ 这一坐标中 Burgers 矢量为 $\boldsymbol{b}_0=b_0(-\cos\phi_0,\sin\phi_0,0)$，可以得到(如图 6.16 所示)

$$\boldsymbol{f}'=\frac{\Gamma\xi^2 b_0}{r_0^2}(-\sin\phi_0,\cos\phi_0,0). \tag{6.31}$$

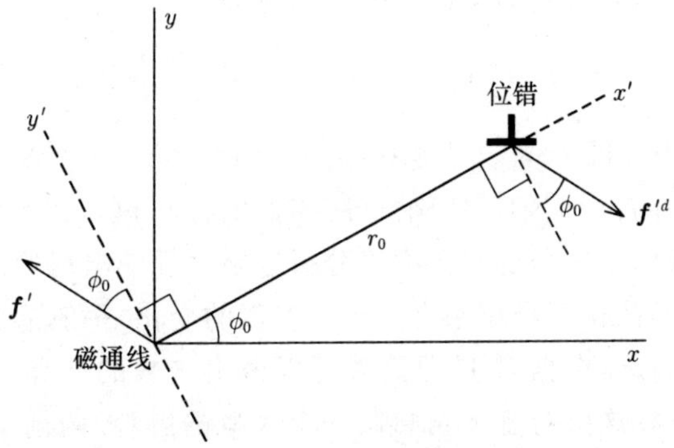


**图 6.16**　在原点处的磁通线、有力作用于磁通线且与之平行的刃位错以及位错

钉扎力大小为 $\Gamma\xi^2 b_0/r_0^2$，且随着位错与磁通线距离的减少而增加. 根据所用局域模型的适用范围，$r_0$ 的下限是 $\xi$，因此可以得到每单位长度磁通线的元钉扎力为

$$f_p' = \Gamma b_0. \tag{6.32}$$

这一计算适用于单质超导体. 我们用 4.2K 时的 Nb 作为一个例子[23]. 从 $\varepsilon_{v0} \simeq -3\times10^{-7}$，$\mu \simeq 3\times10^{10}\ \mathrm{Nm^{-2}}$，$\nu \simeq 0.3$，$b_0 \simeq 3\times10^{-10}\ \mathrm{m}$ 可以得出，$f_p' \simeq 2\times10^{-6}\ \mathrm{Nm^{-1}}$. 我们将这一结果与由非超导杂质带来的凝聚能相互作用相对比. 假设 $\mu_0 H_c \simeq 0.16\mathrm{T}$，$\xi = 33\mathrm{nm}$（$\mu_0 H_{c2} = 0.30\mathrm{T}$），利用方程(6.6)可以得出，$f_p' \simeq 9.1\times10^{-4}\ \mathrm{Nm^{-1}}$. 因此，可以发现由于位错引起钉扎力比非超导杂质的钉扎力要弱一些.

Webb 计算出了螺位错和磁通线之间的二阶相互作用[25]. 因为螺位错而导致的应力场是纯剪切的，所以此应力场与磁通线导致的应力场之间的一阶项相互作用为零. 如果用 $S_{44}$ $(=1/\mu)$ 表示剪切柔量，距离螺位错 $r$ 处某点的剪切应力为 $\tau = b_0/2\pi r S_{44}$，其中螺位错的 Burgers 矢量值为 $b_0$. 应力的能量密度为 $(1/2)S_{44}\tau^2$. 假定与磁通线非超导核心的直径相比，应力场的扩张足够大，并且可以用 $\delta S_{44}$ $(>0)$ 表示非超导核心处剪切柔量的变化. 那么，局域能量密度的增量为 $\delta S_{44}\tau^2/2 = (1/2)\delta S_{44}(b_0/2\pi S_{44})^2/r^2$. 现在处理螺位错垂直于磁通线的情况，用 $r_0$ 表示螺位错与磁通线之间的距离. 再次利用局域模型，非超导核心的半径假定为 $\xi$. 因此，在非超导核心处 $\delta S_{44}$ 是常量，在核心以外其值为零. $z$ 轴被定义为沿着磁通线的长度方向. 如果 $r_0$ 远远大于 $\xi$，非超导核心可以被看成一个很细的线，总能量的增量，即钉扎能的增量为

$$\Delta U \simeq \frac{1}{2}\delta S_{44}\left(\frac{b_0}{2\pi S_{44}}\right)^2 \pi\xi^2 \int_{-\infty}^{\infty} \frac{\mathrm{d}z}{r_0^2 + z^2} = \delta S_{44}\left(\frac{b_0}{2\pi S_{44}}\right)^2 \frac{\pi^2\xi^2}{2r_0}. \tag{6.33}$$

钉扎力是相互排斥的，且从 $f = -\partial\Delta U/\partial r_0$ 中得到的值随着 $r_0$ 的减少而增加.

因为 $r_0$ 的下限为 $\xi$,元钉扎力可以近似的估算为

$$f_P \simeq |f(r_0=\xi)| = \frac{1}{8}\delta S_{44}\left(\frac{b_0}{S_{44}}\right)^2. \tag{6.34}$$

在 4.2K 时的铌中,代入 $b_0=3\times10^{-10}$ m,$S_{44}\simeq3\times10^{-11}$ N$^{-1}$ m$^2$,$\delta S_{44}\simeq4\times10^{-15}$N$^{-1}$m$^2$,得到 $f_P=5\times10^{-14}$ N[23]. 用相似的方法也可以计算出平行于磁通线的螺位错的元钉扎力. 习题 6.5 中将分析这个过程中出现的一个问题.

上面提到的弹性相互作用来自于超导参数的变化. 一般情况下,这些变化很小,被看做微扰. 因此,根据 G-L 理论就可以做出一般的计算,文献[23]中给出了详细的分析过程. 这里对基本轮廓做一个大概的解释. 与前面提到的一样,方程(6.3)中的 $\alpha$ 和 $\beta$ 的变化分别可以描述为 $H_{c2}$ 和 $\kappa$ 的变化. 因此,如果利用归一化的序参数 $\psi=\Psi/|\Psi_\infty|$,G-L 能的变化可以写为

$$\delta F_s=-\mu_0 H_c^2\int\left(\frac{\delta H_{c2}}{H_{c2}}|\psi|^2-\frac{\delta\kappa^2}{2\kappa^2}|\psi|^4\right)\mathrm{d}V, \tag{6.35}$$

因为动能与应变没有直接的关系. 在计算中,如 G-L 能 $\delta F_s$ 一样,弹性能也应被考虑在内. 在非超导态,以弹性常数张量的形式$[C_{ijkl}{}^{n}]$表示出的弹性能为 $\sum C_{ijkl}{}^{n}\varepsilon_{ij}\varepsilon_{kl}$. 上面 $\varepsilon_{ij}$ 是应变张量的分量,$\sum$ 表示相对 $i,j,k,l$ 求和. 下面通过一个传统的处理方法消除求和符号 $\sum$. 当出现一个有相同下标的量时,应当对这一下标进行求和. 这种情况下,来自于张力的 $\delta H_{c2}$ 和 $\delta\kappa^2$ 可以描述为

$$\frac{\delta H_{c2}}{H_{c2}}=a_{ij}\varepsilon_{ij}+a_{ijkl}\varepsilon_{ij}\varepsilon_{kl}, \tag{6.36a}$$

$$\frac{\delta\kappa^2}{\kappa^2}=b_{ij}\varepsilon_{ij}+b_{ijkl}\varepsilon_{ij}\varepsilon_{kl}. \tag{6.36b}$$

上面方程中出现的系数可以分别表示为

$$a_{ij}=\frac{1}{H_{c2}}\cdot\frac{\partial H_{c2}}{\partial\varepsilon_{ij}},\qquad a_{ijkl}=\frac{1}{H_{c2}}\cdot\frac{\partial^2 H_{c2}}{\partial\varepsilon_{ij}\partial\varepsilon_{kl}}, \tag{6.37a}$$

$$b_{ij}=\frac{1}{\kappa^2}\cdot\frac{\partial\kappa^2}{\partial\varepsilon_{ij}},\qquad b_{ijkl}=\frac{1}{\kappa^2}\cdot\frac{\partial^2\kappa^2}{\partial\varepsilon_{ij}\partial\varepsilon_{kl}}. \tag{6.37b}$$

应变 $\varepsilon_{ij}$ 可以分解为

$$\varepsilon_{ij}=\varepsilon_{ij}{}^{d}+\varepsilon_{ij}{}^{f}, \tag{6.38}$$

其中 $\varepsilon_{ij}{}^{d}$ 和 $\varepsilon_{ij}{}^{f}$ 分别表示由缺陷导致的应变和磁通线的自发应变. 一般来说 $\varepsilon_{ij}{}^{f}$ 远远小于 $\varepsilon_{ij}{}^{d}$. 忽略常数项 $C_{ijkl}{}^{n}\varepsilon_{ij}{}^{d}\varepsilon_{kl}{}^{d}$,则 $\delta F_s$ 和应变能的总和简化为

$$\delta F_1=\int\varepsilon_{ij}{}^{d}\left[C_{ijkl}{}^{n}\varepsilon_{kl}{}^{f}-\mu_0 H_c^2\left(a_{ij}|\psi|^2-\frac{1}{2}b_{ij}|\psi|^4\right)\right]\mathrm{d}V. \tag{6.39}$$

这给出了与 $\varepsilon_{ij}{}^{d}$ 成正比的一阶相互作用能. 另外,二阶相互作用能为

$$\delta F_2 = -\int \varepsilon_{ij}{}^{\mathrm{d}} \varepsilon_{kl}{}^{\mathrm{d}} \delta C_{ijkl} \mathrm{d}V, \tag{6.40}$$

其中 $\delta C_{ijkl}$ 是超导态下弹性常数的变化量，可以表示为

$$\delta C_{ijkl} = \mu_0 H_c^2 \left( a_{ijkl} |\psi|^2 - \frac{1}{2} b_{ijkl} |\psi|^4 \right). \tag{6.41}$$

把方程(1.98)的磁通线格子的近似表达式代入 $|\psi|^2$，可以估算出高场下的元钉扎力.

当超导体被剧烈冷加工后，得到的缺陷并不是简单的位错，而是彼此缠绕一起. 有时位错会形成一个晶胞结构，在这一结构中，低密度位错区域被高密度位错区域围绕. 比如在剧烈冷加工后的 Nb-Ti 中，内部的低密度区域和晶胞边界与化合物超导体中的晶粒间边界相似. 对于这样的二维或者三维的钉扎中心而言，电子发生散射的可能性很高，由于电子散射机制而导致的凝聚能相互作用似乎比弹性相互作用更重要.

现在简单地分析弹性相互作用引起的晶粒边界的元钉扎力. Kusayanagi 等人曾对此进行过计算[26]. 假定间隔为 $L$ 的一排刃位错构成了一个小角度的孪晶边界，他们估算出了边界和磁通线格子之间的相互作用的强度. 对于一阶相互作用，应变沿着边界交替取正值和负值，由于各自贡献相互抵消，使元钉扎力几乎为零. 另外，第二阶相互作用与边界处磁通线的排布有关. 他们得到如图 6.17 所示的磁通格子排布情况下每单位长度磁通线

$$f_P' = \frac{b_0^2 \gamma_e}{6\sqrt{3}L} \left( 1 - \frac{B}{\mu_0 H_{c2}} \right) \left| \log\left( \frac{2\pi r_c}{L} \right) - 1 \right|. \tag{6.42}$$

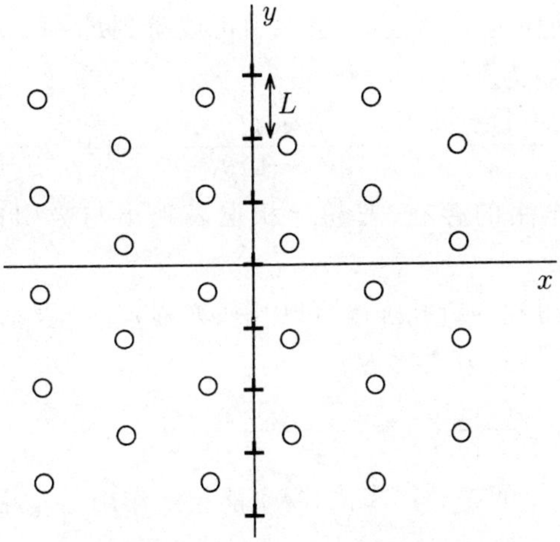


**图 6.17**　孪晶边界与磁通线格子

上面的方程中，$b_0$ 是 Burgers 矢量的模，$r_c$ 是位错的截面半径，$\gamma_e$ 是表现超导态

发生变化的系数 $\mu/(1-\nu)=\mu_n/(1-\nu_n)-\gamma_e|\psi|^2$，且可以表述为弹性常量的形式，其中的下标 n 表示非超导态.

对于 4.2K，$B/\mu_0H_{c2}=0.7$ 时的铌样品，通过代入 $r_c\simeq b_0\simeq 3\times10^{-10}$m，$L\simeq 1.5\times10^{-9}$m，$\gamma_e\simeq 5.5\times10^6$Nm$^2$，可以得到 $f_p'\simeq 5.7\times10^{-6}$Nm$^{-1}$. 这个值远小于 Zerweck[14] 和 Yetter[15] 等人由电子散射机制得到的最大值 $3\sim5\times10^{-5}$Nm$^{-1}$. 它约为图 6.15 中展示的铌双晶实验结果的 1/5. 因此，大多数情况下，可以认为电子散射是晶粒边界处主要的钉扎机制.

## 6.5 磁相互作用

因为磁通线的非超导核心被半径约为穿透深度 $\lambda$ 的磁场围绕，所以在比一个 $\lambda$ 大得多的非均匀区域发生了与磁通线的相互作用. 假设在足够高的磁场下，一个宽的超导-非超导界面和一个与之平行的磁通线之间发生相互作用. 相互作用的起因是 3.5 节描述的表面势垒. 在平衡态，与正常区域相比，超导区域存在着微小的抗磁性. 在磁场 $H=B/\mu_0$ 中，非超导区域中的磁化强度由 $M_r$ 表示，将 $H_e=B/\mu_0$ 代入方程(1.114)可得该值. 因此，当磁通线从非超导区域移动到超导区域时，磁通线受到一个排斥力，这一排斥力来源于界面附近流动的磁化电流引起的洛伦兹力. 利用磁通量子 $\phi_0$ 的形式，这一力可写为 $\phi_0|M_r|\exp(-x/\lambda)/\lambda$，其中 $x$ 是超导区域中这一位置到界面的距离. 另外，非超导区域中存在一个与超导区域中的磁通线相反的镜像磁通线，它们之间表现出一个相互吸引力. 该力可以写为 $K\exp(-2x/\lambda)$，$K$ 为一个常量. 在磁通线从 $x=0$ 移动到$x=\infty$的过程中，两个力做的总功应为零. 从这一条件中可以得到$K=2(\phi_0|M_r|)/\lambda$，$x=0$ 处界面的净吸引力应当为[27]

$$f_P'=\frac{\phi_0|M_r|}{\lambda}=\frac{\phi_0H_{c2}}{[(2\kappa^2-1)\beta_A+1]\lambda}\left(1-\frac{B}{\mu_0H_{c2}}\right). \tag{6.43}$$

因此，由于磁相互作用的存在，非超导相也表现出与吸引的钉扎中心相同的作用.

从磁相互作用得到的钉扎强度可以与从方程(6.8)表示的凝聚能得到的钉扎强度相对比，其元钉扎力之比为

$$\frac{f_p'(\mathrm{magn})}{f_p'(\mathrm{cond})}=\frac{9.30\kappa}{(2\kappa^2-1)\beta_A+1}\simeq\frac{4.01}{\kappa}. \tag{6.44}$$

因此，对于 $\kappa$ 值大于 4 的超导体来说，凝聚能相互作用是非超导杂质钉扎机制的主要因素.

## 6.6　动能相互作用

在非超导 $\alpha$-Ti 为钉扎中心的 Nb-Ti 中存在很高的钉扎性能，人们期望通过提高 $\alpha$-Ti 的体积分数来进一步提高钉扎性能. 然而，凭经验就可以知道，在一般的制备过程中，体积分数最多只能达到 15%左右. 因此，人们尝试了在 Nb-Ti 中人工地引入钉扎中心. 可以发现：当 Nb 的含量达到 27vol. %，且通过拉伸过程制作成薄片状结构时，在 4.2K 和 5T 时的临界电流密度可以达到 $4.25\times10^{9}\,\mathrm{Am}^{-2}$[28].

但是，在 4.2K 时添加的 Nb 本来就处于超导态，其钉扎机制并不是简单的凝聚能相互作用. 事实上，如果归因于凝聚能相互作用，则在 Nb 的上临界场附近的磁场中可以看到临界电流密度的一个峰值效应(参见 7.6 节). 观察到的临界电流密度随着磁场的增加单调减小[28,29]，上临界场稍微低于传统的 Nb-Ti. 该上临界场的减小可以归因于 Nb 层和超导基底之间的邻近效应. 因为 Nb 层的厚度是纳米级别的，因此这样的假定是合理的.

讨论 Nb-Ti 超导基底中具有弱超导性的多层 Nb，图 6.6 中给出了示意图，图中非超导层被 Nb 层代替. 相应层的厚度用 $d_{\mathrm{NT}}$ 和 $d_{\mathrm{N}}$ 来表示，假定 Nb 层足够薄. 很少发生磁通线完全平行于层状结构. 因此为了简化，可以用典型的处理方式，即磁场与层所在的平面是相互垂直的. 由于邻近效应的存在，即使在高于块材上临界场 $H_{\mathrm{c2}}^{\mathrm{N}}$ 的磁场中，也可以假定 Nb 层处于超导态. 这一情况将持续到磁场达到整个系统的上临界场 $H_{\mathrm{c2}}^{\mathrm{av}}$. 另外，这一情况是在低场区域进行处理，该区域内磁通线间隔足够大. 因为 Nb 层的厚度足够薄，垂直于层面的孤立磁通线的非超导核心的序参数结构可以近似看做较厚的 Nb-Ti 层中的序参数结构：方程(6.4)，其中 $r_{\mathrm{n}}=1.8\xi_{\mathrm{NT}}$，$\xi_{\mathrm{NT}}$ 是 Nb-Ti 层的相干长度. 因为 Nb 的热力学临界场与 Nb-Ti 的临界场近似相等，临界温度也近似相等，故 Nb-Ti 和 Nb 的凝聚能也就近似相等. 因此，可以忽略凝聚能，但是考虑钉扎相互作用时，动能依然是很重要的. 也可以忽略与电流相关的能量，仅仅考虑方程(6.3)中的第三项，与 6.3.1 小节中的计算类似.

下面简单地介绍一下文献[10]给出的理论分析. 考虑图 6.7(a)和(b)所示的两种情况. 这里再次用 Nb 层取代非超导层. 与(b)情况相比，(a)情况中的磁通线的非超导核心穿过更多的 Nb 层. 要讨论两种情况下能量的区别，比较 $V_1$ 和 $V_2$ 区域的动能就足够了. (a)情况下的动能仅仅来自于 $V_1$ 区域，且可以表示为

$$U_{\mathrm{a}}=\mu_0 H_{\mathrm{c}}^2\xi_{\mathrm{N}}^2 d_{\mathrm{N}}\int_0^{\infty}\left(\frac{\mathrm{d}|\psi|}{\mathrm{d}r}\right)^2 2\pi r\mathrm{d}r=\frac{4\pi}{3}\mu_0 H_{\mathrm{c}}^2\xi_{\mathrm{N}}^2 d_{\mathrm{N}}\left(\log 2-\frac{1}{4}\right).\quad(6.45)$$

(b)情况下 $V_2$ 区域中动能可以类似地表示为

$$U_b = \frac{4\pi}{3}\mu_0 H_c^2 \xi_{NT}^2 d_N \left(\log 2 - \frac{1}{4}\right). \tag{6.46}$$

因此,钉扎能为

$$\Delta U_N = U_a - U_b = \frac{4\pi}{3}\mu_0 H_c^2 d_N (\xi_N^2 - \xi_{NT}^2)\left(\log 2 - \frac{1}{4}\right)$$
$$\simeq 0.591\pi\mu_0 H_c^2 d_N (\xi_N^2 - \xi_{NT}^2). \tag{6.47}$$

因为 $\xi_N > \xi_{NT}$,可以发现 $\Delta U_N > 0$. 因此,Nb 层表现为排斥钉扎中心. Nb 层边缘的元钉扎力为

$$f_{pN} \simeq \frac{\Delta U_N}{2r_n} = \frac{0.164\pi\mu_0 H_c^2 d_N}{\xi_{NT}}(\xi_N^2 - \xi_{NT}^2). \tag{6.48}$$

文献[10]比较了所得的 Nb 中动能相互作用的钉扎强度与一般的 $\alpha$-Ti 中的凝聚能相互作用的钉扎强度,并且讨论了 Nb 的钉扎比 $\alpha$-Ti 钉扎更强的可能性. 如果剧烈加工后样品的上临界场高于 1.10T,预期 Nb 层的钉扎力应当大于相同几何形状的 $\alpha$-Ti 层的钉扎力.

这种情况下,元钉扎力-磁场的关系与$\langle|\Psi|^2\rangle$的减小和凝聚能相互作用的减小有关,且可以表达为 $1-(B/\mu_0 H_{c2}^{av})$. 由于邻近效应的存在,上临界场从Nb-Ti基底的 $H_{c2}^{NT}$ 减小到

$$H_{c2}^{av} = H_{c2}^{NT} \cdot \frac{1 + d_N/d_{NT}}{1 + d_N\xi_N^2/d_{NT}\xi_{NT}^2}. \tag{6.49}$$

## 6.7 钉扎特性的增强

从图 6.12 可以看出,源自电子散射机制的晶粒边界元钉扎力大概为 $0.17\xi_0\mu_0 H_c^2$ 每单位长度磁通线. 另外,方程(6.6)表明,源自凝聚能相互作用的非超导态杂质的元钉扎力等于 $1.35\xi\mu_0 H_c^2$. 当杂质参数 $\alpha_i$ 大约为 1.4 时,晶粒边界的元钉扎力取最大值,$\xi(T=0)$ 近似为 $2\xi_0$. 因此,如果低温下晶粒边界的最大元钉扎力的值归一化为 1,则非超导杂质的元钉扎力为 4.0. 因此,可以看出,非超导杂质强于晶粒边界. 究其原因,对于非超导杂质来说,巨大的凝聚能可以全部用作钉扎能,而晶粒边界的钉扎能较小,因为由电子散射导致超导参数在边界附近仅发生微小的变化.

对这两种机制来说,元钉扎力正比于 $H_c^2\xi$. 因此,它定性地表示了超导材料本身固有的磁通钉扎强度. 如果我们将 Nb-Ti 和 $Nb_3Sn$ 这两种都在实际中用到的超导材料的值进行比较,在 4.2K 时它们的比值为 1∶4.3. 这表明 $Nb_3Sn$ 是一种有很高钉扎势的材料. 但是,两种材料的实际临界电流密度的差值很小. 产生这一结果的原因之一是钉扎中心的不同. 这是因为,$Nb_3Sn$ 中较弱的晶粒边

界起到钉扎中心的作用,而在 Nb-Ti 中较强的非超导杂质起到钉扎中心的作用. 有效钉扎点的数量密度的差值也是原因之一.

Nb-Ti 中相当高的钉扎效率归因于其主要的钉扎中心($\alpha$-Ti 相的非超导杂质)不是立方形的而是具有几纳米厚度的超薄带状结构这一事实. 方程(6.9)给出了大体积立方形杂质的元钉扎力. 应当注意到,只有杂质的表面区域才起到钉扎中心的作用. 图 6.18 展示了磁通线穿过巨大的非超导杂质时能量的变化. 当磁通线穿过杂质的中心部分时,能量变化不是很大,没有明显的钉扎相互作用. 因此,增大杂质的表面积对钉扎来说是非常有效的. 事实上在实际应用的 Nb-Ti 超导体中,已经实现了这种结构的钉扎中心.

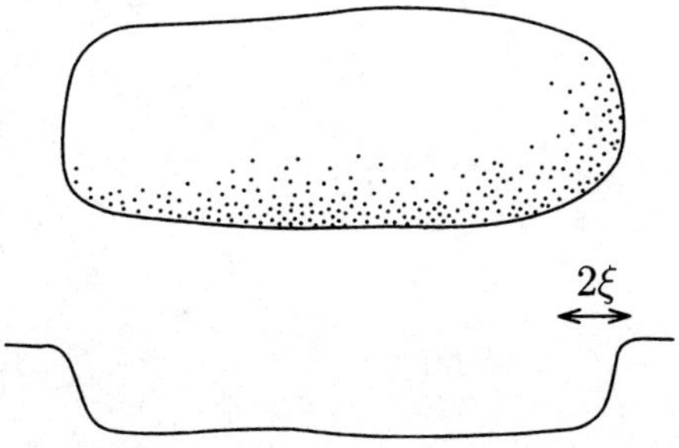


**图 6.18**　巨大的非超导相杂质(上图)和当磁通线穿过时的能量变化(下图)

实际应用的 Nb-Ti 超导线材是在强拉伸后再经过热处理,在子带壁上沉淀出 $\alpha$-Ti,然后再次拉伸成薄带. 例如,假定沉淀后 $\alpha$-Ti 颗粒的大小为 $50\times 75\times 60\text{nm}^3$,且通过再次拉伸使它们大小变为 $4\times 75\times 750\text{nm}^3$ 且最长轴沿着线材方向. 图 6.19 展示了再次拉伸前后杂质的形状和磁通线的排布. 拉伸以前,如图(a)所示,当相互作用的磁通线的数量小到 3 个时,每一个磁通线的相互作用更强. 另外,拉伸之后,如图(b)所示,尽管每一个磁通线的相互作用更小,但是相互作用的磁通线数量很剧烈地增加. 结果图(b)中的元钉扎力大约为图(a)中的 1.7 倍[31]. 通过把 $\alpha$-Ti 加入薄带材这种方式可以提高 Nb-Ti 的钉扎特性.

由于晶粒边界钉扎,$Nb_3Sn$ 的钉扎效应并不像 Nb-Ti 一样好,但是这也意味着 $Nb_3Sn$ 有着大幅度提升钉扎性能的空间. 其中一种可能是通过在 $Nb_3Sn$ 中添加第三种元素来增加元钉扎力. 主要是通过第三种元素的增加来提高上临界场 $H_{c2}$. 如果可以发现一种能在晶粒边界聚集且对电子散射作出贡献的合适元素,那么其对提高钉扎特性来说是很有效的.

图 7.18 展示了钉扎力密度和晶粒尺寸倒数的关系,由此可以估计出晶粒边界的元钉扎力. 按照这一方法可以得到图 7.18 中的 $V_3Ga$ 有 $f_p' = 3.1\times$

$10^{-4}$ $Nm^{-1}$[32]，但是对于 $Nb_3Sn$ 可以得到 $f_p'=1.0\times10^{-4}$ $Nm^{-1}$[33]. $V_3Ga$ 拥有如此强的钉扎，反映了它在高场下具有极好的钉扎特性(参见 7.5 节). 尽管到目前为止仍然不清楚 $V_3Ga$ 中晶粒边界有如此强钉扎的原因，但是它表明了提高 $Nb_3Sn$ 的钉扎特性的可能性从而成为关注的焦点.

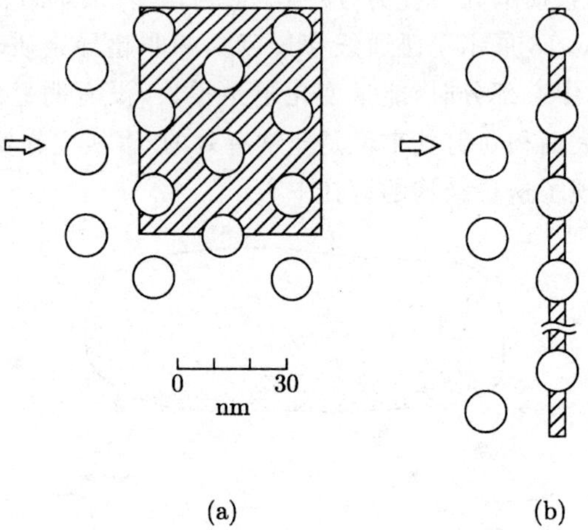


**图 6.19** 在 4.2K 和 5T 下 Nb-Ti 中 α-Ti 的典型结构和磁通线排布：(a) 拉伸之前；(b) 拉伸之后. 图中圆圈表示非超导核心，箭头表示洛伦兹力的方向

## 习题

6.1 计算平行于磁通线的超导与非超导区域间宽边界上的元钉扎力，假定局域模型成立，序参数近似为：$r<\xi$ 时，$|\Psi|=0$；$r>\xi$ 时，$|\Psi|=|\Psi_\infty|$.

6.2 推导方程(6.14).

6.3 图 6.8 表明当 $\theta$ 变得相当大时元钉扎力减小. 分析这一现象产生的原因. 在 $\theta$ 有限大的情况下元钉扎力应当是多大?

6.4 假定因为各向异性相邻晶粒的上临界场分别为 $H_{c2}$ 和 $H_{c2}+\delta H_{c2}$ ($\delta H_{c2}$ 足够小且为正值). 当磁通线从高上临界场晶粒移动到低场中的低上临界场晶粒时，估算元钉扎力的大小. 假设磁通线平行于界面.

6.5 在二阶弹性相互作用的基础上，计算平行于磁通线的螺位错的元钉扎力.

## 参考文献

1. C. P. Henning: J. Phys. F **6** (1976) 99.
2. E. J. Kramer: Phil. Mag. **33** (1976) 331.
3. N. Harada, Y. Miyamoto, T. Matsushita and K. Yamafuji: J. Phys. Soc. Jpn. **57** (1988) 3910.

4. P. G. de Gennes：Rev. Mod. Phys. **36** (1964) 225.
5. E. J. Kramer and H. C. Freyhardt：J. Appl. Phys. **51** (1980) 4903.
6. R. G. Hampshire and M. T. Taylor：J. Phys. F. **2** (1972) 89. As for the interpretation of this result，see the following. D. C. Larbalestier，D. B. Smathers，M. Daeumling，C. Meingast，W. Warnes and K. R. Marken：*Proc. Int. Symp. on Flux Pinning and Electromagnetic Properties in Superconductors*，Fukuoka，1985，p. 58.
7. C. Meingast and D. C. Larbalestier：J. Appl. Phys. **66** (1989) 5971.
8. T. Matsushita，S. Otabe and T. Matsuno：*Adv. Cryog. Eng. Mater.* (Plenum，New York，1990) Vol. 36，p. 263.
9. R. O. Zaitsev：Sov. Phys. JETP **23** (1966) 702.
10. T. Matsushita，M. Iwakuma，K. Funaki，K. Yamafuji，K. Matsumoto，O. Miura and Y. Tanaka：*Adv. Cryog. Eng. Mater.* (Plenum，New York，1996) Vol. 42，p. 1103.
11. T. Matsushita：J. Appl. Phys. **54** (1983) 281.
12. T. Matsushita：J. Phys. Soc. Jpn. **51** (1982) 2755.
13. A. M. Campbell and J. E. Evetts：Adv. Phys. **21** (1972) 377. In this reference the anisotropy of $H_c$ is treated instead of that of $H_{c2}$.
14. G. Zerweck：J. Low Temp. Phys. **42** (1981) 1.
15. W. E. Yetter，D. A. Tliomas and E. J. Kramer：Phil. Mag. B **46** (1982) 523.
16. D. O. Welch：IEEE Trans. Magn. **MAG-21** (1985) 827.
17. A. Pruymboom and P. H. Kes：Jpn. J. Appl. Phys. **26** (1987) Supplement 26-3 1533.
18. P. H. Kes：IEEE Trans. Magn. **MAG-23** (1987) 1160.
19. A. M. Campbell and J. E. Evetts：Adv. Phys. **21** (1972) 333.
20. A. Das Gupta，C. C. Koch，D. M. Kroeger and Y. T. Chou：Phil. Mag. B **38** (1978) 367.
21. H. R. Kerchner，D. K. Christen，A. Das Gupta，S. T. Sekula，B. C. Cai and Y. T. Chou：*Proc. 17th Int. Conf. Low Temp. Phys.*，Karlsruhe，1984，p. 463.
22. E. J. Kramer and C. L. Bauer：Phil. Mag. **15** (1967) 1189.
23. A. M. Campbell and J. E. Evetts：Adv. Phys. **21** (1972) 345.
24. M. O. Peach and J. S. Koehler：Phys. Rev. **80** (1950) 436.
25. W. W. Webb：Phys. Rev. Lett. **11** (1963) 1971.
26. E. Kusayanagi and M. Kawahara：*Extended abstract of 27th Meeting on Cryogenics and Superconductivity of the Cryogenic Society of Japan* (1981) p. 11 [in Japanese].
27. A. M. Campbell and J. E. Evetts：Adv. Phys. **21** (1972) 340.
28. K. Matsumoto，H. Takewaki，Y. Tanaka，O. Miura，K. Yamafuji，K. Funaki，M. Iwakuma and T. Matsushita：Appl. Phys. Lett. **64** (1994) 115.
29. K. Matsumoto，Y. Tanaka，K. Yamafuji，K. Funaki，M. Iwakuma and T. Mat-sushita：IEEE Trans. Appl. Supercond. **3** (1993) 1362.
30. T. Matsushita：*Proc. of 8th Int. Workshop on Critical Currents in Superconductors*

(World Scientific, Singapore, 1996) p. 63.
31. T. Matsushita and H. Küpfer: J. Appl. Phys. **63** (1988) 5048.
32. Y. Tanaka, K. Itoh and K. Tachikawa: J. Jpn. Inst. Metals **40** (1976) 515 [in Japanese].
33. R. M. Scanlan, W. A. Fietz and E. F. Koch: J. Appl. Phys. **46** (1975) 2244.

# 第七章 磁通钉扎特性

## 7.1 磁通钉扎特性

作用于单位体积磁通线上的宏观钉扎力密度 $F_p = J_c B$，是单个钉扎相互作用的集合，且通常与元钉扎力 $f_P$、钉扎中心的数量密度 $N_P$ 和磁通线密度也就是磁场 $H$(或者磁通密度 $B$)有关，它也通过元钉扎力与温度相关. 计算作为 $f_P$，$N_P$，$B$ 的函数 $F_P$ 的问题称之为求和(summation)问题. 为什么这一方法是有用的? 原因是 $F_P$ 并不主要依赖于钉扎中心的种类，而是大多数情况下依赖于表示钉扎强度的参数 $f_P$. 钉扎中心的种类仅影响 $f_P$ 值的大小和与温度的关联性.

当 $f_P$ 或者 $N_P$ 增加时，$F_P$ 通常也是增加的. 但是，它们有更复杂的关系. 这是因为单个钉扎力源自于势能. 因此，那些力不是朝向某一个具体的方向，而是依赖于磁通线与钉扎中心的位置关系，如图 6.1 所示. 例如，在弱钉扎中心的情况下，由于钉扎中心的随机分布，多数随机朝向的单个钉扎力被相互抵消，从而导致一个很小的 $F_P$. 另外，对于强钉扎中心来说，除去在高场区域，钉扎力密度有一个简单的关系

$$F_p \propto N_p f_p. \tag{7.1}$$

这意味着 $F_P$ 随着 $N_P$ 或 $f_P$ 的增加而增加. 由方程(7.1)确定的与钉扎参数 $f_P$ 和 $N_P$ 的关系称为线性求和. 包括线性求和的求和问题的理论将在 7.3 节给予表述，7.4 节将表述相关的实验结果. 饱和与非饱和现象实际上是显著的钉扎特性，7.5 节将讨论和处理实用超导体的这些现象.

图 6.1 所示的随机分布的钉扎中心的单个钉扎力的相互抵消，归因于磁通线的弹性相互作用所造成的干扰. 这是由于磁通线彼此强烈的相互排斥，每一个磁通线不停留在钉扎的合适位置. 但是，如果钉扎中心足够强，钉扎力超过磁通线之间的弹性相互作用，每个磁通线都可以停留在钉扎的特定位置. 因此，相互抵消的单个钉扎力只占很小的比率，从而导出方程(7.1)确定的钉扎力密度. 从这一分析中可以看出磁通线之间的弹性相互作用也是决定钉扎特性的一个重要因素. 7.2 节将简要地讨论磁通格子相应的弹性模量.

在讨论求和问题所涉及的问题之前，我们应当首先简要地分析钉扎力密度是怎样随着温度和磁场发生变化的. 从经验上可以知道该关系能描述为

$$F_p(B, T) = AH_{c2}^m(T)f(b). \tag{7.2}$$

该式称为钉扎力密度标度律(scaling law)(有时称为温度标度律,以区别于相似的应变标度律). 方程(7.2)中的 $A$ 是一个常量,$f$ 仅为衰减磁场 $b=B/\mu_0 H_{c2}$ 的函数,在大多数情况下有

$$f(b)=b^{\gamma}(1-b)^{\delta}. \tag{7.3}$$

标度律的特性之一是钉扎力密度与温度的关系可以仅由温度与上临界场 $H_{c2}$(T)的关系形式表达出来. $m$,$\gamma$ 和 $\delta$ 是描述钉扎力密度标度律的三个重要参量. 图 7.1 展示了包含非超导杂质的 Pb-Bi 的结果[1],其元钉扎力由方程(6.9)给出.

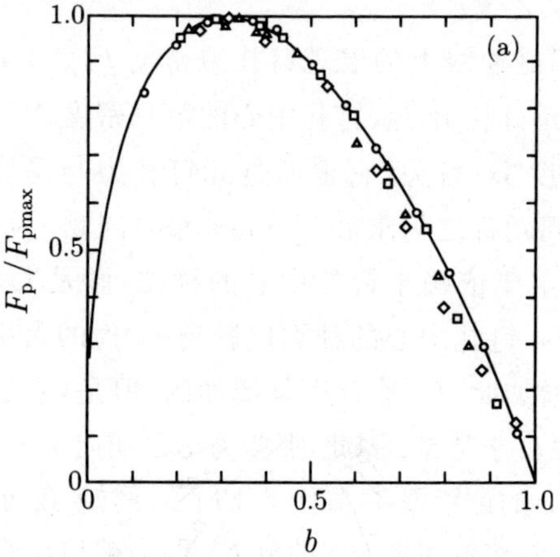


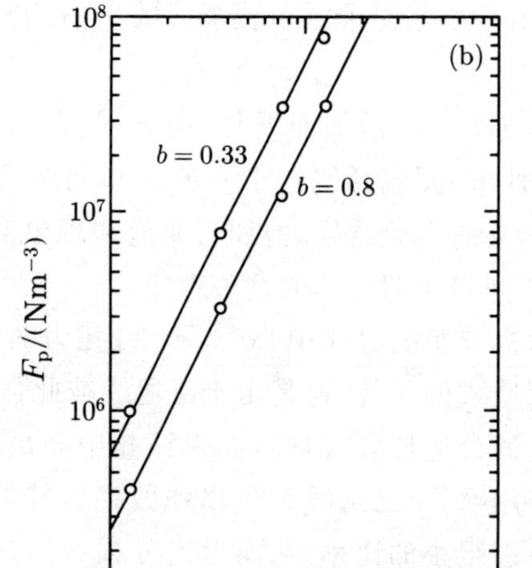


**图 7.1** 在带有非超导 Bi 相的 Pb-Bi 中磁通钉扎力密度的标度律[1]. (a) 归一化的钉扎力密度与衰减磁场 $b$ 之间的关系. 图中实线代表着方程(7.3),方程中 $\gamma=1/2$ 且 $\delta=1$;(b) 在 $b=0.33$,$b=0.8$ 处的钉扎力密度与上临界磁场的关系. 图中直线表示了 $m=2$ 时的方程(7.2)

这种情况下我们有 $m=2, \gamma=1/2$ 和 $\delta=1$. $Nb_3Sn$ 表现出一个饱和现象，可以知道 $m=2.0\sim2.5, \gamma=1/2, \delta=2$. 这一标度律有时用于对求和理论的修正，在实际中也用于在困难的实验情况下估算钉扎特性. 例如，对于计算非常高磁场中的临界电流密度，或者计算非常低的磁场中很高的临界电流密度都是有用的. 如果高温下在一个平衡磁场或临界电流密度有足够衰减情况下进行测量计算的话，利用标度律可以推导出希望得到的特性.

与方程(1.2)给出的温度的抛物线变化相似，随着应变 $\varepsilon$ 变化的上临界场也可以表述为

$$H_{c2}(\varepsilon) = H_{c2m}(1 - a\varepsilon^2), \tag{7.4}$$

如图 7.2 所示，且钉扎力密度也表现出一个与方程(7.2)相似的关系[2]

$$F_P(B, \varepsilon) = \hat{A} H_{c2}^{\hat{m}}(\varepsilon) f(b), \tag{7.5}$$

这是钉扎力密度的应变标度律. 比较方程(7.2)和(7.5)可知，衰减磁场 $b$ 的函数 $f$ 在两个标度律之间是相同的. 但是，分别描述与温度和应力关系的参数 $m$ 和 $\hat{m}$ 是不同的. 对于上面提到的 $Nb_3Sn$，可以得到 $\hat{m}\simeq 1$，但是$m=2.0\sim2.5$.

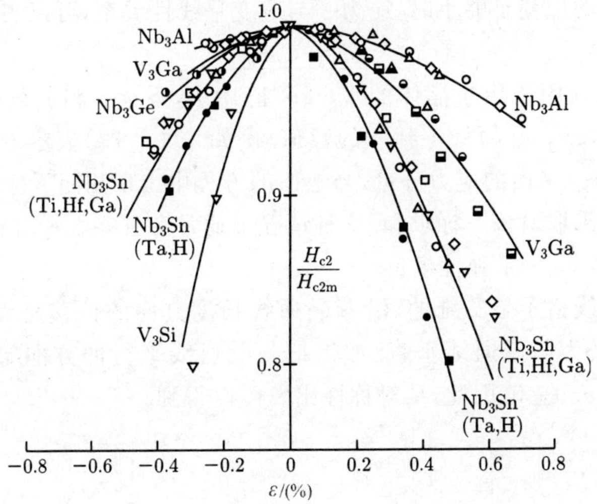


**图7.2**　不同超导体中应变与上临界磁场之间的变化关系[2]

钉扎力密度与温度之间的关系源自第六章提到的元钉扎力与温度的关系，而 7.2 节将会探讨磁通线格子的弹性模量与温度的关系. 元钉扎力和弹性模量仅与超导参数，如热力学临界场、相干长度、穿透深度等有关，而且没有其他与温度有关的因素影响这些量. 如果忽略 G-L 参数 $\kappa$ 与温度的关系，这些超导参数与温度的关系可以粗略地用 $H_{c2}$ 与温度的关系来表示，这就导出了温度标度律.

若引起钉扎力密度变化的应变,仅来自于随超导参数的应变的变化,则正如求和理论所预期的那样,钉扎力密度的变化仅与 $H_{c2}(\varepsilon)$ 有关. 因此,指数应当与 $m$ 一致. 但是,当存在外界应力时,超导体中的实际情况是很复杂的. 这是因为钉扎附近存在着初始局域应变,而外加的应变又不是均匀施加于超导体上的. 因此,钉扎附近很可能发生应变的集中. 这将导致元钉扎力本身发生变化. 例如,在应变 $\varepsilon_{ij}^{d}$ 变化时,由方程(6.39)和(6.40)确定的弹性相互作用也将直接发生变化. 推测是 $H_{c2}(\varepsilon)$ 以外的因素导致了应变标度律和温度标度律的差别.

## 7.2 磁通线格子的弹性模量

用 $u$ 表示磁通线的位移,磁通线格子的应变可以表示为

$$\varepsilon_{xx}=\frac{\partial u_x}{\partial x}, \tag{7.6a}$$

$$\varepsilon_{xy}=\frac{\partial u_x}{\partial y}+\frac{\partial u_y}{\partial x}. \tag{7.6b}$$

当磁通线格子的应变足够小时,应力 $\sigma$ 与应变呈线性关系,可以表示为

$$\sigma_i = C_{ij}\varepsilon_j, \tag{7.7}$$

上面的方程中利用了用于晶体的 Voigts 记述法,下标 $i$ 和 $j$ 分别对应于表示 $xx,yy,zz,yz,zx,xy$ 的从 1 到 6 的数值. 例如,$\sigma_6(=\sigma_{xy})$ 表示沿着 $y$ 轴作用于垂直于 $x$ 轴的 $y$-$z$ 平面的应力分量. 当上面的方程中出现相同下标量的积时($j$ 就是这种情况),采取对该下标求和. 这种情况下通常会省略表示求和的符号. 方程(7.7)中的系数 $C_{ij}$ 表示弹性模量.

因为磁通线格子是二维的,沿着磁通线长度方向的位移是没有意义的. 因此,位移被定义为与磁通线垂直. 如果把与磁通线平行的方向定义为 $z$ 轴,则 $u_z=0$ 和 $\varepsilon_3(=\varepsilon_{zz})=0$. 因此,从对称性出发可以得到

$$\begin{bmatrix}\sigma_{xx}\\ \sigma_{yy}\\ \sigma_{yz}\\ \sigma_{zx}\\ \sigma_{xy}\end{bmatrix}=\begin{bmatrix}C_{11} & C_{12} & 0 & 0 & 0\\ C_{12} & C_{11} & 0 & 0 & 0\\ 0 & 0 & C_{44} & 0 & 0\\ 0 & 0 & 0 & C_{44} & 0\\ 0 & 0 & 0 & 0 & C_{66}\end{bmatrix}\begin{bmatrix}\varepsilon_{xx}\\ \varepsilon_{yy}\\ \varepsilon_{yz}\\ \varepsilon_{zx}\\ \varepsilon_{xy}\end{bmatrix}. \tag{7.8}$$

上面的方程,在弹性模量中存在一个条件,$C_{12}=C_{11}-2C_{66}$. 因此,存在三个相互独立的常量,即 $C_{11},C_{44},C_{66}$. 这些弹性模量分别对应于单轴压缩、弯曲形变和剪切应变(参见图 7.3). Labusch[3,4] 对这些模量进行了计算. 按照他的计算有

$$C_{11} = B^2\frac{\partial \mathcal{H}}{\partial B}+C_{66}\simeq\frac{B^2}{\mu_0}, \tag{7.9}$$

$$C_{44} = \frac{B^2}{\mu_0}, \tag{7.10}$$

$$C_{66} = \begin{cases} \dfrac{\mu_0}{2}\displaystyle\int_0^B B^2 \frac{\mathrm{d}^2 \mathcal{H}(B)}{\mathrm{d}B^2}\mathrm{d}B, & H_{\mathrm{c1}} \text{ 附近}, \quad (7.11\mathrm{a}) \\ 0.48 \dfrac{\mu_0 H_{\mathrm{c}}^2 \kappa^2 (2\kappa^2 - 1)}{[1 + \beta_{\mathrm{A}}(2\kappa^2 - 1)]^2}(1-b)^2, & H_{\mathrm{c2}} \text{ 附近}. \quad (7.11\mathrm{b}) \end{cases}$$

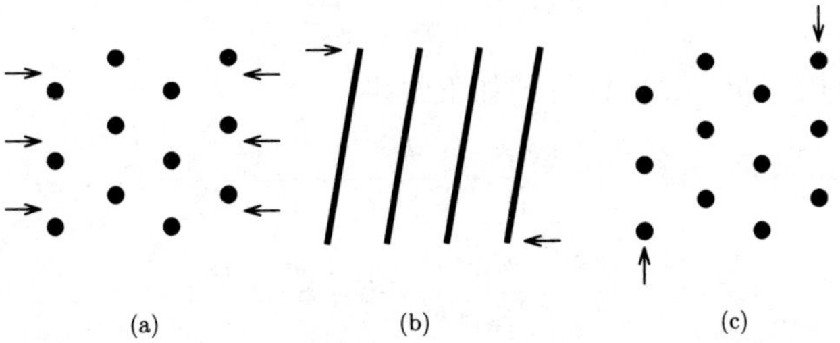

**图 7.3** 磁通格子的变形：(a) 单轴压缩；(b) 纵向的剪切(弯曲)；(c) 横向的剪切，其对应的剪切模量分别为 $C_{11}$，$C_{44}$ 和 $C_{66}$

上面的讨论中，$\mathcal{H}$是热力学磁场，且 $\beta_{\mathrm{A}} = 1.16$. 在 $B=0$ 时，方程(7.11a)中的剪切模量 $C_{66}$ 为零，且随着 $B$ 的增加而增加. 高场下，剪切模量 $C_{66}$ 随着 $B$ 的增加而减小，且在 $H_{\mathrm{c2}}$ 时减小到零. Brandt 推导出了整个磁场区域内 $C_{66}$ 的近似方程[5]

$$C_{66} = \mu_0 H_{\mathrm{c}}^2 \frac{2\kappa^2 \beta_{\mathrm{A}}^2 (2\kappa^2 - 1)}{[1 + \beta_{\mathrm{A}}(2\kappa^2 - 1)]^2} \cdot \frac{b(1-b)^2}{4} \times (1 - 0.58b + 0.29b^2)\exp\left(\frac{1-b}{3\kappa^2 b}\right) \tag{7.12a}$$

$$\simeq \frac{\mu_0 H_{\mathrm{c}}^2}{4} b(1-b)^2. \tag{7.12b}$$

后一个等式是针对有高 $\kappa$ 值的超导体的一个近似.

与上面 Labusch 的结论相反，Brandt[5,6] 提出一个弹性模量的非局域理论，这一理论坚持 $C_{11}$ 和 $C_{44}$ 随着磁通线格子形变的波数而发生分散，且在波数很大时有一个非常小的值. 这一想法也得到 Larkin 和 Ovchinnikov 的支持[7]. Labusch 推导零波数极限时的模量，这一模量被称为局域模量. 非局域理论建立的基础是：既然在高 $\kappa$ 值的超导体中，局域磁通密度的空间变化是相当小的，如方程(1.115)所示，那么由于与磁通密度的钉扎相互作用，可以认为非超导核心处的位移影响相当小. 换句话说，磁通密度和序参数几乎是彼此无关的. 因此，由磁通格子形变引起的磁通能量的增加非常小，这将导致一个非常小的弹性模量. 然而，这一思路会产生一个严重的问题，下面将给予讨论.

当将一个应变施加于磁通线格子上时，可以从能量的增加中计算出弹性模量. Brandt 引入一个作用在磁通线格子上的波数为 $k$ 振幅为 $\varepsilon_k$ 的应变，并从方程(1.112)给出的超导能量密度中算得了弹性模量. 这一方程中能量密度仅与局域磁通密度的均值有关. 这表明在上述计算中，所有磁通密度的贡献都被忽略了，只计算了与序参数相关项的贡献. 这就是

$$C_{ii} = \frac{\partial F_s}{\partial \beta_A} \cdot \frac{\partial^2 \beta_A}{\partial \varepsilon_k^2}, \tag{7.13}$$

式中 $\beta_A = \langle |\Psi|^4 \rangle / \langle |\Psi|^2 \rangle^2$. 可以得到如下结果：

$$C_{11}(k) = B^2 \frac{\partial \mathcal{H}}{\partial B} \cdot \frac{k_h^2}{k^2 + k_h^2} \cdot \frac{k_\psi^2}{k^2 + k_\psi^2} + C_{66}, \tag{7.14}$$

$$C_{44}(k) = \frac{B^2}{\mu_0} \cdot \frac{k_h^2}{k^2 + k_h^2} + B\left(\mathcal{H} - \frac{B}{\mu_0}\right), \tag{7.15}$$

其中 $k_h$ 和 $k_\psi$ 分别是由下式确定的特征波数：

$$k_h^2 = \frac{\langle |\Psi|^2 \rangle}{\lambda^2 |\Psi_\infty|^2} = \frac{2\kappa^2(1-b)}{[1+\beta_A(2\kappa^2-1)]\lambda^2} \simeq \frac{1-b}{\lambda^2}, \tag{7.16}$$

$$k_\psi^2 = \frac{2(1-b)}{\xi^2}. \tag{7.17}$$

在 $k \to 0$ 的极限下，方程(7.14)和(7.15)与 Labusch 的结果一致. 从上面的推导中可以看出，仅在与磁能量相关的 $C_{11}$ 和 $C_{44}$ 中出现了非局域特性. 当波数超过 $k_h$ 时，非局域特性变得很明显，因此高 $\kappa$ 值的超导体更容易满足这一条件.

这里我们将讨论非局域理论中的问题. 众所周知，在电磁学中洛伦兹力源自 Maxwell 应力张量的散度，张量的分量与形变的波数无关，甚至与磁通结构发生什么样的形变无关. 例如，假定磁通密度仅有 $z$ 分量 $B$，且仅沿着 $x$ 轴发生变化. 这种情况下洛伦兹力是 $x$ 轴方向的磁压力. Maxwell 应力张量可以表示为

$$\tau = \mu_0^{-1} \begin{pmatrix} -B^2/2 & 0 & 0 \\ 0 & -B^2/2 & 0 \\ 0 & 0 & B^2/2 \end{pmatrix}, \tag{7.18}$$

洛伦兹力可以写为

$$\boldsymbol{F}_L = \boldsymbol{i}_x \frac{\partial}{\partial x} \tau_{xx}, \tag{7.19}$$

这里 $\tau_{xx} = -B^2/2\mu_0$. 假定磁通线密度由平均值 $\langle B \rangle$ 有微小的 $\delta B$ 变化，即 $B = \langle B \rangle + \delta B$. 然后可以得到 $(\partial/\partial x)(-B^2/2\mu_0) \simeq -(\langle B \rangle/\mu_0)\partial \delta B/\partial x$. 如果用 $u_x$ 表示沿 $x$ 轴方向的磁通线的位移，从磁通线的连续方程(2.15)中，可以确定 $\delta B$ 和 $u_x$ 之间的关系

$$\frac{\partial u_x}{\partial x} = -\frac{\delta B}{\langle B \rangle}. \tag{7.20}$$

因此,方程(7.19)可以导出

$$F_{\mathrm{L}} \simeq \frac{\langle B \rangle^2}{\mu_0} \cdot \frac{\partial^2 u_x}{\partial x^2}. \tag{7.21}$$

另外,这也可以以轴向压缩模量 $C_{11}$ 的形式写为 $C_{11}\partial^2 u_x/\partial x^2$. 因此,可以得到

$$C_{11} = \frac{\langle B \rangle^2}{\mu_0}. \tag{7.22}$$

这一结果与式(7.9)中 Labusch 得到的结果一致,这里忽略了高 $\kappa$ 值超导体的抗磁效应,采用了 $\mathcal{H} = B/\mu_0$.

在非超导核心外部的磁通线的弹性模量一般用这种方式以 Maxwell 应力张量的分量形式表示出来,因此,它们应当是局域性的. 这可以从上面的磁通密度和序参数几乎是相互独立的假设推断出来. 非局域理论中,外部的磁通线和内部非超导核心的磁通几乎彼此独立地形成它们自己的格子,这些格子以不同的方式发生形变. 可以认为磁通线格子很难发生形变,非超导核心的格子却很容易发生形变.

存在这样一个疑问:磁通线格子和非超导核心的格子是否真的彼此独立地发生形变?在第一章得出的结论中磁通密度和序参数在规范不变性下是彼此关联的,磁通的量子化来自于这一关系的结果. 因此,这两个值不是完全独立的. 事实上,从方程(1.101)中可以看到,磁通密度最大值的时候就是序参数为零的时候. 这一事实表明,两个格子的位移是相同的,所以一种格子很容易发生形变,但是另一种不容易发生形变的推测是错误的. 换句话说,当非超导核心的格子发生形变时,磁通线格子中必然会引起相同的形变. 因此,非超导核心处格子的弹性模量应当取磁通线格子的一个局域值. 因此,作为该结论的一个严格证明磁通线的连续方程是必要的. 附录 A.5 中给出了详细的证明,附录中也分析了使用方程(1.112)计算弹性模量的能量时出现问题的地方. 习题 7.2 中推导了当磁通线格子形变和非超导核心处格子的形变不满足规范不变性关系时,需要对非局域弹性模量进行微分. 因为以上的原因,以后我们采用方程(7.9)和(7.10)分别得出的磁通线格子局域弹性模量值 $C_{11}$ 和 $C_{44}$.

## 7.3 求和问题

许多研究人员已经对求和问题进行了长期的研究. 尽管 Larkin 和 Ovchinnikov 理论的各个方面都很清晰[7],但仍然存在许多尚未解决的问题. 为了讨论这些问题,我们需要首先介绍一些概念. 因此,首先本节将按照求和理论的历史发展顺序进行解释,这对于理解复杂的求和问题是有帮助的.

### 7.3.1 统计学理论

源于单个钉扎势能的宏观钉扎力密度的求和理论首先由 Yamafuji 和 Irie 提出[8]，他们处理了动力学状态中的伏安特性.但是，求和问题的关键点是由 Labusch 首先明确的[9].Labusch 对静态问题进行了处理并使用了统计方法和平均场近似方法.Labusch 使用的力平衡方程是

$$\widetilde{D}_2\boldsymbol{u}(\boldsymbol{r})-\sum_i \nabla U[\boldsymbol{r}+\boldsymbol{u}(\boldsymbol{r})-\boldsymbol{R}_i]+\boldsymbol{f}_{\mathrm{L}}=0, \tag{7.23}$$

这里 $\boldsymbol{u}$ 表示磁通线格子的位移，$\widetilde{D}_2$ 是一个矩阵，

$$\widetilde{D}_2=\begin{bmatrix} C_{11}\partial_x^2+C_{66}\partial_y^2+C_{44}\partial_z^2 & (C_{11}-C_{66})\partial_x\partial_y \\ (C_{11}-C_{66})\partial_x\partial_y & C_{66}\partial_x^2+C_{11}\partial_y^2+C_{44}\partial_z^2 \end{bmatrix}. \tag{7.24}$$

方程(7.23)的第一项表示由磁通线格子形变引起的弹力，符号$\partial_x$ 等表示偏导数 $\dfrac{\partial}{\partial x}$.$U$ 是钉扎能，方程(7.23)的第二项表示 $\boldsymbol{r}=\boldsymbol{R}_i$ 等处的钉扎力大小.第三项是洛伦兹力.这一力最初包含在第一项中，第三项表示这一力的平均值.因此，第一项的平均值为零.例如，在非超导磁场中超导平板有输运电流的情况下，磁通线沿着长度方向发生弯曲，洛伦兹力表示为线的张力 $C_{44}\partial_z^2\boldsymbol{u}$，洛伦兹力小于其平均值，第一项给出了阻碍偏离磁通线平均曲率的弹力.

Labusch 逐步导入了钉扎相互作用，且使在开始时不发生形变的磁通格子发生形变.这种情况下，在周围钉扎的影响下观察到的磁通线移动的柔量(compliance)是一个关键参数.对于磁通线格子，Labusch 使用一个连续的中值近似，且从方程(7.23)得到这一柔量.第二项是 $\boldsymbol{u}$ 的展开.在 $\boldsymbol{u}=0$ 时利用平衡条件，$U$ 的二次偏导很重要，它的平均值可以表示为 $\widetilde{\alpha}_{\mathrm{L}}\boldsymbol{u}$，这里有

$$\widetilde{\alpha}_{\mathrm{L}}=\left\langle \sum \nabla\nabla U \right\rangle, \tag{7.25}$$

上述参数被称为 Labusch 参数.方程(7.25)近似假定为对角矩阵，且 $\alpha_{\mathrm{L}}$ 表示对角元素.方程(3.87)中定义的 $\alpha_{\mathrm{L}}$ 对应于这个对角元素.对于$(\phi_0/B)\alpha_{\mathrm{L}}\ll 4\pi C_{66}$，也就是磁通线格子，可以得到柔量为

$$G'(0)\simeq\frac{1}{4}\left(\frac{B}{\pi\phi_0}\right)^{1/2}(C_{44}C_{66})^{-1/2}. \tag{7.26}$$

在完全引入钉扎相互作用后，可以由方程(7.23)第二项的最大值得到钉扎力密度.这里利用了以下的近似：

$$F_{\mathrm{P}}=N_{\mathrm{P}}\left|\int\rho(X)\,\nabla U(X)\mathrm{d}X\right|_{\max}, \tag{7.27}$$

其中 $\rho(X)$是在 $X$ 点周围的 $\mathrm{d}X$ 小区域中发现钉扎的概率.在方程(7.27)中，空间分布的单个钉扎相互作用的总和可以近似地用钉扎数量密度 $N_{\mathrm{P}}$ 与统计平均

值的乘积来代替. 这被认为是钉扎密度较低时一个很好的近似，利用参数 $\alpha_L$ 时考虑到因磁通线格弹力而导致钉扎力之间相互抵消. Labusch 用方程(7.27)计算了特殊形状的钉扎势能，所得结果如图 7.4 所示. 这一结果表明，对于 $2d$ 大小钉扎的元钉扎力($f_p$). 存在一个阈值 $f_{pt} \sim G'^{-1}(0)d$. 在 $f_p \leqslant f_{pt}$ 范围，钉扎力密度($F_p$)为 0. 在 $f_p > f_{pt}$ 范围，$F_p$ 取一个有限值，且在 $f_P \gg f_{Pt}$ 范围近似为

$$F_p \simeq \frac{N_p f_p^2 G'(0) L}{2a_f^2}, \tag{7.28}$$

其中 $a_f$ 表示磁通线间距，$L$ 表示沿着电流方向的钉扎尺寸. 所得钉扎力密度与 $f_P$ 的平方成正比，这与 Yamafuji 和 Irie 的动力学理论相一致[8]. 这一比例关系是典型的统计求和，不同于方程(7.1)确定的线性求和结果. 利用下面将要描述的 Lowell 简单模型可以更容易理解 Labusch 得到的上述结论[10].

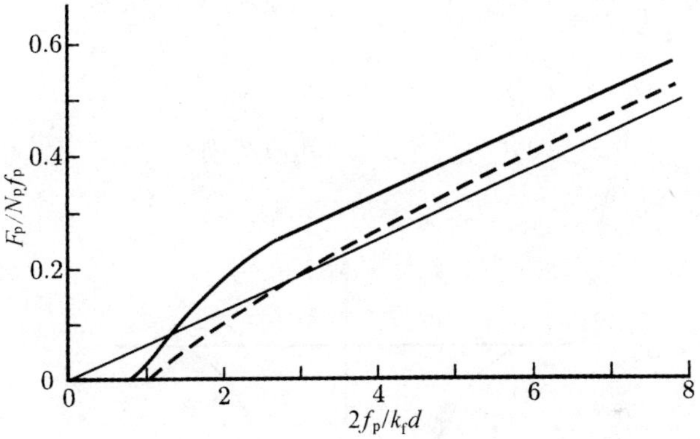


**图 7.4**　Labusch 预期的在 $L = a_f$ 和 $2d = a_f/2$ 时的元钉扎力与钉扎力密度之间的关系曲线. 图中虚线是 Lowell 模型的结果，细实线是 $F_p = N_p f_p^2 / 2k_f a_f$ 的特征曲线. $k_f$ 对应于 $G'(0)^{-1}$

Lowell 处理了钉扎力只沿着洛伦兹力方向变化的简单一维模型. 这里我们关注原点处的钉扎和与该钉扎发生相互作用的磁通线. 用 $x$ 表示磁通线的位置，且当钉扎作用实际被消除时用 $x_0$ 来表示其位置. 钉扎力使磁通线发生从 $x_0$ 到 $x$ 的位移，弹性回复力与位移($x - x_0$)成比例，且与钉扎力 $f(x)$ 平衡. 力平衡方程可以表示为

$$k_f(x_0 - x) + f(x) = 0, \tag{7.29}$$

这里 $k_f$ 表示弹性回复力的弹性常量. 这一方程是在静态极限下由方程(2.35)换算过来的. 在 Labusch 以后 Lowell 也推导出了这种单个平衡的一组统计值. 当超导体中均匀的磁通格子覆盖着一个随机分布的钉扎中心时，可以认为钉扎位置和最近的均匀格子点 $x_0$ 之间没有关联性. 因此，如果我们从统计的角度去观察组里的元素时，在 $x_0$ 位置发现实际磁通线的概率应当是均衡的. 在另一方面，

由于钉扎相互作用磁通线实际是朝向钉扎弯曲的，导致统计值 $\rho(x)$ 的不均匀分布：预期在钉扎中心周围 $\rho(x)$ 有很大的值.就像上一节中提到的一样，洛伦兹力被描述为弹力，方程(7.29)第一项的统计平均值给出了该力.这一项相当于方程(7.23)第一项和第三项之和.同时钉扎力密度由第二项统计平均的最大值确定

$$F_{\mathrm{p}} = -\frac{N_{\mathrm{p}}}{a_{\mathrm{f}}}\left|\int_0^{a_{\mathrm{f}}} f(x(x_0))\,\mathrm{d}x_0\right|_{\max}. \tag{7.30}$$

现在我们分析钉扎周围的磁通线的统计分布.在 Lowell 之后，人们假设钉扎局限于观察到的一组统计集合内的原点处，且钉扎力随着空间分布发生变化，如图 7.5 所示.

$$f(x) = \begin{cases} \dfrac{2f_{\mathrm{P}}}{d}(x+d), & -d \leqslant x < -\dfrac{d}{2}, \\ -\dfrac{2f_{\mathrm{P}}}{d}x, & -\dfrac{d}{2} \leqslant x < \dfrac{d}{2}, \\ \dfrac{2f_{\mathrm{P}}}{d}(x-d), & \dfrac{d}{2} \leqslant x < d, \\ 0, & \text{其他范围}. \end{cases} \tag{7.31}$$

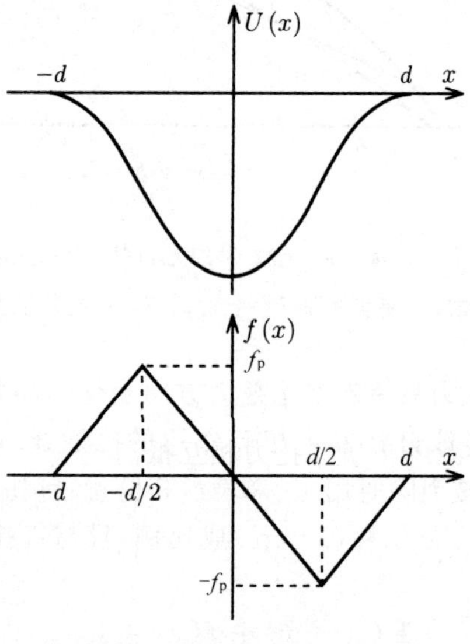


**图 7.5** 一个钉扎的能量(上图)和钉扎力(下图)的变化.钉扎力的最大值即为元钉扎力

首先考虑不存在洛伦兹力的情况.这种情况可以通过把钉扎力减小到零，以产生一个均匀的磁通线格子，然后使钉扎强度逐渐恢复而实现.最终的分布根据元钉扎力 $f_{\mathrm{p}}$ 大于或者小于 $k_{\mathrm{f}}d/2$ 而分为两类.图 7.6 表示 $f_{\mathrm{p}}$ 小于 $k_{\mathrm{f}}d/2$ 的情况，下

图表示分布 $\rho(x)$. 上图表示对于给定 $x_0$ 由图解法得到 $x$. 虚线表示相反符号的弹性回复力，钉扎力 $f(x)$ 与该线的交点给出了磁通线 $x$ 的位置. 这种情况下，钉扎内部的磁通线没有空位. 另外，图 7.7 中展示了在 $f_p$ 大于 $k_f d/2$ 的情况下，存在于钉扎两边的磁通线空位区. 即由于与弹性常量 $k_f$ 相比的钉扎力的更大变化率，边缘附近的磁通线被拉到钉扎势的底部.

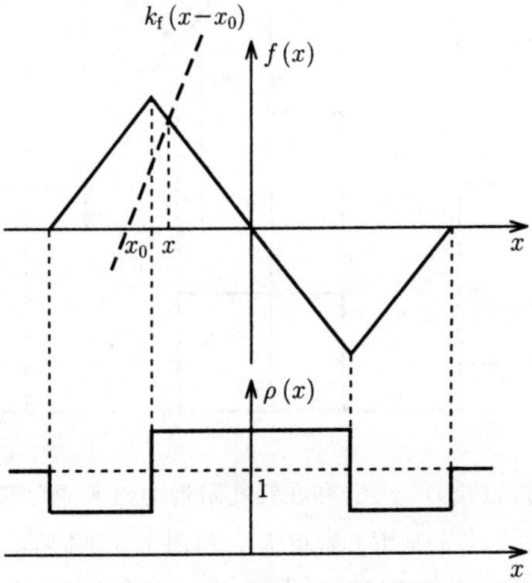


**图 7.6**　当 $f_p<\kappa_f d/2$ 时，钉扎力（上图）和在钉扎 $\rho(x)$ 附近的磁通线分布（下图）. 图中 $\rho$ 经过归一化处理使得在钉扎以外的地方其数值为 1

下面来讨论由输运电流施加洛伦兹力的情况. 因为洛伦兹力的存在，磁通线发生向右的位移，如图 7.6 和 7.7 所示. 图 7.6 展示了在 $f_p<k_f d/2$ 的情况下，磁通线从左边进入钉扎从右边穿出，导致一个不变的分布. 当从方程(7.30)中计算钉扎力时，可以得到

$$F_p = 0. \tag{7.32}$$

从磁通线的对称分布导致的正负钉扎力相互抵消这一结果可以轻易推导出上述结果. 另外，图 7.7 中展示了 $f_p>k_f d/2$ 的情况，这一分布随着磁通线的位移而发生变化. 磁通线向右移动，即从不稳定区域移到钉扎外部，导致一个不对称的分布. 在得到如图 7.7(b)所示的分布以后，这一分布不再发生变化. 这种情况下我们得到一个临界态. 通过方程(7.30)的简单计算可以得到如下所示的钉扎力密度：

$$F_p = \frac{N_p}{2k_f a_f} \cdot \frac{f_p(f_p + 3f_{pt})(f_p - f_{pt})}{f_p + f_{pt}}, \tag{7.33}$$

这里 $f_{pt}$ 表示给定非零钉扎力密度的元钉扎力的最小值，也就是阈值，

$$f_{pt} = \frac{k_f d}{2}. \tag{7.34}$$

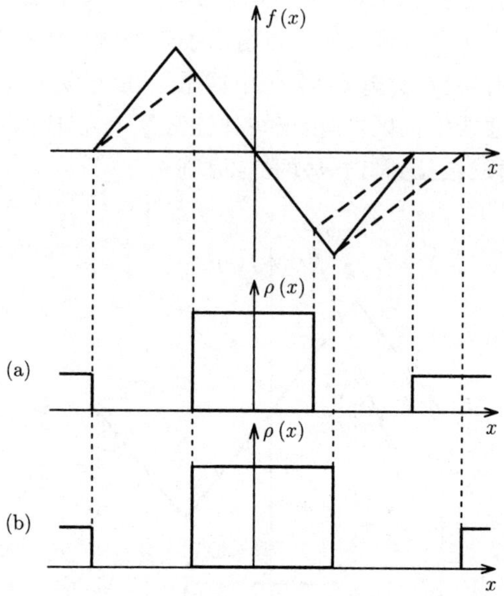


**图 7.7** 当 $f_p > k_f d/2$ 时，钉扎力(上图)和在钉扎附近的磁通线分布 $\rho(x)$(下图). 图中 $\rho$ 经过归一化处理使得在钉扎以外的地方其数值为 1. 与图 7.6 不同，在 $\rho(x)=0$ 处存在一个不稳定区域. (a) 当超导输运电流未流经时的分布；(b) 当所施加的输运电流达到临界态时的分布. 在后者的情况下，不稳定区域是非对称的

因为 $G'^{-1}(0)$对应于 $k_f$，上面的结论与 Labusch 的条件相符. 另外，在 $f_p \gg f_{pt}$ 情况下方程(7.33)简化为 $F_p \simeq N_p f_p^2/2k_f a_f$，这与 Labusch 的结论(方程(7.28))一致，假定 $L \sim a_f$(如图 7.4 所示). 差别源于单一钉扎势的形状. 因此，Lowell 的模型可以看做是 Labusch 理论的总结，且 Labusch 理论的核心在这一模型中被正确地再现出来.

钉扎能损耗属于 2.3 节讨论的磁滞损耗的条件，也就是 $|\partial f(x)/\partial x| > k_f$，与图 7.7 中所示的存在不稳定区域和非零钉扎力密度的条件一致. 因此，元钉扎力的阈(threshold)条件与磁滞损耗的出现密切相关，即非零钉扎力密度的存在和图 1.13 所示的伏安特性表现出的磁滞性质都是由上面提到的磁通线不稳定性引起的. 应当注意，$x_0$ 表示随机性，这意味着动力学条件下在一个稳定的电压状态下 $x_0$ 以一个恒定的速度位移，这也需要符合伏安特性. 与之相反，对于在由稳定电流引起的恒力条件下于势阱中移动的刚体近似而言，不会发生不稳定的磁通线移动. 习题 7.4 对相关的伏安特性进行了计算.

尽管动力学理论有普遍的正确性，但是不同实验得到的元钉扎力的阈值有很大的不同. 事实上，元钉扎力的阈值在实际上是不存在的. 这为 Larkin 和

Ovchinnikov 的理论所证实[7]. 但是,为了推导出磁滞损耗,必然要求磁通线是不稳定的. 为了说明这一点,这一节将用到一些老的统计理论和动力学理论.

在 Labusch 和 Lowell 所设想的稀疏的孤立的钉扎中心中,钉扎力密度随着元钉扎力 $f_p$ 的增大而增大,且与其二次方成正比. 这来自于图 7.7(b)右边不稳定区域的增大. 但是,不稳定区域的增大被磁通线间隔 $a_f$ 所限制. 也就是说,即使某个磁通线解除钉扎状态,当下一个磁通线到来的时候,也会再次发生钉扎相互作用. 磁通线格子感受到的钉扎力不像图 7.5 假定的那样是孤立的,而是周期性的,位移的周期是 $a_f$. 因此,Campbell 提出如图 7.8 所示的周期性的钉扎力[11]. 通过类似的计算这种情况下钉扎力密度可以表示为

$$F_P = \begin{cases} N_p \dfrac{f_p(f_p - f_{pt})}{f_p + f_{pt}}, & f_p > f_{pt} = \dfrac{k_f a_f}{4}, \\ 0, & f_p < f_{pt}. \end{cases} \tag{7.35}$$

这一结果表明,在大 $f_p$ 的极限条件下,钉扎力密度接近直接求和的结果,$F_p \simeq N_p f_p$. 因为不可能发生 $F_p$ 超过随 $f_p$ 增大且与其二次方成正比的直接求和结果,Campbell 模型近似成立. 下一节将对理论和实验结果做一个全面的对比.

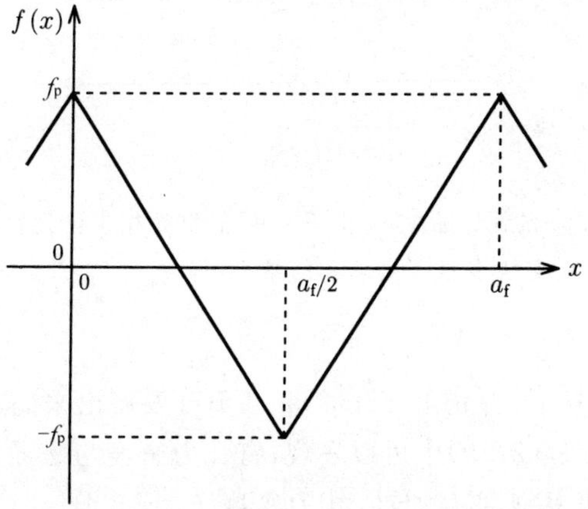


**图 7.8** Campbell 提出的周期性的钉扎力模型[11]

这里我们仅比较元钉扎力的阈值,因为在讨论求和理论的有效性上这有很重要的意义,且它本身也与该理论的发展有很深的关系. 图 7.9 展示了包含多种钉扎的铌样品的结果(Kramer[12]),横坐标是从理论上得到的每一个缺陷的元钉扎力,纵坐标是钉扎力密度除以钉扎数量密度,也就是每一个钉扎的贡献. 斜率为 1 的实线表示直接求和,$F_p/N_p = f_p$,且竖直实线给出了 Labusch 理论的阈值. 虚线表示忽略阈值时 Labusch 的计算结果,$F_p/N_p \propto f_p^2$. 从图中的结果可以发现,即使弱于理论阈值 4 个数量级之多的缺陷还能有效地作为钉扎中心而起

作用,且似乎不存在实际的阈值.为了解决理论和实验不符的情况,有研究人员从由非局域特性[13]或者缺陷存在[14]而引起的磁通格子的弹性模量减小的观点,讨论阈值减小的可能性.另外一种观点则是讨论了由很多弱缺陷集体钉扎作用带来的更容易实现的阈值条件的可能性.[15]但是,它们都只给出了一个部分的修正,统计理论和实验的矛盾没有得到根本的解决.

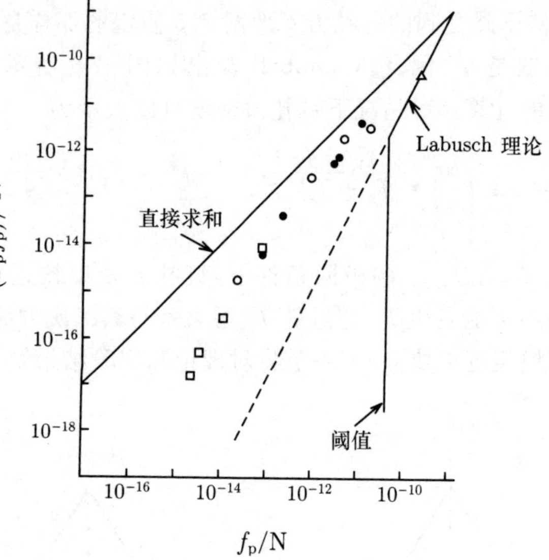


**图 7.9** 在一个 $b=0.55$ 的铌样品中,一个 $F_p/N_p$ 的钉扎相于比元钉扎力 $f_p$ 对钉扎力密度的贡献(Kramer[12]).实线表示直接求和的结果,即 $f_p=F_p/N_p$;虚线表示忽略阈值时 Labusch 的计算结果

在这样一个背景下,首先由 Yamafuji 和 Irie 发展出来的动力学理论引起了很大的关注[8].从方程(2.39)中可以发现,钉扎力密度与磁通线速度的波动成正比(注意钉扎损耗功率密度 $P_p$ 与钉扎力密度 $F_p$ 成正比.).甚至一个很弱的钉扎也可能引起一个有限的波动,所以可以出现钉扎力的非零贡献,从而暗示阈值并不存在.下一小节将讨论动力学理论和统计理论之间的关系.

### 7.3.2 动力学理论

Yamafuji 和 Irie 利用 2.3 节展示的方法,处理了磁通线的动力学状态并明确了钉扎损耗机制[8].因为钉扎损耗功率密度 $P_p$ 等于 $F_p v$,其中 $v$ 表示某段时间内磁通线的平均速度,可以得到钉扎力密度为

$$F_p = \frac{B^2}{\rho_f v}[\langle \dot{x}^2 \rangle_t - v^2], \tag{7.36}$$

式中 $\rho_f$ 是流动电阻，$\langle\ \rangle_t$ 表示某段时间内的平均值. Yamafuji 和 Irie 利用方程(7.36)计算了三角形钉扎势阱，并且推导出 $F_p=3N_p f_p^2/k_f d_p$，这里 $d_p$ 是钉扎的平均间隔. 这一结论定性地与 Labusch 和 Lowell 的理论结果相似. 但是，阈值的问题仍然没有出现，因为假定存在的三角形钉扎势阱，由于假定钉扎力有无限大变化率而自动满足 $|\partial f_P(x)/\partial x|>k_f$ 这一条件和电压存在的状态. 从 Schmid 和 Hauger 得出的更具普遍性的结论中可推导出一个相似的结果[16].

从方程(7.36)可以认为即使是不能自动满足阈值条件的一个非常弱的钉扎，也可以适宜地影响磁通线的移动，且引起一些速度上的波动. 如果这一结论是正确的，便意味着元钉扎力的阈值也许是不存在的. 与统计理论相比这是一个非常有趣的地方. Matsushita 等人对 Lowell 钉扎模型中磁通线的移动进行了计算，并且分析了伏安特性[17]. 移动的求解过程如方程(2.35)所示，钉扎力 $f(x)$ 假设为方程(7.31)的形式，并假定钉扎的间距足够大. 如同别的计算中的处理一样，对 $2d<a_f$ 时的情况进行分析，以使一个钉扎不能同时与许多磁通线发生相互作用. 在 $t=0$ 时假定一个磁通线到达钉扎的边缘，$x=-d$. 因为 $d_p$ 是足够长的，在磁通线到达下一个钉扎以前，为了忽略小值的影响，认为磁通线格子的形变$(x-x_0)$发生弛豫. 因此，当 $t<0$ 时，我们可以简单地得到

$$x(t)=vt-d. \tag{7.37}$$

考虑到磁通线的连续性，如方程(2.37)所示，$v$ 应当等于 $\dot{x}_0$. 因此，通过把方程(7.31)，(7.37)代入(2.35)可以直接解出 $x(t)$. 利用得到的 $x(t)$ 解，由对时间的平均值可以推导出钉扎力密度

$$F_p=-\frac{N_p'}{T_p}\int_0^{T_p} f(x(t))\mathrm{d}t. \tag{7.38}$$

上式中 $T_p$ 表示磁通线的移动周期，同时也表示磁通线通过平均钉扎间距的时间

$$T_p=\frac{d_p}{v}. \tag{7.39}$$

$N_p'$是一个周期时间 $T_p$ 内，单位体积中的钉扎事件数量，它等于周期内一个钉扎遇到磁通线的频率 $d_p/a_f$ 与数密度 $N_p$ 的乘积

$$N_p'=\frac{N_p d_p}{a_f}. \tag{7.40}$$

开始计算以前，我们先讨论一个基础问题. 磁通线与钉扎的相互作用仅在磁通线越过一个尺寸为 $2d$ 的钉扎时发生，如上所述 $2d$ 假设小于 $a_f$.（这不是必要条件，但有助于简化计算. 另外一种情况也可以用相似的方法进行处理）. 因此，在方程(7.38)中从 0 到 $T'=a_f/v$ 的积分是足够的，该区域是非零贡献的唯一区域. 因此，由方程(7.38)可以推导出

$$F_p=-\frac{N_p}{T'}\int_0^{T'} f(x(t))\mathrm{d}t. \tag{7.41}$$

如果我们利用方程(2.37)做一个转变 $\mathrm{d}t=v^{-1}\mathrm{d}x_0$，可以证明方程(7.41)的时间

平均等于方程(7.30)的统计平均值.也就是,可以看出在不做精确计算的静态极限下,动力学理论的结果简化为统计理论的结果.在 $f_p \neq f_{pt}$ 时,$x(t)$ 的解是

$$x(t)=\begin{cases} -\dfrac{k_f v}{\eta^* \gamma}t-q_1+(q_1-d)\exp(\gamma t), & 0\leqslant t<t_1, \\ \dfrac{k_f v}{\eta^* \gamma'}(t-t_1)+q_2-\left(\dfrac{d}{2}+q_2\right)\exp[-\gamma'(t-t_1)], & t_1\leqslant t<t_2, \\ -\dfrac{k_f v}{\eta^* \gamma}(t-t_2)-q_3+\left(q_3+\dfrac{d}{2}\right)\exp[\gamma(t-t_2)], & t_2\leqslant t<t_3, \\ vt-d+(2d-vt_3)\exp\left[-\dfrac{k_f}{\eta^*}(t-t_3)\right], & t_3\leqslant t<\dfrac{d_p}{v}. \end{cases} \tag{7.42}$$

上面 $t_1,t_2,t_3$ 分别表示磁通线到达 $x=-d/2,x=d/2$ 和 $x=d$ 的时间,且可以从上式解得.常量 $\gamma,\gamma',q_1,q_2,q_3$ 可以分别由下式给出:

$$\gamma=\frac{k_f}{\eta^*}\left(\frac{f_p}{f_{pt}}-1\right), \tag{7.43}$$

$$\gamma'=\frac{k_f}{\eta^*}\left(\frac{f_p}{f_{pt}}+1\right), \tag{7.44}$$

$$q_1=\frac{\eta^* vdf_p}{2(f_p-f_{pt})^2}+d, \tag{7.45}$$

$$q_2=\frac{\eta^* vdf_p}{2(f_p+f_{pt})^2}-\frac{f_{pt}}{f_p+f_{pt}}(d-vt_1), \tag{7.46}$$

$$q_3=\frac{\eta^* vdf_p}{2(f_p-f_{pt})^2}-\frac{1}{f_p-f_{pt}}[d(f_p+f_{pt})-f_{pt}vt_2], \tag{7.47}$$

方程(7.43)中的 $\gamma$ 等于方程(2.41)中的 $1/\tau$.

经过一个简单但是很长的计算,方程(7.38)可以得出

$$\begin{aligned} F_p=&\frac{N_p f_p v}{a_f(f_p^2-f_{pt}^2)}\Big\{2f_{pt}[f_p(t_1+t_2-2t_3)-f_{pt}(t_1-3t_2+2t_3)] \\ &+\frac{vf_{pt}}{d}[f_p t_3^2+f_{pt}(2t_1^2-2t_2^2+t_3^2)] \\ &+\eta^* v[f_p t_3+f_{pt}(2t_1-2t_2+t_3)]-2\eta^* f_p d\Big\}, \end{aligned} \tag{7.48}$$

$t_1,t_2,t_3$ 是数值计算结果,且可以得到 $F_p$.但是,在 $f_p>f_{pt}$ 且速度 $v$ 的平均值足够小的情况下,可以得到

$$t_1\ll t_3\sim t_2\simeq\frac{d(f_p+3f_{pt})}{2f_{pt}v}. \tag{7.49}$$

把这一方程代入方程(7.48),可以推导出与方程(7.33)相同的结果.当 $v$ 值很小时,可以引导出 $v$ 的幂级数展开.如果只计算 $F_p$ 到 $v$ 的一次项,可以得到[17]

$$F_p=F_{ps}+\frac{N_p f_p \eta^* vd}{2a_f(f_p^2-f_{pt}^2)f_{pt}}\Big\{(f_p-3f_{pt})(f_p+f_{pt})$$

$$+ f_{pt}(f_p + 3f_{pt})\log\left[\frac{(f_p - f_{pt})^2}{f_p\eta^* v}\right]\Bigg\},\tag{7.50}$$

其中 $F_{ps}$ 是由方程(7.33)确定的值. 在 $f_p < f_{pt}$ 时,有

$$F_p = \frac{2N_p f_p^2 \eta^* vd}{a_f(f_{pt}^2 - f_p^2)}.\tag{7.51}$$

当 $f_p = f_{pt}$ 时,$F_p$ 与 $v^{1/2}$ 成正比[17]. 因此,在 $v$ 的零极限下这一结果与方程(7.32)的结果相符.

从 $J_c$ 值等于 $F_P$ 除以 $B$ 和 $E$ 值等于 $B$ 乘以 $v$ 出发,利用方程(2.31)可以推导出伏安特性. 图 7.10 展示了这些结果,(a),(b)分别表示 $f_p > f_{pt}$ 和 $f_p \leqslant f_{pt}$ 的情况.

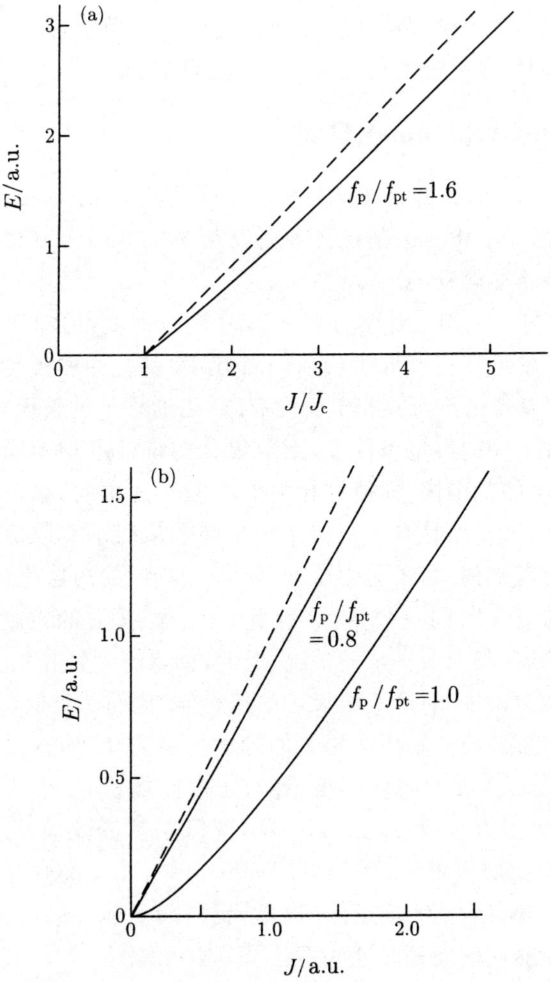


**图 7.10**　由动力学理论[17]计算出的在(a) $f_p > f_{pt}$ 和(b) $f_p \leqslant f_{pt}$ 情况下的伏安特性. 虚线是当电流阻率不受钉扎影响时的实际伏安特性

甚至在(b)情况下,也即在 $v$ 的零极限时 $J_c$ 趋近于零的情况下,如果从伏安特性的一些电压点取切线,并外延此直线至 $v=0(E=0)$,仍然存在着一些截距.也就是,似乎存在非零的 $J_c$ 值.但是,就像从方程(7.36)中观察到的一样,在没有不稳定性的 $f_p<f_{pt}$ 范围内,在 $v\to 0$ 的极限时,$\langle \dot{x}^2 \rangle_t$ 与 $v^2$ 同一数量级,且 $J_c$ 趋于0.仅当存在不稳定的情况时,$J_c$ 有有限值,且 $\langle \dot{x}^2 \rangle_t$ 与 $v$ 同一数量级.这一条件与2.3节提到的磁滞损耗相同.另外,当磁通线从前一个临界态移动到相反的方向时,钉扎力密度随着位移做线性变化,如图3.33所示.这样一个可逆的磁通移动也暗示着不稳定区域的存在[11].习题7.5将对这一点进行讨论.

从上面的讨论中可以发现,动力学理论不能解决统计理论与实验结果之间巨大的矛盾.但是,动力学理论和统计理论之间的一致也有一些意义,且与磁滞损耗有很大的关联,这是磁通钉扎的一个本质的特性.

### 7.3.3 Larkin-Ovchinnikov 理论

Larkin 和 Ovchinnikov 首先解决了元钉扎力阈值与实验数值的巨大矛盾[7],而这一矛盾是 Labusch 的统计理论以及 Yamafuji,Irie 和 Matsushita 等人的动力学理论所不能解释的.

Labusch 本打算利用统计学方式计算钉扎力密度,但却从无限大集合的统计平均中发现:在元钉扎力低于阈值的钉扎中,钉扎力密度为零.另外,Larkin 和 Ovchinnikov 发现由于钉扎相干长度有限,磁通格子的长程有序是不真实的.这意味着在长程有序的假定条件下,无限集合的统计平均不能得到一个正确的结果.在相干长度的范围内,即使钉扎力的方向是随机的,单个钉扎力的总和也不可能完全相互抵消,而是有一个与波动相同数量级的有限值.因此,一个钉扎贡献的力保持为有限的.为了简化计算,如果一个相关的体积中包含 $n$ 个钉扎,那些力的总和与 $n^{1/2}f_p$ 同一数量级.因此,一个钉扎力的贡献大概是 $n^{-1/2}f_p$.Labusch得到的结论符合 $n\to\infty$ 的情况.因此,如果得到钉扎相干长度,就可以近似地计算出钉扎力密度.对于三维尺寸的超导体,他们从类似于方程(7.23)的力平衡方程开始.但是,与单轴压缩相关的弹性力被忽略了,这是因为单轴压缩模量 $C_{11}$ 是非常大的,相关的应变则很小.对于弯曲模量 $C_{44}$ 假定非局域特性是成立的,而且只用到了方程(7.15)的第一项,忽略了抗磁效应.7.2节和附录A.5中讨论了假定非局域模量 $C_{44}$ 的问题.另外,与 $C_{11}$ 相关的弹性力可以被忽略的假定从数值计算观点看是有问题的.但是,我们同意他们的论文中的观点,因为在讨论元钉扎力的阈值问题时这些不是十分必要的.

假定存在一个足够大的超导体.在经过傅里叶变换以后,力平衡方程可以变为

$$C_{66}\boldsymbol{k}_{\perp}^2\boldsymbol{u}_{\boldsymbol{k}}+C_{44}(\boldsymbol{k})\boldsymbol{k}_z^2\boldsymbol{u}_{\boldsymbol{k}}=(2\pi)^3\delta(\boldsymbol{k})\boldsymbol{f}_{\mathrm{L}}+\sum_i\boldsymbol{f}_i\exp(-\mathrm{i}\boldsymbol{k}\cdot\boldsymbol{r}_i),\quad(7.52)$$

等式右端的第二项是钉扎的贡献，$\boldsymbol{k}_{\perp}$ 是在垂直于磁通线的平面中形变的波数矢量，$k_z$ 是沿着磁通线长度方向形变的波数. 逆变换以后可以推导出位移 $\boldsymbol{u}$. 因此，可以得到[18]

$$\langle |u(r)-u(0)|^2 \rangle = \frac{W(0)}{8\pi C_{66}^{3/2} C_{44}^{1/2}} \left[ \left( r_{\perp}^2 + \frac{C_{66}}{C_{44}} z^2 \right)^{1/2} + \frac{1}{4k_{\mathrm{h}}} \log\left( 1 + k_0^2 r_{\perp}^2 + \frac{C_{66} k_0^4}{C_{44} k_{\mathrm{h}}^2} z^2 \right) \right], \tag{7.53}$$

这里 $W(0)$ 定义为

$$W(0) = N_{\mathrm{p}} \langle f^2(\boldsymbol{r}) \rangle \simeq \frac{1}{2} N_{\mathrm{p}} f_{\mathrm{p}}^2, \tag{7.54}$$

并且得到 $r_{\perp}^2 = x^2 + y^2$. 当波数的二维空间中的第一个布里渊(Brillouin)区近似地被一个圆代替时，$k_0$ 是平均半径，且可以表示为 $k_0 = (2b)^{1/2}/\xi$，其中 $b = B/\mu_0 H_{c2}$. 上面的 $C_{44}$ 表示局域值 $C_{44}(0)$. 在磁通格子的非局域效应不显著的低场中，可以去掉方程(7.53)的第二项. 如果 $r_{\mathrm{p}}$ 表示钉扎力扩展的距离(因此，$r_{\mathrm{p}}$ 是一个与 $\xi$ 同数量级的距离)，从如下条件可以计算出横向钉扎相干长度 $R_{\mathrm{c}}$：

$$\langle |\boldsymbol{u}(r_{\perp} = R_{\mathrm{c}}, z = 0) - \boldsymbol{u}(r_{\perp} = z = 0)|^2 \rangle = r_{\mathrm{p}}^2. \tag{7.55}$$

这一条件表明，如果通过引入一个钉扎磁通线从开始位置移动了 $r_{\mathrm{p}}$，那么在被 $R_{\mathrm{c}}$ 分割的位置中钉扎效果不能表现出来. 因此，可以得到

$$R_{\mathrm{c}} = \frac{8\pi (C_{44} C_{66}^3)^{1/2} r_{\mathrm{p}}^2}{W(0)}. \tag{7.56}$$

用相似的方法可以得到沿着磁通线方向的钉扎相干长度 $L_{\mathrm{c}}$，即

$$L_{\mathrm{c}} = \left( \frac{C_{44}}{C_{66}} \right)^{1/2} R_{\mathrm{c}}. \tag{7.57}$$

横向和纵向尺寸分别为 $R_{\mathrm{c}}$ 和 $L_{\mathrm{c}}$ 的磁通线格子区域，磁通线格子可能存在一个平移序，在体积 $V_{\mathrm{c}} = R_{\mathrm{c}}^2 L_{\mathrm{c}}$ 的区域内钉扎力经计算大约为 $[V_{\mathrm{c}} W(0)]^{1/2}$，与波动同一数量级. 因为每一个体积 $V_{\mathrm{c}}$ 的区域都是彼此相互弹性独立的，钉扎力密度估算为

$$F_{\mathrm{p}} = \frac{1}{V_{\mathrm{c}}} [V_{\mathrm{c}} W(0)]^{1/2}. \tag{7.58}$$

代入方程(7.56)和(7.57)可以得到

$$F_{\mathrm{p}} = \frac{W^2(0)}{(8\pi)^{3/2} C_{44} C_{66}^2 r_{\mathrm{p}}^3}. \tag{7.59}$$

因此，元钉扎力的阈值是不存在的.

高场下，重要的量随着磁场发生变化 $C_{66} \propto (1-b)^2$ 和 $W(0) \propto f_{\mathrm{p}}^2 \propto (1-b)^2$，因此 $R_{\mathrm{c}}$ 按 $(1-b)$ 的比例减小. 另外，由公式(7.16)得到的特征波数 $k_{\mathrm{h}}$ 减小. 因此如果 $a_{\mathrm{f}} < R_{\mathrm{c}} < k_{\mathrm{h}}^{-1}$ 的条件被满足，磁通格子的非局域效应将变得显著. 那么，钉扎力密度随着磁场的增大而增大，其变化可以表示为

$$F_p \sim B\exp\left[-\frac{8\pi C_{66}^{3/2} C_{44}^{1/2} k_h r_p^2}{W(0)}\right]. \tag{7.60}$$

当磁场一直增大到使 $R_c$ 像 $a_f$ 一样小时，磁通线格子变得无定形，每一个磁通线都彼此独立. 从公式(7.56)可知，$R_c$ 与 $W(0)$成反比，如果钉扎足够强，甚至在低场下这一情况也可以实现. 另外，决定 $L_c$ 的问题是个一维问题，且决定 $L_c$ 的积分发散. 但是，从量纲分析中可以计算出特征长度[7]

$$L_c = \left[\frac{\pi C_{44}^2 k_h^4 a_f^6 r_p^2}{W(0)}\right]^{1/3}. \tag{7.61}$$

这种情况下关联区域的体积是 $V_c = a_f^2 L_c$，因此从方程(7.58)中可得钉扎力密度为

$$F_p = \left[\frac{W^2(0)}{\pi^{1/2} C_{44} k_h^2 a_f^6 r_p}\right]^{1/3}. \tag{7.62}$$

现在我们可以总结从 Larkin-Ovchinnikov 理论得到的钉扎力密度. 在低场下，在钉扎力密度由方程(7.59)确定时，它与钉扎参数的关系是

$$F_p \propto N_p^2 f_p^4. \tag{7.63}$$

在方程(7.62)成立或者强钉扎的情况下的高场，它们的关系是

$$F_p \propto N_p^{2/3} f_p^{4/3}. \tag{7.64}$$

这一关系与动力学理论和 Labusch 统计理论的预期 $F_p \propto N_p f_p^2$ 不同. 关于与磁场的关系，利用 $W(0) \propto (1-b)^2$，$C_{44} \propto b^2$，$C_{66} \propto b(1-b)^2$，$a_f \propto b^{-1/2}$ 和 $k_h^2 \propto (1-b)$，在低场下钉扎力密度的变化可以表示为

$$F_p \propto b^{-4}, \tag{7.65}$$

而高场下有

$$F_p \propto b^{1/3}(1-b). \tag{7.66}$$

图 7.11 展示了上述钉扎力密度与磁场的关系. 除了用虚线表示的过渡区域外，随着磁场的增加钉扎力密度单调减小.

这里处理的是磁场垂直作用于厚度 $d$(小于纵向相干长度 $L_c$)的超导薄膜的情况. Larkin-Ovchinnikov 理论与这种情况下的实验结果之间的比较最为频繁. 在这种二维的情况下以以下方式估算横向相干长度 $R_c$. 磁通线格子的钉扎能密度与钉扎的相互作用可以达到 $r_p[W(0)/V_c]^{1/2} \simeq \xi[W(0)/V_c]^{1/2}$，其中 $V_c = R_c^2 d$. 另外，弹性能密度的增量估计为 $C_{66}(\xi/R_c)^2$，因为可以忽略沿着磁通线长度方向的形变. 因此，$R_c$ 的确定应使总能量密度最小化，

$$\delta F = C_{66}(\xi/R_c)^2 - \xi[W(0)/d]^{1/2}/R_c.$$

因此，可以得到

$$R_c = \frac{2\xi d^{1/2} C_{66}}{W^{1/2}(0)}. \tag{7.67}$$

然后，可以得到钉扎力密度

$$F_p = \frac{W(0)}{2\xi d C_{66}}. \tag{7.68}$$

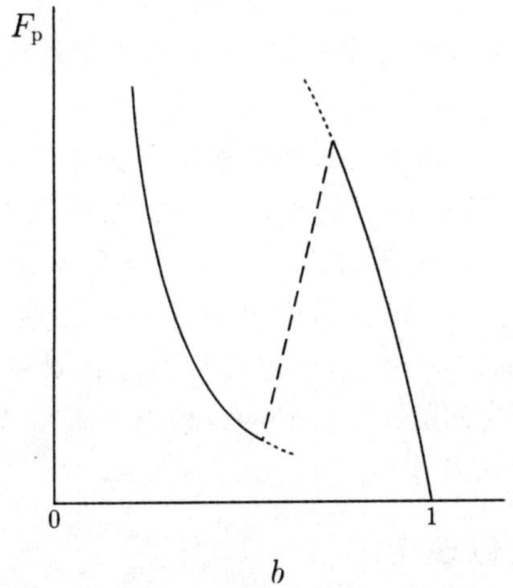


**图 7.11**　Larkin 和 Ovchinnikov 预期的有弱钉扎力的三维超导体中磁场与钉扎力密度之间的关系曲线[7]

$R_c$ 随着磁场按$(1-b)$的比例减小. 在 $R_c$ 比 $a_f$ 小的高场下,钉扎力密度减小为

$$F_p = \frac{W^{1/2}(0)}{a_f d^{1/2}}. \tag{7.69}$$

在钉扎数密度很低的情况下,例如 $N_p a_f^2 d < 1$ 时,钉扎力密度可以表示为 $F_p = N_P f_p$.

对于超导薄膜,$L_c$ 随磁场变化,变得可能大于或等于薄膜厚度. 因此,我们期望发生一个二维和三维钉扎之间的转变. Wördenweber 和 Kes 详细地开展了这种类型的实验[19,20]. 下一节将讨论他们的实验,这里介绍他们对 Larkin-Ovchinnikov 理论的修正. 因为初始的 Larkin-Ovchinnikov 理论与他们的实验结果在数值上不符. 他们提出如下的修正. 首先,在超导薄膜厚度 $d$ 小于纵向相干长度 $L_c$ 情况下设定二维钉扎,这两个值被分别估算. 然后,利用方程(7.55)的右端被$(a_f/2)^2$ 代替的相似方程,横向相干长度估计为[21]

$$R_c = a_f C_{66}\left[\frac{2\pi d}{W(0)\log(w/R_c)}\right]^{1/2}, \tag{7.70}$$

其中 $w$ 是超导薄膜的宽度. 这一结果与 Larkin-Ovchinnikov 理论的方程(7.67)有些不同. 保持短程有序的区域体积为 $V_c = R_c^2 d$. 他们设定最大非局域情况,即对于磁通线的横向应变,最大波数 $k \sim \xi^{-1}$. 也设定当由方程(7.70)代入(7.57)得到横向相干长度减小到薄膜厚度的一半时发生二维钉扎向三维的转变. 这种处理方式似乎很奇怪,因为这样的转变应当由三维钉扎的相干长度超过薄膜厚度这样更一般的条件决定. 在 Wördenweber 和 Kes 的模型中,开始只在三维情况中有意义的 $L_c$ 在二维情况中被这个特别的条件所确定. 这一假定在数值上与实验结果符合得较好,下节会给出讨论. 但是,这一理论的有效性也存在疑问.

尽管 Larkin 和 Ovchinnikov 的理论解决了的 Labusch 统计理论的不足,但对于非常弱的钉扎来说,他们的理论与实验结果仍不相符. 他们从理论上得到的钉扎力密度远小于实验结果. 上述 Wördenweber 和 Kes 提出的模型对初始理论做出了修正. 人们也提出了另外一些方法以试图修正与实验结果的偏差. 在 Kerchner 的理论中,确定短程有序区域的体积 $V_c$,以使钉扎力密度达到最大值[22]. 在 Mullock 和 Evetts 模型中假定 $V_c$ 因磁通线格子缺陷而减小[23].

### 7.3.4 相干势能近似理论

对于弱钉扎,除了上面提到的与钉扎力密度实验结果数值上的不同,Larkin 和 Ovchinnikov 的理论[7]也有定性的问题,所预言的与钉扎参数 $f_p$,$N_p$ 的关系不同于实验结果,这将在下一节中给予介绍. 这种差别的存在很可能是由于在他们的理论中仅粗略地描述了钉扎现象. 例如,在方程(7.55)中,用相干长度 $\xi$ 代替 $r_p$. 但是,从相干长度对钉扎力密度有很大影响这一事实来看,这一近似其实很粗糙. 另外,尽管在体积 $V_c$ 中存在短程有序,在这一体积中也可能存在磁通线格子的形变,这将产生一个比 $W(0)$ 更强的钉扎. 通过减小相干长度,磁通线格子中缺陷的存在也有助于对理论的定量修正.

另外,统计理论,例如 Larkin 的统计理论[9],最初被认为可以精确地计算出钉扎力密度. 就解决 Larkin-Ovchinnikov 理论中的数值问题而言这一方法似乎是有效的. 因为统计理论成功地解释了由钉扎和磁通线可逆运动引起的磁滞损耗的起源[11](详情见习题 7.5),故人们期望这个方法有用. 但是,在统计理论中依旧存在着上面提到的很严重的元钉扎力阈值问题. 为什么会出现这样一个问题? 方程(7.27)中无限集合的统计平均源于一个精确计算的方法,使人感到奇怪的是利用这种方法反而出了问题. 例如,如果确定 $G'^{-1}(0)$或者 $k_f$ 的值是准确的,则认为方程(7.33)给出了一个准确的结果. 如果这个方法是准确的,那么它完全可以处理上面提到的体积 $V_c$ 内磁通格子的形变. 所以,我们认为磁通线格子的弹性常量 $G'^{-1}(0)$或者 $k_f$ 的计算存在着某些问题.

这里将分析 Labusch 推导出的方程(7.26). 该值适用于磁通线格子固定在无穷大的情况. 但是,无穷大时的边界连续性不满足实际情况. 例如,在弱钉扎极限时 $\alpha_L \to 0$,方程(7.26)给出了一个值. 在这一极限下,通常的钉扎是无效的,因为元钉扎力小于阈值.如果这是正确的,因为钉扎是无效的,那么即使极小的力也应引发磁通流状态,从而导致柔量发散.于是,无限大时的边界条件不能得到满足.因此,在无限大时的强约束会剧烈地减弱而柔量则会相应地增加.从 Larkin 和 Ovchinnikov 的理论观点也可以理解这一结果.因为磁通线格子如理论所预言不存在长程有序,因此无限大时的边界条件是没有意义的.

假定部分的磁通格子发生了位移,围绕这一部分的区域发生形变,且出现弹性反作用力.但是,由于弹性力是一个内部力,所以这个反作用力实际上就是钉扎周围转移的反作用.就是钉扎周围的反作用力,使得施加在磁通线格子上使其变形的力最终得以均衡.因此,当变形是弹性变形时,最终结果是不受弹性力影响的.这说明单位体积内磁通线格子的柔量应当与 $\alpha_{\mathrm{L}}^{-1}$ 一样大.实际条件下,由于磁通线格子的形变,柔量应当稍微大于这一简单计算的结果.

这里把强钉扎作为例子来处理.假定数量密度 $N_{\mathrm{p}}$ 足够小.就像 Lowell 所处理的那样我们假定一个合适尺寸的磁通线格子的片段,超导体内部的磁通线格子由统计集合中的元素进行了近似,文献[24]详细地描述了这一理论的细节.最容易选择的每一片段尺寸应当是每一片段中包含一个钉扎中心.如果尺寸小于这一值,片段不相同.如果尺寸大于这一值,每一片段需要额外求钉扎力之和.该片段洛伦兹力方向的尺寸以及横向和纵向方向的尺寸分别用 $L_x$,$L_y$ 和 $L_z$ 来表示.因此,有 $L_xL_yL_z=1/N_{\mathrm{p}}$.为了简化,我们用一维模型来近似这种现象.观察集合中的一个片断,且钉扎力密度近似地由作用于该集合的力的统计平均得到.假设钉扎局限于这一个片段的中心,用 $x$ 表示与这一钉扎发生相互作用的磁通线的位置.只有当这一钉扎的钉扎相互作用实际消失,以及周围所有钉扎的钉扎相互作用实际消失时,位置才可以分别用 $x_0$ 和 $\Delta$ 来表示.然后,这一片段中的力平衡方程可以用与方程(7.29)相同的形式表示出来,这里有 $k_{\mathrm{f}}=G'^{-1}(0)$.严格地说,因为在逆傅里叶变换的波空间中积分区域不是第一个布里渊区(Brillouin zone),即从 0 到 $a_{\mathrm{f}}^{-1}$,而是从 $N_{\mathrm{p}}^{1/3}$ 到 $a_{\mathrm{f}}^{-1}$,$k_{\mathrm{f}}$ 大于 $G'^{-1}(0)$.然而,平均钉扎间隔$d_{\mathrm{p}}=N_{\mathrm{p}}^{-1/3}$被假定为远远大于 $a_{\mathrm{f}}$,因此这一近似成立.当周围所有的钉扎相互作用开始时,磁通线发生从 $\Delta$ 到 $x_0$ 的位移.因此,观察到的磁通线格子的片断受到一个来自于周围区域且与 $\Delta-x_0$ 成正比的弹性反作用力.用 $K$ 表示这一弹性反作用力的弹性常数.如果我们将自己仅限制在这个片段内部,那么钉扎力与这一片断内部应变引起的弹性反作用力 $k_{\mathrm{f}}(x_0-x)$平衡.另外,如果我们观察这一片段与外部的相互作用,钉扎力与弹性反作用力 $K(\Delta-x_0)$平衡.对应于 $x_0-x$ 的前一种局域应变,稍微扰乱片断内部的短程有序;而对应于 $\Delta-x_0$ 的后一种应变破坏了片断外部的长程有序.换句话说,Labusch 假定 $x_0$ 对应于包含长程有序的实际磁通线格子的格点.但是,$\Delta$ 对应于这些格点.

应当注意,$\Delta$ 与钉扎的分布无关. 故应相对于 $\Delta$ 求统计平均,因此,方程(7.29)可以简化为

$$k_f'(\Delta - x) + f(x) = 0, \tag{7.71}$$

其中 $k_f'$ 是一个等效弹性常量,且由文献[24]给出

$$k_f'^{-1} = k_f^{-1} + K^{-1}. \tag{7.72}$$

因此,如果图 7.8 中给出的钉扎力假设成立,则钉扎力密度有方程(7.35)确定的形式,其中 $f_{pt} = k_f' a_f / 4$.

现在估算 $K$,因为 $K$ 与周围钉扎的反作用有关,其被认为与 Labusch 参数 $\alpha_L$ 成正比. $\alpha_L$ 是一个一贯由关联势阱近似确定的变量. 组成统计集合的磁通线格子的每一个区域可以被近似地认为处于由一个共同参数确定的平均"场"内. 这种情况下"场"意味着,周围的钉扎通过磁通线格子的弹性发生相互作用. 按照 Larkin-Ovchinnikov 理论,我们假定 $L_x : L_y : L_z = C_{66}^{1/2} : C_{66}^{1/2} : C_{44}^{1/2}$. 因此,可以得到

$$L_x = L_y = \left(\frac{C_{66}}{C_{44}}\right)^{1/6} d_p, L_z = \left(\frac{C_{44}}{C_{66}}\right)^{1/3} d_p. \tag{7.73}$$

因为 $d_p$ 远大于 $a_f$,又因为钉扎相干长度 $R_c \simeq (C_{66}/\alpha_L)^{1/2}$ 和 $L_c \simeq (C_{44}/\alpha_L)^{1/2}$ 分别远小于 $L_y$ 和 $L_z$,则对于强钉扎来说,片断间的弹性相互作用仅存在于穿过 $C_{11}$ 且沿洛伦兹力的方向. 这些钉扎相干长度的表达式可近似采用与 Larkin 和 Ovchinnikov 确定的方程相同的形式(参考习题 7.7). 实际上,通常认为 $L_x$ 不超过 $(C_{11}/\alpha_L)^{1/2} \simeq L_c$,因此,这一方向存在弹性相互作用. 在 Larkin-Ovchinnikov 理论中,这一相互作用被忽略. 7.4.3 小节将讨论这一点. 当磁通线沿着 $x$ 轴发生 $\exp(-x/\lambda_0')$ 位移时,其中 $\lambda_0' = (C_{11}/\alpha_L)^{1/2}$ 表示 Campbell 的交流穿透深度. 因而,$K$ 值估算为

$$K \simeq \alpha_L L_y L_z \lambda_0' \exp\left(-\frac{L_x}{\lambda_0'}\right). \tag{7.74}$$

另外,$\alpha_L$ 本身也是一个通过求和估算出来的量. 如果因为元钉扎力小于阈值,钉扎相互作用是无效的,则 $\alpha_L$ 的值应当为零. 这种情况下,从方程(7.72)可以得到 $k_f' = 0$,同时上面提到的矛盾也得到了解决. $\alpha_L$ 与方程(3.94)确定的钉扎力密度有关. 至于相互作用距离 $d_i$,我们可以利用一个众所周知的关系

$$d_i = \frac{a_f}{\zeta}, \tag{7.75}$$

这里 $\zeta$ 是一个与钉扎中心类型有关的常量,从点缺陷可以推导出 $\zeta \simeq 2\pi$[25]. 因此,利用方程(3.94),(7.35),(7.73)~(7.75)可以自洽地解出 $F_p$ 和 $\alpha_L$. 如果有 $f_{pt} = t f_p$,则通过一个简单的计算可以得到

$$\beta \cdot \frac{4f_p}{k_f a_f} \cdot \frac{1-t}{1+t} = \frac{t^2}{[(k_f a_f / 4f_p) - t]^2}, \tag{7.76}$$

其中 $\beta$ 为

$$\beta = \frac{1}{16}\left(\frac{2}{\sqrt{3}\pi}\right)^{1/2}\left(\frac{C_{44}}{C_{66}}\right)^{5/6}\frac{\zeta d_{\mathrm{p}}}{a_{\mathrm{f}}}\exp\left(-\frac{2L_x}{\lambda'_0}\right). \tag{7.77}$$

上面利用了 $C_{11}\simeq C_{44}$，且用方程(7.26)确定的 $G'^{-1}(0)$ 代替 $k_{\mathrm{f}}$.

当钉扎的强度并没有达到 $k_{\mathrm{f}}a_{\mathrm{f}}/4f_{\mathrm{p}}>1$ 时，可以用图形法对 $t$ 求解，如图 7.12(a)所示. 因为 $\beta$ 远远大于 1，$t$ 的值很接近 1，所以我们可以得到

$$t \simeq 1 - \frac{8f_{\mathrm{p}}}{\beta k_{\mathrm{f}}a_{\mathrm{f}}}. \tag{7.78}$$

钉扎力密度为

$$F_{\mathrm{p}} = \frac{4N_{\mathrm{p}}f_{\mathrm{p}}^2}{\beta k_{\mathrm{f}}a_{\mathrm{f}}}. \tag{7.79}$$

从这一结果中可以看出，即使在钉扎相当弱的情况下，元钉扎力的阈值依然是不存在的. 同时，在忽略阈值的前提下，利用动力学理论，得到的钉扎力密度在形式上与统计理论的结果相同. 但是，这种情况与最初的强钉扎假定不符，对于非常弱的钉扎来说使用这一结果也存在着数值问题.

接下来处理强钉扎的情况. 假定 $4f_{\mathrm{p}}/k_{\mathrm{f}}a_{\mathrm{f}}$ 远大于 1，从图 7.12(b)中可以看出这种情况下 $t$ 的解也存在. 因为这一解可以表示为如下的形式：

$$t \simeq \frac{k_{\mathrm{f}}a_{\mathrm{f}}}{4f_{\mathrm{p}}}, \tag{7.80}$$

这一钉扎力密度服从线性求和关系[24]

$$F_{\mathrm{p}} = \eta_{\mathrm{e}}N_{\mathrm{p}}f_{\mathrm{p}}, \tag{7.81}$$

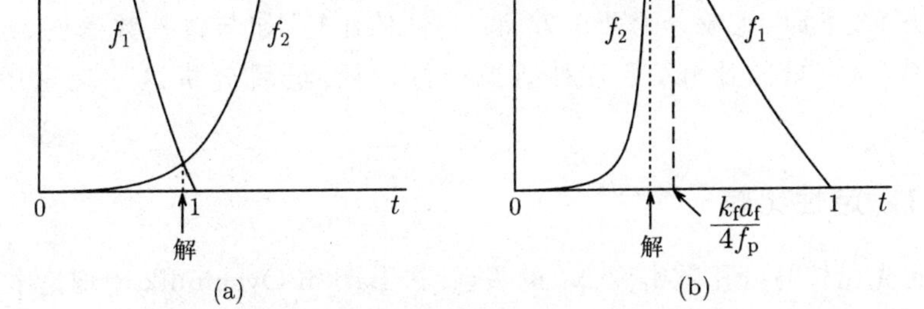

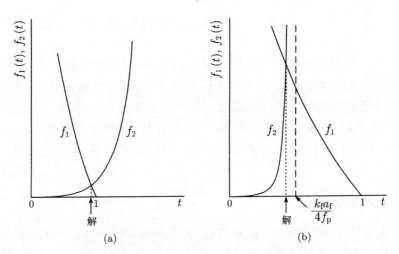

**图 7.12**　在(a)相对弱的钉扎和(b)强钉扎情况下，式(7.76)的图形法求解. $f_1$ 和 $f_2$ 分别表示式(7.76)的左右两端. 每一种情况下都存在方程的解

上式中的 $\eta_e$ 表示钉扎效率，

$$\eta_e = \frac{1-(k_f a_f/4f_p)}{1+(k_f a_f/4f_p)}. \tag{7.82}$$

因此，当钉扎非常强但是它们的数密度不很大时，在一定精确度下，可近似采用直接求和 $F_p = N_p f_p$.

下面总结上述关联势能近似理论. 因为 $t$ 不为零，元钉扎力的阈值也不为零. 但是，它与元钉扎力有关，且不能超过元钉扎力. 因此，可以说元钉扎力的阈值是不存在的. 这解释了图 7.9 所示的实验结果. 另外，从元钉扎力和其阈值的关系上，钉扎损耗被认为应当属于由磁通线不稳定性引起的磁滞损耗，且与已知的特性相符.

作为一个直接求和的例子，现在我们来处理由大的非超导杂质引起的钉扎. 用 $D$ 表示杂质的平均直径. 元钉扎力由方程(6.9)给出，可得

$$F_p = 0.43\pi \frac{N_p \xi D^2 \mu_0 H_c^2}{a_f}\left(1-\frac{B}{\mu_0 H_{c2}}\right). \tag{7.83a}$$

在直径为 $2\xi$ 的非超导核心中，如果利用从局域模型中得到的元钉扎力(见习题 6.1)，钉扎力密度可以表示为

$$F_p = \frac{\pi N_p \xi D^2 \mu_0 H_c^2}{4a_f}\left(1-\frac{B}{\mu_0 H_{c2}}\right). \tag{7.83b}$$

从这些结果中，可以看出对于钉扎参数 $m=2, \gamma=1/2, \delta=1$ 的钉扎力密度来说，温度标度律成立. 这一结果与图 7.1(a) 和(b)中展示的结果是一致的.

## 7.4 与实验结果的对比

在这节中，我们将把解决了阈值问题的 Larkin-Ovchinnikov 的理论结果[7]和关联势能近似理论的结果[24]与实验结果进行比较. 但是，我们发现很难找到用于比较的实验结果. 因此，比较工作不可能做得很系统，而只能是局限在某些方面. 下面，比较分为两个方面：定性的比较，如与钉扎数密度、元钉扎力的关系等，定量的比较，然后对结果进行讨论. 最后分析这些理论中出现的问题.

### 7.4.1 定性比较

首先比较与钉扎数密度 $N_p$ 的关系. 在 Larkin-Ovchinnikov 理论中，在三维钉扎的情况下，对于弱的集体性钉扎和强钉扎而言，$F_p$ 分别与 $N_p^2$ 和 $N_p^{2/3}$ 成正比. 但是，在关联势能近似理论中，当 $N_p$ 不是很高时，对于弱钉扎和强钉扎来说认为 $F_p$ 都与 $N_p$ 成正比. 由快中子辐照缺陷产生的钉扎作为实验结果支持前一

种理论. 图 7.13 展示了 Nb-Ta 的结果[26]. 可以看出,尽管由于剩余钉扎而保持一个常数部分,但是 $F_p^{1/2}$ 随着辐照计量线性的增加. 图 7.14 表明对 $V_3Si$ 的辐照结果[27],这里这一关系可以表示为 $F_p \propto N_p^n$. 按照这一结果当 $N_P$ 不是很大时,低场区域中可以得到 $n \simeq 2$.

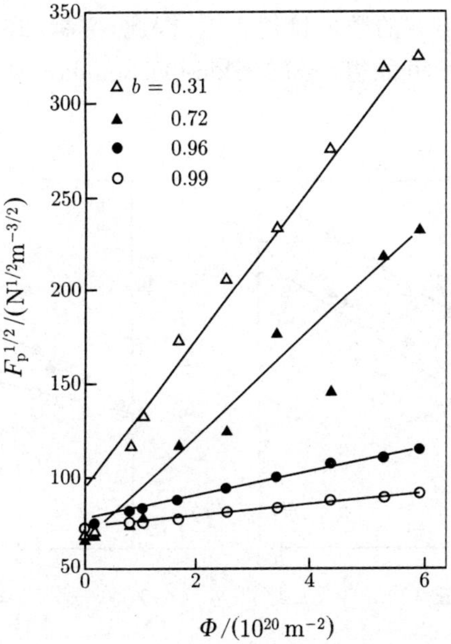


**图 7.13**　5.0K 时快中子辐照后 Nb-20at% Ta 样品中作为快中子剂量函数的钉扎力密度的变化[26]

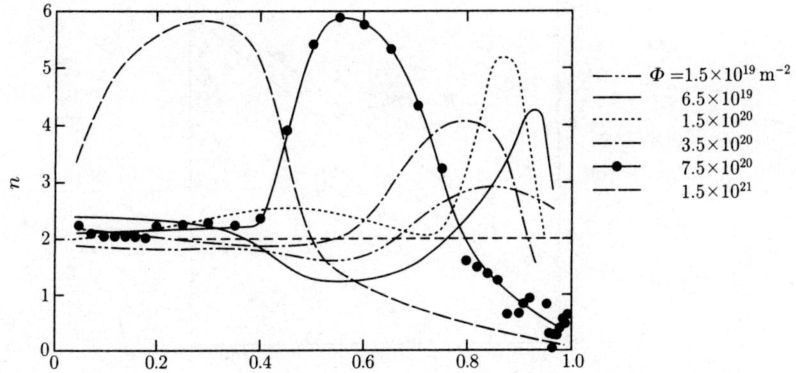


**图 7.14**　表示剂量的参数与被快中子辐照过的 $V_3Si$ 样品中钉扎力密度的关系曲线[27]

但是,对这些结果的解释也存在一些疑问. 例如,图 7.15(a),(b)为对图 7.13中结果的重新绘制. 在图(a)的 $b=0.31$ 和 $b=0.72$ 情况中,钉扎力密度随着中子剂量呈线性增加. 同样,在图(b)的 $b=0.96$ 和 $b=0.99$ 情况中,钉扎力密度与辐照剂量之间似乎依然存在线性关系. 在图 7.14 的 $n\simeq 2$ 区域中子剂量(其数值将展示在之后的图 7.20(a) 中)与钉扎力密度的关系在图 7.16 中被重新绘制,计算出 $n$ 的数值接近 1[28]. 因此,文献[26],[27]中的结论不全是正确的,也就是说不可能得出与 Larkin-Ovchinnikov 理论一致的与钉扎数密度的关系.

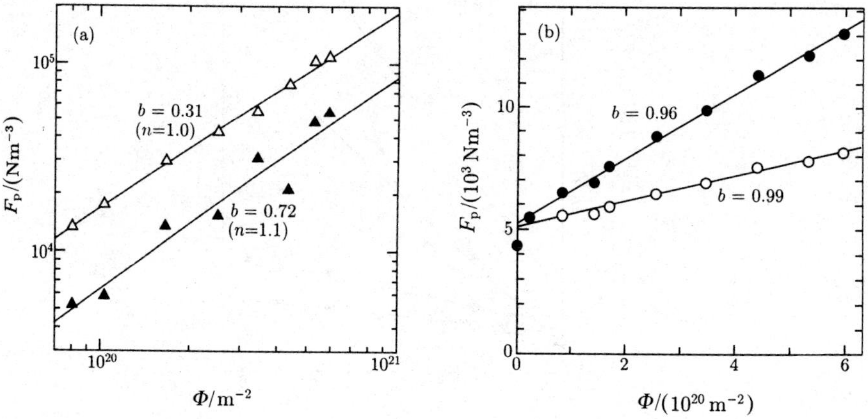


**图 7.15** 图 7.13 的重绘.(a) $b=0.31$,$b=0.72$ 和(b) $b=0.96$,$b=0.99$ 情况下,钉扎力密度与中子剂量的关系曲线

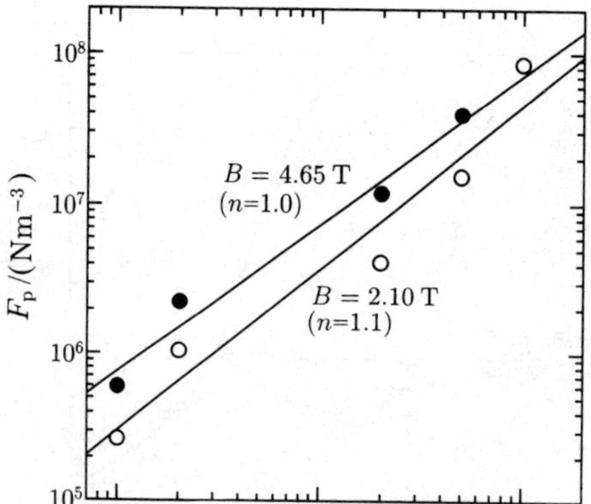


**图 7.16** 图 7.14 中 $n\simeq 2$ 的区域内钉扎力密度与中子剂量的关系曲线($B=2.10\mathrm{T}$, $\Phi<1\times 10^{21}\,\mathrm{m}^{-2}$ 和 $B=4.65\mathrm{T}$,$\Phi<5\times 10^{20}\,\mathrm{m}^{-2}$)

与上面的结论相反，在钉扎非常强的类型中，其实验结果支持关联势能近似理论的预期，$F_p \propto N_p$. 图 7.17 展示了含有非超导 Bi 相杂质的 Pb-Bi 样品的情况[29]. 单位体积中，在很宽的范围内，临界电流密度与 Bi 相杂质的有效表面积 $S = N_p D^2$ 成正比，这与方程(7.83)相符. 在 Y-123 高温超导体中，由非超导的 211 相颗粒产生的钉扎也与这一预言相符[30]. 图 7.18 展示了 $V_3Ga$ 中临界电流密度与晶粒尺寸 $d_g$ 的倒数之间的关系，且给出了它们之间的比例大小. 这里，由晶粒边界引起的钉扎与非超导杂质表面引起的钉扎相似，如果我们注意 $d_g$ 和 $d_g^{-3}$ 分别对应于 $D$ 和 $N_p$，可以推导出 $F_p$ 与 $d_g^{-1}$ 成正比. 在 $Nb_3Sn$ 中，也可以得到一个相似的结果[32].

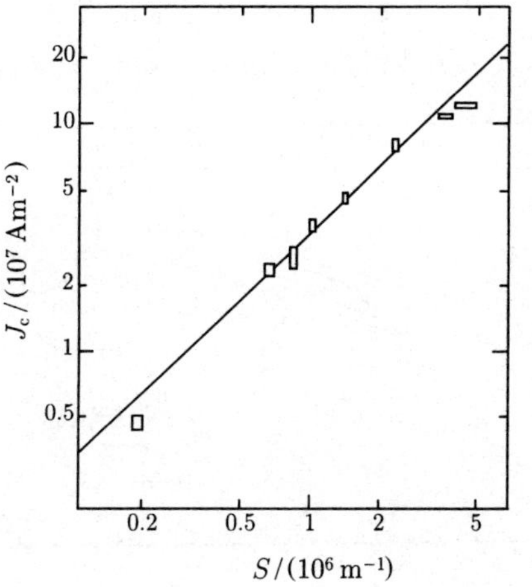


**图 7.17**　$B=1T$ 时 Pb-Bi 样品单位体积内临界电流密度与非超导 Bi 杂质有效表面积 $S=N_pD^2$ 的关系曲线[29]

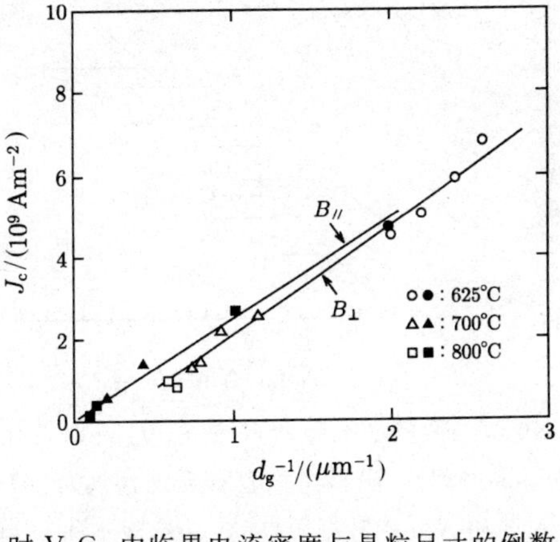


**图 7.18**　$B=6.5T$ 时 $V_3Ga$ 中临界电流密度与晶粒尺寸的倒数 $d_g^{-1}$ 的关系曲线[31]

很难分析钉扎力密度仅仅与元钉扎力 $f_p$ 的关系，目前为止还没有合适的实验结果可以作为佐证. 这是因为，当钉扎尺寸变化导致 $f_p$ 发生变化时，$N_p$ 也发生变化. 因此，必须同时分析与 $f_p$ 和 $N_p$ 的关系. 如果我们再次总结两种理论中的结果，则在 Larkin-Ovchinnikov 理论中，低场弱钉扎和强钉扎情况下 $F_p$ 分别与 $N_p^2 f_p^4$ 和 $N_p^{2/3} f_p^{4/3}$ 成正比. 另外在关联势能近似理论中，在较弱钉扎和强钉扎情况下，$F_p$ 分别与 $N_p f_p^2$ 和 $N_p f_p$ 成正比. 图 7.9 中展示的 Nb 样品中的结果[12]适合用于系统的比较. 由于 $f_P$ 和 $N_P$ 像上面提到的那样不是彼此无关的，这一结果不能进行上述函数的直接比较[12]. 但是，所有的数据都与单个主线相符，因此，这似乎支持关联势能近似理论预期的方程. 图 7.19 展示了包含 $Nb_2N$ 相非超导杂质的 Nb-Ta 样品的实验结果与两种理论的对比[33]. 结果表明，不论是在定性上还是在定量上，实验结果与 Larkin-Ovchinnikov 理论不符合. 另一方面，

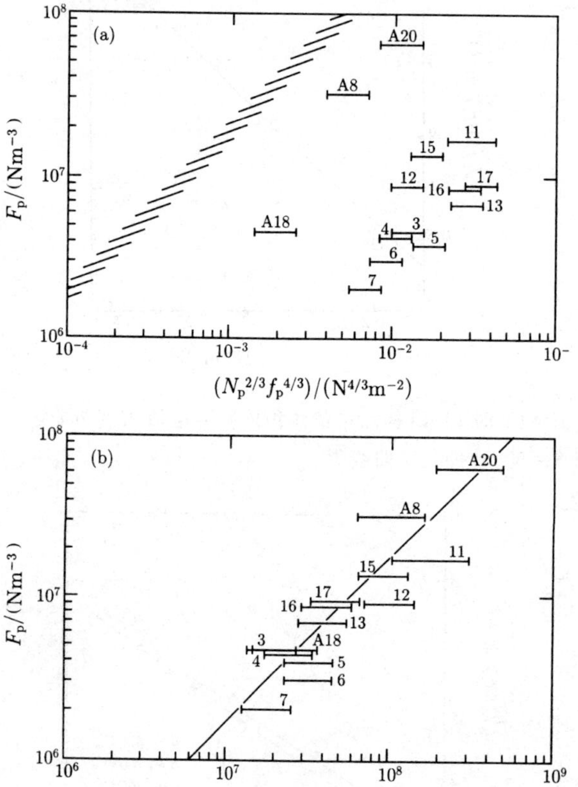


**图 7.19** 包含非超导 $Nb_2N$ 杂质的 Nb-Ta 样品中 $b=0.65$ 时钉扎力密度与理论预期的比较. (a) Larkin-Ovchinnikov 理论(阴影面积表示理论预期)；(b) $\eta_e=0.17$ 时的关联势能近似理论. 标有 A8, A18 和 A20 的数据源自 Antesberger 和 Ullmaier 的实验结果[34]

钉扎参数有相当大差值的两组实验结果能同时用关联势能近似理论来解释[33,34]. 图7.19(b)中的直线表示$\eta_e=0.17$时的方程(7.81),可见与实验结果符合地相当好. 7.4.2 小节将介绍对 $\eta_e$ 的理论计算.

尽管适用于与理论结果相比较的实验结果的数量不充分,但是从上面的结果可以看出关联势能近似理论比 Larkin-Ovchinnikov 理论与实验符合得更好,尤其是强钉扎情况. 我们发现图 7.1 展示的包含非超导 Bi 相杂质的 Pb-Bi 样品中钉扎力密度的温度标度律可以作为支持关联势能近似理论的另一个实验结果.

另外,对上面提到的 $V_3Si$ 的中子辐照实验结果[27]与 Larkin-Ovchinnikov 理论进行比较. 图 7.20(a) 和(b)分别展示了实验结果和相关的理论结果. 计算出的由中子辐照产生的缺陷引起的元钉扎力,与高密度缺陷实验的情况相一致. 尽管在后面我们将提到对于低数密度的钉扎来说,理论结果明显地小于实验结果,但是理论通常可以对实验结果的趋势进行解释.

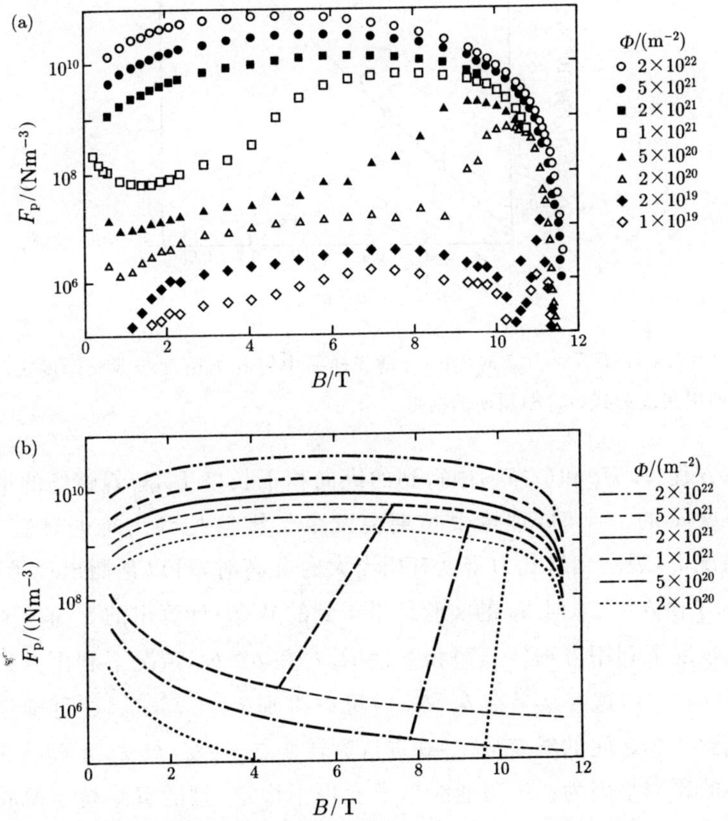


**图 7.20**　(a) 随快中子辐照剂量变化而变化的 $V_3Si$ 样品中的钉扎力密度[27];(b) Larkin-Ovchinnikov 理论的相关预期. 所有测量都是在 $\mu_0 H_{c2}=11.6T$ 时的温度下进行的

最详细地与 Larkin-Ovchinnikov 理论作比较的实验是 Wördenweber 和 Kes 在薄膜上做的实验[19,20]. 例如,图 7.21 展示了 $Nb_3Ge$ 样品中钉扎力密度与薄膜厚度的关系[35]. 它与 Larkin-Ovchinnikov 理论,即方程(7.68),预期相符. 图7.22(a) 给出了磁场垂直于表面且与电流方向成 45°夹角的情况下,厚度为 7.9μm的 $Nb_3Ge$ 薄膜样品中钉扎力密度与磁场的关系曲线. 插图表示了磁场垂直于电流时的钉扎力密度和磁场与电流夹角 45°时的钉扎力密度的比值. 图 7.22(b) 表示相关的理论值. 按照该理论,对于三维钉扎来说,$F_p$ 与薄膜厚度 $d$ 无关;对于格子状磁通线的二维钉扎来说,与 $d^{-1}$ 成正比,如方程(7.68)所示;并且对于无定形的磁通线的二维钉扎来说,与 $d^{-1/2}$ 成正比,如方程(7.69)所示. 当磁场倾斜于薄膜 45°时,相当于薄膜厚度以 $2^{1/2}$ 因数增加,预期了图 7.22(b)中的结果. 因此,可以得出结论,理论与实验有相当好的一致性.

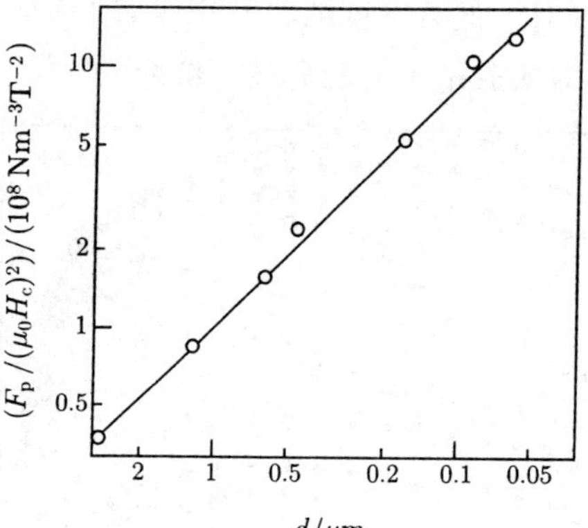


**图 7.21** $b=0.4$ 且 $T/T_c=0.7$ 时 $Nb_3Ge$ 薄膜样品中钉扎力密度与薄膜厚度之间的关系曲线[35]. 图中实线为式(7.68)预期的结果

当从方程(7.57)和(7.70)中得到的纵向相干长度 $L_c$ 随着磁场的增加减小到薄膜厚度 $d$ 的一半时,理论上预期会发生二维钉扎到三维的转变. 在磁场 $b=b_{CO}$ 情况下,观察到钉扎力密度有相当大的升高时,可以预测出现了转变. 图 7.23 展示了由 $b=0.4$ 时 $F_p$ 的实验结果得到的 $W(0)$计算出的 $L_c$ 值[20]. 该计算在 $b<b_{CO}$情况下利用方程(7.57)和 $V_c=R_c^2 d$,在 $b>b_{CO}$情况下利用方程(7.57)和 $V_c=R_c^2 L_c$. 按照这一结果在 $b=b_{CO}$时可以得到 $L_c \simeq d/2$,因此可确定发生了二维钉扎到三维之间的转变. 这一观点认为转变点 $b=b_{CO}$处 $L_c$ 不随着磁场增加连续减小的原因是因为二维磁通线格子变得不稳定,且随着结核于薄膜表面附近的螺位错的穿透而进入一个混乱的缠绕状态. 但是,如果真的发生第一阶不连续的转变,在增强和减弱的磁场之间将存在一个磁滞. 但是,目前为止尚未观察到这样磁滞的存在.

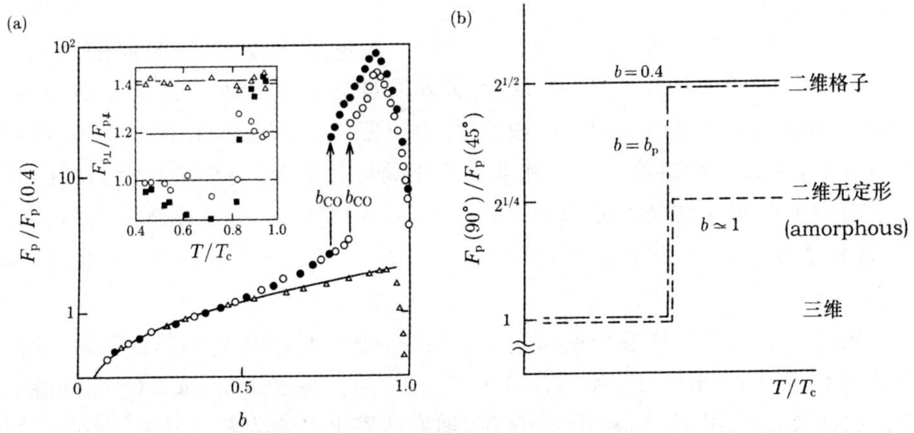


**图 7.22** (a)厚度为 7.9μm 的 $Nb_3Ge$ 薄膜样品中钉扎力密度与磁场的关系[20]. 图中空心圆表示垂直磁场,且 $T/T_c=0.44$ 的情况;实心圆表示磁场与电流方向成 45°角,且 $T/T_c=0.44$ 的情况;三角形表示垂直磁场,且 $T/T_c=0.95$ 的情况. 实线表示二维集体钉扎理论(collective pinning theory)预期的结果. 插图展示了在不同磁场方向下两种钉扎力的比值,其中三角形表示 $b=0.4$,实心方形表示峰值磁场,空心圆表示 $b\simeq1$. (b)为与(a)插图相关的理论预期

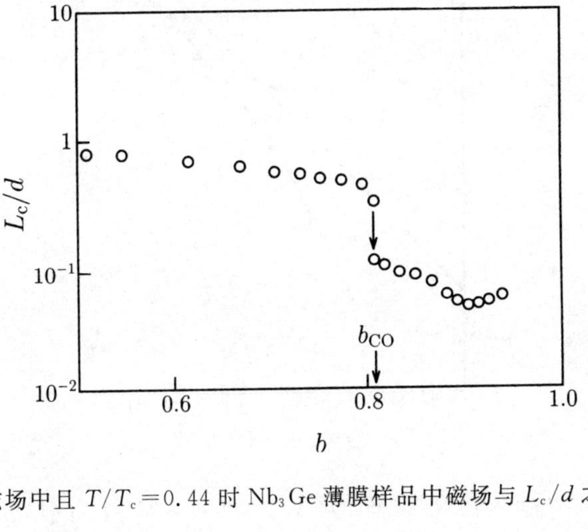


**图 7.23** 在垂直磁场中且 $T/T_c=0.44$ 时 $Nb_3Ge$ 薄膜样品中磁场与 $L_c/d$ 之间的关系曲线[20]

对于图 7.22(a)给出的结论,可以认为在临界温度附近的高温下二维钉扎存在于整个磁场区域中. 事实上,没有观察到伴随着从二维到三维转变的显著的峰值效应. 假定磁通线格子具有非局域特性,且 $W(0)\propto H_c^2H_{c2}$ 的关系成立,则预期纵向相干长度与 $H_{c2}^{-1}$ 成正比.

### 7.4.2 定量比较

上一小节对某些结论做了理论与实验上的定量比较. 如果简要地总结一下这些结果的话, 从图 7.20 中的比较结果可以看出, 对于弱钉扎, Larkin-Ovchinnikov 理论给出了一个很小的钉扎力密度. 这与 $F_p$ 正比于 $N_p^2 f_p^4$ 的理论预期有关, 因此上述趋势应尤其强调适用于弱钉扎情况. 另外, 对于强钉扎, 理论给出一个比实验结果大的值, 与图 7.19(a) 中展示的非超导杂质的情况相同. 这种情况下理论给出一个比实验结果($F_p \propto N_p f_p$)更强的 $f_p$ 关系($F_p \propto N_p^{2/3} f_p^{4/3}$).

从图 7.24 中 Nb 样品理论与实验结果的对比可以看出更明显的趋势, 该图中展示了 $N_p = 1 \times 10^{20}\,\mathrm{m}^{-3}$ 和 $N_p = 1 \times 10^{22}\,\mathrm{m}^{-3}$ 两种情况下 Larkin-Ovchinnikov 理论的结果比较. 也就是, 在小 $f_p$ 区域, 理论结果比实验结果小很多; 而在 $f_p$ 很大的区域理论结果又比实验结果大很多. 因此, 可以得出结论, Larkin-Ovchinnikov 理论与实验结果在定量分析上并不相符.

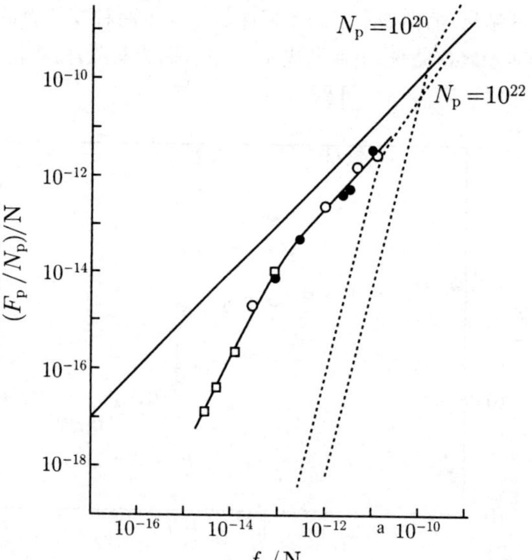


**图 7.24** 与图 7.9 所示相同的 Nb 样品在 $b=0.6$ 时的实验结果分别与 $N_p = 1 \times 10^{20}\,\mathrm{m}^{-3}$ 和 $N_p = 1 \times 10^{22}\,\mathrm{m}^{-3}$ 时 Larkin-Ovchinnikov 理论结果的对比[36]

另外, 有一些论文认为 Larkin-Ovchinnikov 理论与实验结果相符合. 其中之一是在铌和钒样品中由高温下中子辐照成核的空穴在高场下对三维无定形磁通线的钉扎[37]. 在该篇论文中, Thuneberg 关于电子散射机制的理论结果被用于计算点状缺陷的元钉扎力[38]，求和利用了 Larkin-Ovchinnikov 关于磁通线格子的非局域弹性模量理论. 因此，存在有一种可能，即非局域理论模型产生的高估和 Larkin-Ovchinnikov 理论产生的低估互相抵消. 有报告也指出在一系列薄膜实验中也得到了定量上相符的情况[19,20]. 这些分析中使用了假定的非局域弹性模量. 但是从这一点以及作为钉扎中心的实际缺陷很不明确来看，不可能得出结论说：这一理论与实验定量相符.

现在对关联势能近似理论与实验作定量的比较. 例如，把图 7.19(b)中的样品 13 中得到的结果与理论值对比. 在 4.2K 时，样品的 $\mu_0 H_{c2}$ 为 0.449T，$\mu_0 H_c$ 估计为 0.084T. 在 $b=0.65$($B=0.292$T，$a_f=9.05\times10^{-8}$m)时，钉扎的平均数量密度 $N_p\simeq0.35\times10^{18}\text{m}^{-3}$，计算得到元钉扎力大小为 $f_p\simeq1.2\times10^{-10}$N[33]. 从方程（7.10）和（7.12b）中可以推导出 $C_{44}=6.79\times10^4\text{Nm}^{-2}$ 和 $C_{66}=1.12\times10^2\text{Nm}^{-2}$. 从方程(7.26)和 $k_f a_f/4f_p=0.62$ 可以得到，$k_f=1/G'(0)=3.29\times10^{-3}\text{Nm}^{-1}$. 因而从方程(7.82)可以得到 $\eta_e=0.23$. 这与实验结果 $\eta_e=0.17$很接近，如图 7.19(b)直线所示. 可以看出对于强钉扎来说实验结果可以用关联势能近似理论定量地解释. 因为现有理论不适用于弱钉扎，就没有在这一范围与实验结果做比较. 要达到这一目的需要提出一种新的理论方式.

### 7.4.3　求和理论中存在的问题

利用 Larkin-Ovchinnikov 集体钉扎的理论方法，可以通过计算磁通格子的弹性相干长度得到钉扎力密度. 然而，利用关联势能近似理论中的平均场方法，考虑到钉扎之间的相互作用，求统计平均值也可以得出这一值. 通过提高近似的精确度，人们期望这两种方法能推导出一个相似的结果. 但是，一些近似仍然是不理想的，现在依然有很多问题. 这里我们主要探讨 Larkin-Ovchinnikov 理论中的问题，并介绍 Wördenweber 和 Kes 所做的修正工作[19,20]，因为我们认为这些理论中包含了上述各种问题.

问题之一是磁通线格子的非局域弹性模量的假设. 这将在附录 A.5 中给予详细的讨论，这里我们暂且不提.

比较方程(7.23)和(7.52)，结果表明，在 Larkin-Ovchinnikov 理论没有考虑作为洛伦兹力的一部分的轴向压力. 这显然是不正确的. 按照他们原文中的观点，由于 $C_{11}$ 大于 $C_{66}$，那么沿着洛伦兹力方向的应变会非常小，故轴向压力可以被忽略. 但是，它断言存在一个很强的压力，这一结论与最初的假定相矛盾. 事实表明，存在来源自部分应变能的相同量值的压缩力. 甚至在剪切模量为零的液体中这一被称为静压的力也是存在的. 这也表明，实际上沿着洛伦兹力方向存在着一个具有更长相干长度 $(C_{11}/C_{66})^{1/2}R_c\simeq L_c$ 的弹性相互作用，而且人们已经做出这一条件下的理论计算[39]. 在这一压缩力下，短程有序的磁通线束之间彼此发生相互作用.阻碍洛伦兹力方向位移的钉扎力来自于钉扎能的变化率.因此,压缩力必然与该位移相关.由于相互作用的影响,每一束不能一直保持在一个适于钉扎的位置,在7.3.4小节可以看出,它的钉扎力分布在$-f$到$f$的范围,其中$f$表示作用在每一束上的最大力.但是,Larkin-Ovchinnikov理论却假定每一束都是彼此独立的且钉扎力取值$f$.但是这并没有相关的理论证明.

如果对非局域弹性模量做出修正,且在集体钉扎理论中考虑由压缩力引起的弹性相互作用,则肯定会得出一个更小的钉扎力密度.在弱钉扎的范围内,在局域弹性模量起作用的低场区域,理论上的钉扎力密度已经非常小了.因此,在引入压缩相互作用后,理论和实验结果的差值进一步增大.但是,即使在磁通线格子的短程有序的区域内人们也认为存在着缺陷和应变.因而,相互抵消以后剩余的钉扎力将远大于来源于波动的钉扎力.这可以补偿由于修正引起的钉扎力密度的上述减小.事实上,由于磁通线格子中缺陷的存在和磁通线热激发的影响,$C_{66}$存在明显的软化,同时这也会导致钉扎效率的显著增强(详见附录A.8).但是,应当注意,利用通常的方法在理论上是得不到$C_{66}$的,这将在7.7节予以解释.由于这一原因,任何理论对实验结果的预期都可能是失败的,除非$C_{66}$值从源于完美磁通线格子的$C_{66}^0$的减小量不予考虑.最典型的例子莫过于在集体钉扎理论中对弱钉扎力的预期.因此,为了更精确地计算出钉扎力密度,由于其处理区域的尺寸可以减小到小于短程有序的尺寸,关联势能近似理论似乎是更合适.另外,Kerchner提出一种热力学方法[22],这种方法假设短程有序的尺寸的确定可使钉扎力达到最大值.这一方法引起了广泛的关注,因为它可能打破Larkin-Ovchinnikov类型理论的限制.但是Kerchner模型没有考虑$C_{66}$的软化,而在钉扎力密度的最大化中应当考虑到这个影响.

Wördenweber和Kes发展了他们的集体钉扎理论,且讨论了在薄膜中存在的二维和三维之间的转变.前面已经介绍过这一理论方法的基本问题,这里不再重复.这里我们将讨论,为什么原始的Larkin-Ovchinnikov理论不能够准确地描述这样的转变.如果我们总结Larkin-Ovchinnikov理论预言的薄膜中的二维格子、三维格子和三维无定形磁通线中的钉扎的话,图7.25中给出了这些结果的示意图.按照这些结果不能发生二维格子钉扎和三维格子钉扎之间的转变(即使发生也应该在$H_{c2}$附近).因此,实验中观察到的峰值效应不能用这一转变来解释.这是由于即使在格子状态下,二维和三维情况下钉扎效果也有非常大的不同.这里我们将从纯理论的观点对此进行讨论.在Larkin-Ovchinnikov理论中,弹性相互作用在三维情况下被认为是与$C_{44}$相关的弯曲和与$C_{66}$相关的剪切,而在二维情况下仅仅是剪切.因此,弹性相互作用的巨大差别导致了两种情况下钉扎力密度的巨大不同.由于两种情况下都要考虑与

$C_{11}$相关的压缩力弹性相互作用,那么二维和三维情况之间弹性相互作用的强度就不应该有这么大的差别,每一种情况下的钉扎力密度应当比以前更接近.通过这样一个修正可成功地解释钉扎维数的变化.这种情况下,我们将面对钉扎力密度太小的问题.这是集体钉扎理论中普遍存在的一个问题.上面已经提到解决它的一种方法.

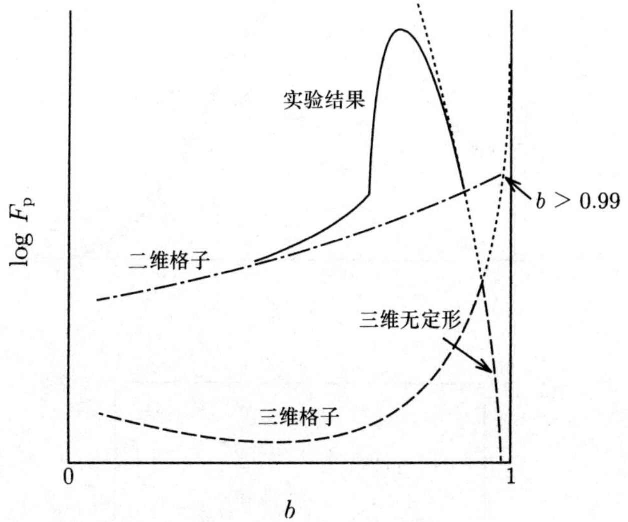


**图 7.25**　Larkin 和 Ovchinnikov 理论预期的超导薄膜中的二维格子钉扎、三维格子钉扎和三维无定形钉扎情况下的钉扎力密度

# 7.5 饱和现象

## 7.5.1 饱和与不饱和问题

钉扎力密度 $F_p$ 通常与钉扎的微观结构密切相关,当元钉扎力 $f_p$ 增强或者钉扎的数量密度 $N_p$ 增大时 $F_p$ 增大.但是,有时发现,当 $f_p$ 和(或)$N_p$ 增大时,在高场下 $F_p$ 的变化并不大,但是在低场下却有明显的增大.高场下的这一现象称为饱和现象.图 7.26(a) 展示了 $Nb_3Sn$ 样品的情况[40].尽管在低场下由于晶粒尺寸的变化带来的有效 $N_p$ 的变化引起了 $F_p$ 的变化,但在高场下它几乎是不变的.人们也知道高场下,Nb-Ti 样品中的 $F_p$ 不会增加,尽管在通过热处理引入 $\alpha$-Ti 相杂质的过程中 $f_p$ 增大(如图 7.26(b)所示)[41].从商业化的超导材料中存在饱和现象这一事实中可以看出,这一现象发生在相当强的钉扎情况下.在饱和条件下,$F_p$ 取最大值的归一化磁场随着 $f_p$ 和(或)$N_p$ 的增大而减小.饱和的特

征之一是高场下方程(7.3)中表示 $F_p$ 与磁场关系的参数 $\delta$ 约等于 2.

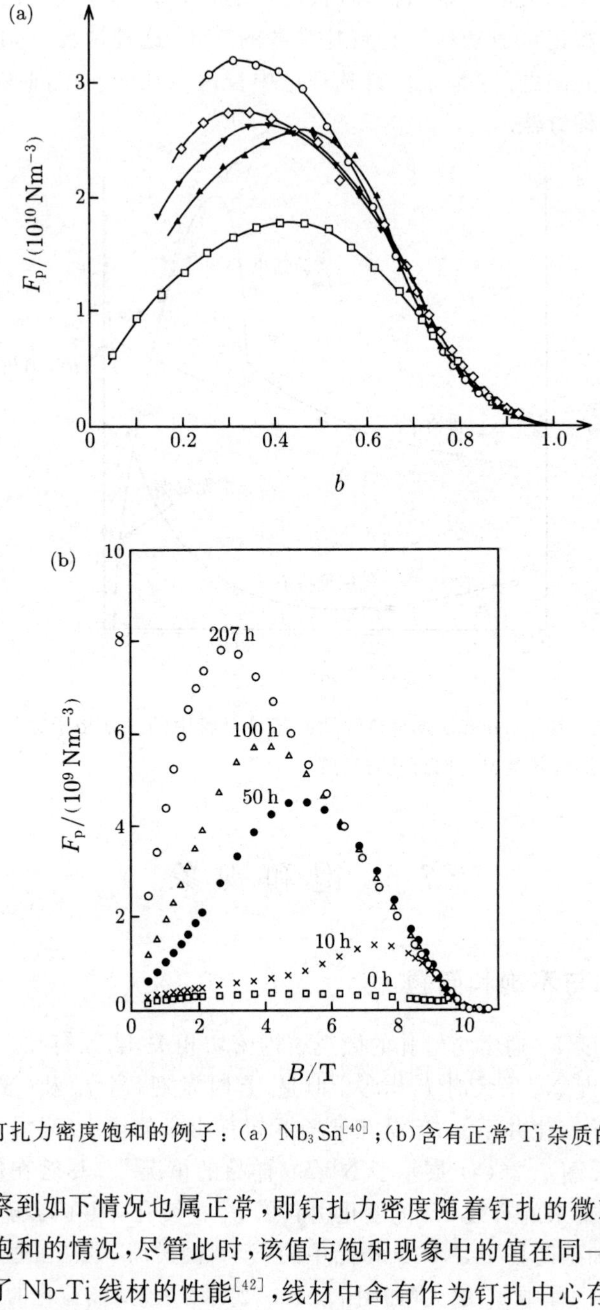


**图 7.26** 钉扎力密度饱和的例子：(a) $Nb_3Sn$[40]；(b)含有正常 Ti 杂质的 Nb-Ti[41]

另外,观察到如下情况也属正常,即钉扎力密度随着钉扎的微观结构发生变化,但不出现饱和的情况,尽管此时,该值与饱和现象中的值在同一个数量级上. 图 7.27 展示了 Nb-Ti 线材的性能[42],线材中含有作为钉扎中心存在的 $\alpha$-Ti 相杂质,该杂质的数量和/或结构的差别使整个磁场区域的 $F_p$ 取不同值. 上述结果主要由于Nb-Ti 线材掺杂 $\alpha$-Ti 相杂质后,再经剧烈拉伸加工之后所导致. $F_p$

达到最大值的归一化磁场几乎是相同的，且表示 $F_p$ 与磁场关系的函数 $f(b)$ 也几乎是相同的. 这一现象称为非饱和现象，与上面提到的饱和现象相反. 不饱和现象的特征之一是高场下 $F_P$ 与磁场关系可以由方程(7.3)中 $\delta \simeq 1$ 表征出来.

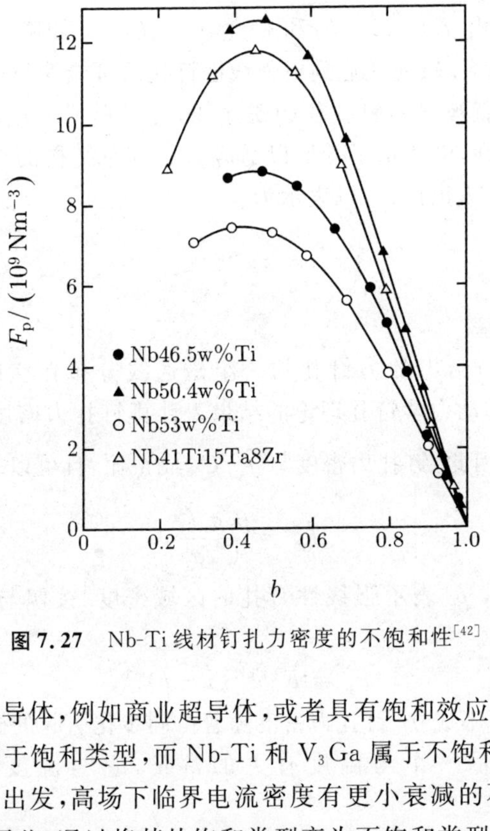


**图 7.27**　Nb-Ti 线材钉扎力密度的不饱和性[42]

大多数高场超导体，例如商业超导体，或者具有饱和效应或者具有不饱和效应. 例如，$Nb_3Sn$ 属于饱和类型，而 Nb-Ti 和 $V_3Ga$ 属于不饱和类型. 从高场下超导体实用性的观点出发，高场下临界电流密度有更小衰减的不饱和类型的超导体是更好的选择. 因此，通过将其从饱和类型变为不饱和类型有希望加强 $Nb_3Sn$ 的钉扎特性，因为 $Nb_3Sn$ 与 Nb-Ti 相比，它有更好的超导性质，而与 $V_3Ga$ 相比更经济.

目前还没有一个纯粹的理论来对饱和现象做出解释，但是人们已经提出了一些模型. 这一节中将引入这些模型，也将通过 Campbell 法的实验结果讨论这些模型的有效性.

## 7.5.2　Kramer 模型

Kramer 提出了关于饱和与不饱和的第一个钉扎模型[40,43]. 按照他提出的模型，当钉扎的数量密度足够大时，由单个钉扎引起的磁通线格子的应变严重重叠，每一个磁通线就好像是被一个与它平行的线性钉扎所钉扎. 这种情况被称为线性钉扎. Kramer 把每单位长度磁通线的钉扎力表示为 $\hat{f}_p = w f_p$. 他假定从一个磁通线到另一个磁通线,钉扎的等价数量(equivalent number)$w$ 发生较大的波动. 然后,被弱钉扎(有较小的 $w$)的磁通线在洛伦兹力的驱动下,发生很大的位移,导致被强钉扎的磁通线(有较大的 $w$)周围发生剪切形变. 因为位移 $u$ 的值与 $\hat{f}_p/C_{66}$ 成正比,由 $\hat{f}_p \propto (1-b)$ 和 $C_{66} \propto (1-b)^2$ 可知随着磁场的增大,$u$ 以 $(1-b)^{-1}$ 的比例增大. 磁通线遇到更强线性钉扎的可能性与位移成正比增加. 因此,围绕这一开始就被强烈钉扎住的磁通线,可以形成一组被强烈钉扎的磁通线. 随着磁场的增强,磁通格子变形以适应钉扎分布结构的过程被称为同步化. 这一组钉扎力与 $u$ 成正比,可以表示为

$$\hat{f}_p = \frac{\alpha_K \hat{f}_p^2}{C_{66}}, \tag{7.84}$$

其中 $\alpha_K$ 是一个常量.

由方程(7.84)给出的力钉扎的一组磁通线分布在空间中. Kramer 利用 Yamafuji 和 Irie 的动力学钉扎理论的结果[8]计算钉扎力密度. 这一计算取统计平均值作为结果. 因此,钉扎力密度与 $\hat{f}_p^2/C_{66}$ 成正比,且可以表示为

$$F_p = \frac{\beta_K \rho_p \hat{f}_p^4}{C_{66}^3 a_f}, \tag{7.85}$$

其中 $\beta_K$ 表示常量, $\rho_p$ 表示强线性钉扎的区域密度. 按照与磁场的关系,方程(7.85)导出

$$F_p = K_p b^{1/2} (1-b)^{-2}, \tag{7.86}$$

这一方程在低场下不成立. 钉扎力密度随着由同步化引起的磁场的增强而增强. 方程中的 $K_p$ 表示一个与温度有关的常量,它与温度的关系可以表示为 $K_p \propto H_{c2}^{5/2}$.

按照 Kramer 的观点,较高场下的钉扎特性根据钉扎强度可分为两种类型. 当被强力钉扎的磁通线的钉扎力小于磁通线格子的最大剪切力时,就可以达到完全的同步化,不存在磁通线格子的塑性剪切形变. 这种情况下,钉扎力密度由方程(7.1)的线性求和给出. 因此,钉扎力密度与钉扎结构相关,且它与磁场关系可以表示为$(1-b)$. 这些特性满足不饱和条件(参见图7.28(a)).

另一种情况是,当钉扎力大于剪切力的最大值时,磁通格子开始发生剪切漂移(shear flow),导致同步化完成以前出现一个电压态(voltage state). 这一情况下,可以按下面方程计算钉扎力密度:

$$F_p = \frac{C_{66}}{12\pi^2 (1 - a_f \rho_p^{1/2})^2 a_f}. \tag{7.87}$$

钉扎力密度的性质是,在线性钉扎的区域密度 $\rho_p$ 从非常低的值到上限 $1/4a_f^2$ 的

广泛区域内，钉扎力密度基本上与线性钉扎密度 $\rho_p$ 无关(如果线性钉扎之间的平均间距小于 $2a_f$，就不会发生剪切漂移)，且钉扎力密度与磁场的关系可以表示为

$$F_p = K_s b^{1/2}(1-b)^2. \tag{7.88}$$

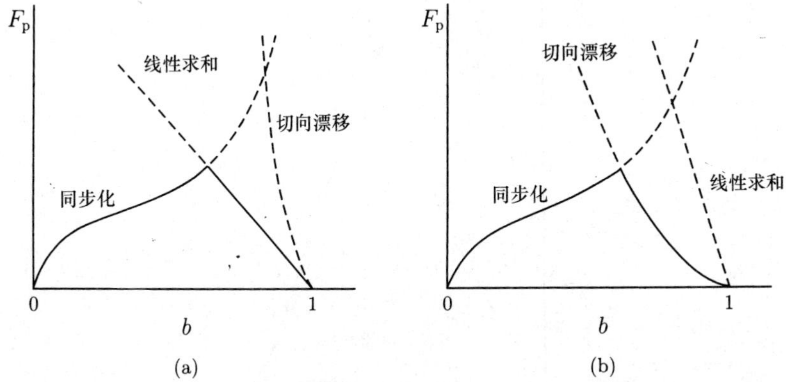


**图 7.28**　在(a)不饱和和(b)饱和情况下 Kramer 所预期的钉扎性质与钉扎机制的变化关系

也就是说，钉扎力密度与磁场的关系大多源于剪切模量与磁场的关系. 因此，方程(7.87)满足饱和条件的特征. 图 7.28(b)给出了钉扎机制和钉扎性质在这一范围内的变化关系. 方程(7.88)中 $K_s$ 表示一个与温度有关的常量，像 $K_p$ 一样与 $H_{c2}^{5/2}$ 成正比. 因此，利用方程(7.86)和(7.88)，钉扎力密度可以以温度标度律的形式表述出来，并且可以区分出与温度和归一化磁场的关系. 图7.29 给出了随着钉扎力增强钉扎力密度的预期变化[43]. 这与图 7.26 中的实验结果类似.

方程(7.88)称为 Kramer 方程，有时用于对上临界场 $H_{c2}$ 等的计算. 这一方程可以简化为

$$F_p^{1/2}B^{-1/4} = J_c^{1/2}B^{1/4} = K_s^{1/2}(\mu_0 H_{c2})^{-1/4}\left(1-\frac{B}{\mu_0 H_{c2}}\right). \tag{7.89}$$

因此，通过将 $J_c^{1/2}B^{1/4}$ 与 $B$ 关系的实验数据的线性部分作进一步延伸，在 $J_c^{1/2}B^{1/4}$ 达到零时，利用 $B$ 值可以得到 $\mu_0 H_{c2}$.

按照 Kramer 模型，饱和的钉扎特性给出钉扎力密度的上限，它预期高场下临界电流密度不可能进一步提高.

### 7.5.3　Evetts 等人的模型

因为 $Nb_3Sn$ 的钉扎力密度与 Kramer 模型的饱和特征存在着定量上的不同，Evetts，Plummer[44] 和 Dew-Hughes[45] 提出了他们自己的模型，在这个模型中磁通线剪切漂移的出现和最终的钉扎性质由钉扎的形态来决定. 按照这一

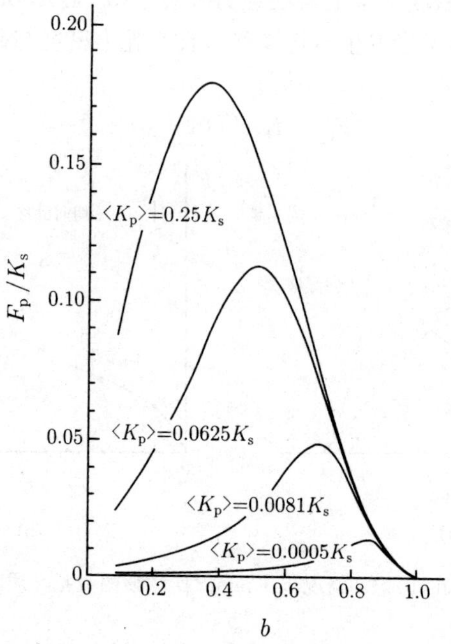


**图 7.29** Kramer 预期的随着钉扎强度变化的钉扎力密度的变化趋势[43]. $K_p$ 的分布代表假定钉扎强度遵照泊松分布

模型,因为 Nb-Ti 线材中的钉扎是带状的 $\alpha$-Ti 杂质和沿着线材长度方向延伸的位错晶胞壁,磁通线会克服钉扎进入一个电压态,如同图7.30(a) 所示. 因此,这导致不饱和现象的产生. 相反,$Nb_3Sn$ 存在一个各向异性的晶体结构,可能发生一个图 7.30(b)中的黑线表示的沿着晶粒边界的磁通线的剪切漂移. 因此,钉扎力密度可能接近饱和状态,尽管钉扎力密度随着钉扎的形态发生变化.

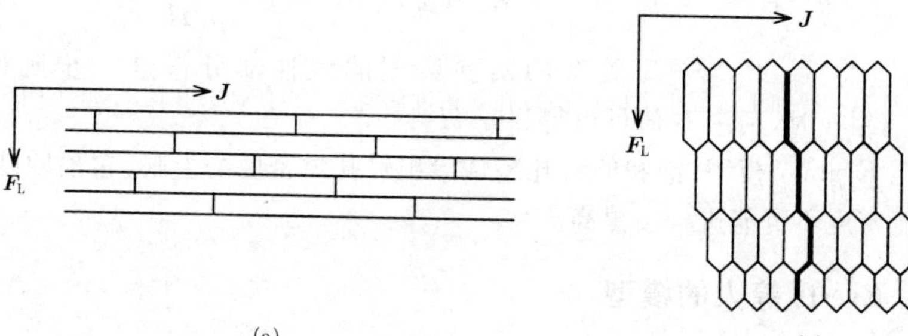


(a) (b)

**图 7.30** Dew-Hughes 模型的示意图[45]. 钉扎在(a) Nb-Ti 和(b)$Nb_3Sn$ 中的形态. 箭头分别指示电流方向和洛伦兹力方向

### 7.5.4 模型与实验结果的比较

如同上面提到的那样，假定磁通线的切向漂移的出现与 Kramer 模型的钉扎强度或与 Evetts，Plummer 和 D-Hughes 模型中的钉扎形态有关，且最终的钉扎特性、饱和或者不饱和状态由剪切漂移的发生来确定. Kramer 模型预期饱和状态下的钉扎力密度大于不饱和状态下的钉扎力密度. 但是许多实验结果与这一结论相矛盾. 例如，在 Nb-Ti 通过热处理引入 $\alpha$-Ti 杂质的过程中，可以观察到饱和现象，如图 7.26(b)所示. 在材料的冷加工的过程中，伴随着一个从饱和到不饱和的转变，钉扎力密度增大，如图 7.31 所示[41]. 这与 Kramer 模型的预期相反. 另外，尽管 $V_3Ga$ 中的钉扎是晶粒边界，如同 $Nb_3Sn$ 中一样，它的钉扎特性接近于不饱和状态的事实也与 Evetts 等人的模型的预期不符.

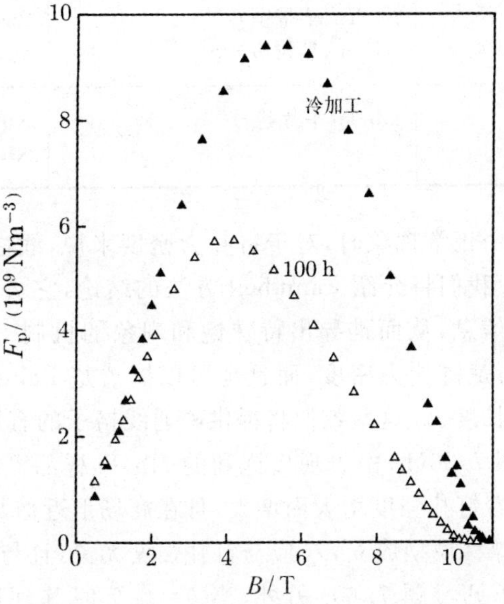


**图 7.31** 冷加工过程中 Nb-Ti 中钉扎力密度的变化[41]，该样品在图 7.26(b)中表现出饱和状态

表 7.1 对饱和及不饱和的钉扎特性的例子按照钉扎的类型进行了归类[46]. 结果，饱和及不饱和是与超导体、G-L 参数($\kappa$)、钉扎的形态及种类无关的普通现象. 因此，可以说钉扎特性不能像 Evetts 等人假定的那样仅由钉扎的形态所决定. 表 7.1 说明导致不饱和的钉扎要强于导致饱和的钉扎. 例如，在 Nb 样品中，大约为 10 nm 尺寸的空穴会比位错环产生一个更强的元钉扎力. 即使对于相似

的晶粒边界，$V_3Ga$ 中的元钉扎力也要大于 $Nb_3Sn$ 中的[47]. 另外，通过计算也可以得出，对于含有 $\alpha$-Ti 杂质的 Nb-Ti 而言，相比在强力拉伸前各向同性的几何体，强力拉伸后的长薄带具有更大的元钉扎力（上面两种情况参考6.7 节）. 因而，所有的结果都与 Kramer 模型的预期相矛盾. 为什么在 Nb-Ti 样品中，甚至在类似的平片状的非超导杂质中可以观察到饱和，但是在 Nb-Ta 中却只观察到不饱和现象？这是因为 Nb-Ti 相干长度 $\xi$ 较短从而导致元钉扎力相对较弱. 另外，磁场强度的差别也是一个原因.

**表 7.1** 在不同超导体中的钉扎和钉扎性质[46]

| | 饱和 | 不饱和 |
|---|---|---|
| 点钉扎（0 维） | Nb（位错环）<br>$V_3Si$（层叠缺陷） | Nb（空穴） |
| 平面钉扎（2 维） | Nb-Ta（子带壁）<br>$Nb_3Sn$（晶粒边界） | Pb-Bi（S-N 界面）<br>$V_3Ga$（晶粒边界） |
| 非超导杂质（2～3 维） | Nb-Ti（平片状） | Nb-Ti（带状）<br>Nb-Ta（平片状） |

当不饱和是一个正常现象时，对于钉扎力密度来说，线性求和是成立的，饱和是一个特殊现象. 我们将介绍 Campbell 方法的结论，它可以提供给我们关于磁通线格子的有用信息，从而推导出特殊饱和现象的机制. 这一方法的优点在于，它不但可以搞清楚钉扎力密度，而且也可以搞清楚 Labusch 参数 $\alpha_L$ 和 5.3 节提到的相互作用长度 $d_i$. 这些数值将提供磁通线格子的有用信息. 图 7.32(a) 和(b)分别展示了图 7.26(b)中表现出饱和的 Nb-Ti 样品[41]中的 $\alpha_L$ 和 $d_i$ 的结果. 该图表明 $\alpha_L$ 随着钉扎强度增大而增大，且在高场下近似与$(1-b)$成正比. 如果 Kramer 的剪切漂移模型成立，$\alpha_L$ 应与钉扎强度无关，且与 $C_{66}$ 成正比，因此与 $(1-b)^2$ 成正比（详见习题 7.6）. 另外，当 $b=0.7$ 时其理论值最大为 $1.6\times 10^2\,\mathrm{Nm^{-2}}$，而观察到的值为 $1.0\times 10^3\,\mathrm{Nm^{-2}}$，约为理论极限的 7 倍. 这意味着阻碍磁通线移动的弹性回复力不可能是磁通线格子的剪切力. 同时，高场下图 7.32(b) 中所示的相互作用长度 $d_i$ 不正比于 $a_f \propto B^{-1/2}$，而是按照$(1-b)$的比例线性减小. 这也表明，这一现象并不像 Kramer 模型所设想的那么简单. 另外，$d_i$ 随着钉扎的增强而减小，但 $\alpha_L$ 随着钉扎的增强而增强. 在 Nb-Ta 中也可以观察到相似的结果[48]. 这些结果表明，当磁通线格子的弹性随着钉扎的增强而升高时，应变的弹性极限降低. 也就是说，在保持实验应力不变的情况下，磁通线格子变得很硬但是很脆，如图 7.33 所示.

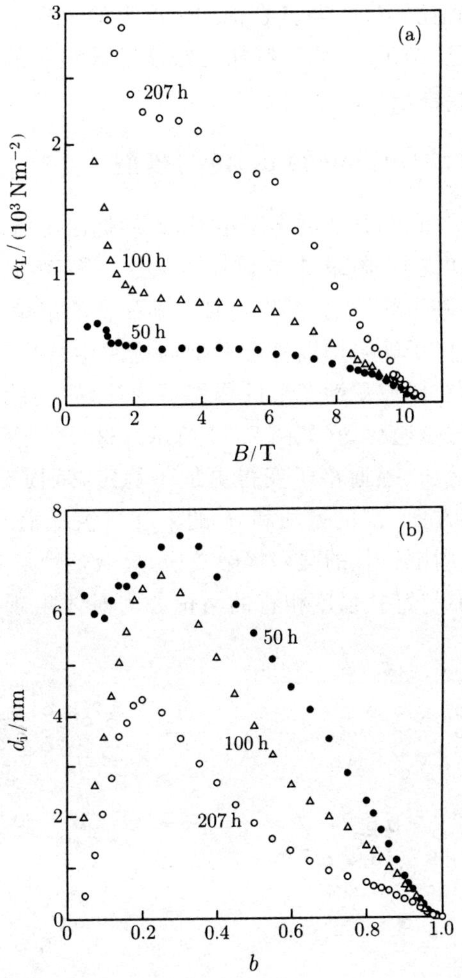


**图 7.32**　图 7.26(b)所展现的饱和状态 Nb-Ti 样品中：(a) Labusch 参数 $\alpha_L$；(b) 相互作用长度 $d_i$

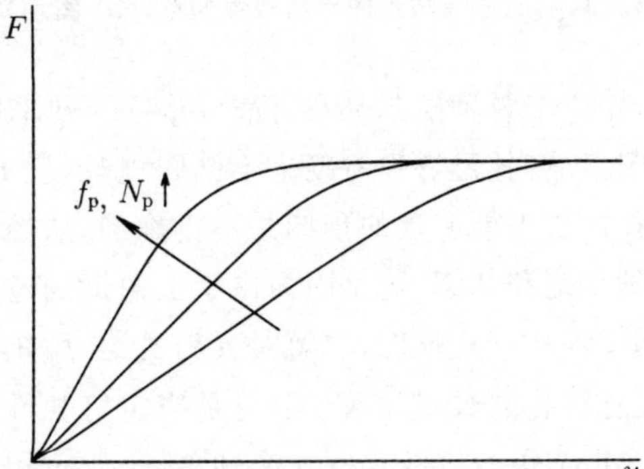


**图 7.33**　在饱和状态下，随着 $f_p$ 或 $N_p$ 的增加，钉扎力密度的变化与位移特性之间的关系

另外,在不饱和情况下,$\alpha_L$ 与其在饱和情况下的表现相似,而高场下 $d_i$ 的降低幅度不是那么明显.结果,高场下钉扎力密度随着钉扎的增强而增强,即饱和态下磁通线格子的脆性消失.

### 7.5.5 雪崩式移动(avalanching flow)模型

基于上述利用 Campbell 法的实验结果,人们提出了雪崩式移动模型[41,48,49]来解释饱和及不饱和现象.附录 A.6 讲述了从这一模型推导出 $\alpha_L$ 和 $d_i$ 的详细过程,这里仅仅给出一个简单的综述.当有一某强度的洛伦兹力作用于磁通线格子上时,人们提出在格子缺陷周围将会发生局域的塑性形变.这种模型假设,如果钉扎不是足够强,在局域塑性变形的作用下,整个磁通线格子都变得不稳定,且发生一个雪崩式的磁通移动(如图 7.34 所示).这种情况下,当钉扎变强时,格子缺陷的数量密度增加,磁通格子变得更加不稳定,从而导致雪崩式的磁通移动.因而在引发饱和方面,$\alpha_L$ 的增加和 $d_i$ 的下降将被抵消.另外,当钉扎强度超过某临界值时,由于周围钉扎的强烈屏蔽效应,局域塑性形变不能导致整体的不稳定.因此,仅当施加与钉扎强度相符的洛伦兹力时才出现磁通移动,导致不饱和结果.

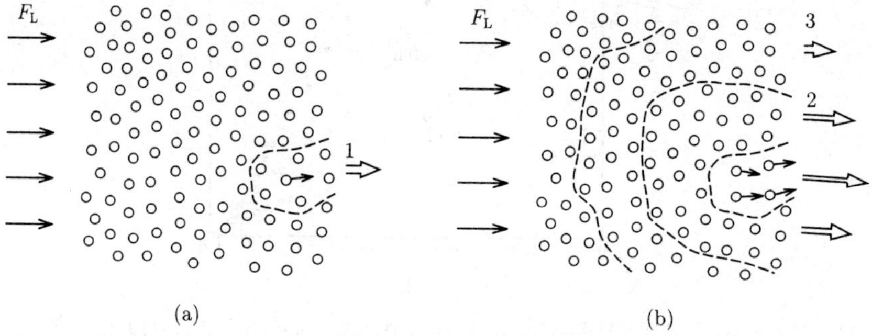


**图 7.34** (a) 围绕某一缺陷磁通线格子的局域塑性变形;(b) 雪崩式磁通移动的生长[49]

按照这一模型,相应于各种缺陷都有可能发生饱和及不饱和现象,钉扎强度是决定性质的关键因素.钉扎足够强时发生不饱和现象,且 Kramer 模型中关于好于饱和状态的钉扎性质不能实现的预期是不正确的.从经验中可以知道,高 $\kappa$ 值的超导体很难达到不饱和状态.这是因为由于上面提到过的,短的相干长度 $\xi$ 所导致元钉扎力较弱.仅从钉扎强度,也就是元钉扎力 $f_p$ 的观点出发上述理论才是正确的.应当注意钉扎的数量密度 $N_p$ 也是决定钉扎性质的一个很重要的量.图 7.35 展示了 Nb 样品中强空穴钉扎的结果[50,51].可以看出,对于小的 $N_p$ 来说性质为饱和型,但是对于大的 $N_p$ 来说得到的是不饱和型.

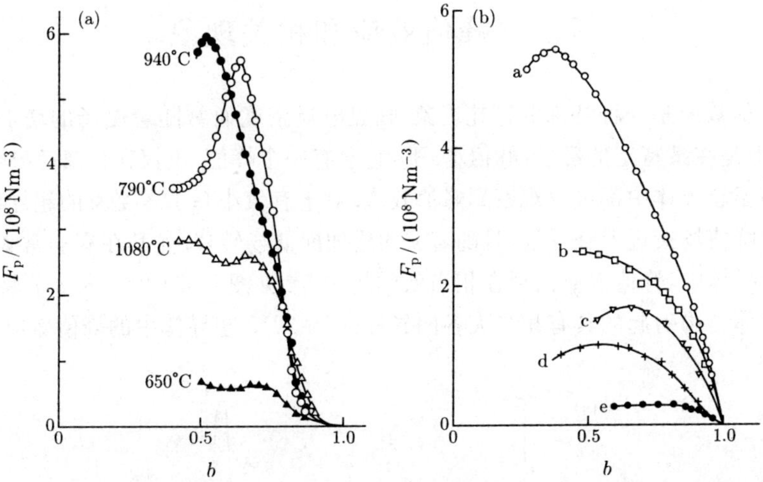


**图 7.35** 具有大空穴的 Nb 样品中的钉扎力密度.(a) 低钉扎数量密度的饱和型[50]；(b) 高钉扎数量密度的不饱和型[51]

图 7.36 总结了在钉扎参数 $f_p$ 和 $N_p$ 的很宽范围内 $F_p$ 的预期变化[41].这一求和理论在饱和区域处是有效的.也就是说,由关联势能近似理论描述的线性求和与统计求和理论分别在超过饱和区域与低于饱和区域有效.图中从 a 点到 a′点的变化可以看做是 Nb-Ti 表现出饱和态的一个例子(如图 7.26(b)所示),从 a′点到 a″点的变化可以看做是 Nb-Ti 表现出从饱和到不饱和转变的一个例子.在 $Nb_3Sn$ 或者经过中子辐照的 $V_3Si$ 中可以发现在一个从 b 点到 b′点的例子[52].这样图 7.35 中 Nb 样品的变化就更加清晰了.

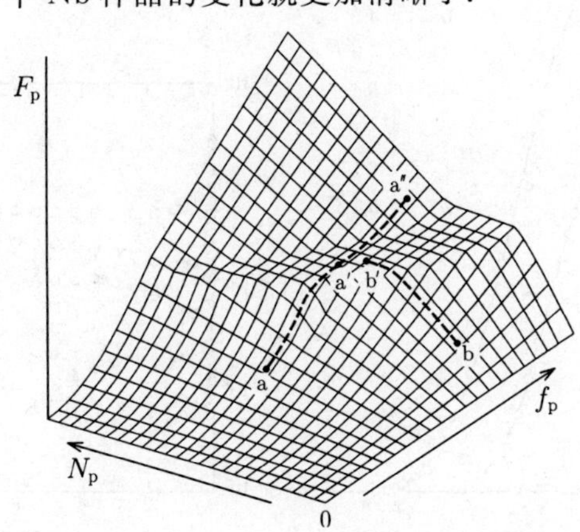


**图 7.36** 在 $F_p$ 保持饱和状态的区域,钉扎力密度 $F_p$ 与钉扎参数 $f_p$ 和 $N_p$ 的预期关系

## 7.6 峰值效应和相关现象

峰值效应是一种特殊的钉扎现象.临界电流密度通常随着磁场的增加而单调减小,但是在某特定的磁场(峰值场)下,它会有一个峰值.不仅在金属超导体中,而且在高温超导体中都可以观察到峰值效应.对于有较小 G-L 参数 $\kappa$ 的超导体来说,出现的峰值场接近上临界场,且随着 $\kappa$ 的增加向低场转移.尤其在有非常大 $\kappa$ 值的高温超导体中,峰值效应出现在相当低的场中(参见图7.37)[53-55].8.2 节将讨论由层状晶体结构引起的具有相当大各向异性的 Bi-2212 超导体中的峰值效应.

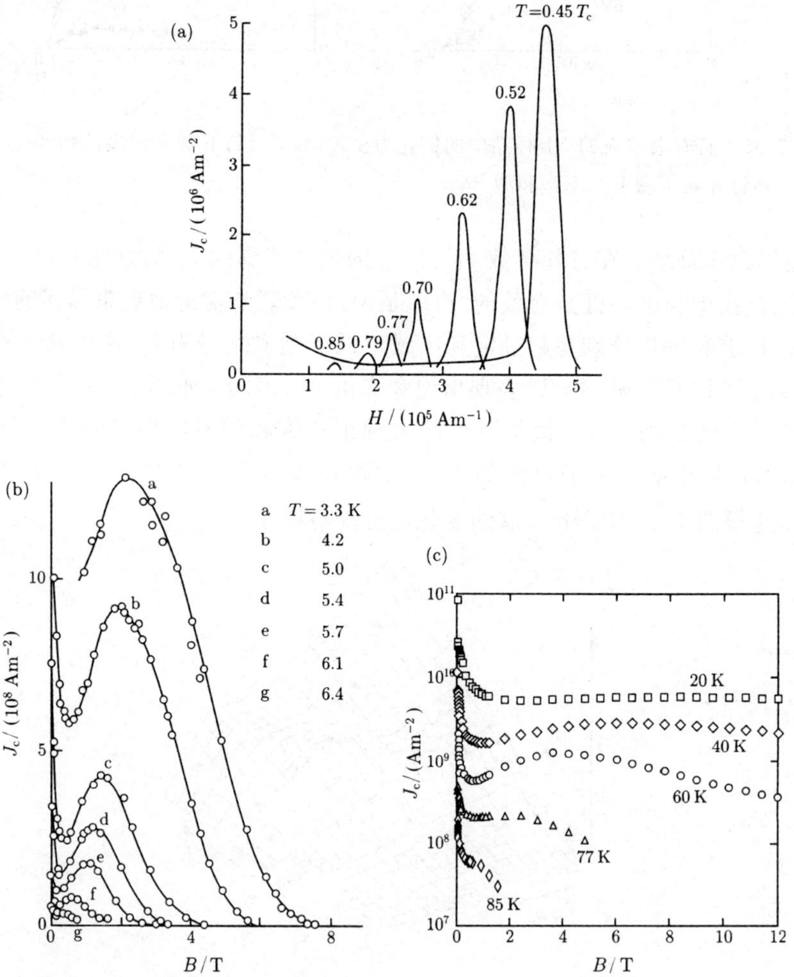


**图 7.37** 不同超导体中的峰值效应:(a) 具有较小 $\kappa$ 值的 Nb-50at%Ta[53];(b) 具有高 $\kappa$ 值的 Ti-22at%Nb[54];(c) 在平行于 $c$ 轴的磁场中的 Y-Ba-Cu-O 高温超导体[55]

为了解释峰值效应提出如下的机制：① 匹配，② 弱超导区域的元钉扎，③ 由非局域性质引起的磁通线格子弹性模量的减小，④ 磁通线格子的同步化等等.

匹配机制是：在磁通线间距等于钉扎间距的磁场中，临界电流密度达到一个峰值. 图 7.38 展示了在气相沉积法过程中，周期性控制 Bi 的浓度而制得的 Pb-Bi 薄膜的临界电流密度[56]. 不仅在磁通线间隔等于 Bi 浓度的变化周期的匹配场中可以观察到峰值效应，而且在谐波场中也可以观察到峰值效应. 但是，通常只在很高周期排布的相当弱的钉扎中才观察到这样的匹配机制. 大多数情况下，峰值场是很低的. 该峰值效应的另外一个特点是峰值场与温度无关.

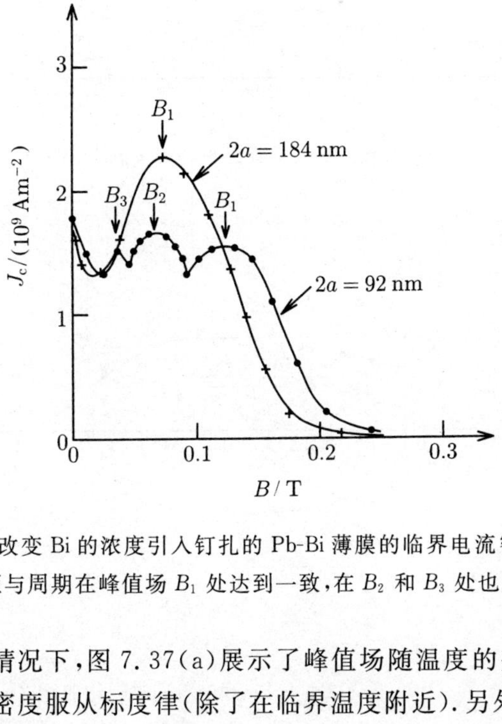


**图 7.38**　通过周期性改变 Bi 的浓度引入钉扎的 Pb-Bi 薄膜的临界电流密度[56]. $2a$ 是浓度变化的周期，磁通线间距与周期在峰值场 $B_1$ 处达到一致，在 $B_2$ 和 $B_3$ 处也观察到谐波

但是，大多数情况下，图 7.37(a)展示了峰值场随温度的变化，在一定的温度范围内，钉扎力密度服从标度律(除了在临界温度附近). 另外，如图7.20(a)中所示，随着钉扎的增强峰值场可能移向低场，这一趋势正与匹配机制相反. 也就是说因为当钉扎数量的密度增加时匹配的磁通线间距变小，匹配机制预期峰值移向高场.

如果与基质(matrix)超导体相比，钉扎具有较弱的超导相，在钉扎从超导态变到非超导态的磁场中，可以观察到峰值效应. 图 7.39 展示了与基质超导体相比，钉扎区域有相同的热力学临界场和稍微小的 $\kappa$ 值时两种相的磁化. 元钉扎力来源于磁相互作用，与磁化差值成正比，在 a 点时为零，在 b 点即钉扎区域的上临界场时有一个极大值[57]. 因此，峰值效应源于元钉扎力自身随磁场的变化，也就是所谓的感应场钉扎机制. 图 7.40 给出了 2.0K 和 4.2K 时, $Pb_{57}In_{22}Sn_{21}$ 中的磁化结果[58]. 有人提出在低场区域源于超导锡相引起的钉扎 2.0K 时弱于4.2K 时,且在较高场下的峰值效应源于锡从超导相到非超导相的转变. 图7.37(c)展示的 $YB_2Cu_3O_7$ 的峰值效应被推测是由与缺氧(oxygen deficient)区域($YB_2Cu_3O_{6.5}$)相关的机制引起的[59]. 但是,这一推测存在一个问题,将在后面给予讨论.

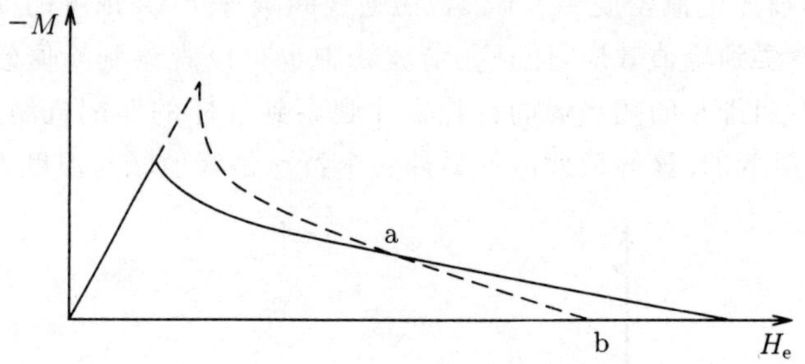


**图 7.39** 基质超导(实线)和具有相同热力学临界磁场但 $\kappa$ 值稍小的包含物(虚线)的磁化曲线

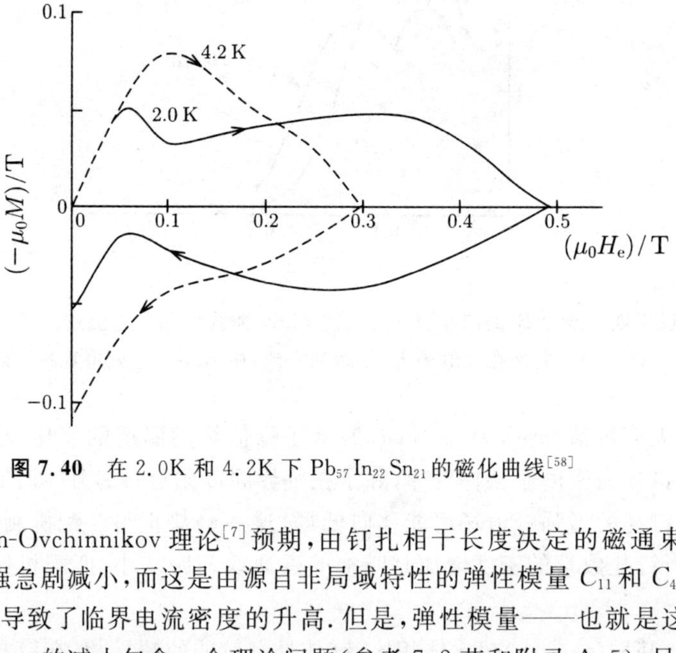


**图 7.40** 在 2.0K 和 4.2K 下 $Pb_{57}In_{22}Sn_{21}$ 的磁化曲线[58]

Larkin-Ovchinnikov 理论[7]预期,由钉扎相干长度决定的磁通束尺寸随着磁场的增强急剧减小,而这是由源自非局域特性的弹性模量 $C_{11}$ 和 $C_{44}$ 的减小引发的,并且导致了临界电流密度的升高. 但是,弹性模量——也就是这一机制的关键因素——的减小包含一个理论问题(参考 7.2 节和附录 A.5). 另外,由于在这样的超导体中弹性模量的降低是不可估算的,所以在低 $\kappa$ 值超导体中,无法用这种机理来解释临界电流密度出现的非常尖锐的峰值. 在高 $\kappa$ 值的超导体,例如高温超导体,在相当低的场下可以观察到峰值效应. 在该低场中弹性模量的减小仍然没有在理论上做出解释.

最后讨论同步化的机制. 与上一节中提到的一样，这一机制是：随着磁场的增加剪切模量 $C_{66}$ 减小，从而引起的磁通线的自发重排，重排后的磁通线将与钉扎的结构相匹配从而导致更强的钉扎状态. 这一理论首先由 Pippard[60] 提出，后由 Kramer 发展[43]. 尽管这一模型中仍然包含很多上一节中讨论的有关饱和问题，但是同步化的概念被发展成一个磁通线的有序-无序转变模型[61]. 也就是说，在这一转变中发生了磁通线格子内位错的增殖，从而导致磁通线格子进入更强烈的钉扎状态. 因为峰值效应出现时的转变场与钉扎强度有很强的关系，如图 7.20(a) 所示，通常认为转变中包含有钉扎能[62].

图 7.41 在很宽的范围内比较了随氧缺陷的数量发生变化的 Y-123 单晶和由于中子辐照的计量发生变化的 $V_3Si$ 单晶中峰值效应的变化[63]. 相似的点缺陷所得出的结论彼此非常近似. 因此，可以说峰值效应是与钉扎中心的种类无关的一个普遍特性. 这一结论支持峰值效应是由磁通线的有序-无序转变引起的推断. 进而可以得出，图中展示的结果不能用简单的场致钉扎机制来解释.

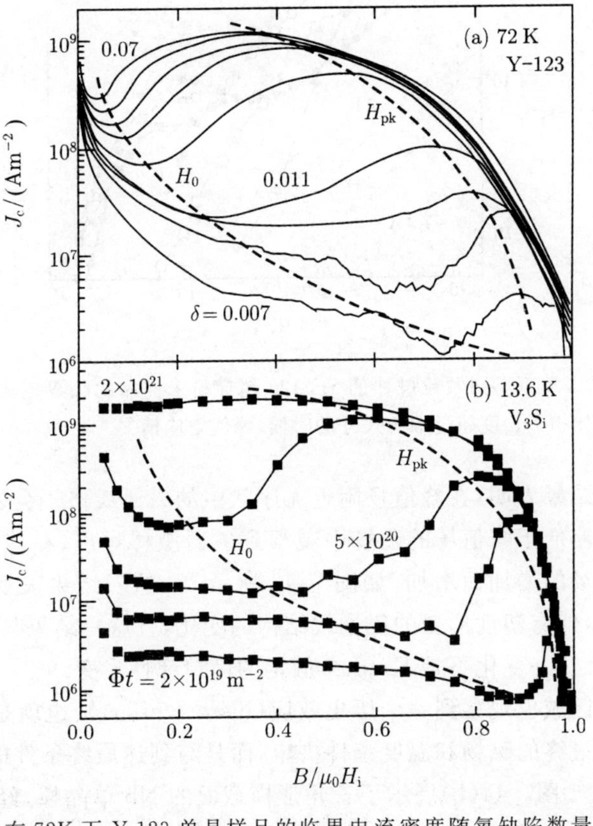


**图 7.41**　(a) 在 72K 下 Y-123 单晶样品的临界电流密度随氧缺陷数量的变化曲线；(b) 在 13.6K 下 $V_3Si$ 单晶样品的临界电流密度随中子辐照剂量的变化曲线[63]

现在我们讨论关于 Sm-123 粉末样品的一个新的实验结果[64]. 图 7.42 给出了在一个平均尺寸小于纵向钉扎相干长度 $L$ 的样品中的磁化电流峰值效应的消失,因为 $C_{11} \simeq C_{44}$ 故该相干长度近似等于 Campbell 的交流穿透深度 $\lambda_0'$. 如果峰值效应来自于由场致钉扎机制引起的元钉扎力,那么峰值效应不会受到样品尺寸的影响. 当样品尺寸小于钉扎相干长度时,可认为会出现一个低维度的集体钉扎,导致一个比块材中的三维钉扎更高效率的钉扎(参考方程(7.69),可以看出 $J_c$ 与样品直径的平方根成反比关系). 因此,甚至当磁场达到转变场时,转变本身会消失,因为磁通线已经处于有更高钉扎效应的无序状态,从而导致峰值效应的消失.

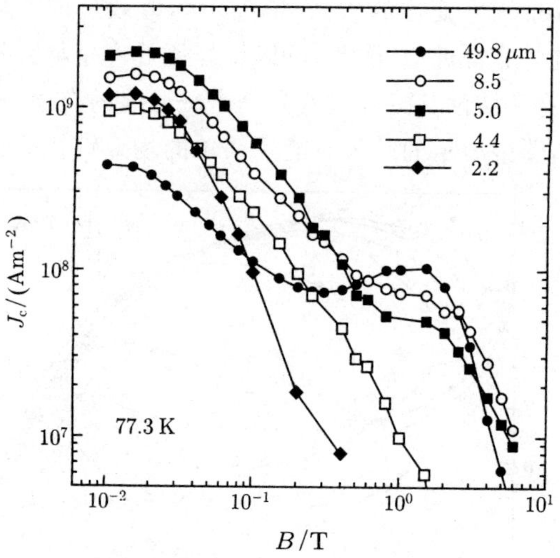


**图 7.42** 在 77.3K 下不同颗粒尺寸的 Sm-123 超导粉末样品的临界电流密度[64]. 在峰值场周围当钉扎相干长度超过颗粒尺寸的时候,峰值效应消失

许多实验结果表明,在峰值场附近无序状中的磁通线格子会发生塑性形变. 证据之一是在略低于峰值场的磁场中观察到磁通漂移噪声,在该磁场中临界电流密度随着磁场的增加而增加,如图 7.43 所示[65]. 这一结果表明,随着临界电流密度的增加,伴有塑性形变的磁通线结构的变化,且这一结果与同步化机制的假设是一致的. 这一变化不是 Kramer 假定的简单弹性形变.

这一磁场区域也观察到一个历史效应(history effect). 也就是说,临界电流密度不是仅由最终的磁场和温度条件决定,而是与到达最终条件的路径有关,如图 7.44 所示[66]. 图7.44(b)展示了三角形横截面的 Nb 单晶棒,经过 1%的拉伸形变以后的结果. 当样品在磁场中冷却时,临界电流密度有最大值,伏安特性为一个强烈非线性的凹面向上曲线. 当磁场在一个固定温度下,从足够高的值减小

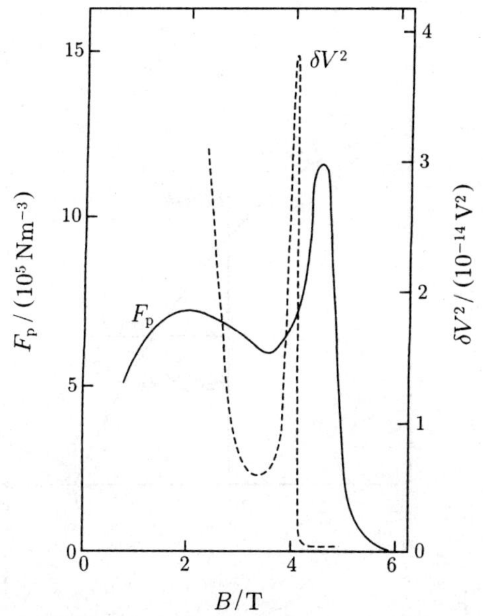


**图 7.43**　在略低于峰值场的磁场中于 Pb-In 样品中发现的大量磁通漂移噪音[65]

时，临界电流密度小于在场冷却过程中得到的值. 当在一个恒定的温度下，磁场不断增强时，临界电流密度有最小值，且伏安特性几乎是线性的. 如果在经历另外一些状态以后得到一个足够高电压的状态，伏安特性与磁场增强的过程中得到的相同. 该历史效应清楚地表明：磁通线格子状态的变化与导致最终测量条件的过程有相当大的关系. 尤其在磁场冷却(field-cooled)过程中，图 7.44(b)所示的伏安特性偏离了线性，因此不能认为磁通线格子处于一个好的可以用统计平均表述的随机状态. 所以，由有序-无序转变引起的同步化似乎真地包含了适合钉扎分布的磁通线状态的变化.

图 7.45 展示了 Nb-Ta 样品中表现出历史效应的钉扎力与磁通线位移的关系曲线[67]. 人们发现在场冷却过程中，磁通线格子几乎不发生形变，但是在磁通漂移后很容易发生形变. 图 7.46 中可以看出，临界电流的峰值效应可以通过在磁通格子的状态很容易被改变的磁场范围内于磁通格子中引入缺陷来解释[35]. 在一定的磁场中，在 $T/T_c=t=0.7$ 时，进行一次测试；随后使温度减小到 $t=0.6$ 再做一次测试；然后，温度被重新升到 $t=0.7$，改变磁场，重复进行测试. 这一结果表明，在峰值场和 $t=0.7$ 时磁通线格子形成一个很好的钉扎结构. 这一结构可以被保持，甚至在温度减小到 $t=0.6$ 以后会再次出现峰值效应. 这一结果也支持与峰值效应相关的磁通线的有序-无序转变. 对有峰值效应的 RE-123 超导体而言，在临界电流密度达到最大和最小值的磁场范围内也可以观察到相似的

历史效应,如图 7.37(c)所示[68].

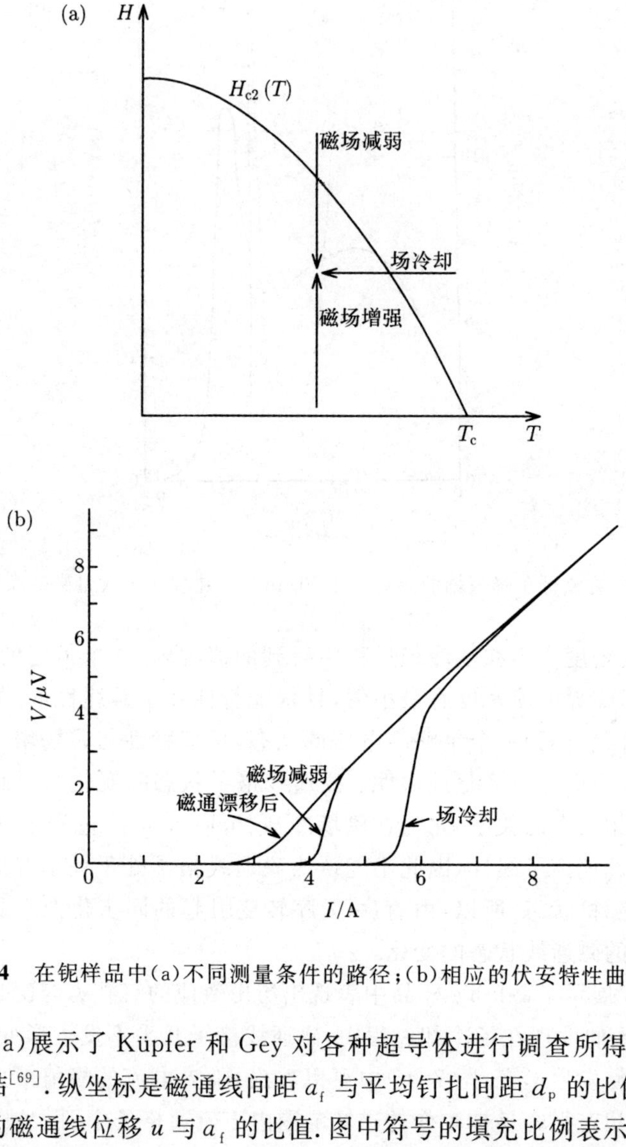


**图 7.44** 在铌样品中(a)不同测量条件的路径;(b)相应的伏安特性曲线[66]

图 7.47(a)展示了 Küpfer 和 Gey 对各种超导体进行调查所得出的关于历史效应的总结[69]. 纵坐标是磁通线间距 $a_f$ 与平均钉扎间距 $d_p$ 的比值,横坐标是由钉扎引起的磁通线位移 $u$ 与 $a_f$ 的比值. 图中符号的填充比例表示观察到历史效应的比例. 按照这一结果,在 $f_p$ 非常大的磁通线无定形态或者 $f_p$ 和 $N_p$ 都很小的格子态中观察不到历史效应. 仅在中间态(intermediate state)才能观察到历史效应(参见图 7.47(b)). 磁通线状态的这一推测与上述磁通漂移噪声的实验结果相符.

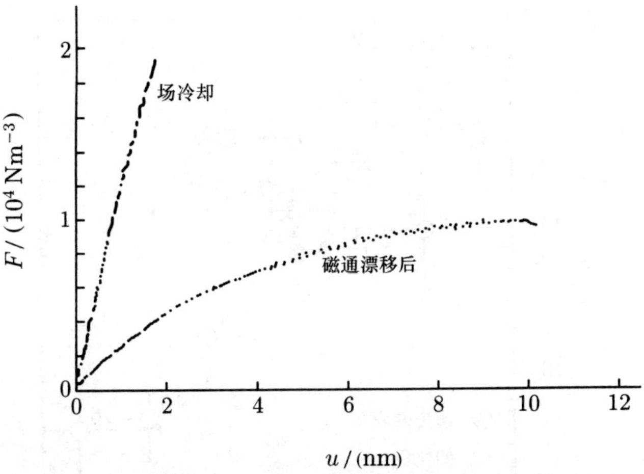


**图 7.45**　表现出历史效应的 Nb-Ta 样品中在场冷却和磁通漂移后钉扎力与位移的关系曲线[67]. 在场冷却过程中临界电流密度较大，且钉扎力密度随位移的变化也较大

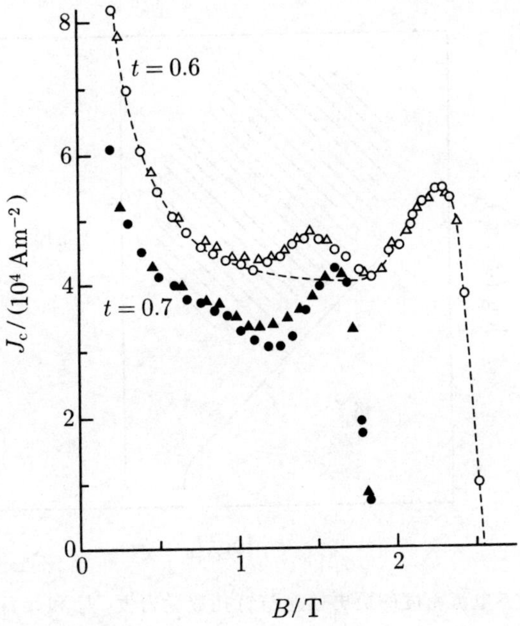


**图 7.46**　$Nb_3Ge$ 薄膜中的历史效应[35]. 在一定磁场下，且归一化温度 $T/T_c=t=0.7$ 时进行测量，之后温度降低到 $t=0.6$ 再次进行测量. 随后温度被重新升到 $t=0.7$，改变磁场，重复进行测试. 这一整个过程再次被重复. 圆圈和三角所分别表示在磁场增加和减小过程中所得结果. 虚线表示在恒温下仅变化磁场的结果

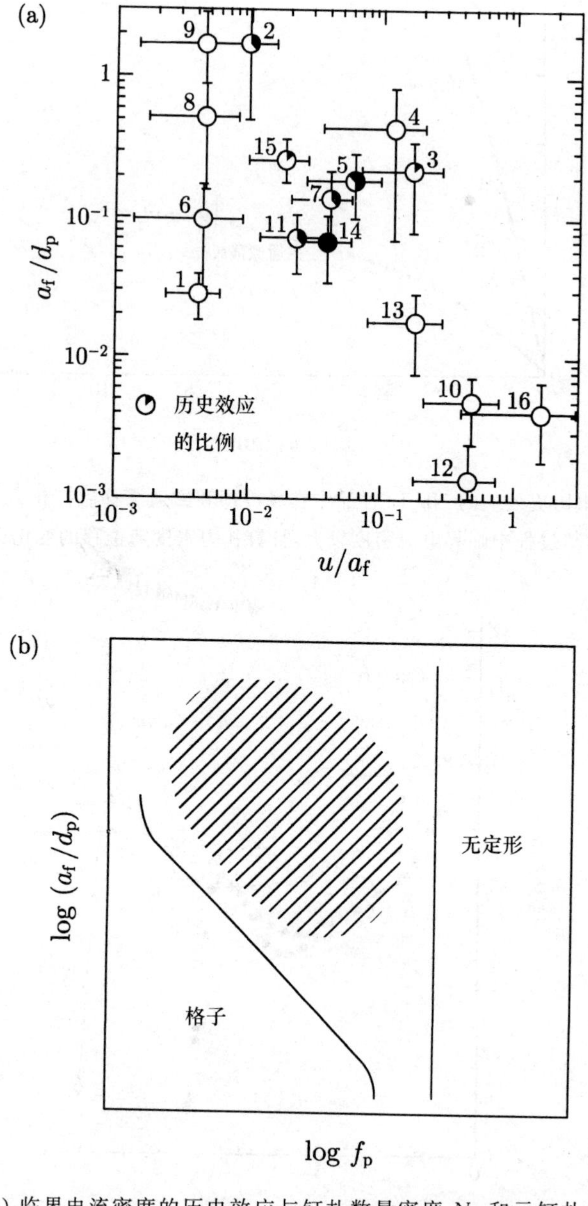


**图 7.47**　(a) 临界电流密度的历史效应与钉扎数量密度 $N_p$ 和元钉扎力 $f_p$ 之间的关系[69]. 纵坐标是磁通线间距 $a_f$ 除以平均钉扎间距 $d_p$，这一数值与 $N_p^{1/3}$ 成正比. 横坐标是磁通线位移 $u$ 除以 $a_f$，这一数值与 $f_p$ 成正比. 符号的填充比例代表着磁场上升和下降过程中临界电流密度的相对差异；(b) 从磁通线格子态角度出发对图(a)的结果进行的总结. 仅在无定形态和格子态之间的中间态才可以观察到历史效应

## 7.7　钉扎势能

这一节提出一个从理论上计算钉扎势能 $U_0$ 的方法，在确定临界电流密度 $J_c$ 的弛豫率和不可逆线(即零 $J_c$ 的可逆区域和非零 $J_c$ 的不可逆区域之间边界)中，钉扎势能是很重要的．就像在 5.3 节中提到的那样，单位体积磁通线的平均钉扎势能可以由 Labusch 参数 $\alpha_L$ 和相互作用长度 $d_i$ 通过方程(5.19)表示为 $\hat{U}_0=\alpha_L d_i^2/2$．因为每一个磁通束都被认为是彼此无关的，可由每个磁通束的钉扎势能除以平均体积得到 $\hat{U}_0$．应当注意在方程(3.94)中观察到的与临界电流密度有关的 $\alpha_L$ 和 $d_i$ 的值受到磁通蠕动的影响，如临界电流密度从求和理论得到值($J_{c0}$)开始恶化一样．但是，为了分析蠕动现象钉扎势能必须是一个不受磁通蠕动影响的虚值．因此，在计算 $\hat{U}_0$ 时，我们使用无蠕动情况时的 $\alpha_L$ 和 $d_i$ 的虚值．这将在后面给予讨论．

磁通束的钉扎势能由方程(5.19)中的 $\hat{U}_0$ 和它的体积 $V$ 之积所决定．下面我们介绍计算这一体积的方法．因为磁通束是一束一起移动的磁通线，它被认为与保持短程平移有序的区域有关．因此，经过简单的推论，我们可以得到以下结果：磁通束的尺寸应当由无蠕动情况下磁通线格子的虚钉扎相干长度决定．纵向钉扎相干长度作为一个例子被推导出来．假定磁通线沿着 $z$ 轴方向，且钉扎使磁通线格子在弹性范围内发生形变．当磁通线沿垂直于 $z$ 轴的方向发生很小位移 $u$ 时，可以得到力平衡方程

$$C_{44}\frac{\partial^2 u}{\partial z^2}=\alpha_L u, \tag{7.90}$$

式左右两端分别是弹性回复力密度和钉扎力密度．这很容易求解，可以得出

$$u(z)=u(0)\exp\left(-\frac{|z|}{L_0}\right), \tag{7.91}$$

其中

$$L_0=\left(\frac{C_{44}}{\alpha_L}\right)^{1/2}\simeq\left(\frac{Ba_f}{\mu_0\zeta J_{c0}}\right)^{1/2} \tag{7.92}$$

表示纵向钉扎相干长度．上面，利用了由 $J_{c0}$ 代替 $J_c$ 的方程(7.75)和(3.94)．用相似的方法可以得到横向钉扎相干长度

$$R_0=\left(\frac{C_{66}}{\alpha_L}\right)^{1/2}\simeq\left(\frac{C_{66}a_f}{\zeta J_{c0}B}\right)^{1/2}. \tag{7.93}$$

因此对于尺寸大于 $L_0$ 和 $R_0$ 的块状超导体，其磁通束体积可以估计为

$$V=L_0R_0^2. \tag{7.94}$$

上式中长度 $L_0$ 和 $R_0$ 分别等于虚拟无蠕动情况下方程(7.75)和(7.56)确定的 $L_c$ 和 $R_c$. 另外,观察到的钉扎相干长度 $L$ 和 $R$ 可由方程(7.92)和方程(7.93)确定,方程中的 $J_c$ 由 $J_{c0}$ 代替.

由于磁压的存在,沿着洛伦兹力方向存在一个较长的相干长度 $L_0'=(C_{11}/\alpha_L)^{1/2}$. 在这一方向选择 $R_0$ 代替 $L_0'$ 来表示磁通束尺寸的原因是:在磁通蠕动中,磁通线的移动不是像磁通漂移那样整个磁通线格子发生整体连续的移动,而是一束磁通线局域的非连续的移动. 也就是说,磁通线的移动包含一个塑性剪切. 这样的移动最可能发生在格子缺陷周围的限制区域,且这一区域的尺寸被认为远小于 $L_0'$. 这就是与 Feigel′man 等人提出的集体蠕动观点的不同之处[39]. 在他们的假定中,如果沿着这一方向的尺寸为 $L_0'$,那么 $U_0$ 值太大以至于不能利用实际的 $J_c$ 值对其做出定量的解释.

在磁通蠕动很明显的情况下,例如在高温下的高温超导体中,磁通线格子的条件有很大的无序性,而剪切模量 $C_{66}$ 相比于完美的磁通线格子中的值(如方程(7.12)所示)要小得多. 当磁通线格子消失时,$C_{66}$ 的实际值为零. 因为磁通线格子的条件由磁通蠕动的结果决定,因此不可能预先知道 $C_{66}$ 和 $R_0$ 的大小. 即使知道磁通线格子的条件,确定这些值也是非常困难的. 因此,很有必要利用其他的方法来确定 $R_0$. 可选的一种方法是在这本书中有些时候会用到的不可逆热力学方法(参考 4.6 节和附录 A.3). 为了使磁通蠕动情况下的能量损耗达到最小,临界电流密度应取最大值,这样可以确定 $R_0$ 的值. 如果我们把 $R_0$ 表示为

$$R_0 = ga_f, \tag{7.95}$$

其中 $g^2$ 表示磁通束中的磁通线的数量. 如附录 A.8 所述,按照上述原理进行推导,可以得到[70]

$$g^2 = g_e^2\left[\frac{5k_BT}{2U_e}\log\left(\frac{Ba_f\nu_0}{E_c}\right)\right]^{4/3}, \tag{7.96}$$

式中 $g_e^2$ 和 $U_e$ 是完美磁通线格子的 $g^2$ 和 $U_0$ 值. 通过磁通束尺寸,高温超导体的磁通蠕动特性与超导体的维度密切相关. 这将在 8.3 和 8.5 节给予详细讨论.

现在我们分析在上面的理论讨论中应当注意的地方. 其中之一是与磁通钉扎有关的物理量,例如为了推导出 $U_0$,$\alpha_L$ 和 $d_i$ 是必须的. 就像上面提到的那样,这些值必须是无磁通蠕动下的虚值. 另外一点是,尽管在钉扎确定的情况下可以从理论上得到这些值,但是钉扎的一些材料参数,例如方程(1.21)中的 $\alpha$ 和 $\beta$ 依然是不清楚的,而且在大多数高温超导体中进行理论计算是不可能的. 它们之间相互作用距离与钉扎种类的关系不大,且大多数情况下可以表示为方程(7.75). 事实上,在磁通蠕动影响不是很显著的区域,通过各种金属超导体的实验可以确定该形式的关系. 利用这一关系,$\alpha_L$ 可以用无蠕动情况下虚临界电流密度 $J_{c0}$ 的形式表示出来. 作为一个结果,钉扎势能 $U_0$ 可以单独用 $J_{c0}$ 的形式表述出来. 甚

至在这种情况下，如果像在高温超导体中那样主要的钉扎搞不清楚，那么依然不可能计算出 $J_{c0}$ 值. 但是，如果温度足够低，且磁通蠕动的影响不明显，则实际测得的临界电流密度值就可以近似用做 $J_{c0}$. 也就是说，利用足够低的温度下临界电流密度的标度律可以计算出高温下虚临界电流密度. 这是一种可以实际应用的方法，它可以通过实验数据扩展来对性质不明确的钉扎中心进行补充. 另外，在磁通蠕动很明显的情况下，应确定 $J_{c0}$ 以使在很宽的温度范围内对 $J_c(B,T)$ 做出解释. 这将在 8.3 节给予讨论.

因此，对于块状超导体，磁通束的钉扎势能可以表示如下[64,71]：

$$U_0 = \frac{g^2}{2(\sqrt{3}/2)^{7/4}\zeta^{3/2}}\left(\frac{\phi_0^7 J_{c0}^2}{\mu_0^2 B}\right)^{1/4} = \frac{0.835 k_B g^2 J_{c0}^{1/2}}{\zeta^{3/2} B^{1/4}}, \tag{7.97}$$

其中用到了数学方程 $(1/2)(2/\sqrt{3})^{7/4}(\phi_0^7/\mu_0^2)^{1/4} \simeq 0.835 k_B$. 在该块材情况下，钉扎势能与超导体的尺寸无关. 这就是沿着磁场方向的超导体尺寸大于由方程(7.92)确定的 $L_0$ 的情况. 另外，对于在垂直磁场中厚度 $d$ 小于 $L_0$ 的超导薄膜来说，磁通束的体积为

$$V = dR_0^2, \tag{7.98}$$

且钉扎势能可以表示为(如习题 7.8 所示)

$$U_0 = \frac{4.23 k_B g^2 J_{c0} d}{\zeta B^{1/2}}. \tag{7.99}$$

上面的处理用到了如下的数学方程：$(1/2)(2/\sqrt{3})^{3/2}\phi_0^{3/2} \simeq 4.23 k_B$. 对于尺寸小于 $L_0$ 的超导粉末来说这一结果也是成立的.

应当注意这一钉扎势能与在 3.8 节提出的磁场弛豫测量中得到的结果不同. 它是与 $U_0$ 有直接关系的不可逆场. 在 8.5 节中将讨论在高温超导体中由 $U_0$ 中得到的不可逆场的过程.

上述计算 $U_0$ 的方法在形式上与集体蠕动理论相同[39]. 但是，它们还有很多的不同点. 其中之一是上面已经提到过的沿着洛伦兹力方向磁通束尺寸的不同. 另外一点是这里对 $J_c$ 求和是单独进行的，因为集体钉扎理论不能解释 $J_c$ 的实验结果. 这一处理似乎是矛盾的，事实并非如此. 尽管在给定的 $J_c$ 下，就相干长度而言这两个理论相同，它们的不同仅在于相干长度对 $J_c$ 的求和的影响. 与 Feigel′man 等人理论巨大的不同是，激发能 $U$ 的最大值是由 $U_0$ 确定的，且即使在零电流密度时也不发散，除非 $J_{c0}$ 不减小到零.

## 习题

7.1 当在超导体上施加一个应变 $\varepsilon$ 时，假定围绕这一钉扎发生一个应力凝聚，由弹性相互作用的钉扎机制引起钉扎力密度按照因数 $(1+c\varepsilon^2)$ 增加，除去来自于 $H_{c2}$ 变化的贡献. 上述 $c$ 是一个小的常量. 分析这种情况下钉扎力密度的温度标度律和应变标度律之间的差别.

7.2 假定由方程(1.98)确定$|\Psi|^2$的磁通线格子有波数为$k$的单一模式的周期性位移$u^*$，位移方向为沿着垂直于致密排列行的$x$轴. 波数$k$远小于$\xi^{-1}$. 如果局域磁通密度由方程(1.101)确定，分析在这一变化下磁通线的量化不能被满足. 同时计算单轴压缩模量$C_{11}$.

7.3 推导方程(7.50)和(7.51).

7.4 在一个恒定的驱动力$f$作用下，在一个周期为$2\pi/k_p$的周期势中的刚体，其力平衡方程可以写为

$$f+f_p\cos k_p x-\eta^*\dot{x}=0,$$

其中$x$表示刚体的位置，第三项表示黏滞力. 求解方程并计算出伏安特性. 把得到的结论与图7.10(a)中的结果做比较.

7.5 利用方程(7.31)给出的钉扎力统计理论，推导相对磁通线位移的钉扎力密度的变化，并讨论磁通线的可逆运动.

7.6 当Kramer模型成立时计算Labusch参数$\alpha_L$. 假定线钉扎分布如图7.48所示(提示：在箭头方向驱动力下计算磁通线的剪切位移. 由平均位移与驱动力的关系推导$\alpha_L$).

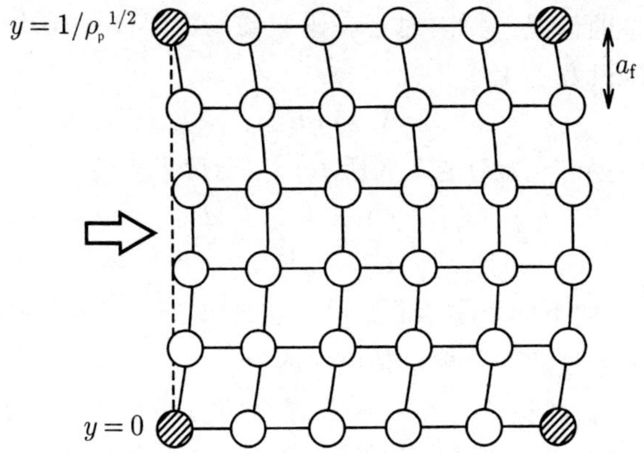


**图7.48** 在驱动力的作用下像超晶格一样分布的线性钉扎所产生的磁通线格子的变形. 阴影表示被线性钉扎强力钉扎住的磁通线

7.7 证明方程(7.57)和(7.56)给出的钉扎相干长度$L_c$和$R_c$分别近似等于方程(7.92)和(7.93)定义的特征长度$L_0$和$R_0$.

7.8 垂直磁场中在厚度$d$小于$L_0$的超导薄膜情况下推导方程(7.99).

## 参考文献


1. A. M. Campbell and J. E. Evetts: Adv. Phys. **21** (1972) 372.
2. J. W. Ekin: *Adv. Cryog. Eng. Mater.* (Plenum, New York, 1984) Vol. 30, p. 823.
3. R. Labusch: Phys. Status Solidi: **19** (1967) 715.
4. R. Labusch: Phys. Status Solidi: **32** (1969) 439.
5. E. H. Brandt: Phys. Rev. B **34** (1986) 6514.
6. E. H. Brandt: J. Low Tem. Phys. **26** (1977) 709.

7. A. I. Larkin and Yu. N. Ovchinnikov: J. Low Temp. Phys. **34** (1979) 409.

8. K. Yamafuji and F. Irie: Phys. Lett. **25A** (1967) 387.

9. R. Labusch: Crystal Lattice Defects: **1** (1969) 1.

10. J. Lowell: J. Phys. F **2** (1972) 547.

11. A. M. Campbell: Phil. Mag. B **37** (1978) 149.

12. E. J. Kramer: J. Nucl. Mater. **72** (1978) 5.

13. R. Schmucker and E. H. Brandt: Phys. Status Solidi (b) **79** (1977) 479.

14. E. J. Kramer: J. Appl. Phys. **49** (1978) 742.

15. R. Labusch: J. Nucl. Mater. **72** (1978) 28.

16. A. Schmid and W. Hauger: J. Low Temp. Phys. **11** (1973) 667.

17. T. Matsushita, E. Kusayanagi and K. Yamafuji: J. Phys. Soc. Jpn. **46** (1979) 1101.

18. E. H. Brandt: *Proc. Int. Symp. on Flux Pinning and Electromagnetic Properties in Superconductors*, Fukuoka, 1985, p. 42.

19. R. Wördenweber and P. H. Kes: Physica **135B** (1985) 136.

20. R. Wördenweber and P. H. Kes: Phys. Rev. B **34** (1986) 494.

21. P. H. Kes and C. C. Tsuei: Phys. Rev. B **28** (1983) 5126.

22. H. R. Kerchner: J. Low Temp. Phys. **50** (1983) 337.

23. S. J. Mullock and J. E. Evetts: J. Appl. Phys. **57** (1985) 2588.

24. T. Matsushita: Physica C **243** (1995) 312.

25. A. M. Campbell, H. Küpfer and R. Meier-Hirmer: *Proc. Mt. Symp. on Flux Pinning and Electromagnetic Properties in Superconductors*, Fukuoka, 1985, p. 54.

26. H. R. Kerchner, D. K. Christen, C. E. Klabunde, S. T. Sekula and R. R. Coltman, Jr.: Phys. Rev. B **27** (1983) 5467.

27. R. Meier-Hirmer, H. Küpfer and H. Scheurer: Phys. Rev. B **31** (1985) 183.

28. In private communication, H. Küpfer clarified that there was a mistake in plotting in Fig. 7.14.

29. A. M. Campbell, J. E. Evetts and D. Dew-Hughes: Phil. Mag. **18** (1968) 313.

30. H. Fujimoto, M. Murakami, N. Nakamura, S. Gotoh, A. Kondoh, N. Koshizuka and S. Tanaka: *Adv. Supercond. IV* (Springer, Tokyo, 1992) p. 339.

31. Y. Tanaka, K. Itoh and K. Tachikawa: J. Jpn. Inst. Metals **40** (1976) 515 [in Japanese].

32. R. M. Scanlan, W. A. Fietz and E. F. Koch: J. Appl. Phys. **46** (1975) 2244.

33. T. Matsushita, N. Harada and K. Yamafuji: Cryogenics **29** (1989) 328.

34. G. Antesberger and H. Ullmaier: Phil. Mag. **29** (1974) 1101.

35. R. Wördenweber, P. H. Kes and C. C. Tsuei: Phys. Rev. B **33** (1986) 3172.

36. E. J. Kramer and H. C. Preyhardt: J. Appl. Phys. **51** (1980) 4930.

37. G. P. van der Meij and P. H. Kes: Phys. Rev. B **29** (1984) 6233.

38. E. V. Thuneberg: J. Low Temp. Phys. **57** (1984) 415.

39. M. V. Feigel'man, V. B. Geshkenbein, A. I. Larkin and V. M. Vinokur: Phys. Rev. Lett. **63** (1989) 2303.

40. E. J. Kramer: J. Electron. Mater. **4** (1975) 839 (Data from: R. E. Enstrom, J. R. Appert: J. Appl. Phys. **43** (1972) 1915).

41. T. Matsushita and H. Küpfer: J. Appl. Phys. **63** (1988) 5048.

42. D. C. Larbalestier: *Superconductor, Materials Science-Metallurgy, Fabrication, and Applications* (Plenum, New York, 1981) p. 133.

43. E. J. Kramer: J. Appl. Phys. **44** (1973) 1360.

44. J. E. Evetts and C. J. G. Plummer: *Proc. Int. Symp. on Flux Pinning and Electromagnetic Properties in Superconductors*, Fukuoka, 1985, p. 146.

45. D. Dew-Hughes: IEEE Trans. Magn. **MAG-23** (1987) 1172.

46. T. Matsushita and J. W. Ekin: *Composite Superconductors*, ed. K. Osamura (Marcel Dekker, New York, 1993) p. 79.

47. T. Matsushita, A. Kikitsu, H. Sakata, K. Yamafuji and M. Nagata: Jpn. J. App Phys. **25** (1986) L792.

48. T. Matsushita, M. Itoh, A. Kikitsu and Y. Miyamoto: Phys. Rev. B **33** (1986) 3134.

49. N. Harada, Y. Miyamoto, T. Matsushita and K. Yamafuji: J. Phys. Soc. Jpn. **57** (1988) 3910.

50. C. C. Koch, H. C. Freyhardt and J. O. Scarbrough: IEEE Trans. Magn. **MAG-13** (1977) 828.

51. H. C. Freyhardt: J. Low Temp. Phys. **32** (1978) 101.

52. H. Küpfer, R. Meier-Hirmer and W. Schauer: *Adv. Cryog. Eng. Mater.* (Plenum, New York, 1988) Vol. 34, p. 725.

53. K. E. Osborne: Phil. Mag. **23** (1971) 1113.

54. Yu. F. Bychkov, V. G. Vereshchagin, V. R. Karasik, G. B. Kurganov: Sov. Phys. JETP **29** (1969) p. 276.

55. H. Küpfer, I. Apfelstedt, R. Flükiger, C. Keller, R. Meier-Hirmer, B. Runtsch, A. Turowski, U. Wiech and T. Wolf: Cryogenics **29** (1989) 268.

56. H. Raffy, J. C. Renard and E. Guyon: Solid State Commun. **11** (1972) 1679.

57. A. M. Campbell and J. E. Evetts: Adv. Phys. **21** (1972) 378.

58. J. D. Livingston: Appl. Phys. Lett. **8** (1966) 319.

59. M. Daeumling, J. M. Seuntjens and D. C. Larbalestier: Nature **346** (1990) 332.

60. A. B. Pippard: Phil. Mag. **19** (1969) 217.

61. D. Ertas and R. D. Nelson: Physica C **272** (1996) 79.

62. E. H. Brandt and G. P. Mikitik: Supercond. Sci. Technol. **14** (2001) 651.

63. H. Küpfer, Th. Wolf, C. Lessing, A. A. Zhukov, X. Lancon, R. Meier-Hirmer, W. Schauer and H. Wühl: Phys. Rev. B **58** (1998) 2886.

64. T. Matsushita, E. S. Otabe, H. Wada, Y. Takamaha and H. Yamauchi: Physica C **397**

(2003) 38.

65. F. Habbal and W. C. H. Joiner: J. de Phys. (Paris) **39** (1978) C6-641.

66. M. Steingart, A. G. Putz and E. J. Kramer: J. Appl. Phys. **44** (1973) 5580.

67. J. E. Evetts and S. J. Mullock: *Proc. Int. Symp. on Flux Pinning and Electromagnetic Properties in Superconductors*, Fukuoka, 1985, p. 94.

68. A. A. Zhukov, S. Kokkaliaris, P. A. J. de Groot, M. J. Higgins, S. Bhattacharya, R. Gagnon and L. Taillefer: Phys. Rev. B **61** (2000) R886.

69. H. Küpfer and W. Gey: Phil. Mag. **36** (1977) 859.

70. T. Matsushita: Physica C **217** (1993) 461.

71. N. Ihara and T. Matsushita: Physica C **257** (1996) 223.

# 第八章　高温超导体

## 8.1　超导体的各向异性

对具有高临界温度的氧化物超导体而言，其晶体结构的特性之一是产生超导性的 $CuO_2$ 层和几乎绝缘的电荷阻隔层(charge-reservoir block)交替排列. 这种结构导致在正常传导和超导特性上存在较大的各向异性. 在高温超导电性发现以前，Lawrence 和 Doniach[1] 曾经提出一个关于薄超导层和绝缘层交替排列的多层结构的唯象理论. 这一模型近似地适应于高温超导体. 这种情况下每一个超导层都是编号的，第 $n$ 层中的二维序参数用 $\Psi_n(x,y)$ 来表示，垂直于层的方向定义为 $z$ 轴，也就是沿着 $c$ 轴方向. 不存在磁场的情况下，可以忽略矢势. 然后，由方程(1.20)确定的动能密度可以推广到各向异性的情况

$$\frac{\hbar^2}{2m_{ab}^*}\left(\left|\frac{\partial \Psi_n}{\partial x}\right|^2+\left|\frac{\partial \Psi_n}{\partial y}\right|^2\right)+\frac{\hbar^2}{2m_c^* s^2}\left|\Psi_n-\Psi_{n-1}\right|^2, \tag{8.1}$$

其中 $m_{ab}^*$ 和 $m_c^*$ 分别表示在 $a$-$b$ 面和沿着 $c$ 轴移动的超导电子的有效质量，$s$ 表示超导层间距. 沿着 $c$ 轴的空间变化可以近似地用相邻层之差来表示. 插入矢势，自由能密度可以表示为

$$\begin{aligned}F=\sum_n\int_{V_n}\Bigg[&\alpha\left|\Psi_n\right|^2+\frac{1}{2}\beta\left|\Psi_n\right|^4+\frac{1}{2m_{ab}^*}\left|(-\mathrm{i}\hbar\nabla'+2e\boldsymbol{A}')\Psi_n\right|^2\\&+\frac{\hbar^2}{2m_c^* s^2}\left|\Psi_n-\Psi_{n-1}\exp\left(\frac{2\mathrm{i}eA_z s}{\hbar}\right)\right|^2\Bigg]\mathrm{d}V,\end{aligned} \tag{8.2}$$

式中 $\nabla'$ 和 $\boldsymbol{A}'$ 是 $a$-$b$ 面的二维矢量，$A_z$ 是矢势的 $z$ 分量. 对第 $n$ 个超导层进行积分. 就 $\Psi_n^*$ 使该能量密度有最小值而言，可以得到 Lawrence-Doniach 方程

$$\begin{aligned}&\alpha\Psi_n+\beta\left|\Psi_n\right|^2\Psi_n+\frac{1}{2m_{ab}^*}(-\mathrm{i}\hbar\nabla'+2e\boldsymbol{A}')^2\Psi_n\\&-\frac{\hbar^2}{2m_c^* s^2}\left[\Psi_{n+1}\exp\left(-\frac{2\mathrm{i}eA_z s}{\hbar}\right)-2\Psi_n+\Psi_{n-1}\exp\left(\frac{2\mathrm{i}eA_z s}{\hbar}\right)\right]=0.\end{aligned} \tag{8.3}$$

如果沿着 $z$ 轴的空间变化是平缓的，不连续的 $\Psi_n$ 可以近似地用光滑函数 $\Psi$ 代替. 这一差值可以用导数代替，Lawrence-Doniach 方程(8.3)可以推导出各向异性的 Ginzburg-Landau 方程

$$\alpha\Psi+\beta|\Psi|^2\Psi+\frac{1}{2}(-\mathrm{i}\hbar\nabla+2e\boldsymbol{A})\cdot\left[\frac{1}{m^*}\right]\cdot(-\mathrm{i}\hbar\nabla+2e\boldsymbol{A})\Psi=0, \tag{8.4}$$

方程中的$[1/m^*]$是一个张量

$$\left[\frac{1}{m^*}\right]=\begin{bmatrix}1/m_{ab}^* & 0 & 0\\ 0 & 1/m_{ab}^* & 0\\ 0 & 0 & 1/m_c^*\end{bmatrix}. \tag{8.5}$$

从各向异性的有效质量可以得到各向异性的超导参数. 通过一个与第一章中相似的推导可以得到相干长度

$$\xi_i=\frac{\hbar}{(2m_i^*|\alpha|)^{1/2}}, \tag{8.6}$$

这里下标 $i$ 取 $ab$ 或者 $c$，代表在 $a$-$b$ 面或者沿着 $c$ 轴的量. 因此，上临界场可以表示为

$$H_{c2}^{ab}=\frac{\phi_0}{2\pi\mu_0\xi_{ab}\xi_c},\ H_{c2}^{c}=\frac{\phi_0}{2\pi\mu_0\xi_{ab}^2}. \tag{8.7}$$

从方程(1.43)可以推导出穿透深度为

$$\lambda_i=\frac{\hbar}{2\sqrt{2}e\mu_0H_c\xi_i}. \tag{8.8}$$

上面的热力学临界场 $H_c$ 是各向同性的.

这里各向异性参数可以表示为

$$\gamma_a=\left(\frac{m_c^*}{m_{ab}^*}\right)^{1/2}, \tag{8.9}$$

则各种超导参数的各向异性可以表示为

$$\frac{\xi_{ab}}{\xi_c}=\frac{\lambda_c}{\lambda_{ab}}=\frac{H_{c2}^{ab}}{H_{c2}^{c}}=\gamma_a. \tag{8.10}$$

对于下临界场，忽略 $\log\kappa$ 的各向异性，利用 $H_{c1}^{ab}\propto\xi_{ab}\xi_c$ 和 $H_{c1}^{c}\propto\xi_{ab}^2$ 可以得到

$$\frac{H_{c1}^{c}}{H_{c1}^{ab}}\simeq\gamma_a. \tag{8.11}$$

表 8.1 列出了典型的高温超导体的参数.

**表 8.1　高温超导体的超导参数**

| 超导体 | $T_c$ /K | $\mu_0H_{c2}^{ab}(0)$ /T | $\mu_0H_{c2}^{c}(0)$ /T | $\xi_{ab}(0)$ /nm | $\xi_c(0)$ /nm | $\kappa_{ab}$ | $\kappa_c$ |
|---|---|---|---|---|---|---|---|
| Y-123 | 93 | 670 | 102 | 1.80 | 0.27 | 67 | 355 |
| Bi-2212 | 91 | >530 | 19 | 4.16 | <0.15 | — | — |
| Hg-1212 | 128 | 454 | 113 | 1.71 | 0.42 | 114 | 466 |
| Hg-1223 | 138 | 389 | 88 | 1.93 | 0.44 | 76 | 339 |

用 $\theta$ 角表示场与 $c$ 轴的夹角,可以得到上临界场所遵循的关系为

$$H_{c2}(\theta)=H_{c2}^{c}(\cos^2\theta+\gamma_a^{-2}\sin^2\theta)^{-1/2}$$
$$=H_{c2}^{c}\left[\cos^2\theta+\left(\frac{H_{c2}^{c}}{H_{c2}^{ab}}\right)^2\sin^2\theta\right]^{-1/2}. \tag{8.12}$$

图 8.1 展示了一条孤立磁通线的各向异性的横截面结构,图(a)和(b)分别表示磁场沿着 $a$ 轴和 $c$ 轴的情况. 在图(a)情况下,非超导核心和周围的磁通线均为短轴沿 $c$ 轴方向的椭圆结构,但是在图(b)情况下都是各向同性的.

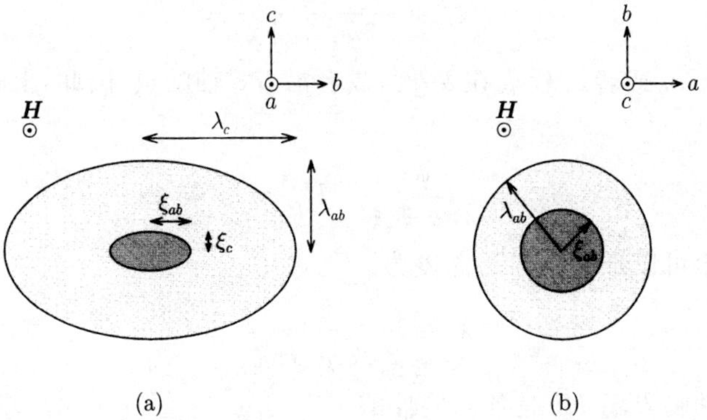


**图 8.1** 各向异性三维超导体中孤立磁通线的横截面的结构:磁通线沿(a) $a$ 轴和(b) $c$ 轴

一般来说,非超导态下阻隔层的电导率很低,在各向异性较大的超导体中阻隔层的厚度 $s$ 较大. 特别是,在最大的各向异性超导体$(Bi,Pb)_2Sr_2CaCu_2O_8$(Bi-2212)中 $\xi_c$ 小于 $s$,且三维各向异性的 Ginzburg-Landau 模型并不适用于这种情况. 当一个磁场平行作用于该超导体 $a$-$b$ 面时,磁通线的非超导核心通常位于阻隔层之中,如图 8.2(a)所示. 这称为 Josephson 涡旋. 这种情况下,磁通线的横截面是与图 8.1(a)中情况相似的各向异性. 非超导核心的尺寸是沿 $c$ 轴方向为 $s$,在 $a$-$b$ 面上约为 $\gamma_a a_c$,其中 $a_c$ 是沿着 $c$ 轴的晶格常数. 沿着 $c$ 轴的磁通线尺寸是 $\lambda_{ab}$,$a$-$b$ 面中的磁通线尺寸等于由下式确定的 Josephson 穿透深度:

$$\lambda_J=\left(\frac{\phi_0}{2\pi\mu_0 j_c s}\right)^{1/2}, \tag{8.13}$$

在附录 A.7 的方程(A.65)中交叉点 $D$ 的有效厚度被超导层间距 $s$ 代替.

当沿着 $c$ 轴施加磁场时,$CuO_2$ 层中形成二维结构的磁通线,如图 8.1(b)所示. 由方程(8.1)第二项确定的 Josephson 耦合能使其彼此间有沿着 $c$ 轴方向的弱耦合. 这一磁通线被称为饼状(pancake)涡旋(见图 8.2(b)).

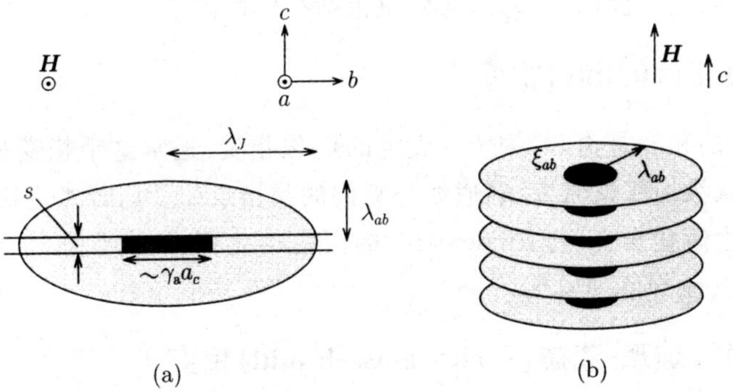


**图 8.2** 二维超导体中孤立磁通线的结构：(a)沿 $a$ 轴的 Josephson 涡旋；(b)沿 $c$ 轴的饼状涡旋

按照 Ginzburg 和 Landau 的平均场理论，定义超导混合态和非超导态之间的转变点为上临界场. 但是，由于高温和二维性引起的非常强烈的波动的影响，在平均场理论预期的相界处并没有观察到清晰相变的发生. 但是应当注意，这一事实不意味着起源于平均场理论的上临界场是无意义的. 如果在波动的影响不是很剧烈且足够低的场域去观察一些物理量，那么这一理论描述了它与磁场的关系. 例如，磁化强度被预期为随着磁场发生线性变化，如果将这一变化推广到高场，则在"上临界场"时磁化强度似乎变为 0. 也就是说，在低场中磁化强度与磁场的关系可以用"上临界场"形式正确地表示出来.

## 8.2 磁通线的相图

关于第Ⅱ类超导体的混合态中磁通线的状态，尤其是高温超导体的磁通线状态已经有了非常详细地讨论. 这一状态原则上按照图 1.2(b)中所示的磁场和温度归类. 但是，对于高温超导体，磁通线状态受到高密度蕴含缺陷的钉扎相互作用的强烈影响. 因此，钉扎相互作用不能被简单地看做微扰而应作为与磁场和温度一样的外变量之一. 另外，存在超导维数、样品尺寸、钉扎中心种类等影响. 因此，情况是非常复杂的. 为了简化起见，本节仅处理最重要的方面.

由于这一原因，为了分析磁通线的状态，除了另外的两种能量，也就是热能 $U_T=k_B T$ 和弹性能 $U_E$ 之外，我们还考虑了钉扎能 $U_p$. 因此，我们可以简单地认为三个相变主要由这三种能量中的两种决定[2]. 第三个能量对转变给出一些微扰，除非在三个能量数量上彼此相当的临界点附近区域.

弹性能是磁通线系统自身的能量，通常与 7.2 节所述的弹性模量有关. 超导层之间由方程(8.1)确定的 Josephson 耦合能有时被分别处理. 但它是由序参数空间变化引发的动能的一部分,因此应包括在弹性能中.

### 8.2.1 熔化(melting)相变

最基本的相变是由 $U_T$ 和 $U_E$ 决定的熔化相变,通常这个相变是一阶的.这种情况下,认为由于热激发,磁通线与它们的晶格点的平均距离达到晶格参数的15%时,发生熔化相变,与 Lindemann 的固态熔化标准类似.该相变仅在 $U_p$ 远远小于 $U_E$ 的超导体中发生.

### 8.2.2 涡旋玻璃-液态(vortex glass-liquid)相变

由 $U_T$ 和 $U_P$ 确定的相变是涡旋玻璃-液态相变(以后简称 G-L 相变),且通常是二阶的[3].起初认为它与磁通钉扎特性无关[4]:磁通线首先以玻璃态和液态的形式存在,然后由这一状态决定磁通钉扎特性.根据 G-L 相变模型,在相变温度 $T_g$ 附近,涡旋玻璃态中的相干长度和弛豫时间,预计分别以 $\xi_g \sim |T-T_g|^{-\nu}$ 和 $\tau \sim \xi_g^z$ 形式发散.上述 $\nu$ 和 $z$ 分别表示静态和动态的临界指数.如果在 $(E/J)/|T-T_g|^{\nu(z+2-D)}$ 与 $J/|T-T_g|^{\nu(D-1)}$ 的关系中,考虑到磁通线状态的维度 $D$,重新描述出电阻 $E/J$ 和电流密度 $J$,可以得到 $E$-$J$ 曲线的一个标度(scaling)关系.图 8.3 展示了在沿着 $c$ 轴方向的 4T 磁场中,Y-123 薄膜样品的 $E$-$J$ 曲线和标定结果[5].可以看出所有的曲线都与表示磁通线玻璃态和液态的两个主要曲线相吻合.这一模型中可以认为 $\nu$ 取值1～2,$z$ 取值 4～5.有报告说[6],对 Bi 系超导体的二维磁通线进行分析时,如果利用$D=3$时的关系,那么将会得到如下结果:$\nu$ 小于 1,$z$ 大于 10.但是,在上述范围内,如果使用适当的参数 $D=2$,将会得到一个临界指数[6].这表明 G-L 相变模型正确描述了包括维度在内的磁通线相变现象.

但是,根据热能和钉扎能决定相变的事实,认为起因和结果相对立似乎是适当的.也就是,我们假定当磁通线被有效的钉扎时它们处于玻璃态,而当它们没有被钉扎时则处于液态.事实上,相变受到磁通钉扎强烈影响:相变点 $T_g$ 受到磁通钉扎强度的直接影响.另外,由 $E$-$J$ 曲线标定的静态临界指数 $\nu$ 等于钉扎参数 $\delta'$ 的一半,钉扎参数 $\delta'$ 描述的是临界电流密度与温度(或者磁场)的关系,即$J_c \propto (T_g-T)^{\delta'}$(见图 8.4)[7].随着磁通钉扎强度的分布宽度的扩大[8],动态临界指数 $z$ 减小,且由描述非均匀性的 Weibull 参数之一来确定[9].换言之,磁通钉扎强度尖锐分布的超导体中有更大的 $z$ 值.实际上,即使在均匀的 Y-123 薄膜样品中,对于三维的磁通线而言也可以得到 $z=11.8$ 和 $\nu=0.7$[9].另外,当样品不均匀时,即使对于像 Bi 系这种二维超导体而言,$z$ 取值 3～4,而 $\nu$ 取值为 2～3 之间[10].因此不能说磁通线的维数影响 G-L 相变.一个结果是 Bi 系超导体中的 $z$ 值较大.其原因应该是:相变温度低,且钉扎力随温度的变化率非常大.

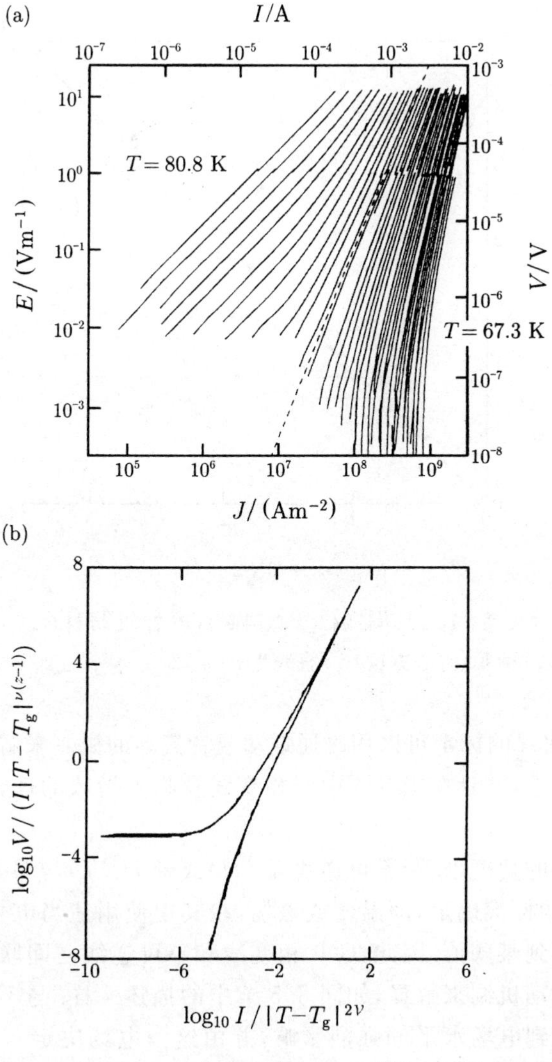


**图 8.3**　沿 $c$ 轴 $B=4\mathrm{T}$ 磁场下 Y-123 薄膜中的(a)$E$-$J$ 曲线;(b)标定结果($\nu=1.7$,$z=4.8$)

最初,静态临界指数 $\nu$ 与确定 G-L 相变的相干长度的发散有关,如在相变温度 $T_g$ 附近的 $(T_g-T)^{-\nu}$ 发散. 在不存在蠕动的情况下,导出方程(7.92)的钉扎相干长度近似地与方程(3.92)表示的 Campbell 交流穿透深度相同,在相变温度下按照 $(T_g-T)^{-\delta'/2}$ 发散. 因此,给出 $\nu=\delta'/2$ 关系的图 8.4 清晰地表明磁通钉扎是控制转变的关键. 这就是为什么 $\nu$ 与磁通钉扎现象有关的原因. 当磁场发生变化时,相干长度的发散可以表示为 $(H_g-H)^{-\nu}$,有相同的静态临界指数 $\nu$. 因此，$H_g$ 是相变场，$H_g(T)$ 是 $T_g(H)$ 的反函数. 因此，变化磁场 $E$-$J$ 曲线的标定与变化温度相似.

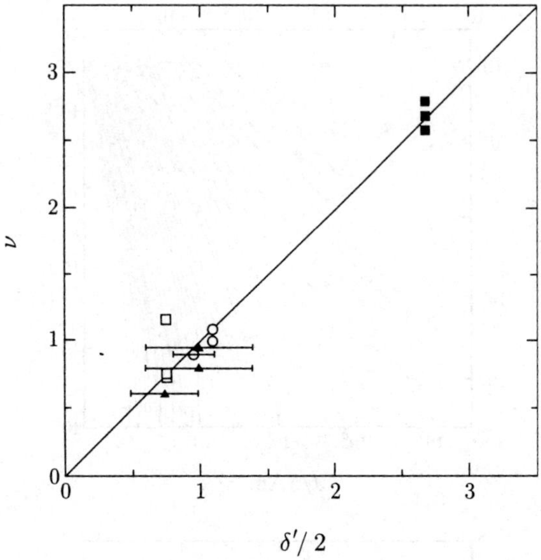


**图 8.4** $\nu$ 和 $\delta'/2$ 的关系：Bi-2223 带材(空心圆圈)，Bi-2212 带材(实心三角)，浸涂带材(实心方块)和 Y-123 薄膜(空心方块)[7]. 直线为 $\nu=\delta'/2$

因此，$E$-$J$ 曲线的标定可以用磁通蠕动或者流动的机制来解释. 图 8.5 给出了标度的一个例子，并且在图 8.6 中将相变线及临界指数的理论结果与实验结果作了比较[11].

从实际应用的角度来看，不可逆线 $T_i(H)$ 或者 $H_i(T)$ 与 G-L 相变线的特征相同，但由不同的标准确定，即温度或磁场，在其中使用适当电场标准得到的临界电流密度减小到某阈值. 因此，G-L 相变线和不可逆线之间联系紧密. 不可逆场只能用磁通蠕动机制来解释，如同 8.5 节中的描述一样. 与不可逆磁场相似，G-L 相变磁场受到电场水平的强烈影响，并由这一电场决定[12,13]. 图 8.7 给出了 70K 时，很宽的电场范围内 Bi-2223 带材的 $E$-$J$ 曲线[14]，从图中可以看出，即使在某电场水平下 $\log E$-$\log J$ 曲线是表示玻璃态的凹面向上的，当电场水平很小时，它会转变成表示液态的凹面向下型. 这一行为与将在 8.5 节进行详细讨论(参考图 8.43)的不可逆场-电场相关. 70K 时的标定参数为：高电场区域有 $\mu_0 H_g=310\text{mT}$，$\nu=0.68$ 和 $z=9.5$；低电场区域有 $\mu_0 H_g=56\text{mT}$，$\nu=0.80$ 和 $z=14.5$[15]. 因此，不仅转变点而且临界指数都随着电场发生变化. 在 Y-123 薄膜中也可以观察到一个相似的变化[13]，当 $B=0.25\text{T}$ 时，在高电场区域可以得到 $T_g=88.4\text{K}$，$\nu=1.4$，$z=8.2$，而低电场区域可以得到 $T_g=56.6\text{K}$，$\nu=0.6$，

$z=22.5$. 这一特征被认为是由 TAFF 机制和磁通钉扎强度的不均匀分布引起的.

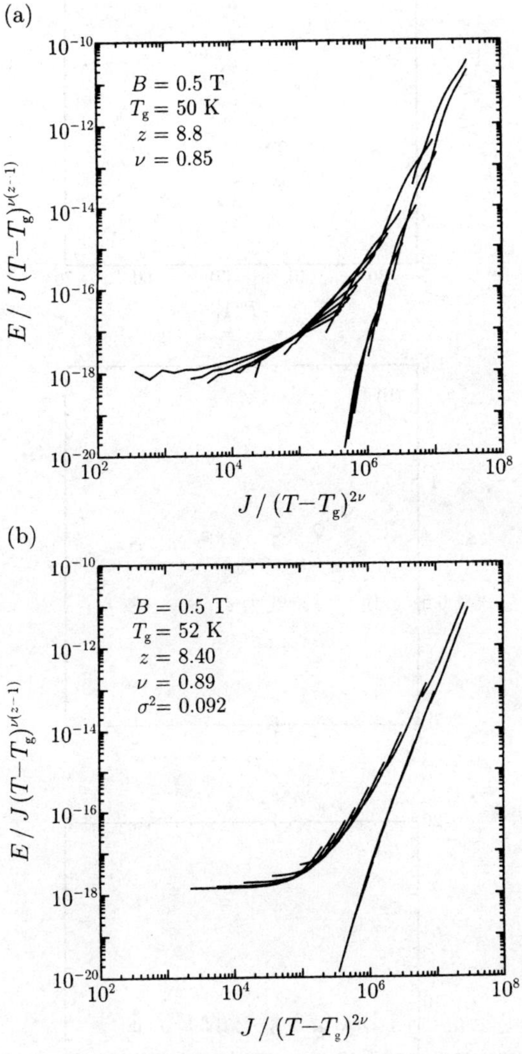


**图 8.5**　在沿 $c$ 轴且 $B=0.5\text{T}$ 的磁场下，Bi-2223 带材的 $E$-$J$ 曲线标度[11]：磁通蠕动-漂移模型的(a)实验结果和(b)理论结果. 与精确标度的微小误差可能是由于银电阻不完全补偿(imperfect compensation)造成的

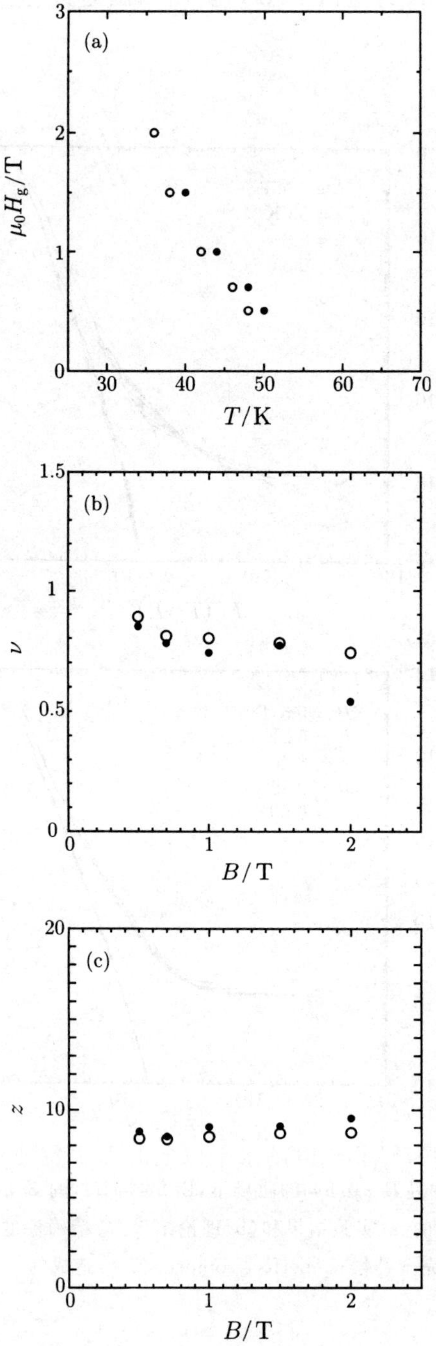


**图 8.6** 图 8.5 所示 Bi-2223 带材的(a)相变线,(b)静态临界指数和(c)动态临界指数[11].实心和空心符号分别代表磁通蠕动-漂移模型的实验结果和理论结果

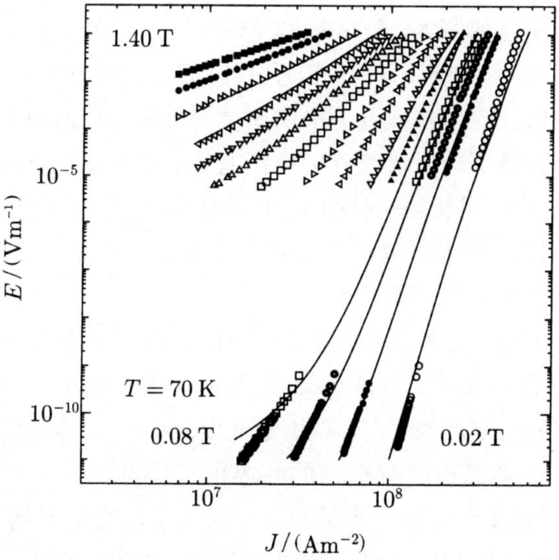


**图 8.7**　70K 下 Bi-2223 带材的 $E$-$J$ 曲线[14]. 分别采用四引线法和直流磁化弛豫在高低电场下进行测量. 实线是磁通蠕动-漂移模型的理论结果

因为相变与电场水平或者观察时间相关,使用不同测试方法得到的磁通线相图是不同的. 例如,在电场为 $1\times10^{-4}\,\mathrm{Vm^{-1}}$ 的电阻法测试中,当磁通密度 $B=1\mathrm{T}$时,磁通线平均速度是 $0.1\mathrm{mms^{-1}}$. 而用电场为 $1\times10^{-10}\,\mathrm{Vm^{-1}}$ 的磁化法测试时,磁通线的平均速度则只有 $0.1\mathrm{nms^{-1}}$,或一年内只有 3mm 的位移. 后一种情况下,在一个很短的时间内,很难搞明白磁通线是否发生了移动. 在另外一些相变中也会发生类似的情况.

在这一相变中,如果忽略磁通线熔化的影响[3, 7],可以从理论上解释由钉扎引起的磁通线无序随着温度从转变点 $T_g$ 开始升高而显著地减小,磁通线接近完美的磁通线格子. 这一预期与利用 Lorentz 显微镜观察到液态时的磁通线相同[16]. 实际上,相变点附近磁通线的行为受到钉扎强度的空间分布的强烈影响,利用电阻法观察到的 $10^{-4}\,\mathrm{Vm^{-1}}$ 电场水平以上的 $E$-$J$ 特征和它们的标度,可以用逾渗(percolation)模型很好地解释[17],这一模型中,热激发磁通运动可以用有效的磁通漂移来描述. 8.4.4 小节将具体讲述逾渗模型.

## 8.2.3　有序-无序相变

由 $U_E$ 和 $U_p$ 确定的相变属于有序-无序相变. 这一相变的特征之一是在平行于 $c$ 轴的磁场中临界电流密度的峰值效应. 在三维超导体例如Y-123中,开始出现峰值效应的相变场,随着钉扎变强而减小,如图 7.41 所示.在金属和高温超导体中这是一个普遍的行为. Brandt 和 Mikitik[18] 利用类似于熔化相变中的 Lindemann 标准计算了相变线.关于磁通钉扎,假定在高温下每一个由多条磁通线组成的磁通束被钉扎,但在低温下采用单个涡旋钉扎机制.相对应的磁通线形变为剪切,低场和高场下的磁通线分别被预期为晶格状布拉格-玻璃态和非晶状涡旋-玻璃态.预期这一相变是一阶的.尽管从图 7.41 可以看出这一相变的宽度很宽,这被认为由样品内非均匀钉扎强度和磁场分布引起.观察伴随有峰值效应[19]的历史效应可知这是一阶相变.

另外,二维 Bi-2212 表现出在沿着 $c$ 轴的低磁场下一个尖锐的峰值效应,如图 8.8 所示[20].峰值场几乎与温度无关.通常磁化测量用于有限尺寸样品,因此整个样品中不均匀的磁场导致了某些相变宽度.利用 Campbell 方法,图 8.9 给出了过饱和 Bi-2212 单晶中的观察到的临界电流密度,这一方法是在开始时沿着 $c$ 轴方向的直流磁场上叠加一个沿着 $a$-$b$ 面的小的交流磁场[21].发现临界电流密度不随着磁场连续变化.另外,在相同的温度和磁场条件下,相应于不同的临界电流密度存在两个稳定的状态.这证明相变是一阶的.两个状态之一是磁通线发生微形变和钉扎弱化,如图 8.10(a)所示.这一状态自低磁场延续.另一个状态中磁通线发生相当大的形变且被强烈地钉扎,且在高磁场下获得.这表明弹性能量和钉扎能的联合产生一个双势阱.这将产生如图 8.9 所示的结果.在一个足够低的温度下,随着峰值效应的消失临界电流密度剧烈增加.这似乎是单势阱形成所带来的结果,如图 8.10(b)所示,这一现象归因于随低温下凝聚能的增加钉扎能的快速增强(参考图 8.55).

这一测量可行的原因是,对沿 $c$ 轴方向直流磁场的屏蔽效应被垂直叠加到直流场上的一个小交流磁场所抵消,如图 3.14 所示,从而导致均匀直流磁场的穿透.这种相变也是有序-无序相变的一种,且其发生伴随着磁场增强导致的磁通线发生从三维到二维的转变.如图 8.11 中的阴影区域上方所示,低温区域中,平行于 $c$ 轴的磁场中会发生中子衍射花样消失的现象,从这一实验结果可以推导出维数的转变[22].沿着磁通线的长度方向,磁通线发生一个相关的形变,即发生一个弯曲.图 8.12(b)所示的相互作用距离 $d_{\mathrm{i}}$,在相变场发生剧烈的变化;但图 8.12(a)所示的 Labusch 参数 $\alpha_{\mathrm{L}}$ 没有发生明显的变化[21].这表明,由于转变的发生,磁通线变得很柔软,导致解除钉扎(depinning)阈值的增加,尽管钉扎势的形状没有发生明显的变化.这支持有序-无序相变对峰值效应起源的解释.这些图中的短划线给出了点缺陷集体钉扎的理论预期 $\alpha_{\mathrm{L}}\propto B^{3/2}$ 和 $d_{\mathrm{i}}\propto B^{-1/2}$,以供对比.

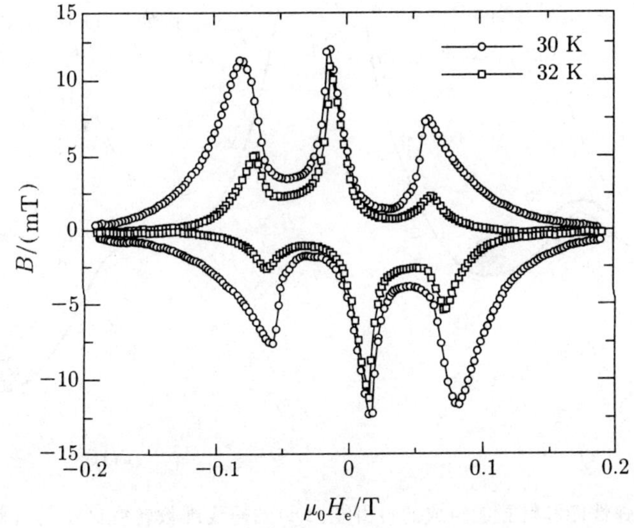


**图 8.8**　用小霍尔探头(small Hall probe)测量 Bi-2212 单晶中局域磁通密度[20]

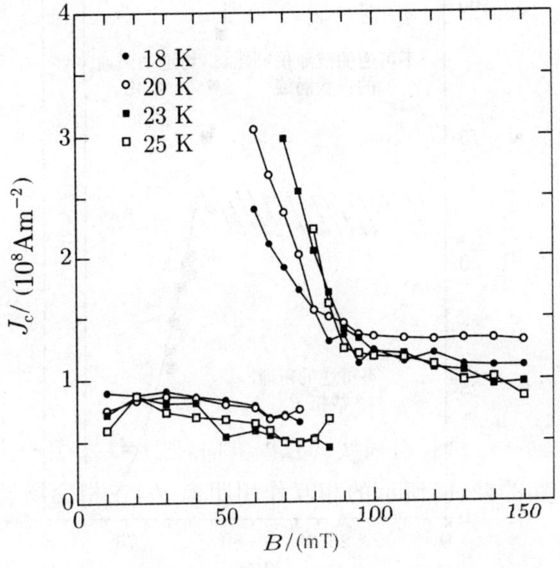


**图 8.9**　Campbell 法测量 Bi-2212 单晶的临界电流密度[21]

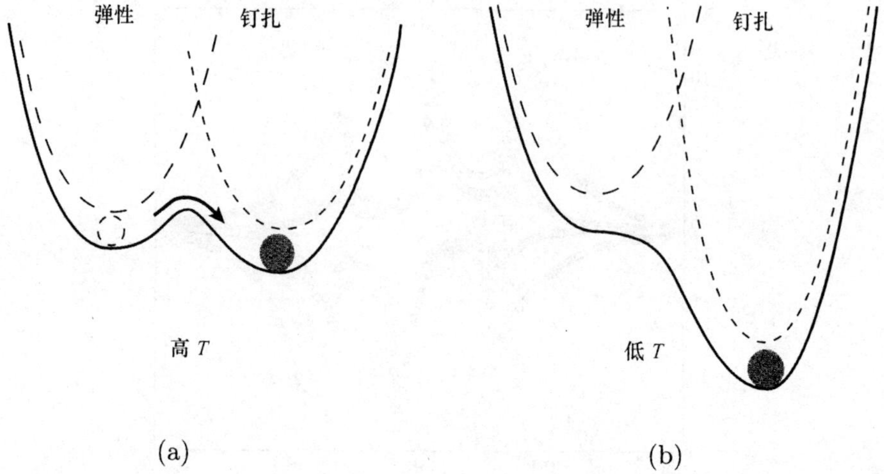


**图 8.10** 由弹性能和钉扎能组成的自由能：(a)磁通线维数转变区中具有双稳态的双势阱；(b)低温下强钉扎产生的单势阱

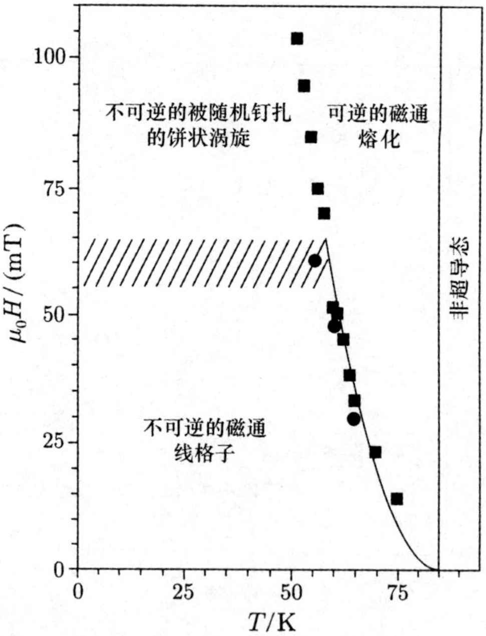


**图 8.11** Bi-2212 单晶的磁通线相图. 在比阴影区域更高的磁场中，磁通线的中子衍射花样消失，表明磁通线转变成二维的饼状涡旋[22]

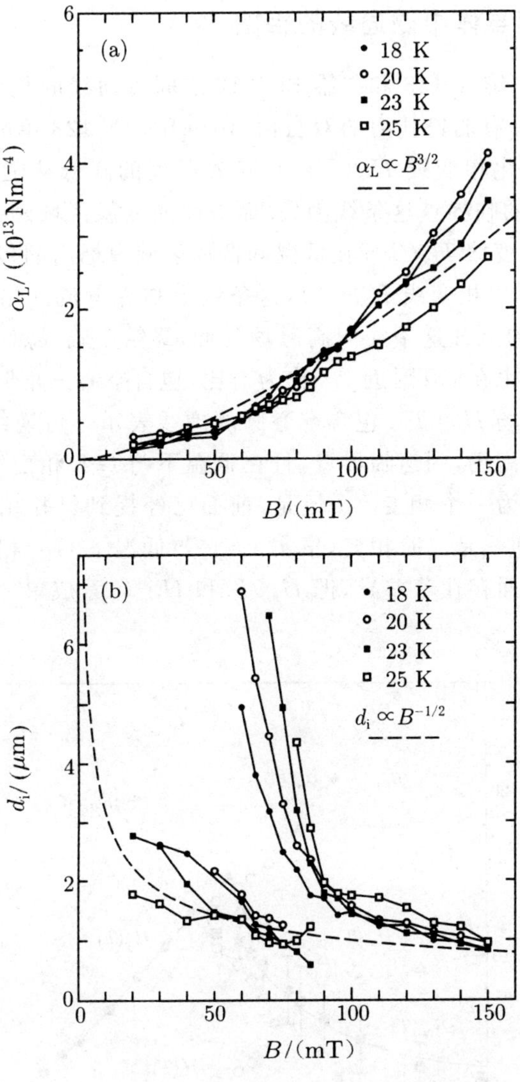


**图 8.12** 在与图 8.9 中 Bi-2212 一样的单晶中：(a)Labusch 参数；(b)相互作用距离[21]. 图中短划线分别表示点缺陷集体钉扎的理论预期 $\alpha_L \propto B^{3/2}$ 和 $d_i \propto B^{-1/2}$

在各向异性参数非常大的严重欠掺杂的 Bi-2212 超导体中没有观察到特征性的峰值效应. 对于这些超导体来说转变场非常低. 因此，通常认为峰值效应的消失是由低场中彼此孤立的磁通线被高效地钉扎这一原因引起的，甚至在发生转变时钉扎效率也没有得到更大的提高.

### 8.2.4 各种超导体中磁通线的相图

如上所述，三维 Y-123 和二维 Bi-2212 之间磁通线的相图有微小的不同. 图 8.13 展示了具有弱钉扎力的双自由(twin-free)Y-123 单晶的相图[23]. 含实心圆的实线是熔化相变线 $H_m(T)$，它随着温度的降低从临界温度下降到高场. 在 73K 附近的临界点这条线消失. 而由此向低温区域延伸的、含实心三角的虚线是 G-L 相变线 $H_g(T)$. 在低温和低场区域中标出的包含有实心正方形的实线是有序-无序相变线 $H_{dis}(T)$，这条线上临界电流开始随着磁场增加而增加. 随着温度的上升这条线向高磁场延伸，终结于临界点. 预期磁通线的维度转变可能会发生在80T附近[23]. 作为对比，包含空心三角形的虚线表示临界电流密度的峰值场 $H_{pk}(T)$. 包含空心圆的虚线表示不可逆线 $H_i(T)$，随着温度的降低延伸向高场，到达临界点，且在低温下与 G-L 相变线相遇. 原文中并未将不可逆线视为一个相变[23]. 但是，前面已经提到钉扎相干长度偏离于该线，这表明不可逆线是二阶相变，事实上，它与低温下 G-L 相变吻合. 因此，尽管由于定义不同而存在着差异，把 $H_g(T)$ 和 $H_i(T)$ 看成单一的相变曲线似乎较为合理.

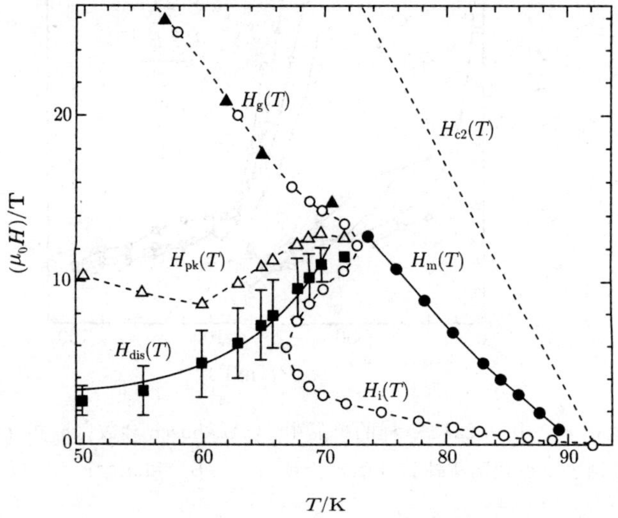


**图 8.13** 双自由 Y-123 单晶的磁通相图[23]. $H_{pk}$是临界电流密度达到峰值时的磁场

$H$-$T$ 面中，在低于 $H_{dis}(T)$ 和 $H_i(T)$ 区域磁通线处于布拉格-玻璃(Bragg-glass)态，在 $H_{dis}(T)$和 $H_g(T)$之间区域处于涡旋(vortex)玻璃态，在高于$H_g(T)$和 $H_m(T)$的区域处于涡旋液体态. 文献[23]认为在 $H_i(T)$和 $H_m(T)$

之间的区域磁通线属于布拉格-玻璃态. 但是,因为钉扎相干长度的偏离,把它看成晶体(crystalline)相(Abrikosov 涡旋态)比较合理[24].

如果磁通钉扎变得很强,熔化相变线 $H_m(T)$ 不会发生明显的变化,但是不可逆线 $H_i(T)$ 移向更高的温度,且与熔化相变线合并. 结果,$H_m(T)$ 和 $H_i(T)$ 的交叉点,即临界点($H_{cp}$)朝着高温和低场的方向移动,如图 8.14(b)所示[24]. 有序-无序的相变线 $H_{dis}(T)$ 随着临界点移动. 如果磁通钉扎强度有更大的增加,临界点到达临界温度,熔化相线消失,且 G-L 相变线 $H_g(T)$ 趋向临界温度,如图 8.14(c)所示. 有序-无序相变线 $H_{dis}(T)$ 也到达临界温度.

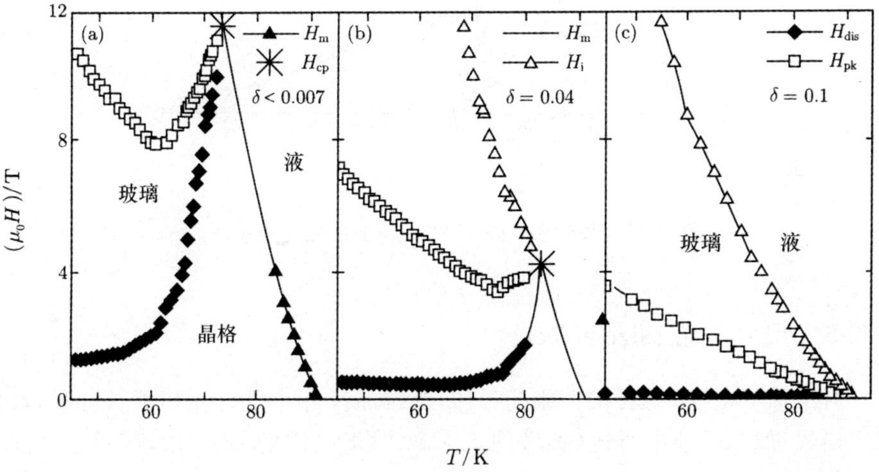


**图 8.14** 通过增加氧缺陷 $\delta$ 而增强钉扎力强度,以使带有孪晶界的 Y-123 单晶中磁通线的相图发生变化[24]

图 8.15 展示了最佳掺杂的大多数二维 Bi-2212 超导体单晶中磁通线的典型相图[25]. 这基本与具有弱钉扎力的 Y-123 单晶相似,除了来自于磁通线维度转变的有序-无序相变和几乎与温度无关的相变场. 低温下有序-无序相变场约为 80 mT,如此低的值也是 Bi-2212 的一个特征. 对于欠掺杂状态下各向异性参数相差很大的样品来说,它的值变得很低. 事实上,它由 $\mu_0 H_{dis} = \phi_0/(\gamma_a s)^2$ 来确定[26]. 图 8.15 中定义 $H_i$ 为温度升高和降低时观察到的 $M$-$T$ 曲线合并时的磁场,但是定义 $H_F$ 为增强和降低的场中观察到的 $M$-$H$ 曲线合并时的场. 因此,在 $H_i$ 和 $H_F$ 之间区域仍保有一些磁通钉扎效应. 这一差值可能由测试时电场强度的差别引起. 在 $M$-$T$ 测量中电场强度与 $\mathrm{d}M/\mathrm{d}t = (\mathrm{d}M/\mathrm{d}H)(\mathrm{d}H/\mathrm{d}t)$ 成正比,而该值比在 $M$-$H$ 测量中得到的 $\mathrm{d}H/\mathrm{d}t$ 值小三个数量级,见 8.5.3 小节. 但是,至今仍然没有最终定论. $H_{dp}$ 是有强钉扎力的 Bragg 玻璃态和有弱钉扎力的

Abrikosov 涡旋态之间的边界. 临界点以上这个线与不可逆线一致.

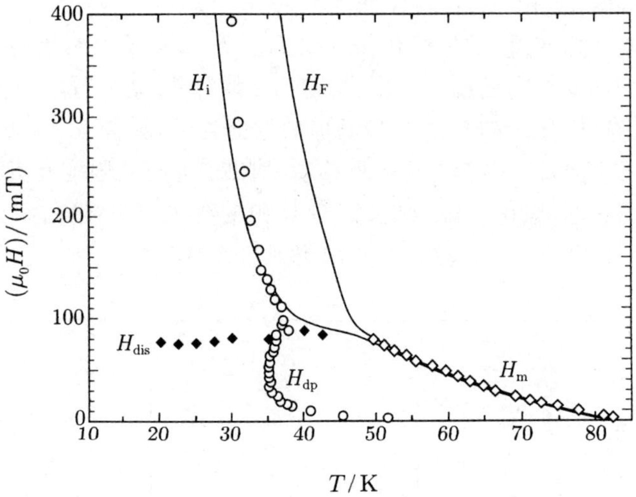


**图 8.15** 最佳掺杂的 Bi-2212 单晶的磁通线相图[25]

## 8.2.5 尺寸效应(size effect)

对于像 Sm-123 这样的三维超导体,当样品尺寸小于钉扎相干长度时,峰值效应消失,如 7.6 节中所述(参考图 7.42). 对于二维的 Bi-2212,薄膜厚度变小时峰值效应也消失,这将在 8.4.2 小节进行详细的描述. 但是,这种情况下,临界厚度不等于量级为 10$\mu$m 的钉扎相干长度,而是小于 1$\mu$m[27]. 这种尺寸效应以及它与二维、三维超导体的差别将在 8.4.2 小节给予更详细的描述. 结果显示,样品变小时有序-无序相变自己消失,这已在 7.6 节中给出.

如上所述,G-L 相变起源于决定不可逆线的磁通线的热激发. 因此,在磁通蠕动和漂移的理论模型中,相变线及其附近磁通线的行为都可以用 $E$-$J$ 的特征形式表示出来. 这一描述的重要参数是 7.7 节中讨论的钉扎能 $U_0$. $U_0$ 与方程(7.97)和(7.99)中的超导体的尺寸有关. 因此,G-L 相变也受到样品尺寸的影响,对于小于临界尺寸的超导体,其相变场或者相变温度的减小就很容易得到解释. 相关的临界尺寸等于钉扎相干长度,与超导体的维度无关,与二维超导体中的有序-无序相变的临界尺寸不同. 这一不同将在 8.4.2 小节给予讨论.

一般认为,熔化相变也受到超导体尺寸的影响. 但是,至今为止还没有详细的理论解释.

磁通线的相图应当用温度、磁场和磁通钉扎强度的三维轴表示出来,如同上面的讨论一样. 影响相图的另外一些因素是超导体的维度和尺寸以及电场强度.钉扎中心的类型也是其中的一个因素.对液相的更详细的讨论目前也在进行中.

### 8.2.6 其他理论预期

以下是从磁通线相图的基础出发而比较容易预言的一些特征.

首先要说明的是从临界点出发伸向更高温度和更低场的不可逆线是二阶的 G-L 相变.需要用实验结果对这一推测进行证明,如 $E$-$J$ 曲线标度.

这一预期意味着从临界温度开始的熔化相线和 G-L 相变在临界点相遇,这种情况下钉扎强度并不高. G-L 相变线从临界点延伸到更高磁场区域,照理熔化相线也应当用一个相似的模式延伸,但实际上却是低于 G-L 相变线[3].这一区域磁通线发生从晶格状态到无定形态的变化,因此认为观测比较困难[2].但是对于具有较大各向异性参数的欠掺杂的 Bi-2212 样品来说,在低于不可逆场的磁场中则可以观察到熔化相变,如图 8.16 所示[28].然而,由于可能存在很强的表面钉扎,这将导致表面不可逆场大于块材中的不可逆场.因此,对相似的欠掺杂 Bi-2212 单晶的电流分布进行测试,可以发现电流没有被局限于表面区域,而是相当均匀地穿过整个样品[29].因此,文献[28]中的假设是合理的.结果表明,有可能在低于临界点的温度区域观察到熔化线.需要更多的实验来确定该预期正确与否.

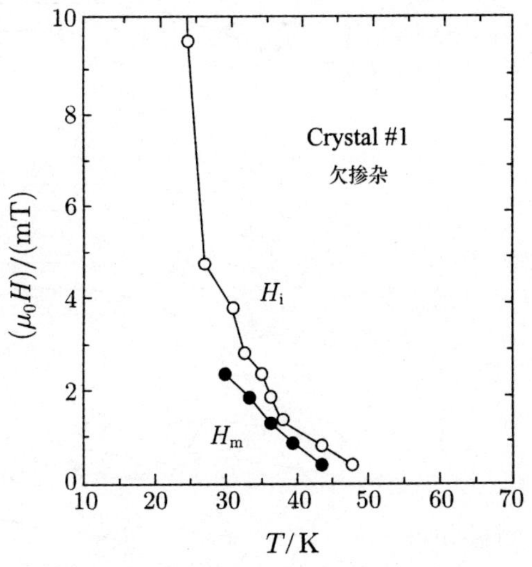


**图 8.16**　欠掺杂 Bi-2212 单晶的不可逆线和磁通熔化相变线[28]

## 8.3 晶粒边界的弱连接

在发现高温超导体以后，人们紧接着制造出烧结的 Y-123 超导体，发现在该超导体中用四引线法(resistive four terminal method)测得的临界电流密度要远低于用磁滞法(magnetization hysteresis)测得值. 烧结的样品是多晶结构，传输电流受到晶粒边界的严格限制，但单晶结构的晶粒内部却流动着一个相当高密度的闭电流.

随后几年，人们利用熔化工艺(melt process)成功地合成了由大单晶构成的 Y-123 块状超导体，以及在织构化基底上生长出高取向性的 Y-123 涂层导体. 这些超导体中的弱连接有了很大的改善.

图 8.17 中展示了晶界处典型的晶轴取向位错(misorientation). 高温超导体中的晶界比金属超导体中的晶界带来更大限制的主要原因是短的相干长度和低的载流子密度，这些因素限制了隧穿晶界的超导电子的数量. 另外一个原因是超导电性的 d 波对称性：超导电子对隧穿晶界的可能性随着晶粒之间取向位错夹角的增加而减小. 对各种无序(例如局域应力和掺杂)高度敏感的超导电性所

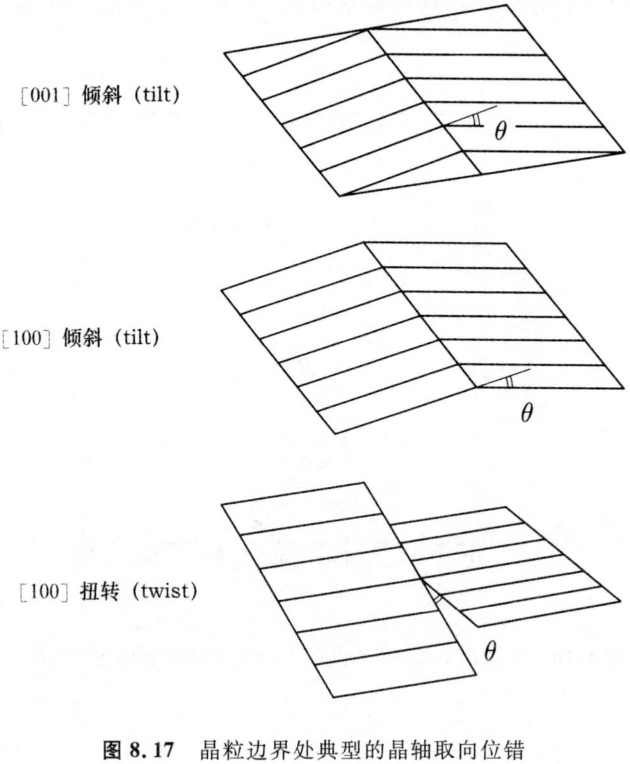


**图 8.17** 晶粒边界处典型的晶轴取向位错

引起的高隧穿势垒也是原因之一.由于这一原因,在大多数晶粒边界处,超导电性会发生退化.例如,小取向位错角的[001]倾斜边界可以看做一系列刃位错,可以做这样一个推测[30]:由于强烈的应力、化学计量的局部偏离以及空穴浓度的变化,位错核心处超导电性将会消失.此外人们认为[31],由于有效功能的局域变化和/或杂质原子的存在,电子带结构发生弯曲,边界变得绝缘.

如果用 $\theta$ 表示晶粒边界的取向角,临界电流密度一般应遵从

$$J_c \propto \exp\left(-\frac{\theta}{\theta_0}\right), \tag{8.14}$$

如图 8.18 所示[32].对于[001]和[100]倾斜边界,$\theta_0$ 取值为 4～5°.另外,它的值稍微低于[100]扭转边界的值.因此,随着取向角度的增加,临界电流密度迅速减小.因此,晶轴取向的方向是很重要的,尤其是 $c$ 轴.上面提到的 Y-123 块材和涂层导体是通过晶轴取向来提高临界电流特性的例证.

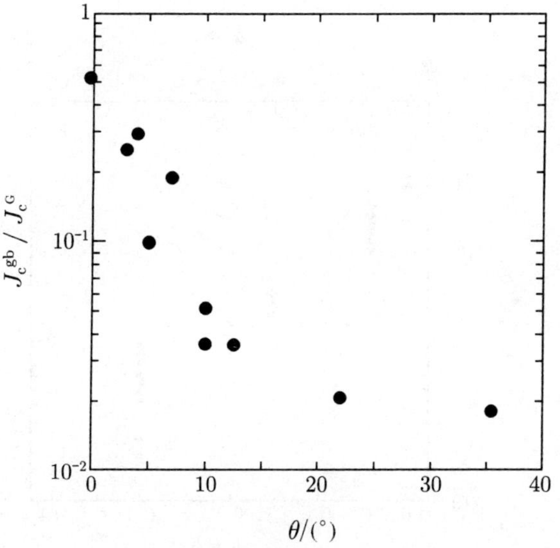


**图 8.18**　4.2～5.0K 无磁场情况下 Y-123 薄膜中[001]倾斜晶界的临界电流密度与取向角度之间的关系[32]

另外,最近有报告称可通过 Ca 掺杂来提高弱连接特性.图 8.19(a)给出了 4.2K下 24°[001]倾斜晶界角时,在 STO 基底上生长的$Y_{1-x}Ca_xBa_2Cu_3O_{7-\delta}$薄膜中临界电流密度与 Ca 浓度的关系[31].这一结果表明,通过掺杂更多的 Ca,低温区域的临界电流密度可以有很大的提高.这可理解为是用 Ca 代替 Y 的过掺杂 $CuO_2$ 面,且由于 $Ca^{2+}$ 比 $Y^{3+}$ 价态低而引起的晶界处内在势能降低的结果.图

8.19(b) 展示了相同边界的非超导态的阻值，电阻随着 Ca 浓度增加而急剧减小. 这表明通过 Ca 掺杂提高了边界的输运效应.

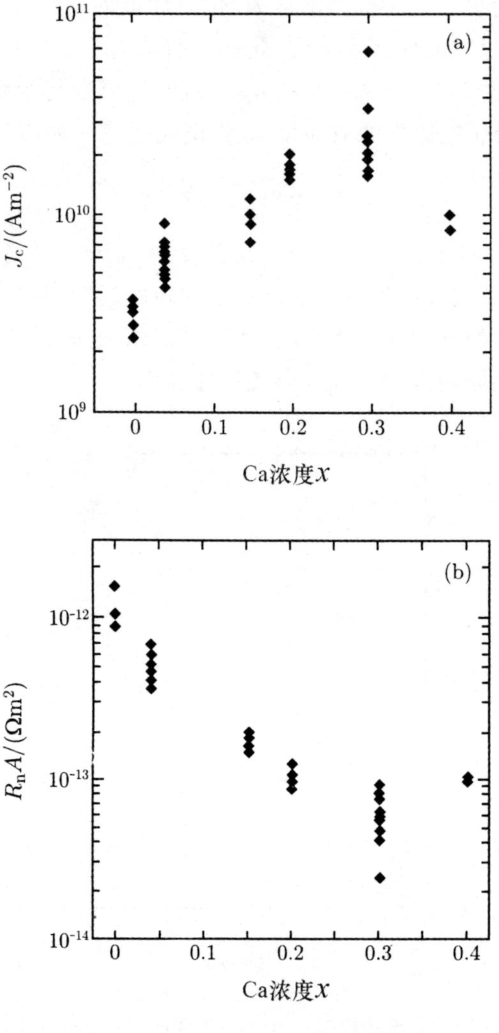


**图 8.19** $Y_{1-x}Ca_xBa_2Cu_3O_{7-\delta}$薄膜中 24°[001]倾斜晶粒边界：(a) 4.2K 下临界电流密度；(b) 非超导态阻值与 Ca 掺杂浓度的关系[31]

但是，这一方法产生的问题是 Ca 取代 Y 以后临界温度出现降低. 尽管低温下临界电流密度有很大的提高，但在如 77K 的高温下，临界电流密度的提高却不明显. 因此必须使掺杂条件最优化. 例如，人们认为有效的方法是在 Y-123 薄膜上沉淀(Y,Ca)-123 薄层，然后通过连续热处理法使得 Ca 扩散进晶界[33]. 晶界处 Ca 的扩散常数(diffusion constant)为晶体内部 Ca 扩散量的 $10^3$ 倍，因此这一方法仅允许 Ca 在晶粒边界扩散. 故可以认为这一方法仅提高晶界的弱连接特性,但又不减小整个超导体的临界温度.

## 8.4 电磁特性

高温超导体有与金属超导体相似的电磁特性: 大多都可以用临界态模型来描述,但是对于小于 Campbell 交流穿透深度的超导体来说,由于磁通线的可逆运动,其符合 Campbell 模型,却与临界态模型有偏离. 但是,高温超导体存在一些固有的电磁特性,本节将给予介绍.

### 8.4.1 各向异性

高温超导体由超导层和几乎绝缘的阻隔层组成,这导致临界电流密度存在较大的各向异性. 也就是说,沿着 $c$ 轴流动的临界电流密度 $J_c^c$ 远远小于 $a$-$b$ 面中的 $J_c^{ab}$ 值. 对于大多数二维超导体来说则存在更大的各向异性.

不仅如此,即使沿相同方向流动,临界电流密度也会受到磁场方向的影响而取值不同,如图8.20所示[34]. 通常磁场平行于 $c$ 轴时的临界电流密度小于磁场在 $a$-$b$ 面时的临界电流密度. 这源于 8.1 节提到的超导电子团的各向异性,图中

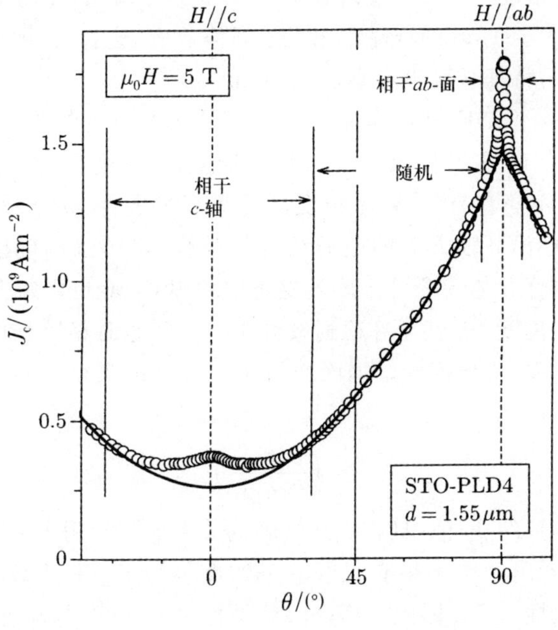


**图 8.20** 沉积在 MgO 单晶基底上的 Y-123 脉冲激光沉积(PLD)薄膜中临界电流密度的磁场各向异性(75.5K,5T)[34]. 实线表示各向异性参数 $\gamma_a=5$ 时电子团的理论预期

实线表示在有效磁场下的理论预期，Y-123 超导体中 $\widetilde{H}=H\varepsilon(\theta)$，$\varepsilon(\theta)=(\cos^2\theta+\gamma_a^{-2}\sin^2\theta)^{1/2}$，其中 $\gamma_a=5$. 在 8.6.1 小节将解释在 $\theta=0°$ 和 90°时与理论偏离的原因. 高场下，不可逆场的效应使得各向异性变得更加明显.

电磁现象也存在各向异性，而且由于临界电流密度的各向异性变得更加复杂. 例如，$a$ 轴方向磁场中的磁化电流沿超导体的 $b$ 轴和 $c$ 轴方向流动. 因此描述磁化就必须要扩展 Bean 模型，使其考虑到各向异性的临界电流密度. 当交流磁场作用在各向异性明显的 Bi 系超导带材时，交流损耗主要仅由交流磁场的 $c$ 轴分量决定. 因此当用这种超导带材绕成线圈时，线圈中心部分和边缘部分的磁场方向是不同的，这导致不同部分的临界电流密度和损耗密度存在很大差异.

## 8.4.2 维数引起的尺寸效应的不同

如 8.2 节所述，对于不可逆场也就是 G-L 相变场，对于 Bi-2212 和 Y-123，超导体的临界尺寸等于由方程(7.92)确定的虚拟钉扎相干长度 $L_0$，与超导体的维数无关. 8.5 节将对其进行详细的解释. 另外，在二维 Bi-2212 中与峰值效应相关的有序-无序相变的临界尺寸远远小于钉扎相干长度，该钉扎相干长度由 7.6 节中三维 Sm-123 的钉扎相干长度给出. 图 8.21 给出了不同厚度的Bi-2212单晶样品的临界电流密度[27]. 人们发现在厚度小于 0.5μm 的样品中观察不到峰值效应，而在厚度大于 1μm 的样品中出现了峰值效应. 这表明，即使磁通线发生维度的转变时，它的特征长度也不小于 0.5μm.

图 8.22 展示了 20K 时，相同样品中不可逆场与厚度的关系[27]. 不可逆场随厚度单调增加，似乎在临界尺寸 $L_0$ 时达到饱和，$L_0$ 值可能超过 10μm. 因此，Bi-2212 中 G-L 相变和有序-无序相变的临界尺寸是不同的. 另外一个例子是 Bi-2212 超导体中沿 $c$ 轴方向的磁通线的长耦合，与饼状涡旋模型的假设有偏差. 图 8.23(a)展示了在平行于 $c$ 轴的磁场中利用 Campbell 方法得到的 Bi-2212 单晶的钉扎相干长度[35]. 甚至在磁通线处于二维状态时相干长度也大于 10μm，且随着磁场强度和/或温度的增加而增加. 图 8.23(b)展示了钉扎相干长度的理论预期

$$L=\left(\frac{Ba_{\mathrm{f}}}{2\pi\mu_0 J_{\mathrm{c}}}\right)^{1/2}, \tag{8.15}$$

其中替换了观察到的 $J_c$ 值，且将点状缺陷的关系 $\zeta=2\pi$ 用于方程(7.75)的相互作用距离. 可以看出两个结果有很好的一致性. 对于三维 Y-123 超导体也可以得到相似的一致性[36, 37]. 因此方程(8.15)是普遍成立的，与超导体的维度无关. 图 8.24(a)和(b)给出表现出峰值效应的 Y-123 单晶作为例证[38]，在临界电流密度取最小值和最大值的磁场中 $L$ 分别取最大值和最小值.

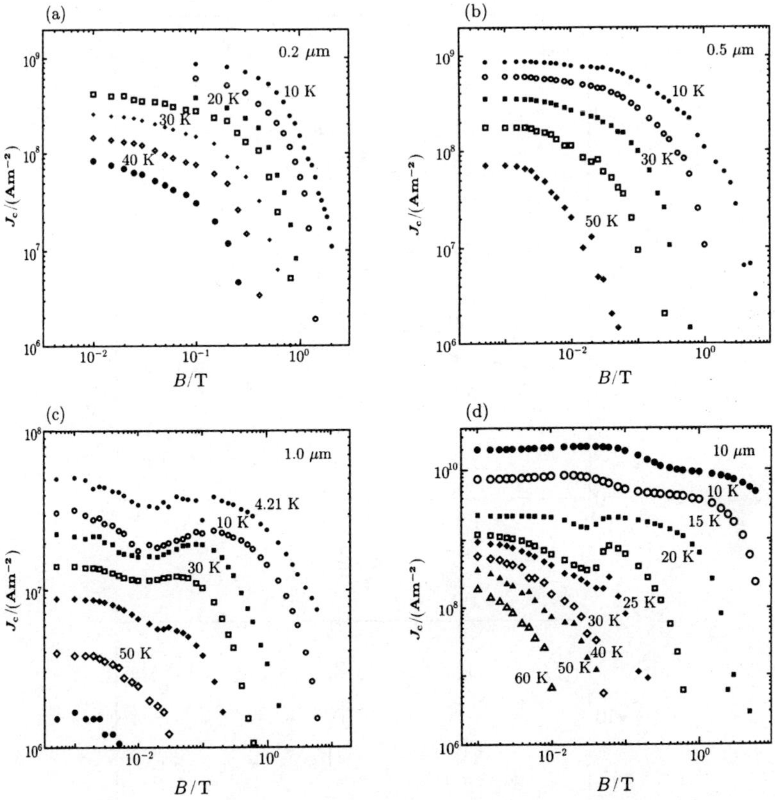


**图 8.21**　不同厚度的 Bi-2212 单晶样品的临界电流密度[27]

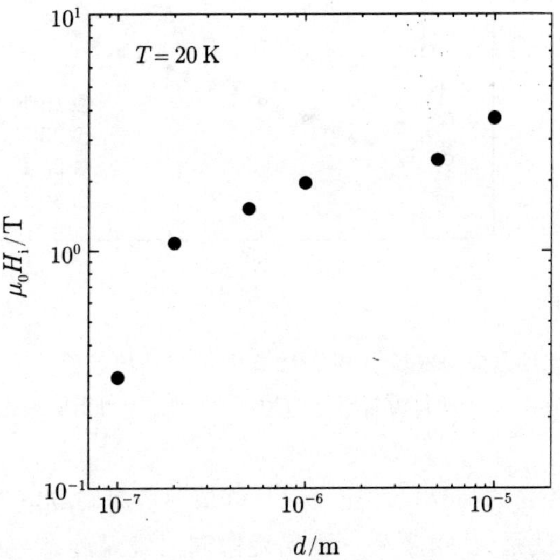


**图 8.22**　与图 8.21 所示相同的 Bi-2212 样品在 20K 下不可逆场随厚度的变化情况[27]

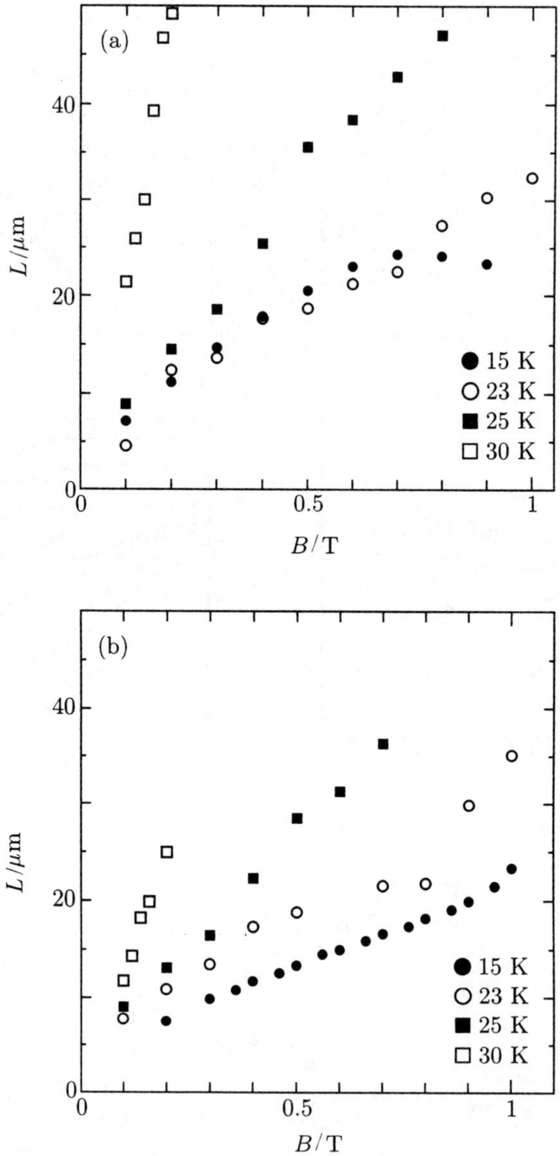


**图 8.23** 沿着 $c$ 轴方向的磁场中 Bi-2212 单晶的钉扎相干长度[35]：(a) Campbell 法得到的实验结果；(b) 通过方程(8.15)用观察到的 $J_c$ 得出的理论推测

磁通线维度转变的临界尺寸也可以从峰值效应时临界电流密度的不连续变化率估算出来. 也就是说，由于从三维涡旋态到二维涡旋态，临界电流密度近似增加了 4 倍，虚拟临界电流密度 $J_{c0}$ 也假定按照这一倍数增加. 因此，集体钉扎的

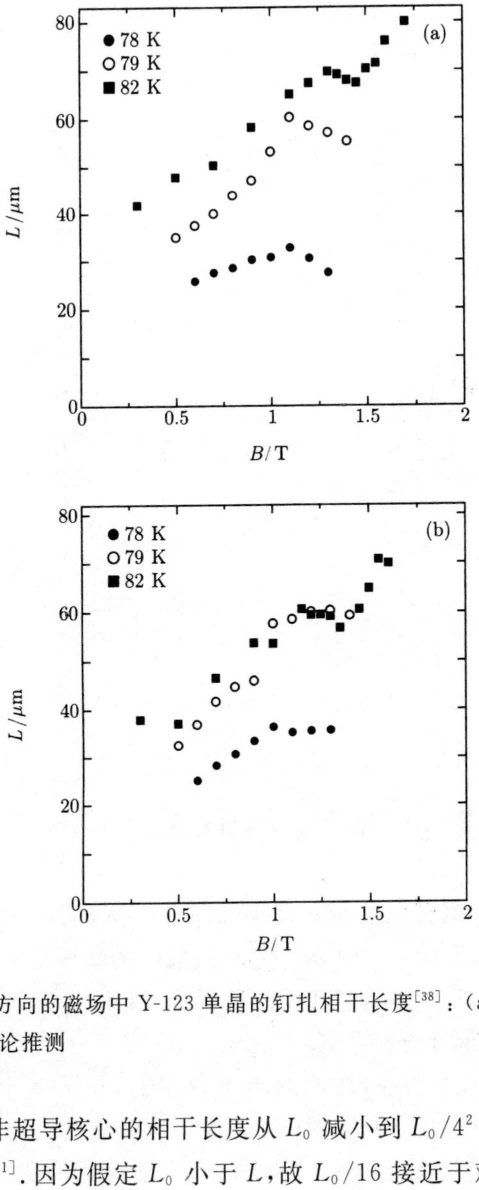


**图 8.24**　沿着 $c$ 轴方向的磁场中 Y-123 单晶的钉扎相干长度[38]：(a) Campbell 法得到的实验结果；(b) 理论推测

机制表明，涡旋内非超导核心的相干长度从 $L_0$ 减小到 $L_0/4^2=L_0/16$. 观察到的 $L$ 值大约是 $35\mu m$[21]. 因为假定 $L_0$ 小于 $L$，故 $L_0/16$ 接近于观察到峰值效应的薄膜临界厚度是合理的.

大多数二维 Bi-2212 超导体中，磁通线非超导核心的临界尺寸同样由与峰值无关的实验中估算出来，因此临界尺寸可以估算. 这一取值表明 $CuO_2$ 平面中饼状非超导核心在沿 $c$ 轴方向并不是彼此独立的，而是在相当长的距离内是耦合的，甚至在二维超导体中也是如此. 另外在三维超导体中，例如 Y-123，不可逆场的临界尺寸与有峰值效应的临界尺寸一致，这表明外磁场和内部非超导核心的行为是一体的. 图 8.25 表明由于磁通线状态的不同,磁通线非超导核心和周围磁化结构之间形变也不同.

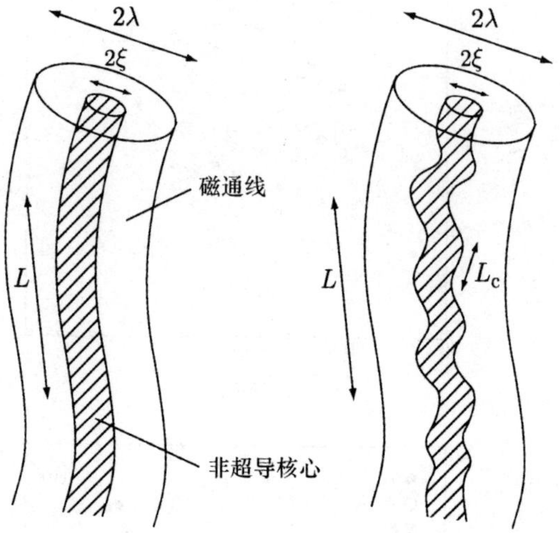


**图 8.25** Bi-2212 超导体中磁通线形变的示意图:(a) 低磁场下的三维态;(b) 高磁场下的二维态

按照 Vinokur 等人的理论[26],可以得到夹层(interlayer)耦合长度

$$r_{3D} \simeq (\gamma_a s a_f)^{1/2}. \tag{8.16}$$

代入 Bi-2212 的典型值,例如对于峰值场 $\gamma_a = 100$, $s = 1.5\text{nm}$, $B \simeq 0.1\text{T}$ ($a_f \simeq 150\text{nm}$),可以得到 $r_{3D} \simeq 0.15\mu\text{m}$. 峰值效应的临界尺寸约为 $0.5\mu\text{m}$ 量级,计算出的值比它稍小,但是具有相同的数量级. 因此,二维涡旋的非超导核心的特征长度可由夹层耦合长度给出.

但是对于小各向异性参数的三维超导体来说,方程(8.16)的夹层耦合长度取值很小,而与该临界尺寸有关的很多现象仍未观察到.

现在概括 Bi-2212 超导体在二维涡旋态中的特征长度. 在每次热激发的瞬间,磁通线的非超导核心与钉扎中心相互作用,沿着小于 $1\mu\text{m}$ 的特征长度 $L_c$ 发生形变,这个钉扎中心与不受磁通蠕动影响的虚临界电流密度 $J_{c0}$ 密切相关. 非超导核心外部区域的磁通线沿着长度 $L_0$ 发生形变. 因此当热激发发生时,这一长度磁通线上的片段发生约为 $a_f$ 的移动. 这样纵向磁通束的尺寸由 $L_0$ 来表示. 实验发现对磁通线移动情况求时间平均时,由于磁通蠕动使得临界电流密度降低到 $J_c$,同时钉扎相干长度增加到 $L$.

三维超导体中的纵向磁通束也用 $L_0$ 确定. 但是,如果样品尺寸小于 $L$,由于在确定 $J_c$ 的阶段钉扎相互作用之间存在一些弱干扰,钉扎效应取了一个较大的值,从而导致了峰值效应消失.

### 8.4.3　磁通蠕动

高温超导体经常在高温下使用,磁通蠕动效应往往会很强烈. 影响的强度与超导体的维度有关,并随之发生变化. 二维超导体中受到磁通蠕动强烈的影响,不可逆场会取一个很小的值. 图 8.26 给出了在固定归一化温度下的不可逆场与各向异性参数之间的关系[39]. 二维超导体中小的凝聚能密度产生极小的不可逆场. 如图 8.27 所示,二维超导体中阻隔层(block layer)较厚,其超导电性很弱,当磁场沿着 $c$ 轴平行作用时,只能产生很小的有效凝聚能密度. 这导致钉扎效果很弱.

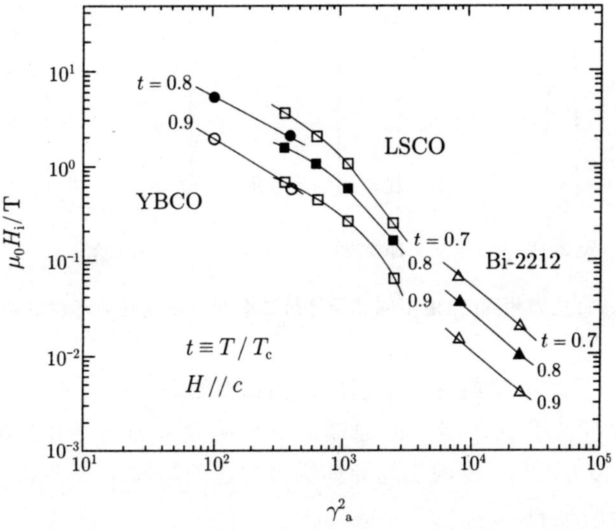


**图 8.26**　相同衰减温度情况下沿 $c$ 轴方向不可逆场与各向异性参数的关系[39]

另外一个凝聚能密度低的效果是磁通束横向尺寸减小. 如方程(7.93)中描述的一样,磁通束横向尺寸由磁通线的剪切模量 $C_{66}$ 确定,而 $C_{66}$ 又与磁通线格子的剪切能有关,也就是说,由于序参数结构的形变而使其能量增加. 由于序参数的平均值很小,二维超导体中 $C_{66}$ 是非常小的,从而导致磁通束横向尺寸也很小. 图 8.28 描述了在相同磁通钉扎强度的假定下,即在纵向大小相同的情况下[36],磁通束如何随着超导体的维数发生变化的情况.

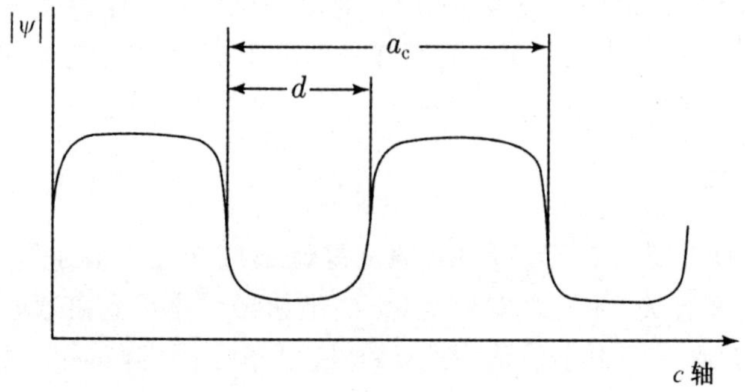


**图 8.27** 沿 $c$ 轴方向超导序参数的变化示意图

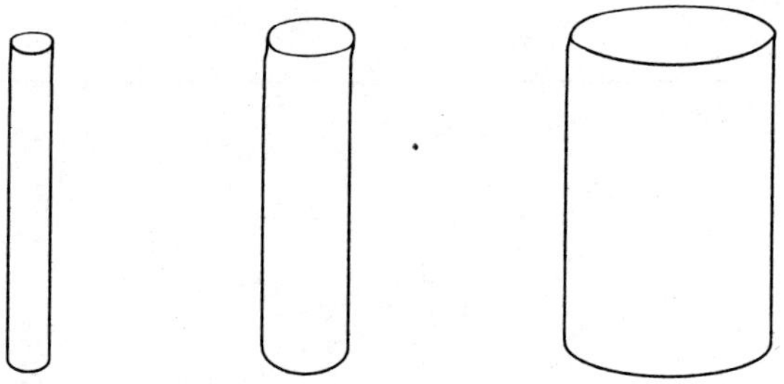


**图 8.28** 钉扎力相同时，由不同超导体维数引起的不同几何形状的磁通束[36]

如上所述，低的凝聚能密度引起弱钉扎和小的磁通束尺寸，最终都导致钉扎势能减小. 因此，二维超导体中磁通蠕动的影响是非常显著的. 方程(7.97)和(7.99)中 $U_0$ 的 $J_{c0}$ 和 $g^2$ 反映出超导体维度的这种影响. 8.5 节将有实例描述维度对不可逆场的影响.

## 8.4.4 *E-J* 曲线

与金属超导体相比，高温超导体中特征电磁现象之一是：方程(5.1)中的非常小的值 $n$ 表明 $E$-$J$ 曲线中临界点处电场逐渐升高. 这是由磁通钉扎强度的大范围统计分布和磁通蠕动的强烈作用引起的. 高温超导体是由许多元素组成的复杂晶体结构，因此认为存在高数量密度的晶体缺陷，尤其是氧缺陷. 这种缺陷起到弱钉扎中心的作用. 超导体中还有其他较大尺寸的缺陷，例如位错或者高数量密度的堆垛层错(stacking faults)等，它们都起到强钉扎中心的作用. 此外还有如非超导杂质那样的强钉扎中心. 因此认为钉扎强度有广泛的分布.

另外,由于晶界的弱连接效应,超导电流在某些区域很难流过. 这也使得超导体产生不均匀性. 因此含弱连接处的局域临界电流密度分布极为广泛,可以观察到临界电流密度随电场强度变化很大. 图 8.29 给出了利用四引线法在 $1.0\times10^{-4}\,\mathrm{Vm}^{-1}$时和利用直流磁化法在 $1.0\times10^{-10}\,\mathrm{Vm}^{-1}$时得到的 Bi-2223 带材的钉扎力密度[40]. 实验发现这些结果完全不同.

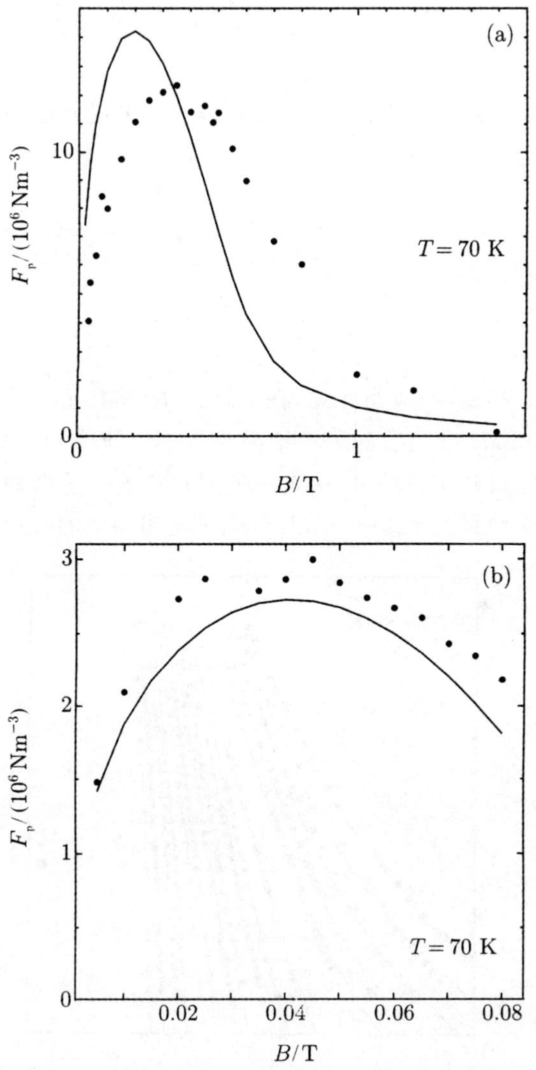


**图 8.29**　沿 $c$ 轴方向磁场下 Bi-2223 带材的磁通钉扎强度[40]: (a) $1.0\times10^{-4}\,\mathrm{Vm}^{-1}$时利用四引线法;(b) $1.0\times10^{-10}\,\mathrm{Vm}^{-1}$时利用直流磁化法. 实线是磁通蠕动模型的理论结果

理想超导体中的临界电流密度是均匀的，实际中不均匀超导体中磁通线的移动是不均匀的，而且很复杂. 这样的磁通线的移动可以用逾渗(percolation)模型合理解释[17]. 按照这一模型，浅钉扎势中由磁通蠕动激发的磁通移动可以表示为有效的磁通流，假定被不均匀强度钉扎的磁通线由洛伦兹力解除钉扎的可能性可由 Weibull 函数表达. 因此，临界电流密度 $J_c$ 的分布函数可以表示为

$$P(J_c)=\begin{cases}\dfrac{m_0}{J_0}\left(\dfrac{J_c-J_{cm}}{J_0}\right)^{m_0-1}\exp\left[-\left(\dfrac{J_c-J_{cm}}{J_0}\right)^{m_0}\right], & J_c\geqslant J_{cm},\\ 0, & J_c<J_{cm},\end{cases}\tag{8.17}$$

这里 $J_{cm}$ 是 $J_c$ 的最小值，$J_0$ 表示分布的宽度. $m_0$ 是决定分布结构的参数，与 $E$-$J$ 曲线的标度的动态临界指数 $z$ 有关，有 $m_0=(z-1)/2$. 因此，$E$-$J$ 曲线可以表示为

$$E(J)=\begin{cases}\dfrac{\rho_f J}{m_0+1}\left(\dfrac{J}{J_0}\right)^{m_0}\left(1-\dfrac{J_{cm}}{J}\right)^{m_0+1}, & B\leqslant\mu_0 H_g,\\ \dfrac{\rho_f\,|J_{cm}|}{m_0+1}\left(\dfrac{|J_{cm}|}{J_0}\right)^{m_0}\left[\left(1+\dfrac{J}{|J_{cm}|}\right)^{m_0+1}-1\right], & B>\mu_0 H_g.\end{cases}\tag{8.18}$$

上式中 $H_g$ 是 G-L 相变场，应当注意，在 $B>\mu_0 H_g$ 时有 $J_{cm}<0$. 图 8.30 对比了修正 $J_{cm}$，$J_0$，$m_0$ 和 $H_g$ 参数后的理论结果与 Y-123 薄膜的实验结果[9]，看出逾渗模型可以很好地反映实验结果. 由逾渗模型确定的 $E$-$J$ 曲线可以近似用磁通蠕动和漂移机制来解释[14]，这种一致性证明了逾渗模型的有效性.

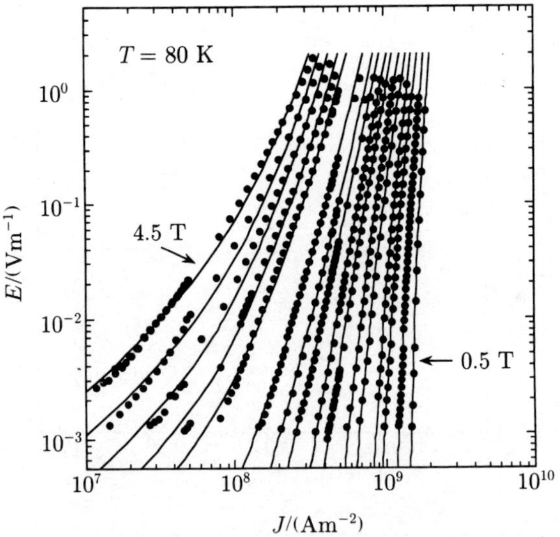


**图 8.30** Y-123 单晶薄膜实验的 $E$-$J$ 曲线与逾渗模型(实线)所得的 $E$-$J$ 曲线之间的比较[9]

对应于典型的 $J_c$ 值，把对 $J_{cm}$ 和 $J_k = J_{cm} + J_0$ 在各个温度下得到的结果进行总结，可以得到一个与钉扎力密度标度律相似的关系：

$$J_{cm}B = AH_g(T)^{\zeta}\left[\frac{B}{\mu_0 H_g(T)}\right]^{\gamma}\left[1-\frac{B}{\mu_0 H_g(T)}\right]^{\delta}. \tag{8.19}$$

图 8.31 给出了一个例证. 对于 $J_k$ 而言，也可以得到一个相似的关系.

因为在一个适当的电场区域和很宽的温度、磁场区域，逾渗模型可以简单地表示 $E$-$J$ 特征，这对于超导体的应用来说非常有用.

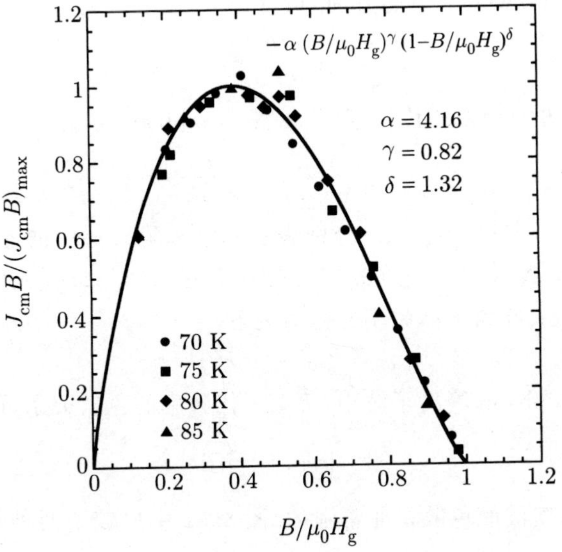


**图 8.31** 图 8.30 中 Y-123 单晶薄膜的最小钉扎力密度的标度律 $J_{cm}B$[9]

## 8.4.5 约瑟夫森(Josephson)等离子体

像 Bi-2212 这样的二维高温超导体是由超导的 $CuO_2$ 层和绝缘阻隔层组成的，形成堆垛的本征 Josephson 结. 因此，沿着 $c$ 轴方向穿过阻碍层的 Josephson 电流有可能与电磁场耦合，导致独特的(unique)激发. 激发波称为 Josephson 等离子波. Josephson等离子波的特征是谐振频率不高，因为电荷不能很快地穿过阻碍层. 因此，谐振频率要比不会发生准粒子激发的超导隙频率低很多. 结果Josephson等离子体可以在无阻尼状态被稳定地激发. 存在两个 Josephson 等离子波，即沿着 $c$ 轴传播的纵向波和沿着 $a$-$b$ 面的横向波.

首先分析纵向 Josephson 等离子波. 如果分别用 $\phi_n$ 和 $\phi_{n+1}$ 表示第 $n$ 和$n+1$ 个超导层的序参数的相，那些层之间规范不变的相差为

$$\theta_{n+1,n} = \phi_{n+1} - \phi_n - \frac{2\pi}{\phi_0}\int_n^{n+1} A_z \mathrm{d}z, \tag{8.20}$$

这里 $z$ 轴与 $c$ 轴平行. 因此,沿着 $c$ 轴的 Josephson 电流密度可以表示为

$$J_s = j_c \sin\theta_{n+1,n}. \tag{8.21}$$

$k$ 表示纵向等离子波的波数. 当其波长 $2\pi/k$ 远远大于超导层间距 $s$ 时,相差可近似地用沿着 $c(z)$ 轴变化的连续函数表示出来,可以得到

$$\theta(z) = \theta_0 \exp i(kz - \omega t). \tag{8.22}$$

当这一方程与 Maxwell 方程合并时,可得

$$\frac{\partial^2\theta}{\partial t^2} = v_B^2 \frac{\partial^2\theta}{\partial z^2} - \omega_p - 2\theta, \tag{8.23}$$

这里 $v_B$ 是 $z$ 轴方向相差的传播速度,$\omega_p$ 是 Josephson 等离子体频率,表示为

$$\omega_p = \frac{\bar{c}}{\lambda_J} = \frac{c}{\varepsilon_s^{1/2}\lambda_J} \tag{8.24}$$

这里 $c = 1/(\varepsilon_0\mu_0)^{1/2}$ 和 $\bar{c} = c/\varepsilon_s^{1/2}$ 分别表示真空和阻碍层中的光速,$\varepsilon_s$ 表示阻碍层的相对介电常数,$\lambda_J$ 由方程(8.13)给出. 把方程(8.22)代入(8.23)可以推导出纵向 Josephson 等离子体频率的色散关系

$$\omega = (\omega_P^2 + v_B^2 k^2)^{1/2}. \tag{8.25}$$

在横向 Josephson 等离子波中,等离子体频率的色散关系可以表达为

$$\omega = \left(\omega_P^2 + \frac{c^2 k^2}{\varepsilon_s}\right)^{1/2}. \tag{8.26}$$

由于 $c^2/\varepsilon_s \geqslant v_B^2$,横波的色散是非常强的. 图 8.32 中比较了两种等离子波的色散关系.

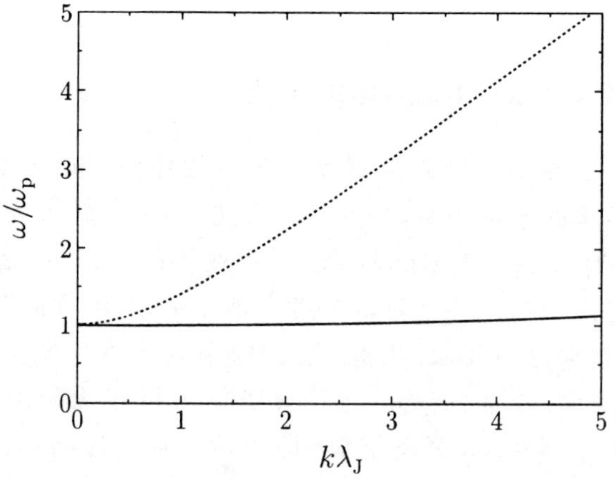


**图 8.32** Josephson 等离子体频率的色散关系[41]. 实线和虚线分别表示纵向和横向等离子波

从电磁微波(microwave)吸收的测量中可以得到 Josephson 等离子波激发的一个例证. 图 8.33 展示了对 Bi-2212 单晶表面电阻的测量结果,该单晶放置于沿 $c$ 轴方向 45GHz 的交流电场中,并且在相同方向存在一个直流扫描磁场[42]. 尖锐的峰值表明发生了纵向 Josephson 等离子体振动.

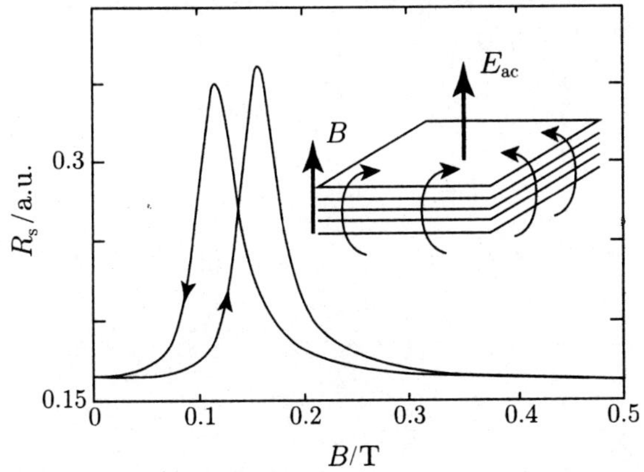


**图 8.33**　Bi-2212 单晶的表面电阻的测量结果,该单晶放置于沿 $c$ 轴方向 45GHz 的交流电场中,并且在相同方向存在一个直流磁场[42]

通过对 Josephson 等离子波的测量,在液态中磁通线主要的行为或状态得到了详细的分析.

# 8.5　不可逆场

不可逆场,也就是临界电流密度减小到 0 的特征磁场,是超导体应用中的一个很重要的参数. 它和已经介绍过的 G-L 转变场关系密切.

我们通常在电场强度 $1.0\times10^{-4}\,\mathrm{Vm^{-1}}$ 下来确定临界电流,而这种情况下感应电场大多并不是源自于磁通漂移,而是源于磁通蠕动[14]. 因此,从磁通蠕动引起的 $E$-$J$ 特性中可以推导出不可逆场. 为了简化,可以忽略局域临界电流密度的统计分布. 这就允许我们分析不可逆场的各个不同方面. 后面将引入考虑临界电流密度分布的理论处理,将得到的结果与实验进行比较,并对与 G-L 相变的相关性进行讨论.

## 8.5.1　不可逆场的分析方法

如果忽略和洛伦兹力方向相反的磁通移动,按照磁通蠕动模型,方程(3.129)给出了不可逆场的条件. 除了在 TAFF 区域附近,这都是可行的. 通过把方程(7.97)或(7.99)代入这一方程，可以得到不可逆场的分析表达式. 假定在不存在蠕动时的虚临界电流密度 $J_{c0}$ 的标度率可以表示为①

$$J_{c0}(B,T)=A\left[1-\left(\frac{T}{T_c}\right)^2\right]^{m'}B^{\gamma-1}\left(1-\frac{B}{\mu_0 H_{c2}}\right)^{\delta}. \tag{8.27}$$

通常不可逆场要远远低于上临界场，因此，上述方程中的因子 $(1-B/\mu_0 H_{c2})^{\delta}$ 可以视为 1. 然后得不可逆场为

$$(\mu_0 H_i)^{(3-2\gamma)/2}=\begin{cases}\left(\dfrac{K}{T}\right)^2\left[1-\left(\dfrac{T}{T_c}\right)^2\right]^{m'}\equiv(\mu_0 H_{imax})^{(3-2\gamma)/2}, & d\geqslant L_0,\\ \dfrac{K'}{T}\left[1-\left(\dfrac{T}{T_c}\right)^2\right]^{m'}, & d\geqslant L_0.\end{cases} \tag{8.28}$$

上式中 $H_{imax}$ 是块状超导体的不可逆场，常量 $K$ 和 $K'$ 可以表示为

$$K=\frac{0.835g^2A^{1/2}}{\zeta^{3/2}\log(Ba_f\nu_0/E_c)}, \tag{8.29}$$

$$K'=\frac{4.23g^2Ad}{\zeta\log(Ba_f\nu_0/E_c)}. \tag{8.30}$$

下面将讨论不可逆场的各个方面，即它与各种因素的关系，这可使我们定性地理解这些方面. 在下一小节，将会讨论与实验进行的精确比较，包括钉扎力统计分布的理论分析，多数情况下是 $A$ 的分布的分析.

### 8.5.2 钉扎强度分布的效应

如上所述，为了描述在电场强度范围很宽的情况下实际钉扎性能，必须要考虑有效的虚临界电流密度 $J_{c0}$ 的宽范围分布. 这与逾渗模型中 $J_c$ 的宽范围分布直接相关. 现在我们介绍磁通蠕动-漂移模型的理论处理[43]，这个理论中考虑到了 $J_{c0}$ 的分布. 为了简化假定只存在表示 $J_{c0}$ 数量级的 $A$ 的分布.

当然除了 $A$ 以外还存在许多别的钉扎参数，如 $m'$，$\gamma$，$\delta$ 等. 因此需要得到一个关于 $A$ 的简单分布函数. 然而它不符合高斯(gaussian)分布. 这里我们假定分布函数为

$$f(A)=G\exp\left[-\frac{(\log A-\log A_m)^2}{2\sigma^2}\right], \tag{8.31}$$

这里 $A_m$ 是 $A$ 最可能的取值，$\sigma$ 是表示分布宽度的参数，$G$ 是归一化参数.

当虚临界电流密度发生局域变化时，在漂移电流密度 $J$ 大于 $J_{c0}$ 的地方发生磁通漂移，$J$ 小于 $J_{c0}$ 的地方发生磁通蠕动. 归一化电流密度定义为

① 对于高温超导体而言，温度与 $J_{c0}$ 的关系有时可以表述为 $[1-(T/Tc)]^{m'}$，以取代方程(8.27). 这对 Bi-2212 超导体而言更合适，因为其温度与热力学临界场的关系为线性(参见图 8.52). 在临界温度附近，这些温度关系差别不明显，尽管它们在低温时差别显著.

$$j = \frac{J}{J_{c0}}. \tag{8.32}$$

然后，由磁通漂移引起的电场为

$$E_{ff} = \begin{cases} 0, & j \leqslant 1, \\ \rho_f J_{c0}(j-1), & j > 1. \end{cases} \tag{8.33}$$

另外，由磁通蠕动引起的电场可以用方程(3.115)来表示. 这里考虑到它对磁通漂移状态的作用，可以近似得到

$$E_{fc} = \begin{cases} Ba_f\nu_0 \exp\left[-\frac{U(j)}{k_B T}\right]\left[1-\exp\left(-\frac{\pi U_0 j}{k_B T}\right)\right], & j \leqslant 1, \\ Ba_f\nu_0\left[1-\exp\left(-\frac{\pi U_0 j}{k_B T}\right)\right], & j > 1. \end{cases} \tag{8.34}$$

求激发能 $U$ 时要用到方程(3.125). 来自于两方面贡献的局域电场近似为

$$E' = (E_{ff}^2 + E_{fc}^2)^{1/2}. \tag{8.35}$$

上式在 $j \leqslant 1$ 时给出了 $E_{fc}$ 并在 $j \geqslant 1$ 时近似等于 $E_{ff}$. 然后，施加电流密度为 $J$ 时的电场可以从下式中计算得到：

$$E(J) = \int_0^\infty E' f(A) \mathrm{d}A. \tag{8.36}$$

用这种方法可以得到图 8.5(b)和 8.7 中的 $E$-$J$ 曲线. 图 8.29 和 8.53(b)给出的是利用电场标准 $E_c$ 通过理论临界电流密度推导出钉扎力密度曲线，与实验得到的结果一致. 当临界电流密度减小到某阈值时，磁场确定的不可逆场也与实验得到的结果一致.

### 8.5.3 与磁通蠕动-漂移模型的比较

为了实现高温超导体的应用，必须设计实际使用环境下的超导体钉扎性能. 因此需要从理论上描述实际钉扎性能，包括不可逆场、应用中的磁场上限. 在这一小节，我们将把各种超导体不可逆场的各种实验结果与磁通蠕动-漂移模型得到的理论结果进行比较.

(1) 与温度的关系

首先讨论不可逆场与温度的关系，即对不可逆线进行分析. 方程(8.28)导出

$$H_i(T) \propto \left[1 - \left(\frac{T}{T_c}\right)^2\right]^n. \tag{8.37}$$

在与超导体尺寸无关的临界温度附近，$n$ 值为

$$n = \frac{2m'}{3-2\gamma}. \tag{8.38}$$

如图 8.34 所示观测到的参数 $n$ 与低温下得到的 $m'$ 和 $\gamma$ 所确定的 $n$ 值接近[44]. 可以发现在参数很宽的范围内理论值与实验值都符合得很好. 由于方程(8.28)

右端 $T^{-2}$ 或 $T^{-1}$ 因子的存在，低温下受温度的影响很大.

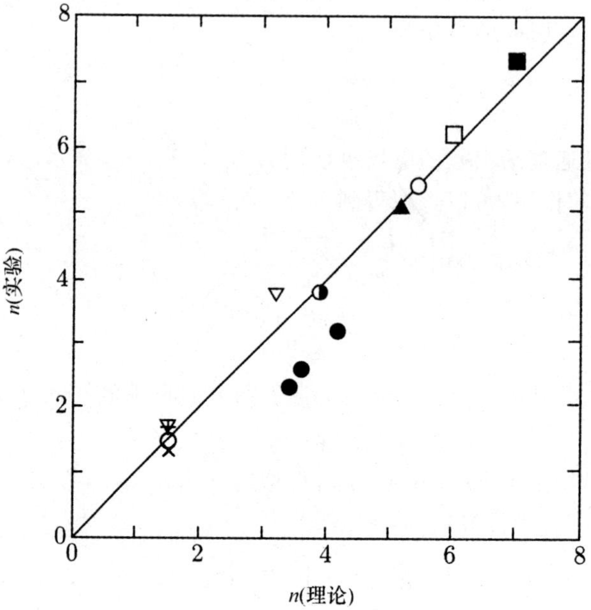


**图 8.34** 参数 $n$ 表示不可逆场与温度的对应关系[44]. 纵坐标和横坐标分别是实验值和通过方程(8.38)得到的理论值

(2) 与磁通钉扎强度的关系

不可逆场与磁通钉扎强度的关系主要由不可逆场与参数 $A$ 的关系来表示. 如 8.4 节所述，也包括超导体维度的影响，并且对于不同的超导体，即使有相同的缺陷，其钉扎强度也是不同的. 在一定程度上，不可能严格区分出磁通钉扎强度和维度的影响. 因此，我们把重点放在分析与表示钉扎强度的参数 $A$ 的关系上. 同时应注意，方程(7.96)中的 $g^2$ 也受 $A$ 的影响. 为了简化，假定超导体足够大，从 $\alpha_L \propto A$ 可以得到 $g_e^2 \propto A^{-1}$. 把这一关系和 $U_e \propto g_e^2 A^{1/2} \propto A^{-1/2}$ 代入方程(7.97)可以得到

$$g^2 \propto A^{-1/3}. \tag{8.39}$$

因此，对于许多超导体而言在 $\gamma=1/2$ 的情况下，可以得到

$$H_{\mathrm{imax}} \propto g^4 A \propto A^{1/3}. \tag{8.40}$$

图 8.35 展示了对各种高温超导体而言在 $T/T_c=0.75$ 时，垂直于 $c$ 轴的不可逆场和 $A$ 之间的关系[45]. 直线表示方程(8.40)所表述的关系. 对 Bi-2212 和 Bi-2223 而言得到的结果与实验符合得很好.

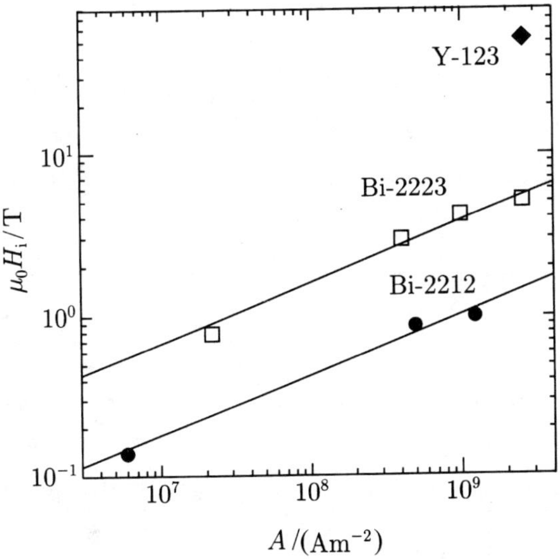


**图 8.35** 不同超导体在 $T/T_c=0.75$ 时，垂直于 $c$ 轴的不可逆场与钉扎强度的关系[45]. 与 $T=0K$, $B=1T$ 下的 $J_{c0}$ 一致

要注意的是不可逆场远低于上临界场时方程(8.40)才是成立的. 否则不可逆场将受到上临界场的限制，这种情况下计算不可逆场时就不能忽略方程(8.27)中的因子$(1-B/\mu_0 H_{c2})^\delta$(参考习题 8.5).

(3) 超导体维度的影响

如 8.4.3 小节所述，超导体的维度不仅通过 $g^2$ 也通过 $A$ 对不可逆场产生影响. 这里我们暂且认为维度仅仅通过 $g^2$ 对不可逆场产生影响，以便与前面的小节保持一致. 这一参数代表图 8.35 中各个超导体特征直线之间的差值. 在垂直于 $c$ 轴的磁场中，Bi-2212 块材、Bi-2223 带材和 Y-123 块材的 $g^2$ 典型值分别约为 2,4 和 6. 附录 A.8 中给出 $g^2$ 的计算实例. 在 $\gamma=1/2$ 的情况下，可以得到 $H_{imax}\propto g^4$，近似地解释了图中的实验结果. 图 8.36 给出了对各种超导体而言垂直于 $c$ 轴的不可逆场的实验结果和对应的理论结果，表 8.2 列出了计算用到的参数[45]. 这些结果适用于足够大的超导体，理论与实验结果相一致说明不可逆线由超导体的维度、钉扎强度和钉扎参数(例如 $m'$ 和 $\gamma$)等共同决定.

在沿着 $c$ 轴方向的磁场中，不可逆场虽然很低但性质相同. 图 8.37 中展示了典型的 Y-123 块材[46]、Bi-2223 带材[47]和 Bi-2212 带材[48]的不可逆线. 各个超导体中观察到的结果可以用实线表示的磁通蠕动-漂移模型的理论结果来解释. 表 8.3 中列出了计算用到的参数. 这三种超导体偶有相同的 $A_m$ 值. 另外，$g^2$ 在 Bi-2212 中的值大约是 1，在 Bi-2223 中其值介于 1 和 2 之间，在 Y-123 中则大于

3，这与另外一些测量相似. 这表明，对于大多数三维超导体来说磁通蠕动的影响不是很大. 多数情况下，Bi-2212 超导体用方程(7.98)计算的 $g^2$ 理论值都小于1，实际取最小值 $g^2=1$. 对于由小颗粒烧结制备成的粉末样品，在同样衰减的温度下，Yb-123 的不可逆场高于 Y-123 的不可逆场[49]. 这表明，Yb-123的维度比 Y-123 高，很可能是由 Yb-123 的阻碍层中沿着 $c$ 轴的载流子分布更加均匀造成的.

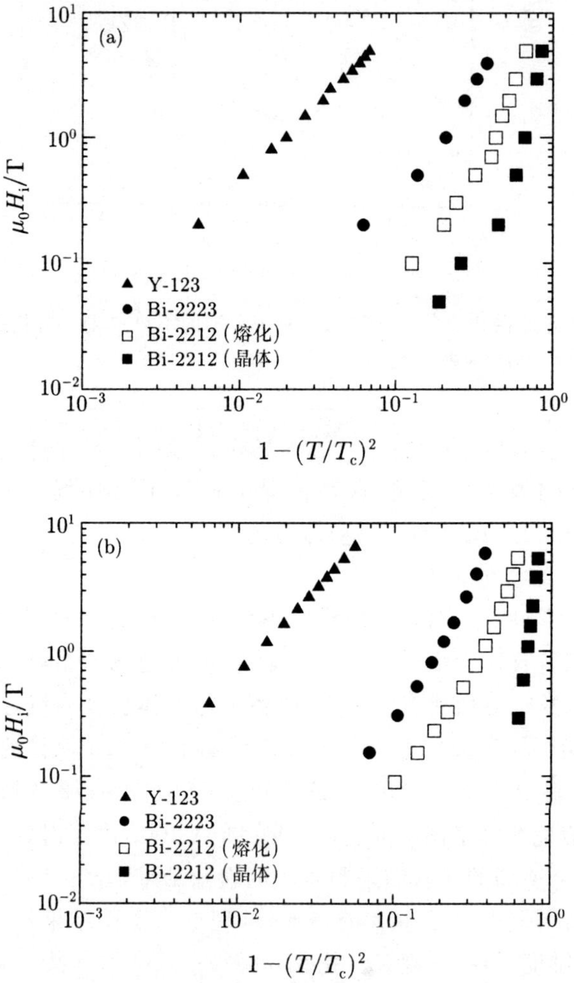


**图 8.36** 对不同超导体而言在垂直于 $c$ 轴方向磁场中的不可逆线：(a) 实验结果；(b) 理论结果[45]

**表 8.2** 用于图 8.36(b)所示与 $c$ 轴垂直的不可逆场的理论计算的各种超导体参数[45]. 在(Pb,Bi)-2223 带材和 Bi-2212 熔化(melt)样品中假设存在两种钉扎中心，并忽略 $A$ 的分布

| | Y-123（熔化） | (Pb,Bi)-2223（带材） | Bi-2212（熔化） | Bi-2212（晶体） |
|---|---|---|---|---|
| $T_c$/K | 92.0 | 107.7 | 92.8 | 77.8 |
| $\mu_0 H_{c2}^{ab}(0)$/T | 670 | 1000 | 690 | 690 |
| $\rho_n(T_c)/(\Omega m)$ | $2.0\times10^{-6}$ | $1.0\times10^{-4}$ | $1.0\times10^{-4}$ | $1.0\times10^{-4}$ |
| $A$ | $2.58\times10^{9}$ | $2.54\times10^{9}$/ $6.57\times10^{8}$ | $7.52\times10^{8}$/ $3.33\times10^{8}$ | $1.71\times10^{6}$ |
| $m'$ | 1.5 | 3.0/1.5 | 2.25/1.5 | 3.10 |
| $\gamma$ | 0.5 | 0.63/0.50 | 0.79/0.50 | 0.98 |
| $\delta$ | 2.0 | 2.0 | 2.0 | 2.0 |
| $g_e^2$ | 44.4 | 6.7/1.55 | 2.2 | 620 |
| $g^2$ | 6.0 | 4.0/1.5 | 2.0 | 14* |
| $\zeta$ | 4 | $2\pi$/4 | $2\pi$ | $2\pi$ |

* $g^2=14$ 是为了最佳匹配而假设的数值，理论假设是 $g^2=4.0$.

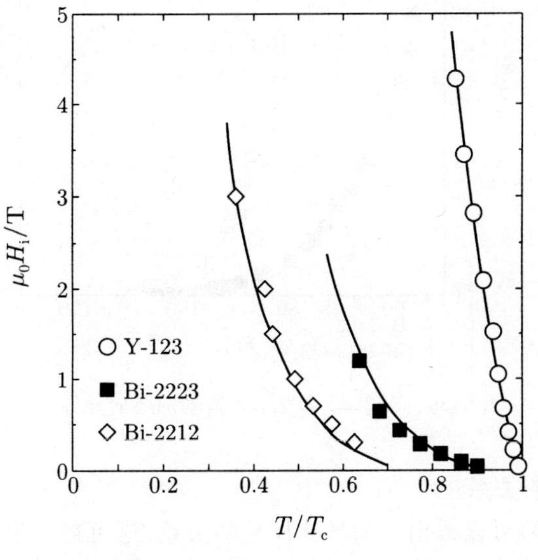


**图 8.37** 不同超导体中平行于 $c$ 轴方向磁场中的不可逆线[46—48]. 实线表示通过磁通蠕动-漂移模型计算的理论结果

**表 8.3** 用于图 8.37 所示与 $c$ 轴平行的不可逆场的理论计算的各种超导体参数[46-48]

| | $T_c$ /K | $\mu_0 H_{c2}^c(0)$ /T | $\rho_n(T_c)$ /$\mu\Omega$m | $A_m$ | $\sigma^2$ | $m'$ | $\gamma$ | $\delta$ | $g^2$ |
|---|---|---|---|---|---|---|---|---|---|
| Bi-2212 | 90.0 | 34.5 | 100 | $1.00\times10^9$ | 0.08 | 3.9 | 0.90 | 2.0 | 1.00 |
| Bi-2223 | 110.0 | 50.0 | 100 | $1.00\times10^9$ | 0.10 | 2.6 | 0.70 | 2.0 | 1.40 |
| Y-123 | 90.8 | 80.5 | 1.5 | $1.00\times10^9$ | 0.04 | 1.5 | 0.50 | 2.0 | 4.32 |

现在我们来看一个不可逆场各向异性的例子. 图 8.38 给出了由 $J_c$ 得到的 Bi-2223 带材的结果，其中 $J_c$ 值由 Campbell 法计算得到[50]. 尽管这种方法得到的各向异性大于利用四引线法得到的值，但它仍比预期的电子团各向异性小很多. 这由超导体的晶粒排向不均(misalignment)引起：即使磁场平行于带材表面，但并不能保证与每一个晶粒的 $a$-$b$ 面平行，从而抑制了不可逆场.

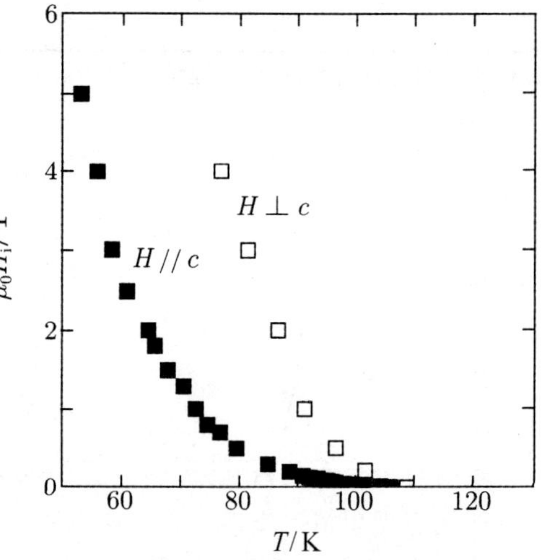


**图 8.38** Bi-2223 带材不可逆场的各向异性[50]

(4) 与尺寸的关系

由方程(8.28)可以看出与超导体尺寸的关系. 这可进一步简化为

$$\left(\frac{H_i}{H_{i\max}}\right)^{(3-2\gamma)/2} = \begin{cases} 1, & d \geqslant L_0, \\ \dfrac{d}{L_0}, & d < L_0. \end{cases} \tag{8.41}$$

习题 8.4 要求推导方程(8.41).

图 8.39 中比较了典型 Bi-2223 带材和有高 $J_c$ 值的 Bi-2223 薄膜中沿 $c$ 轴方向的不可逆场[45]. 可以发现在 4.2K 和 1.0T 下,拥有 5 倍 $J_c$ 值的薄膜的不可逆场却远低于带材的不可逆场. 在不考虑 $J_{c0}$ 分布的情况下,理论解释了这一差别.

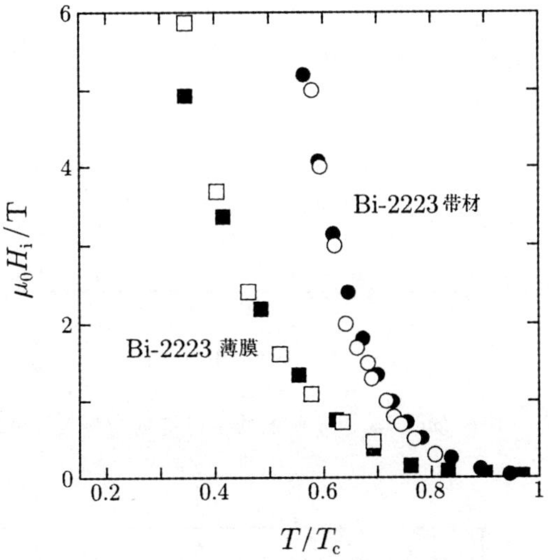


**图 8.39**　在平行于 $c$ 轴的磁场中典型 Bi-2223 带材和有高 $J_c$ 值的 Bi-2223 薄膜的不可逆场之比较[45]. 空心和实心符号分别代表实验和理论结果

图 8.40 展示了77.3K时,有不同平均颗粒尺寸的 Sm-123 超导粉末的不可逆场[51]. 不可逆场随着颗粒尺寸的增大而增加,当颗粒尺寸超过钉扎相干长度 $L_0$ 时,不可逆场趋近于饱和,这与理论假设相符. 事实上图 8.41 是对方程(8.41)结果的重绘,它表明对于分布的钉扎强度,方程(8.41)的分析结果是成立的. 图中每一条理论线都代表理想情况下的一个虚拟变化,所谓理想情况就是钉扎参数不变,仅颗粒尺寸变化. 实际情况下,当颗粒尺寸小于 $L_0$ 时,即使钉扎中心和数量密度不发生变化,$J_{c0}$ 也会随着颗粒尺寸发生变化.

在由非常纤细的多芯线构成的金属超导体中,也可以观察到不可逆场随超导芯线直径减小而减小的现象[52].

(5) 与电场的关系

如 8.4.4 小节所述,临界电流密度与电场标准(criterion)$E_c$ 关系密切. 因此不可逆场也与电场标准有关. 这可以从由方程(8.29)和(8.30)分别表示的电场标准 $K$ 和 $K'$ 来解释. 也就是说,当 $E_c$ 正如在直流磁化测量中一样变小时,$K$ 和

$K'$也变小,从而导致不可逆场的减小.

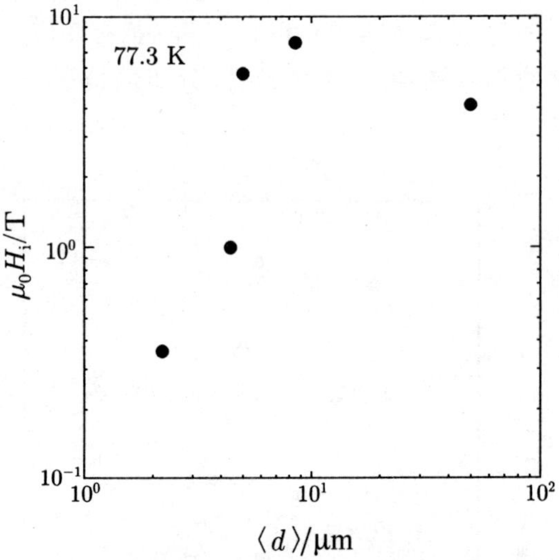


**图 8.40** 77.3K 下 Sm-123 超导粉末的不可逆场与颗粒尺寸的关系[51]

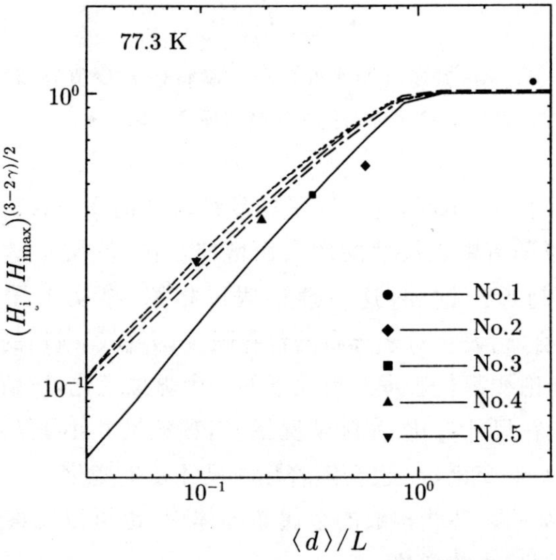


**图 8.41** 用方程(8.41)的形式对图 8.40 重绘[51]. 各条线都是各样品的理论估算结果

图 8.42 展示了用各种方法测得的同一 Bi-2223 带材的不可逆线[12]:差值源于测量中电场强度的差别. 图 8.43 是 70K 时作为电场函数的不可逆场的重

绘,展示了不同电场范围中得到的 G-L 相变场的结果作为比较.在低电场区域,由磁化弛豫测得 $E$-$J$ 曲线的标度而得到的 G-L 相变场在 8.2.2 小节有提到.从这一结果可以看出,测量中不可逆场随着电场发生了剧烈变化.图中的实线是磁通蠕动-漂移模型的理论值,可以发现模型对这一现象做出了正确的解释.

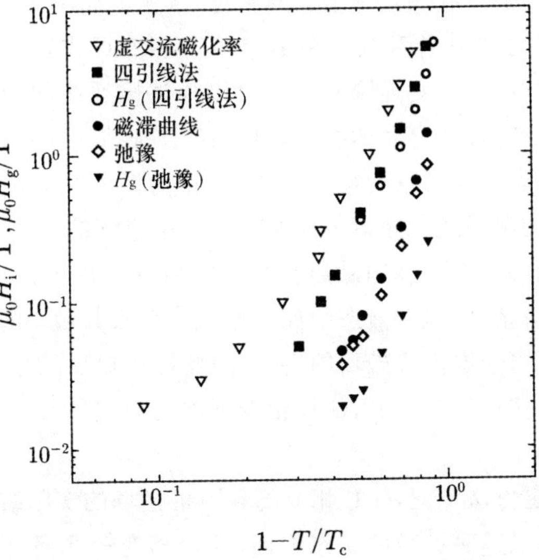


**图 8.42** 不同方法测得的 Bi-2223 带材的不可逆线[12].同时展示了不同电场范围下所得的 G-L 相变场以进行比较

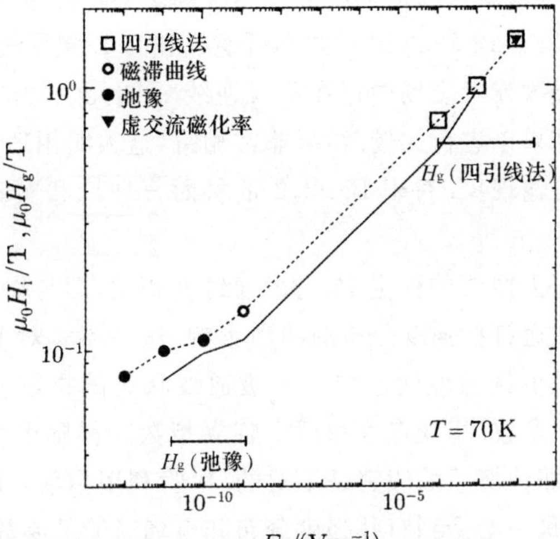


**图 8.43** 70K 时的不可逆场与电场强度的关系[12].实线是磁通蠕动-漂移模型的理论值

### 8.5.4 与 G-L 相变的关系

起初人们认为磁通线存在本征的玻璃态和液态，当它们处于玻璃态和液态时，磁通线分别被有效地和无效地钉扎. 但是因果关系却是相反的，8.2.2 小节已经详细描述了磁通钉扎决定磁通线的状态. 事实上如图 8.5 所示，当钉扎参数确定时，可以用磁通蠕动-漂移模型来确定 G-L 相变场或者温度，并解释 $E$-$J$ 曲线. 当相变发生时，G-L 相变理论原则上可以描述磁通线的行为. 但应当注意的是，它不能确定相变点. 还有在初始理论中，两个临界指数并未考虑磁通钉扎的影响. 此外从磁通钉扎的观点中可以看出[3]，作为两种状态差异的典型例证，与磁场或温度相关的磁通线无序衍生在相变点是不连续的.

换而言之，两种状态可以用磁通钉扎的有效性来区分：玻璃态中只能观察到有限的临界电流密度，但在液态中如果通入一个极其微小的电流，磁通线就会转为阻态. 这是不可逆温度或磁场的定义. 因此可以得出结论：G-L 相变场与不可逆场是一致的. 按照这一意义，G-L 相变被称为热退钉扎(thermal depinning)相变.

但是由于测定方法不同，G-L 相变场和不可逆场的实际结果是不同的. 在给定的电场范围中，描述磁通线的状态方面，G-L 相变较严谨. 但这需要进行大量的测量和详细的分析来确定 G-L 相变场. 利用磁通蠕动-漂移模型的理论来分析，与 G-L 相变场的实验结果分析相似，$E$-$J$ 理论曲线的标度非常重要，如 8.5.1小节所述，不可逆场可以被直接简化确定. 基于这个原因，很多应用中用到的，大都是那些很容易就可由适当的电流标准确定的不可逆场.

图 8.44 中比较了 Bi-2223 带材的不可逆线和 G-L 相变线[53]. 可以发现 $B$-$T$ 平面上在较高的温度或者磁场中存在不可逆线. 图中也示出了由相同钉扎参数决定的两线理论结果以进行比较. 结果非常相符，这表明用理论模型能够正确地描述这个范围的传输现象. 对于 Bi-2212 带材而言理论和实验的结果同样吻合得很好[48].

可以看出在 $E$-$J$ 曲线的标定中，与磁通钉扎相关，即与临界指数 $v$ 和 $z$ 相关的电磁现象受到磁通钉扎强度分布的强烈影响. 这一事实对 Fisher 等人的假设提出了质疑[54]：他们认为玻璃态中代表磁通线状态的指数 $\mu$ 是一个仅与超导体维度有关的本征参数. 相变点也和两个临界指数一样随电场强度发生剧烈变化，这一事实表明那种简单的假定是不对的. 尽管利用指数 $\mu$ 的理论结构本身是合理的，但 $\mu$ 应当是一个受到钉扎强度分布和电场影响的参数.

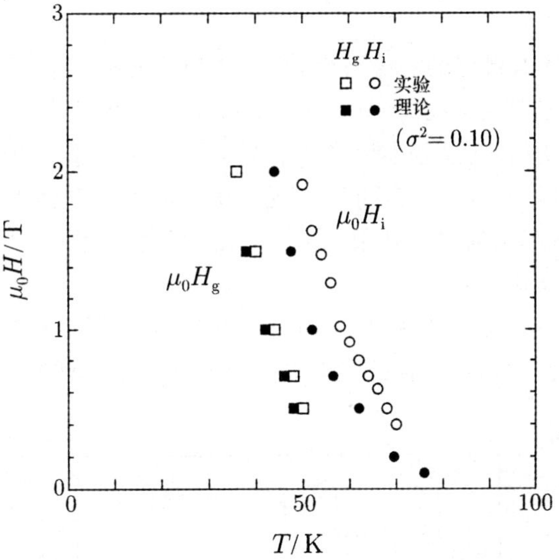


**图 8.44**　沿 $c$ 轴方向磁场中 Bi-2223 带材的不可逆线和 G-L 相变线[53]. 空心和实心符号分别表示实验结果和磁通蠕动-漂移模型的理论结果

## 8.6　磁通钉扎特性

高温超导体实际应用的一个重要的参数是由磁通钉扎性能决定的临界电流密度. 影响它的因素很多,例如钉扎磁通线缺陷的种类,它们的钉扎机制,在第六、七章中描述的求和特性,以及第三章中描述的磁通蠕动等等. 这一节将介绍高温超导体的各种内在的特性.

如图 8.27 所示,高温超导体包括超导的 $CuO_2$ 面和超导序参数随着 $c$ 轴发生变化的几乎绝缘的阻碍层. 因此,超导体结构本身会与磁通线发生相互影响,这种钉扎相互作用由 Tachiki 和 Takahashi 最先提出,称为本征钉扎[55]. 这种相互作用是有吸引力的凝聚能相互作用. 但是,为了实现这一钉扎相互作用,每一根磁通线都必须落入阻碍层的势阱中一个很长的长度,只有磁场严格平行于完美超导体的 $a$-$b$ 面时才能观察到这一现象. 当磁场与 $a$-$b$ 面稍微有一个夹角时,每一条磁通线都会出现阶梯式结构,正负钉扎力交替出现,导致除了两个边界之外钉扎力相互抵消. 在讨论 Y-123 涂层导体时会提到这一钉扎特性. 随后将讨论主要高温超导体的钉扎特性.

### 8.6.1 Y-123

Y-123 超导体有最好的三维特性，且磁通钉扎很强. 当从反应温度冷却时，这种超导体发生从四方晶系（tetragonal crystalline）到正交晶系（orthorhombic crystalline）的转变. 转变过程中形成两个孪生界面，通过在 $a$ 轴、$b$ 轴同等看待 $a$ 轴和 $b$ 轴的函数以便减小形变. 可以发现孪生边界的钉扎强度深受边界处氧缺陷的影响，当氧缺陷很低时钉扎很弱[56]. 因此，孪生界面的钉扎机制是低 $T_c$ 区域的凝聚能相互作用.

如图 8.45 所示，当磁场在一个垂直于 $c$ 轴的平面内发生旋转时，单晶 Y-123 片状样品由于有彼此相互垂直的孪生边界而产生扭矩密度的变化[57]. 76K 时当

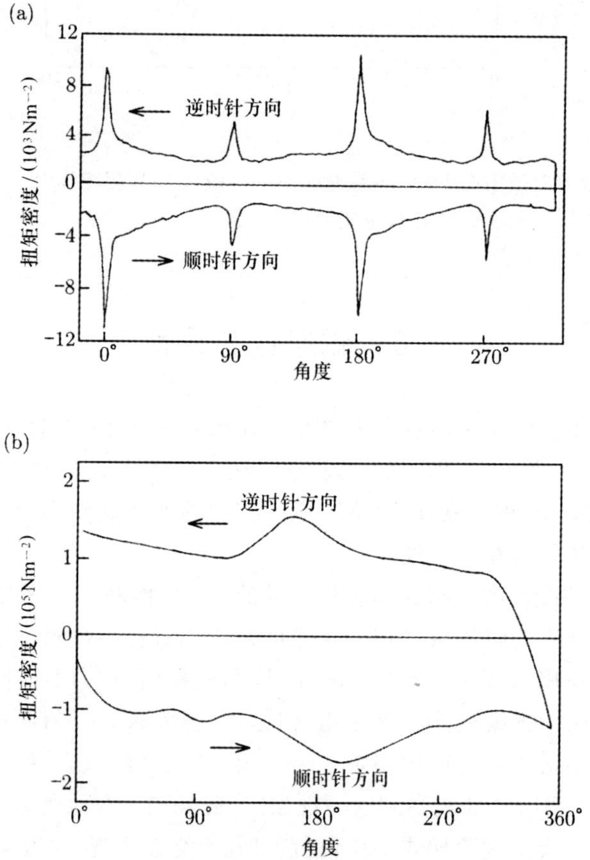


**图 8.45** 当磁场在垂直于 $c$ 轴方向的平面内发生旋转时，单晶 Y-123 片状样品由于有彼此相互垂直排列的孪生边界而产生的扭矩密度的变化[57]. (a) 76K 时当磁场平行于孪生边界时出现尖峰；(b) 27K 时这些峰消失

磁场平行于孪生边界时，扭矩有一个尖锐的峰值，如图(a)所示．这有力证明了孪生边界起到钉扎中心的作用．如果分别用 $\Delta\tau$ 和 $M$ 表示与孪生边界钉扎相互作用有关的扭矩密度峰的均值和磁化强度的大小，可以得到$\Delta\tau \simeq BM/2$．这里认为样品中有一半的孪生边界对各个峰值都有贡献．如果磁场旋转面上样品的平均尺寸是 $w$，可以得到 $M \simeq J_c w/2$．根据这些关系，由孪生边界钉扎产生的临界电流密度估计为 $J_c = 4\times10^7\,\mathrm{Am^{-2}}$（76K，0.67T）．这一结果近似等于用熔融法制备的 Y-123 块材样品在 77.3K，1.0T 时，由磁化临界电流密度与磁场角度的关系中得到的结果 $J_c = 4.5\times10^7\,\mathrm{Am^{-2}}$[58]．从这些结果中可以得出结论，孪生边界的钉扎作用不是很强．即使孪生边界的平均间距高估为大约1.0μm，每单位长度磁通线的元钉扎力也只能估算为$f'_P \simeq 1.6\times10^{-6}\,\mathrm{Nm^{-1}}$．这一值仅仅约为 $Nb_3Sn$ 晶粒边界钉扎强度的 1/20，仅仅是图 7.18 所示 $V_3Ga$ 晶粒边界钉扎强度的 1/80．

另一方面，在 27K 时，我们无法观察到由孪生边界带来的扭矩峰值，如图 8.45(b)所示，因为它已淹没在背景钉扎的扭矩中了．这是由于孪生边界的钉扎力与温度的关系和背景钉扎中心与温度的关系不尽相同．也就是说，对于有凝聚能相互作用的面缺陷我们希望 $m'=3/2$，但是对于图8.45(a)和(b)所示的背景钉扎来说希望 $m'=4$．因此低温下点缺陷的背景钉扎更好．

小于几个微米的非超导 $Y_2BaCuO_5$(211)相颗粒以很高的密度分布在块状 Y-123 超导体中．这些颗粒的钉扎机制是凝聚能相互作用，与 6.3.1 小节中提到的非超导杂质相似．从颗粒的尺寸上来说可能存在表面效应，并预期这一特性与图 7.11 所示的相似．图 8.46 中展示了温度为 77.3K，磁场为 1.0T 且平行于 $c$ 轴时，Y-123 块材超导样品的临界电流密度与 211 相颗粒表面面积之间的关系[59]．该关系显著地表明，211 相颗粒表面起到的作用非常有效．

如 7.6 节所述，77.3K 附近，在场区域的中部，在 Y-123 单晶和块材中观察到临界电流密度的宽的峰值效应．起到峰值效应的钉扎中心是包括孪生边界的氧缺陷区域．在包含较大离子半径的稀土元素(rare earth，RE)的 RE-123 超导体中也观察到了类似的峰值效应，其中 Ba 位被稀土元素替代成为钉扎中心．因为替代区域比周围基体相(matrix phase)有更低的 $T_c$，可以认为相似的机制产生与氧缺陷区域相同的峰值效应．产生峰值效应的机制是一个感应场[60]：在环境温度下，磁场高于 $H_{c2}$ 时，那些区域变成非超导态，并且起到强钉扎中心的作用．

但是，峰值效应直接来自于单个感应场钉扎机制的假设存在一些问题：例如当 Sm-123 超导粉末的颗粒尺寸减小到小于钉扎相干长度时，峰值效应消失的事实不能用这一机制解释(参见 7.6 节)．Nd-123 提供了另一个例证．图 8.47 展示了沿 $c$ 轴方向磁场中，添加 422 相的 Nd-123 超导体的临界电流密度的变化情况[61]. 结果表明，在添加 422 相以后，场区域的中部 $J_c$ 减小，峰值效应也随之减小甚至消失，但是在低磁场和高磁场中 $J_c$ 却有所提高. 对于加入 211 相的 Y-123块材而言，也观察到相同的 $J_c$ 变化，但是在低磁场和高磁场中 $J_c$ 和 211 相颗粒表面面积存在强烈的相干[46].

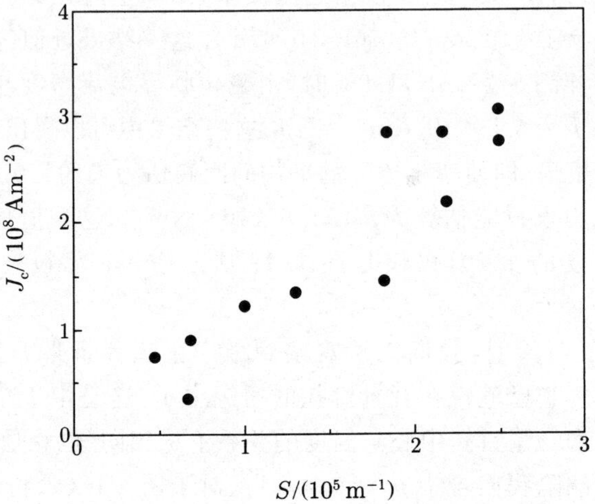


**图 8.46**　77.3K 和 1.0T 且平行于 $c$ 轴时 Y-123 块材超导样品的临界电流密度和单位体积中 211 相颗粒的表面面积之间的关系[59]

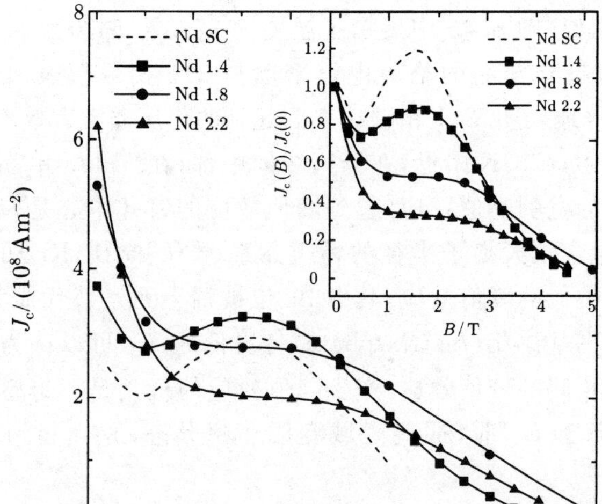


**图 8.47**　77.3K 下添加 422 相的 Nd-123 超导体的临界电流密度随磁场的变化情况[61]

显而易见,这一变化不能用感应场钉扎机制来解释.如果低 $T_c$ 区域像 211(422)相一样对吸引凝聚能相互作用有贡献,通过掺杂,$J_c$ 就会像在低场和高场中观察到的那样有所提高.为了解释这个相反的结论,我们提出了低 $T_c$ 区域动能相互作用的机制[62].氧缺陷区域的 $T_c$ 约为 60K,因此低 $T_c$ 区域在 77.3K 应当是非超导态.但是可以假定,由于邻近效应低 $T_c$ 区域处于弱连接超导态,因为它们尺寸远小于 $\xi_{ab}$.因此低 $T_c$ 区域周围的序参数会如图 8.48 中的实线所示.如果磁通线穿透了这个相,序参数就会变成如虚线所示.因为这个相的相干长度要大于周围区域,动能将会明显增加,这些相就会作为排斥磁通线的钉扎中心.这与 6.6 节中的超导 Nb-Ti 中引入的人工 Nb 钉扎中心有相同的机制(动能相互作用).因此,中间场峰值效应的消失可以用 211(422)相的负钉扎能和低 $T_c$ 区域的正钉扎能之间的相互干扰来解释.

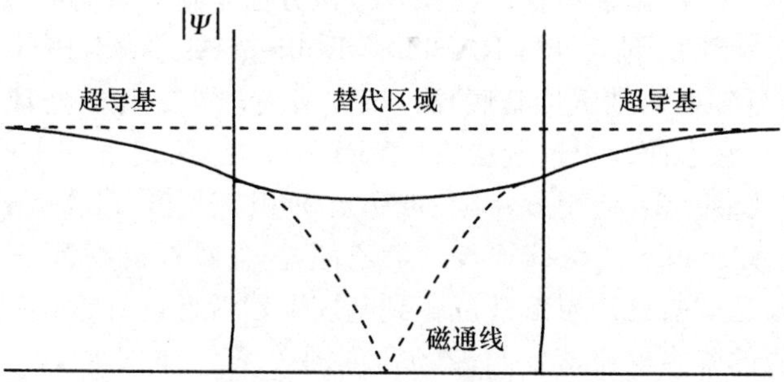


**图 8.48**　低 $T_c$ 区域周围序参数的空间变化[62].虚线表示磁通线穿透低 $T_c$ 区域时的序参数

这种情况下要解释的重要问题是在低场和高场区域中没有上面提到干扰情况下,$J_c$ 增加的原因.低场区域中,各个磁通线之间的间隔足够大,直接的干扰效果并不明显.作用到磁通线上的各钉扎力彼此几乎没有影响,由于两种相互作用的贡献,使合成总钉扎力趋于增加.另外由于高场下间距很小,每根磁通线都不能处于最佳位置.因此磁通线必定穿透低 $T_c$ 区域,只要感应超导性存在自由能就增加.然后低 $T_c$ 相和周围区域的超导性会减小,从而降低总的自由能.动能相互作用停止,$J_c$ 仅由 211(422)相的凝聚能相互作用决定.这样便解释了上面得到的实验结果.这个理论也可以解释一个众所周知的实验结果:峰值效应的出现和不可逆场无关.有显著峰值效应的超导体包含体积分数很大的低 $T_c$ 区域,高场下超导电性快速退化,导致不可逆场的退化.

应当注意,Nb-Ti 中的人工 Nb 钉扎不能自发产生峰值效应,如 6.6 节所述.高温超导体例如 Y-123 的峰值效应源于 8.2.3 小节中提到的磁通线的有序-无序相变.Nb-Ti 中的人工 Nb 钉扎没有产生峰值效应的原因是由于钉扎的有效性已经足够大,没有再发生相变的空间.另外,尽管多种钉扎中心都可以引起峰值效应，但 211 相却没能起到这种作用. 这是因为 211 相颗粒的常规尺寸太大，以至于当磁通线发生微小的位移时，钉扎力都不会出现明显的变化. 因此，钉扎力的微小变化不能引起磁通线的更大位移，同样，这种反馈也不能发展到相变点. 总之，要出现峰值效应，超导体应当有足够的尺寸，钉扎中心不能太强且其大小应当接近或者小于磁通线间距，使得当磁通线发生微小位移时钉扎力可以出现明显的变化.

根据上面的讨论，Y-123 超导体的应用可以概括为：含低 $T_c$ 区域，但无 211 相的 Y-123 超导体可以用于中场应用；包含大量 211 相，但无低 $T_c$ 区域的 Y-123 超导体可以用于高场应用.

最近，在各种基底上沉淀的 RE-123 涂层导体取得了长足的进展，临界电流密度也有了很大的提高. 这种基底的制备方法主要有两种：IBAD(Ion Beam Assisted Deposition，离子束辅助沉积)法，该方法是在无取向的金属基底上沉积出晶轴取向一致的过渡层；RABiTS(Rolling Assisted Biaxially Textured Substrate，压延辅助双轴织构基底)法，该方法通过轧制和热处理制备出取向一致的基底，并在它上面沉积过渡层. 对于 RE-123 层，沉淀方法也有很多种，例如 PLD(Pulsed Laser Deposition，脉冲激光沉积)法和 TFA-MOD(TriFluoro Acetate-MetalOrganic Deposition，三氟乙酸盐-金属有机物沉积)法，这种方法是将含有三氟乙酸盐的涂层溶液沉积到基底上然后再进行热处理.

单晶薄膜的临界电流密度与磁场角度的关系[63]与图 8.20 所示的相似. 平行于 $a$-$b$ 面的磁场中临界电流密度较大，而平行于 $c$ 轴的磁场中临界电流密度较小. 在很大的磁场角度范围内，临界电流密度服从基于随机钉扎和超导电子团各向异性的理论假设. 当沿 $a$-$b$ 面或沿 $c$ 轴的磁场偏离期望值时，可观察到临界电流密度有较大的团值. 与 $a$-$b$ 面有小夹角的磁场偏离，归因于平行于 $a$-$b$ 面的钉扎中心，这些都是固有的钉扎中心，比如阻碍层自身、堆垛层错和样品表面等. 与 $c$ 轴方向在较宽区域内的磁场偏离，则有可能是由沿 $c$ 轴方向的缺陷引起的，比如孪生层，以及在薄膜沉淀过程中产生的螺旋层错. 这种情况下由于大张力的存在，位错中心仍属于非超导态. 因此，位错的钉扎机制并不是 6.4 节提到的弹性相互作用，而是有强力的凝聚能相互作用.

图 8.49 给出了通过各种方法制备的最优化 Y-123 薄膜在 77.3K 自场下临界电流密度与厚度的关系[64]. 虚线表示随机点钉扎的二维集体钉扎机制所预期的关系：$J_c \propto d^{-1/2}$. 实验结果与预期值相近，这肯定了钉扎机制的假设. 在用 PLD 方法制备的 Y-123 涂层导体中也观察到类似的厚度关系[65].

当层厚小于钉扎相干长度时就会发生二维集体钉扎效应. 图 8.50 给出了在 IBAD 基底上利用 PLD 方法制备的 Y-123 涂层带材，在沿 $c$ 轴方向 0.1T 场中，其厚度与临界电流密度之间的关系[66]. 由此可以看出当厚度小于 1$\mu$m 时，临界电流密度随厚度的变化符合集体钉扎理论的预期. 这种关系在5～60K 的温度区间内都成立，高温时由于磁通蠕动的影响而变差．在能观察到临界电流密度的最厚样品中可能含有三维钉扎机制，由方程(8.15)计算出的钉扎相干长度，在5K时是0.12$\mu$m，而在60K时增加到0.37$\mu$m．这表明，5K时的磁通钉扎机制不是二维而是三维的．因此利用PLD方法制备的带材中临界电流密度随着厚度的增加而减小，并不是由集体钉扎机制引起的．对于TFA-MOD法制备的带材来说，能够肯定的是在最高到1.4$\mu$m的较宽厚度范围内，临界电流密度都与厚度几乎无关[67]．事实上，PLD方法制备的厚带中临界电流密度的减小是由超导层结构的变化引起的，例如成核孔洞和$a$轴取向晶粒的长大等[68]．

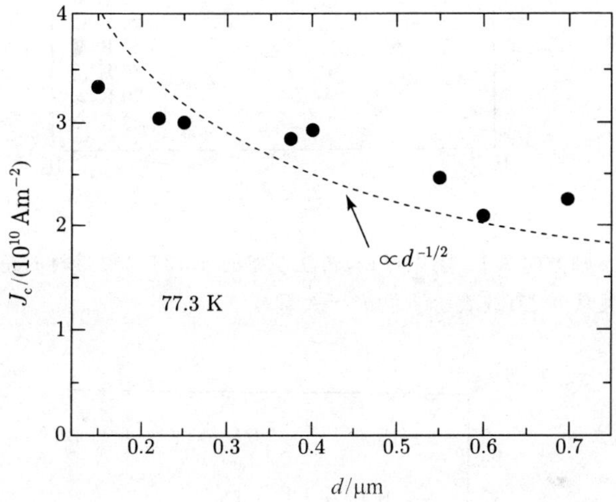


**图8.49**　最优化Y-123薄膜在77.3K自场下临界电流密度与厚度的关系[64]．曲线表示二维集体钉扎机制所预期的关系：$J_c \propto d^{-1/2}$

但是由于高不可逆场的存在，高场下较厚超导体的临界电流密度较大[69,70]．不仅如此，虽然低温下厚度的影响不很明显，但在非常低的电场区域仍存在样品越厚$n$值越大的现象[70]．因此对于实际应用来说，超导体越厚就越有优势，比如可用于制作恒流磁体．另一方面，薄的超导体由于拥有更高的临界电流密度和更低的交流损耗，也有望在低场下实现应用．

近来人们在Y-123薄膜或Y-123涂层带材中引入人工钉扎中心以期提高高场下的临界电流密度．主要有两种方法：一种是在基底上制造缺陷以引入钉扎中心，另一种是通过改变化学成分引入不同相颗粒的沉淀．Matsumoto等人[71]利用PLD方法在单晶$SrTiO_3$(100)基底上沉积了$Y_2O_3$，形成了直径大约25nm的岛状结构，然后再沉淀Y-123层．这些岛状结构有助于形成有核的一维缺陷，例如垂直于基底的螺旋位错．这种情况下在与$c$轴平行的磁场中临界电流密度有急剧的增加，如图 8.51 所示.

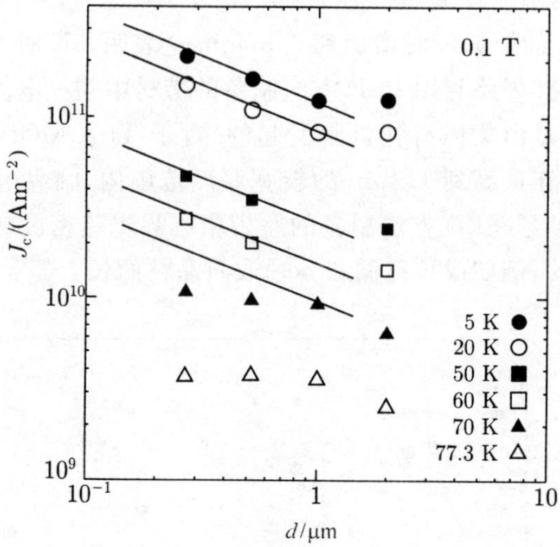


**图 8.50** 在沿 $c$ 轴方向 0.1T 场中，PLD 方法制备的 Y-123 涂层带材的超导层厚度与临界电流密度的关系[66]. 直线表示 $J_c \propto d^{-1/2}$ 关系

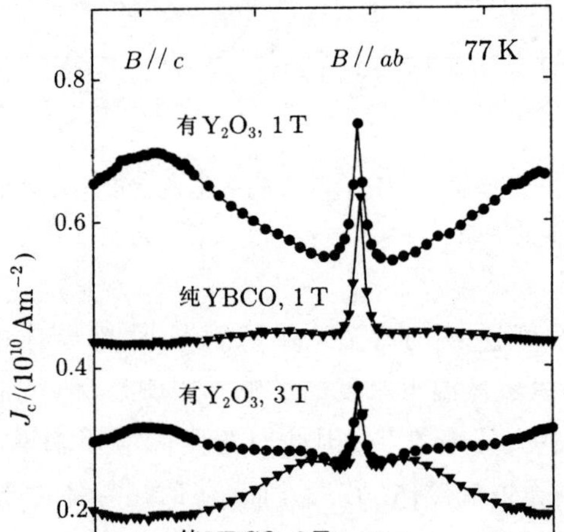


**图 8.51** 分别在 $SrTiO_3$ 单晶基底和具有 $Y_2O_3$ 纳米岛状结构的基底上沉积 Y-123 的薄膜的临界电流密度与磁场角度的关系[71]

Haugan 等人[72]利用 PLD 法在单晶基底上交替沉淀 Y-123 和 Y-211 层，经过热处理后形成大小约为 10nm 的 211 相颗粒. 这些颗粒在平行于已经存在 211 层的 *a*-*b* 面的平面上进行沉淀，在平行于 *a*-*b* 面的磁场中临界电流密度有显著提升. MacManus-Driscoll 等人[73]在单晶基底或者 IBAD-MgO 基底上利用 Y-123 +5mol. % $BaZrO_3$ 做靶材沉积了 Y-123 层. 热处理后在薄膜中分散存在直径大约为 10nm 的 $Ba_2(Zr,Y)_2O_6$ 纳米颗粒或者纳米棒，它们几乎与 *c* 轴平行，并提高了沿此磁场方向的临界电流密度.

## 8.6.2　Bi-2223

实际的 Bi-2223 超导材料现在大多是采用 PIT(powder-in-tube，粉末套管)法用银封装(silver-sheathed)制成带材. 这些带材的临界电流密度要远低于 Y-123 薄膜或者涂层导体的值. 但是，包含了基底或者非超导的导体基材的工程临界电流密度就相差不大了. 此外，考虑到这些带材中的晶粒取向低，弱连接性质并不像 Y-123 中那样强烈. 相反，由于各晶粒 *c* 轴的不完全重合，电流如同轨道转换(railway-switch)模型假设的一样，可以沿着带材的厚度方向流动，在某种程度上文献[74]解决了传输临界电流密度的逾渗问题.

相对于 Y-123 而言，较弱的钉扎特性是限制该材料在高温下应用于低场区域的主要因素. 这一特性源于超导体二维性质产生的低凝聚能密度. 因此，即使是相同的缺陷，其钉扎能和相应的 $J_{c0}$ 也小于 Y-123 中的值. 另外磁通蠕动更严重的影响使实际的 $J_c$ 更小. 因此对于提高 $J_c$，增加超导体的维数比引入更多的缺陷更加有效. 人们发现氧掺杂可以有效地改善 Bi-2212 的钉扎特性，但这个效果并没有在 Bi-2223 银封装带材中得到证实.

图 8.52 展示了 2 号 Bi-2223 单晶样品在 350℃、1atm 氧环境中经过 24h 热处理后的凝聚能密度与温度的关系. 通过分析由重离子辐照成核的柱状缺陷的钉扎力，可以计算出凝聚能密度. 2 号样品的凝聚能密度比没有经过氧处理的 1 号样品更高. 研究发现，尽管在高温下 2 号样品的凝聚能密度比大多数三维 Y-123的凝聚能密度差很多，但随着温度下降它的凝聚能密度急剧增加，并且在 5K 时超过了Y-123. 这表明通过引入强钉扎中心来提高 Bi-2223 超导体在低温下的临界电流密度是非常可行的. 实际上通过在单晶样品中引入直径约为 10nm 的柱状缺陷并施加 0.1T 的磁场(相当于在相同的单晶样品上施加 1T 的磁场)，即可在 5K 时得到令人惊异的高临界电流密度 $2.8\times10^{11}\,Am^{-2}$[75]. 作为比较，图 8.52 同时给出了 Bi-2212 的凝聚能密度. 不同的临界温度表明 Bi-2223 比 Bi-2212 更适合在中高温区域下使用.

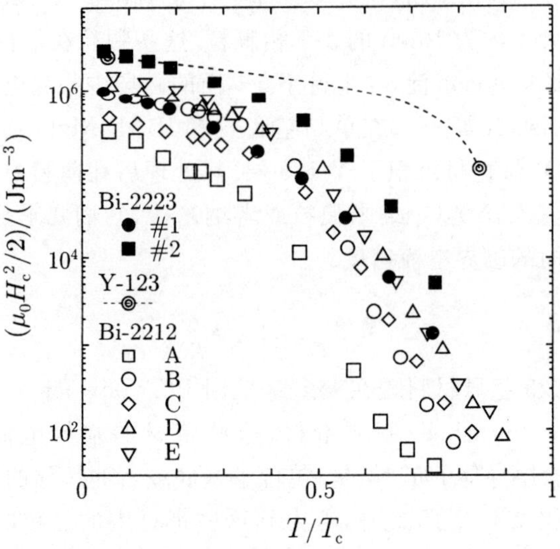


**图 8.52** 不同高温超导体的凝聚能密度与衰减的温度的关系[75]

如 8.4.4 小节所述，由于弱连接和磁通蠕动的强烈效应，Bi-2223 带材的 $n$ 值偏小. 由于这个原因，钉扎力密度在不可逆场附近出现一个很长的尾巴. 图 8.53(a)展示了单芯 Bi-2223 带材在沿 $c$ 轴方向磁场中的钉扎力密度的标度律，由偏置法确定以便补偿在银壳层中分流的电流[43]. 图 8.53(b)展示了磁通蠕动-漂移模型的理论结果.

相对于磁场角度，Bi-2223 带材的输运 $J_c$ 的各向异性要小于磁化 $J_c$ 的各向异性[76]. 这些各向异性远小于有效电子团的各向异性期望值. 磁化 $J_c$ 的各向异性小于本征各向异性，这是因为各个晶粒 $a$-$b$ 面的不完全平行，以及小部分晶粒中存在 $a$-$b$ 面严格平行于带材表面，如同 8.5.3 小节讨论过的，这可在平行于带材的磁场中提高晶粒内的临界电流. 输运 $J_c$ 的各向异性小于磁化 $J_c$，这是因为相同场方向中超导电流的逾渗特性，使得孤立晶粒内的高临界电流无法提高输运 $J_c$.

最终热处理时采用超过 20MPa 的高压，可以消除孔隙从而有效增加超导区域的密度. 它能显著提升临界电流密度，即使超导区域截面积减小也能够提高临界电流. 这个方法也可以提高不可逆场和 $n$ 值[77]. 这些改善归因于在小 $J_{c0}$ 值提高的同时 $J_{c0}$ 值的窄化分布. 实际上，通过这种处理可以得到较好的 $c$ 轴取向，这可以有效地消除晶粒间弱连接. 高压过程优化法未来有望用来改善临界电流特性.

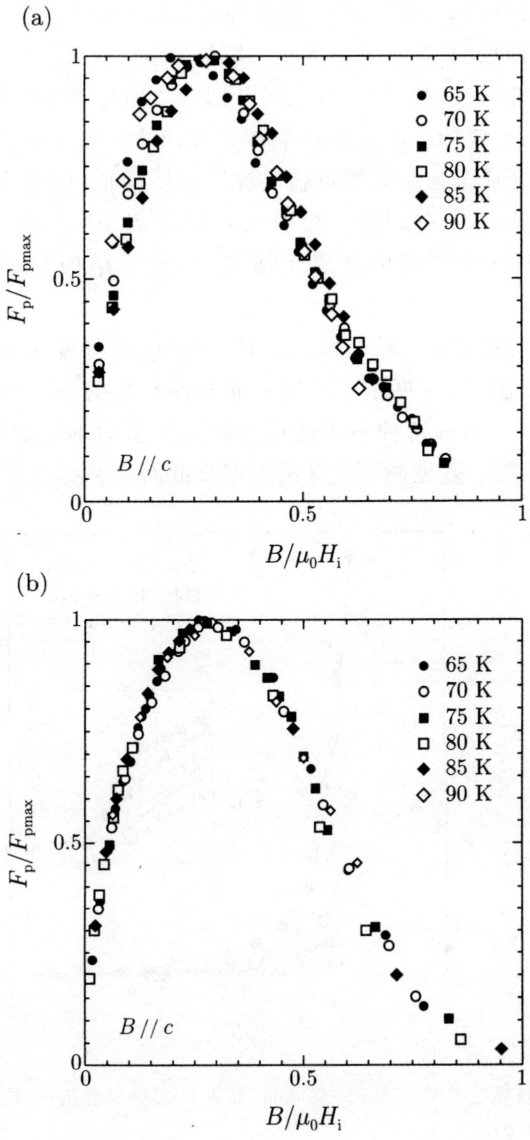


**图 8.53**　平行于 $c$ 轴的磁场中单芯 Bi-2223 带材的钉扎力密度的标度律[43]：(a) 实验结果；(b) 磁通蠕动-漂移模型的理论结果

## 8.6.3　Bi-2212

实际的 Bi-2212 超导体也是制成银封装带材形式，或者通过 PIT 法制成缠绕线材．在高温下其临界电流密度非常低．这是由弱钉扎和强磁通蠕动效应引起的，而它们都源自 Bi-2212 特有的二维特性. 因此目前要想大幅提高样品在高温下的特性是非常困难的，且不可逆场不可能显著提高，如方程(8.40)所述.

为了提高钉扎特性，与 Bi-2223 情况相似，增加超导体的维度最为有效. 为了达到这个目的，有效的方法是采用氧掺杂和用 Pb 原子对 Bi 位进行取代[78]. 尽管由于超导体变成过掺杂态导致临界温度有所降低，但事实上通过这些处理临界电流密度仍获得了显著提高. 当引入大量的 Pb 时，出现了由高密度 Pb 的区域和低密度 Pb 区域组成的薄层状结构[79]. 这个结构有望对强磁通钉扎有贡献.

这种超导体的特性是：低于临界点时，临界电流密度和不可逆场随着温度的降低陡然升高. 图 8.54 展示了不同各向异性参数的 Bi-2212 单晶，其不可逆场与温度的关系[80]. 目前这种不可逆场与温度关系的本质原因还不清楚. 这种关系与如图 8.52 所示凝聚能密度伴随温度降低而显著提高直接相关.

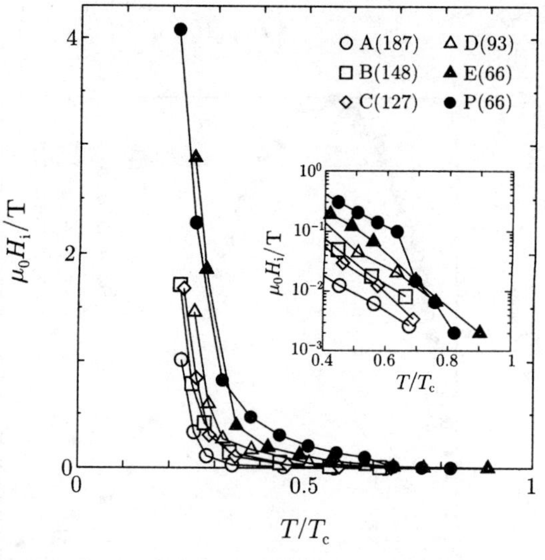


**图 8.54** 不同各向异性参数的 Bi-2212 单晶，其不可逆场与温度的关系[80]. 各样品旁的数字是各向异性参数

图 8.55 展示了利用凝聚能密度计算出的热力学临界场 $H_c$ 与温度的关系[81]. 随着温度的增加 $H_c$ 有近似线性的减小，通过将这个关系线性延伸至零而得到小于 $T_c$ 的特征温度 $T^*$. 在高于 $T^*$ 时 $H_c$ 按照幂级数减小，这说明阻碍层的超导电性消失了. 在最优掺杂态时归一化温度 $T^*/T_c$ 达到最大值，当条件偏离最优掺杂态时归一化温度减小[81]. 这个减小估计是由 $a$-$b$ 面化学不均匀性的增加引起的.

图 8.56 展示了 5K 时凝聚能密度和各向异性参数之间的关系[81]. 可以发现当 $\gamma_a$ 减小时,阻碍层的超导电性有所提高并且凝聚能密度增加. 因此对于改善 Bi-2212 超导体的各向异性来说,在低温区域引入强钉扎力是可行的. 实际上通过在 1.0T 的匹配磁场下对过掺杂 Bi-2212 单晶进行重离子低计量辐照,即可在 5K 和 0.1T 时得到高临界电流密度 $1.7\times10^{11}\,\mathrm{Am}^{-2}$[81]. 因此,低温下和高场中的超导体应用应该充分利用这一特性的优势.

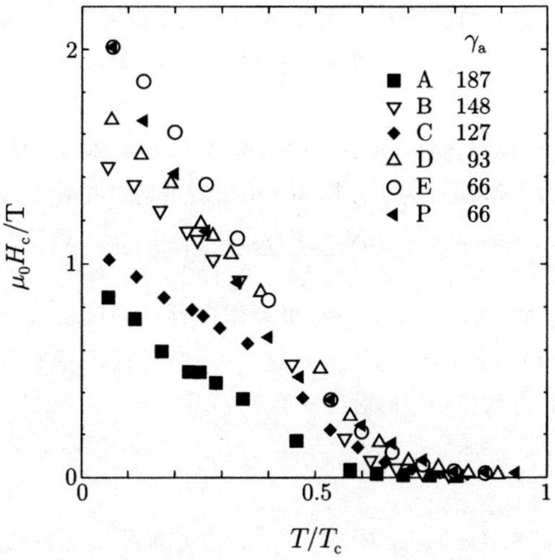


**图 8.55**　不同各向异性参数的 Bi-2212 单晶的热力学临界场与温度的关系[81]

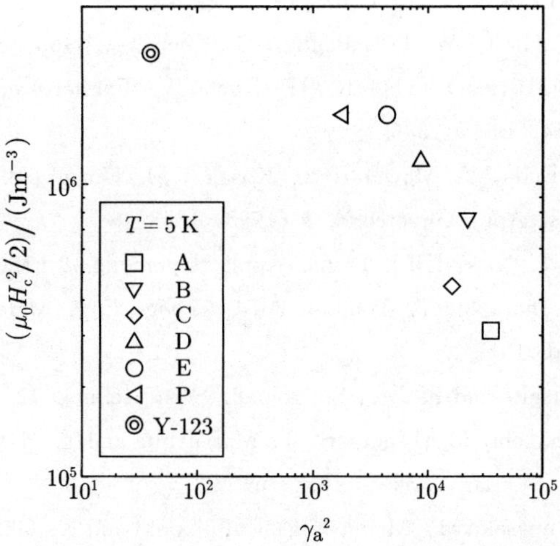


**图 8.56**　Bi-2212 超导体的各向异性参数与 5K 时凝聚能密度之间的关系[81]

## 习题

8.1 假定存在一个类似于 211 相颗粒的大非超导杂质. 通过考虑磁场与 $a$ 轴和 $c$ 轴平行的情况,讨论超导区域和非超导区域之间宽界面的钉扎力的各向异性. 假定电流沿着 $b$ 轴流动且杂质的几何形状是各向同性的.

8.2 假定方程(7.2)和(7.3)的钉扎力密度的标度律在足够低的温度下可以被满足,并假定对于上临界场方程(8.12)的有效团模型是成立的. 说明对于 $H_{c2}^{ab} \gg H_{c2}^{c}$ 超导体,由于其较大的各向异性,在任意方向的磁场中,临界电流密度几乎由平行于 $c$ 轴的场分量确定.

8.3 由方程(8.17)推导出方程(8.18).(提示:扩展方程(8.17)的指数项 $e^x \simeq 1-x$).

8.4 推导方程(8.41).

8.5 计算 77.3K 时 Y-123 超导体沿 $c$ 轴方向的不可逆场,超导体包含体积分数为 20%且平均粒径为 2.0μm 的 211 相颗粒. 为了计算 $J_{c0}$,由于较低的钉扎效率,可利用饱和型特性

$$J_{c0}B = \frac{\pi N_{\mathrm{P}} \xi_{ab} D^2 \mu_0 H_c^2}{4a_{\mathrm{f}}} \left(1 - \frac{B}{\mu_0 H_{c2}^c}\right)^2 \tag{8.42}$$

方程代替方程(7.83b). 为了估算 $g_e^2$ 值,可利用方程(7.12b),(7.93)和(8.42). 利用表 8.3中 $T_c$ 和 $H_{c2}^c(0)$ 的值,假定有 $\mu_0 H_c(0) = 1.0\mathrm{T}$,且那些临界场与温度的关系为 $[1-(T/T_c)^2]$. 假定方程(7.96)的对数项等于 14.

## 参考文献


1. W. E. Lawrence and S. Doniach: *Proc. 12th Int. Conf. on Low Temp. Phys.*, ed. by E. Kanda (Academic Press, 1971) 361.
2. T. Matsushita: Physica C **214** (1993) 100.
3. T. Matsushita and T. Kiss: Physica C **315** (1999) 12.
4. M. P. A. Fisher: Phys. Rev. Lett. **62** (1989) 1416.
5. R. H. Koch, V. Foglietti, W. J. Gallagher, G. Koern, A. Gupta and M. P. A. Fisher: Phys. Rev. Lett. **63** (1989) 1511; R. H. Koch, V. Foglietti and M. P. A. Fisher: Phys. Rev. Lett. **64** (1990) 2586.
6. H. Yamasaki, K. Endo, Y. Mawatari, S. Kosaka, M. Umeda, S. Yoshida and K. Kajimura: IEEE Trans. Appl. Supercond. **5** (1995) 1888.
7. T. Matsushita and T. Kiss: IEEE Trans. Appl. Supercond. **9** (1999) 2629.
8. T. Matsushita, N. Ihara and T. Tohdoh: *Adv. Cryog. Eng. Mater.* Vol. 42 (Plenum, New York, 1996) p. 1011.
9. T. Kiss, T. Matsushita and F. Irie: Supercond. Sci. Technol. **12** (1999) 1079.
10. K. Noguchi, M. Kiuchi, M. Tagomori, T. Matsushita and T. Hasegawa: *Adv. Supercond. IX* (Springer-Verlag, Tokyo, 1997) p. 625.
11. M. Kiuchi, A. Yamasaki, T. Matsushita, J. Fujikami and K. Ohmatsu: Physica C **315** (1999) 241.
12. M. Fukuda, T. Kodama, K. Shiraishi, S. Nishimura, E. S. Otabe, M. Kiuchi, T.

Kiss, T. Matsushita and K. Itoh: Physica C **357-360** (2001) 586.

13. T. Nakamura, T. Kiss, Y. Hanayama, T. Matsushita, K. Funaki, M. Takeo and F. Irie: *Adv. Supercond. X* (Springer-Verlag, Tokyo, 1998) p. 581.
14. T. Kodama, M. Fukuda, S. Nishimura, E. S. Otabe, M. Kiuchi, T. Kiss, T. Matsushita and K. Itoh: Physica C **378-381** (2002) 575.
15. T. Matsushita, M. Fukuda, T. Kodama, E. S. Otabe, M. Kiuchi, T. Kiss, T. Akune, N. Sakamoto and K. Itoh: *Adv. Cryog. Eng. Mater.* Vol. 48 (American Inst. Phys., 2002) p. 1193.
16. K. Harada, T. Matsuda, H. Kasai, J. E. Bonevich, T. Yoshida, U. Kawabe and A. Tonomura: Phys. Rev. Lett. **71** (1993) 3371.
17. K. Yamafuji and T. Kiss: Physica C **290** (1997) 9.
18. E. H. Brandt and G. P. Mikitik: Supercond. Sci. Technol. **14** (2001) 651.
19. A. A. Zhukov, S. Kokkaliaris, P. A. J. de Groot, M. J. Higgins, S. Bhattacharya, R. Gagnon and L. Taillefer: Phys. Rev. B **61** (2000) R887.
20. T. Tamegai, Y. Iye, I. Oguro and K. Kishio: Physica C **213** (1993) 33.
21. T. Matsushita, T. Hirano, H. Yamato, M. Kiuchi, Y. Nakayama, J. Shimoyama and K. Kishio: Supercond. Sci. Technol. **11** (1998) 925.
22. R. Cubitt, E. M. Forgan, G. Yang, S. L. Lee, D. McK. Paul, H. A. Mook, M. Yethiraj, P. H. Kes, T. W. Li, A. A. Menovsky, Z. Tarnawski and K. Mortensen: Nature **365** (1993) 407.
23. T. Nishizaki, T. Naito, and N. Kobayashi: Phys. Rev. B **58** (1998) 11169.
24. H. Küpfer, Th. Wolf, R. Meier-Hirmer, M. Kläser and A. A. Zhukov: *Extended Abstract of* 2000 *Int. Workshop on Supercond.*, June 19-22, 2000, Matsue (Japan) p. 226 (unpublished).
25. K. Kimura, S. Kamisawa and K. Kadowaki: Physica C **357-360** (2001) 442.
26. V. M. Vinokur, P. H. Kes and A. E. Koshelev: Physica C **168** (1990) 29.
27. T. Matsushita, M. Kiuchi, T. Yasuda, H. Wada, T. Uchiyama and I. Iguchi: Supercond. Sci. Technol. **18** (2005) 1348.
28. K. Kishio, J. Shimoyama, S. Watauchi and H. Ikuta: *Proc. of* 8*th Int. Workshop on Critical Currents in Superconductors* (Singapore, World Scientific, 1996) p. 35.
29. T. Matsushita, T. Hirano, S. Yamaura, Y. Nakayama, J. Shimoyama and K. Kishio: Supercond. Sci. Technol. **12** (1999) 1083.
30. A. Gurevich and E. A. Pashitskii: Phys. Rev. B **57** (1998) 13878.
31. H. Hilgenkamp, C. W. Schneider, B. Goetz, R. R. Schulz, A. Schmehl, H. Bielefeldt and J. Mannhart: Supercond. Sci. Technol. **12** (1999) 1043.
32. D. Dimos, P. Chaudhari, J. Mannhart and F. K. LeGoures: Phys. Rev. Lett. **61** (1988) 219.
33. H. Hilgenkamp, B. Goets, R. R. Schulz, C. W. Schneider, B. Chesca, G. Hammerl,

A. Schmehl, H. Bielefeldt and J. Mannhart: *Extended Abstracts of* 2000 *Int. Workshop on Supercond.*, June 2000, Matsue(Shimane) p. 33 (unpublished).

34. L. Civale, B. Maiorov, A. Serquis, S. R. Foltyn, Q. X. Jia, P. N. Arendt, H. Wang, J. O. Willis, J. Y. Coulter, T. G. Holesinger, J. L. MacManus-Driscoll, M. W. Rupich, W. Zhang and X. Li: Physica C **412-414** (2004) 976.
35. M. Kiuchi, H. Yamato and T. Matsushita: Physica C **269** (1996) 242.
36. T. Matsushita, M. Kiuchi and H. Yamato: *Adv. Cryog. Eng. Mater.* Vol. 44 (Plenum, New York, 1998) p. 647.
37. H. Yamato, M. Kiuchi, T. Matsushita, A. I. Rykov, S. Tajima and N. Koshizuka: *Adv. Supercond. X* (Springer-Verlag, Tolyo, 1998) p. 501.
38. T. Matsushita, H. Yamato, K. Yoshimitsu, M. Kiuchi, A. I. Rykov, S. Tajima and N. Koshizuka: Supercond. Sci. Technol. **11** (1998) 1173.
39. K. Kitazawa, J. Shimoyama, H. Ikuta, T. Sasagawa and K. Kishio: Physica C **282-287** (1997) 335.
40. T. Kodama, M. Fukuda, K. Shiraishi, S. Nishimura, E. S. Otabe, M. Kiuchi, T. Kiss, T. Matsushita and K. Itoh: Physica C **357-360** (2001) 582.
41. M. Tachiki: Physica C **282-287** (1997) 383.
42. Y. Matsuda, M. B. Gaifullin, K. Kumagai, K. Kadowaki and T. Mochiku: Phys. Rev. Lett. **75** (1995) 4512.
43. M. Kiuchi, K. Noguchi, T. Matsushita, T. Kato, T. Hikata and K. Sato: Physica C **278** (1997) 62.
44. T. Matsushita: *Studies of High Temperature Superconductors*, Ed. Anant Narlikar, Vol. 14 (Nova Science, 1995, New York) p. 383.
45. N. Ihara and T. Matsushita: Physica C **257** (1996) 223.
46. T. Matsushita, D. Yoshimi, M. Migita and E. S. Otabe: Supercond. Sci. Technol. **14** (2001) 732.
47. M. Kiuchi, E. S. Otabe, T. Matsushita, T. Kato, T. Hikata and K. Sato: Physica C **260** (1996) 177.
48. T. Matsushita, M. Tagomori, K. Noguchi, M. Kiuchi and T. Hasegawa: *Adv. Cryog. Eng. Mater.* Vol. 44 (Plenum, New York, 1998) p. 609.
49. T. Matsushita, E. S. Otabe, T. Nakane, M. Karppinen and H. Yamauchi: Physica C **322** (1999) 100.
50. T. Matsushita, E. S. Otabe, M. Kiuchi, T. Hikata and K. Sato: *Adv. Cryog. Eng.* Vol. 40 (Plenum, New York, 1994) p. 33.
51. T. Matsushita, E. S. Otabe, H. Wada, Y. Takahama and H. Yamauchi: Physica C **397** (2003) 38.
52. H. Matsuoka, E. S. Otabe, T. Matsushita and T. Hamada: *Adv. Supercond. IX* (Springer-Verlag, Tokyo, 1997) p. 641.

53. T. Matsushita, M. Tagomori, Y. Nakayama, A. Yamasaki, M. Kiuchi and K. Sato: *Proc. 15th Int. Conf. on Magnet Technology*, October 20-24, 1997, p. 966.

54. D. S. Fisher, M. P. A. Fisher and D. A. Huse: Phys. Rev. B **43** (1991) 130.

55. M. Tachiki and S. Takahashi: Solid State Commun. **70** (1989) 291.

56. H. Suematsu, H. Okamura, S. Lee, S. Nagaya and H. Yamauchi: Physica C **338** (2000) 96.

57. E. M. Gyorgy, R. B. van Dover, L. F. Schneemeyer, A. E. White, H. M. O'Bryan, R. J. Felder, J. V. Waszczak, W. W. Rhodes and F. Hellman: Appl. Phys. Lett. **56** (1990) 2465.

58. H. Fujimoto, T. Taguchi, M. Murakami, N. Nakamura and N. Koshizuka: *Adv. Supercond. V* (Springer-Verlag, Tokyo, 1993) p. 411.

59. H. Fujimoto, M. Murakami, N. Nakamura, S. Gotoh, A. Kondoh, N. Koshizuka and S. Tanaka: *Adv. Supercond. IV* (Springer-Verlag, Tokyo, 1992) p. 339.

60. M. Damling, M. J. Seuntjens and C. D. Larbalestier: Nature **346** (1990) 332.

61. T. Mochida, N. Chikumoto, T. Higuchi, M. Murakami: *Adv. Supercond. X* (Springer-Verlag, Tokyo 1998) p. 489.

62. T. Matsushita: Supercond. Sci. Technol. **13** (2000) 730.

63. L. Civale, B. Maiorov, A. Serquis, J. O. Willis, J. Y. Coulter, H. Wang, Q. X. Jia, P. N. Arendt, J. L. MacManus-Driscoll, M. P. Maley and S. R. Foltyn: Appl. Phys. Lett. **84** (2004) 2121.

64. A. G. Zaitsev, G. Ockenfuss and R. Wördenweber: *Appl. Supercond.* (Inst. Phys. Conf. Ser. 158) (Institute of Physics, Bristol, 1997) p. 25.

65. P. N. Arendt, S. R. Foltyn, L. Civale, R. F. DePaula, P. C. Dowden, J. R. Groves, T. G. Holesinger, Q. X. Jia, S. Kreiskott, L. Stan, I. Usov, H. Wang and J. Y. Coulter: Physica C **412-414** (2004) 795.

66. T. Matsushita, M. Kiuchi, K. Kimura, S. Miyata, A. Ibi, T. Muroga, Y. Yamada and Y. Shiohara: Supercond. Sci. Technol. **18** (2005) S227.

67. T. Izumi, Y. Tokunaga, H. Fuji, R. Teranishi, J. Matsuda, S. Asada, T. Honjo, Y. Shiohara, T. Muroga, S. Miyata, T. Watanabe, Y. Yamada, Y. Iijima, T. Saitoh, T. Goto; A. Yoshinaka and A. Yajima: Physica C **412-414** (2004) 885.

68. Q. Jia, H. Wang, Y. Lin, B. Maiorov, Y. Li, S. Foltyn, L. Civale, P. N. Arendt: *6th Pacific Rim Conf. on Ceramic and Glass Technology*, September 2005, Kapalua, Hawaii.

69. T. Matsushita, H. Wada, T. Kiss, M. Inoue, Y. Iijima, K. Kakimoto, T. Saitoh and Y. Shiohara: Physica C **378-381** (2002) 1102.

70. T. Matsushita, T. Watanabe, Y. Fukumoto, K. Yamauchi, M. Kiuchi, E. S. Otabe, T. Kiss, T. Watanabe, S. Miyata, A. Ibi, T. Muroga, Y. Yamada and Y. Shiohara: Physica C **426-431** (2005) 1096.

71. K. Matsumoto, T. Horide, A. Ichinose, S. Hori, Y. Yoshida and M. Mukaida: Jpn. J. Appl. Phys. **44** (2005) L246.

72. T. Haugan, P. N. Barnes, R. Wheeler, F. Meisenkothen and M. Sumption: Nature **430** (2004) 867.

73. J. L. MacManus-Driscoll, S. R. Foltyn, Q. X. Jia, H. Wang, A. Serquis, L. Civale, B. Maiorov, M. E. Hawley, M. P. Maley and D. E. Peterson: Nature Mater. **3** (2004) 439.

74. B. Hensel, G. Grasso and R. Flükiger: Phy. Rev. B **51** (1995) 15456.

75. E. S. Otabe, I. Kohno, M. Kiuchi, T. Matsushita, T. Nomura, T. Motohashi, M. Karppinen, H. Yamauchi and S. Okayasu: *Adv. Cryog. Eng.* Vol. 52 (American Inst. Phys., 2006) p. 805.

76. M. Kiuchi, Y. Himeda, Y. Fukumoto, E. S. Otabe and T. Matsushita: Supercond. Sci. Technol. **17** (2004) S10.

77. T. Matsushita, Y. Himeda, M. Kiuchi, J. Fujikami, K. Hayashi and K. Sato: Supercond. Sci. Technol. **19** (2006) 1110.

78. J. Shimoyama, Y. Nakayama, K. Kitazawa, K. Kishio, Z. Hiroi, I. Choug and M. Takano: Physica C **281** (1997) 69.

79. Z. Hiroi, I. Choug, M. Izumi and M. Takano: *Adv. Supercond.* X (Spring, Tokyo, 1998) p. 285.

80. T. Haraguchi, T. Imada, M. Kiuchi, E. S. Otabe, T. Matsushita, T. Yasuda, S. Okayasu, S. Uchida, J. Shimoyama and K. Kishio: Physica C **426-431** (2005) 304.

81. T. Matsushita, M. Kiuchi, T. Haraguchi, T. Imada, K. Okamura, S. Okayasu, S. Uchida, J. Shimoyama and K. Kishio: Supercond. Sci. Technol. **19** (2006) 200.

# 第九章　$MgB_2$

## 9.1　超 导 特 性

2001 年发现的 $MgB_2$ 是一种临界温度为 39K 的新型金属超导体.这种超导体有很好的特性,如临界温度高于普通的金属超导体,以及高温超导体中不可避免的各向异性和晶界处的弱连接等问题在该超导体中则不那么重要.因此,$MgB_2$ 的发现引起了人们的极大关注,不仅着眼于它物理特性的基础研究和应用研究,更着重于它在液氢温度附近的重要应用.因此,科学界开展了包含多芯线在内的线材、薄膜的研究制备工作,同时开展了对其钉扎特性以及不可逆场的研究.

$MgB_2$ 超导体是层状晶体结构,即由交替平行的蜂窝型的 B 层和六边形密集(close-packed)排列的 Mg 层构成.因此,这样的晶体结构使其电磁特性存在各向异性,$a$-$b$ 面中较长的相干长度导致沿 $c$ 轴方向垂直于平面的磁场具有较低的上临界场,如图 9.1 所示[1].图中反映出的温度关系表明了一个显著的向上曲率,这是由硼的有不同临界温度的 $\pi$ 键和 $\sigma$ 键中双能隙超导电性引起的.插图展示了上临界场的各向异性.可以看出,临界温度时各向异性的因子约为 2,并且随着温度的降低而增加.由上临界温度估算出的相干长度近似为 $\xi_c(0)=9.6$nm 和 $\xi_{ab}(0)=2.0$nm,远高于高温超导体中的相干长度,因此可以预期其钉扎特性类似于普通金属超导体.

图 9.2 展示了多晶样品中各种特征磁场与温度的关系[2].在 25K 以下可以由从高温区外推出的上临界场 $H_{c2}$ 值和观察到的下临界场 $H_{c1}$ 共同推导出热力学临界场 $H_c$ 的数值.因此,$H_{c1}$ 和 $H_{c2}$ 的值是对各向异性求平均的值.10K 时 $H_c$ 大约为 0.5T,与 4.2K 时 $Nb_3Sn$ 的值近似.图 9.3 中示出的 G-L 参数 $\kappa$ 约为 20,与温度无关[2].选择合适的退火温度或者碳原子掺杂,多晶块材、线材、薄膜中的相干长度可以被缩短,使得上临界场比单晶样品的值有明显的提高.从图 9.2 中可以看出,$MgB_2$ 超导体中上临界场的值明显高于不可逆场.但是相比于高温超导体,这个差值小很多.因此,$MgB_2$ 有一个介于金属和高温超导体中间的不可逆特性.目前它与金属超导体之间的主要不同是 $MgB_2$ 可以在较高的温度下使用,且具有较弱的磁通钉扎强度.

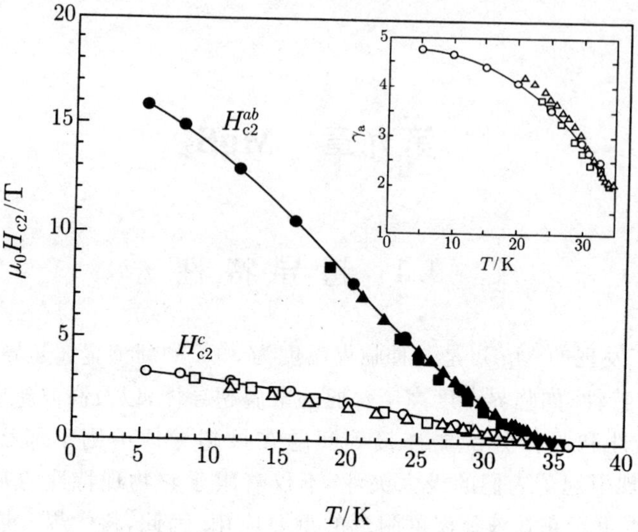


图 9.1 $MgB_2$ 单晶中上临界场-温度的变化曲线[1]，插图是上临界场的各向异性，$\gamma_a = H_{c2}^{ab} / H_{c2}^{c}$

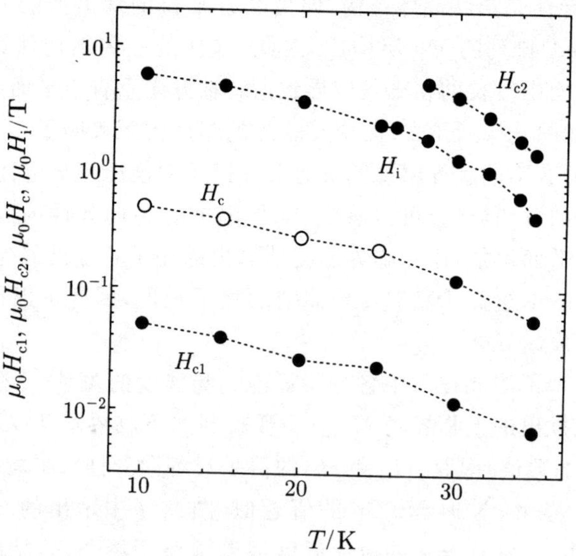


图 9.2 $MgB_2$ 多晶样品的各种临界场和不可逆场[2]. 25K 以下热力学临界场的值(空心圆)是通过上临界场向低温区的推测值估算出来的

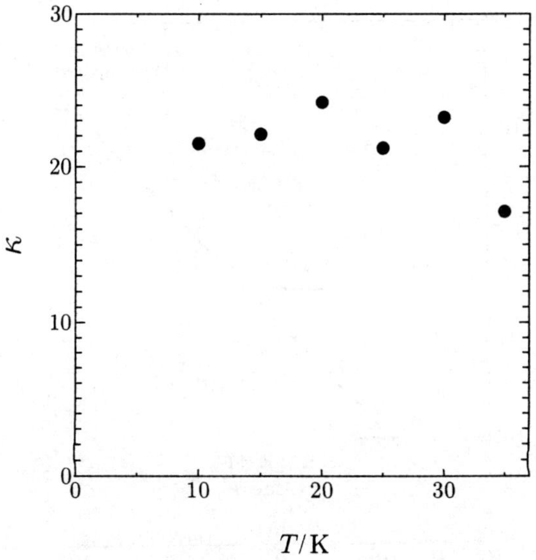


**图 9.3**　$MgB_2$ 多晶样品中的 G-L 参数[2]

# 9.2　磁通钉扎特性

## 9.2.1　线材和块材

目前,制备 $MgB_2$ 线材的常用方法是粉末套管法(PIT),即在金属外壳(例如铁)中填入粉末然后进行拉拔.这有两种方式:一种叫原位(in situ)法,即在外壳中填入 Mg 和 B 的混合粉末或它们的化合物,拉拔之后热处理,进行反应;另一种叫先原位(ex situ)法,这种方法用的是反应完的 $MgB_2$ 粉末.原位法制得的线材在高磁场中通常有更好的临界电流密度.

线材中的 $MgB_2$ 超导体通常都是多晶的,不存在像金属超导体那样会影响传输特性的晶界弱间连接问题.因此认为晶界是主要的钉扎中心.实际上,从线材到薄膜这样一个很宽的晶粒尺寸范围内,临界电流密度都与晶粒尺寸存在一个很强的相干性,如图 9.4 所示[3].这表明上述假设是正确的.自场下薄膜中非常高的临界电流密度来自于非常高密度的钉扎中心,而这是由小的晶粒尺寸决定的.但是,在 4.2K,5T 情况下它的临界电流密度仅为 $1\times10^8\,Am^{-2}$ 数量级,甚至对于尺寸小到 $d_g=0.2\mu m$ 的晶粒,也仅是相同条件下 $Nb_3Sn$ 临界电流密度的2～3%.这表明,$MgB_2$ 中晶界的磁通钉扎力很弱.

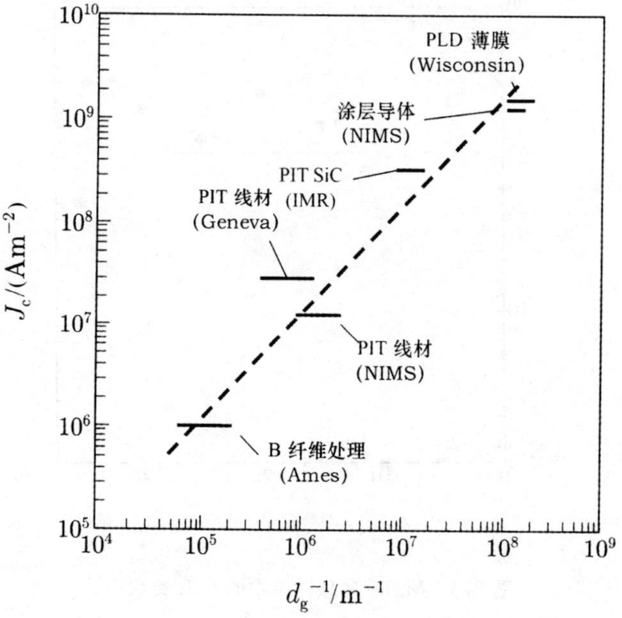


**图 9.4** 4.2K,5T 情况下 $MgB_2$ 临界电流密度和晶粒尺寸间的关系[3]

造成当前 $MgB_2$ 超导体中临界电流密度低的原因是因为 $MgB_2$ 相的密度较低,而这主要是由于原位法制备过程中粉末堆积密度较低以及化学反应造成的体积减小.晶界处 MgO 或 MgO 薄层成核也是造成临界电流密度低的主要因素.晶粒连通性可以基于 Rowell 模型从非超导态电阻中估算出来[4].对于相同条件,但是填充因子 $P$ 不同的情况下,制备的不同样品,Yamamoto[5] 利用立体键逾渗(bond-percolation)模型估算连通因子 $K$ 和涂着于绝缘氧化层的晶粒边界的比例系数 $\alpha$.经过分析发现,$\alpha$ 约为 0.14.

然后,表示临界电流密度自理想条件的衰减率的晶粒连通性,就可以用键逾渗模型的形式作为 $P$ 的函数估算出来.这种材料可由晶粒的立方键系统来近似,每一个晶粒都与周围六个晶粒键连.如果用 $z$ 表示与一个晶粒相连的键的数目,填充密度 $P_c$ 的阈值为 $2/z$,因此可以得到 $P_c=1/3$.由于对于输运电流来说,有效的填充因子为$(1-\alpha)P$,晶粒连通时可以表示为

$$K=\frac{(1-\alpha)P-P_c}{1-P_c}. \tag{9.1}$$

这个结果表明,在通常原位法制得的线材中 $P=0.5$,此情况下晶粒连通因子估算为0.15.这意味着由于多孔性和氧化层的存在使得临界电流密度比本征值减小 1/6.因此,氧化层的负面影响很大,尤其是原位法制得的线材填充密度

又很低．为了使临界电流密度有大幅提高，不仅需要增加填充密度，更需要一种新的制备方法来抑制氧化薄层的形成．这方面有报道指出用提纯 B 粉末代替 $B_2O_3$ 比较有效[6]，尤其重要的是去除 B 粉表面附着的 $B_2O_3$．

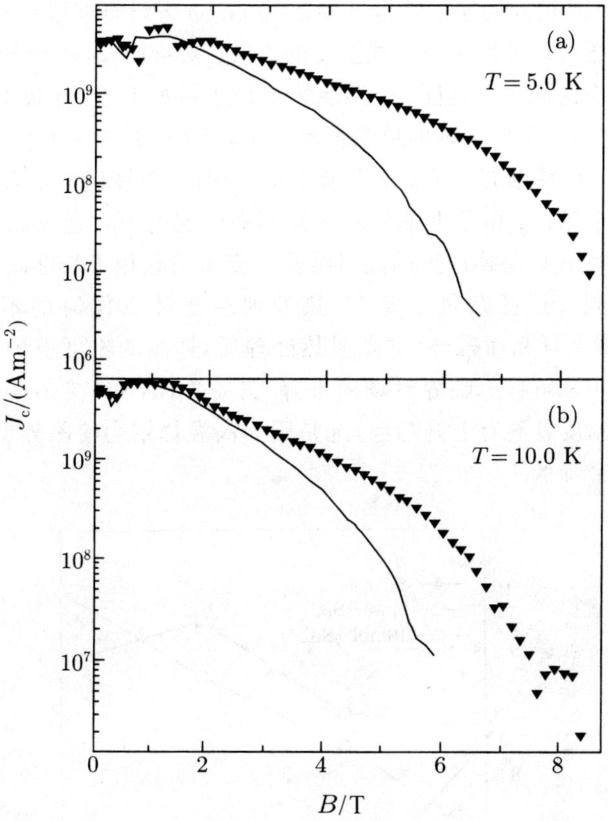


**图 9.5**　在 $MgB_2$ 中掺杂 10wt％的细 SiC 粉末来提高临界电流密度[13]．实心符号代表掺杂 SiC 的样品

如前面所说，为了提高临界电流密度，必须要增加 $MgB_2$ 的填充密度．这样看来，先原位法更加可取．实际上采用这种方法在高场下获得高临界电流密度已被实验所证实[7]．这种方法中要对填充进不锈钢包套中的 $MgB_2$ 粉末做特殊处理：采用原位 PIT 法将 $MgH_2$ 和非晶 B 先制成带材，再取其芯部的 $MgB_2$ 粉末来进行实验．未来这一处理技术中可否轻松获得高纯度的 $MgB_2$ 粉末是一个关键的问题．也有报道称[8]，对原位法获得的线材采用热压的方法可以减少超导区域的缝隙，从而有效提高低场下的临界电流密度．还可采用 PICT（粉末填充封

闭管法，powder in closed tube)在 Mg 蒸汽的高压下生产有高体积分数的超导块材，已有报道称得到高临界电流密度的超导体[9]．另外也有报道称，通过 Fe-Mg 合金基底和 B 片之间的扩散也可以合成出高密度的 $MgB_2$[10]．用 PICT 法通过混合商业化的 $MgB_2$ 粉末和 B 粉末经扩散可以得到接近 100％的填充因子[11]．为了提高晶粒间的连接性也可掺杂 In 或 Sn 等材料来填充空隙[12]．

改善性能还可以采取增强钉扎强度的方法：众所周知，掺杂 SiC 最为有效．图 9.5 所示便是这样一个例证[13]．掺杂的 C 原子占据 B 位，导致 B 原子的蜂窝状结构发生形变，从而使 $a$ 轴的单胞长度减小，而 $c$ 轴却没有发生变化[14]．从图 9.5中可以看出，C 掺杂有效地提高了临界电流密度，在高场下尤为明显．因此可以得出这样一个结论：由于上临界场的提高而引起的不可逆场的提高，而上临界场的提高又是由 C 替换产生的晶格结构形变所引起相干长度减小造成的．图 9.6 展示了不同 SiC 掺杂量以及 1h 热处理温度对 20K 时的不可逆场的影响[15]．对于未掺杂样品而言，经过高温热处理后，样品的不可逆场有明显下降，这一现象可以用来解释上临界磁场的下降．另一方面，SiC 掺杂样品中，不可逆场随着热处理温度升高有上升趋势，这是因为高温烧结会使临界温度上升但上临界场的值不会降低．

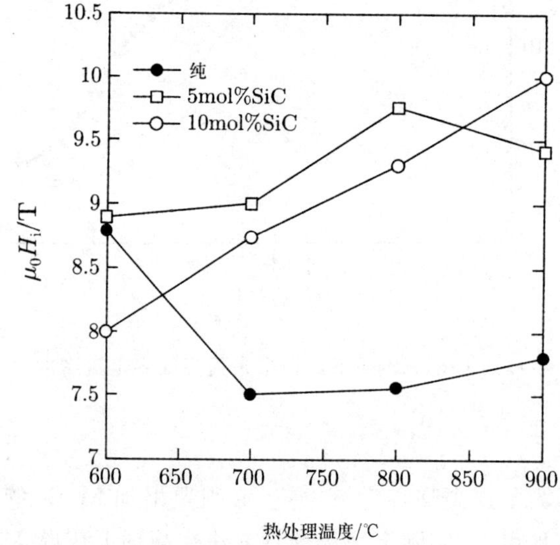


**图 9.6** 不同 SiC 掺杂量的 $MgB_2$ 样品 20K 时的不可逆场与 1h 烧结时不同温度的关系曲线[15]

图 9.7 展示了未掺杂样品和 $B_4C$ 或 SiC 掺杂样品在 20K 时，其 X 射线衍射(110)峰的半高宽值(full-width half-maximum，FWHM)与不可逆场的关系[16]．这表明不可逆场随着 FWHM 的增大而增大．C 掺杂引起晶体结构发生形

变，从而导致钉扎性能的变化. 这一变化部分归因于上临界场的升高，部分归因于由电子散射机制引起的晶界处磁通钉扎强度的增强(参见6.3.2小节). 下面将通过对实验结果的分析来确认后一种可能性.

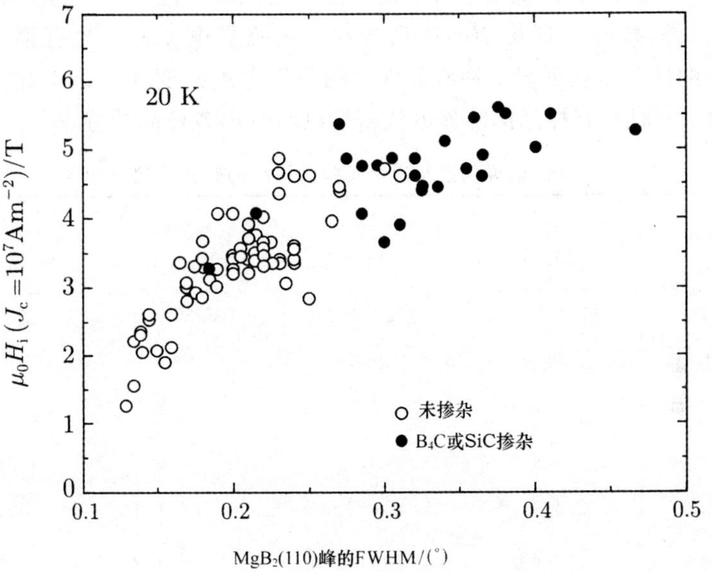


**图 9.7** 未掺杂样品及 $B_4C$ 或 SiC 掺杂样品在 20K 时，其 X 射线衍射(110)峰的不可逆场与 FWHM 的关系[16]

无论是 SiC 掺杂还是碳纳米管[17]、$B_4C$[18]、芳香烃碳氢化合物[19]掺杂，对于提高高场下临界电流性能都是非常有效的. 其中 SiC 掺杂的效果最好，因为对于 SiC 来说 B 位的替代率最高. 未来要提高晶界处的磁通钉扎强度确定碳掺杂的最优比率是非常必要的，掺杂因子甚至可以取到接近于 1 的数值.

近来有报道发现，在 600℃的低温下合成也可以提高样品的不可逆场[20]. 实际上已经得到的在不同温度下合成的未掺杂样品，其不可逆场与 XRD 峰的 FWHM 的关系，与图 9.7 所示的关系相似[21]. 但是，引起 FWHM 增加的形变不是由 C 的替代引起的 B 的蜂窝型结构发生的形变，而是由细晶粒结构造成的形变. 这种结构有望通过增加钉扎中心的数量密度直接提高不可逆场. 低温合成的优点是不会导致临界温度的恶化. 因此，在高于 20K 的应用温区，这种方法比 C 掺杂更为实用.

下面列出了针对 C 掺杂和低温合成对磁通钉扎特性的影响的定量研究结果. 样品 1 是在 950℃经 12 个小时合成得到的无 C 掺杂样品. 样品 2 也是无 C 掺杂样品，但在 600℃经 24 小时合成. 样品 3，4 分别用 SiC 和 $B_4C$ 进行掺杂，且在 850℃经 3 个小时热处理. 这些样品均采用 PICT 法制备. 表 9.1 给出了样品的说明. 可以发现,未掺杂样品 1,2 的临界温度都超过 38K,且由于 C 掺杂临界温度降低了大约 3K. 这些样品通过直流磁化测量估算出临界电流密度值,如图 9.8 所示[22]. 可以发现,低温下合成的样品 2 在低场下比样品 1 的临界电流密度高很多. 另外,高场下 C 掺杂的样品 3 和 4 的临界电流密度也有很大的提高. $B_4C$ 掺杂的样品 4 在低温下拥有非常高的临界电流密度. 图 9.9对比了在 $T/T_c=0.2$ 和 0.6 时所有样品的临界电流密度以归纳出各样品的特点.

**表 9.1** 样品的说明以及适合实验的样品的钉扎与超导参数[22]

| 样品 | 1<br>$MgB_2$ | 2<br>$MgB_2$ | 3<br>$MgB_{1.5}(B_4C)_{0.1}$ | 4<br>$MgB_{1.8}(SiC)_{0.2}$ |
|---|---|---|---|---|
| 热处理 | 950℃×12h | 600℃×24h | 850℃×3h | 850℃×3h |
| $T_c$/K | 38.6 | 38.2 | 35.4 | 35.5 |
| $A_m/10^9$ | 1.9 | 3.5 | 3.1 | 2.7 |
| $m'$ | 1.4 | 1.7 | 1.6 | 1.5 |
| $m_1/m_2$ | 2.4/1.6 | 2.0/1.3 | 1.4/1.1 | 1.3/1.1 |
| $\gamma$ | 0.3 | 0.3 | 0.4 | 0.4 |
| $\delta$ | 2 | 2 | 2 | 2 |
| $\sigma^2$ | 0.0002 | 0.0008 | 0.0001 | 0.0009 |
| $g^2$ | 1.0−2.8 | 1.0−2.8 | 1.0−1.2 | 1.0−1.7 |
| $\mu_0 H_{c2}(0)$/T | 12 | 15 | 20 | 25 |

图 9.10 展示了每一个样品的钉扎力密度的标度行为,实线表示如下关系:

$$\frac{F_P}{F_{pmax}} \propto b_i^{1/2}(1-b_i)^2, \tag{9.2}$$

这里 $b_i=B/\mu_0 H_i$ 表示用不可逆场归一化后的磁场,$F_{pmax}$是最大的钉扎力密度. 低温下不可逆场的值可以从$(J_c B^{1-x})^{1/2}$与 B 的关系中推导出来,通过调整 $x$ 值可以使得该关系为线性. 人们发现在整个测量温区这个关系都非常符合高温下合成的样品 1 的结果,并且在高温区域与其他样品的数据也很符合.

但是,钉扎力密度达到最大值时,由方程(9.2)推测归一化磁场略微低于 0.2,表明除高温合成的样品外余下的三个样品在低温区域有不同的钉扎机制.

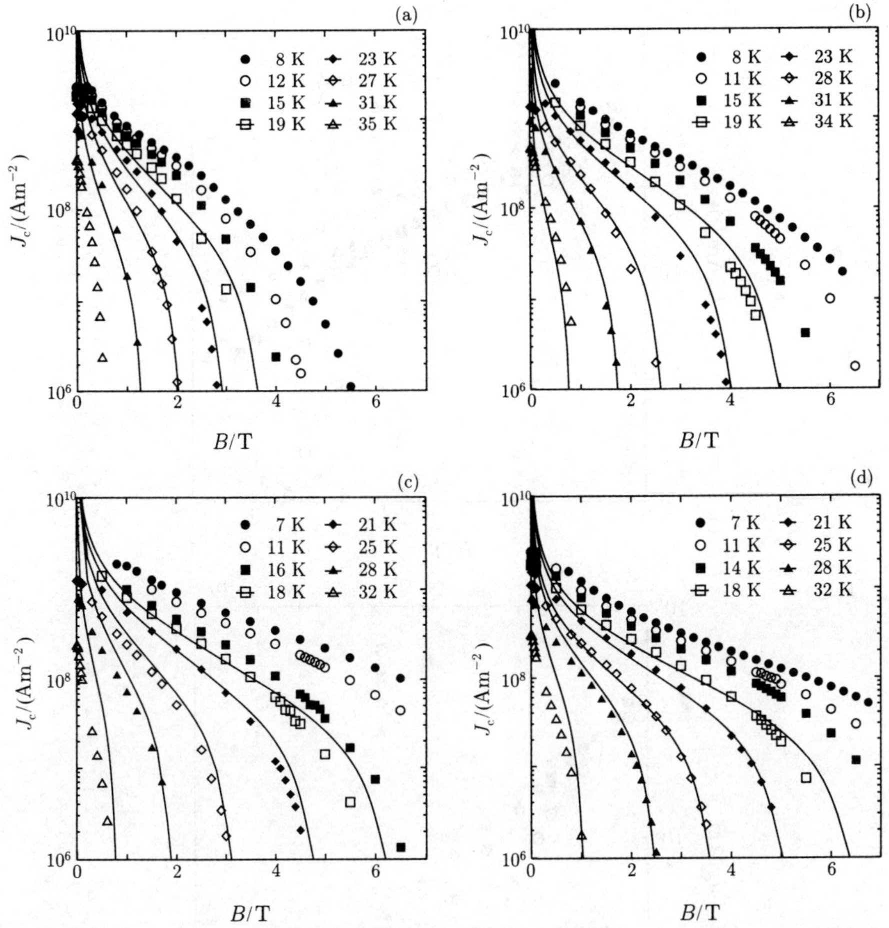


**图 9.8**　各 $MgB_2$ 样品在不同温度下临界电流随磁场的变化关系：(a) 样品 1;(b) 低温下合成的样品 2;(c) $B_4C$ 掺杂的样品 3;(d)SiC 掺杂的样品 4[22]. 实线表示高温区域磁通蠕动-漂移模型的理论预期

图 9.11 展示了这 4 种样品的不可逆场与温度的关系曲线. C 掺杂的样品 3, 4 中不可逆场有显著提高,而低温下合成的样品 2 的不可逆场也有大幅提高. 高场区域的临界电流密度随着不可逆场的提高而提高. 所有样品在高温下不可逆场与温度成线性关系. 低温下,尽管高温下合成的样品的不可逆场随着温度的降低接近饱和,但是 C 掺杂的样品中不可逆场却有显著提高. 低温下合成样品的性能则介于它们之间.

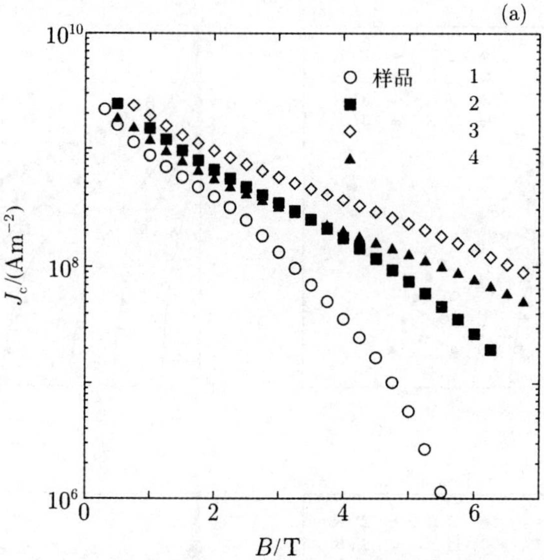


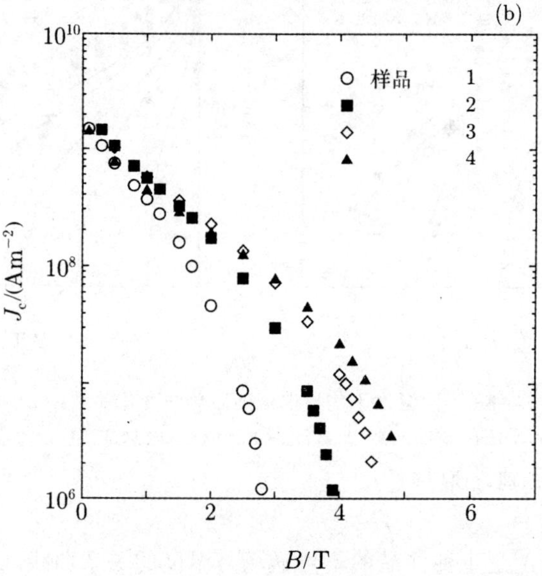


**图 9.9** 在(a) $T/T_c=0.2$ 和(b) $T/T_c=0.6$ 条件下各个样品的临界电流密度[22]

图 9.12 给出了 $F_{\mathrm{pmax}}$ 与 $H_i$ 之间的关系，也就是钉扎力密度与不可逆磁场的关系. 高场区域中对于所有样品而言，$F_{\mathrm{pmax}}$ 与 $H_i$ 的二次方成正比. 另外，低场下 $F_{\mathrm{pmax}}$ 与 $H_i$ 的关系比较弱，而 C 掺杂样品中这种倾向很显著.

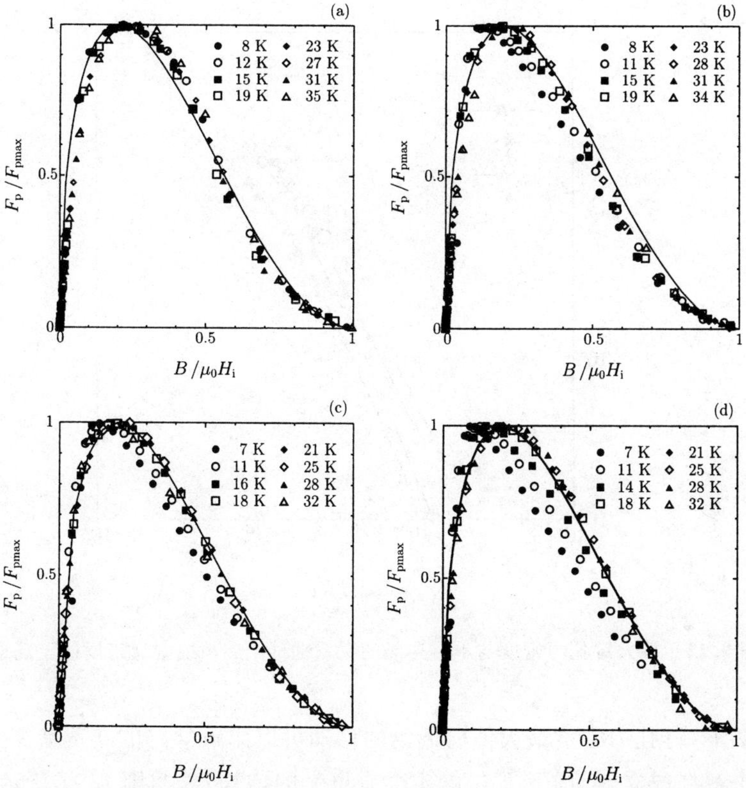


**图 9.10**　各 $MgB_2$ 样品的钉扎力密度的标度曲线：(a) 样品 1；(b) 低温下合成的样品 2；(c) $B_4C$ 掺杂的样品 3；(d) SiC 掺杂的样品 4[22]．实线表示方程(9.2)的标度曲线

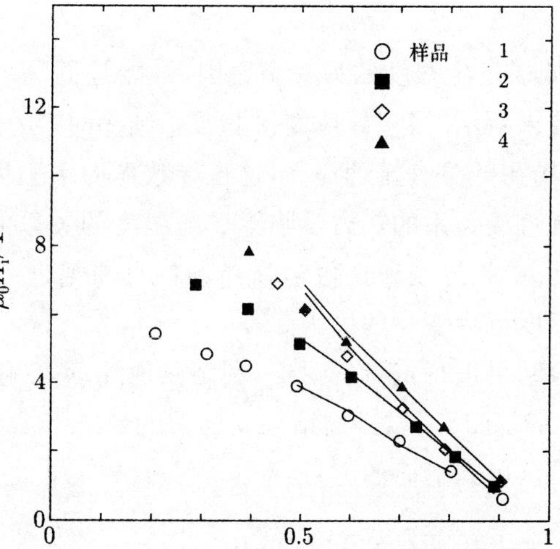


**图 9.11**　各 $MgB_2$ 样品的不可逆场[22]．实线表示磁通蠕动-漂移模型的理论预期

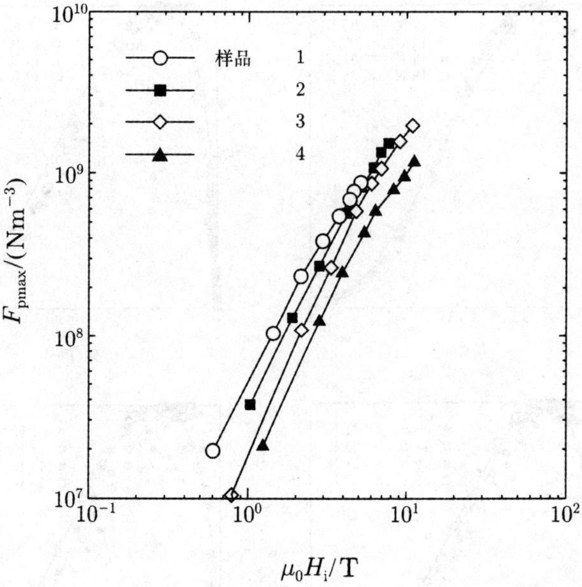


**图 9.12** 最大钉扎力密度与不可逆场的关系曲线[22]. 用线串起来以便于观察

低场下,钉扎力密度最大值向低场的移动可以用点缺陷的新贡献等来解释. 如果这个解释成立,低场下 $F_{pmax}$ 必定会有更大的增加,这与图 9.11 所示的实验结果相矛盾. 如果低温区域 $F_{pmax}$ 增加速率变缓是由晶界间的弱连接引起的,就像在Y-123超导体中一样,仅低场下高临界电流密度受限制,而这将导致 $F_{pmax}$ 向高场发生转移.

导致 $F_{pmax}$ 向低场发生移动的另一个原因,可能是低场下不可逆场的异常增大,如图 9.11 的结果所示. 当超导体变得非常不纯净时,由于双能隙超导电性的存在,使得上临界场在低温有显著提高,这也导致低温下不可逆场的升高. 另外,和磁通钉扎特性有直接关系的热力学临界场与温度的关系应当类似于相当纯净的超导体中的情况. 上临界场和热力学临界场各自与温度关系的不同可能是低温下钉扎力密度标度行为变化的原因.

对上面的实验结果进行定量的讨论,利用磁通蠕动-漂移模型可以估算出与图9.8和图 9.11 中高于 18K 温区的结果相匹配的钉扎参数. 就表示磁通钉扎强度的标度律 $J_{c0}$ 而言,用到下面的方程:

$$J_{c0}(B,T) = Af(t)^{m'}B^{\gamma-1}\left(1-\frac{B}{\mu_0 H_{c2}}\right)^{\delta}, \tag{9.3}$$

这里

$$H_{c2}(T) = H_{c2}(0)f(t) = H_{c2}(0)(1-t^{m_1})^{m_2} \tag{9.4}$$

用 $t=T/T_c$ 分别代替方程(8.27)和(1.2). 这里也采用了方程(9.4)中的温度关系,因为这一方程解释了在最高至 $T_c$ 的很宽的温度范围内的实验结果,如图9.13所示. 方程(8.31)采用 $A$ 的统计分布. 利用方程(8.36)计算 $E$-$J$ 曲线,利用电场标准 $E=1\times10^{-8}\,\mathrm{Vm^{-1}}$ 估算临界电流密度,结果与直流磁化实验一致. 用与这些实验相同的标准来确定不可逆场. 确定钉扎参数以便更好地与实验结果一致. 表 9.1 中列出了所用的这些参数.

图 9.8 中的实线表示高温区域中所得的理论临界电流密度[22]. 尽管在低场下由于修正 Irie-Yamafuji 模型中 $\gamma$ 取值较小,理论上非常高的临界电流密度偏离于实验结果,但整体来说与实验结果吻合较好. 图 9.11 表明,不可逆场也有很好的吻合. 因此可以得出结论,表 9.1 中列出的参数准确地给出了每个样品的实际情况.

从表 9.1 中列出的参数可以得到如下的结论:

① 低温下合成得到的样品 2 中,表示磁通钉扎强度的 $A_m$ 增加得最多,$H_{c2}$ 也有明显增加.

② C 掺杂的两个样品中,$A_m$ 都有些增加,且 $H_{c2}$ 有显著增加.

样品 2 中,低场下的高 $J_c$ 源于其非常大的 $A_m$ 值. 由细晶体结构引起的有效钉扎数密度的增加是产生大 $A_m$ 的原因. 另外由于电子散射引起上临界场升高,造成相干长度变短,这使得晶界处磁通钉扎强度有所增加,这也造成了 $A_m$ 的增加. 高场性能的提高归因于 $A_m$ 和 $H_{c2}$ 的增加.

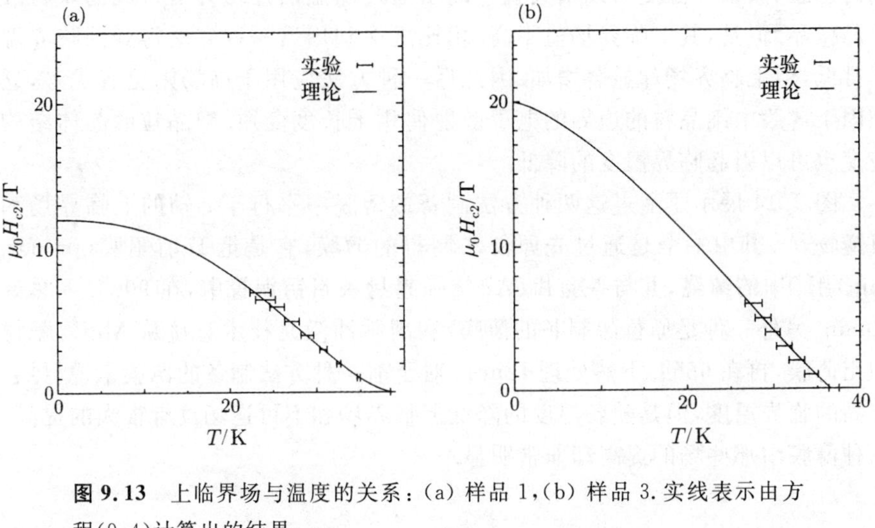


**图 9.13**　上临界场与温度的关系:(a) 样品 1,(b) 样品 3. 实线表示由方程(9.4)计算出的结果

样品 3,4 中 $H_{c2}$ 的显著增加归因于相干长度的减小,而被 C 取代的 B 位产生电子散射从而引起了相干长度减小.这导致高场性能有大幅提高.这些样品的 $A_m$ 也有所增加,这解释了低场下 $J_c$ 升高的原因.$A_m$ 的增加是由于晶界处的磁通钉扎强度的增加.对高场中钉扎性能有影响的不可逆场的升高,可以归因于磁通钉扎强度 $A_m$ 和上临界场 $H_{c2}$ 的升高.

按照磁通蠕动理论,当不可逆场 $H_i$ 比 $H_{c2}$ 低很多时,$H_i$ 与 $A_m^{1/3}$ 成正比(参见方程(8.40)).如果我们比较样品 1,2,就可以发现,$H_i$ 增大 1.2 倍是由于 $A_m$ 增大了 1.8 倍.可以观察到,在 $T/T_c=0.5$ 时 $H_i$ 约增大 1.73 倍.因此可以说 $H_{c2}$ 增大所引起的效果要比 $A_m$ 增大显著.其他两个样品中 $H_i$ 的增大大多是源自 $H_{c2}$ 的增加.

另外,低场下的钉扎性能大多由 $A_m$ 决定.对低温合成和 C 掺杂进行比较,从中可以发现对于提高磁通钉扎强度来说减小晶粒尺寸的效果比减小相干长度的效果更好.

样品 3,4 的钉扎性能之间有一些不同.例如,SiC 掺杂的样品 4 在高场下有更好的特性,而 $B_4C$ 掺杂的样品在低场和低温下有更好的特性.但是,目前原因还不是很清楚.

### 9.2.2 薄膜

制备 $MgB_2$ 薄膜有两种主要的方法:间接的方法是通过热处理使 Mg 扩散进入沉积的薄膜;直接方法是不需要热处理直接制成化合物.利用前一种方法得到的薄膜,其临界温度可以增大到等同于通过高温热处理方法得到的块材或者单晶样品.但是,其上临界场值不高.相比之下利用后一种方法得到的临界温度非常低,但上临界场却显著增加.因此后一种方法应用于高场则更有优势,这要归因于薄膜中细晶粒的边界的电子散射使相干长度变短.细晶粒的晶体结构的应变也可以引起临界温度的降低.

图 9.14 展示了通过这两种方法制备的薄膜中平行于 $c$ 轴的上临界场和不可逆场[23].其中一个是通过先原位法制得的薄膜,它是把 B 前驱膜(precursor film)用 Ta 箔缠绕,并与 Mg 片、Ar 气一起封入不锈钢管中,在 900℃下热处理 30min.另外一种是原位法制备的薄膜,利用脉冲激光技术直接从 $MgB_2$ 靶材沉积出薄膜,再在 685℃下热处理 12min.对于前一种方法制备的薄膜来说,尽管有更高的临界温度,但是随着温度的降低上临界场和不可逆场没有很大的提高.后一种薄膜中那些场的提高却非常明显.

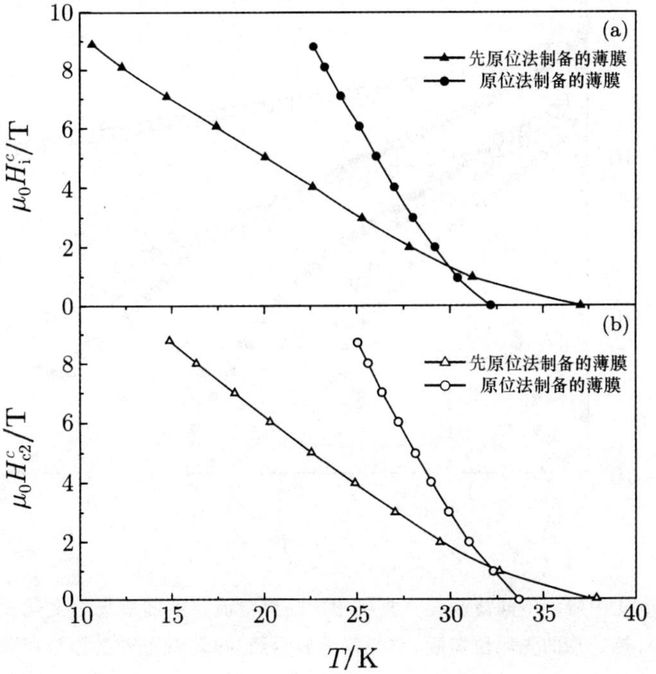


**图 9.14**　两种 $MgB_2$ 薄膜中平行于 $c$ 轴的上临界场和不可逆场[23]的温度变化关系

薄膜中的临界电流密度通常要高于块材或者线材. 这是由于小尺寸的晶粒导致高密度的晶界所引起的磁通钉扎强度的增强. 如此高密度的晶界对上临界场的提高很有帮助,并且通过不可逆场的提高导致了高场中更好性能的 $J_c$.

图 9.15 展示了通过两种不同方法制备的薄膜的临界电流密度[23],图9.14展示了它们的上临界场. 低场下两种薄膜的临界电流密度近似相同,并且都非常高. 因此,它们的磁通钉扎强度似乎也有可比性. 但是由于低的不可逆场,高场下先原位法得到的薄膜值较低. 这归因于上临界场的较低值. Kwang 等人用先原位法制备的薄膜,在 5K 时自场下得到了高达 $2.5\times10^{11}\ Am^{-2}$ 的临界电流密度[24]. 但是,随着场的增强 $J_c$ 快速下降. 在4.5T时只有$1\times10^{10}\ Am^{-2}$.

高温下利用先原位法制备的薄膜和低温下利用原位法制备的薄膜相比,临界电流密度与磁场关系的差别基本上等同于高温下和低温下制备的块材样品之间的差别,这已经在 9.2.1 小节中给予了讨论.

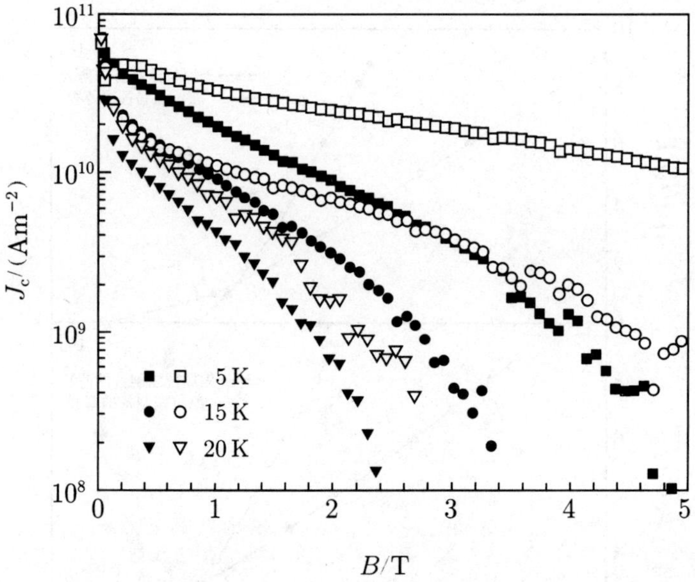


**图 9.15** 图 9.14 中所示不同薄膜在垂直场中的临界电流密度随磁场的变化关系：实心符号表示经 900℃热处理的先原位薄膜，空心符号表示经 650℃热处理的原位薄膜[23]

## 9.3 未来提高的可能性

这里我们讨论未来提高 $MgB_2$ 超导体性能的可能性. 首先必须消除阻碍输运电流的氧化层. 超导相的致密化(densification)也同样非常重要. 鉴于此目的，PICT 法和扩散法非常可取. 对于实际应用而言，采用先原位法的长线材的制备看似有希望，但还需要进一步的改进. 未来随着冶金技术的发展，这些问题有希望得到解决.

接下来的问题是在 $MgB_2$ 中是否能获得足够强的磁通钉扎强度. 这完全依赖于 $MgB_2$ 的本征超导性能. 从方程(6.7)和(6.25)中可以看出，对于非超导杂质钉扎和晶界钉扎情况来说，钉扎力正比于$(\mu_0 H_c)^2\zeta$. 因此，通过数值的比较可以估算出这种超导体的潜在应用价值. 表 9.2 中对 $MgB_2$ 在 10K 和 20K 时的值进行了比较，各种情况下给出的是块材的平均值，同时也列出 4.2K 时的 Nb-Ti 和 $Nb_3Sn$ 作为比较. 这些数据表明 $MgB_2$ 拥有很好的性能，10K 时其值远超过 4.2K 时 $Nb_3Sn$ 的值，甚至 20K 时其值也超过 4.2K 时 Nb-Ti 的值. 因此 $MgB_2$ 是一种有很大应用潜力的超导材料，且未来其临界电流密度可能会有显著的提高.

**表 9.2** $MgB_2$,Nb-Ti 和 $Nb_3Sn$ 块材中$(\mu_0 H_c)^2\zeta$值的比较($MgB_2$ 的值取自文献[2])

| | $MgB_2$ | | Nb-Ti | $Nb_3Sn$ |
|---|---|---|---|---|
| | 10K | 20K | 4.2K | 4.2K |
| $\mu_0 H_c$/T | 0.48 | 0.27 | 0.20 | 0.50 |
| $\zeta$/nm | 6.04 | 6.81 | 5.70 | 3.90 |
| $[(\mu_0 H_c)^2\zeta]/(T^2 nm)$ | 1.39 | 0.50 | 0.23 | 0.98 |

就像 9.2.1 小节讨论的一样,要想提高临界电流密度,必须要提高磁通钉扎强度.行之有效的方法是通过减小晶粒尺寸来增加晶界面积,低温合成可以满足这种目的.提高性能的另一个重点是提高上临界场,通过提高不可逆场则可导致高场性能的改善.如 9.2.1 小节所述,通过减小相干长度,可以增强晶界处的钉扎力强度.C 掺杂也非常有效.最近研究表明非磁性粒子的适当掺杂可以大幅提高块材和薄膜超导体的上临界场[25,26].图 9.16 给出了通过各种方法制得的 $c$ 轴取向的薄膜沿 $c$ 轴方向的上临界场[25].可以看出高正常态阻值的薄膜具有高的上临界场,10K 时其值达到 22T 左右.在中间温度区域,垂直于 $c$ 轴方向的上临界场大约是平行于 $c$ 轴方向的 1.8 倍.

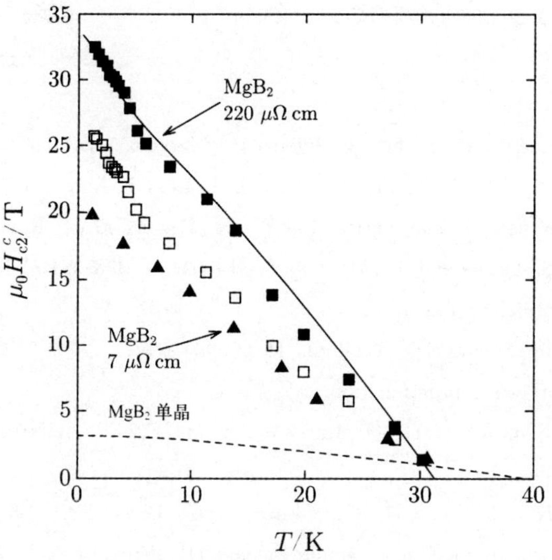


**图 9.16** $c$ 轴取向薄膜沿 $c$ 轴方向的上临界磁场(实心符号)和不可逆场(空心符号)[25].实线表示双能隙超导体的掺杂极限的理论预期

从上面的讨论可以看出,对于提高性能而言掺杂和低温合成是有效的.因此现在就要找到这些技术组合情况下的最优条件,比如掺杂种类、掺杂量、合成温度等.对于在长线材中引入钉扎中心来说,机械弹性加工不失为一种可行的技术.

此外,如果细的非超导颗粒如 Nb-Ti 中的 $\alpha$-Ti 可以引入成为钉扎中心,就可以得到如 Nb-Ti 中一样高的钉扎性能.这种情况下可以得到好于 $Nb_3Sn$ 和 Nb-Ti 的磁通钉扎性能.

## 习题

9.1 在 5T 和 10K 条件下,计算晶粒尺寸为 $d_g = 0.2\mu m$ 的块状 $MgB_2$ 超导体的虚临界电流密度 $J_{c0}$.为了简化,假定晶界平行于磁通线且垂直于洛伦兹力.假定掺杂参数 $\alpha_i = 0.5$,晶处界的元钉扎力 $f_p' \simeq 0.14\mu_0 H_c^2 \xi_0$,如图 6.12 所示.钉扎力密度可以表示为

$$F_{p0} = J_{c0} B = \frac{f_p'}{a_f d_g}\left(1 - \frac{B}{\mu_0 H_{c2}}\right)^2,$$

这里考虑到高场下的修正因子.使用表 9.2 中的热力学临界场的值和表 9.1 中的 SiC 掺杂样品的 $\mu_0 H_{c2}(0) = 25.0T$.利用 Goodman 公式(6.23)估算 BCS 相干长度.对于 $T_c = 35.5K$ 的温度与每个临界场的关系而言,假定方程(9.4)有 $m_1 = m_2 = 1$.

9.2 在习题 9.1 假定的条件基础上计算 10K 时的不可逆场.不用假定磁通钉扎强度的统计学分布.对于方程(8.29)的对数项假定 $g^2 = 1.0$ 和 14.

## 参考文献

1. L. Lyard, P. Samuely, P. Szabo, T. Klein, C. Marcenat, L. Paulius, K. H. P. Kim, C. U. Jung, H.-S. Lee, B. Kang, S. Choi, S.-I. Lee, J. Marcus, S. Blanchard, A. G. M. Jansen, U. Welp, G. Karapetrov and W. K. Kwok: Phys. Rev. B **66** 180502.
2. M. Fukuda, E. S. Otabe and T. Matsushita: Physica C **378-381** (2002) 239.
3. K. Togano: private communication.
4. J. M. Rowell: Supercond. Sci. Technol. **16** (2003) R17.
5. A. Yamamoto: private communication.
6. J. Jiang, B. J. Senkowicz, D. C. Larbalestier and E. E. Hellstrom: Supercond. Sci: Technol. **19** (2006) L33.
7. T. Nakane, H. Kitaguchi and H. Kumakura: Appl. Phys. Lett. **88** (2005) 22513.
8. Y. Yamada, M. Nakatsuka, K. Tachikawa and H. Kumakura: J. Cryo. Soc. Jpn. **40** (2005) 493 [in Japanese].
9. A. Yamamoto, J. Shimoyama, S. Ueda, Y. Katsura, S. Horii and K. Kishio: Supercond. Sci. Technol. **17** (2004) 921.
10. K. Togano, T. Nakane, H. Fujii, H. Takeya and H. Kumakura: Supercond. Sci. Technol. **19** (2006) L17.

11. I. Iwayama, S. Ueda, A. Yamamoto, Y. Katsura, J. Shimoyama, S. Horii and K. Kishio: submitted to Physica C.
12. K. Tachikawa, Y. Yamada, M. Enomoto, M. Aodai and H. Kumakura: Physica C **392-396** (2003) 1030.
13. S. X. Dou, A. V. Pan, S. Zhou, M. Ionescu, H. K. Liu and P. R. Munroe: Supercond. Sci. Technol. **15** (2002) 1587.
14. H. Yamada, M. Hirakawa, H. Kumakura and H. Kitaguchi: Supercond. Sci. Technol. **19** (2006) 175.
15. H. Kumakura, H. Kitaguchi, A. Matsumoto and H. Yamada: Supercond. Sci. Technol. **18** (2005) 1042.
16. A. Yamamoto, J. Shimoyama, S. Ueda, Y. Katsura, I. Iwayama, S. Horii and K. Kishio: Appl. Phys. Lett. **86** (2005) 212502.
17. W. K. Yeoh, J. H. Kim, J. Horvat, S. X. Dou and P. Munroe: Supercond. Sci. Technol. **19** (2006) L5.
18. A. Yamamoto, J. Shimoyama, S. Ueda, I. Iwayama, S. Horii and K. Kisliio: Supercond. Sci. Technol. **18** (2005) 1323.
19. H. Yamada, M. Hirakawa, H. Kumakura and H. Kitaguchi: Supercond. Sci. Technol. **19** (2006) 175.
20. A. Yamamoto, J. Shimoyama, S. Ueda, Y. Katsura, S. Horii and K. Kishio: Supercond. Sci. Technol. **18** (2005) 116.
21. A. Yamamoto, J. Shimoyama, S. Ueda, I. Iwakuma, Y. Katsura, S. Horii and K. Kishio: J. Cryo. Soc. Jpn. **40** (2005) 466 [in Japanese].
22. M. Kiuchi, K. Kimura, T. Matsushita, A. Yamamoto, J. Shimoyama and K. Kishio: to be published.
23. Y. Zhao, M. Ionescu, J. Horvat and S. X. Dou: Supercond. Sci. Technol. **17** (2004) S482.
24. W. N. Kang, E. M. Choi, H. J. Kim and S. I. Lee: Physica C **385** (2003) 24.
25. A. Gurevich, S. Patnaik, V. Braccini, K. H. Kim, C. Mielke, X. Song, L. D. Cooley, S. D. Bu, D. M. Kim, J. H. Choi, L. J. Belenky, J. Giencke, M. K. Lee, W. Tian, X. Q. Pan, A. Siri, E. E. Hellstrom, C. B. Eom and D. C. Larbalestier: Supercond. Sci. Technol. **17** (2004) 278.
26. V. Braccini, A. Gurevich, J. E. Giencke, M. C. Jewell, C. B. Eom, D. C. Larbalestier, A. Pogrebnyakov, Y. Cui, B. T. Liu, Y. F. Hu, J. M. Redwing, Qi Li, X. X. Xi, R. K. Singh, R. Gandikota, J. Kim, B. Wilkens, N. Newman, J. Rowell, B. Moeckly, V. Perrando, C. Tarantini, D. Marre, M. Putti, C. Perdeghini, R. Vaglio and E. Haanappel: Phys. Rev. B **71** (2005) 012504.

# 附　　录

## A.1　平衡态的相关表述

在 Josephson[1] 方法之后，我们将推导通常状态下横向磁场中磁通线的力平衡方程，也对纵向磁场中的问题进行了讨论.

假定超导体中磁通线密度有稍微的变化 $\delta\boldsymbol{B}$，用 $\delta\boldsymbol{A}$ 表示相应的矢势的变化. 因此，可以得到 $\nabla\times\delta\boldsymbol{A}=\delta\boldsymbol{B}$. 用 $\delta\boldsymbol{u}$ 表示磁通线的相应位移. Josephson 假定，通过选择一个合适的计量尺度(gauge)，$\delta\boldsymbol{A}$ 可以表示为

$$\delta\boldsymbol{A}=\delta\boldsymbol{u}\times\boldsymbol{B}. \tag{A.1}$$

应当注意通过对时间微分这一方程可以简化为方程(2.17). 事实上，在电流和磁场彼此相互垂直的横向场中方程(2.17)是可以满足的，上面的假定没有问题. 但是，在磁场平行于电流的纵向场中方程(A.1)的假定是有问题的，因为不满足方程(2.17). 这将在后面给予讨论.

首先，Josephson 处理的是理想的无钉扎的超导体. 这种情况下平衡态可以表示为：外源做的功等于超导体内的自由能的变化. 这与不存在能量损耗的描述相同. 如果用 $\boldsymbol{J}_{\mathrm{e}}$ 表示外源的电流密度，变化过程中此电流做的功可以表示为

$$\delta W=\int\boldsymbol{J}_{\mathrm{e}}\cdot\delta\boldsymbol{A}\,\mathrm{d}V, \tag{A.2}$$

对整个空间求积分. 另外，自由能的变化可以写为

$$\delta F=\int\boldsymbol{H}\cdot\delta\boldsymbol{B}\,\mathrm{d}V=\int_{\mathrm{out}}\nabla\times\boldsymbol{H}\cdot\delta\boldsymbol{A}\,\mathrm{d}V+\int_{\mathrm{in}}\nabla\times\boldsymbol{H}\cdot\delta\boldsymbol{A}\,\mathrm{d}V. \tag{A.3}$$

上面的方程所求的是部分区域的积分，且忽略了表面积分. 第一和第二个积分分别取超导体的内外. 平衡态满足 $\delta W=\delta F$ 的条件. 这里如果我们注意超导体外部有 $\nabla\times\boldsymbol{H}=\boldsymbol{J}_{\mathrm{e}}$，内部有 $\boldsymbol{J}_{\mathrm{e}}=0$ 和 $\nabla\times\boldsymbol{H}=\boldsymbol{J}$，上面的条件可以简化为

$$-\int_{\mathrm{in}}\boldsymbol{J}\cdot\delta\boldsymbol{A}\,\mathrm{d}V=0. \tag{A.4}$$

左端是超导体的能量损耗. 如果利用方程(A.1)求出 $\delta\boldsymbol{A}$，方程(A.4)可以写为

$$-\int_{\mathrm{in}}\boldsymbol{J}\cdot(\delta\boldsymbol{u}\times\boldsymbol{B})\mathrm{d}V=\int_{\mathrm{in}}\delta\boldsymbol{u}\cdot(\boldsymbol{J}\times\boldsymbol{B})\mathrm{d}V=0. \tag{A.5}$$

因为这满足任意的 $\delta\boldsymbol{u}$，可以得到无钉扎超导体内的平衡态方程为

$$\boldsymbol{J}\times\boldsymbol{B}=0. \tag{A.6}$$

在超导体含有钉扎的情况下，可以得到平衡条件

$$\delta W = \delta F + \delta W_{\mathrm{P}}, \tag{A.7}$$

其中 $\delta W_{\mathrm{p}}$ 是钉扎能损耗. 如果用 $\boldsymbol{F}_{\mathrm{p}}$ 表示钉扎力密度，钉扎能损耗密度可以用 $-\boldsymbol{F}_{\mathrm{P}}\cdot\delta\boldsymbol{u}$ 来表示. 因此，平衡条件简化为

$$\int_{\mathrm{in}} \delta\boldsymbol{u}\cdot(\boldsymbol{J}\times\boldsymbol{B}-\boldsymbol{F}_{\mathrm{p}})\mathrm{d}V = 0. \tag{A.8}$$

因为 $\delta\boldsymbol{u}$ 是任意的，可以得到力平衡方程

$$\boldsymbol{J}\times\boldsymbol{B}-\boldsymbol{F}_{\mathrm{p}} = 0. \tag{A.9}$$

当磁场和电流相互平行时，方程(A.6)表明甚至在无钉扎的超导体中，与磁通线平行的 force-free 电流也可以稳定地流动. 但是，应当注意：方程(2.17)和(A.1)不满足上面的几何形状. 因此，从方程(4.48)可以得到

$$\delta\boldsymbol{A} = \delta\boldsymbol{u}\times\boldsymbol{B}+\nabla\Xi. \tag{A.10}$$

上面方程中有 $\dot{\Xi}=\Psi$. 因此，无钉扎超导体的平衡条件为

$$-\int_{\mathrm{in}} \boldsymbol{J}\cdot(\delta\boldsymbol{u}\times\boldsymbol{B}+\nabla\Xi)\mathrm{d}V = 0. \tag{A.11}$$

通常 $\Xi$ 是 $\delta\boldsymbol{u}$ 的函数，因此可以得到[2]

$$\boldsymbol{J} = 0. \tag{A.12}$$

故方程(A.11)满足任意的 $\delta\boldsymbol{u}$.

这里把习题 4.3 处理的磁通线简单旋转的情况作为一个例子. 当 $\boldsymbol{J}\neq 0$ 时，方程(A.11)的积分的中点导出$(B^2\delta\theta/\mu_0)\sin\theta$，$\delta\theta$ 表示磁场表面角度的变化，可以发现这不满足方程(A.11). 只有在 $\alpha_{\mathrm{f}}=0$ 即方程(A.12)被满足时该方程才能被满足. 因此，可以得出结论：没有磁通钉扎效应时，纵向磁场的 force-free 状态是不稳定的.

在 $J$ 和 $B$ 不彼此平行的横向磁场或斜磁场中，方程(A.6)与方程(A.12)是一致的. 因此，只有方程(A.12)可以普遍地表述无钉扎超导体中的平衡态.

## A.2　小超导体中的磁性能

这里简单地描述尺寸接近或者稍大于穿透深度 $\lambda$ 的小超导体中的磁性能. 为了简化这里仅处理磁场 $H_{\mathrm{e}}$ 平行施加于一个足够宽的厚度为 $2d(-d\leqslant x\leqslant d)$ 的超导板的情况. 首先假设第 I 类超导体，超导体中的磁通密度是

$$B(x) = \mu_0 H_{\mathrm{e}}\frac{\cosh(x/\lambda)}{\cosh(d/\lambda)}. \tag{A.13}$$

因此，平均的磁通密度为

$$\langle B\rangle = \frac{\mu_0 H_{\mathrm{e}}\lambda}{d}\tanh\left(\frac{d}{\lambda}\right)\equiv a\mu_0 H_{\mathrm{e}}, \tag{A.14}$$

且平均磁能密度为

$$\frac{1}{2\mu_0}\langle B^2\rangle=\frac{1}{4}\mu_0 H_e^2\left[\frac{1}{\cosh^2(d/\lambda)}+\frac{\lambda}{d}\tanh\left(\frac{d}{\lambda}\right)\right]. \tag{A.15}$$

因此,超导态中的 Gibbs 自由能密度为

$$G_s(H_e)=F_n(0)-\frac{1}{2}\mu_0 H_c^2+\frac{1}{4}\mu_0 H_e^2\left[\frac{1}{\cosh^2(d/\lambda)}-\frac{3\lambda}{d}\tanh\left(\frac{d}{\lambda}\right)\right]. \tag{A.16}$$

另外,非超导态中的自由能密度由方程(1.26)给出.因此,从条件 $G_s(H_c^*)=G_n(H_c^*)$ 中可以计算小超导体中的临界场 $H_c^*$ 为

$$H_c^*=\left[1+\frac{1}{2\cosh^2(d/\lambda)}-\frac{3\lambda}{2d}\tanh\left(\frac{d}{\lambda}\right)\right]^{-1/2}H_c. \tag{A.17}$$

可以看出相比块材,临界场有所升高.尤其是在薄极限条件下,由方程(A.17)可以得到

$$H_c^*=\left(\frac{15}{2}\right)^{1/2}\left(\frac{\lambda}{d}\right)^2 H_c. \tag{A.18}$$

图 A.1 给出了方向平行于 Sn 薄膜表面的临界场与厚度的关系[3].可以看出方程(A.17)可以很好地解释这一关系.

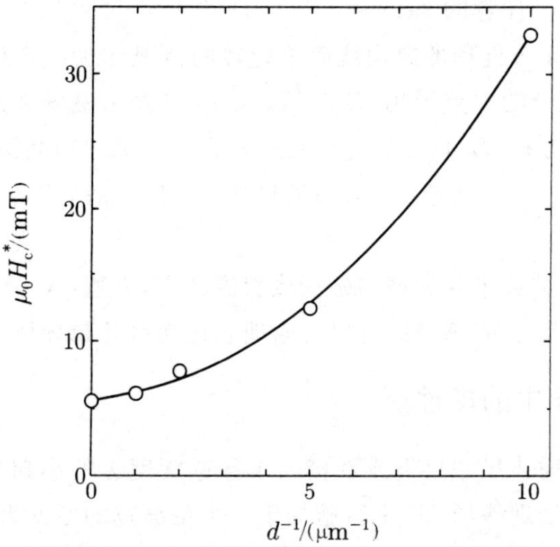


**图 A.1**　在$(T/T_c)^2=0.8$时,方向平行于 Sn 薄膜表面的临界场与厚度的关系[3].图中实线为假设 $\lambda=132$nm 时方程(A.17)的理论预期

其次分析第Ⅱ类超导体的下临界场.在被磁通线大量地穿透以前,磁通已经穿透超导体.因此,由于磁通线的穿透引起的平均磁通密度的变化小于块状超导

体的值.预示着在横截面上存在一个确定的区域 $S$ 使得平均只存在一条磁通线.这种情况下已经穿透这一区域的磁通可以近似表示为 $aS\mu_0 H_e$,其中 $a$ 由方程(A.14)确定.因为从 $S$ 的定义中可知,磁通线穿透以后的磁通接近于 $\phi_0$,得到 $S\mu_0 H_e \simeq \phi_0$.因此,由于磁通线穿透引起的磁通的增加近似等于 $(1-a)\phi_0$.如果超导板的厚度不小于 $\lambda$,单位长度磁通线的能量 $\varepsilon$ 可能与块材的值没有什么差别.重复一下 1.5.2 小节中相似的讨论,小超导体的下临界场可以得到一个近似的方程

$$H_{c1}^* \simeq (1-a)^{-1} H_{c1} = \left[1 - \frac{\lambda}{d}\tanh\left(\frac{d}{\lambda}\right)\right]^{-1} H_{c1}, \tag{A.19}$$

这里 $H_{c1}$ 是相应块材超导体的下临界场.这一结果表明当 $d$ 很小时,$H_{c1}^*$ 正比于 $d^{-2}$.数值分析[4]支持这一假设且表明当尺寸 $d$ 远小于 $\lambda$ 时这一比例关系依然是成立的.

## A.3　能量损耗最小化

为了简化,假定存在一个厚度为 $2d$ 的块状超导板($0 \leqslant x \leqslant 2d$).也假定由磁通钉扎机制确定的最大临界电流密度是一个常量,用 $J_c$ 表示,实际的临界电流密度由 $\nu J_c$($0 < \nu \leqslant 1$)给出.实际上,如 3.7 节讨论的一样,$J_c$ 与磁通线的微观排布有关,临界电流密度可以取一个比 $J_c$ 还要小的值.在开始的状态下,当平行于超导板施加的磁场从 0 增加到 $H_e$ 时,很容易计算出超导板内部的能量损耗密度

$$W = \frac{\mu_0}{2\nu J_c d}\int_0^{H_e} H^2 \mathrm{d}H = \frac{\mu_0 H_e^3}{6\nu J_c d}. \tag{A.20}$$

这里假定 $H_e$ 足够低以至于外磁场的穿透深度 $H_e/\nu J_c$ 小于 $d$.因此,从能量损耗密度最小化的条件中可以得到 $\nu=1$.这一结果与临界态模型中的假设相一致,即磁通钉扎相互作用尽可能地阻止磁通分布的变化.上面的方程中,$\nu=0$ 是一个奇异点,也是一个没有能量损耗的一个不真实的状态.因此,这种情况是不存在的.

在建立由 $\nu=1$ 给出的磁分布以后,当外磁场的进一步增加导致磁通线出现与以前同样方向的移动时,条件 $\nu=1$ 无疑被保持了下来.这是因为,如果在外磁场发生微小的变化时 $\nu$ 变得更小,磁通穿透将发生如图 A.2 所示的情况,这会引起一个巨大的能量损耗.当外磁场变为与之前相反的方向时,例如从磁场增加到磁场减小的变化,其情况与初始状态时讨论的类似.

如上所述,临界态模型的磁滞与能量消耗最小的条件相似.这与线性损耗过程的最小能量损耗原理类似.

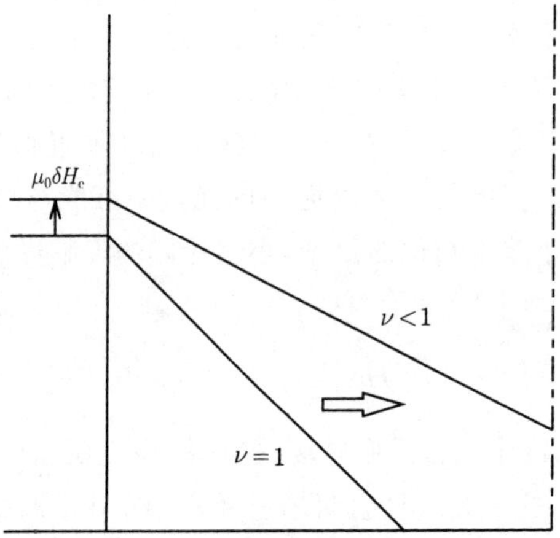


**图 A.2** 超导板中的磁通穿透

## A.4 钉扎能分割

考虑如下情况：在磁通钉扎相互作用的影响下，磁通线沿着 $y$ 轴平移并同时在垂直于 $y$ 轴的平面内发生角度为 $\theta$ 的旋转. 假定坐标系$(y,\theta)$中磁通线处于平衡态$(y_e,\theta_e)$. 当钉扎势在平衡态周围发散时，仅保持满足对称条件的偶数阶的项. 如果考虑到最低阶项，钉扎势密度可以写为

$$U=\frac{a}{2}(y-y_e)^2+\frac{b}{2}(\theta-\theta_e)^2, \tag{A.21}$$

其中 $a$ 和 $b$ 都是系数. 假定当 $U$ 达到阈值 $U_p$ 时可以得到临界态. 如果临界态中磁通线的坐标用$(y_c,\theta_c)$来表示，阈值可以表示为

$$U_P=\frac{a}{2}(y_c-y_e)^2+\frac{b}{2}(\theta_c-\theta_e)^2. \tag{A.22}$$

正如在横向磁场中那样，洛伦兹力和钉扎力之间临界平衡出现的位置用$(y_{cm},\theta_e)$来表示，用$(y_e,\theta_{cm})$表示 force-free 力矩和钉扎力矩之间的平衡，即临界自由态出现的位置. 然后可以得到

$$|y_{cm}-y_e|=\left(\frac{2U_P}{a}\right)^{1/2}=\frac{F_P}{a}, \tag{A.23a}$$

$$|\theta_{cm}-\theta_e|=\left(\frac{2U_P}{b}\right)^{1/2}=\frac{\Omega_P}{b}. \tag{A.23b}$$

可以定义

$$|y_c-y_e|=|y_{cm}-y_e|\sin\psi, \tag{A.24a}$$

$$|\theta_c-\theta_e|=|\theta_{cm}-\theta_e|\cos\psi, \tag{A.24b}$$

这里引入一个新的变量 $\psi$. 利用这些方程,钉扎力密度和钉扎力矩的密度可分别表示为

$$a\,|\,y_c - y_e\,| = F_P \sin\psi, \tag{A.25a}$$

$$b\,|\,\theta_c - \theta_e\,| = \Omega_P \cos\psi. \tag{A.25b}$$

因此,如果可以把平衡条件写为方程(4.62a)和(4.62b)的形式,可以得到

$$f = \sin\psi, \qquad g = \cos\psi. \tag{A.26}$$

## A.5　对磁通线格子的弹性非局域理论的评论

磁通线格子的弹性模量的非局域理论(nonlocal theory)认为:被"磁通"围绕的磁通线的非超导核心可以相当自由地移动. 这导致小 $C_{11}$ 和 $C_{44}$,本来它们与磁能有关. 但是,在 7.2 节结束处注意到内部非超导核心和周围磁通之间缺乏影响似乎与序参数和磁场之间的规范不变性(gauge-invariance)要求相矛盾. 下面讨论这一问题.

首先要处理与 $C_{11}$ 有关的磁通线格子的形变. 图 A.3 展示平行于 $z$ 轴并形成三角形格子的磁通线排布. 用 $a_f$ 表示磁通线间距,且用 $b_f$ 表示沿着 $y$ 轴的磁通线的行间距,则 $b_f = (\sqrt{3}/2)a_f$. 服从规范不变性的结果之一是磁通的量子化. 如果用 $B_0$ 和 $\langle B_0 \rangle$ 分别表示格子未变形时的磁通密度和它的空间平均值,则量子化条件可以表示为

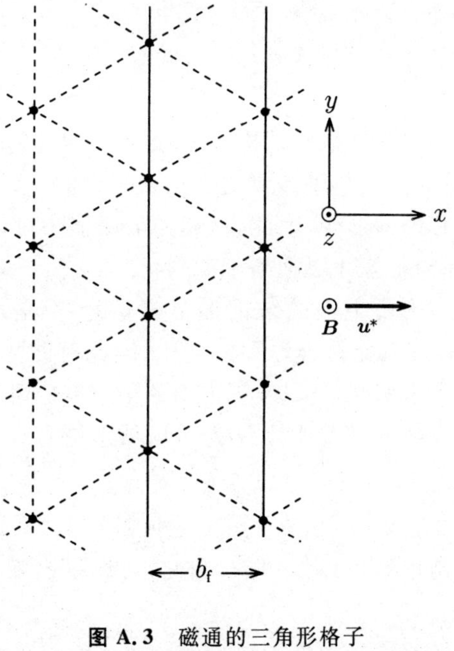


**图 A.3**　磁通的三角形格子

$$\langle B_0 \rangle = \frac{\phi_0}{a_f b_f}. \quad \text{(A. 27)}$$

当磁通格子发生形变，且序参数的零点沿着 $x$ 轴发生小的位移 $u^*(z)$ 时，可以得到新的磁通线行间距为

$$b_f' = b_f + \frac{\partial u^*}{\partial x} b_f. \quad \text{(A. 28)}$$

磁通线密度也由于形变而发生变化，量子化条件现在写为

$$\langle B_0 \rangle + \delta B = \frac{\phi_0}{a_f b_f'}. \quad \text{(A. 29)}$$

因此，磁通线密度的变化应当服从如下关系：

$$\delta B = \frac{\phi_0}{a_f b_f'} - \frac{\phi_0}{a_f b_f} \simeq -\langle B_0 \rangle \frac{\partial u^*}{\partial x}. \quad \text{(A. 30)}$$

这里很有必要确定磁通量子化的区域. 该区域可能由与磁通密度的最大点相连的沿着 $y$ 轴方向的两个直线围成(图 A. 3 中的两个实线之间的区域)[5]. 尽管那些直线上电流密度不为零，但电流的方向垂直于这些线且可推导出这一区域内的量子化.(这源自序参数零点的贡献，参考习题 1. 8).

另外，磁通密度的变化与磁通(magnetic flux)的位移有很大的关系，磁通类似于电磁学中的磁场线. 位移 $u(x)$ 可以从磁通线的连续方程(2. 15)中得到. 在小变化的情况下，该方程可以导出

$$\delta B = -\langle B_0 \rangle \frac{\partial u}{\partial x}. \quad \text{(A. 31)}$$

比较方程(A. 30)和(A. 31)可以得到

$$u = u^*. \quad \text{(A. 32)}$$

也就是说，磁通的位移与序参数的结构一致. 这可以很容易从方程(1. 101)得出，它表明磁通密度的最大值点与序参数的零点是一致的. 这意味着非超导核发生形变时，磁通也发生相同的形变，因此，从相关的磁能中可以推导出局域理论的结果. 故对 $C_{11}$ 而言不可能发生磁通格子的软化.

对于任意的 $u(x)$ 来说上面的结论都是成立的. 但是，利用方程(A. 28)和(A. 30)进行的理论处理只能符合温和的变化，因此对波数 $k$ 有一定的限制. 然而，对于高 $\kappa$ 值的超导体来说，可以发现上面这个结果适用于远高于特征波数 $k_h$ 的情况下，高于特征波数的情况下则认为非局域理论有意义. 如果用 $\Lambda$ 来表示周期形变在 $k=k_h$ 处的波长，可以得到 $\Lambda/b_f = 2\pi/k_h b_f = (4\pi/\sqrt{3})^{1/2}[b/(1-b)]^{1/2}\kappa$，这里 $b=B/\mu_0 H_{c2}$ 是衰减的场. 可以看出上述值是很大的. 故即使在 $k=k_h$ 的情况下，上面的微扰法是依然可以使用的. 因此，可以得出弹性模量 $C_{11}$ 没有表现出非局域特性的结论.

如上面所述，从磁通量化条件中可以看出 $C_{11}$ 取一个局域值. 另一方面，在

习题 7.2 中对它进行了解释,非局域的 $C_{11}$ 源自于与 Brandt 假设[6]相似的假设,在这一假设下磁通量化是不满足的.

其次考虑与 $C_{44}$ 有关的磁通格子的弯曲形变.起初假定磁通线是均匀分布的,且位于 $z$ 轴方向,磁通密度为 $B(\boldsymbol{r})$,$\boldsymbol{r}$ 为 $x$-$y$ 面中的一个矢量.假定磁通线格子中序参数的零点沿着 $x$ 轴发生小的位移 $u^*(z)$.然后,非超导核心外部的磁通发生了沿着 $x$ 轴的位移,且随后出现磁通密度的 $x$ 分量,分别用 $u(z)$ 和 $\delta B(z)$ 表示.这些值通过磁通线连续方程彼此相关

$$\delta B=\langle B_0\rangle\frac{\partial u}{\partial z}. \tag{A.33}$$

另外,因为磁通密度的最大点和序参数的零点是彼此一致的,沿一条穿过磁通密度最大值点的直线应该满足如下条件:

$$\frac{B_x}{B_z}\simeq\frac{\delta B}{\langle B_0\rangle}=\frac{\partial u^*}{\partial z}. \tag{A.34}$$

比较方程(A.33)和(A.34)可以导出

$$u=u^*. \tag{A.35}$$

因此,对 $C_{44}$ 而言也可导出局域理论的结果.事实上,洛伦兹力可以写为

$$\boldsymbol{F}_{\mathrm{L}}=\frac{1}{\mu_0}(\boldsymbol{B}\cdot\nabla)\boldsymbol{B}\simeq\frac{\langle B_0\rangle}{\mu_0}\cdot\frac{\partial}{\partial z}\delta B\boldsymbol{i}_x=\frac{\langle B_0\rangle^2}{\mu_0}\cdot\frac{\partial^2 u^*}{\partial z^2}\boldsymbol{i}_x, \tag{A.36}$$

且它应与弹力 $C_{44}\partial^2 u^*/\partial z^2$ 一致.因此,可以再次得出

$$C_{44}=\frac{\langle B_0\rangle^2}{\mu_0}. \tag{A.37}$$

上面提到的形变可以写为 $\boldsymbol{u}^*(\boldsymbol{r})=u^*(z)\boldsymbol{i}_x$,因此它满足 $\nabla\cdot\boldsymbol{u}^*=0$,Brandt 论文[7]中的方程(22)可以写为

$$B=\langle B_0\rangle\left\{1+\frac{1}{2b\kappa^2}[\langle\omega\rangle-\omega(\boldsymbol{r}-\boldsymbol{u}^*)]\right\}\left[\boldsymbol{i}_z+a(k)\frac{\partial\boldsymbol{u}^*}{\partial z}\right], \tag{A.38}$$

方程中 $b=\langle B_0\rangle/\mu_0 H_{c2}$,$\omega=|\Psi|^2/|\Psi_\infty|^2$,$a(k)=k_{\mathrm{h}}^2/(k^2+k_{\mathrm{h}}^2)$.由于 $|\Psi|^2$ 的空间变化引起的不均匀的磁通密度,需要对磁通线格子的形变进行一个小的修正.方程(A.38)导出在穿过 $|\Psi|^2$ 的零点的线上,也就是磁通密度的最大值点的线上有

$$\frac{B_x}{B_z}=a(k)\frac{\partial u^*}{\partial z}\neq\frac{\partial u^*}{\partial z}. \tag{A.39}$$

这意味着流线型的 $B$,也就是电磁学中的磁通线,和与 $B$ 的最大值点相连的线不是同一条线(参见图A.4).这意味着,按照 Brandt 的理论结果[8],$\nabla\cdot\boldsymbol{B}=0$ 条件不能被满足.简化上述形变,有 $\partial\omega/\partial z=-(\partial u^*/\partial z)\cdot(\partial\omega/\partial x)$,则

$$\nabla\cdot\boldsymbol{B}=-\frac{\langle B_0\rangle}{2b\kappa^2}\left[\frac{\partial\omega}{\partial z}+a(k)\frac{\partial u^*}{\partial z}\cdot\frac{\partial\omega}{\partial x}\right]=\frac{\langle B_0\rangle}{2b\kappa^2}[1-a(k)]\frac{\partial u^*}{\partial z}\cdot\frac{\partial\omega}{\partial x}. \tag{A.40}$$

因此,$a(k)$应当等于 1,即局域理论是正确的以至于$\nabla \cdot \boldsymbol{B}=0$ 可以被满足. 诚然 London 方程的许多解都满足$\nabla \cdot \boldsymbol{B}=0$,但是,方程(A. 38)却不是一个好的近似解.

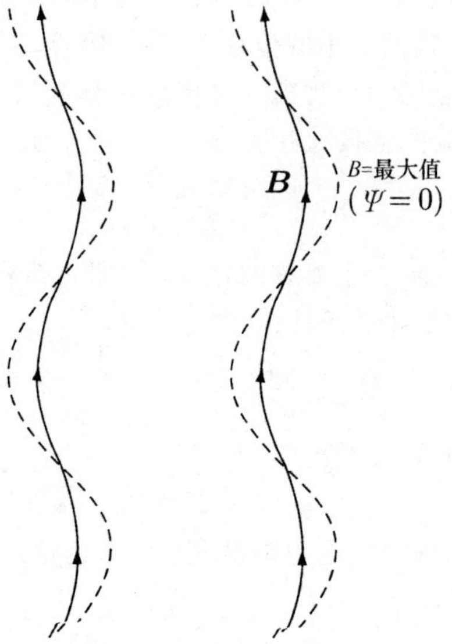


**图 A. 4** 在非局域理论中假设源自 $C_{44}$ 的磁通线结构. 实线表示磁通线而虚线穿过 $B$ 的最大值点,这两条线不一致

Brandt[9]利用由方程(1. 112)给出的能量,推导出与形变波数有关的非局域弹性模量. 为了得出与磁通线格子形变相关的能量,一般的方法是把发生形变的磁通线格子的 $\boldsymbol{A}$ 和 $\Psi$ 直接代入方程(1. 21). Brandt 没有这样做而是从简单的方程(1. 112)开始推导. 为了澄清在这样一个理论处理中的问题,我们将展示相同事物进行正确处理所得的结果.

Brandt 用方程(1. 21)代替方程(1. 30)来表示能量. 应当注意相应于形变的磁通线格子的 $\boldsymbol{A}$ 和 $\Psi$ 不满足方程(1. 30). 推导该方程以使自由能最小化,因此形变为 0. 所以,很有必要利用一个使 $\boldsymbol{A}$ 和 $\Psi$ 形变的方程来改写方程(1. 21). 值得注意的是这些变量的确定应使包含一个附加能量项的总能量最小化,即需要钉扎能来使磁通线格子形变. 我们假定钉扎能有 Miyahara 等人[10] 推导出的形式 $U_{\mathrm{P}}=\widetilde{U}_{\mathrm{P}}(\boldsymbol{r})|\Psi|^2$. 也就是,在方程(1. 21)中,钉扎中心的影响可能体现在方程(1. 21)中的系数 $\alpha$ 中. 甚至在这种情况下方程(1. 31)也不受钉扎中心的影响. 因此,满足 $\Psi$ 和 $\boldsymbol{A}$ 的方程为

$$\frac{1}{2m^*}(-\mathrm{i}\hbar\nabla+2e\boldsymbol{A})^2\Psi+(\alpha+\widetilde{U}_{\mathrm{P}})\Psi+\beta|\Psi|^2\Psi=0. \qquad \text{(A. 41)}$$

把这一关系代入方程(1.21)且对空间求平均,通过简单的计算可以得到

$$\langle F_s \rangle = \left\langle \frac{B^2}{2\mu_0} - \frac{\mu_0 H_c^2 |\Psi|^4}{2|\Psi_\infty|^4} - U_P \right\rangle. \tag{A.42}$$

公式中的第三项即钉扎能,最初被引入以使磁通线格子的形变.为了计算出形变的能量,应当忽略带来形变的能量本身.因此,形变的磁通线格子的能量可以表示为

$$\langle F_s \rangle = \left\langle \frac{B^2}{2\mu_0} - \frac{\mu_0 H_c^2 |\Psi|^4}{2|\Psi_\infty|^4} \right\rangle. \tag{A.43}$$

这给出了与方程(1.111)相同的结果.正如 Brandt 所做的那样,从这一方程中推导出方程(1.112),必须用到方程(1.101).然而,应当注意习题 7.2 中显示对于形变了的磁通线格子而言方程(1.101)不满足磁通量子化的条件.

从方程(A.43)中可以推导出单轴压缩模量

$$C_{11} = \frac{\partial \langle F_s \rangle}{\partial \beta_A} \cdot \frac{\partial^2 \beta_A}{\partial \varepsilon_k^2} + \frac{\partial \langle F_s \rangle}{\partial \beta_m} \cdot \frac{\partial^2 \beta_m}{\partial \varepsilon_k^2}. \tag{A.44}$$

这里 $\varepsilon_k$ 是波数为 $k$ 的形变的均方根值,且

$$\beta_m = \frac{\langle B^2 \rangle}{\langle B \rangle^2} \simeq \frac{\langle B^2 \rangle}{\langle B_0 \rangle^2}. \tag{A.45}$$

如果 $B = B_0 + \delta B$,可以得到$\langle B^2 \rangle \simeq \langle B_0^2 \rangle + \langle \delta B^2 \rangle$.假定一个波数为 $k$ 的形变

$$u(x) = u_{km} \sin(kx) \tag{A.46}$$

为磁通线连续方程(A.31)的 $u(x)$,我们可以得到

$$\langle \delta B^2 \rangle = \langle B_0 \rangle^2 \frac{k^2 u_{km}^2}{2} = \langle B_0 \rangle^2 \varepsilon_k^2, \tag{A.47}$$

这里 $\varepsilon_k = (\partial u / \partial x)_{\max} / \sqrt{2} = k u_{km} / \sqrt{2}$.因此,方程(A.44)可以推出[11]

$$C_{11} = \frac{\partial F_s}{\partial \beta_A} \cdot \frac{\partial^2 \beta_A}{\partial \varepsilon_k^2} + \frac{\langle B_0 \rangle^2}{\mu_0}, \tag{A.48}$$

这与方程(7.22)的预期是一致的.在上面的方程中,第一项是对磁相互作用的 $C_{66}$ 的序的修正.因此,再次得到局域结果.从类似的分析中也可以得到 $C_{44}$ 的局域结果.这种情况下磁通密度的变化很小且序参数的变化也很小.因此,可以忽略方程(A.44)的第一项的贡献.

Larkin 和 Ovchinnikov 得到了与 Brandt 相同的结果[12].这归因于下面这个假定:磁通线非超导核心的位移和矢势的变化是彼此独立的.正确地说,从原文章中方程(24)的项$(\mathrm{rot}\boldsymbol{A}_1)^2$ 也就是本书中的$\langle \delta B^2 \rangle$可以得到正确的局域结果.但是,在他们最初的文章中这一项是被忽略的,所以导致一个不正确的模量.$(\mathrm{rot}\boldsymbol{A}_1)^2$ 的忽略等同于用方程(1.112)代替方程(A.43).由于$(\mathrm{rot}\boldsymbol{A}_1)^2$或$\langle \delta B^2 \rangle$是一个二阶小项,所以似乎可以安全地忽略的.但是,这一小项是非常重要的,因为弹性能的增加与这个小形变的平方成正比.

现在从磁通钉扎的实验结果分析磁通线格子的弹性模量的非局域化效果. 图 A.5 展示了各种超导体的单个钉扎中心对钉扎力密度的贡献(纵坐标)和其元钉扎力(横坐标)之间的关系. 图中 V,Nb 和 Nb-Hf 分别有最低、中等和最高的 $\kappa$ 值. 非局域理论最早被用于解释为什么磁通线的非超导核心很容易发生形变和被钉扎. 从这一理论中推导出：对于有较短的相干长度也就是高 $\kappa$ 值的超导体来说该软化更加有效. 因此可以认为,对高 $\kappa$ 值的超导体来说,钉扎是更有效的. 但是,图 A.5 表明在高 $\kappa$ 值的超导体中钉扎效应却是更糟糕,磁通线并不是更容易被钉扎住. 这一结果不支持非局域理论.

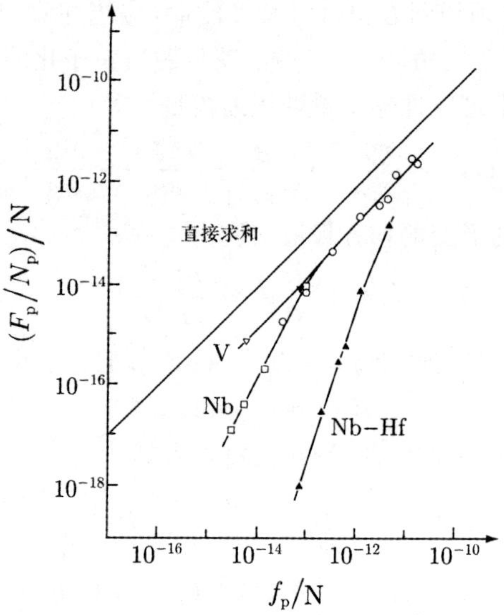


**图 A.5** 对不同超导体而言单个钉扎对钉扎力密度的贡献 $F_p/N_p$ 与元钉扎力 $f_p$ 之间的关系. 具有高的 G-L 参数 $\kappa$ 超导体反而有弱的钉扎效应

## A.6 雪崩式的磁通漂移模型

如图 7.32(b)所示,当钉扎力密度发生饱和现象的时候,对应屈服应变的相互作用距离 $d_i$ 会随着磁场或元钉扎力的增大而骤降. 这表明磁通线格子变得很脆. 因为 $d_i$ 与磁通线间距 $a_f$ 不成比例,超过临界态的磁通漂移(flux flow)的开始不能简单地像 Kramer 模型中假定的剪切漂移一样,由弹性形变的极限来确定. 一定程度上可以认为由于一些原因磁通线格子在达到理想的弹性极限之前就发生了屈服,从而导致了磁通漂移状态. 产生屈服的原因是在磁通线格子中存在缺陷. 也就是说,当围绕缺陷的局域形变达到一个极限时,局域的塑性形变将出现.然后,磁通线位移产生的空位周围会引发一个新的形变.因为应力将聚集到这一区域,将再次诱发区域塑性形变.因此,磁通线格子的塑性形变将被传播到整个样品,且结局是磁通漂移状态(参考图 7.34).

这种情况中最初的局域塑性形变出现的可能性将与磁通线格子中的缺陷的数量密度 $n_d$ 成正比,因为普遍认为,局域塑性形变发生在缺陷周围.磁通线格子中缺陷的成核来自于磁通钉扎的相互作用.因此,$n_d$ 将被表述为元钉扎力 $f_p$ 和钉扎的数量密度 $N_p$ 的增函数 $G$.另外,因为剪切应力很强时,缺陷的成核将受到抑制,所以认为 $n_d$ 与磁通线格子的最大剪切应力 $C_{66}a_f/4$ 成反比.因此,可以得到

$$n_d \propto \frac{G(f_P, N_P)}{C_{66}a_f/4}. \tag{A.49}$$

局域塑性形变出现的可能性随着磁通线位移 $u$ 的增加而增加,故假定雪崩式的磁通漂移出现的可能性与 $n_d$ 和 $u$ 成正比.这里似乎可以合理地假定当 $n_d$ 和 $u$ 的乘积达到一定的阈值时,会发生雪崩式的磁通漂移.如果我们注意临界态中有 $u=d_i$,可以得到

$$d_i \propto \frac{C_{66}a_f}{G(f_P, N_P)}. \tag{A.50}$$

另外,Labusch 参数 $\alpha_L$ 表示阻碍驱动力的钉扎相互作用的强度.因此,$\alpha_L$ 也可以通过由 $f_p$ 和 $N_p$ 构成的某增函数 $G'$ 来确定.可以合理地假定 $n_d$ 与磁通线格子中的边界位错的数量密度 $n_e$ 成正比.通常 $n_e$ 与电流密度 $J$ 有关,

$$J = \frac{2a_f B n_e}{\mu_0}, \tag{A.51}$$

且钉扎力密度 $F=BJ$ 可以由下式得到:

$$F = \alpha_L u. \tag{A.52}$$

因此有

$$\alpha_L \propto n_e, \tag{A.53}$$

这就导出了 $\alpha_L$ 和 $n_d$ 成正比,即 $G'$ 和 $G$ 成正比,可以得到

$$\alpha_L \propto G(f_p, N_p). \tag{A.54}$$

由此可以推导出钉扎力密度的阈值

$$F_p = \alpha_L d_i \propto C_{66}a_f \propto b^{1/2}(1-b)^2. \tag{A.55}$$

得到的钉扎力密度与钉扎参数 $f_p$ 和 $N_p$ 无关,它的磁场关系与方程(7.88)给出的 Kramer 的公式一致.当磁通钉扎增强和函数 $G$ 增加时,$\alpha_L$ 增加,$d_i$ 减小,它们分别遵从方程(A.54)和(A.50).如 7.5.4 小节提到的那样,当磁通钉扎更强时,磁通线格子除脆以外变得更硬.这两个效果彼此抵消且导致一个恒定的弯曲应力,即饱和现象.因为即使在饱和现象中,钉扎力也是足够强的,对函数 $G$ 来

说线性求和是成立的. 因此,可以得到其磁场关系为

$$G(f_P, N_P) \propto f_P \propto 1-b. \tag{A.56}$$

因此可以得到

$$\alpha_L \propto 1-b\ ,\ d_i \propto b^{-1/2}(1-b). \tag{A.57}$$

这些量与磁场的关系和如图 7.32 所示的 Nb-Ti 实验结果相似.

当钉扎参数进一步增加时,磁通格子中的缺陷也会进一步增加,磁通线格子被认为处于一种无定形状态. 剪切模量 $C_{66}$ 的减小和 $\alpha_L$ 的增加引起磁通线格子横向弹性相干长度$(C_{66}/\alpha_L)^{1/2}$的减小. 因此,即使发生如图 7.34(a)所示的局域塑性形变,也可以认为周围的强钉扎相互作用会阻碍形变发展成为灾难性的不稳定态. 换句话说,包含缺陷的脆弱的磁通线格子可以由于钉扎而保持稳定,并且可以一直保持到应变达到由磁通钉扎强度确定的屈服值. 因此,在磁通线格子状态某些标度成立,相互作用距离通常表现为

$$d_i \propto a_f \propto b^{-1/2}, \tag{A.58}$$

且从饱和态开始增加,如图 A.6 所示,这种情况下钉扎力密度为

$$F_P \propto G(f_P, N_P) \propto b^{1/2}(1-b). \tag{A.59}$$

这表明钉扎力密度与钉扎参数有关,且在高场下与$(1-b)$成正比. 这就可以解释不饱和现象. 事实上,由方程(A.58)表示的相互作用距离从 Nb-Ti 中可观察到,显示出了不饱和特性[13](参见图 A.7). 图中,$d_i$ 在上临界场附近减小,这似乎是由磁通蠕动引起的,在更高的温度下这一趋势变得更清楚.

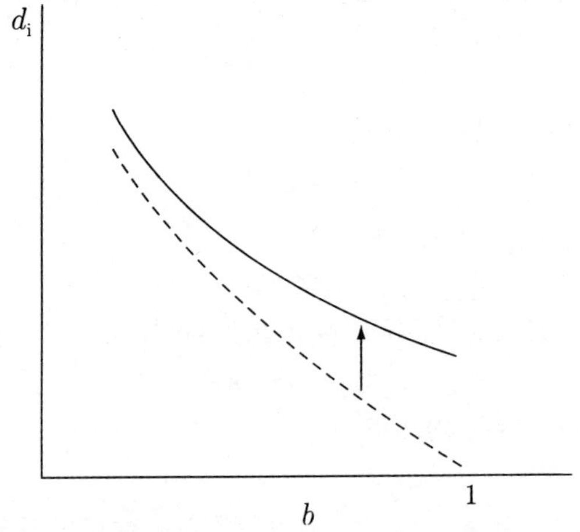


**图 A.6** 由强磁通钉扎导致磁通线晶格稳定且处于非饱和态时,相互作用距离的变化. 虚线是饱和态下的相互作用距离

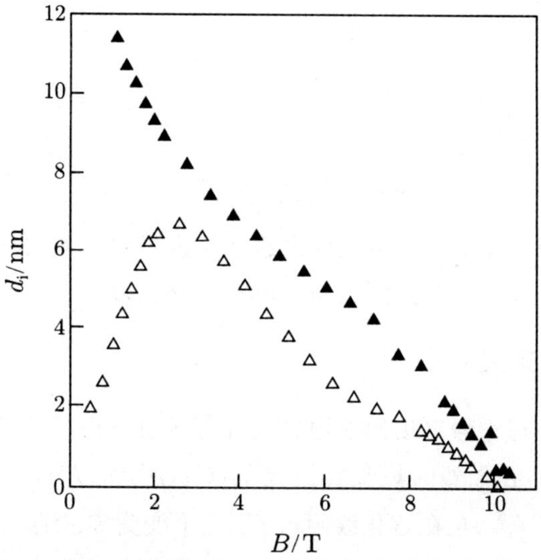


**图 A.7**　在饱和态(△)到非饱和态(▲)的钉扎力密度的变化过程中,Nb-Ti 的相互作用距离的变化[13],如图 7.31 所示

随着磁通钉扎的增强,从饱和到不饱和的变化以及饱和时磁通线格子的脆性等,都可以用雪崩式的磁通漂移模型来定性地解释. 但是,当讨论饱和钉扎力密度值以及从饱和到不饱和转变时所需的元钉扎力值等问题时需要定量论证.

## A.7　Josephson 穿透深度

假定存在一个长的 Josephson 结,且 $x$ 轴沿着长度方向,$x=0$ 表示结的边界. 结内的磁场沿着 $x$ 轴方向是不均匀的,且用 $h$ 来表示. $\partial h/\partial x$ 等于流经结的电流密度,由表示 Josephson 效应的方程(1.136)可以导出

$$\frac{\partial h}{\partial x} = j_c \sin\theta(x). \tag{A.60}$$

上述方程中的 $\theta(x)$ 表示相差

$$\theta(x) = \theta(0) + \frac{2\pi}{\phi_0}\Phi(x), \tag{A.61}$$

$\theta(0)$ 表示边界处的相差,$\Phi(x)$ 是从 0 到 $x$ 区域内的磁通

$$\Phi(x) = \mu_0 D\int_0^x h(x)\mathrm{d}x, \tag{A.62}$$

其中 $D$ 表示结的有效厚度. 因此,可以得到

$$\frac{\partial\theta}{\partial x} = \frac{2\pi}{\phi_0}\mu_0 Dh. \tag{A.63}$$

这样就可以得到如下的方程：

$$\frac{\partial^2 \theta}{\partial x^2} = \frac{1}{\lambda_J^2}\sin\theta, \tag{A.64}$$

式中 $\lambda_J$ 表示一个距离

$$\lambda_J = \left(\frac{\phi_0}{2\pi\mu_0 j_c D}\right)^{1/2}. \tag{A.65}$$

上面的方程表明当 $\theta$ 非常小时磁通仅穿透到距边界约为 $\lambda_J$ 的地方. 这一长度称为 Josephson 穿透深度,它远远大于 London 穿透深度.

## A.8 横向磁通束尺寸

集体磁通蠕动理论假定横向磁通束尺寸等于由方程(7.93)给出的横向钉扎相干长度 $R_0$. 但是,在强烈的热激发情况下,$C_{66}$ 小于由方程(7.12)给出的理想的完美磁通线格子 $C_{66}^0$,且在熔化线附近 $C_{66}$ 几乎变为零. 因此,它根据磁通线的状态不同会发生剧烈的变化且不能预测. 所以,利用热力学方法确定横向磁通束尺寸是更有效的.

假定磁通束尺寸的确定是使磁通蠕动影响下的临界电流密度最大化. 这一假定与线性损耗系统中的最小能量损耗原理相似.

如果忽略方程(3.115)的第二项,利用方程(3.117)的展开近似,受到磁通蠕动影响的临界电流密度为

$$J_c = J_{c0}\left[1 - \frac{k_B T}{U_0^*}\log\left(\frac{Ba_f\nu_0}{E_c}\right)\right]. \tag{A.66}$$

这一方程中数值推导的最大困难是视在钉扎势能 $U_0^*$. 现在我们将磁通束尺寸局限于不可逆场线附近. 这一区域的电流密度近似为零,因此,$U_0^*$ 接近真实的钉扎势能 $U_0$,如图 3.44 所示. 因此,可以利用 7.7 节中关于 $U_0$ 的理论结果.

用 $g^2$ 表示磁通束中的磁通线的数量. 假定 $g$ 减小到

$$g = yg_e, \tag{A.67}$$

其中 $g_e$ 是 $C_{66}=C_{66}^0$ 时的 $g$ 值,$y$ 是小于 1 的值. 这里假定沿着长度方向的磁通束尺寸不发生变化且由 $L_0$ 给出. 这是因为磁通线格子的倾斜模量 $C_{44}$ 仅与磁能有关,且不随着磁通格子中的缺陷发生明显的变化. 因此,磁通线格子相关的体积是 $g=g_e$ 时该值的 $y^2$ 倍大小. 由集体钉扎机制可知,无蠕动情况下的虚临界电流密度 $J_{c0}$ 是 $g=g_e$ 时其值 $J_{ce}$ 的 $y^{-1}$ 倍. 由方程(7.97)导出钉扎势能 $U_0$ 是 $g=g_e$ 时其值 $U_e$ 的 $y^{3/2}$ 倍. 因此,方程(A.66)可以写为

$$J_c = \frac{J_{ce}}{y}\left[1 - \frac{k_B T}{U_e y^{3/2}}\log\left(\frac{Ba_f\nu_0}{E_c}\right)\right]. \tag{A.68}$$

通过对 $y$ 求微分,可以得到最大的临界电流密度的条件[14]

$$y=\left[\frac{5k_B T}{2U_e}\log\left(\frac{Ba_f\nu_0}{E_c}\right)\right]^{2/3}. \tag{A.69}$$

因为 $U_e$ 与 $J_{ce}^{-1/2}$ 成正比,可以预期 $U_e$ 将变得更大,并且随着磁通钉扎强度的减弱从 $g_e^2$ 开始的 $g^2$ 的减小变得更加明显.

图 A.8 展示了各种 Bi 系超导体在垂直于 $c$ 轴的磁场中 $g^2$ 和 $g_e^2$ 之间的关系[14].这表明由于弱钉扎,较大的 $g_e^2$ 与 $g^2$ 的差值变得更大,表现出一个与理论预期相同的趋势.

现在详细地讨论上面的结果.用 $g_e^2$ 代替 $J_{c0}$ 作为表示磁通钉扎强度的一个参数.确切地说,除非 $J_{ce}$ 是已知的否则不可能得到 $g_e^2$ 的值.这里我们在低温下近似地用 $J_{c0}$ 代替 $J_{ce}$.然后,可以得到 $J_{ce}\propto g_e^{-2}$ 和 $U_e\propto g_e$.把这一关系代入方程(A.67)和(A.69)可以得到

$$g^2\propto g_e^{2/3}. \tag{A.70}$$

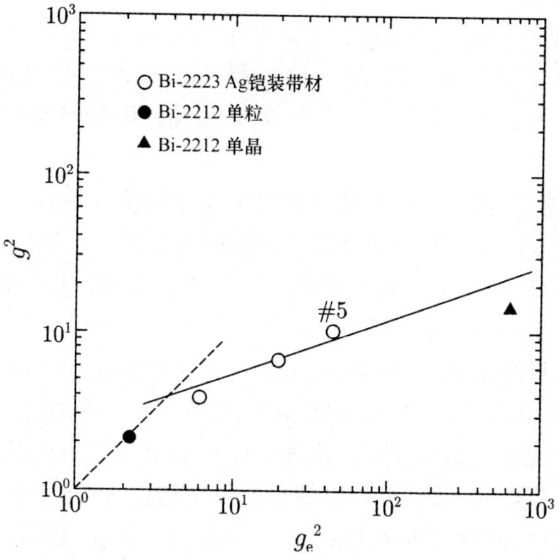


**图 A.8**　Bi 系超导体在垂直于 $c$ 轴的磁场中 $g^2$ 和 $g_e^2$ 之间的关系[14].实线代表银铠装带材(5 号样品)的方程(A.70)给出的关系

图 A.8 中的实线展示这一关系并定性地解释了实验结果.

现在从数值上分析预期的 $g^2$.首先考虑磁场垂直于 $c$ 轴施加的情况.我们把图 A.8 中展示的 Bi-2223 带材(样品 5)的结果作为一个例子来处理.这一样品的临界温度为 108.8K,方程(8.27)中的参数为:$A=4.22\times10^8\,\mathrm{Am^{-2}}$,$m'=$

3.6，$\gamma=0.50$. 80K 时的不可逆场为 $\mu_0 H_i=3.0$T，利用块材情况时的方程(8.27)—(8.29)从这一值中估算出的 $g^2$ 是 10.3. 在这些条件下可以计算出磁通束尺寸. 点状缺陷被认为是这一温度区域内的主要钉扎中心类型，因此选用 $\zeta=2\pi$. 如果再次假定利用上面提到的低温下测得的临界电流密度值可以近似地估算出 $J_{ce}$. 当假定 $\mu_0 H_{c2}^{ab}(0)=1000$T 和 $\mu_0 H_c(0)=1.0$T 时，从方程(7.93)中可以得到 $g_e^2=44.5$. 把这些值代入方程(7.97)，在 80K 和 3.0T 时可以得到 $U_e=1.26\times10^{-19}$J. 把这些典型值代入方程(A.69)的对数部分可以导出 $\log(Ba_f\nu_0/E_c)\simeq14$ 和 $g_e^2=9.4$. 这一理论计算接近于从观察到的不可逆场直接计算得到的值 10.3. 图 A.8 中的实直线是方程(A.70)所得这个理论值的一个外推.

其次，讨论相同样品在平行于 $c$ 轴的磁场中的情况. 70K 时的不可逆场是 1.30T，且得到的钉扎参数为 $A=6.84\times10^7\,\mathrm{Am}^{-2}$，$m'=3.3$，$\gamma=0.66$. 假定点状缺陷为主要的钉扎中心，代入 $\log(Ba_f\nu_0/E_C)\simeq12.5$ 和 $\zeta=2\pi$，可以得到 $g^2=2.1$. 另外，假设 $\mu_0 H_{c2}^{c}(0)=50$T 且 $\mu_0 H_c(0)=1.0$T，方程(7.93)可以导出 $g_e^2=806$，远大于上面的计算值 $g^2$. 因此，在不可逆线上处理过的点处可以得到 $U_e=1.81\times10^{-18}$J 和 $g^2=3.4$. 尽管这一值稍微大于直接从不可逆场计算得到的 2.1，但是它仍然远远小于 $g_e^2$. 从超导参数如 $\mu_0 H_{c2}^{c}(0)$ 的模糊性来判断，可以说有相当好的一致性.

因此，在两种方向的磁场中，确定磁通束尺寸以使临界电流密度最大化的这一原理似乎是成立的且具有普遍性的. 定量地说，平行于 $c$ 轴的磁场中磁通束的减小更明显，表明这种情况下磁通蠕动的影响更加重要. 从直观上判断，这一场方向的磁通的蠕动影响似乎较小，因为相干长度 $\xi_{ab}$ 和剪切模量 $C_{66}$ 较大，这表明会有一个较大的磁通束尺寸. 但是，结果与这个直观假定完全相反. 也就是说，非常大的 $g_e^2$ 会产生非常大的 $U_e$ 且导致由方程(A.69)表示的磁通束尺寸大倍数的减小. 因此，当磁通钉扎很弱时，磁通束尺寸的值很大且钉扎势能 $U_0$ 取一个很大的值是一个假想的理论. 可以得到这样一个结论：为了提高 $U_0$ 应该使磁通钉扎更强. 磁通钉扎的增强肯定会使得 $g^2$ 变小. 但是，$g^2$ 从未取值小于 1，因此如果磁通钉扎强到超过一定水平，它可以直接导致 $U_0$ 的增大.

如上所述实际上 $C_{66}$ 比完美的磁通线格子中 $C_{66}^0$ 有显著的减小，尤其是弱钉扎情况. 因此，如果 $C_{66}^0$ 的表达式被取代，理论预期将与实验结果有很大的不同. 从这一事实中 Larkin-Ovchinnikov 理论[12] 预期了在弱集体钉扎系的情况下非常小的钉扎力. 另外，关联势能近似理论预期的方程(7.81)不受 $C_{66}$ 减小的影响. 应当强调的是上面提到的热力学方法仅对 $C_{66}$ 的推导是有效的，因为磁通线缺陷导致的 $C_{66}$ 弱化会引起正反馈，并且热激发导致钉扎效应增强，而钉扎效应的增强会进一步使 $C_{66}$ 减小.

现在我们讨论钉扎参数与钉扎力密度的关系. Larkin-Ovchinnikov 理论[12]预期对于弱集体钉扎来说有 $J_{ce}\propto N_p^2 f_p^4$. 因为如上所述 $J_c$ 与 $y^{-1}J_{ce}$ 成正比,且由 $g^2\propto J_{ce}^{-1}$ 和方程(7.97),(A.69)可知 $y$ 与 $J_{ce}^{1/3}$ 成正比,可以得到

$$J_c \propto J_{ce}^{2/3} \propto (N_p f_p^2)^{4/3}. \tag{A.71}$$

这一关系接近图 7.9 中所示的小 $f_p$ 区域中 Nb 样品得到的实验结果 $J_c\propto N_p f_p^2$. 因此,定性地说这一理论还可以有很大的改进.

另外,方程(A.69)表明在低温时磁通束尺寸的减小会很清楚. 现在也将对其进行简要的讨论. 如果钉扎势能近似地由图 3.43. 中所示的正弦曲线来表示,激发能可以由方程(3.125)给出. 这就简化为在 $J\simeq J_{c0}$ 附近 $U\propto(1-J/J_{c0})^{3/2}$. 这种情况下 Welch 推导出视在钉扎势能[15],方程(3.128),则

$$U_0^* = 1.65(k_B T U_0^2)^{1/3}. \tag{A.72}$$

因此,从 $U_0=y^{3/2}U_e$ 和方程(A.69)可以得到

$$U_0^* = 3.04\left[\log\left(\frac{Ba_f\nu_0}{E_c}\right)\right]^{2/3} k_B T \simeq 2.4\times 10^{-22}T. \tag{A.73}$$

上述方程中对数部分大约是 14. 图 A.9 展示了熔融法得到的 Y-123 超导体中,视在钉扎势能与温度的关系[15],图中实线表示方程(A.73)的结果. 可以看出理论预期与实验结果近似一致. 理论结果表明低温下视在钉扎势能与磁通钉扎强度关系不明显,除非在 $g_e$ 取值小于 1 的非常强的磁通钉扎情况下. 它也解释了许多实验结果,表明在 30K 时 $U_0^*$ 值为几十 meV.

另外,方程(A.73)表明,甚至在 $T\to 0$ 的极限条件下,磁化的对数弛豫率也取一个非零值. 温度关系与图 3.46 所示的简单正弦波势能有很大差别. 如此反常的对数弛豫率最初仅用量子隧穿机制来解释[16]. 但是,目前的理论表明可能存在另外一种解释这一弛豫率的方法. 因此,很有必要继续研究在极低温度下的这一现象以找出真实的机制.

图 8.22 展示了低温下 Bi-2212 薄膜的不可逆场随着薄膜厚度的增加而单调增加的情况. 这是由钉扎势能随着薄膜厚度的增加而升高所引起. 但是,从图 A.10 中展示的在 $T/T_c=0.5$ 时不可逆场与厚度的关系可以发现,不可逆场反而随着薄膜厚度的增加而减小,与低温时的关系相反. 这明显与磁通蠕动模型的理论预期相矛盾.

现在,我们试着解释图 A.11 中所示的各温度下厚度为 0.5μm 的薄膜样品中临界电流密度与磁场关系的实验结果. 这种情况下,如果利用通常的块状超导体中 $g^2=1$ 的假设,则不能解释临界电流密度与磁场的关系,甚至在其他钉扎参数可以自由调整的情况下也不能[18]. 因此,现在 $g^2$ 作为一个拟合参数与其他钉扎参数一起来解释图 A.11 中的结果. 图 A.12[12] 给出了所得的 $g^2$. 即使在二维 Bi-2212 超导体中 $g^2$ 的值也不是必然等于 1 的,而高温下其值可能变大. 图

A. 13 给出了在 30K，40K，50K 时各样品中 $g^2$ 与厚度的关系. 发现越薄的超导体在越高的温度下 $g^2$ 的取值越大. 下面在方程(7. 96)原理的基础上对这些结果进行解释. 当厚度小于钉扎相干长度时，钉扎势能正比于 $d$. 把 $U_e \propto d$ 代入方程(7. 96)可得

$$g^2 = C\left(\frac{T}{d}\right)^{4/3}. \tag{A. 74}$$

图 A. 13 中的三条直线是 30K，40K，50K 时且 $C=2.3\times10^{-10}(\mathrm{K}^{-1}\mathrm{m})^{4/3}$ 情况下的理论预期，可以看出除了钉扎力很弱的样品 4 以外，其余均与上面的理论预期完全一致. $C$ 值可以近似地用这一理论来解释($C=2.0\times10^{-10}(\mathrm{K}^{-1}\mathrm{m})^{4/3}$)[17]. 这里，我们试图补偿样品 4 中的弱钉扎力. 概括钉扎强度与 $C$ 的关系，可以得到 $C\propto A_\mathrm{m}^{-1}(1-T/T_\mathrm{c})^{-m}$. 图 A. 13 也展示了用这一因子补偿以后的样品 4 的结果. 因此，可以近似解释实验得到的 $g^2$ 的行为. 上述结果导出 $U_0\propto d^{-1/3}$，表明不可逆场随厚度的减小而增加. 事实上，把这个关系替代方程(7. 99)代入到方程(3. 129)可以得到

$$H_\mathrm{i}^{(3-2\gamma)/2} \propto d^{-1/3}. \tag{A. 75}$$

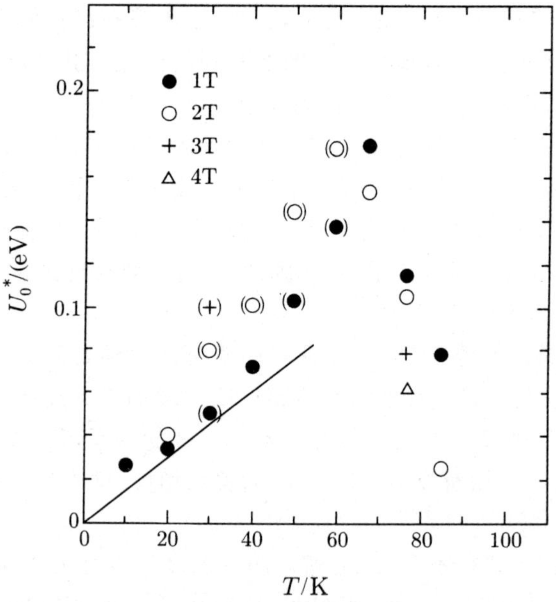


**图 A. 9** 熔融法得到的 Y-123 超导体中，从磁化的对数弛豫率算出的视在钉扎势能与温度的关系[15].（数据与图 3. 48 相同）图中实线代表方程(A. 73)

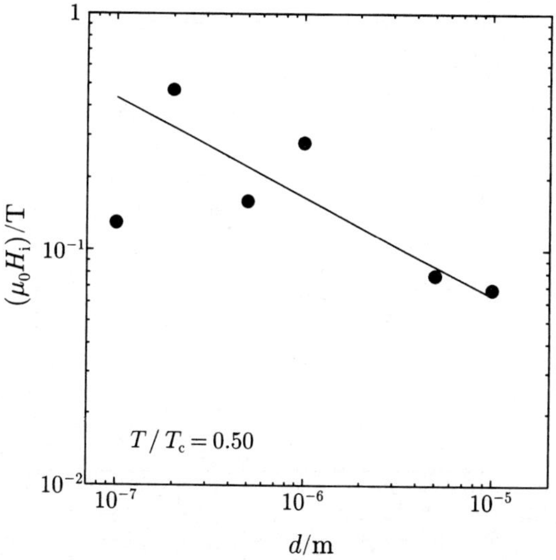


**图 A.10**　在 $T/T_c=0.5$ 时，Bi-2212 薄膜不可逆场与厚度的关系[17]. 图中实线代表方程(A.75)的预期，其中 $\gamma=0.70$

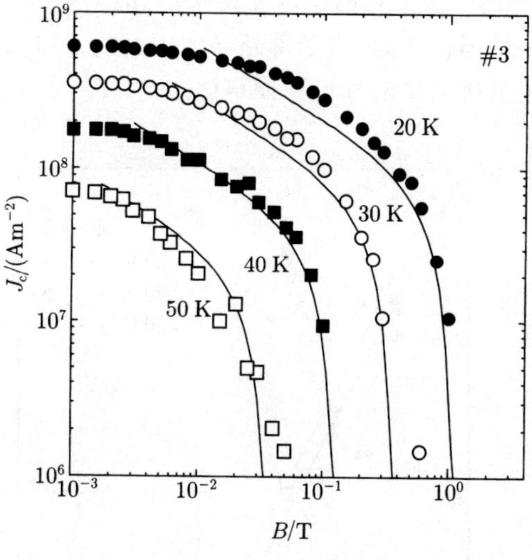


**图 A.11**　在各温度下厚度为 0.5μm 的 Bi-2212 薄膜中临界电流密度与磁场的关系[17].实线是当 $g^2$ 作为拟合参数时，磁通蠕动-漂移模型的理论预期

图 A.10 的直线给出了 $\gamma=0.70$ 时的结果，并且近似地解释了观察到的结果. 因此可以理解，在高温下非常薄的超导体中，加强磁通线的横向相干可以减少磁通蠕动引起的能量损耗.

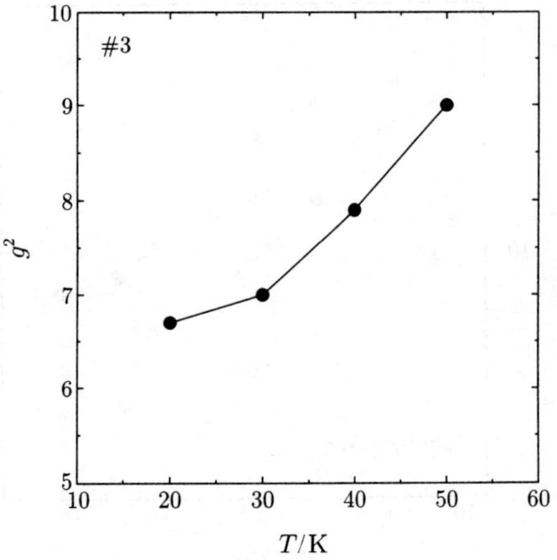


**图 A.12** 厚度为 0.5μm 的 Bi-2212 薄膜中 $g^2$ 与温度的关系

应当注意的是：低温区域也存在 $g^2$ 与厚度关系的相同趋势.这种情况下，由图 A.13 可以推导出 $g^2$ 值变化的厚区变得狭窄，故对方程(8.41)的理论预期的影响在高温区域不是那么明显.由于薄超导体中大的 $g^2$ 值，图 8.22 中所示的不可逆场与厚度的关系比简单的理论预期更弱.

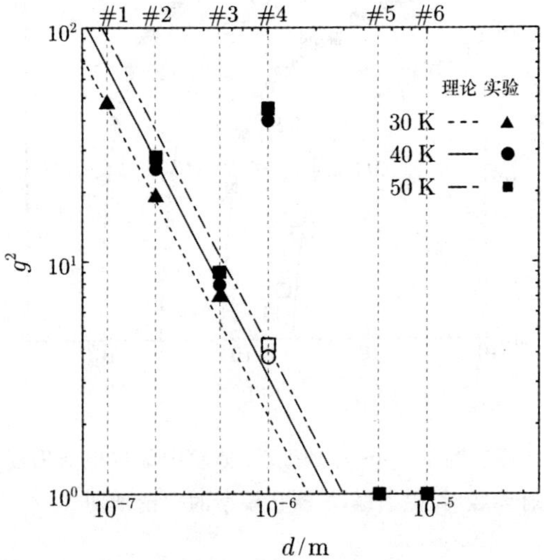


**图 A.13** 在 30,40 和 50K 下 $g^2$ 与厚度的关系[17].三条直线是 $C=2.3\times10^{-10}(\mathrm{K}^{-1}\mathrm{m})^{4/3}$ 时方程(A.74)的理论预期.空心的标志代表着由钉扎强度因子补偿的 $d=1.0\mu\mathrm{m}$ 的样品 4 的结果

已经讨论了 $g^2$ 与超导体的维度、磁通钉扎强度、温度、尺寸的关系. 方程(A.69)预期：由于磁场与 $U_e$ 以及电场强度的关系，$g^2$ 还与磁场相关. 在与通常的 $g^2=1$ 的块材比较时，强调图 A.13 中展示的 Bi-2212 超导体与厚度的关系是因为对应于直流磁化测量电场强度很弱. 在通常的输运测量中，$g^2$ 值大约是目前情况的一半. 在上述对 Bi-2212 超导体的测量中没有观察到 $g^2$ 与磁场的明显关系. 这可能归因于在测量温度区域中，不可逆场要远远低于上临界场，导致的狭窄的磁场区域：在低磁场中只有 $J_{c0}$ 特性对 $g^2$ 的值有影响.

三维 Y-123 薄膜和涂层导体中不可逆场与厚度的关系，利用方程(8.41)的简单理论预期也可以由相同的原因推导出[19]. 这种情况下，与 Bi-2212 超导体的情况相比，厚度关系则更加复杂. 这归因于高不可逆场引起的 $g^2$ 与磁场的关系，也归因于 PLD 方法制备的厚超导体中的缺陷成核导致的临界电流密度与厚度的关系.

## 参考文献


1. B. D. Josephson: Phys. Rev. **152** (1966) 211.
2. T. Matsushita: Phys. Lett. **86A** (1981) 123.
3. A. C. Rose-Innes and E. H. Rhoderick: *Introduction to Superconductivity*, 2nd Edition (Pergamon Press, 1978) Section 8.4.
4. S. Yuhya, K. Nakao, D. J. Baar, T. Sugimoto and Y. Shiohara: Adv. Superconducitivity Ⅳ (Springer-Verlag, Tokyo, 1992) p. 845.
5. T. Matsushita: J. Phys. Soc. Jpn. **57** (1988) 1043.
6. E. H. Brandt: J. Low Temp. Phys. **28** (1977) 263.
7. E. H. Brandt: J. Low Temp. Phys. **28** (1977) 291.
8. T. Matsushita: Physica C **220** (1994) 172.
9. E. H. Brandt: J. Low Temp. Phys. **26** (1977) 709.
10. K. Miyahara, F. Irie and K. Yamafuji: J. Phys. Soc. Jpn. **27**(1969) 290.
11. T. Matsushita: Physica C **160** (1989) 328.
12. A. I. Larkin and Yu. N. Ovchinnikov: J. Low Temp. Phys. **34** (1979) 409.
13. T. Matsushita and H. Küpfer: J. Appl. Phys. **63** (1988) 5048.
14. T. Matsushita: Physica C **217** (1993) 461.
15. D. O. Welch: IEEEE Trans. Magn. **27** (1991) 1133.
16. E. Simánek: Phys. Rev. B **39** (1989) 11384.
17. T. Matsushita, M. Kiuchi, T. Yasuda, H. Wada, T. Uchiyama and I. Iguchi: Supercond. Sci. Technol. **18** (2005) 570.
18. H. Wada, E. S. Otabe, T. Matsushita, T. Yasuda, T. Uchiyama, I. Iguchi and Z. Wang: Physica C **378-381** (2002) 570.
19. See for example: K. Kimura, M. Kiuchi, E. S. Otabe, T. Matsushita, S. Miyata, A. Ibi, T. Muroga, Y. Yamada and Y. Shiohara: Physica C.

# 习题解答

## 第一章

**1.1** 如果我们写出 $\Psi=|\Psi|e^{i\phi}$，方程(1.31)简化为

$$j=-\frac{2e}{m^*}|\Psi|^2(\hbar\nabla\phi+2e\boldsymbol{A}).$$

因此，动能项可以写为

$$\frac{1}{2m^*}|(-i\hbar\nabla+2e\boldsymbol{A})\Psi|^2=\frac{\hbar^2}{2m^*}(\nabla|\Psi|)^2+\frac{\mu_0}{2}\lambda^2\left(\frac{|\Psi_\infty|}{|\Psi|}\right)^2 j^2,$$

$\Psi_\infty$ 是 $\Psi$ 在零磁场中的平衡值. 在 London 理论中，不考虑凝聚能 $\alpha|\Psi|^2+\beta|\Psi|^4/2$ 和与序参数空间变化有关的能量 $(\hbar^2/2m^*)(\nabla|\Psi|)^2$. 在低场区域中 $\Psi$ 近似等于 $\Psi_\infty$，由于 London 理论中的电流，G-L 理论中的动能与这一能量符合.

当 G-L 参数 $\kappa$ 像 1.3 节提到的那样非常大时，London 理论是成立的. 在磁通线彼此孤立的低场中，来自于磁通线核心内序参数变化的能量 $(\hbar^2/2m^*)(\nabla|\Psi|)^2$，是不能从 London 理论推导出来的，且仅约为单个磁通线能量的 $3/(8\log\kappa)$ 倍. 因此，对于超导性能的讨论来说这一能量是不重要的，尽管在讨论磁通钉扎性能时它是不能忽略的. 因此，在低场下 London 理论的能量与 G-L 理论的能量相同，除了核心外部取恒定值的凝聚能.

**1.2** 如果我们把方程(1.30)乘以 $\Psi^*$ 加在其复杂的共轭上，可以得到

$$i\hbar e\boldsymbol{A}\cdot(\Psi^*\nabla\Psi-\Psi\nabla\Psi^*)-2e^2\boldsymbol{A}|\Psi|^2$$
$$=m^*(\alpha|\Psi|^2+\beta|\Psi|^4)-\left(\frac{\hbar}{2}\right)^2(\Psi^*\nabla^2\Psi-\Psi\nabla^2\Psi^*).$$

把这一关系代入方程(1.21)并利用 $\Psi=|\Psi|e^{i\phi}$ 将其改写.

**1.3** 考虑一个三角形磁通线格子. 如果假定围绕单一磁通线的边界 C 包含一个晶胞(unit cell)，如图习题.1 所示，从对称性出发可以得到 C 中 $\boldsymbol{j}=0$. 因此，方程(1.55)是成立的. 因此，可以发现在晶胞内磁通是量化的.

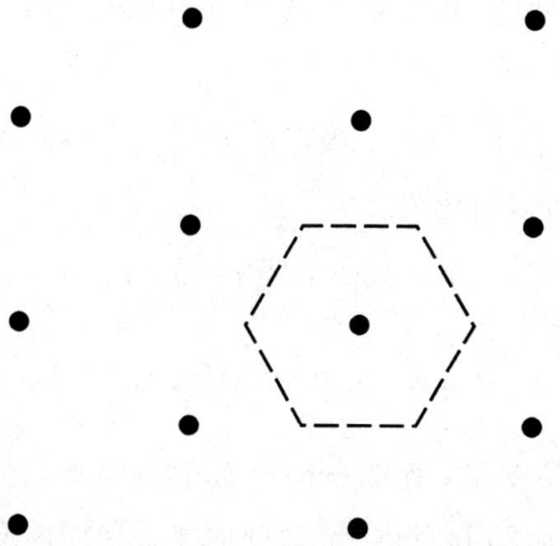

**图习题.1** 三角形磁通线格子的晶胞

**1.4** 对于核心内部 ($r\leqslant a_0=(8/3)^{1/3}\xi$) 的序参数假定有近似表达式 $|\Psi|=|\Psi_\infty|[(3r/2a_0)-(r^3/2a_0^3)]$. 由序参数从平衡值开始的变化,所导致的每单位长度磁通线上能量的升高可以表示为

$$\int_0^{a_0}\left[\alpha|\Psi|^2+\frac{\beta}{2}|\Psi|^4+|\alpha|\xi^2\left(\frac{\mathrm{d}}{\mathrm{d}r}|\Psi|\right)^2\right]2\pi r\mathrm{d}r-\pi a_0^2\left(\alpha|\Psi_\infty|^2+\frac{\beta}{2}|\Psi_\infty|^4\right).$$

经过一个简单的计算可以简化为

$$(209/210)\pi\mu_0 H_c^2\xi^2\simeq 0.995\pi\mu_0 H_c^2\xi^2.$$

从方程(1.62a)可以得到核内的磁通线密度 $b\simeq(\phi_0/2\pi\lambda^2)\log\kappa$. 因此,核内的磁能可以表示为

$$\frac{1}{2\mu_0}\left(\frac{\phi_0}{2\pi\lambda^2}\right)^2(\log\kappa)^2\pi a_0^2=\frac{8}{3}\pi\mu_0 H_c^2\xi^2\left(\frac{\log\kappa}{\kappa}\right)^2.$$

**1.5** 如果利用双傅里叶级数,可以把 $|\Psi|^2$ 表示为

$$|\Psi|^2=\sum_{m,n}a_{mn}\exp\left[\frac{2\pi\mathrm{i}}{a_\mathrm{f}}(mX+nY)\right],$$

其中系数 $a_{mn}$ 由下式确定:

$$\begin{aligned}a_{mn}&=\frac{1}{a_\mathrm{f}^2}\int_0^{a_\mathrm{f}}\int_0^{a_\mathrm{f}}|\Psi|^2\exp\left[-\frac{2\pi\mathrm{i}}{a_\mathrm{f}}(mX+nY)\right]\mathrm{d}X\mathrm{d}Y\\&=\frac{1}{a_\mathrm{f}^2}\sum_{p,q}C_p^*C_q\int_0^{a_\mathrm{f}}\mathrm{d}Y\exp\left[\frac{2\pi\mathrm{i}}{a_\mathrm{f}}(p-q-n)Y\right]\\&\quad\times\int_0^{a_\mathrm{f}}\mathrm{d}X\exp\left\{\frac{2\pi\mathrm{i}}{a_\mathrm{f}}\left(\frac{p-q}{2}-m\right)X\right.\\&\quad\left.-\frac{\sqrt{3}\pi}{2a_\mathrm{f}^2}[(X-pa_\mathrm{f})^2+(X-qa_\mathrm{f})^2]\right\}.\end{aligned}$$

利用 Kronecher $\delta$(delta)，上面对 $Y$ 的积分可以写为 $a_{\mathrm{f}}\delta_{p,q+n}$. 既然对于任意函数 $f$

$$\sum_p \int_0^{a_{\mathrm{f}}} f(X-pa_{\mathrm{f}})\mathrm{d}X = \int_{-\infty}^{\infty} f(X)\mathrm{d}X$$

都成立，上面的系数可以简化为

$$a_{mn} = \frac{|C_0|^2}{a_{\mathrm{f}}}(-1)^{mn}\exp\left[-\frac{\pi}{\sqrt{3}}(m^2-mn+n^2)\right]$$
$$\times\int_{-\infty}^{\infty}\mathrm{d}X\exp\left\{-\frac{\sqrt{3}\pi}{a_{\mathrm{f}}^2}\left[X+\frac{na_{\mathrm{f}}}{2}+\mathrm{i}\frac{a_{\mathrm{f}}}{\sqrt{3}}\left(m-\frac{n}{2}\right)\right]^2\right\}.$$

如果 $S$ 是一个复杂的变量，函数 $\exp\left[-(\sqrt{3}\pi/a_{\mathrm{f}}^2)S^2\right]$是规则的，在两平行线 $\mathrm{Im}S=\mathrm{i}(a_{\mathrm{f}}/\sqrt{3})(m-n/2)$和 $\mathrm{Im}S=0$ 之间的复杂平面区域不存在一个极点. 因此，利用 Cauchy 理论上面的积分可以简化为

$$\int_{-\infty}^{\infty}\mathrm{d}X\exp\left(-\frac{\sqrt{3}\pi}{a_{\mathrm{f}}^2}X^2\right) = 3^{-1/4}a_{\mathrm{f}}.$$

因此，可以得到 $a_{mn}$ 并推导出方程(1.97).

**1.6** 利用 $C_n=C_0\exp(\mathrm{i}\pi n^2/2)$，可以得到

$$\Psi\left(\frac{\sqrt{3}}{4}a_{\mathrm{f}}, -\frac{a_{\mathrm{f}}}{4}\right) = \sum_n C_0\exp\left[\frac{\mathrm{i}\pi n(n+1)}{2}\right]\exp\left[\frac{\sqrt{3}\pi}{4}(2n-1)^2\right].$$

如果对 $n$ 的求和可以分为从 1 到$\infty$和从 0 到$-\infty$两部分，后一项在 $n\to -n+1$ 时通过改写可以导出

$$\sum_{n=1}^{\infty}C_0\exp\left[\frac{\mathrm{i}\pi(n-1)(n-2)}{2}\right]\exp\left[\frac{\sqrt{3}\pi}{4}(2n-1)^2\right]$$
$$=-\sum_{n=1}^{\infty}C_0\exp\left[\frac{\mathrm{i}\pi n(n+1)}{2}\right]\exp\left[\frac{\sqrt{3}\pi}{4}(2n-1)^2\right].$$

因此，可以证明 $\Psi((\sqrt{3}/4)a_{\mathrm{f}}, -a_{\mathrm{f}}/4)=0$.

**1.7** 动能密度可以简化为

$$\frac{1}{2m^*}|(-\mathrm{i}\hbar\nabla+2e\boldsymbol{A})\Psi|^2$$
$$=\frac{1}{2m^*}[\hbar^2\nabla\Psi\cdot\nabla\Psi^* - 2\mathrm{i}\hbar e\boldsymbol{A}\cdot(\Psi^*\nabla\Psi-\Psi\nabla\Psi^*)+4e^2\boldsymbol{A}^2|\Psi|^2].$$

第一项的体积分可以变为

$$\int\nabla\Psi\cdot\nabla\Psi^*\mathrm{d}V = \int\Psi^*\nabla\Psi\cdot\mathrm{d}S - \int\Psi^*\nabla^2\Psi\mathrm{d}V.$$

如果假定存在一个足够大的超导体，超导体表面的积分就不是很重要了而且可

以被忽略. 利用$\nabla \cdot \boldsymbol{A}=0$,通过一个相似的处理可以得到

$$\int \boldsymbol{A} \cdot \boldsymbol{\Psi} \nabla \boldsymbol{\Psi}^{*} \mathrm{d}V = -\int \boldsymbol{A} \cdot \boldsymbol{\Psi}^{*} \nabla \boldsymbol{\Psi} \mathrm{d}V.$$

因此,动能的积分可以写为

$$\int \frac{1}{2m^{*}} \left| (-\mathrm{i}\hbar \nabla + 2e\boldsymbol{A}) \boldsymbol{\Psi} \right|^{2} \mathrm{d}V = \frac{1}{2m^{*}} \int \boldsymbol{\Psi}^{*} (-\mathrm{i}\hbar \nabla + 2e\boldsymbol{A})^{2} \boldsymbol{\Psi} \mathrm{d}V.$$

利用方程(1.30),可以发现这一形式等同于$-\int (\alpha |\boldsymbol{\Psi}|^{2} + \beta |\boldsymbol{\Psi}|^{4}) \mathrm{d}V$. 因此,可以导出方程(1.111).

**1.8** 忽略在量化的磁通中心$\nabla\phi$是奇异性的这一事实会导致一个错误的结果,以至于$\nabla \times \nabla\phi$由方程(1.67)中的二维 delta 函数得到. 当在一个假定的闭环上对$\boldsymbol{A}$求积分时,$\boldsymbol{j}$是没有贡献的,但是在闭环内部,曲线积分与表面积分$(-\hbar/2e)\nabla \times \nabla\phi$是一致的. 这可导出一个正确的磁通$\phi_0/2$.

这里我们将考虑一个由半径为$R'$的半圆和直线 L 的一段构成的闭环,如图习题.2 所示. 半圆的圆心与磁通线是重合的,其半径为无限小. 当在这个闭合环上对$(m^{*}/4e^{2}|\Psi|^{2})\boldsymbol{j}$进行曲线积分时,L 线上片段的积分为零,$R'$上的积分不为零. 另外由方程(1.54)可知,曲线积分可以分为$(-\hbar/2e)\nabla\phi$的曲线积分和$-\boldsymbol{A}$的曲线积分. 前一项等于在这一区域内$(-\hbar/2e)\nabla \times \nabla\phi$的表面积分且值为$\phi_0/2$. 后一项为这个小区域内的磁通且可以被忽略. 因此,从这一结果和方程(1.74)可以看出在磁通线中心的附近,电流的流动为$\boldsymbol{j} \simeq (H_{c2}/\lambda^{2}) r \boldsymbol{i}_{\theta}$. 所以可以推导出中心附近的磁结构可以表达为

$$b \simeq \text{const.} - (\mu_0 H_{c2}/2\lambda^{2}) r^{2}.$$

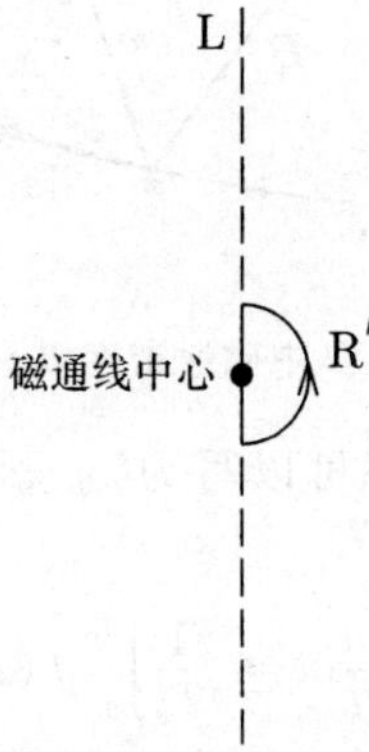


**图习题.2** 由通过磁通线中心直线片段和半径无限小的半圆$R'$构成的积分路径

**1.9** 方程(1.54)给出的超导电流密度的第一项正比于$\nabla\phi$和$|\Psi|^{2}$. 量化磁通线中心是一个奇异点,且由方程(1.66)可知$1/r$阶时$\nabla\phi$发散了. 按照习题 1.8 的

解答在 $r$ 阶时,电流密度应当接近零. 这意味着在量化磁通线中心,序参数应当接近零,正如 $|\Psi|\sim r$. 因此,量化的磁通的中心部分近似处于非超导态.

## 第二章

**2.1**　如图习题. 3 所示元矢量 d$\boldsymbol{s}$ 被定义于闭环 $C$ 上,d$\boldsymbol{s}$ 方向的选择是使其自己和磁通密度 $\boldsymbol{B}$ 满足右手定则. 当磁通线的速度为 $\boldsymbol{v}$ 时,单位时间内进入 $C$ 与 $|\mathrm{d}\boldsymbol{s}|$ 交叉的磁通等于 $(\mathrm{d}\boldsymbol{s}\times\boldsymbol{v})\cdot\boldsymbol{B}=(\boldsymbol{v}\times\boldsymbol{B})\cdot\mathrm{d}\boldsymbol{s}$. 因此,单位时间内进入 $C$ 的总的磁通可以表示为

$$\oint_{\mathrm{C}}(\boldsymbol{v}\times\boldsymbol{B})\cdot\mathrm{d}\boldsymbol{s}=\int_{\mathrm{S}}\nabla\times(\boldsymbol{v}\times\boldsymbol{B})\cdot\mathrm{d}\boldsymbol{S},$$

S 是 C 包围的平面区域. 这应当等于 $S$ 内的总磁通随时间的变化率

$$\frac{\partial}{\partial t}\int_{\mathrm{S}}\boldsymbol{B}\cdot\mathrm{d}\boldsymbol{S}=\int_{\mathrm{S}}\left(\frac{\partial\boldsymbol{B}}{\partial t}\right)\cdot\mathrm{d}\boldsymbol{S}.$$

上面的讨论假定 C 和 S 不随时间变化. 因为这两个方程满足任意的 S,通常可以得到

$$\nabla\times(\boldsymbol{B}\times\boldsymbol{v})=-\frac{\partial\boldsymbol{B}}{\partial t}.$$

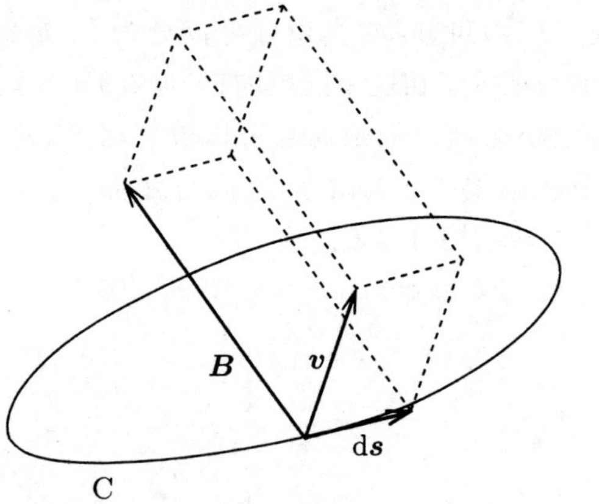


**图习题.3**　闭环 C 中磁通密度 $\boldsymbol{B}$ 和磁通线速度 $\boldsymbol{v}$

**2.2**　利用方程(2.35),输入功率可以写为 $\langle\eta^*\dot{u}^2\rangle_t+\langle f(u)\dot{u}\rangle_t$. 第二项可以计算为

$$\langle f(u)\dot{u}\rangle t=\frac{1}{T_0}\int_0^{T_0}f(u)\frac{\partial u}{\partial t}\mathrm{d}t=\frac{1}{T_0}\int_0^{d_{\mathrm{P}}}f(u)\mathrm{d}u=\frac{1}{T_0}\left[-U(u)\right]_0^{d_{\mathrm{P}}},$$

其中 $T_0$ 表示磁通线与钉扎相遇的周期,$d_{\mathrm{p}}$ 是钉扎间距,$U$ 表示钉扎势能. 当 $U$ 的空间变化与 $d_{\mathrm{p}}$ 的周期重合时,从图习题. 4 中可以发现这一项是零. 因此,可以证明输入的功率等于黏滞力损耗 $\langle\eta^*\dot{u}^2\rangle_t$.

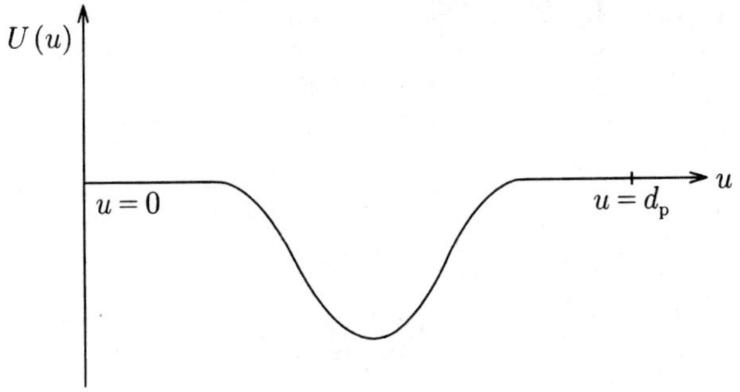


**图习题.4** 沿着磁通线移动方向的钉扎势的变化

**2.3** 满足$\langle (u-u_0)\dot{u}\rangle_t=\langle (u-u_0)\rangle_t v$ 以使得方程(2.38)与$\langle \eta^* v-k_f(u-u_0)\rangle_t v$一致,这是必要的.这里可以得到

$$\langle (u-u_0)(\dot{u}-v)\rangle_t=\frac{1}{T_0}\int_0^{T_0}(u-u_0)\frac{\partial}{\partial t}(u-u_0)\mathrm{d}t=\frac{1}{2T_0}[(u-u_0)^2]_{t=0}^{t=T_0},$$

在周期性条件下这一方程减小到0.因此,上面的关系可以被满足.所以,需要一些周期条件,例如Yamafuji和Irie所用的:钉扎间距假定是足够长以至于在磁通线到达下一个钉扎之前,应变$u-u_0$可以完全释放.

**2.4** 流经半径为$R$的超导柱体的电流的自场在柱状坐标下仅有方位角方向的分量.如果假定Bean-London模型成立,在$z$轴方向通入电流增加时,磁通线分布可以表示为

$$rB=R\mu_0 H_I-\frac{1}{2}\alpha_c\mu_0(R^2-r^2)$$

(参考3.1.1小节).上面的$H_I(>0)$是自场的强度.可以得到临界态,当$H_I=\alpha_c R/2$时磁通前线到达中心处($r=0$).当电流进一步增加时,阻态开始出现.这种情况下,由于洛伦兹力的作用,方位角磁通环移向柱体中心($\boldsymbol{v}=-v\boldsymbol{i}_r$).感应电场是$\boldsymbol{E}=B\boldsymbol{i}_\theta\times(-v)\boldsymbol{i}_r=Bv\,\boldsymbol{i}_z$且方向与电流平行.该电场由方位角磁通环的连续移动所感应产生(如图习题.5所示),磁通环会在到达中心时消失.

**2.5** 无外场时超导体内的宏观磁通线分布如图2.20所示,但是超导体外的磁通密度减小为零且$B=0$的区域拓展的到更宽的范围.利用图2.22已经讨论过了当外加磁场从$H_e$减低到$H_{c1}$时的情况.现在对这个情况做一个相似的分析.假定当磁场减小到稍微小于零时,在表面附近和临近的超导体区域内的热力学场以及磁通密度如图习题.6所示.当$B$一致为零时这两个区域之间的$\mathcal{H}$值却不同的原因是因为钉扎区域的磁通线捕获.这必然与2.6节的讨论相同.当$H_e$进一步减小时,左手侧的分布会接连地移到右手侧.结果,宏观的磁通分布被认为

随着外磁场的减小而变化，如图习题.7(a),(b)所示.

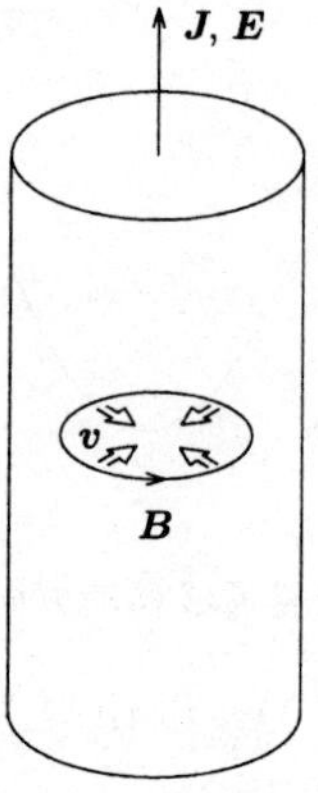


**图习题.5** 由流经超导柱体的电流的自场和感应电场所导致的磁通线环的移动

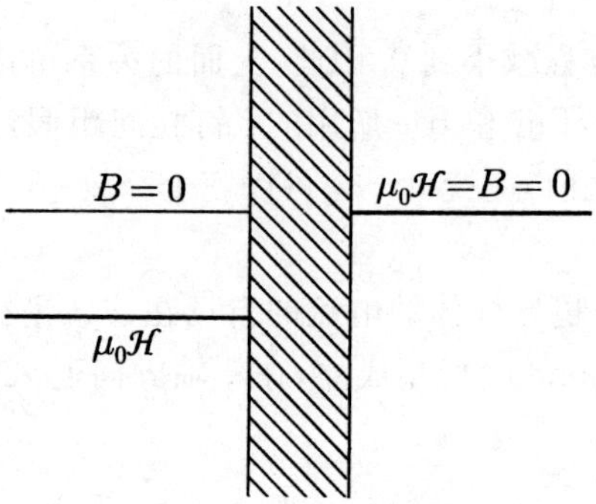


**图习题.6** 当外磁场减小到稍微小于零时，在超导体表面附近区域内的热力场

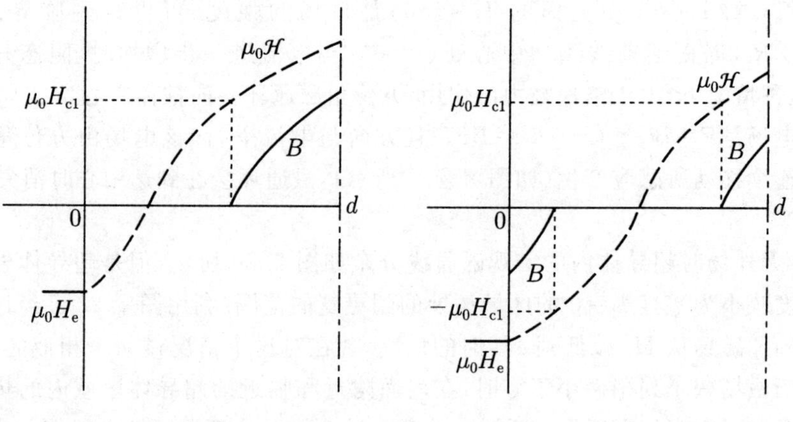


**图习题.7** 外磁场反转后超导体内宏观磁场分布：(a) $H_e$ 在 0 到 $-H_{c1}$ 范围内；(b) $H_e$ 在 $-H_{c1}$ 以下

**2.6** 对于 $H_p < H_m < 2^{1/(2-\gamma)} H_p$ 的情况，我们利用定义的 $h^*$ 将 $H_e$ 的变化分为四步：① 从 $H_m$ 到 0，② 从 0 到 $-H_m h^*$，③ 从 $-H_m h^*$ 到 $-H_p$，④ $-H_p$ 到 $-H_m$. 由方程(2.79)可以计算出每一步对能量损耗的贡献. 能量损耗密度可以写为这些贡献求和的二倍，可以得到

$$W = \frac{2(2-\gamma)\mu_0 H_m^{4-\gamma}}{H_P^{2-\gamma}} \Big[\frac{2}{4-\gamma} - 2^{-1/(2-\gamma)} \int_0^1 (1+\zeta^{2-\gamma})^{1/(2-\gamma)} \zeta^{2-\gamma} d\zeta$$

$$+ 2^{-1/(2-\gamma)} \int_0^{h^*} (1-\zeta^{2-\gamma})^{1/(2-\gamma)} \zeta^{2-\gamma} d\zeta$$

$$+ \int_{h^*}^{h_P} (h_p^{2-\gamma} - \zeta^{2-\gamma})^{1/(2-\gamma)} \zeta^{2-\gamma} d\zeta - \int_{h_p}^1 (\zeta^{2-\gamma} - h_p^{2-\gamma})^{1/(2-\gamma)} \zeta^{2-\gamma} d\zeta \Big],$$

其中 $h_p = H_p / H_m$ 且 $h^* = (2h_p^{2-\gamma} - 1)^{1/(2-\gamma)}$.

对于 $H_m > 2^{1/(2-\gamma)} H_p$ 的情况也可以分为四个相似的过程进行讨论，可以得到如下结果：

$$W = \frac{2(2-\gamma)\mu_0 H_m^{4-\gamma}}{H_P^{2-\gamma}} \Big[\frac{2}{4-\gamma} - 2^{-1/(2-\gamma)} \int_{h^\dagger}^1 (1+\zeta^{2-\gamma})^{1/(2-\gamma)} \zeta^{2-\gamma} d\zeta$$

$$- \int_0^{h^\dagger} (\zeta^{2-\gamma} + h_p^{2-\gamma})^{1/(2-\gamma)} \zeta^{2-\gamma} d\zeta$$

$$+ \int_0^{h_P} (h_p^{2-\gamma} - \zeta^{2-\gamma})^{1/(2-\gamma)} \zeta^{2-\gamma} d\zeta - \int_{h_p}^1 (\zeta^{2-\gamma} - h_p^{2-\gamma})^{1/(2-\gamma)} \zeta^{2-\gamma} d\zeta \Big],$$

其中 $h^\dagger = (1 - 2h_p^{2-\gamma})^{1/(2-\gamma)}$. 这些结果与 $\gamma = 1$ 时方程(2.84)的结果相吻合.

**2.7** 电流的符号因子用 $\delta_J$ 来表示(当电流沿着 $y$ 轴正向流动时，$\delta_J = 1$). 从表面 $x=0$ 处 $B = \mu_0 H$ 这一条件可以得到半个超导板内($0 \leqslant x \leqslant d$)表面附近的磁通的分布为

$$B = \begin{cases} -\beta + [(\mu_0 H_e + \beta)^2 - 2\delta_J \mu_0 \alpha_0 x]^{1/2}, & B > 0, \\ \beta - [(\mu_0 H_e - \beta)^2 - 2\delta_J \mu_0 \alpha_0 x]^{1/2}, & B < 0. \end{cases}$$

穿透场 $H_p$ 可以表示为

$$\mu_0 H_p = -\beta + (\beta^2 + 2\mu_0 \alpha_0 d)^{1/2}.$$

如果最大场 $H_m$ 满足 $\mu_0 H_m > -\beta + (\beta^2 + 4\mu_0 \alpha_0 d)^{1/2}$ 条件，与方程(2.55)中的从 a 到 e 的情况相符合的磁化的表达式为

$$M = \frac{H_e^2}{6\alpha_0 d}(2\mu_0 H_e + 3\beta) - H_e, \qquad 0 < H_e < H_p,$$

$$= -\frac{\beta}{\mu_0} + \frac{1}{3\mu_0^2 \alpha_0 d}\{(\mu_0 H_e + \beta)^3 - [(\mu_0 H_e + \beta)^2 - 2\mu_0 \alpha_0 d]^{3/2}\} - H_e,$$

$$H_p < H_e < H_m,$$

$$= -\frac{\beta}{\mu_0} + \frac{1}{3\mu_0^2 \alpha_0 d}\{2^{-1/2}[(\mu_0 H_m + \beta)^2 + (\mu_0 H_e + \beta)^2]^{3/2} - (\mu_0 H_e + \beta)^3$$

$$-[(\mu_0 H_m+\beta)^2-2\mu_0\alpha_0 d]^{3/2}\}-H_e, \qquad H_m>H_e>H_a,$$

$$=-\frac{\beta}{\mu_0}+\frac{1}{3\mu_0^2\alpha_0 d}\{[(\mu_0 H_e+\beta)^2+2\mu_0\alpha_0 d]^{3/2}-(\mu_0 H_e+\beta)^3\}-H_e, \qquad H_a>H_e>0,$$

$$=-\frac{\beta}{\mu_0}+\frac{1}{3\mu_0^2\alpha_0 d}\{(\mu_0 H_e-\beta)^3+3\beta(\mu_0 H_e-\beta)^2-3\beta^3+[2\beta^2-(\mu_0 H_e-\beta)^2+2\mu_0\alpha_0 d]^{3/2}\}-H_e, \qquad 0>H_e>-H_p.$$

上面的 $H_a$ 由下式给出：

$$\mu_0 H_a=-\beta+[(\mu_0 H_m+\beta)^2-4\mu_0\alpha_0 d]^{1/2}.$$

上面的结果在 $\beta\to 0$ 时与方程(2.55)在 $\gamma\to 0$ 时的值一致.

**2.8** 当外磁场 $H_e$ 从 $H_m$ 开始减小时，磁化可以写为

$$M_-=\frac{H_m^2+2H_mH_e-H_e^2}{4H_p}.$$

另一方面，当 $H_e$ 从 $-H_m$ 开始增加时磁化可以写为

$$M_+=\frac{-H_m^2+2H_mH_e+H_e^2}{4H_p}.$$

因此，能量损耗密度做如下计算：

$$W=\int_{-H_m}^{H_m}\mu_0(M_- - M_+)\mathrm{d}H_e=\frac{2\mu_0 H_m^3}{3H_p}.$$

**2.9** 单个磁通线每单位长度上的力为 $\phi_0 J_c$. 因为磁通密度的变化从表面延伸到 $H_m/J_c=x_m$ 处，移动的磁通线的数量密度估计为 $(\mu_0 H_e)\cdot(H_m/J_c d)/\phi_0$. 如果用 $u$ 和 $b$ 分别表示磁通线的位移和磁通密度的变化，磁通线连续方程可以写为 $\partial u/\partial x\simeq b/\mu_0 H_e$. 因为 $b$ 可近似地由 $\mu_0 H_m$ 的平均值来给出，在半个周期内磁通移动的平均距离近似地由 $(H_m/H_e)\cdot x_m/2=H_m^2/2J_cH_e$ 给出，故有

$$W\simeq\phi_0 J_c\cdot\frac{\mu_0 H_e H_m}{\phi_0 J_c d}\cdot\frac{H_m^2}{2J_cH_e}\cdot 2=\frac{\mu_0 H_m^3}{H_p}.$$

这个值是 Bean-London 模型理论结果的 3/2 倍.

**2.10** 现在分析半程，即外场从 $H_m$ 变到 $-H_m$ 的过程.

(1) 当 $H_e$ 从 $H_e$ 减小到 $H_{c1}$ 时，超导板内的磁通密度可以表示为

$$B(x)=\begin{cases}\mu_0(H_e-H_{c1})+\mu_0 J_c x, & 0\leqslant x\leqslant x_b,\\ \mu_0(H_m-H_{c1})-\mu_0 J_c x, & x_b<x\leqslant x_m,\end{cases}$$

这里 $x_b=(H_m-H_e)/2J_c$ 和 $x_m=(H_m-H_{c1})/J_c$. 因此，板内的磁通密度的平均值为

$$\langle B(x)\rangle = \frac{\mu_0}{4J_c d}[2(H_m - H_{c1})^2 - (H_m - H_e)^2].$$

(2) 当 $H_e$ 从 $H_{c1}$ 变化到 $-H_{c1}$ 时,磁通密度的平均值是恒定的且由下式给出:

$$\langle B(x)\rangle = \frac{\mu_0}{4J_c d}(H_m - H_{c1})^2.$$

(3) 当 $H_e$ 从 $-H_{c1}$ 变到 $-H_m$ 时,磁通密度的平均值可做如下计算:

$$\langle B(x)\rangle = \frac{\mu_0}{4J_c d}[2(H_m - H_{c1})^2 - (H_m - H_e - 2H_{c1})^2].$$

从这个半个周期与另一个半周期的对称性出发,单个周期的能量损耗密度可以表示为

$$W = 2\int_{-H_m}^{H_m} \langle B(x)\rangle \mathrm{d}H_e = \frac{2\mu_0}{3J_c d}(H_m - H_{c1})^2\left(H_m + \frac{H_{c1}}{2}\right).$$

在 $H_{c1}\to 0$ 极限时,这一结果简化为 Bean-London 模型的能量损耗密度的常用表达式.

## 第三章

**3.1** 屏蔽电流仅沿着超导柱体的表面流动,因此可以用标量势 $\phi_m$ 表示表面区域超导体内、外除了表面区域的磁通密度 $\boldsymbol{B}=-\nabla\phi_m$,标量势能满足拉普拉斯(Laplace)方程 $\nabla^2\phi_m=0$. 在目前的柱状几何结构中,这种情况沿着长度方向是均匀的,我们可以把变量 $\phi_m$ 分解为 $\phi_m=R(r)\Theta(\theta)$. 从 $\theta$ 的对称性、$r=0$ 处势能有限以及 $r\to\infty$ 时 $\boldsymbol{B}\to\mu_0\boldsymbol{H}_e$ 这三个条件出发,可以得到除常量外的解为

$$\phi_m = \begin{cases} \sum_{n=1}^{\infty}\alpha_n r^{-n}\cos n\theta - \mu_0 H_e r\cos\theta, & r > R, \\ \sum_{n=1}^{\infty}\beta_n r^{n}\cos n\theta, & r < R. \end{cases}$$

这就要求在超导体内 $\boldsymbol{B}=0$. 因此,可以得到 $\beta_n=0\,(n\geqslant 1)$. 垂直于 $\boldsymbol{B}$ 的分量,例如 $(\nabla\phi_m)_r$,应当在边界 $r=R$ 处是连续的. 这导致 $\alpha_1/R^2=-\mu_0 H_e$ 和 $\alpha_n=0\,(n\geqslant 2)$. 因此,$r>R$ 的区域内,磁通密度为

$$\begin{cases} B_r = -\dfrac{\partial\phi_m}{\partial r} = \mu_0 H_e\left(1-\dfrac{R^2}{r^2}\right)\cos\theta, \\ B_\theta = -\dfrac{1}{r}\cdot\dfrac{\partial\phi_m}{\partial\theta} = -\mu_0 H_e\left(1+\dfrac{R^2}{r^2}\right)\sin\theta. \end{cases}$$

沿着表面流动的屏蔽电流密度 $\tilde{J}(\theta)$ 可以从磁场的切向分量的差值得到

$$\tilde{J}(\theta) = \frac{1}{\mu_0}B_\theta(r=R+0) = -2H_e\sin\theta.$$

**3.2** 由于对称性我们仅需处理 $0\leqslant\omega t<\pi(\delta=-1)$ 的情况，这一期间内的能量损耗与 $\pi\leqslant\omega t\leqslant 2\pi$ 期间内的能量损耗是相同的. 超导体内的平均黏滞力损耗为

$$\langle p_{\mathrm{v}}\rangle=\frac{\eta\mu_0 H_{\mathrm{e}}}{\phi_0 d}\int_0^{x_{\mathrm{b0}}} v^2\mathrm{d}x=\frac{\mu_0 h_0^3\omega^3}{6J_{\mathrm{c}}d\omega_0}(1-\cos\omega t)^3\sin^2\omega t.$$

因此，可以得到黏滞能损耗为

$$\frac{2}{\omega}\int_0^{\pi}\langle p_{\mathrm{v}}\rangle\mathrm{d}\omega t=\frac{2\mu_0 h_0^3}{3J_{\mathrm{c}}d}\cdot\frac{7\pi\omega}{16\omega_0}.$$

**3.3** 我们分析交流磁场从最小值开始增加的过程. 用 $h$ 表示表面场的增量. 当 $h<2H_{\mathrm{p}}(1-j)$ 时，磁通线距表面的穿透深度为 $x_{\mathrm{b}}=h/2J_{\mathrm{c}}$，如图习题.8 所示. 从磁通线的连续方程可以得到 $Bv=\mu_0(\partial h/\partial t)(x_{\mathrm{b}}-x)$. 能量损耗发生在超导板两边的表面，而平均钉扎能损耗密度为

$$\frac{1}{2d}\int_0^{x_{\mathrm{b}}} J_{\mathrm{c}}Bv\mathrm{d}x\times 2=\frac{\mu_0 J_{\mathrm{c}}}{2d}\cdot\frac{\partial h}{\partial t}x_{\mathrm{b}}^2.$$

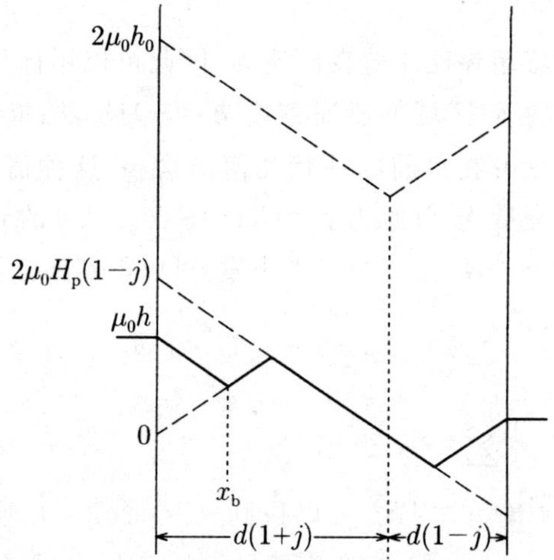


**图习题.8** 当交流磁场增加时超导板内的磁通分布

因此，在 $0<h<2H_{\mathrm{p}}(1-j)$ 期间对能量损耗密度的贡献为

$$\frac{\mu_0 J_{\mathrm{c}}}{2d}\int\frac{\partial h}{\partial t}x_{\mathrm{b}}^2\mathrm{d}t=\frac{\mu_0 H_{\mathrm{p}}^2}{3}(1-j)^3=W_1.$$

当 $2H_{\mathrm{p}}(1-j)<h<2h_0$ 时，距左右表面的磁通穿透深度分别是 $d(1+j)$ 和 $d(1-j)$. 因此，平均功率损耗密度为

$$\frac{\mu_0 J_{\mathrm{c}}}{4d}\cdot\frac{\partial h}{\partial t}[d^2(1+j)^2+d^2(1-j)^2]=\frac{\mu_0 H_{\mathrm{p}}}{2}\cdot\frac{\partial h}{\partial t}(1+j)^2,$$

且能量损耗密度为

$$\frac{\mu_0 H_{\mathrm{p}}}{2}(1+j^2)\int\frac{\partial h}{\partial t}\mathrm{d}t=\mu_0 H_{\mathrm{p}}(1+j^2)[h_0-H_{\mathrm{p}}(1-j)]=W_2.$$

磁场衰减过程中的能量损耗等于磁场增加过程中的能量损耗，最终从 $W=2(W_1+W_2)$ 中可以得到方程(3.99).

**3.4** 方程(3.58)的第一个积分的第一项可以从一个部分积分$(\nabla\times\boldsymbol{b}_{\mathrm{f}})^2$ 变化为

$$\frac{\lambda^2}{2\mu_0}\int_{\mathrm{S_c}}[\boldsymbol{b}_{\mathrm{f}}\times(\nabla\times\boldsymbol{b}_{\mathrm{f}})]\cdot\mathrm{d}\boldsymbol{S}=\frac{\lambda^2}{2\mu_0}\int_{\mathrm{V'}}[(\nabla\times\boldsymbol{b}_{\mathrm{f}})^2-\boldsymbol{b}_{\mathrm{f}}\cdot(\nabla\times\nabla\times\boldsymbol{b}_{\mathrm{f}})]\mathrm{d}\boldsymbol{V}.$$

上面的 V′表示全空间(包括 $x<0$ 的真空)，除了非超导的核心区. 应当注意 $\boldsymbol{b}_{\mathrm{f}}$ 被限制在 $x<0$ 区域. 利用修正的 London 方程，积分的第二项可以写为 $\boldsymbol{b}_{\mathrm{f}}^2/2\mu_0$. 这一项和方程(3.58)中的第二个积分的第一和第二项可以简化为

$$\frac{1}{2\mu_0}\int_{\mathrm{V}}[\boldsymbol{b}_{\mathrm{f}}^2+\lambda^2(\nabla\times\boldsymbol{b}_{\mathrm{f}})^2]\mathrm{d}V=\phi_0 H_{\mathrm{c1}},$$

其中 V 表示全空间. 接下来方程(3.58)中的第一个积分中的第四项可以变化为

$$\begin{aligned}&-\lambda^2\int_{\mathrm{S_c}}[\boldsymbol{H}_{\mathrm{e}}\times(\nabla\times\boldsymbol{b}_{\mathrm{f}})]\cdot\mathrm{d}\boldsymbol{S}\\&=\lambda^2\int_{\mathrm{V'}}[\boldsymbol{H}_{\mathrm{e}}\cdot(\nabla\times\nabla\times\boldsymbol{b}_{\mathrm{f}})-(\nabla\times\boldsymbol{H}_{\mathrm{e}})\cdot(\nabla\times\boldsymbol{b}_{\mathrm{f}})]\cdot\mathrm{d}\boldsymbol{V},\end{aligned}$$

且右边的第二项为 0. 再次利用修正的 London 方程，这一项与方程(3.58)中的第二个积分的第三项之和可以简化为

$$-\int_{\mathrm{V}}\boldsymbol{b}_{\mathrm{f}}\cdot\boldsymbol{H}_{\mathrm{e}}\mathrm{d}V=-\phi_0 H_{\mathrm{e}}.$$

方程(3.58)的第一个积分的第五项中，$\boldsymbol{b}_0$ 可以近似由$(\mu_0\boldsymbol{H}_{\mathrm{e}}\exp(-x_0/\lambda)\boldsymbol{i}_z)$给出，$\boldsymbol{i}_z$ 表示沿着磁场的单位矢量. $\nabla\times\boldsymbol{b}_{\mathrm{f}}$ 垂直于 $\boldsymbol{b}_0$ 且其大小约为 $\phi_0/2\pi\lambda^2\xi$，$\boldsymbol{b}_0\times(\nabla\times\boldsymbol{b}_{\mathrm{f}})$平行于 d$\boldsymbol{S}$. 因此，这一项由 $\phi_0\boldsymbol{H}_{\mathrm{e}}\exp(-x_0/\lambda)$给出. 因为 $b_{\mathrm{i}}$ 可以近似用$(\phi_0/2\pi\lambda^2)K_0(2x_0/\lambda)\boldsymbol{i}_z$ 表示，则第一个积分中的第二项可以简化为 $-(\phi_0^2/4\pi\mu_0\lambda^2)K_0(2x_0/\lambda)$.

第一个积分中的第三项和第六项几乎是积分区域的常矢量. 因此，在非超导核心的零半径的极限下这些项趋于 0. 因此，那些项可以被忽略，从而得到方程(3.59).

**3.5** 在 $T_{\mathrm{i}}\geqslant T>T_0$ 的温度范围内，$\chi$ 的值和 $m'\neq 2$ 情况下的值一样，且可由方程(3.86a)给出. 在其他温度范围由类似计算[1]可以得到

$$\chi=\begin{cases}-\dfrac{[\varepsilon H_{c2}(0)(1-\delta)]^2}{4dAH_e}\left[\dfrac{3}{2}+\log\left\{\dfrac{2dA}{\varepsilon H_{c2}(0)(1-\delta)}\left[1-\dfrac{T}{(1-\delta)T_c}\right]\right\}\right], & T_0\geqslant T>T_{c1},\\ -\dfrac{[\varepsilon H_{c2}(0)(1-\delta)]^2}{4dAH_e}\left[\dfrac{3}{2}+\log\left\{\dfrac{2dAH_e}{[\varepsilon H_{c2}(0)(1-\delta)]^2}\right\}\right]\equiv\chi_s, & T_{c1}\geqslant T.\end{cases}$$

**3.6** 这种情况下,可以用下式代替方程(3.81)给出磁通分布:

$$B(x)=\mu_0 H_e+\mu_0 M(T)-\mu_0 J_c(T)x.$$

如果用 $x=x_0'$ 表示 $B$ 为零的点,可以得到

$$x_0'=\frac{H_e}{A}f^{-m'}(T)-\frac{\varepsilon H_{c2}(0)(1-\delta)}{A}f^{1-m'}(T),$$

其中

$$f(T)=1-\frac{T}{(1-\delta)T_c}.$$

如果 $x_0'$ 达到 $d$ 时的温度用 $T_0'$ 表示,通过简单的计算可以得到[1]

$$\chi=\begin{cases}-1, & T\leqslant T_{c1},\\ -1+\dfrac{H_e}{2dA}f^{-m'}(T)-\dfrac{\varepsilon H_{c2}(0)(1-\delta)}{dA}f^{1-m'}(T) & \\ +\dfrac{[\varepsilon H_{c2}(0)(1-\delta)]^2}{2dAH_e}f^{2-m'}(T), & T_{c1}<T\leqslant T_0',\\ -\dfrac{\varepsilon H_{c2}(0)(1-\delta)}{H_e}f(T)-\dfrac{dA}{2H_e}f^{m'}(T), & T_0'<T.\end{cases}$$

**3.7** 假定在最小表面场下磁通分布最初处于临界态.从这一状态开始的磁通密度的变化用 $b(x)$ 表示.从初始态开始在半个周期内的磁通线位移由方程(3.108)给出.由方程(3.103)给出的洛伦兹力密度和钉扎力密度之间的平衡出发,可以得到

$$\frac{\mathrm{d}b}{\mathrm{d}x}=-\frac{b(0)}{\lambda_0'^2}\left(\frac{d_f}{2}-x\right)+\frac{b^2(0)}{4\mu_0 J_c\lambda_0'^4}\left(\frac{d_f}{2}-x\right)^2.$$

这可以导出

$$b(x)=b(0)-\frac{b(0)}{\lambda_0'^2}\left[\left(\frac{d_f}{2}\right)^2-\left(\frac{d_f}{2}-x\right)^2\right]+\frac{b^2(0)}{12\mu_0 J_c\lambda_0'^4}\left[\left(\frac{d_f}{2}\right)^3-\left(\frac{d_f}{2}-x\right)^3\right].$$

在超导板内求平均可以得到

$$\langle b(x)\rangle=b(0)-\frac{2b(0)}{3\lambda_0'^2}\left(\frac{d_f}{2}\right)^2+\frac{b^2(0)}{16\mu_0 J_c\lambda_0'^4}\left(\frac{d_f}{2}\right)^3.$$

上式的第一项和第二项与 $b(0)$ 为线性关系.因此,那些项是可逆响应而且对损耗没有贡献.因此,可以忽略这两项而仅处理第三项.能量损耗密度 $W$ 近似是图

习题.9 中$\langle b(x)\rangle$与$b(0)/\mu_0$ 关系曲线与连接初始点和最终点直虚线所围面积的 2 倍. 即如果用 $b_{\rm m}$ 来表示在 $b(0)=2\mu_0 h_0$ 处$\langle b(x)\rangle$的值的话,可以得到

$$W = 2h_0 b_{\rm m} - 2\int_0^{2\mu_0 h_0} \frac{1}{\mu_0}\langle b(x)\rangle \, {\rm d}b(0) = \frac{\mu_0 h_0^3}{3J_{\rm c} d_{\rm f}}\left(\frac{d_{\rm f}}{2\lambda_0'}\right)^4,$$

这与方程(3.109)一致.

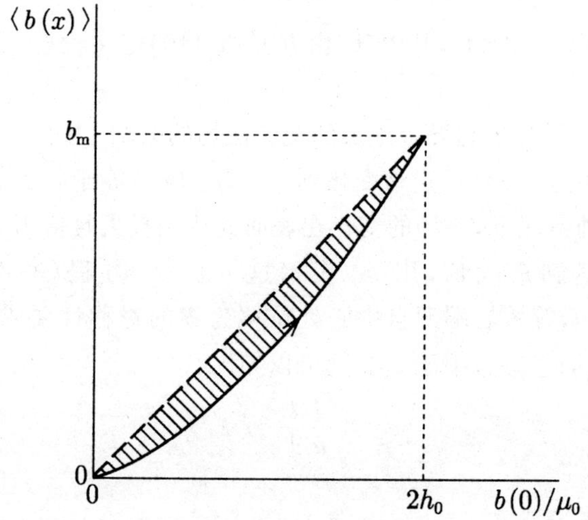


**图习题.9** 当表面场在半个周期内变化时平均磁通密度的变化. 图中阴影区域是能量损耗密度的一半

**3.8** 由于$\langle B\rangle \simeq \mu_0 h_0 \cos\omega t$,方程(3.99)可以导出

$$u' \simeq \frac{\mu_0}{\pi}\int_{-\pi}^{\pi} \cos^2 \omega t \, {\rm d}\omega t = \mu_0.$$

另外,从方程(3.102)和(3.107)可以得到

$$\mu'' = \frac{2\mu_0 h_0}{9\pi J_{\rm c} D}.$$

把这些代入方程(3.98)可以得到

$$\eta_{\rm p} \simeq \left[1 + \left(\frac{9\pi J_{\rm c} D}{2h_0}\right)^2\right]^{-1/2} \simeq \frac{2h_0}{9\pi J_{\rm c} D}.$$

因此,可以证明当 $h_0$ 足够小时,$\eta_{\rm p}$ 正比于 $h_0$.

**3.9** 假定在一个主要的磁化曲线上,外磁场在一个增加的过程以后从一个特定值开始衰减. 如果用 $b(x)$表示在外场开始衰减后内部磁通密度的减小,可以很容易的计算出

$$b(x) = b_0 \frac{\cosh(x/\lambda_0')}{\cosh(d_{\rm f}/2\lambda_0')},$$

式中 $b_0$ 是表面磁通密度的减小量. 因此，磁化强度的变化为

$$\delta M = \frac{b_0}{\mu_0}\left[1 - \frac{2\lambda_0'}{d_f}\tanh\left(\frac{d_f}{2\lambda_0'}\right)\right].$$

由特征场的定义出发，在 $b_0 \to 0$ 的极限下，$\hat{H}_p$ 可以由 $(\partial\mu_0\delta M/\partial b_0)^{-1}H_p$ 给出，结果可以得到方程(3.111). 当 $x \ll 1$ 时有 $\tanh x \simeq x - x^3/3$，则可以得到 $\hat{H}_p = 3(2\lambda_0'/d_f)^2 H_p = (\sqrt{3}/2)\widetilde{H}_p$，其中 $\widetilde{H}_p$ 由方程(3.110)定义.

**3.10** 用 $h_0$ 表示平行于超导板施加的交流磁场的振幅. 为了在整个超导板区域内，使电流密度从 $J_c$ 完全可逆地变化到 $-J_c$，$h_0$ 应当等于临界态模型所确定的穿透场 $J_c d$. 这种情况下，磁场的变化在表面处达到最大且值为 $2h_0$. 磁通线的位移也在表面处达到最大值，用 $u_m$ 表示这一位移. 方程(3.88)可以推导出 $2\mu_0 J_c d/B = u_m/d$，等式右端源自中心处位移为零的对称性要求. 为了使整个板都处于可逆状态，$u_m$ 应当小于 $2d_i$，这可以导出

$$d^2 < \frac{Bd_i}{\mu_0 J_c} = \lambda_0'^2.$$

**3.11** 假定激发能可以表示为 $U(J) = U_0(1 - J/J_{c0})^N$，弛豫过程中确定时间点 $(t = t_0)$ 上 $J = J_0$ 周围处该表达式的扩展可以导出

$$U(J) \simeq U_0\left(1 - \frac{J_0}{J_{c0}}\right)^N - N\frac{U_0}{J_{c0}}\left(1 - \frac{J_0}{J_{c0}}\right)^{N-1}(J - J_0).$$

如果我们将这个表示为 $U(J) = U_0^*(1 - J/J_{c0}^*)$，可以得到

$$U_0^* = U_0\left(1 - \frac{J_0}{J_{c0}}\right)^{N-1}\left[1 + (N-1)\frac{J_0}{J_{c0}}\right],$$

$$J_{c0}^* = \frac{J_{c0}}{N}\left[1 + (N-1)\frac{J_0}{J_{c0}}\right].$$

因此，方程(3.119)可以写为

$$\frac{J_0}{J_{c0}^*} = 1 - \frac{k_B T}{U_0^*}C_0,$$

其中 $C_0 \simeq \log(2Ba_f\nu_0 U_0^* t_0/\mu_0 d^2 J_{c0}^* k_B T)$. 如果我们假定 $1 - (J_0/J_{c0}) \ll 1$，正如在低温下通常观察到的一样，可以得到 $J_{c0}^* \simeq J_{c0}$ 和

$$U_0^* \simeq NU_0\left(\frac{C_0 k_B T}{U_0^*}\right)^{N-1}.$$

这可简化为

$$U_0^* \simeq (NC_0^{N-1})^{1/N}[(k_B T)^{N-1}U_0]^{1/N}.$$

现在我们考虑，比如在 $Nb_3Sn$ 中，在 $T = 4.2K$ 和 $B = 1T$ $(a_f = 49nm)$ 时，$C_0$ 可以

以相互作用距离 $d_i$ 的形式写为 $C_0 \simeq \log(a_f \rho_f U_0^* t_0/\pi\mu_0 d_i d^2 k_B T)$. 把典型值 $\rho_f \simeq 1.6\times10^{-8}\,\Omega\mathrm{m}$, $d_i \simeq 1\mathrm{mm}$, $U_0^* \simeq 0.29\times10^{-19}\mathrm{J}$(观测值[2])和 $t_0 = 1\mathrm{s}$ 代入,可以得到 $C_0 \simeq 16.4$. 因此,对于 $N=3/2$ 的正弦波势能情况,可以得到

$$U_0^* \simeq 3.3(k_B T U_0^2)^{1/3}.$$

尽管这一值大约是 Welch 理论结果[3]的两倍,但是仍然算是一个好的定性吻合. 这一结果预期,当温度降低而 $U_0$ 小幅增加的时候,$U_0^*$ 减小. 这一预期与图3.46(a)和(b)中的结果定性相符. 另外,上面的结果可以写为 $U_0^*/U_0 \propto (k_B T/U_0)^{1/3}$. 这表明,即使在强钉扎下 $U_0$ 增加,$U_0^*$ 和 $U_0$ 之间的差值会变大,但是 $U_0^*$ 不会增大很多. 这也与图中的结果一致.

**3.12** 由方程(3.131)可知电阻率可以写为

$$\rho = \frac{\pi B a_f \nu_0 U_0}{J_{c0} k_B T}\exp\left(-\frac{U_0}{k_B T}\right).$$

因此,如果利用电阻率标准 $\rho=\rho_c$,则下式可代替方程(3.129)给出不可逆线:

$$U_0 = k_B T\log\left(\frac{\pi B a_f \nu_0 U_0}{\rho_c J_{c0} k_B T}\right).$$

利用方程(3.114),该式也可以写为

$$U_0 = k_B T\log\left(\frac{\rho_f a_f U_0}{2\rho_c d_i k_B T}\right),$$

其中 $d_i$ 是方程(3.94)定义的相互作用距离.

## 第四章

**4.1** 从对称性出发我们只处理超导板半边的情况,$0\leqslant y\leqslant d$. 如果用 $B=(B\sin\theta, 0, B\cos\theta)$ 表示超导板的磁通密度,则方程(4.2)可以导出

$$\frac{\partial}{\partial y}(B\cos\theta) = \alpha_f B\sin\theta, \quad \frac{\partial}{\partial y}(B\sin\theta) = -\alpha_f B\cos\theta.$$

从这些方程可以得到$\partial B/\partial y=0$. 也就是 $B$ 在空间中是均匀的. 把它代入上面的方程可以得到

$$\theta = \theta_0 - \alpha_f y,$$

其中 $\theta_0$ 是一个常量. 应当满足的边界条件是 $B\cos\theta_0 = \mu_0 H_e$ 和 $B\sin\theta_0 = \mu_0 H_1$,其中 $H_1$ 是由电流引起的沿着 $x$ 轴方向的自场,而 $B=\mu_0(H_e^2+H_1^2)^{1/2}$. 尽管电流有 $x$ 轴方向的分量,但是它被在 $d\leqslant y\leqslant 2d$ 区域的分量抵消,导致沿着 $x$ 轴没有净电流. 从表面到 $y_0=\theta_0/a_f$ 则为自由态. 在内部区域磁通密度仅有 $z$ 分量,且其值等于 $B$(参见图习题.10). 因此,当 $H_1 \ll H_e$, $M_z \simeq H_1^2/2H_e$ 且已经得到顺磁磁化的基础上,沿着 $z$ 轴的磁化可以表示为

$$M_z = \frac{B}{\mu_0 d}\int_0^{y_0}\cos\theta \mathrm{d}y + \frac{B}{\mu_0}\left(1 - \frac{y_0}{d}\right) - H_e$$
$$= (H_e^2 + H_I^2)^{1/2} - H_e + \frac{H_I}{\alpha_f d}\left[1 - \frac{(H_e^2 + H_I^2)^{1/2}}{H_I}\sin^{-1}\frac{H_I}{(H_e^2 + H_I^2)^{1/2}}\right].$$

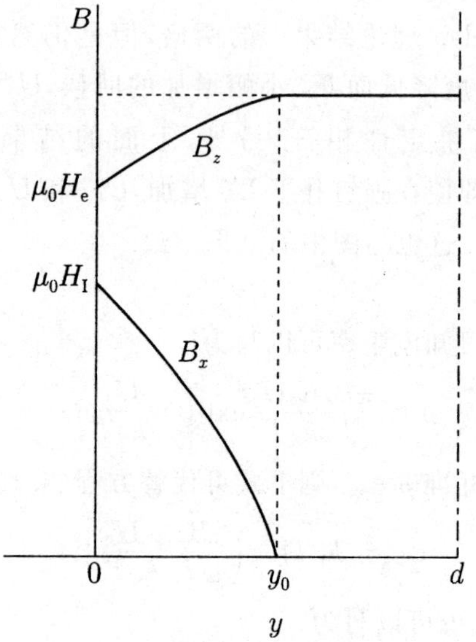


**图习题.10** force-free 状态下超导板中磁通密度的分量的分布情况

**4.2** 从方程(4.8)和(4.9)可以看出,螺旋状的磁通线与 $z$ 轴的夹角 $\theta$ 随着到柱体中心的距离变大而增加. 因此,磁通结构包含一个如图习题.11 所示的扭转应变. 当与中心的距离远大于磁通线间距时,它与图 4.14(c)中所示的应变近似相同.

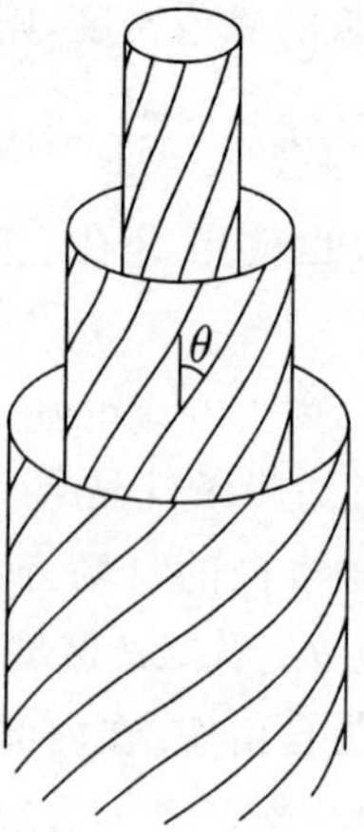


**图习题.11** 在自由状态下,超导柱体中磁通线的扭转结构

从方程(4.3)和(4.4)很容易推导出$(\partial/\partial r)(B_\phi^2+B_z^2)=-2B_\phi^2/r<0$. 因此，在内部区域磁通线密度有一个较大的值，磁压沿着半径方向向外作用. 另一方面，由磁通线弯曲造成的线张力沿半径方向朝内作用，与磁压平衡.

**4.3** 用$\boldsymbol{B}=(B\sin\theta,0,B\cos\theta)$表示磁通分布，其中$B$是常量且$\theta=\theta_0-\alpha_f y$. 如果表面处的角度$\theta_0$足够小，满足$\theta_0<\alpha_f d$，磁通线的旋转仅穿透到距离表面$\theta_0/\alpha_f$的深度，则这一区域的磁通密度的变化为

$$\frac{\partial \boldsymbol{B}}{\partial t}=\boldsymbol{i}_x B\frac{\partial\theta}{\partial t}\cos\theta-\boldsymbol{i}_z B\frac{\partial\theta}{\partial t}\sin\theta.$$

另外，如果我们假定磁通线的速度为$\boldsymbol{v}=(v_x,0,v_z)$，用方程(4.36)可对磁通线的连续方程求解

$$v_x=\frac{\partial\theta}{\partial t}\cos\theta(x\sin\theta+z\cos\theta+C),$$

$$v_y=-\frac{\partial\theta}{\partial t}\sin\theta(x\sin\theta+z\cos\theta+C),$$

其中$C$为常数且方程

$$x\sin\theta+z\cos\theta+C=0$$

表示连接磁通线的旋转中心的直线.

如果用$x=x_0$以及$z=z_0$表示我们观察到的磁通线旋转中心的位置，这条磁通线的速度可以写为

$$v_x=r\frac{\partial\theta}{\partial t}\cos\theta,\quad v_z=-r\frac{\partial\theta}{\partial t}\sin\theta,$$

其中$r=(x-x_0)\sin\theta+(z-z_0)\cos\theta$是旋转的半径. 因此，可以发现磁通线的连续方程可以正确地描述磁通线的旋转运动.

在$0\leqslant y\leqslant\theta_0/\alpha_f$的区域内，电场可以表示为

$$E_x=\frac{B}{\alpha_f}\cdot\frac{\partial\theta}{\partial t}(1-\cos\theta),\quad E_y=0,\quad E_z=\frac{B}{\alpha_f}\cdot\frac{\partial\theta}{\partial t}\sin\theta,$$

并且满足

$$\frac{E_x}{E_z}=\tan\frac{\theta}{2}.$$

因为$B_x/B_z=\tan\theta$，可以发现$\boldsymbol{E}$和$\boldsymbol{B}$并不相互垂直且不满足$\boldsymbol{E}=\boldsymbol{B}\times\boldsymbol{v}$. 尤其是，由于磁通线在$x$-$z$平面内移动，所以$\boldsymbol{B}\times\boldsymbol{v}$沿着$y$轴，但是$\boldsymbol{E}$平行于$x$-$z$平面. 因此，如果我们用$\boldsymbol{v}$来表示电场，可以得到方程(4.48).

**4.4** 磁通线的连续方程可以写为

$$v=\frac{1}{\alpha_f}\cdot\frac{\partial\theta}{\partial t},\quad \frac{\partial v}{\partial y}=-\frac{1}{B}\cdot\frac{\partial B}{\partial t}.$$

在 $\theta_0/\alpha_f \leqslant y \leqslant d$ 区域，第一个方程可以简化为 $v=0$，而在 $0 \leqslant y < \theta_0/\alpha_f$ 区域，第一个方程可以简化为

$$v = \frac{\partial H_1}{\partial t} \cdot \frac{\mu_0^2 H_e}{B^2 \alpha_f}.$$

另外，在整个 $0 \leqslant y \leqslant d$ 的区域中，在中心 $x=d$ 处 $v=0$ 条件下，第二个方程可以简化为

$$v = \frac{\partial H_1}{\partial t} \cdot \frac{\mu_0^2 H_1}{B^2}(d-y).$$

可见两个结果并不一致. 所以，在如此不正确的限制条件下 $v$ 的解不存在.

**4.5** 用 $\boldsymbol{E} \cdot \boldsymbol{J} = (\boldsymbol{B} \times \boldsymbol{v}) \cdot \boldsymbol{J} - \nabla \Psi \cdot \boldsymbol{J}$ 表示能量密度，在磁通移动仅仅由 force-free 力矩驱使的情况下，第一项简化为 $(\boldsymbol{J} \times \boldsymbol{B}) \cdot \boldsymbol{v} = 0$，且可以得到 $\boldsymbol{E} \cdot \boldsymbol{J} = -\nabla \Psi \cdot \boldsymbol{J}$. 因此，方程(4.48)中的重要项不是 $\boldsymbol{B} \times \boldsymbol{v}$ 而是 $-\nabla \Psi$.

**4.6** 为了简化，仅仅考虑超导盘表面内的磁通线. 假设当超导盘以一个有限的角速度旋转了角度 $\Theta$ 时，由于漩涡电流的黏滞力，表面附近的磁通线也会跟着发生一个的角度为 $\delta\theta$ 的旋转.

首先，我们从磁通旋转模型的观点进行分析. 按照这一模型，当超导圆盘发生旋转时，内部的磁通线由黏滞力矩驱动且会一直旋转，直到驱动力矩与阻碍磁通线旋转的 force-free 力矩达到平衡. 最终的旋转角度是 $\delta\theta$. 另一方面，当外磁场以一个相反的方向旋转时，force-free 力矩与外场和内部磁通线之间的角度成正比，且内部的磁通线发生旋转. 但是此时漩涡电流的黏滞力会阻碍旋转. 结果在两种情况下，超导圆盘的状态均由 force-free 力矩和黏滞力矩之间的平衡决定. 两种状态都是相同的. 另外，当旋转停止时，两种情况下 $\delta\theta$ 都是由于 force-free 力矩而减小到零的.

其次，我们从磁通切割模型的观点进行分析. 当圆盘旋转时，用 $\theta$ 表示跟随圆盘的磁通线和外场之间的夹角. 假定这一角度超过切割阈值 $\delta\theta_c$. 然后，发生磁通切割，假设角度减小到 $\delta\theta$. 因此，可以发现这种情况与磁通旋转模型相同. 另外，在外磁场向相反方向旋转的情况下，当外磁场和内部磁通线之间夹角达到 $\delta\theta_c$ 时会发生磁通切割. 因此，由磁通切割导致的内部磁通线旋转的角度应当是 $\Theta - \delta\theta_c$，这样也得到相同的结果. 但是，这一角度不同于圆盘旋转情况下所得的 $\theta - \delta\theta_c$. 这是因为这两个过程不相同，磁通切割有一个有限的阈值且伴随着有限的能量损耗. 仅仅在 $\Theta = \theta$ 时，也就是当磁通线完全跟随圆盘时，这两个过程相同. 但是，当旋转角速度足够低时，则不满足这一条件. 另外，切割的数量仅与旋转角度有关，而与旋转的角速度无关. 这样的滞后特性与除了黏滞以外不存在别

的能量损耗机制的假设相矛盾.因此,在磁通切割模型中超导盘的旋转和外磁场的旋转是不相同的.这一模型中,当旋转停止时,$\delta\theta$ 达到 $\delta\theta_c$,这一结果与磁通旋转模型的结果不同.但是,这一不同归因于阈值问题,这一问题已经超越了目前的讨论范围.

## 第五章

**5.1** 利用 Bean-London 模型,当 $h_0 < H_p$ 时有 $\Phi = \mu_0 h_0^2 w / J_c$.因此,从方程(5.7)可以得到 $\lambda' = h_0 / J_c$,且从方程(5.10)可以得到 $J = J_c$.当 $h_0 > H_p$ 时,$\Phi = \mu_0(2h_0 - H_p)w$ 可以导出 $\lambda' = d$.

**5.2** 当 $h_0 \leqslant H_p$ 时,从方程(5.45),(5.47a)和(5.48a)可以得到

$$\mu_1 = \mu_0[(\chi_1' + 1)^2 + \chi_1''^2]^{1/2} = \frac{\mu_0 h_0}{2H_P}\left[1 + \left(\frac{4}{3\pi}\right)^2\right]^{1/2}.$$

当 $\Phi = \mu_0 h_0^2 w / J_c$ 时,交流磁通的基本部分的振幅为 $\Phi_1 = 2\mu_1 h_0 wd$,因此当用 $\Phi_1$ 代替 $\Phi$ 时,交流磁通的穿透深度为

$$\lambda_1' = \frac{1}{2w\mu_0} \cdot \frac{\partial \Phi_1}{\partial h_0} = \lambda'\left[1 + \left(\frac{4}{3\pi}\right)^2\right]^{1/2} \simeq 1.086\lambda'.$$

因此,交流磁通的穿透深度大约被高估了 8.6%,且临界电流密度大约被低估了 8.6%.

**5.3** 首先我们分析磁通线移动完全可逆的情况.因为超导板内的磁通密度由 $b(x) = \mu_0 h(t)\cosh(x/\lambda_0')/\cosh(d/\lambda_0')$ 给出,其中 $h(t) = h_0\cos\omega t$ 表示表面处磁场,进入和离开超导板的交流磁通的振幅由 $\Phi = 2w\mu_0 h_0 \lambda_0' \tanh(d/\lambda_0')$ 确定.因此,从方程(5.7)中可以得到交流磁通的视在穿透深度 $\lambda' = \lambda_0'\tanh(d/\lambda_0') \simeq d[1 - (d/\lambda_0')^2/3]$.因此,穿透深度的上限是 $d$.

即使磁通线的移动变得不可逆时,这一结果在定性上也相符.也就是说,在穿透场中交流磁通的穿透深度小于 $d$.因此,不可能正确地估算出 $J_c$,一般都是高估.这与由峰值场振幅 $\chi_1''$ 高估出 $J_c$ 的情况相似.图习题.12 展示了高估的因子,也就是高估的比例,即从通常的 Campbell 法分析得到 $J_c'$ 值与给定值 $J_c$ 之比,这里计算中用到了 Campbell 模型[4].

**5.4** 交流场 $h_0\cos\omega t$ 中,超导体内的平均的磁通密度为

$$\langle B \rangle = \begin{cases} \mu_0\left[-h_{-0} + \dfrac{H_P}{2} + \dfrac{h_0^2}{4H_P}(1 + \cos\omega t)^2\right], & -\pi < \omega t < -\theta_0, \\ = \mu_0\left(h_0\cos\omega t - \dfrac{H_P}{2}\right), & -\theta_0 < \omega t < 0. \end{cases}$$

上面的方程中 $\theta_0=\cos^{-1}[(2H_p/h_0)-1]$，且为了简化忽略直流磁场的恒定贡献. 方程(5.22)和(5.23)中的各积分是从 $-\pi$ 到 0 区域的积分的两倍. 经过一个简单但是很长的计算可以得到

$$\mu_3=\frac{2\mu_0 H_P}{15\pi h_0}\left[20\left(\frac{H_P}{h_0}\right)^2-44\left(\frac{H_P}{h_0}\right)+25\right]^{\frac{1}{2}}.$$

**5.5** 如果不考虑平均磁通密度$\langle B\rangle$的直流分量，在 $h_0<H_p$ 和 $h_0>H_p$ 两种情况下，方程(5.43)和(5.44)的各积分都是从 $-\pi$ 到 0 区域积分的两倍. 为了这一目的，我们假定当 $h_0<H_p$ 时方程(5.25)中 const. $=\mu_0 h_0/2H_p$. 在 $h_0>H_p$ 时，在习题 5.4 的答案中给出$\langle B\rangle$. 余下的省略.

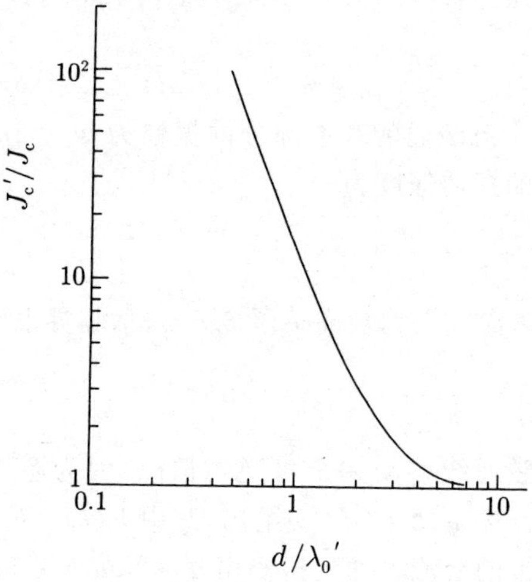


**图习题.12** 用 Campell 法得到的临界电流密度 $J_c'$值的高估因子

## 第六章

**6.1** 若忽略因序参数的空间变化导致的动能，当磁通线位于超导区域时，每单位长度磁通线的能量是 $f_1=0$. 当磁通线移至非超导区域时，移动前磁通线存在区域内每单位长度的能量为 $f_2=-(1/2)\mu_0 H_c^2\pi\xi^2$. 当磁通线移动了 $2\xi$ 后，能量出现差值. 因此，超导-非超导界面的每单位长度磁通线的元钉扎力可近似地表示为

$$f_p'\simeq\frac{f_1-f_2}{2\xi}=\frac{\pi}{4}\xi\mu_0 H_c^2.$$

**6.2** 在超导和非超导区域序参数取相同的值，平均自由能密度可以表示为

$$F' = \frac{d_s}{d_s + d_n}\left(\alpha|\Psi|^2 + \frac{\beta}{2}|\Psi|^4\right) + \frac{d_n}{d_s + d_n}\alpha_n|\Psi|^2$$
$$= \frac{\mu_0 H_c^2}{d_s + d_n}\left[d_s\left(-R^2 + \frac{R^4}{2}\right) + d_n\theta R^2\right].$$

$R^2$ 的确定应使 $F'$ 最小化，同时可以推导出方程(6.14).

**6.3** 如果 $\theta$ 或者 $\alpha_n$ 变得太大，由邻近效应引起的超导区域内序参数的退化变得很明显，从而导致凝聚能的减小. 这解释了当 $\theta$ 变得很大时元钉扎力减小这一现象. 在这一极限下，$\xi_n$ 是非常小的，在 6.3 节的分析中使用的界面处的边界条件($\Psi$ 的连续性和垂直于界面方向的引伸)不再是正确的. 这种情况下钉扎相互作用与绝缘层中的相似. 因此，可以认为 $f_p$ 近似等于 $f_{p0}$.

**6.4** 在较高的上临界场区域内相干长度较短，$\delta\xi = (\xi/2H_{c2})\delta H_{c2}$. 因此，根据局域模型，当磁通线位于较高的上临界场区域中时，每单位长度的磁通线的能量变小了，$(\mu_0 H_c^2/2)2\pi\xi\delta\xi = (\pi\xi^2\mu_0 H_c^2/2)(\delta H_{c2}/H_{c2})$. 晶界处每单位长度磁通线的元钉扎力估算为

$$f_p' = \frac{\pi}{4}\mu_0 H_c^2 \xi\left(\frac{\delta H_{c2}}{H_{c2}}\right).$$

**6.5** 与螺位错距离为 $r$ 处的剪切应力为 $\tau = b_0/2\pi r S_{44}$. 这一相互作用能密度由 $(1/2)\delta S_{44}\tau^2$ 给出，其中 $\delta S_{44}$ 为由于磁通线存在所导致的剪切柔量的变化. 因此，如果螺位错和磁通线的距离为 $r_0$，每单位长度磁通线的相互作用能为

$$\Delta U \simeq \frac{1}{2}\delta S_{44}\left(\frac{b_0}{2\pi r_0 S_{44}}\right)^2 \pi\xi^2.$$

相应的钉扎力可由 $f' = -\partial\Delta U/\partial r_0 = \delta S_{44}(b_0/2\pi S_{44})^2\pi\xi^2/r_0^3$ 给出，并随着 $r_0$ 的减小而增加. 在接近 $r_0$ 下限的位置，例如 $\xi$ 处，每单位长度磁通线的元钉扎力可以表示为[5]

$$f_P' = \frac{\pi}{\xi}\delta S_{44}\left(\frac{b_0}{2\pi S_{44}}\right)^2 = \frac{1}{4\pi\xi}\delta S_{44}\left(\frac{b_0}{S_{44}}\right)^2.$$

## 第七章

**7.1** 如果由方程(7.2)给出无应变下的钉扎力密度，则应变为 $\varepsilon$ 时钉扎力密度在小 $a$ 和 $c$ 范围内变为

$$F_P = AH_{c2}^m(\varepsilon)(1 + c\varepsilon^2)f(b) \simeq AH_{c2m}^m[1 - (am - c)\varepsilon^2]f(b)$$
$$\simeq \hat{A}H_{c2}^{\hat{m}}(\varepsilon)f(b).$$

上式中 $\hat{A}=AH_{c2m}^{c/a}$，$\hat{m}=m-\dfrac{c}{a}$.

**7.2** 在方程(1.98)条件下，当 $g=\dfrac{\mu_0 H_c^2}{6\kappa^2\langle B\rangle}\cdot\dfrac{\langle|\Psi|^2\rangle}{|\Psi_\infty|^2}\simeq\dfrac{\mu_0 H_c^2}{6\kappa^2\beta_A\langle B\rangle}(1-b)$ 并且 $b_f=(\sqrt{3}/2)a_f$ 时，结合表示衰减场的 $b=\langle B\rangle/\mu_0 H_{c2}$，由给定位移 $u^*$ 导致的局域磁通密度的变化为

$$\delta B=g\langle B\rangle\left\{-\cos\left[\frac{2\pi}{b_f}(x-u^*)\right]+\cos\left(\frac{2\pi}{b_f}x\right)\right.$$
$$\left.-2\sin\left(\frac{2\pi}{a_f}y\right)\left[\sin\left(\frac{2\pi}{b_f}(x-u^*)\right)-\sin\left(\frac{2\pi}{b_f}x\right)\right]\right\}.$$

应当注意这一假定与可以推导出非局域结果的 Brandt 理论观点(文献[6]中的式(15))相同. 对 $y$ 求 $\delta B$ 的平均可以得到

$$\frac{\langle\delta B\rangle_y}{\langle B\rangle}=g\left[\cos\left(\frac{2\pi}{b_f}x\right)-\cos\left(\frac{2\pi}{b_f}(x-u^*)\right)\right].$$

因此，从磁通线的连续方程(附录 A.5 中的方程(A.31))可以得到磁通线相应的位移 $u$

$$\frac{\partial u}{\partial x}=-g\left[\cos\left(\frac{2\pi}{b_f}x\right)-\cos\left(\frac{2\pi}{b_f}(x-u^*)\right)\right].$$

位移发生以前，磁通线格子序参数的零点通常表示为 $x_n=(n+1/2)b_f$，$n$ 为整数. 现在我们用 $u^*=\varepsilon\cos kx$ 代替 $|\Psi|^2$ 的结构，其中 $\varepsilon$ 足够小. 可以计算出以局域值形式计算出的最终磁压为

$$C_{11}(0)\frac{\partial^2 u}{\partial x^2}\bigg|_{x=x_n}\simeq-C_{11}(0)g\left(\frac{2\pi}{b_f}\right)^2\varepsilon\cos kx_n.$$

另外，由 $|\Psi|^2$ 变化引起的弹性力为

$$C_{11}(k)\frac{\partial^2 u^*}{\partial x^2}\bigg|_{x=x_n}=-C_{11}(k)k^2\varepsilon\cos kx_n.$$

要求这两个力相同，则

$$\frac{C_{11}(k)}{C_{11}(0)}=\frac{2\pi}{3\sqrt{3}\beta_A}\cdot\frac{k_h^2}{k^2}\simeq 1.04\frac{k_h^2}{k^2}.$$

在波数远小于 $\xi^{-1}$ 的现有范围内，这一结果近似与非局域理论模型的结果 $C_{11}(k)/C_{11}(0)\simeq k_h^2/(k^2+k_h^2)$ 相同. 在上面的处理中我们不能消除 $k\to 0$ 时的发散，因此推导的结果并不完全等同于非局域理论的结果.

如果上面假定的磁通密度变化真地发生，则磁通线格子的间距 $b_f$ 也相应于位移 $u^*$ 发生变化 $b_f'=(1-k\varepsilon\sin kx)b_f$. 然后可以计算出在晶胞中 $x_n$ 和 $x_{n+1}$ 之间的的磁通

$$a_f\left[b_f'\langle B\rangle+\int_{x_n}^{x_n+b_f'(x_n)}\langle\delta B\rangle_y\,dx\right]\simeq\phi_0[1-(1-g)k\varepsilon\sin kx_n],$$

这一计算中用到了 $a_f b_f \langle B \rangle = \phi_0$ 这一关系. 因此,应当注意磁通量子化没有被满足.

图习题.13(a),(b)分别伴有局域理论和非局域理论中磁通线位移的磁通密度变化的示意图. 图中为了简化展示了半个 $\phi_0$ 的量值. 如图(b)所示在非局域理论中最大和最小值被固定,因此当磁通线间距发生变化时磁通的量子化没有被满足. 另一方面,当磁通线的间距发生变化时,晶胞内的磁通密度的平均值发生变化,导致局域理论中的磁通量子化的满足.

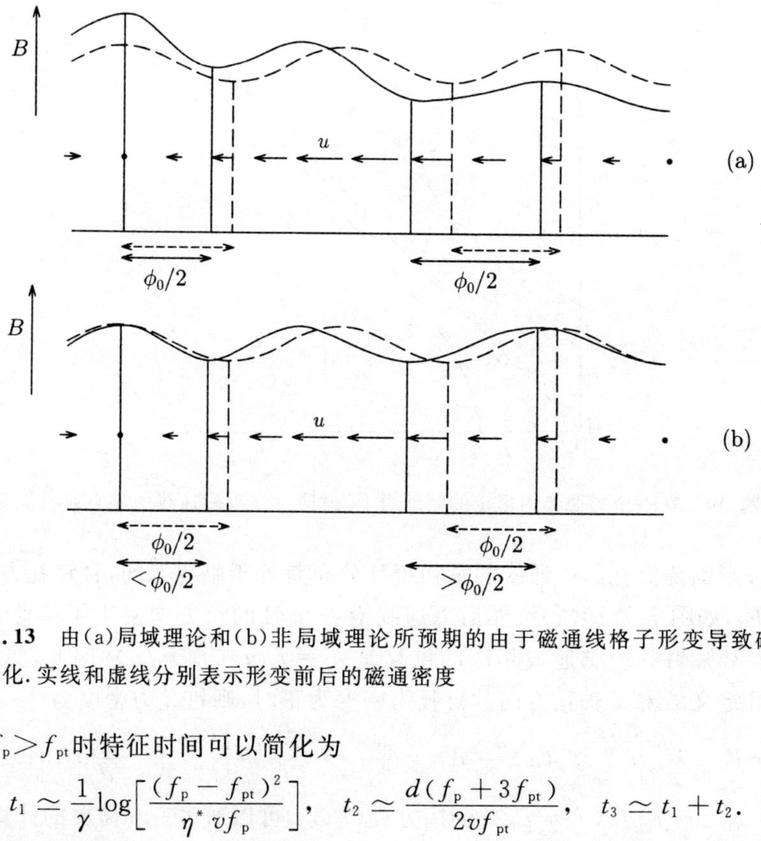


**图习题.13** 由(a)局域理论和(b)非局域理论所预期的由于磁通线格子形变导致磁通密度的变化. 实线和虚线分别表示形变前后的磁通密度

**7.3** $f_p > f_{pt}$ 时特征时间可以简化为

$$t_1 \simeq \frac{1}{\gamma}\log\left[\frac{(f_p - f_{pt})^2}{\eta^* v f_p}\right], \quad t_2 \simeq \frac{d(f_p + 3f_{pt})}{2vf_{pt}}, \quad t_3 \simeq t_1 + t_2.$$

把这些代入方程(7.48),可以得到方程(7.50). $f < f_{pt}$ 时 $t_2$ 与上面相同,但是其他两项为

$$t_1 \simeq \frac{d(f_{pt} - f_p)}{2vf_{pt}}, \quad t_3 \simeq \frac{2d}{v}.$$

**7.4** 因为力平衡方程为可分解形式,$f > f_p$ 时可以很容易积分得到

$$\left(\frac{f - f_p}{f + f_p}\right)^{1/2} \tan\left(\frac{k_p x}{2}\right) = \tan\left[\frac{(f^2 - f_p^2)^{1/2} k_p}{2\eta}(t + t_0)\right] \equiv \tan[c(t + t_0)],$$

其中 $t_0$ 是一个积分常数.如果假设在 $t=0$ 时有 $x=0$,可以得到 $t_0=0$.把这一关系代入力平衡方程,可以得到平均速度

$$\langle \dot{x} \rangle = \frac{1}{2\pi}\int_0^{2\pi} \dot{x}\,\mathrm{d}(ct) = \frac{1}{\eta}(f^2 - f_{\mathrm{p}}^2)^{1/2}.$$

利用$\langle \dot{x} \rangle = E/B$, $f=\phi_0 J$, $f_{\mathrm{p}}=\phi_0 J_{\mathrm{c}}$ 和 $\eta=B\phi_0/\rho_{\mathrm{f}}$,上面的方程可以简化为[7]

$$E = \rho_{\mathrm{f}}(J^2 - J_{\mathrm{c}}^2)^{1/2}.$$

因此,当 $J \gg J_{\mathrm{c}}$ 时 $E$-$J$ 特征渐近地接近 $E=\rho_{\mathrm{f}} J$(参见图习题.14),并且与通常钉扎特性有所不同,如图7.10(a)所示.

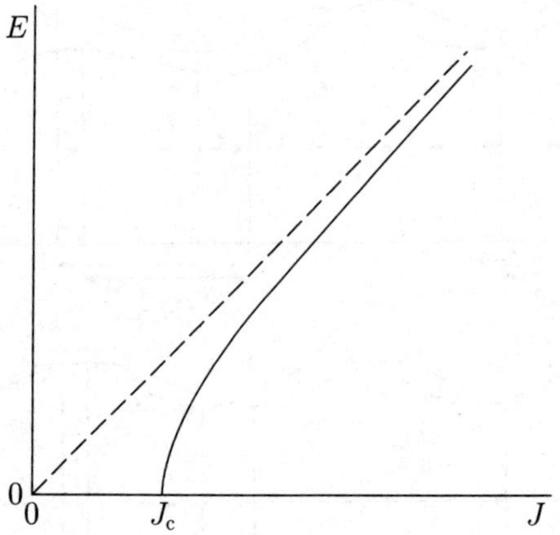


**图习题.14** 在一个周期势内恒定的驱动力下,磁通束或者磁通线的实心束的伏安特性

**7.5** 假定围绕钉扎的磁通线的最初统计分布是处于临界态的,且钉扎力密度为 $F=-F_{\mathrm{p}}$,如图 7.7(b)所示.然后磁通线沿着 $x$ 轴的负方向发生了位移 $u$(参见图习题.15).钉扎内磁通线相应的位移是 $u'=f_{\mathrm{pt}}u/(f_{\mathrm{p}}+f_{\mathrm{pt}})$.因此,当位移足够小,且定义沿着 $x$ 轴正方向的钉扎力密度为正时,则钉扎力密度为

$$F = \frac{N_{\mathrm{P}}}{a_{\mathrm{f}}}\int_{x_1-u'}^{d/2-u'} f_{\mathrm{p}}(x)\frac{\partial x_0}{\partial x}\mathrm{d}x = \frac{N_{\mathrm{P}}}{a_{\mathrm{f}}}\cdot\frac{f_{\mathrm{p}}+f_{\mathrm{pt}}}{f_{\mathrm{p}}}\int_{x_1-u'}^{d/2-u'}\left(-\frac{2f_{\mathrm{p}}}{d}x\right)\mathrm{d}x.$$

上式中 $x_1=-f_{\mathrm{pt}}d/(f_{\mathrm{p}}+f_{\mathrm{pt}})$.利用方程(7.33)可以通过一个简单的计算得到

$$F = -F_{\mathrm{p}}\left(1-\frac{u}{d_{\mathrm{i}}}\right).$$

由方程(3.94)定义的相互作用距离 $d_{\mathrm{i}}$ 为

$$d_{\mathrm{i}} = \frac{d}{4}\left(\frac{f_{\mathrm{p}}}{f_{\mathrm{pt}}-1}\right).$$

当位移大于 $2d_{\mathrm{i}}$ 时,钉扎力取恒定值 $F_{\mathrm{p}}$.

图习题.16 中展示了得到的钉扎力密度和位移的特性关系.若使磁通线在达到 $2d_{\mathrm{i}}$ 之前朝相反方向移动,则这一特性是可逆的.在它们达到 $2d_{\mathrm{i}}$ 以后,这

一特征是滞后的. 因此，通过实验观察到的钉扎力密度和位移特性可以被很好地定性解释(参见图 3.33). 这一结果与钉扎势内存在磁通线的不稳定区域有很大的关系.

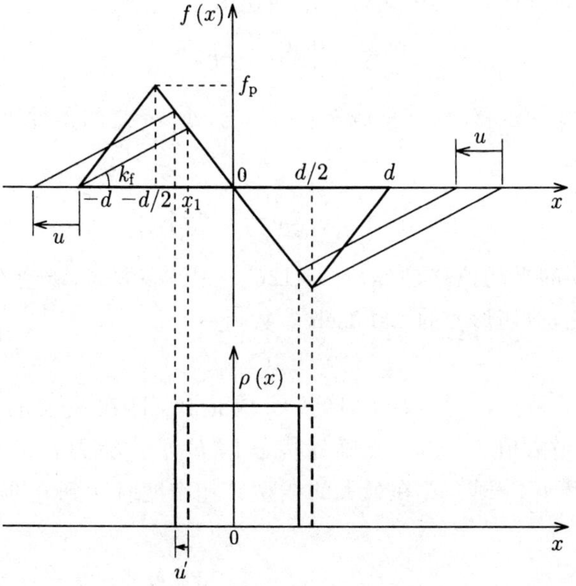


**图习题. 15**　当磁通线从初始临界状态反方向位移了 $u$ 时，钉扎处的磁通线统计分布的变化情况

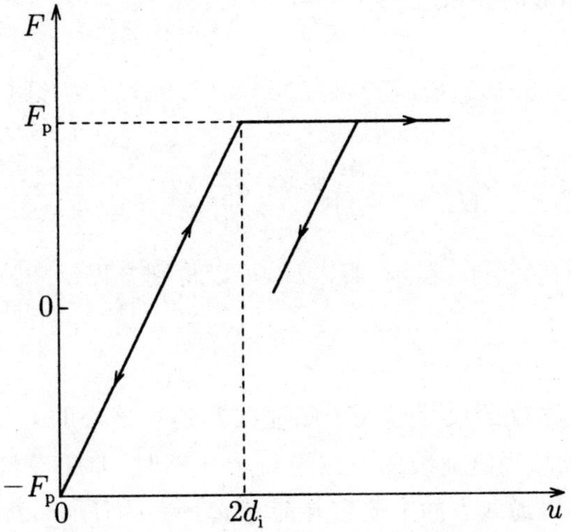


**图习题. 16**　统计理论预期的磁通线位移与钉扎力密度之间的关系

**7.6** 假定磁通线受到与它们平行的线性钉扎的强烈钉扎，这些线性钉扎在 $x$-$y$ 面分布成间距为 $1/\rho_p^{1/2}$ 的方形格子，如图 7.48 所示. 驱动力密度 $F$ 沿着 $x$ 轴方向均匀作用于磁通线格子，这个磁通线格子被分布在 $y=0$ 行和 $y=1/\rho_p^{1/2}$ 行上的线性钉扎所强烈钉扎. 力平衡此时可以描述为

$$C_{66}\frac{d^2u}{dy^2}=-F,$$

其中 $u$ 是磁通线的位移. 从 $y=0$ 和 $y=1/\rho_p^{1/2}$ 处 $u=0$ 的条件可以得到在 $0\leqslant y\leqslant 1/\rho_p^{1/2}$ 时，有

$$u=\frac{F}{2C_{66}}y\left(\frac{1}{\rho_P^{1/2}}-y\right).$$

因此，对应于 $y$ 的平均位移是 $\langle u\rangle=F/12C_{66}\rho_p$. 另一方面，驱动力密度可以写为 $F=\alpha_L\langle u\rangle$. 因此，剪切形变的 Labusch 参数为

$$\alpha_L=12C_{66}\rho_P.$$

高场下得到的 Labusch 参数与 $(1-b)^2$ 成正比，且在最大的线性钉扎密度 $\rho_p=1/4a_f^2$ 时取最大值 $3C_{66}/a_f^2$. 在临界状态下，$F$ 等于方程(7.87)中的 $F_p$，$\langle u\rangle$ 等于相互作用距离 $d_i$. 因此，$d_i$ 在最大的线型钉扎密度时达到 $a_f/9\pi^2$，且与 $b^{-1/2}$ 成正比.

**7.7** 利用方程(7.59)，方程(7.56)可以写为 $R_c=(8\pi)^{1/4}(C_{66}r_p/F_p)^{1/2}$. 因此，如果利用关系 $F_p=\alpha_L d_i$ 且注意到 $r_p$ 相当于 $d_i$，可以发现 $R_c\sim(8\pi)^{1/4}R_0=2.24R_0$. $L_c$ 和 $L_0$ 之间也有相似的关系.

**7.8** 从方程(3.94)，(5.19)，(7.75)，(7.95)和(7.98)出发，钉扎势能可以被估算为

$$U_0=\left(\frac{2}{\sqrt{3}}\right)^{3/2}\frac{\phi_0^{3/2}dg^2J_{c0}}{2\zeta B^{1/2}}.$$

通过数值方程 $(1/2)(2/\sqrt{3})^{3/2}\phi_0^{3/2}\simeq 4.23k_B$，可以得到方程(7.99).

## 第八章

**8.1** 假定非超导杂质 $D$ 的尺寸远大于磁通线非超导核心的直径 $2\xi_{ab}$ 或 $2\xi_c$. 首先，处理低磁场的情况. 当磁通线的方向平行于 $a$ 轴时，非超导核心的横截面面积是 $\pi\xi_{ab}\xi_c$，且每一条磁通线上的杂质钉扎能是 $u_p^a=(\mu_0H_c^2/2)\pi\xi_{ab}\xi_cD$. 洛伦兹力沿着 $c$ 轴，钉扎相互作用对这一洛伦兹力的贡献是 $f_p^a\simeq u_p^a/2\xi_c=\pi\mu_0H_c^2\xi_{ab}D/4$. 当磁通线的方向平行于 $c$ 轴时，非超导核心的横截面面积是 $\pi\xi_{ab}^2$，且每一条磁通线上的杂质钉扎能是 $u_p^c=(\mu_0H_c^2/2)\pi\xi_{ab}^2D$. 洛伦兹力沿着 $a$ 轴，钉扎相互作用对这一

洛伦兹力的贡献是 $f_{\mathrm{p}}^{c} \simeq u_{\mathrm{p}}^{c}/2\xi_{ab} = \pi\mu_0 H_{\mathrm{c}}^2 \xi_{ab} D/4$，与 $f_{\mathrm{p}}^{a}$ 相同. 因此，钉扎力是各向同性的.

另外，不可逆场因磁场方向不同发生剧烈的变化，高磁场下表现出钉扎力的各向异性. 也就是说，钉扎力各向异性由不可逆场的各向异性引起的.

**8.2** 临界电流密度与场角度的关系根据方程(7.2)和(7.3)可以写为

$$J_{\mathrm{c0}}(\theta) = \frac{A}{\mu_0} H_{\mathrm{c2}}^{m-1}(T) b^{\gamma-1}(\theta)[1 - b(\theta)]^{\delta},$$

其中 $\theta$ 是磁场和 $c$ 轴之间的夹角且 $b(\theta) = B/\mu_0 H_{\mathrm{c2}}(\theta)$. 当 $H_{\mathrm{c2}}^{ab}/H_{\mathrm{c2}}^{c} \gg 1$ 时，除了在 $\theta = 90^\circ$ 附近方程(8.12)都可以导出 $H_{\mathrm{c2}}(\theta) \simeq H_{\mathrm{c2}}^{c} \sec\theta$. 因此，上述标度律简化为

$$J_{\mathrm{c0}}(\theta) = \frac{A}{\mu_0} H_{\mathrm{c2}}^{m-1}(T) \left(\frac{B_{\perp}}{\mu_0 H_{\mathrm{c2}}^{c}}\right)^{\gamma-1} \left(1 - \frac{B_{\perp}}{\mu_0 H_{\mathrm{c2}}^{c}}\right)^{\delta},$$

其中 $B_{\perp} = B\cos\theta$ 是外磁通密度的 $c$ 轴分量. 上面的关系表明临界电流密度仅由这个分量决定.

**8.3** 在 $B \leqslant \mu_0 H_{\mathrm{g}}$ 时，$J_{\mathrm{cm}} \geqslant 0$ 且可以得到电场为

$$E(J) = \int_0^J \rho_{\mathrm{f}}(J - J_{\mathrm{c}}) P(J_{\mathrm{c}}) \mathrm{d}J_{\mathrm{c}}.$$

指数项可以展开为

$$\exp\left[-\left(\frac{J_{\mathrm{c}} - J_{\mathrm{cm}}}{J_{\mathrm{c}}}\right)^{m_0}\right] \simeq 1 - \left(\frac{J_{\mathrm{c}} - J_{\mathrm{cm}}}{J_0}\right)^{m_0},$$

且经过一个简单的计算可以得到电场为

$$E(J) = \frac{\rho_{\mathrm{f}}}{m_0 + 1}\left(\frac{1}{J_0}\right)^{m_0} (J - J_{\mathrm{cm}})^{m_0+1}.$$

在 $B > \mu_0 H_{\mathrm{g}}$ 时，$J_{\mathrm{cm}}$ 是负值且电场由上面的结果减去来自 $J_{\mathrm{cm}} \leqslant J \leqslant 0$ 区域的贡献而得到，但是这个区域的贡献实际上是不存在的. 后者由相同公式经 $J_{\mathrm{cm}} \to 0$ 和 $J \to |J_{\mathrm{cm}}|$ 代替后得出的. 因此，电场可以表示为

$$E(J) = \frac{\rho_{\mathrm{f}}}{m_0 + 1}\left(\frac{1}{J_0}\right)^{m_0} \left[(J + |J_{\mathrm{cm}}|)^{m_0+1} - |J_{\mathrm{cm}}|^{m_0+1}\right].$$

**8.4** 在 $d < L_0$ 时，通过方程(8.28)的一些计算，方程(8.41)左端可以重写为

$$\frac{3\mu_0 \zeta^2 d}{2\phi_0^2 g^2} k_{\mathrm{B}} T \log\left(\frac{B a_{\mathrm{f}} \nu_0}{E_{\mathrm{c}}}\right) = \frac{3\mu_0 \zeta^2 d}{2\phi_0^2 g^2} U_0, \qquad \text{(习题.1)}$$

这里初始值被用于数量因子且利用了方程(3.129). 上面的 $U_0$ 是块状超导体的钉扎势能，可以表示为

$$U_0 = \frac{1}{2}\alpha_L d_i^2 (a_f g)^2 L_0 = \frac{2\phi_0^2 g^2}{3\mu_0 \zeta^2 L_0},$$

这里用到方程 $\alpha_L = C_{44}/L_0^2$. 因此，方程(习题.1)的值减小到 $d/L_0$，并且证明方程(8.41)是有效的.

**8.5** 在 0K 和 1T 时虚临界电流密度，可以估算为 $J_{c0}(0K, 1T) = A = 2.58\times 10^9 Am^{-2}$ 其中 $\xi_{ab}(0) = 2.02nm$. 在 77.3K 时，我们可以得到 $\xi_{ab} = 3.85nm$. 在这一温度下我们希望有 $\mu_0 H_i \sim 8T$，且当 $\zeta = 4$ 时 $g_e^2 = 2DB\xi_{ab}/\zeta f \phi_0$ 可以近似估算为 74.4，其中 $f$ 是 211 相的体积分数，上面 $g_e^2$ 的表达式由方程(7.12b)和(7.83a)得到. 当 $J_{c0}(77.3K, 8T) = 5.56\times 10^7 Am^{-2}$ 时，从方程(7.97)可以得到 $U_e = 4.75\times 10^{-19}J$. 因此，从方程(7.96)可以估算出 $g^2$ 为 2.51. 故通过方程(8.29)可以求出 $K = 9.39\times 10^2$. 当 $\gamma = 1/2$ 并且 $m' = 3/2$ 时可以通过方程(8.28)得到 $\mu_0 H_{i\infty} = 21.7T$. 然而这一结果是不正确的，因为它特别接近于上临界场 $\mu_0 H_{c2}^c(77.3K) = 22.4T$. 因此，不可逆场应该通过下面的方程来精确计算：

$$(\mu_0 H_i)^{(3-2\gamma)/2} = (\mu_0 H_{i\infty})^{(3-2\gamma)/2}\left(1 - \frac{H_i}{H_{c2}^c}\right)^2,$$

式中没有忽略上临界场的作用. 这可以导出 $\mu_0 H_{i\infty} = 8.4T$，这接近于最初的设想. 因此，上面的计算与之一致.

## 第九章

**9.1** 从 $H_{c2}(0)$的值可以估计出在 0K 时相干长度应为 $\xi(0) = 3.63nm$. 从方程(6.23)和这一值可以得出 $\xi_0 = 4.89nm$. 因此，可以得到 $f_p' = 1.26\times 10^{-4} Nm^{-1}$. 5T 时磁通线间距 $a_f = 2.19\times 10^{-8} m$，10K 时上临界场为 18.0T. 因此可以得到 $J_{c0} = 3.00\times 10^9 Am^{-2}$.

**9.2** 利用在习题 9.1 中得到的 $B = 5T$ 时的 $J_{c0}$ 值，可以得 $J_{c0}$ 与磁场的关系为

$$J_{c0} = 1.29 B^{-1/2}\left(1 - \frac{B}{18.0}\right)^2 \times 10^{10} Am^{-2}.$$

从方程(3.129)和(7.97)可以得到如下估算不可逆场 $H_i$ 的方程：

$$\mu_0 H_i = 1.85\left(1 - \frac{\mu_0 H_i}{18.0}\right)^2 \times 10^3,$$

这里代入了 $g^2 = 1.0$，$\zeta = 2\pi$ 及 $\log B a_f \nu_0 / E_c = 14$，可以得到 $H_i = 16.3T$. 这一值大约是上临界场的 91%.

## 参考文献

1. T. Matsushita, E. S. Otabe, T. Matsuno, M. Murakami and K. Kitazawa: Physica C

**170** (1990), 375.

2. D. O. Welch, M. Suenaga, Y. Xu and A. R. Ghosh: *Adv. Superconducitivity II* (Springer-Verlag, Tokyo, 1990) p. 655.
3. D. O. Welch: IEEE Trans. Magn. **MAG-27** (1991) 1133.
4. N. Ohtani, E. S. Otabe, T. Matsushita and B. Ni: Jpn. J. Appl. Phys. **31** (1992) L169.
5. A. M. Campbell and J. E. Evetts: Adv. Phys. **21** (1972) 345.
6. E. H. Brandt: J. Low Temp. Phys. **28** (1977) 263.
7. J. E. Evetts and J. R. Appleyard: *Proc. Int. Disc. Meeting on Flux Pinning in Superconductors*, Göttingen, 1974, p. 69.